Référentiel pédologique

2008

Association française pour l'étude du sol (Afes)

Denis Baize, Michel-Claude Girard, coordinateurs

Éditions Quæ

Éditions Quæ
RD 10
78026 Versailles Cedex, France

© Éditions Quæ, 2009   ISBN : 978-2-7592-0185-3   ISSN : 1952-1251

Préface

Cette nouvelle édition du *Référentiel pédologique*, fruit d'un travail collectif, actualise et complète les éditions parues en 1992 et 1995. Elle suit les mêmes principes que les deux éditions précédentes : rattachement du solum observé à une référence sur la base d'observations morphologiques, les plus simples et précises possibles, complétées par des tests analytiques. La description des différents groupes présents dans les éditions précédentes a été actualisée à la lumière des travaux les plus récents, et de nouveaux groupes de sols ont fait leur apparition, entre autres pour les régions tropicales. Cet ouvrage rendra ainsi de grands services aux pédologues, et en premier lieu aux praticiens pour qui le *Référentiel pédologique* représente actuellement la référence lors des travaux de terrain.

Cependant, au niveau international, est parue l'édition 2006 de la *World Reference Base for soil resources* (WRB). Grâce au travail mené en commun par l'UISS[1], l'ISRIC[2] et la FAO[3], la WRB apparaît désormais comme un cadre consensuel pour la classification, la corrélation et la communication au niveau international. Par ailleurs, la circulation rapide des individus et des idées fait que les milieux professionnels eux-mêmes tendent à échanger de plus en plus avec l'étranger. Au niveau européen, le Bureau européen des sols a recommandé l'utilisation de la WRB dès 1998 dans son manuel de procédure et le projet de directive européenne pour la protection des sols la mentionne comme critère d'identification.

Les principes de la WRB sont proches du *Référentiel pédologique* ; mais à côté d'un certain nombre de similitudes, il existe de nombreuses différences quant aux critères et à la terminologie. L'Association française pour l'étude du sol s'est alors interrogée : fallait-il maintenir une démarche qui aboutirait à dénommer différemment le même objet au risque de compliquer la communication et d'ajouter de la confusion ?

Dans cette perspective, et compte tenu du travail réalisé par les six animateurs, l'Association française pour l'étude du sol a décidé :
• de soutenir la publication de cette nouvelle édition du *Référentiel pédologique* qui restera pendant de nombreuses années la référence de la communauté des pédologues de langue française ;
• d'engager la communauté des pédologues français à s'investir dans les groupes de travail de la WRB de façon à la faire progresser sur les points où les travaux français représentent une avancée significative — y compris en publiant au niveau international sur les questions et les critères de classification. Cette édition devrait contribuer à animer la réflexion et à aider notre

---

[1] Union internationale de science du sol.
[2] *International Soil Reference and Information Centre.*
[3] *Food and Agriculture Organization of The United Nations.*

communauté à devenir une force de proposition pour l'amélioration du WRB, par exemple par l'introduction de nouveaux types de sols et de concepts ;
• de converger à moyen terme avec la WRB. Dans l'immédiat, cette nouvelle édition comporte un tableau de correspondances entre le *Référentiel pédologique* et la WRB 2006, comme première étape vers cette convergence.

L'Association française pour l'étude du sol remercie tous ceux qui ont collaboré à cette nouvelle édition pour la qualité de leur travail et leur investissement au service de notre communauté. Elle souhaite que cette nouvelle édition du *Référentiel pédologique* trouve le meilleur accueil auprès de tous.

Roland Poss
Président de l'Afes

Guilhem Bourrié
Vice-président de l'Afes

Avertissement

Dès 1971, des travaux collectifs ont débuté afin d'amender l'ancienne classification établie en 1967 par la Commission de pédologie et de cartographie des sols (CPCS). À partir de 1986, ces travaux ont été menés sous l'égide de l'Association française pour l'étude du sol (Afes), et il s'est alors agi d'élaborer quelque chose d'entièrement nouveau.

Une première version du *Référentiel pédologique* (RP) fut publiée en 1992, puis une deuxième, augmentée de onze chapitres, en 1995. Après quinze années d'existence et d'utilisation, et compte tenu de connaissances nouvelles ou non encore exploitées, il nous a semblé nécessaire de mettre à jour le référentiel pour y apporter les compléments, modifications et améliorations nécessaires aux utilisateurs.

Rappelons que le RP présente un ensemble de références non hiérarchisées, définies par la présence d'horizons de référence spécifiques, précisément caractérisés. Il constitue un thésaurus de vocabulaire proposant, en outre, la définition de nombreux « qualificatifs » qui permettent de compléter la désignation des solums ou d'unités typologiques de sols par des informations complémentaires. C'est donc un outil d'harmonisation du langage entre tous ses utilisateurs.

Diffusion en France et en Europe

Le RP est le seul système officiel de typologie des sols reconnu par les autorités françaises compétentes dans le cadre des principaux programmes nationaux d'inventaire et de suivi des sols : programme IGCS ; Réseau de mesure de la qualité des sols (RMQS) ; norme Afnor NF X 31-003 « Description du sol ». De plus, il sert de base explicite à la définition des « zones humides » par le Meeddat (arrêté du 24 juin 2008, publié au *Journal Officiel* du 9 juillet 2008).

Le RP a d'abord été traduit en anglais et publié par nos soins en 1998. Deux années plus tard, une traduction en italien, réalisée par Franco Previtali et Patrizia Scandella, fut éditée à Bologne. Quelques mois plus tard, grâce à la traduction faite par Irina Kovda et Maria Gerasimova, une version en russe a été éditée à Smolensk.

Ce qui n'a pas changé dans le RP 2008 : les principes de base

Les principes du RP (exposés pp. VIII-XX) n'ont pas été modifiés. Ils ont fait leurs preuves et n'ont pas été remis en cause par les nombreux utilisateurs de ce système de désignation des sols.

Ce qui est nouveau dans le RP 2008

• **Trois nouveaux chapitres** traitant de solums des zones intertropicales et de leurs nouveaux horizons de référence spécifiques :

■ ferrallitisols et oxydisols (sept références – solums du « domaine ferrallitique » ; nouveaux horizons de référence : horizons F, OX, OXc, OXm, ND, RT) ;

■ NITOSOLS (une référence – ex « sols brun-rouille à halloysite » ; nouvel horizon de référence : horizon Sn) ;

■ ferruginosols (quatre références – ex « sols ferrugineux tropicaux » ; nouveaux horizons de référence : horizons FE, BTcn).

Il s'agit d'une première rédaction qui, après mise à l'épreuve par les utilisateurs, méritera certainement une révision approfondie.

• Un **plan nouveau**, uniforme, a été appliqué à (presque) tous les chapitres. À savoir :

■ conditions de formation et pédogenèse ;

■ horizons de référence ;

■ références (séquence d'horizons de référence spécifique, autres éléments de définition du concept central) ;

■ qualificatifs utiles ;

■ exemples de types ;

■ distinction entre le GER et d'autres références (les plus proches au plan typologique) ;

■ relations avec la WRB ;

■ mise en valeur – fonctions environnementales.

• Une annexe est désormais consacrée à des tableaux où nous nous sommes efforcés de fournir des correspondances entre les références du RP 2008 et les catégories de plus haut niveau de la WRB dans sa version 2006 (cf. p. 378).

• L'enrichissement de nombreux chapitres par des considérations écologiques, agronomiques et environnementales (podzosols, alocrisols, fluviosols, RÉDOXISOLS et réductisols, etc.).

• La proposition d'un certain nombre de termes pour aider à désigner les **paléosolums** (cf. p. 58).

• De nouveaux outils sont proposés :

■ clé d'accès rapide non dichotomique (cf. p. 66) ;

■ exemple de regroupements possibles de GER pour l'enseignement (cf. p. 399) ;

■ liste des horizons (cf. p. 1) ;

■ liste de qualificatifs (classés par thèmes) (cf. p. 53).

• De nouveaux horizons de référence et de nouveaux matériaux pour des chapitres déjà traités par le RP 1995 (p. ex. Xgr horizon gravelique ; matériaux anthropiques Z).

• De nouveaux qualificatifs d'intérêt général (épihistique, bigénétique, vétuste, développé dans, paléorédoxique, etc.) ou plus spécifique (multioxydique, bathylithique, giga-éluvique, épivitrique, etc.).

• La prise en compte, désormais, des graviers pour définir les PEYROSOLS.

• Équivalences avec la CPCS : des équivalents (non des identiques) sont proposés avec les catégories de la classification des sols CPCS 1967, afin de pouvoir établir des liens avec les cartes pédologiques anciennes et désigner, selon le RP, leurs unités typologiques (cf. p. 394).

Ce qui a changé dans le RP 2008

• Des références nouvelles (ou définies différemment ou dont le nom a été modifié) dans des GER déjà existants : BRUNISOLS EUTRIQUES et DYSTRIQUES en remplacement des quatre anciennes références ; PEYROSOLS (une seule référence désormais), ANTHROPOSOLS CONSTRUITS ; ANTHROPOSOLS ARCHÉOLOGIQUES, FLUVIOSOLS JUVÉNILES ; ORGANOSOLS HOLORGANIQUES, ORGANOSOLS SATURÉS, THALASSOSOLS BRUTS, THALASSOSOLS JUVÉNILES ; VITRANDOSOLS.

• Des références supprimées : PSEUDO-LUVISOLS ; BRUNISOLS SATURÉS ; BRUNISOLS MÉSOSATURÉS ; BRUNISOLS OLIGO-SATURÉS ; BRUNISOLS RESATURÉS ; PEYROSOLS CAILLOUTIQUES ; PEYROSOLS PIERRIQUES ; HISTOSOLS RECOUVERTS ; HISTOSOLS FLOTTANTS ; RÉDUCTISOLS DUPLIQUES ; ORGANOSOLS TANGELIQUES ; ALUANDOSOLS HUMIQUES ; SILANDOSOLS HUMIQUES.

• Un chapitre « Typologie des formes d'humus forestières » modernisé, grâce aux travaux d'un groupe de travail européen (cf. p. 327).

• Les définitions détaillées des horizons ne sont généralement plus rappelées dans les chapitres (GER), mais seulement dans une liste initiale exhaustive (cf. p. 6).

• Quelques noms ou codes d'horizons ont changé. Le BPh est désormais nommé BP « humifère ». Suite à l'introduction des horizons ferrugineux (codés FE), les horizons ferriques sont désormais codés Fe, et non plus FE.

• Quelques qualificatifs ont vu leur définition modifiée (humifère, humique, etc.). Le qualificatif **andique** a désormais une nouvelle signification : il sert à désigner des solums intergrades entre différentes références et les silandosols ou les aluandosols.

Pourquoi un référentiel pédologique?

D. Baize, M.-C. Girard, J. Boulaine, C. Cheverry et A. Ruellan[1]

En 1986, l'Association française pour l'étude du sol (Afes) entrepris un travail destiné à remplacer le système français de classification des sols qui avait été élaboré en 1967 par la Commission de pédologie et de cartographie des sols (CPCS).

Le système qui a été élaboré reste dans le mode de pensée morphogénétique qui demeure classique en France. Cependant, deux innovations majeures ont été introduites:
• les objets que nous étudions sont les **couvertures pédologiques**, lesquelles peuvent être subdivisées en horizons qui se succèdent verticalement et latéralement;
• le système ainsi construit n'est pas une classification hiérarchisée, mais un **référentiel pédologique.**

Les couvertures pédologiques

Ce que l'on appelle habituellement le **sol**, en pédologie, est un objet naturel[2], continu et tridimensionnel, qui sera nommé **couverture pédologique** dans le présent référentiel.

Les couvertures pédologiques sont formées de constituants minéraux et organiques, présents à l'état solide, liquide ou gazeux. Ces constituants sont organisés entre eux, formant ainsi des **structures** spécifiques du milieu pédologique. Les couvertures pédologiques sont en perpétuelles évolutions, ce qui leur confère une dimension supplémentaire: la durée.

C'est pourquoi leur étude doit se fonder sur trois séries de données:
• des données de constitution;
• des données structurales (organisations);
• des données relatives aux dynamiques (fonctionnements, évolutions).

Les couvertures pédologiques sont le plus souvent continues, mais il arrive qu'elles soient très réduites, voire absentes. En outre, elles sont fréquemment modifiées par des activités humaines, sur des profondeurs variables et de façon plus ou moins apparente.

Ce sont des continuums hétérogènes, mais les variations que l'on y observe d'un point à un autre ne sont pas aléatoires, car les couvertures pédologiques sont elles-mêmes structurées.

---

[1] Mars 1992 – Malgré plus de quinze années d'existence et de pratique et la présente mise à jour, les principes adoptés dans le cadre du *Référentiel pédologique* n'ont pas changé. C'est pourquoi ce texte introductif aux éditions 1992 et 1995 a été conservé à l'identique.

[2] C'est-à-dire dont l'existence initiale ne dépend pas de l'homme.

On peut distinguer plusieurs niveaux d'organisation dans une couverture pédologique. Les niveaux les plus fins (**organisations élémentaires, assemblages**) sont saisis à l'aide de divers outils d'appréhension, depuis le microscope électronique jusqu'à l'œil nu. Aux niveaux plus élevés, on distingue:

- les **horizons**: ils résultent de la subdivision d'une couverture pédologique en volumes considérés comme homogènes (cf. *infra*);
- les **systèmes pédologiques**: plusieurs horizons sont associés et ordonnés dans l'espace, dans les trois dimensions verticale et latérales. La dimension habituelle de cette organisation est hectométrique ou kilométrique, ou plus. Elle n'est donc pas perceptible sur le terrain en un seul site; d'où l'intérêt des prospections itinérantes, des photographies aériennes et des images satellitaires.

Pour étudier les couvertures pédologiques, il est indispensable de réaliser des sondages, de creuser des tranchées ou des fosses, de les décrire, puis de prélever des échantillons pour analyses et examens complémentaires. Ces points d'observation et de prélèvement doivent être judicieusement localisés en fonction d'une analyse préalable du paysage (géomorphologie, hydrographie, végétation, etc.) mais aussi en tenant compte des informations acquises progressivement.

Par ailleurs, les couvertures pédologiques connaissent, au cours du temps, des transformations pseudo-cycliques, réversibles ou irréversibles. Les différentes organisations et certains caractères évoluent avec des durées et selon des périodicités diverses: journalières, saisonnières, annuelles, etc. Les dates d'observation et d'échantillonnage sont donc des informations nécessaires.

Les horizons

En science du sol, comme dans les autres sciences, lorsque le cerveau humain se trouve face à des continuums, il s'efforce de les découper en unités élémentaires: horizons et unités cartographiques dans le domaine spatial, unités typologiques ou **types** dans le domaine typologique.

Les horizons résultent de la subdivision d'une couverture pédologique en volumes considérés comme suffisamment homogènes. Il est clair que cette homogénéité est relative et qu'elle correspond à une certaine échelle d'investigation. Elle autorise explicitement une hétérogénéité dans le détail: agrégats distincts, différents constituants formant la **masse basale** et, naturellement, les **traits pédologiques**.

Par leur dimension verticale centimétrique à métrique, les horizons sont directement perceptibles à l'œil nu sur le terrain. Le prélèvement d'échantillons est possible à la main. C'est pourquoi l'horizon est le niveau d'appréhension le plus pratique pour observer et échantillonner une couverture pédologique. Le *Référentiel pédologique* considère les horizons comme les entités de base permettant d'identifier, de caractériser et de définir une couverture pédologique.

Chaque horizon est un volume. Il est nécessaire de définir son **contenu** — description de ses constituants, organisations, caractères, propriétés et caractéristiques analytiques —, mais aussi son **contenant** — description de ses limites, de son enveloppe. Sa dimension verticale la plus petite est au moins centimétrique, souvent décimétrique, voire métrique. Ses dimensions latérales sont au moins décimétriques et le plus souvent hectométriques ou kilométriques. Un horizon n'est pas infini: il disparaît latéralement ou se transforme en un autre horizon. Son extension spatiale est délimitable.

Les limites supérieures et inférieures d'un horizon sont généralement conformes à la surface du terrain. Mais un horizon peut aussi se présenter sous la forme de lentilles ou de langues, il peut même être entièrement inclus dans un autre horizon. Les transitions entre horizons peuvent être nettes ou plus ou moins progressives. Chaque horizon est presque toujours associé géométriquement à d'autres horizons et lié à eux par des relations étroites, relations pédogénétiques (évolutions longues) et relations fonctionnelles (dynamique journalière ou saisonnière). Ces dernières revêtent une grande importance pratique.

La position d'un horizon par rapport à l'interface de la couverture pédologique avec l'atmosphère est une caractéristique essentielle. Elle conditionne en effet l'apport de matières organiques, l'importance des flux thermiques ou hydriques qui l'atteignent ou le traversent, la masse des horizons sus-jacents qui pèsent sur lui, la pénétration par les racines et les animaux, etc., presque toutes les conditions qui règlent son évolution et son fonctionnement.

Deux autres concepts sont utilisés dans le *Référentiel pédologique* (définitions différentes de celles données dans d'autres pays ou antérieurement) : celui de solum et celui de profil.

Le **solum** est une tranche verticale d'une couverture pédologique observable dans une fosse ou une tranchée. Si possible, on intègre dans le solum une épaisseur suffisante de la roche sous-jacente pour en permettre la caractérisation. Les dimensions horizontales d'un solum sont décimétriques : quelques décimètres de largeur et quelques centimètres d'épaisseur pour l'exploration et la description des caractères. La dimension verticale du solum varie de quelques centimètres (LITHOSOLS) à plusieurs mètres (vieilles couvertures pédologiques sous climats agressifs).

Le **profil** est la séquence d'informations concernant un solum, ordonnée de haut en bas. Ces informations sont relatives à des caractères visuels (profil structural) ou bien à une seule variable (profil calcaire, profil hydrique, profil granulométrique) ou bien à des considérations plus synthétiques : profil d'altération, profil cultural.

Les notions de solum et de profil ainsi définies se distinguent donc nettement de la notion de pedon : unité de volume nécessaire et suffisant pour échantillonner et décrire la couverture pédologique en un point donné.

Les couvertures pédologiques sont des volumes naturels réels. Elles font l'objet de l'utilisation humaine, de l'étude scientifique *in situ*, de la prospection cartographique, etc. Chaque solum, dont les dimensions sont limitées arbitrairement, est aussi un volume réel.

Les pédologues utilisent couramment les « horizons-concepts » qui sont le résultat de l'interprétation de certains caractères morphologiques propres à l'horizon considéré, associés à des processus pédogénétiques, mais qui résultent aussi de la prise en compte des autres horizons et de divers éléments du pédopaysage[3]. Ces **horizons-concepts** sont l'objet d'une typologie morphogénétique et d'un langage synthétique auquel sont associés des symboles : H, O, A, E, S, BT, etc. Ce sont les **horizons de référence**.

Une fois interprété, le solum peut être conceptualisé et schématisé sous la forme d'une superposition, dans un certain ordre, d'horizons de référence : c'est le **solum-concept**.

Les solums-concepts sont donc des abstractions qui se constituent dans le conscient collectif d'un groupe de pédologues par généralisation d'observations répétées. Cette conceptualisation,

---

[3] Pédopaysage : ensemble des horizons pédologiques et des éléments du paysage (végétation, effets des activités humaines, géomorphologie, hydrologie, roches-mères ou substrats) dont l'organisation spatiale permet de définir, dans son ensemble, tout ou partie d'une couverture pédologique.

tributaire de l'état d'avancement des sciences et de l'expérience de chacun, associe une certaine morphologie, un certain fonctionnement, un ensemble de propriétés et un mode d'évolution pour définir des catégories : catégories morphologiques, pédogénétiques ou autres, etc.

Objectifs et principes de base du *Référentiel pédologique*

Le *Référentiel pédologique* (RP en abrégé) n'est pas une classification. Ses auteurs ont cherché à établir une typologie qui soit à la fois scientifique et pragmatique, précise et souple, et qui ne comporte que deux catégories : les **références** et les **types**, subdivisions d'une référence par adjonction d'un ou plusieurs **qualificatifs**.

Le RP est conçu comme un espace typologique à N dimensions dans lequel sont repérées les références sans souci de hiérarchisation. Lorsque c'est nécessaire, pour établir des corrélations régionales, nationales ou internationales, le pédologue situe un solum-concept, une plage cartographique ou une unité cartographique par rapport à ces références. Le RP présente une collection de références dont le nombre augmentera certainement dans l'avenir. En effet, dès que l'on sera capable de conceptualiser des solums d'existence suffisamment générale et trop différents des références définies antérieurement, on pourra en définir de nouvelles. Il s'agit donc d'un système entièrement ouvert.

Cette typologie tient compte :
- de la morphologie des solums ;
- des propriétés de comportement et de fonctionnement ;
- des processus pédogénétiques.

La morphologie des solums (au sens large, incluant aussi les données analytiques et minéralogiques, etc.) constitue la base essentielle sur laquelle se fonde le rattachement des solums aux références, en privilégiant cependant les caractères qui jouent un rôle majeur vis-à-vis des comportements et fonctionnements (textures, épaisseurs, différenciations structurales, etc.).

Les propriétés de comportement (agronomiques, sylvicoles, géotechniques) et de fonctionnement (régimes, fonctionnements hydrique, structural, etc.) ont été prises en compte le plus possible pour distinguer et définir les références. C'est ainsi que les pélosols, ARÉNOSOLS, vertisols, planosols, réductisols ont paru nécessaires.

Les processus pédogénétiques ont été présentés lorsqu'ils sont suffisamment bien connus. Ils constituent le cadre idéal pour l'interprétation générale des solums et des pédopaysages. En effet, dans certains cas, la morphologie et les propriétés actuelles des sols découlent étroitement de l'action de la pédogenèse. Dans d'autres cas, au contraire, l'évolution pédogénétique est encore modeste et le solum reflète surtout les propriétés de la roche-mère (héritage). Lorsque l'on sait que plusieurs cycles de pédogenèse se sont succédé, priorité sera donnée aux évolutions les plus récentes.

Mais le RP constitue également un langage synthétique. Comme tel, il tient compte du vocabulaire qui se développe depuis plus de vingt années, tant au niveau national que dans les instances internationales. Ainsi, un certain nombre de termes ont été empruntés à d'autres systèmes (planosols, pélosols, ARÉNOSOLS). En fonction des connaissances nouvelles acquises depuis 1967, il a fallu modifier la définition de certains termes anciens ou bien créer des néologismes pour exprimer des concepts nouveaux (alocrisols, PEYROSOLS, horizon réductique, etc.).

Organisation du *Référentiel pédologique*

Les horizons de référence

Ils constituent la base du système puisqu'ils servent à définir les **références**. Le RP en propose plus de soixante-dix. Chacun est défini et décrit par plusieurs des éléments suivants :
• caractères morphologiques (constituants, traits pédologiques, structure, couleurs, propriétés physiques, hydriques, etc.) ;
• données analytiques (pH, S/T, CEC, densité apparente, etc.) ;
• signification pédogénétique ;
• principales variations possibles de ces caractères (principaux faciès) ;
• positions les plus fréquentes au sein des couvertures pédologiques, etc.

Un horizon de référence n'est pas, en général, diagnostique à lui tout seul. Ce sont certaines successions d'horizons de référence, les solums-diagnostiques[4], qui permettent de rattacher tel solum à telle référence.

Les références

Le plus souvent, elles sont définies par des solums-diagnostiques. Mais certaines références sont définies d'autres façons :
• par leur position dans le pédopaysage et la nature de leur roche-mère (cas des fluviosols et des COLLUVIOSOLS) ;
• ou bien par des macro-caractères du solum, c'est-à-dire par des traits pédologiques ou des caractères qui affectent plusieurs horizons. Ainsi, les fissures des vertisols ou bien la forte différenciation texturale et la transition brutale entre horizons des planosols sont des macro-caractères utilisés au plus haut niveau pour définir certaines références.

À ce jour, les références sont définies par des séquences verticales d'horizons replacées dans leur pédopaysage. On espère que dans un futur proche il sera possible d'en définir un certain nombre à organisation latérale.

Dans le RP, chaque référence est présentée en renseignant les rubriques suivantes :
• définition et signification pédogénétique ;
• solums-diagnostiques et macro-caractères spécifiques ;
• qualificatifs associés ;
• situation dans le paysage ;
• exemples de types ;
• propriétés agronomiques, sylvicoles, géotechniques, etc. ;
• fonctionnements ;
• intergrades et seuils de tolérance au-delà desquels on ne peut plus rattacher un solum à cette référence.

Les différences entre références sont basées sur des propriétés observables et/ou mesurables. La présente version du RP propose 102 références[5]. Il est probable que leur nombre atteindra 150 pour traiter des sols du monde entier.

Les noms des références comportent un ou deux mots et sont toujours écrits en petites capitales.

---

[4] Désignés désormais comme **séquences d'horizons de référence**.
[5] 110 dans le *Référentiel pédologique* 2008.

Les types et les qualificatifs

Les références peuvent être subdivisées en types par l'adjonction de qualificatifs. Ainsi, un CALCOSOL fluvique, vertique, humifère, réductique est un type rattaché à la référence des CALCOSOLS.

Il est nécessaire d'ajouter le plus grand nombre possible de qualificatifs afin de préciser au maximum les propriétés d'un solum :
- PLANOSOL TYPIQUE pédomorphe, albique, dystrique, à moder, d'argile sableuse ;
- BRUNISOL MÉSOSATURÉ colluvial, pachique, limoneux, à mull, de gneiss ;
- LUVISOL DÉGRADÉ drainé, resaturé, à fragipan, de limon ancien.

Une première liste de qualificatifs (adjectifs, périphrases, préfixes) a été établie. Chacun précise un caractère du solum et une définition en est proposée de façon à ce que chaque terme n'ait qu'une seule signification. Les qualificatifs sont toujours écrits en bas de casse.

Ne sont indiqués dans le RP que quelques types connus, mais il en existe certainement beaucoup d'autres. La liste des qualificatifs étant ouverte et les combinaisons illimitées, la liste des types est, par nature, ouverte et illimitée.

Au niveau mondial, les références peuvent suffire pour échanger l'information ou pour exprimer la répartition des grands phénomènes pédologiques. En revanche, à l'échelon national, régional ou local, il est indispensable de les détailler afin de compléter l'information et de la rendre plus facilement utilisable.

C'est au niveau des types qu'il sera possible d'établir des correspondances entre le RP et les diverses classifications existantes. C'est également à ce niveau qu'il sera possible d'extrapoler certaines connaissances acquises en un site (relations entre nature de la couverture pédologique et son utilisation) à tous les sites pédologiquement comparables. Ainsi, les résultats d'un essai agronomique mené sur un LUVISOL DÉGRADÉ drainé, resaturé, à fragipan, sur limons du Faux-Perche seront peut-être généralisables à tous les sols de ce même type dans le Bassin parisien.

Les grands ensembles de références (GER)

Il s'agit d'ensembles typologiques dont le concept central est bien défini et reconnu par nombre de classifications dans le monde (les podzosols, les sols andiques, les vertisols, etc.), mais dont les frontières avec les autres « grands ensembles » voisins peuvent être assez floues.

La nécessité des GER a été ressentie surtout pour éviter les répétitions inutiles dans la présentation des références. Ils regroupent plusieurs références qui ont de nombreux caractères communs et qui, par exemple, montrent les mêmes horizons de référence. La présentation de ces caractères communs et de ces horizons communs dans un même texte répond donc surtout à une nécessité rédactionnelle.

L'autre intérêt, d'ordre didactique, consiste à regrouper plusieurs références dont les concepts centraux sont traditionnellement reconnus comme associés. Ainsi, sept références caractérisées par l'existence d'un processus de podzolisation sont rassemblées dans un même GER des podzosols. Dans cet ouvrage, plusieurs GER sont présentés, mais on pourrait en constituer d'autres en opérant d'autres regroupements.

Les GER ne sont pas une catégorie du RP. Leur rôle y étant secondaire, il ne faut pas leur donner d'importance hiérarchique.

La démarche de rattachement

Le RP doit permettre de rattacher tout solum, toute plage cartographique ou toute unité cartographique à une ou plusieurs références. La démarche de rattachement comporte trois étapes :
- la caractérisation ;
- l'interprétation ;
- le rattachement proprement dit.

La caractérisation

La caractérisation optimale de la couverture pédologique en chaque site nécessite :
- des descriptions et des analyses de chaque horizon, y compris la roche-mère ou le substrat (si accessibles) ;
- la description des transitions entre horizons ;
- une description minimale de l'environnement du site étudié ;
- lorsque c'est possible, des suivis, au cours du temps, qui permettent de mieux cerner les régimes et les fonctionnements.

Certaines de ces informations sont recueillies rapidement, *in situ*, d'autres impliquent de mettre en œuvre des techniques (de préparation, de mesure, d'analyse) afin de réaliser des études complémentaires, au laboratoire ou sur le terrain. Le recours à ces techniques occasionne un certain délai se mesurant en semaines ou en mois.

L'interprétation

Ce sont les successions verticales ou latérales des différents horizons qui éclairent le plus notre interprétation, car ces superpositions ou ces enchaînements latéraux ne sont pas le fait du hasard, mais résultent de l'action de processus pédologiques (naturels ou anthropiques) sur une roche-mère initiale.

Pour effectuer cette démarche d'interprétation, le pédologue puise dans le corpus des connaissances de son époque et dans son expérience personnelle. Il lui faut conceptualiser en termes d'horizons de référence les horizons qu'il a décrits et caractérisés. Pour cela, les traits pédologiques, certaines caractéristiques morphologiques et/ou analytiques sont attribués à des processus pédogénétiques, l'interprétation d'un horizon ne pouvant être faite indépendamment de l'organisation des horizons dans l'espace géographique (verticalement et latéralement), ni de nombreux éléments du pédopaysage.

Le rattachement

Le rattachement consiste à relier un solum à une ou plusieurs références, puis à lui donner le(s) nom(s) correspondant(s). Cela se fait par un raisonnement pédologique qui est du même ordre que celui effectué lors de l'interprétation des horizons.

Le rattachement est un système souple qui nécessite l'étude de la ressemblance entre un solum et les références. Pour analyser cette ressemblance, on peut se fonder sur les concepts statistiques de **modes** et de **distances mathématiques** et employer des méthodes telles qu'**analyses multidimensionnelles** et **systèmes experts**.

On distingue des rattachements simples, imparfaits, doubles, multiples et les intergrades (cf. légende de la figure « Les différents types de rattachement au *Référentiel pédologique* », p. XVII).

La création d'une nouvelle référence

Si un solum se trouve très éloigné de toutes les références définies antérieurement, ce peut être l'occasion d'ajouter au RP une nouvelle référence. Cela est en effet toujours possible sans pour autant remettre en cause l'ensemble du référentiel. De même, il est possible de signaler l'existence de nouveaux types. Cependant, afin d'éviter la confusion, toute proposition de création d'un nouvel horizon de référence, d'une nouvelle référence ou d'un nouveau qualificatif devra faire l'objet d'une étude préalable détaillée et argumentée afin de maintenir la cohérence générale.

Différentes utilisations du *Référentiel pédologique*

Les informations pédologiques peuvent être traitées dans deux domaines distincts :
- dans le domaine typologique ;
- dans le domaine de l'espace géographique.

Dans le domaine typologique

Dans ce domaine, l'organisation des références et des types en ensembles plus généraux est laissée au libre choix des pédologues. Ainsi, il est possible de rassembler toutes les références et tous les types présentant un caractère important en commun et de constituer ainsi un **ensemble cognat**. Par exemple, on pourra rassembler en un seul ensemble cognat (à la fois conceptuel et paysagique) tous les fluviosols et tous les types fluviques (CALCOSOLS fluviques, ARÉNOSOLS fluviques, réductisols fluviques, etc.). Autre exemple : tous les types ou références connaissant des excès d'eau à moins de 50 cm. La constitution de ces ensembles cognats est entièrement libre.

Pour un certain nombre d'objectifs particuliers, il peut être nécessaire de construire une typologie ou une classification. Le RP fournit des matériaux pour une telle construction. À partir de tout ou partie du référentiel général, il est possible :
- de constituer un référentiel local ou régional, bâti à partir des références et types effectivement reconnus dans le territoire considéré ; les types pouvant être détaillés et multipliés selon les besoins et en fonction des connaissances acquises. Il est souhaitable que toutes les typologies locales et régionales qui s'ébauchent aujourd'hui en France soient compatibles avec le RP ;
- d'établir des correspondances entre références et types du RP avec diverses classifications étrangères ou systèmes internationaux ;
- de construire diverses classifications personnelles ou spéciales.

Lorsque l'on aura à utiliser ce référentiel dans un cadre local (région de programme ou région naturelle, département, canton), il faudra certainement utiliser une terminologie plus détaillée que ce qui est nécessaire pour une synthèse nationale ou internationale. Il sera alors nécessaire de puiser dans la liste des qualificatifs afin de caractériser les types de manière détaillée. La nature de la roche-mère, en particulier, devra être précisée : définition pétrographique ou minéralogique, âge, mode de dépôt ou de mise en place, etc. Chaque qualificatif employé ayant une définition relativement précise, l'information pédologique pourra circuler sans ambiguïté d'une région à l'autre ou de l'échelon local à l'échelon national.

Quant aux spécialistes d'autres disciplines scientifiques qui doivent prendre en compte les couvertures pédologiques, il leur est possible de se baser sur les seuls horizons de référence pour construire une autre typologie qui corresponde à leurs besoins. Il leur est aussi possible d'inclure des éléments du pédopaysage (pentes, végétation, etc.) pour compléter leur propre classification ou référentiel.

Dans le domaine de l'espace géographique

La caractérisation d'une unité typologique n'est pas liée nécessairement à une analyse spatiale ; il en va différemment de l'unité cartographique qui est, par essence, liée à une distribution spatiale (aires, formes, emplacements des plages cartographiques la constituant). L'unité cartographique est tributaire des échelles d'investigation et de publication de la carte et, de ce fait, associe souvent plusieurs unités typologiques.

Le terme de cartographie, couramment employé, recouvre en fait deux activités distinctes :
• la cartogenèse : analyse de l'organisation spatiale de la couverture pédologique, devant déboucher le plus souvent sur un découpage de celle-ci en sous-ensembles spatiaux ;
• la cartographie *sensu stricto* : représentation graphique de cette organisation et/ou de ce découpage sur un fond de carte topographique.

La cartogenèse ne nécessite pas de faire appel à une classification générale préétablie. En revanche, l'expression synthétique de l'organisation spatiale des couvertures pédologiques est facilitée par un langage. Le RP peut jouer ce rôle de langage par ses qualificatifs, ses horizons de référence ou ses références.

En ce qui concerne toutes les représentations graphiques, plusieurs questions se posent, relatives à :
• l'objet représenté qui peut être un solum, un horizon, un caractère ou un ensemble structuré de caractères ;
• la représentation choisie : en deux dimensions, en plusieurs plans horizontaux superposés (= tomographies) ou en trois dimensions ;
• l'organisation de la légende.

Le RP est très souple et propose un langage qui peut aider les représentations :
• de caractères, grâce aux qualificatifs ;
• d'horizons, grâce aux horizons de référence ;
• de solums, grâce aux références.

En ce qui concerne la représentation en deux dimensions par surfaces fermées (carte), il semble que les références soient bien adaptées à l'interprétation des plages cartographiques. Pour les unités cartographiques, on peut adopter comme langage celui des références, des types ou des ensembles cognats. Pour les représentations en plans verticaux des couvertures pédologiques (coupes pédologiques) le langage du RP peut être utilisé pour nommer les volumes présentés.

Pour la structuration de la légende d'une carte, le RP n'impose aucune hiérarchie typologique. On peut décider de présenter cette légende structurée par pédopaysage ou par régions naturelles. Les présentations peuvent être différentes d'une carte à une autre, mais les cartes resteront compatibles si le langage synthétique (références, types, horizons, qualificatifs) reste le même. Et ce, d'autant plus que l'ensemble de l'information graphique et sémantique sera contenu dans des bases de données informatiques. Le RP n'impose donc pas une représentation cartographique, mais propose un langage commun qui permet de passer d'une représentation à une autre.

Remarques finales

Le RP ne peut pas être le plus adéquat pour toutes les régions du monde : une adaptation est toujours nécessaire aux conditions particulières et aux besoins spécifiques d'applications pratiques. Mais cette adaptation devrait être facilitée, grâce aux principes du RP.

Il n'est pas définitif : l'évolution continue de la connaissance et la maturation des concepts permettra d'être plus performants. Le RP a d'ores et déjà prévu les modalités de sa mise à jour.

Il n'est pas capable de régler les problèmes de la cartogenèse, en particulier ceux relatifs à l'extrapolation d'une série d'informations ponctuelles dans les trois dimensions de l'espace. On peut seulement espérer que le langage constitué par le RP facilitera les diverses démarches.

Légende de la figure page suivante

Au concept central de chaque référence est attaché un certain nombre de caractères. Pour chacun de ces caractères, on peut définir un intervalle modal et un intervalle périmodal. Dans l'intervalle modal, on considère que toutes les valeurs du caractère définissent le concept central d'une manière également acceptable. Dans l'intervalle périmodal, toutes les valeurs du caractère définissent imparfaitement le concept central. En dehors de l'intervalle périmodal, on considère qu'il n'est plus possible d'évoquer le concept central.

Mais, chaque référence est définie par plusieurs caractères qualitatifs (ordonnés ou non) et quantitatifs. On applique les notions d'intervalles modal et périmodal à l'espace à N dimensions que représente une référence. Lorsqu'un solum se situe dans l'espace modal d'une référence, on a un rattachement simple. Lorsqu'il se situe dans l'espace périmodal d'une référence on a un rattachement imparfait. Lorsque le solum se situe en dehors de l'espace périmodal d'une référence, il n'est plus possible de pratiquer un rattachement. On entre alors dans le domaine des intergrades.

▶▶ Le rattachement simple

Il y a peu de chances qu'un solum étudié corresponde exactement aux définitions fournies par le *Référentiel pédologique*. Le rattachement simple admet donc quelques différences, d'ampleurs limitées, par rapport à la définition centrale d'une référence. En d'autres termes, on reste dans l'espace modal d'une seule référence.

▶▶ Le rattachement imparfait

Les divergences deviennent importantes, supérieures à celles admises dans la partie modale, mais comprises dans l'espace périmodal d'une référence. Il faut indiquer clairement que certains caractères observés ne correspondent pas à la définition de la référence la plus proche. Exemple : LUVISOL TYPIQUE partiellement tronqué de ses horizons E ou bien ORGANOSOL SATURÉ insuffisamment riche en carbone (6,5 % au lieu des 8 % exigés).

▶▶ Le rattachement double ou multiple

Souvent, le pédologue observe des solums qui peuvent être rattachés à deux références et il ne souhaite pas privilégier l'une aux dépens de l'autre. Dans un tel cas, le solum appartient aux espaces périmodaux de deux références : un rattachement double s'impose pour conserver une information la plus complète possible, et ainsi mieux rendre compte de la réalité. Par exemple, certains sols se rattachent à l'évidence aux luvisols, car l'illuviation y est bien visible et s'y exprime par une nette différenciation à la fois texturale et structurale, mais ils sont aussi le siège d'engorgements intenses à faible profondeur, que l'on ne peut pas négliger. Le solum sera nommé luvisol-RÉDOXISOL. Un rattachement triple est envisageable.

▶▶ Les intergrades

Le terme d'intergrade correspond à des solums que leurs caractères situent en dehors des périmodes des références les plus proches. Dans le système proposé, un solum pourra être situé à mi-distance entre deux références (intergrade double) mais il pourra aussi être rattaché à trois, voire quatre références (intergrade multiple). Par exemple, parmi les « terres noires de Limagne », il existe des solums que l'on peut rattacher à la fois aux chernosols, aux réductisols et aux vertisols. Il est bon de pouvoir exprimer ce caractère triple.

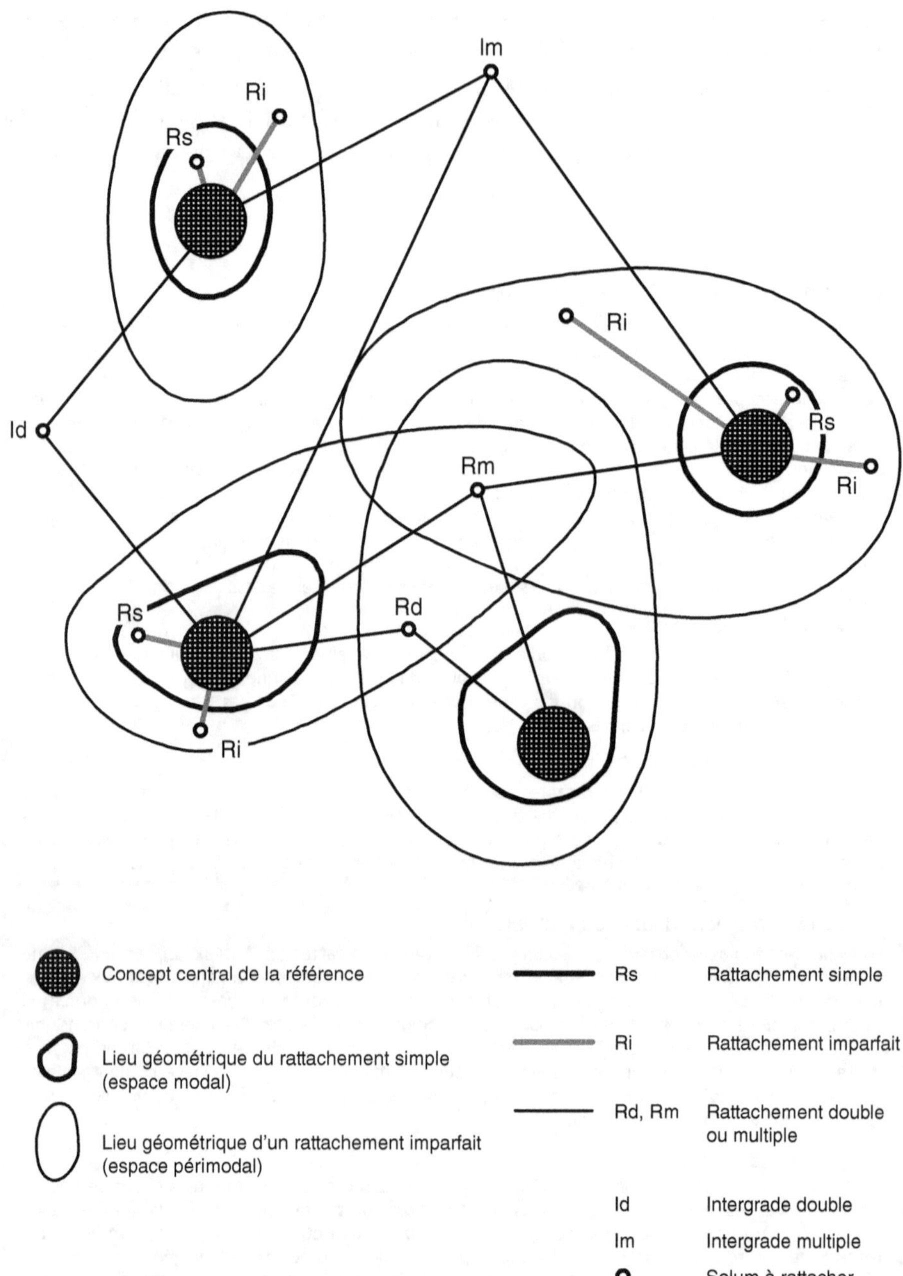

Les différents types de rattachement au *Référentiel pédologique*.

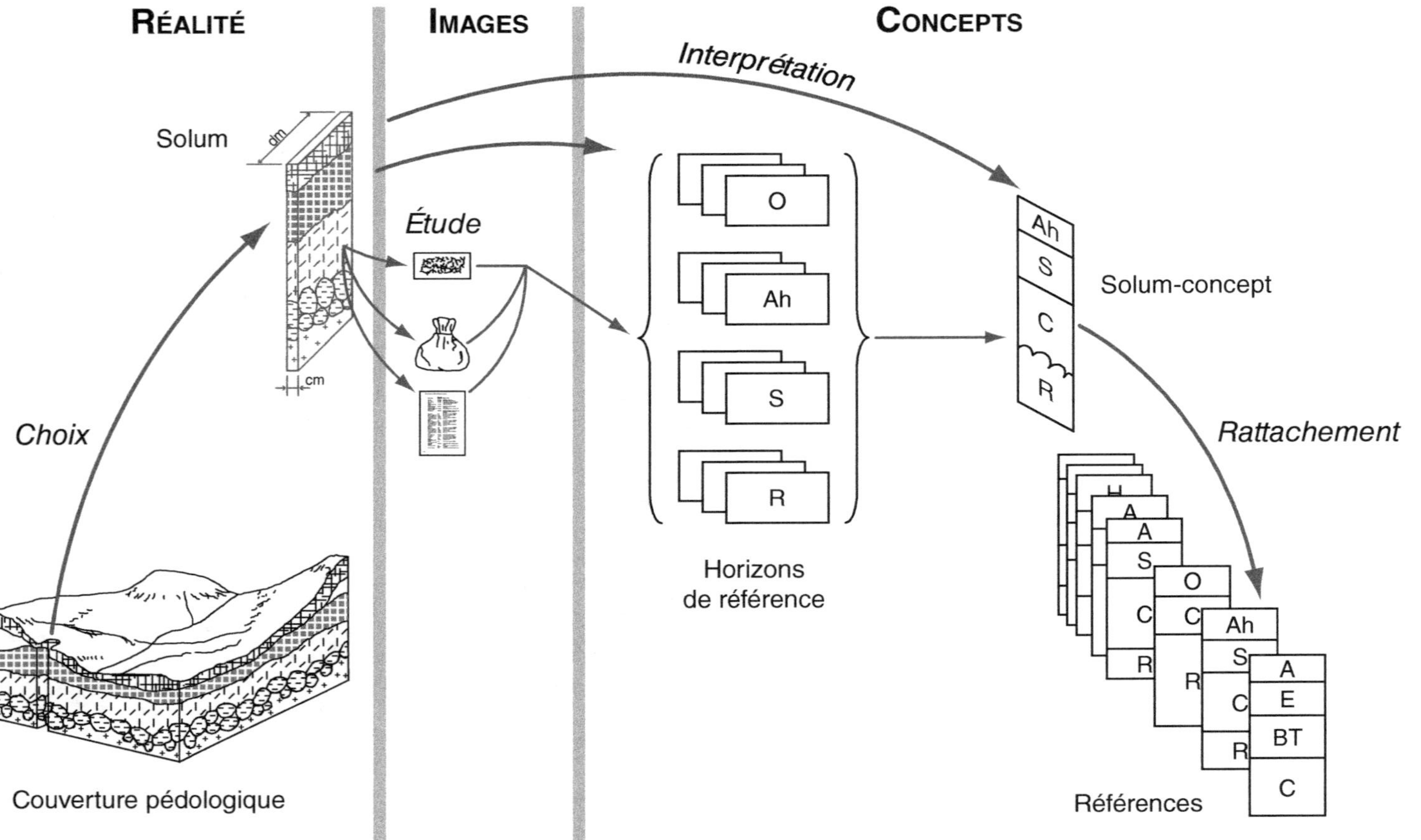

Le rattachement d'un solum au *Référentiel pédologique*.

Le rattachement d'un solum au *Référentiel pédologique* : une démarche en quatre phases

▶▶ **Phase 1** — RECUEIL DU MAXIMUM D'INFORMATIONS SUR LE TERRAIN ET AU LABORATOIRE :
• description du solum et de son environnement
• analyses, suivis, examen de lames minces, etc.

▶▶ **Phase 2** — INTERPRÉTATION DES DONNÉES en termes :
• d'**horizons de référence** ;
• de **solums-concepts** ;
• de propriétés et de fonctionnements.

▶▶ **Phase 3** — RATTACHEMENT À UNE OU PLUSIEURS RÉFÉRENCES.

▶▶ **Phase 4** — EXPRESSION DE CE RATTACHEMENT SOUS UNE FORME NORMALISÉE :
• **Interprétation** :
1- NOM de la (des) RÉFÉRENCE(s)   *Niveau obligatoire*
   Liste ouverte   *À écrire en CAPITALES*

• **Information** :
2- Utilisation de QUALIFICATIFS pour déterminer un TYPE   *À écrire en minuscules*
   et transmettre une information plus riche
   Utilisation libre, additive, termes bien définis (glossaire)
   Liste ouverte
3- Description du MATÉRIAU ORIGINEL   *À écrire en minuscules*
   (granulométrie, minéralogie, faciès lithologique,
   âge et mode de mise en place, etc.)

• **Exemples** :
CALCOSOL fluvique, vertique, argileux, réductique.
RENDOSOL hyper-calcaire, calcarique, issu de craie tendre.
LUVISOL TYPIQUE eutrique, rédoxique, agrique, issu de lœss.
LUVISOL DÉGRADÉ glossique, à fragipan, drainé, resaturé, issu de limons anciens.
LUVISOL DÉGRADÉ planosolique, dystrique, albique, issu d'alluvions anciennes.
PLANOSOL TYPIQUE pédomorphe, dystrique, issu d'argiles glauconieuses albiennes.
SULFATOSOL humifère, rubique, de mangrove.
COLLUVIOSOL recarbonaté, argileux, fersiallitique, de doline.
BRUNISOL DYSTRIQUE oligosaturé, cultivé, argilo-sableux, issu de grès permien.
PÉLOSOL-RÉDOXISOL de bas de versant (*double rattachement*).
FLUVIOSOL BRUT-RÉDOXISOL sablo-limoneux, hypo-calcaire (*double rattachement*).

Sommaire

Annexes

Auteurs et collaborateurs

Cette troisième édition du *Référentiel pédologique* a été élaborée par un groupe de travail constitué de :

Denis Baize (Inra • Orléans)

Michel-Claude Girard (AgroParisTech • Grignon)

Bernard Jabiol (AgroParisTech • Nancy)

Jean-Pierre Rossignol (INH • Angers)

Micheline Eimberck (Inra • Orléans)

Alain Beaudou (IRD • Bondy)

Coordination générale : **Denis Baize**

Toutes remarques, requêtes, propositions de modifications ou propositions de nouveaux groupes de travail doivent être adressées à Denis Baize, secrétaire général du *Référentiel pédologique*.

denis.baize@orleans.inra.fr

Auteurs des trente-quatre chapitres du *Référentiel pédologique 2008*

Alocrisols	Pierre AUROUSSEAU • Bernard JABIOL • Denis BAIZE
Andosols	Paul QUANTIN • Jean-Pierre ROSSIGNOL
Anthroposols	Jean-Pierre ROSSIGNOL • Denis BAIZE • Christophe SCHWARTZ • Louis FLORENTIN
Arénosols	Denis BAIZE
Brunisols	Denis BAIZE • Bernard JABIOL
Calcium et/ou magnésium (solums dominés par le)	Michel-Claude GIRARD • Denis BAIZE • Bernard JABIOL
Chernosols	Denis BAIZE • Georges AUBERT † • G. LUPASCU †
Colluviosols	Denis BAIZE • Brigitte VAN VLIET-LANOÉ
Cryosols	Brigitte VAN VLIET-LANOÉ
Ferrallitisols et oxydisols	Alain BEAUDOU • Michel-Claude GIRARD
Ferruginosols	Jean-Claude LEPRUN • Michel-Claude GIRARD
Fersialsols	Louis-Marie BRESSON
Fluviosols	Jean CHRÉTIEN • Denis BAIZE • Bernard JABIOL • Jean-Michel GOBAT
Grisols	Denis BAIZE
Gypsosols	Marcel POUGET
Histosols	Arlette LAPLACE-DOLONDE • Emmanuelle BOUILLON-LAUNAY • Michel-Claude GIRARD • Jean-Michel GOBAT
Leptismectisols	Jean-Pierre ROSSIGNOL • Jean BOULAINE • Pascal PODWOJEWSKI • Denis BAIZE
Lithosols	Denis BAIZE
Luvisols	Marcel JAMAGNE • Micheline EIMBERCK
Nitosols	Paul QUANTIN • Jean-Pierre ROSSIGNOL
Organosols	Michel-Claude GIRARD • Jean BOULAINE • Bernard JABIOL
Pélosols	Denis BAIZE • Bernard JABIOL
Peyrosols	Denis BAIZE • Jean BOULAINE
Phæosols	Jean-Pierre ROSSIGNOL • Denis BAIZE • Nino NINOV †
Planosols	Denis BAIZE
Podzosols	Dominique RIGHI • Bernard JABIOL
Rankosols	Michel-Claude GIRARD • Denis BAIZE • Bernard JABIOL
Réductisols et rédoxisols	Jean-Claude FAVROT • Jean-François VIZIER • Micheline EIMBERCK • Bernard JABIOL
Régosols	Denis BAIZE
Salisols et sodisols	Jean-Yves LOYER
Thalassosols	Denis BAIZE • Jean-Pierre ROSSIGNOL
Thiosols et sulfatosols	Claude MARIUS • Alain AUBRUN †
Veracrisols	Dominique ARROUAYS
Vertisols	Jean-Pierre ROSSIGNOL • Pascal PODWOJEWSKI • Bokar KALOGA • Denis BAIZE • Jean BOULAINE

Auteurs des annexes du *Référentiel pédologique 2008*

Annexe 1   Bernard JABIOL • Alain BRETHES • Jean-Jacques BRUN • Jean-François PONGE • François TOUTAIN • Augusto ZANELLA • Michaël AUBERT • Fabrice BUREAU

Annexe 2   Jean-François VIZIER

Collaborateurs et personnes consultées pour l'édition 2008

Delphine ARAN • Paul BONFILS† • Gérard BOURGEON • Dominique BOUTIN • Stéphane BURGOS • Laurent CANER • Marie-Agnès COURTY • Frédéric FEDER • Nicolas FÉDOROFF • Claire GUENAT • Michel GURY • Elena HAVLICEK • Jean-Marie HÉTIER • K. VAN LEEUWEN • Jean-Paul PARTY • Aude PELLETIER • Louis-Marie RIVIÈRE • Christophe SCHWARTZ

Collaborateurs et personnes consultées (édition 1995 — rappel)

Todor ANDONOV • Henri ARNAL • Paul ARPIN • David BADIA-VILLAS • Jean-Pierre BARTHES • Michel BERLAND • Joao BERTOLDO DE OLIVEIRA • W. E. H. BLUM • Paul BONFILS† • Pierre BOTTNER† • Fernand BOURGEAT • Gérard BOURGEON • Todor BOYADGIEV Pierre BRABANT • Jean-Jacques BRUN • Christian BUSON • Yves-Marie CABIDOCHE • François CHARNET • Claude CHEVERRY • Yves COQUET • Eduardo COSTANTINI • Jean DEJOU • F. DELECOUR • B. DENIS • Georges DUCLOS • Jacques DUCLOUX • Pierre ESPIAU • Pierre FAIVRE • René FAUCK • Louis FLORENTIN • Bernard FOURNIER • Alain FRANC • T. GALLALI • A. GAOUAR • Jean-Louis GAUQUELIN • Pierre GENSAC • Jean-Michel GOBAT • Michel GRATTIER • Michel GURY • Raymond HARDY • B. HOUMANE • François-Xavier HUMBEL • Michel ISAMBERT • Fernand JACQUIN • Pavel JELIAZKOV • J. O. JOB • M. KHOUMA • Rabah LAHMAR • Maurice LAMOUROUX • Marc LATHAM • Jean-Yves LEBRUSQ • Jean-Paul LEGROS • Alain LENFANT • Jean-Claude LEPRUN • Benoît LESAFFRE • Gérard LEVY • Jean LOZET • Roger MAIGNIEN • A. M'HIRI • B. MOUGENOT • A. OSMAN • Joël PELLERIN • Jean-François PONGE • Franco PREVITALI • Jean-Claude REVEL • Louis-Marie RIVIÈRE • Jean-Marie RIVIÈRE • Jacques ROQUE • Roger SALIN • Dominique SCHWARTZ • Joël SERVANT • Sokrat SINAJ • A. SOUISSI • M. SOURDAT • François TOUTAIN • Jean TRICART • Folkert VAN OORT • Jean VAUDOUR • Willy VERHEYE • B. VINCENT • F. WEISSEN • G. YORO • Daniel ZIMMER

Liste des horizons de référence du *Référentiel pédologique 2008*

(par ordre alphabétique)

Code	Code	Nom	Remarques diverses	Page
A		Horizons A	Code traditionnel • Utilisable seul	9
	A	A hapliques	N'ont pas les caractères des autres horizons A	
	Aca	A calcaires		
	Ach	A cherniques	De *tcherno* = noir en russe	
	Aci	A calciques		
	Ado	A dolomitiques		
	Ae	A éluviaux		
	AG	A à caractères réductiques		
	Alu	A aluandiques		
	Amg	A magnésiques		
	An	A d'anmoor		
	And	A silandiques		
	Aso	A sombriques	Ancien code : Ahs	
	Avi	A vitriques		
BT		B argilluviaux	B = code traditionnel T pour « textural »	17
	BTß	BT bêta	Ancien « horizon bêta »	
BP		B podzoliques	B = code traditionnel P pour « podzolique »	19
	BPh	BP humifères		
	BPs	BP sesquioxydiques		
C		Horizons C	Code traditionnel • Utilisable seul	25
E		Horizons éluviaux	Code utilisable seul	14
F		Horizons ferrallitiques	Jaunes et rouges • Variantes : Fox, Fhy	149
FE		Horizons ferrugineux	Code utilisable seul pour les horizons ferrugineux meubles	170
Fe	Fe	Horizons ferriques	Ancien code : FE	20
	Fem	Horizons pétroferriques	Ancien code : FEm	
	Femp	Horizons placiques	Ancien code : FEmp	

Code	Code	Nom	Remarques diverses	Page
FS		Horizons fersiallitiques		179
G		Horizons réductiques	Code traditionnel Go, Gr et Ga sont des variantes	22
g		Horizons rédoxiques	Code traditionnel	21
H		Horizons histiques	Ne pas utiliser seul • Essayer de préciser	205
	Ha	H assainis		
	Hf	H fibriques		
	Hm	H mésiques		
	Hs	H sapriques		
J		Horizons jeunes	Ne pas utiliser seul • Préciser Js ou Jp	25
	Js	J de surface		
	Jp	J de profondeur		
K		Horizons calcariques		20
	K	Horizons calcariques discontinus		
	Kc	Horizons calcariques continus		
	Km	Horizons pétrocalcariques		
L		Horizons labourés	Exemples : L, LA, LE, LS, LBT, LH	14
Na		Horizons sodiques	Exemples : NaA, NaS, NaBT	24
ND		Horizons nodulaires		154
O		Horizons organiques	Ne pas utiliser ce code seul • Essayer de préciser	7
	OF	Horizons O de fragmentation	Code utilisable seul • Variantes : OFr, OFm	
	OH	Horizons O « humifiés »	Code utilisable seul • Variantes : OHr, OHf	
	OHta	Horizons de tangel		
	OL	Horizons O de litières	Code utilisable seul • Variantes : OLn, OLv, OLt	
OX		Horizons oxydiques		150
	OX	Horizons oxydiques meubles	Variantes : OXal, OXfl, OXfr, OXba, OXti	
	OXc	Horizons duroxydiques	Carapaces	
	OXm	Horizons pétroxydiques	Cuirasses	
RT		Horizons réticulés	Correspond au « rétichron » et à la « plinthite »	152
S		Horizons structuraux	Code utilisable seul	15
	S	S hapliques	N'ont pas les caractères des autres horizons S	
	Sal	S aluminiques		
	Sca	S calcaires		
	Sci	S calciques		
	Sdo	S dolomitiques		
	Slu	S aluandiques		
	Smg	S magnésiques		
	Sn	S nitiques		
	Snd	S silandiques		
	Sp	S pélosoliques		
	SV	S vertiques		
Sa		Horizons saliques	Variantes : SaA, SaS, SaBT	24

Code	Code	Nom	Remarques diverses	Page
Si		Horizons siliciques		20
	Sim	Horizons pétrosiliciques		
U		Horizons sulfatés		25
V		Horizons vertiques sphénoïdes		23
			Variantes Vs, Vy, Vk, Vna, Vsa	318
X		Horizons peyriques		24
	X	Horizons grossiers		
	Xc	Horizons cailloutiques		
	Xgr	Horizons graveliques		
	Xp	Horizons pierriques		
Y		Horizons gypsiques	Ne pas utiliser ce code seul • Essayer de préciser	197
	Ym	Horizons pétrogypsiques		
	Yp	Y de profondeur		
	Ys	Y de surface		

Horizons de transition (exemples)

A-S   S-C   B-C   C-M   Z-S.

Lettres suffixes qui peuvent être ajoutées à tous les types d'horizons

	Signification	Exemples
-b	(*buried*) Horizon situé sous un apport naturel ou artificiel de plus de 50 cm d'épaisseur, qui devrait normalement être situé en surface ou presque (horizon enfoui)	
-cry	Très cryoturbé	Ccry
-g	Horizon à caractère rédoxique	Eg, BTg, Sg, Scag, Cg, etc.
-h	Horizon plus humifère que la norme	Ah, Eh, BTh, Scah, Salh, Xh, etc.

Lettres suffixes qui peuvent être ajoutées à certains horizons, couches ou matériaux

	Signification	Exemples (Ex. :) ou liste complète (LC :)
-a	Albique	LC : Ea, Ga, ga
-c	Induré	Ex. : Kc, OXc (mais pas Xc)
-ca	Calcaire (horizons C et couches)	LC : Cca, Dca, Mca, Rca
-cn	Accumulation de sesquioxydes (Fe, Mn) sous forme de films, concrétions ou nodules nombreux	Ex. : BTcn, FEcn (ferruginosols)
-cra	Horizons C et couches crayeuses	LC : Ccra, Dcra, Mcra
-d	À dégradation morphologique	LC : BTd, Sd
-ho	Hémiorganique	Ex. : Aho, Acaho, Sho, Zho
-j	À caractère xanthomorphe	Ex. : Sj, Scij, BTj
-k	Début d'accumulation de calcite secondaire	Ex. : Scak, Vk, Ck

	Signification	Exemples (Ex.:) ou liste complète (LC:)
-m	Fortement induré	LC: Fem, Km, OXm, Sim
-nod	Grande abondance de nodules d'oxydes métalliques	LC: Anod, Fnod, OXnod, RTnod
-noz	D'origine non zoogène	LC: OFnoz, OHnoz
-s	À accumulation de sesquioxydes (mais pas sous forme de nodules)	Ex.: BTs, BPs
-t	Illuviation d'argile débutante ou importante	LC: St, Ct, FSt
-tp	Matériau pédologique ou géologique transporté	Ex.: Ltp, Dtp
-v	À propriétés vertiques	Ex.: Av, Sv, Cv
-x	À caractères fragiques	Ex.: Ex, Sx, BTx
-y	Contenant du gypse	Ex.: Cy, Sy, Vy
-z	Très anthropisé	Ex.: Lz
-zo	D'origine zoogène	Ex.: OFzo, OHzo
π-	« paléo- » (pour un horizon)	Ex.: πBT, πBPh

Subdivision d'un horizon en sous-horizons

Utilisation de chiffres suffixes 1, 2, 3… du haut vers le bas, sans autre signification que leur ordre d'apparition.

Exemples: A1/A2   S1/S2/S3   BT1/BT2   C1/C2.

Horizon montrant la juxtaposition de deux types de volumes

Exemple: E&BT (cas des LUVISOLS DÉGRADÉS).

Superposition de plusieurs matériaux (= discontinuités lithologiques)

Utilisation de chiffres romains (le I est omis). Système international.

Exemple: A/S/II C/III R.

Couches et matériaux

D	Couches D
M	Couches M
Mli	Matériaux limniques (histosols)
Mt	Matériaux terriques (histosols)
P	Couches P = pergélisol
R	Couches R
TH	Matériaux thioniques (THIOSOLS, SULFATOSOLS)
Z	Matériaux anthropiques
Zar	Matériaux archéo-anthropiques
ZO	Matériaux anthropiques holorganiques
Ztc	Matériaux anthropiques technologiques
Ztr	Matériaux anthropiques terreux

Lettres suffixes qui peuvent être ajoutées uniquement à certaines couches R et D

	Signification	Liste complète
-cri	Constituées de roches cristallines ou cristallophylliennes dures	Rcri, Dcri
-do	Constituées de roches dolomitiques dures	Rdo, Ddo
-sch	Constituées de schistes durs	Rsch, Dsch
-si	Constituées de roches siliceuses dures ni cristallines ni cristallophylliennes (grès, meulières, roches silicifiées)	Rsi, Dsi
-vo	Constituées de roches volcaniques dures	Rvo, Dvo

Définitions des horizons de référence

Ordre de présentation des horizons

Horizons toujours formés en surface :	O • A • L
Horizons situés en subsurface ou à moyenne profondeur :	
• d'éluviation :	E
• résultant surtout de processus d'altération :	S • FS • –j
(pour FS et –j, cf. chapitre « Fersialsols », p. 179)	
• d'accumulation absolue :	BT • BP • Fe • K • Si
• dominés par les processus d'oxydo-réduction :	g • G
Horizons à propriétés vertiques :	Av • SV • V
Horizons spécifiques des domaines ferrallitiques et intertropicaux : (cf. chapitres « Ferrallitisols et oxydisols », p. 149, et Ferruginosols », p. 170)	F • OX • RT • ND • FE
Horizons spécifiques des andosols : (cf. chapitre « Andosols », p. 77)	Alu • Slu • And • Snd • Avi
Horizons de constitution particulière pouvant se situer à différentes profondeurs :	
• horizons holorganiques formés dans l'eau : (cf. chapitre « Histosols », p. 205)	H
• éléments grossiers lithiques dominants :	X
• abondance de gypse secondaire : (cf. chapitre « Gypsosols », p. 197)	Y
• abondance de sels :	Sa
• dominés par l'abondance du sodium sur le complexe adsorbant :	Na
• abondance de jarosite :	U
Horizons de surface ou de subsurface très faiblement altérés et structurés :	J
Horizons de profondeur altérés, mais sans structuration pédologique :	C
Couches :	R • M • D • P
Matériaux :	Mli • Mt • TH • Z

Horizons O (horizons organiques)

Horizons **formés en conditions aérobies**, constitués principalement, mais pas toujours exclusivement, de matières organiques **directement observables**, et souvent qualifiés d'« holorganiques », bien que certains ne rentrent pas dans la définition stricte de ce terme ; ces matières organiques correspondent à des débris ou fragments végétaux morts, issus, pour la plupart, de parties aériennes (feuilles, aiguilles, fruits, écorces, matériels ligneux) ou parfois de racines fines ou mycéliums morts, développés initialement dans ces horizons eux-mêmes. Le degré de transformation de ces débris ou fragments, **principalement sous l'action de l'activité biologique**, est très variable : fragments macroscopiques ou non visibles à l'œil nu, lyse plus ou moins forte des contenus cellulaires, des parois, humification plus ou moins poussée. Les horizons O sont donc toujours situés à la partie supérieure des solums, au-dessus des autres horizons ou couches. La transformation des matières organiques est le processus pédogénétique majeur, aucun autre processus n'y est décelable. Les matières organiques ne sont jamais liées à la matière minérale.

Leur origine permet le plus souvent un diagnostic facile. Beaucoup de classifications prévoient un seuil minimal de teneur en carbone organique permettant, en particulier, la distinction « automatique » entre horizons O et A (souvent plus de 17 à 20 g de carbone organique pour 100 g, ou plus de 30 g de matières organiques pour 100 g). Ces seuils, souvent donnés sans méthode analytique, paraissent peu réalistes et doivent n'être pris en compte que comme des ordres de grandeur. Dans certains cas de transition très graduelle, sur plusieurs centimètres, entre un horizon OH et un horizon A (p. ex. limoneux et humifère), il peut cependant s'avérer utile d'y recourir.

Dans le cas particulier des horizons O, la quantité de carbone organique sera mesurée sur l'ensemble de l'horizon préalablement broyé et tamisé à 2 mm. Seuls d'éventuels éléments grossiers lithiques et des branches non pourries de plus de 2 cm de diamètre seront écartés avant broyage. Le carbone organique sera dosé par analyseur élémentaire.

Des études montrent des teneurs en carbone organique allant d'à peine 15 g/100 g à plus de 50 g/100 g pour des horizons OH diagnostiqués à partir de leur morphologie (couleur, structure, etc.) et de leur origine.

Les horizons OH les moins riches en carbone organique ne répondent pas strictement à l'appellation « holorganique » que l'on pourra cependant leur accorder par extension du fait de la part importante que prennent les matières organiques **directement observables** dans l'aspect de ces horizons : 17 g de carbone organique pour 100 g correspondent environ à 30-35 g de matières organiques sèches en masse pour 100 g, soit, environ encore, à près de 70 % en volume pour ces mêmes matières organiques à l'état frais. Inversement, certains horizons A, à matières organiques liées à la matière minérale, peuvent présenter des teneurs en carbone organique très élevées, pouvant parfois dépasser 17 g/100 g (cas de certains horizons hémiorganiques).

L'état moyen de transformation des débris végétaux, lié à l'activité biologique de l'épisolum, permet de distinguer trois types d'horizons O : OL, OF, OH.

Les distinctions OL, OF, OH sont indispensables pour l'identification des formes d'humus, mais les distinctions plus fines en sous-horizons sont facultatives et réservées aux diagnostics spécialisés. Ces distinctions fines de troisième niveau sont présentées *en annexe 1*.

Définition préalable : **est appelé « matières organiques fines » un matériau holorganique sans débris figurés visibles à l'œil nu,** présent sous la forme, soit de poussières (micro-débris organiques), soit d'amas infra-millimétriques issus généralement de la transformation de boulettes fécales de la mésofaune (riches en microdébris agrégés). Ces matières organiques sont en mélange avec des macro-débris (horizons OF) ou, si elles sont dominantes (horizons OH), confèrent aux horizons une structure, soit granulaire (en granules millimétriques à infra-millimétriques), soit particulaire ou massive.

Horizons OL (L = litière)

Horizons constitués de débris foliaires, non ou peu évolués, et de débris ligneux. La structure originelle des débris est aisément reconnaissable à l'œil nu. Ces horizons ne contiennent pas ou très peu (moins de 10 % en volume) de matières organiques fines. Situés à la partie supérieure des horizons O, ils peuvent reposer directement sur un horizon A ou être superposés à un horizon OF. On distingue trois sous-horizons OL selon l'état et le mode de transformation des débris (cf. *annexe 1*).

Horizons OF

Horizons formés de résidus végétaux, surtout d'origine foliaire (débris de feuilles, résidus squelettisés, etc.), plus ou moins fragmentés, reconnaissables à l'œil nu, **en mélange avec des proportions plus ou moins grandes de matières organiques fines** (plus de 10 % et moins de 70 % en volume).

Les horizons OF sont souvent parcourus par un réseau racinaire fin plus ou moins dense (et bien mycorhizé) et par des mycéliums qui ne doivent pas rentrer en ligne de compte dans l'estimation du pourcentage de débris et de matières organiques fines.

Le degré de fragmentation n'intervient pas dans la distinction de ces horizons avec les horizons OL puisque les OF sont essentiellement caractérisés par la présence de matières organiques fines en quantité suffisante.

Remarque: dans le cas d'une litière d'aiguilles de résineux, la détermination des matières organiques fines n'est pas toujours évidente, des boulettes fécales pouvant se situer à l'intérieur des aiguilles; en effet, l'attaque de ces dernières par la mésofaune (oribates) s'effectue, au début, par creusement de galeries à l'intérieur même des aiguilles qui emprisonnent les boulettes fécales. Les aiguilles sont alors très cassantes et renferment des matières organiques fines sous la forme d'une fine poussière brune ou noire.

Lorsqu'ils existent, les horizons OF se situent au-dessous d'horizons OL, sauf en cas d'érosion de ces derniers ou de suppression des apports de litière (coupe rase du peuplement). L'activité des vers de terre anéciques est réduite et les transformations proviennent essentiellement de l'activité de la faune épigée (arthropodes, vers épigés, vers enchytréides, etc.) et/ou des champignons.

Les différents sous-types d'horizons OF sont décrits en *annexe 1*.

Horizons OH

Horizons contenant plus de 70 % en volume de matières organiques fines. Celles-ci se trouvent sous forme de boulettes fécales et/ou de micro-débris végétaux et mycéliens sans structure reconnaissable à l'œil nu. Ce pourcentage est évalué hors racines fines (mortes ou vivantes) qui sont souvent très abondantes. Les horizons OH se présentent comme un produit assez homogène, de teinte brun-rougeâtre à noir (en fonction de la nature des résidus, de leurs transformations et de l'humidité), à structure massive, particulaire, granulaire ou fibreuse, et de compacité variable.

Suite à des brassages fauniques modérés, les horizons OH contiennent souvent, lorsqu'ils sont peu épais, de faibles proportions (en volume) de minéraux silicatés. La présence de grains minéraux visibles à l'œil nu est possible. L'horizon OH peut dans ce cas se distinguer de l'horizon A par une structure granulaire nette (plutôt massive, particulaire ou grumeleuse pour l'horizon A), une plus faible compacité, une couleur plus rougeâtre, un toucher jamais sableux, ni argileux.

Quand il existe, l'horizon OH se situe sous un horizon OF, sauf érosion de ce dernier ou suppression des apports de litière (coupe rase du peuplement). Cet horizon est souvent nettement plus cohérent que les horizons sus-jacents.

Les différents sous-types d'horizons OH sont décrits en *annexe 1*. Il existe en outre un horizon de référence OHta décrit *infra*.

Horizons OH de tangel (OHta)

Horizons de consistance grasse et tachant les doigts, constitués de déjections animales, biomésostructurés (agrégats de 1-2 mm) résultant de l'activité de vers épigés, parfois épi-anéciques. Ils sont décrits généralement sur matériaux parentaux calcaires comme saturés à plus de 80 % par Ca^{2+} et/ou Mg^{2+}, avec un pH compris entre 5 et 7. Mais ils pourraient également exister sur matériaux parentaux acides. Les horizons OHta correspondent à des milieux aérobies à activité faunique importante, mais en conditions climatiques contraignantes (en particulier en altitude), et pourraient témoigner de phases de végétation antérieures au fonctionnement actuel. Ils reposent fréquemment sur un horizon A très humifère (Ah), avec une transition très graduelle.

Des séquences spécifiques d'horizons O et d'horizons A permettent de définir différents « épisolums humifères » ou « formes d'humus » (cf. *annexe 1*).

Horizons A

Il s'agit d'horizons contenant en mélange des matières organiques et des matières minérales, situés à la base des horizons holorganiques lorsqu'ils existent, sinon à la partie supérieure du solum ou sous un autre horizon A. Seuls des horizons Ab (A « enfouis ») peuvent être observés en profondeur, suite à leur enfouissement sous de nouveaux dépôts de matériaux allochtones.

L'incorporation des matières organiques aux matières minérales **est toujours d'origine biologique** ; elle se fait à partir des horizons O. Dans certains cas (sols de prairie, de steppe, etc.), l'apport essentiel est cependant racinaire. Cette incorporation apparaît, contrairement aux horizons O, comme le processus majeur. Elle n'implique pas obligatoirement de liaisons matières organiques et minérales, les matières organiques pouvant être déposées par la faune entre les particules minérales (juxtaposition).

D'autres processus pédogénétiques peuvent y être observés (éluviation des argiles, décarbonatation, etc.). Mais certains horizons situés à la base des horizons O et riches en matières organiques ne sont pas des horizons A, principalement en cas d'évolution podzolique. Ce sont alors, soit des horizons traversés par des molécules organiques solubles « en transit » pouvant leur donner une coloration notable (horizons Eh, Sh, etc. à matières organiques « de diffusion »), soit des horizons d'accumulation de complexes organo-métalliques (horizons BPh).

Le plus souvent, la teneur en carbone organique de la terre fine en A est > 0,5 g/100 g et < 17 g/100 g (analyse élémentaire), mais ces seuils sont indicatifs ; le seuil supérieur ne sera utilisé que lorsque les critères morphologiques ne permettront pas la distinction entre horizons

OH et A. Seront qualifiés d'« hémiorganiques » les horizons A présentant plus de 8 g de carbone organique pour 100 g dans la terre fine. Cependant, les horizons A ne contiennent jamais plus de 30 g de carbone organique pour 100 g dans la terre fine et ne contiennent pas (ou peu) de débris organiques figurés. Les critères fonctionnels et morphologiques restent prioritaires pour les différencier des horizons OH.

Selon leur origine, et donc selon leur structuration et les modes de liaison entre matières organiques et matières minérales, il existe différents types d'horizons A :

Horizons A biomacrostructurés

• Ils présentent une **structure grumeleuse** (voire grenue), d'origine biologique, dont les agrégats représentent plus de 25 % du volume de l'horizon.

• Plus de la moitié de ces agrégats ont une taille > 3 mm environ, mais souvent de plus de 5 mm.

Ces horizons correspondent à des conditions physico-chimiques et pédoclimatiques permettant l'activité de vers de terre, anéciques et endogés, qui assurent un brassage de la totalité de la masse humique avec des particules minérales. Cette structure, très bien développée dans les milieux les plus actifs biologiquement, peut être moins nette lorsque les conditions de vie des vers ne sont pas optimales ou en cas de textures très sableuses (agrégats fragiles et/ou peu développés occupant partiellement le volume de l'horizon). Les vers ou leurs traces d'activités sont plus ou moins abondants selon les conditions de milieux et selon la saison : galeries, turricules.

Les liaisons matières organiques-matières minérales (complexe argilo-humique) sont fortes, soit biogènes (humine organo-argilique issue d'une digestion des pigments bruns par les vers de terre), soit, minoritairement, physico-chimiques par insolubilisation des molécules organiques solubles par les oxyhydroxydes de fer et les minéraux phylliteux du sol (humine d'insolubilisation). L'humine microbienne est abondante.

Horizons A biomésostructurés

• Ils présentent une structure grumeleuse (voire grenue), d'origine biologique, dont les agrégats représentent plus de 25 % du volume de l'horizon.

• Plus de la moitié de ces agrégats ont une taille comprise entre 1 et 3 mm.

Comme ils sont peu fréquents, leur fonctionnement est moins bien connu. Les vers anéciques qui sont à l'origine de la biomacrostructure ne semblent pas impliqués dans le processus de formation de la biomésostructure, laquelle serait plutôt le fruit d'une bioturbation par des vers endogés de taille plus petite, voire par des vers épigés. Les horizons A biomésostructurés peuvent être observés dans des conditions de milieux moins favorables que les horizons A biomacrostructurés.

Remarque : en cas de sols riches en argile gonflante, les structures grumeleuses évoquées *supra* peuvent rapidement évoluer vers une structure polyédrique fine et nette.

Horizons A non grumeleux

• Ils ont une structure majoritairement massive ou particulaire, parfois « microgrumeleuse » d'origine physico-chimique (structure « floconneuse »).

• Ils ne présentent pas de macro- ou mésostructure grumeleuse d'origine biologique sur plus de 25 % de leur volume.

• Ils ne présentent pas de traces d'activité de vers anéciques : galeries, turricules.

Présents dans les épisolums à plus faible activité faunique, ces horizons A ne montrent pas d'activité notable de vers de terre (alors que des vers épigés peuvent être très présents dans l'horizon O). Une structure polyédrique subanguleuse peut parfois apparaître faiblement, mais les agrégats, jamais zoogènes, sont peu nets et très fragiles. L'incorporation des matières organiques est due à l'action de la mésofaune (arthropodes, vers enchytréides). Dans le cas des textures nettement sableuses, elle est principalement présente sous forme de granules de matières organiques fines (boulettes fécales plus ou moins transformées, parfois enrichies en matières minérales et microdébris) **< 1 mm et juxtaposés aux particules minérales (horizons de juxtaposition** *stricto sensu*). En cas de textures fines, la juxtaposition n'apparaît pas à l'œil nu. Les matières organiques contiennent majoritairement de l'humine héritée (digestion quasi nulle des pigments bruns par la faune du sol). Il n'y a ni humine d'insolubilisation ni organo-argilique ; l'humine microbienne est peu abondante, les complexes argilo-humiques rares ou absents. Dans ces horizons A, les conditions ne permettent pas l'insolubilisation des molécules solubles qui peuvent alors participer à l'acidocomplexolyse. Il s'agit alors d'horizons Ae des solums podzolisés.

Lorsqu'un horizon A de ce type fait partie d'un épisolum forestier de type moder, sa limite supérieure avec l'horizon OH est très graduelle et difficile à fixer.

En outre, certains horizons A, quelle que soit leur origine, sont caractérisés par un blocage de la minéralisation secondaire : dans certains milieux, des taux de minéralisation extrêmement faibles ont pour conséquence une accumulation forte de matières organiques, parfois sur plusieurs décimètres (horizons A humifères épais, de couleur noire, épisolums « humiques ») ; ces formes d'humus sont très variables, selon leur rattachement aux types précédents (horizons A humifères biomacrostructurés, mésostructurés ou de juxtaposition) ou selon la cause du blocage :
- stabilisation en association avec des surfaces minérales actives :
  - $CaCO_3$ (formes d'humus carbonatées),
  - allophanes (formes d'humus à caractères andosoliques), etc. ;
- stabilisation ou blocage dus aux conditions pédoclimatiques (chernosols, anmoor, sols à forts contrastes hydriques en milieu calcique, etc.).

Suite à la mise en culture, les horizons A labourés peuvent conserver les principales propriétés décrites précédemment : ils sont alors notés LA. D'autres perdent ces propriétés : ils sont alors notés L. Selon le processus pédogénétique jugé dominant, ces horizons labourés peuvent également être appelés LE, LS, voire LBT ou LBP en cas de solums tronqués.

> Outre les horizons A « simples » ou « hapliques », il existe un certain nombre d'horizons A de référence particuliers, présentés *infra*.

Horizons A éluviaux (Ae)

Ce sont des horizons de surface organo-minéraux qui cumulent les caractéristiques des horizons A (une des trois formes d'incorporation et de liaison entre matières organiques et matières minérales) et celles des horizons éluviaux E (appauvrissement en fer et/ou en minéraux argileux phylliteux). Ils sont généralement situés sous des horizons organiques O et immédiatement au-dessus d'horizons E. On les observe, sous forêts ou végétation spontanée, à la surface des podzosols, des PLANOSOLS TYPIQUES et DISTAUX, des luvisols (mais pas des NÉOLUVISOLS), de certains ferrallitisols, etc.

Horizons A calcaires (Aca)

Horizons A biomacrostructurés présentant une effervescence à HCl généralisée à froid (> 2 % de $CaCO_3$ au-delà de 5 cm de profondeur). Les matières organiques et les éléments minéraux forment un complexe stable ; le taux de carbone organique est compris entre 1 et 8 %. La structure est bien développée, fine, de type grumeleuse, grenue ou polyédrique. La teinte est comprise entre 7,5 YR et 2,5 Y (bornes comprises) ; *value* ≤ 4 et *chroma* ≤ 4, mais, s'il y a plus de 40 % de calcaire, la *value* peut être > 4. Il n'y a pas de taches d'oxydo-réduction. Le pH est compris entre 7,0 et 8,7, bornes comprises, et le complexe adsorbant est saturé (rapport S/CEC > 95 %), principalement par Ca^{2+}. Les horizons Aca comportent souvent des éléments grossiers calcaires.

Horizons A dolomitiques (Ado)

Horizons A biomacrostructurés carbonatés ne faisant pas effervescence à froid ou très faiblement dans la terre fine. Effervescence généralisée seulement à chaud. $MgCO_3$ est du même ordre de grandeur que $CaCO_3$ ou est dominant (rapport molaire $CaCO_3/MgCO_3$ < 1,5).

Horizons A calciques (Aci)

Horizons A biomacrostructurés (parfois mésostructurés), non carbonatés dans la terre fine ou seulement ponctuellement ou localement, comportant peu ou ne comportant pas d'éléments grossiers calcaires. Le complexe adsorbant est saturé ou subsaturé (rapport S/CEC > 80 %), principalement par Ca^{2+} qui domine largement (rapport Ca^{2+}/Mg^{2+} > 5). Taux de carbone organique < 8 g/100 g. *Value* très variable et teinte de 5 YR à 2,5 Y, bornes comprises.

Il existe des horizons A saturés, subsaturés ou resaturés qui sont en même temps **calcimagnésiques** (rapport Ca^{2+}/Mg^{2+} compris entre 5 et 2).

Horizons A magnésiques (Amg)

Horizons A non carbonatés, mais saturés ou subsaturés, dans lesquels le rapport Ca^{2+}/Mg^{2+} est < 2.

Horizons A cherniques (Ach)

Horizons A biostructurés riches en matières organiques très évoluées, dont la teneur diminue progressivement avec la profondeur (caractère « clinohumique »). En conditions de végétation permanente, la teneur en carbone organique est d'au moins 30 $g \cdot kg^{-1}$ dans les 10 premiers centimètres pour une texture argilo-limoneuse. Les acides humiques (surtout acides humiques gris) et l'humine sont plus abondants que les acides fulviques.

Les horizons Ach présentent une couleur noire ou sombre : la *value* à l'état humide est < 3,5 dans l'ensemble de l'horizon. Cette couleur est plus foncée que celle des horizons sous-jacents, sauf dans certains cas d'horizons de surface labourés. La *chroma* à l'état pétri humide est ≤ 2. Les horizons Ach ne sont généralement pas calcaires ; toutefois, ils peuvent l'être faiblement (moins de 5 %).

En conditions de végétation permanente, la structure est grenue, grumeleuse ou polyédrique subangulaire fine ou très fine ou à sous-structure fine (agrégats < 2 mm). Cette structure caractéristique est notamment due à de fréquents brassages d'origine biologique. Elle peut être partiellement ou totalement dégradée en surface par la mise en cultures (horizon LAch agricompacté, à structure polyédrique grossière et tendance massive).

Le complexe adsorbant est saturé ou subsaturé, principalement par le calcium ; le pH$_{eau}$ est compris entre 6,0 et 8,3.

Les horizons Ach, relativement meubles et poreux, permettent un bon enracinement profond. Ils présentent habituellement une capacité de rétention élevée pour l'eau. Gelés pendant l'hiver, plus ou moins engorgés au dégel, ils connaissent ensuite des successions d'humectations et de dessiccations plus ou moins prolongées, qui influent sur la maturation de l'humus.

Horizons A sombriques (Aso)

Horizons A, non calcaires, présentant tous les caractères suivants :
• très riches en matières organiques très évoluées qui proviennent de l'humification *in situ* de la litière et des racines les plus fines sous une végétation de prairie ; teneurs en carbone organique > 12 g·kg^{-1} dans les 20 premiers centimètres, généralement entre 17 et 30 g·kg^{-1} sous végétation permanente ; rapport C/N compris entre 8 et 10 ; rapport entre acides humiques et acides fulviques > 1, avec une proportion d'humine importante. Les acides humiques sont principalement de type gris ;
• couleur sombre ou noire à l'état humide (*chroma* < 4, *value* < 4 et *chroma* + *value* < 6) ;
• la structure ou la sous-structure est de type polyédrique fine ou très fine (< 5 mm), parfois subangulaire, voire grumeleuse ;
• l'aération est bonne, liée à une grande activité biologique ;
• sous végétation permanente, le complexe adsorbant est nettement insaturé, au moins dans sa partie supérieure (S/CEC compris entre 50 et 80 %, déterminé à pH 7). Le pH$_{eau}$ est compris entre 5,5 et 6,5.

La mise en cultures peut modifier assez fortement les propriétés de cet horizon : baisse des teneurs en matières organiques, structure dégradée, complexe adsorbant plus ou moins resaturé. La couleur demeure cependant sombre ou noire. Notation LAso ou LAh.

Horizons An (A des anmoors)

Les horizons An sont des horizons noirs, épais (jusqu'à 30 cm), parfois très riches en carbone organique (plus de 20 g/100 g), à consistance plastique et à structure massive en période d'engorgement, biomacrostructuré en période d'abaissement de la nappe. Ils se forment sous l'influence d'un engorgement prolongé par une nappe permanente à faible battement.

L'incorporation de la matière organique est due à une forte activité d'animaux fouisseurs (vers de terre, larves d'insectes) lors des périodes estivales où le niveau de la nappe baisse. Cette activité n'aboutit pas à une structuration durable de l'horizon (déstabilisation par l'engorgement).

L'examen microscopique montre une abondance d'éléments organiques figurés. Les liaisons matières organiques-argiles conduisent à des complexes moins stables et moins condensés que dans les horizons A totalement aérobies. Le rapport C/N est faible (12 à 18).

Horizons AG

Horizon présentant à la fois les caractères d'un horizon A à matières organiques de diffusion et les caractères d'un horizon réductique (présent dans le cas des hydromors et hydromoders).

Horizons A aluandiques (Alu), A silandiques (And) et A vitriques (Avi)

Cf. définitions au chapitre « Andosols », pp. 77-78.

Horizons labourés L

Horizons dont la morphologie et le fonctionnement ont été anciennement ou sont encore périodiquement artificialisés par un labour et/ou d'autres pratiques agricoles. En effet, « horizon labouré » est à prendre au sens large : il s'agit d'une couche résultant du travail d'une charrue ou de tout autre outil qui réalise un ameublissement profond (machine à bêcher, chisel, outil rotatif, etc.).

Les transformations liées à l'activité agricole sont d'origine mécanique (retournement et/ou mélange d'horizons). Elles affectent principalement la structure des premiers centimètres du sol, selon souvent un cycle saisonnier. Elles s'accompagnent d'autres actions humaines répétées, telles qu'amendements calcaires ou organiques, fertilisations, traitements pesticides, épandages de déchets liquides ou solides, etc. Ces horizons étaient dénommés antérieurement Ap.

Si l'on reconnaît encore nettement des caractères d'horizons A, E, S, O ou H, on peut utiliser les notations LA, LE, LS, LO ou LH. Dans le cas de solums tronqués, le labour a pu affecter des horizons de profondeur tels que BT ou BP : on peut alors employer les notations LBT ou LBP. Si l'on ne peut ou ne veut pas trancher, on note L.

Enfin, il est possible de se rattacher aux conceptions de Gautronneau et Manichon (1987) qui, pour l'étude du « profil cultural », subdivisent verticalement l'horizon labouré en sept sous-horizons :

Gautronneau et Manichon (1987)		*Référentiel pédologique*
H 1 à H 4	Horizons de « reprise » du labour	L1 à L4
H 5	Horizon « labouré » non repris	L5
H 6 et H 7	Bases d'horizons « labourés » anciens	L6 et L7

On pourrait convenir d'utiliser les mêmes subdivisions en substituant L à H puisque, dans le *Référentiel pédologique*, H symbolise les horizons histiques.

Un horizon L fimique est un horizon L épais de plus de 30 cm, devenu très humifère par suite d'épandages répétés de fumiers, lisiers ou autres déchets organiques, et qui contient généralement des débris de briques ou de poteries sur toute son épaisseur. Sa teneur en éléments nutritifs est très élevée, notamment en P_2O_5 (plus de 250 mg·kg^{-1}, extraction à l'acide citrique).

Horizons éluviaux E

Ce sont des horizons organo-minéraux appauvris en fer et/ou en minéraux argileux phylliteux et/ou en aluminium, avec concentration corrélative en minéraux résistants. Ce sont des horizons d'éluviation par entraînement vertical, oblique ou latéral. Directement mobiles ou libérées par altération, les matières quittent ces horizons sous forme de solutions ou de suspensions et transitent vers des horizons BT ou BP et/ou hors du solum. Un horizon E contient beaucoup moins de carbone organique que l'éventuel horizon A ou L sus-jacent. Il est nettement moins argileux, moins bien structuré et moins coloré que l'horizon BT, BP ou S sous-jacent ou correspondant latéralement.

Eg (E rédoxiques) : horizons E présentant des taches et/ou des indurations de teinte rouille ou brun et/ou des taches décolorées et/ou des nodules noirs ferro-manganiques plus ou moins indurés.

Ea (E albiques) : horizons E dans lesquel l'intensité de l'appauvrissement a provoqué la disparition presque totale des argiles et des oxydes de fer, ou dont ces éléments se sont individualisés de façon telle que la couleur très claire des horizons est déterminée par celle des particules primaires de limons et de sables plutôt que par des revêtements sur ces particules.

Eh : horizons E colorés en gris par suite de l'abondance de matières organiques (en général matières organiques de diffusion).

Horizons structuraux S

Les horizons structuraux S sont typiquement des horizons pédologiques d'altération. Ils sont le siège de processus nets tels qu'altération des minéraux primaires, libération d'oxyhydroxydes de fer, décarbonatation, etc. Tout cela se traduit par une structuration pédologique généralisée, une couleur différente de celle du matériau parental, une certaine néoformation (ou libération) de minéraux argileux phylliteux.

Au sein d'un horizon S, il peut y avoir des redistributions internes de matières ($CaCO_3$, particules argileuses), mais il ne s'agit pas d'accumulations illuviales. C'est en cela que les horizons S diffèrent des horizons BT et BP. Les horizons S diffèrent des horizons A, en ce sens qu'ils ne sont pas le siège de l'humification primaire et qu'ils ne présentent pas une structuration d'origine biologique. Ils diffèrent des horizons E du fait qu'ils ne sont ni appauvris en minéraux argileux ni en fer et, qu'en conséquence, ils présentent une structuration pédologique nettement plus affirmée et une couleur différente.

> Outre l'horizon S « simple » ou « haplique », on distingue un certain nombre d'horizons S particuliers, présentés *infra*.

Horizons S pélosoliques (Sp)

Horizons S très argileux (plus de 45 % d'argile) présentant une sur-structure prismatique ou polyédrique grossière, bien visible en période sèche. Les fentes de retrait sont nettes en été, les caractères vertiques presque toujours présents, plus ou moins visibles selon la saison. Ces horizons ne sont jamais calcaires, même s'ils sont issus d'une roche-mère carbonatée. Le complexe adsorbant peut être saturé ou déjà partiellement désaturé. Ces horizons présentent un comportement physique et hydrique particulier, spécifique des pélosols.

Horizons S calcaires (Sca)

Horizons S présentant une effervescence à HCl généralisée à froid. Teneur en $CaCO_3$ inférieure à celle de l'horizon sous-jacent, mais ≥ 2 %. Complexe adsorbant saturé (rapport S/CEC > 95 %), principalement par Ca^{2+}. Ces horizons comportent souvent des éléments grossiers calcaires et, éventuellement, dolomitiques. La structure, généralisée, est polyédrique, fine ou grossière, ou prismatique. Le taux de carbone organique est inférieur à celui de l'horizon sus-jacent et ne dépasse pas 1 g/100 g (sinon notation Scah).

Certains horizons Sca peuvent présenter des taches d'oxydo-réduction (Scag), des traits de redistribution du fer, d'argile et, souvent, de calcaire (Scak). La teinte est comprise entre 7,5 YR et 2,5 Y, bornes comprises.

Il existe des horizons S carbonatés, désignés comme **dolomiteux**, dans lesquels le rapport molaire $CaCO_3/MgCO_3$ est compris entre 1,5 et 8.

Horizons S dolomitiques (Sdo)

Horizons S carbonatés ne faisant pas effervescence à froid ou très faiblement dans la terre fine. Effervescence généralisée seulement à chaud. $MgCO_3$ est du même ordre de grandeur que $CaCO_3$ ou est dominant (rapport molaire $CaCO_3/MgCO_3 < 1,5$).

Horizons S calciques (Sci)

Horizons S non carbonatés dans la terre fine ou seulement ponctuellement ou localement. Structure généralisée, polyédrique, fine ou grossière, ou prismatique. Le complexe adsorbant est saturé ou subsaturé (rapport S/CEC > 80 %), principalement par Ca^{2+} qui domine largement (rapport $Ca^{2+}/Mg^{2+} > 5$). Certains horizons Sci peuvent présenter des traits d'oxydo-réduction ou de redistribution de fer ou d'argile. Le pH est > 6,5. La teinte est comprise entre 7,5 YR et 2,5 Y, bornes comprises.

Il existe des horizons S saturés, subsaturés ou resaturés qui sont en même temps **calcimagnésiques** (rapport Ca^{2+}/Mg^{2+} compris entre 5 et 2).

Horizon S magnésique (Smg)

Horizons S non carbonatés, mais saturés ou subsaturés, dans lesquels le rapport Ca^{2+}/Mg^{2+} est < 2.

Horizons S aluminiques (Sal)

Ils sont définis par leur géochimie dominée par des dérivés minéraux de l'aluminium dans la solution du sol (Al^{3+}, $[Al(OH)_x]_n^{n(3-x)}$) et par une structure spécifique. Cette dernière résulte de la combinaison et/ou de l'association d'une structure polyédrique subanguleuse et d'une structure grumeleuse très fine (microgrumeleuse). Ils se situent sous un horizon A désaturé ou oligosaturé plus ou moins riche en matières organiques.

À l'examen micromorphologique, les horizons Sal présentent des micro-agrégats ronds ou ovoïdes de 30 µm à plus de 100 µm, libres ou plus ou moins agglomérés ; ces micro-agrégats sont colorés en jaune, ocre ou brun clair, en lames minces.

Leurs caractéristiques analytiques sont :
- pH acide ou très acide (< 5,0), tamponné par l'aluminium ;
- Al^{3+} (extrait par KCl, N) varie de 2 à 8 $cmol^+ \cdot kg^{-1}$ de terre fine ;
- Al^{3+} représente de 20 à 50 % de la CEC ;
- rapport $Al^{3+}/S > 2$, pouvant atteindre 20 ;
- taux de saturation très faible, rapport S/CEC < 30 % (le plus souvent < 20 %) ;
- dans la fraction argile, les vermiculites sont en majorité aluminisées sous forme de vermiculites hydroxy-alumineuses.

Suite à l'altération des minéraux primaires, les horizons S aluminiques présentent souvent des taux d'argile supérieurs à ceux des horizons ou couches sous-jacentes. Il n'en demeure pas moins qu'un processus d'éluviation d'argile s'y développe souvent. C'est pourquoi certains horizons Sal peuvent présenter, dans certains sites de leur partie inférieure, des traits d'accumulation d'argile, visibles en microscopie.

Horizons S nitiques (Sn)

Ces horizons présentent une texture argileuse lourde (50 à 80 % d'argile). C'est pourquoi leur structure est très développée et stable, polyédrique, moyenne à grossière, ou prismatique. Les argiles de type halloysite sont dominantes : elles représentent plus de 50 % de la fraction argileuse. Les horizons Sn présentent des alternances saisonnières de gonflement et de retrait de faible amplitude, se traduisant par des « faces luisantes » centimétriques dues à des pressions (appelées « faces irisées » en Guadeloupe) localisées sur les faces planes des agrégats. Il n'y a généralement pas de revêtements argileux, ou alors ceux-ci sont en très faible quantité. Ils sont difficiles à observer et à distinguer des faces luisantes.

La couleur est brun ocre (7,5 YR 4/4 à 5/6), brun rouge (5 YR 4/3 à 4/6) ou rouge foncé (2,5 YR 4/6 ou 5/6).

La teneur en carbone organique varie de 6 à 12 g·kg^{-1}. La capacité de rétention en eau est élevée : 60 à 85 % à − 33 kPa ; 45 à 65 % à − 1 500 kPa. Les horizons Sn présentent un faible taux de déshydratation irréversible (moins de 30 %) après dessiccation à − 1 500 kPa.

La CEC (à pH 7) a un fort taux de charges permanentes : elle varie de 8 à 30 cmol^{+}·kg^{-1} de terre fine (de 10 à 40 cmol^{+}·kg^{-1} pour la fraction < 2 µm). La surface spécifique varie de 100 à 200 m^2·g^{-1}). Le rapport Fe$_{\text{libre}}$/Fe$_{\text{total}}$ est compris entre 0,60 et 0,90 (oxydes et hydroxydes de fer).

Horizons S aluandiques (Slu) et S silandiques (Snd)

Cf. définitions au chapitre « Andosols », pp. 78 et 80.

Horizons fersiallitiques FS

Cf. définitions au chapitre « Fersialsols », pp. 179-180.

Horizons à caractère xanthomorphe (−j)

Cf. définitions au chapitre « Fersialsols », p. 180.

Horizons argilluviaux BT

Horizons à structuration pédologique généralisée, non formés en surface, caractérisés par une accumulation absolue de matières (essentiellement des particules argileuses) par rapport aux autres horizons présents dans le solum. Dans les horizons BT, il y a à la fois altération *in situ* de minéraux primaires et apports d'argiles phylliteuses en provenance d'horizons éluviaux E situés juste au-dessus d'eux ou situés plus haut sur le versant (**apports illuviaux**).

Les horizons BT peuvent se trouver en surface si le solum a été partiellement tronqué. Ils présentent les caractères suivants :
• une teneur en argile supérieure à celle des horizons A, E, S ou C qui sont présents dans le même solum ;
• une épaisseur d'au moins 15 cm. S'il est composé entièrement de bandes plus argileuses, l'épaisseur de chaque bande doit ≥ 0,5 cm et > 15 cm en épaisseur cumulée ;
• dans les horizons à structure particulaire, l'horizon BT doit présenter des argiles orientées reliant les grains de sables entre eux et décelables également dans certains pores ;
• lorsqu'il existe des agrégats (cubes, polyèdres, prismes), il y a présence de nombreux revêtements argileux sur la plupart des surfaces : faces d'agrégats verticales et horizontales, chenaux, canalicules. Une observation microscopique est souvent nécessaire. Il s'agit de matières essentiellement argileuses et ferriques, généralement bien orientées par rapport aux parois et dont la nature et l'organisation contrastent par rapport à la matrice.

Très souvent, dans leur déplacement, les particules argileuses sont accompagnées de particules limoneuses fines. Dans certaines circonstances particulières (milieux dominés par le gel), cette illuviation de particules limoneuses peut devenir dominante (qualificatif **limono-illuvial**).

Certains horizons BT présentent des signes rédoxiques (notation BTg) ou des accumulations de sesquioxydes (Fe, Mn) sous la forme de films, concrétions ou nodules nombreux (notation BTcn). D'autres, enfin, présentent à leur partie inférieure des caractères fragiques (notation BTx = fragipan).

Horizons BT dégradés (BTd)

Ce sont des horizons BT présentant une « dégradation morphologique » sous une forme **diffuse**, sous forme d'**interdigitations** ou sous la forme de pénétration de **langues**.

L'interdigitation désigne des pénétrations d'un horizon E dans un horizon BT sous-jacent le long des faces des unités structurales, essentiellement verticales. Ces pénétrations ne sont pas assez larges pour constituer des langues et sont formées de concentrations relatives continues d'éléments du squelette.

Pour être appelées langues, ces pénétrations doivent être plus profondes que larges, avoir des dimensions horizontales minimales dépendant de la texture de l'horizon BT (de 5 mm dans les matériaux argileux à 15 mm dans les matériaux limoneux à sableux) et présenter une occupation en volume > 15 % de la partie de l'horizon BT affectée.

Horizons BT labourés (LBT)

Ce sont des horizons BT se présentant en surface suite à une troncature partielle du solum par érosion, et remanié régulièrement par des actions culturales. Les caractéristiques typiques des BT sont associées à celles des horizons labourés : teneur en matières organiques plus élevée, artificialisation de la structure, prise en masse éventuelle.

Horizons BT bêta (BTß) (rédaction Jacques Ducloux)

Ces horizons se forment au contact d'une roche carbonatée non argileuse (craies, calcaires), au-dessous d'horizons BT typiques. Ils présentent les caractères suivants :
- teinte plus foncée que le BT sus-jacent (*value* 4 à 3) ;
- structure polyédrique sub-anguleuse à anguleuse fine, avec quelques faces brillantes ;
- transitions toujours nettes, mais irrégulières, notamment avec le BT sus-jacent ;
- teneur en argile totale supérieure à celle des horizons qui les encadrent (y compris la fraction insoluble du matériau carbonaté) ;
- teneur en argile fine (< 0,1 µm) supérieure elle aussi ;
- un stock argileux contenant toujours des minéraux gonflants plus ou moins abondants, plus abondants que dans le BT sus-jacent et que dans le matériau carbonaté sous-jacent ;
- une porosité totale au moins deux fois plus importante que celle de l'horizon BT ;
- un degré d'illuviation très important (somme cutanes + papules) ;
- une teneur en matières organiques au moins deux fois plus grande que celle de l'horizon BT immédiatement sus-jacent.

Les horizons bêta apparaissent donc bien comme des horizons d'illuviation, d'où leur notation BTß.

Les minéraux argileux sont issus, pour leur plus grande part, de leur illuviation en provenance des horizons supérieurs et s'accumulent en gros revêtements plissés. Les matières organiques proviennent de la migration de molécules simples élaborées en surface, qui précipitent sous forme calcique et polymérisent à l'interface avec la roche calcaire. Ces accumulations sont en rapport avec des conditions physico-chimiques très différentes de celles qui existent dans les horizons BT habituels. Il s'agit :

- de conditions hydriques particulières (cf. Bartelli et Odell, 1960) ;
- de conditions chimiques nouvelles puisqu'il y a passage d'un milieu neutre ou acide à un milieu carbonaté.

Les horizons BT bêta ne doivent pas être confondus avec des horizons argileux d'altération de certaines roches calcaires, formés sous couvertures pédologiques perméables. De tels horizons ne présentent, en général, aucun lien pédogénétique avec les sols développés au-dessus d'eux ; c'est pourquoi ils sont notés II S.

Horizons podzoliques BP

Ces horizons sont caractérisés par une accumulation absolue de produits amorphes constitués de matières organiques et d'aluminium, avec ou non du fer. Ils présentent les caractères suivants :

Souvent :
- une micro-structure pelliculaire, les revêtements étant constitués de matières organiques amorphes (monomorphes) associées à de l'aluminium et, éventuellement, à du fer ;
- une cimentation continue d'une partie de l'horizon par des constituants amorphes organiques associés à de l'aluminium et, éventuellement, à du fer.

Toujours :
- une teinte de 7,5 YR ou plus rouge à l'état humide (condition nécessaire, mais pas suffisante) ;
- un taux d'aluminium et/ou de fer extractible à l'oxalate d'ammonium (Al_{ox} et Fe_{ox}) tels que Al_{ox} et Fe_{ox} dans le BP soient supérieurs à Al_{ox} et Fe_{ox} dans les horizons A ou E ;
- une fraction majoritaire de matières organiques extractibles au pyrophosphate de sodium 0,1 M ; dans cette fraction extractible, les acides fulviques sont essentiellement de type polyphénolique (séparation sur résine polyvinyl-pirrolidone). En absence de ces informations, on peut utiliser le critère suivant : densité optique de l'extrait oxalique au moins deux fois supérieur pour l'horizon BP que pour l'horizon A, et > 2,5.

La morphologie et les caractéristiques analytiques des horizons BP sont susceptibles de varier largement. On distingue notamment des horizons BP cimentés (alios, ortstein) et des horizons BP meubles ou friables. Certains BP ont une teneur élevée en carbone, relativement aux teneurs en Al et Fe extractibles (horizons BP humifères), d'autres ont une teneur plus faible, Al et Fe extractibles étant alors dominants (horizons BP sesquioxydiques). Ces deux types d'horizons BP peuvent exister dans un même solum ; dans ce cas ; l'horizon BP humifère (BPh) est situé au-dessus de l'horizon BP sesquioxydique (BPs).

En relation avec la dynamique de l'eau dans le sol, une ségrégation des accumulations de fer par rapport aux accumulations de matières organiques et d'aluminium peut être observée. Ces ségrégations prennent la forme, soit de nodules ferrifères, soit d'un horizon placique (Femp).

Horizons ferriques Fe, Fem, Femp

Horizons ferriques *sensu stricto* Fe
Ce sont des horizons où l'accumulation de fer est jugée dominante, sous formes d'accumulations discontinues et non indurées.

Horizons pétroferriques Fem
Ce sont des horizons d'accumulation de fer indurée, apparaissant en bancs très durs, épais de 10 à 50 cm, souvent discontinus. Ils sont formés soit de nodules et ciments ferro-manganiques, soit d'éléments grossiers (graviers, galets) cimentés par des oxydes ferro-manganiques. Ces bancs sont souvent situés en position de piémont ou de rupture de pente. Les garluches, grepps et grisons en sont des exemples.

Horizons placiques Femp
Ce sont des horizons minces (1 à 10 mm) et indurés, cimentés par du fer, du fer associé à du manganèse ou un complexe matières organiques-fer.

Horizons calcariques K, Kc et Km
Ce sont des horizons où l'accumulation de carbonate de calcium secondaire est très importante, voire dominante.

> *Remarque* : ils correspondent aux horizons *calcic* et *petrocalcic* de la WRB.

Horizons calcariques discontinus K
Ce sont des horizons d'accumulation de calcaire secondaire. Les formes des concentrations sont **discontinues** : revêtements, pseudo-mycéliums, amas friables, filons, nodules. Ces concentrations représentent plus de 15 % de l'horizon en volume. Les racines sont capables de pénétrer la masse de l'horizon.

Horizons calcariques continus (Kc)
Ce sont des horizons d'accumulation de calcaire secondaire. Les formes des concentrations sont **continues non indurées** : encroûtements massifs, certaines croûtes. Les racines sont capables de pénétrer la masse de l'horizon.

Horizons pétrocalcariques (Km)
Ce sont des horizons d'accumulation de calcaire secondaire. Les formes des concentrations sont **continues et indurées** : encroûtements nodulaires ou rubanés, dalles, certaines croûtes. Les racines ne peuvent pénétrer la masse de l'horizon Km qu'à la faveur de fissures.

Horizons silicique et pétrosilicique Si et Sim
Les horizons siliciques et pétrosiliciques sont des horizons subsuperficiels cimentés par de la silice en quantité importante, voire dominante, à un point tel que des fragments de l'horizon séché à l'air ne se délitent pas après immersion prolongée dans l'eau ou dans l'acide chlorhydrique. Leur degré de cimentation est variable suivant l'accumulation de silice. Celle-ci peut s'être déposée sur les parois des vides et des pores sous forme de revêtements visibles à la loupe à main mais peut être aussi une imprégnation de la matrice et une cimentation généralisée. Dans ce dernier cas, l'horizon devient très dur.

Les horizons siliciques et pétrosiliciques apparaissent surtout sous climats tropical et subtropical contrastés humides présentant une longue saison sèche de 4 à 6 mois. Ils sont observables sur matériaux volcaniques riches en silice, comme les flux pyroclastiques ou les cendres volcaniques. La silice est libérée par altération des horizons de surface et précipite dans les horizons sous-jacents grâce à une circulation verticale ou hypodermique des solutions.

Horizons siliciques Si

Ce sont des horizons d'accumulation de silice. Les formes de concentration sont discontinues ou continues faiblement indurées. Une porosité existe, colonisable par les racines.

Horizons pétro-siliciques Sim (duripan)

Ce sont des horizons d'accumulation de silice. Les formes de concentration sont continues et indurées. Les racines sont incapables de pénétrer la masse de l'horizon.

Horizons rédoxiques g ou −g

Cf. également l'*annexe 2*.

Leur morphologie résulte de la succession dans le temps de processus de réduction-mobilisation du fer (périodes de saturation en eau) et de processus d'oxydation-immobilisation du fer (périodes de non-saturation). Les horizons rédoxiques correspondent donc à des engorgements temporaires.

Les horizons rédoxiques sont caractérisés par une juxtaposition de plages ou de trainées grises (ou simplement plus claires que le fond matriciel de l'horizon), appauvries en fer, et de taches de couleur rouille (brun-rouge, jaune-rouge, voire rouge vermillon dans les salisols), enrichies en fer.

Les taches d'oxydation et/ou de réduction peuvent être assez nombreuses (2 à 20 % de la surface de l'horizon) à très nombreuses (horizon bariolé). Elles peuvent être très fines (1 à 2 mm) à grosses (> 15 mm), peu contrastées ou contrastées. La répartition du fer est donc très hétérogène. La couleur des faces des unités structurales, plus claire que celle de leur partie interne, résulte d'une redistribution centripète de fer migrant, lors des périodes de saturation, vers l'intérieur des agrégats où il s'y immobilise lors du dessèchement. Ces ségrégations du fer sont permanentes, visibles quel que soit l'état hydrique de l'horizon. Les immobilisations se maintenant lorsque le sol est de nouveau saturé, elles tendent ainsi à former peu à peu des accumulations localisées de fer qui donnent des taches rouille, des nodules ou des concrétions.

Le fer qui se redistribue dans ce type d'horizon peut provenir, dans des proportions variables, d'horizons sus-jacents ou voisins, en liaison avec les circulations verticales ou latérales des solutions du sol. Il y a alors enrichissement en fer. Un fort enrichissement et une forte hétérogénéité de la redistribution du fer peuvent conduire à la formation d'horizons ferriques non indurés (Fe) ou indurés (Fem). À l'inverse, un fort appauvrissement en fer peut mener, à plus ou moins long terme, à des horizons complètement dépourvus de fer (horizons E ou g albiques).

Une ségrégation de type rédoxique peut se surimposer aux traits pédologiques résultant du développement (actuel ou ancien) d'autres processus de pédogenèse tels que l'éluviation, l'illuviation, les altérations, etc. (horizons Eg, BTg, Scag, Sg, etc.).

Horizons réductiques G

Cf. également l'*annexe 2*.

Leur morphologie est à attribuer à la prédominance des processus de réduction et de mobilisation du fer suite à des engorgements permanents ou quasi permanents. Dans les horizons réductiques, la répartition du fer est plutôt homogène. Lorsque la porosité et les conditions hydrologiques permettent le renouvellement de l'eau en excès, ces horizons s'appauvrissent progressivement en fer. Parfois, il peut y avoir déferrification complète et blanchiment de l'horizon (horizon G albique).

La morphologie des horizons réductiques varie sensiblement au cours de l'année en fonction de la persistance ou du caractère saisonnier de la saturation (battement de nappe profonde) qui les génèrent. D'où la distinction entre horizons réductiques entièrement réduits et ceux temporairement réoxydés.

Les horizons réductiques *stricto sensu* (notés Gr) sont caractérisés par leur couleur qui peut être soit uniformément bleuâtre à verdâtre (sur plus de 90 % de la surface), soit uniformément blanche à noire ou grisâtre, avec une *chroma* ≤ 2.

Dans les horizons réductiques temporairement réoxydés (notés Go), la saturation par l'eau est interrompue périodiquement. Des taches de teintes rouille (jaune-rouge, brun-rouge), souvent pâles, sont observables pendant les périodes de non-saturation, au contact des vides, des racines, sur les faces de certains agrégats. Il y a une redistribution centrifuge du fer, migrant lors du dessèchement de l'horizon de l'intérieur des agrégats vers leur périphérie. Cette ségrégation de couleurs est fugace : elle disparaît quand l'horizon est de nouveau saturé d'eau.

Une morphologie et un fonctionnement de type réductique peuvent se surimposer aux traits pédologiques résultant du développement (actuel ou ancien) d'autres processus de pédogenèse, tels que l'humification (horizons AG).

Horizons à propriétés vertiques (horizons Av, SV et V)

Caractères communs :
- teneur en argiles de la terre fine > 40 % (souvent beaucoup plus) ;
- les minéraux argileux sont dominés par les minéraux gonflants, le plus souvent smectitiques ;
- le potentiel de gonflement/rétraction peut être quantifié soit par la mesure du *COLE* (*Coefficient Of Linear Extensibility*), soit par celle du coefficient de retrait volumique (cf. chapitre « Vertisols ») ;
- à l'état sec, les structures sont très bien exprimées, le plus souvent très anguleuses, polyédrique grossière ou prismatique ou sphénoïde ; possibilité de formation de larges et profondes fentes ;
- à l'état humide, forte plasticité, faible conductivité hydraulique et faible taux d'infiltration de l'eau ;
- en raison de l'abondance de la fraction argile et de la prédominance des smectites, la CEC des horizons est très élevée, le plus souvent comprise entre 30 et 80 $cmol^+ \cdot kg^{-1}$;
- le complexe adsorbant est en général saturé ; la proportion d'alcalino-terreux est très élevée ; le rapport Ca^{2+}/Mg^{2+} peut varier de 1 000 à 0,002 (Nouvelle-Calédonie, solums issus de roches ultrabasiques), mais il est le plus souvent compris entre 4 et 1 ;
- faible macro-porosité intra-agrégats, d'où une forte densité apparente de mottes (en général comprise entre 1,5 et 1,8).

Horizons de surface à propriétés vertiques (Av ou LAv ou Lv)

Ces horizons de surface sont caractérisés par une forte activité biologique (en conditions naturelles) et par de fortes dessiccations de longues durées. Sous climats tempérés ou continentaux, ils sont parfois soumis au gel.

Sous végétation naturelle (horizons Av), le taux de matières organiques est élevé ; la structure peut être nettement grumeleuse, d'où une densité apparente < 1,5.

Sous cultures (horizons LAv ou Lv), l'activité biologique et les teneurs en matières organiques peuvent être fortement abaissées, et la structure grumeleuse disparaît généralement au profit d'une structure anguleuse plus ou moins fine. Sous l'effet du dessèchement, quelques centimètres de la partie la plus superficielle se subdivisent en une structure micro-polyédrique composée d'éléments de quelques millimètres de diamètre moyen. C'est le phénomène de l'autodivision ou *self-mulching* ou « auto-paillage », très favorable ultérieurement à la germination des céréales.

L'irrigation peut empêcher la manifestation des structures anguleuses en maintenant une humidité permanente.

Dans certains cas, la structure demeure massive pendant la période de sécheresse (caractère « maza » des premières classifications américaines). C'est le cas de certains sols du Sénégal, qui sont impropres à la culture du coton avec les techniques locales.

Horizon structural vertique (horizon SV)

Cet horizon sub-superficiel est toujours superposé à l'horizon V quand ce dernier existe.

Le plus souvent, l'horizon SV présente une dynamique structurale qui rend difficile une définition de son épaisseur, laquelle semble varier au cours des saisons. Tous les caractères généraux des horizons à propriétés vertiques sont vérifiés. L'organisation structurale se manifeste de façon très accentuée en relation avec de grandes différences saisonnières de l'état d'humidité :
• en fin de périodes humides, l'horizon est très humide, massif, pâteux. La sur-structure prismatique demeure visible, mais peu exprimée ;
• au cours du dessèchement, des fentes de retrait apparaissent, formant un réseau grossièrement polygonal (réseau dont la maille peut atteindre un mètre), et la partie supérieure de l'horizon se fissure et se divise. L'organisation structurale s'exprime très fortement : sur-structure prismatique grossière, sous-structure polyédrique anguleuse avec des faces obliques.

Horizon vertique sphénoïde (horizon V)

Horizon profond caractérisé, outre les caractères généraux de tous les horizons à propriétés vertiques, par une structure sphénoïde et l'existence de nombreuses faces de glissement ou *slickensides.*

Cette structure caractéristique peut être appelée aussi « structure en coins » ou « en plaquettes obliques ». Elle est caractérisée par la présence de vastes surfaces gauchies et luisantes qui, se recoupant suivant des angles de 10° à 60° sur l'horizontale, souvent très aigus, déterminent l'existence d'éléments structuraux larges, à section voisine du losange, dont les faces sont parfois striées ou cannelées. Ces *slickensides* résultent du glissement de masses de sol les unes sur les autres pendant la réhumectation.

Au cours du dessèchement qui suit la période humide, la partie supérieure de l'horizon V se rétracte, et il apparaît des fentes et des fissures mettant en évidence une sur-structure prismatique qui se surimpose à la structure sphénoïde. Cependant, la masse de l'horizon V connaît d'assez faibles variations d'humidité au cours des saisons et demeure toujours un milieu confiné.

Horizons histiques H

Cf. définitions au chapitre « Histosols », pp. 205-207.

Horizons peyriques (X, Xgr, Xc et Xp)

Ces horizons, épais de plus de 10 cm, contiennent plus de 60 % d'éléments grossiers (teneur pondérale rapportée à la terre totale sèche). La terre fine représente donc moins de 40 % de la terre brute totale.

Distinction entre les différents horizons peyriques (cf. diagramme triangulaire du chapitre « Peyrosols ») :
- s'ils contiennent plus de 50 % de [cailloux + pierres + blocs]
  – et que les cailloux dominent → **Horizons cailloutiques Xc.**
  – et que les pierres et/ou blocs dominent → **Horizons pierriques Xp.**
- s'ils contiennent plus de 50 % de graviers → **Horizons graveliques Xgr.**
- s'ils n'appartiennent à aucune de ces deux catégories → **Horizons grossiers X.**

Horizons gypsiques Y

Cf. définitions au chapitre « Gypsosols », pp. 197-198.

Horizons saliques Sa

Horizons caractérisés par une accumulation marquée de sels plus solubles que le gypse ($CaSO_4$, $2H_2O$), dont le produit de solubilité $(\log Ks)_{25\,°C} = -4,85$. Il peut donc s'agir de sels chlorurés, sulfatés, bicarbonatés, carbonatés ou nitratés : sels simples KCl, NaCl, $MgCl_2$, $CaCl_2$, Na_2SO_4, $MgSO_4$, $NaHCO_3$, Na_2CO_3, $NaNO_3$, etc. ou sels complexes plus ou moins hydratés. Le cation le plus fréquent est le sodium.

Outre ce critère de solubilité, le type anionique de salure et la conductivité électrique de la solution du sol sont pris en considération :
- enrichis en chlorures et/ou en sulfates ou nitrates (sels de la série neutre), avec un pH de l'extrait de pâte saturée < 8,5, ils sont définis comme saliques si, à un moment de l'année, la conductivité électrique de cet extrait de pâte saturée atteint 15 $dS \cdot m^{-1}$ à 25 °C ;
- enrichis en bicarbonates et carbonates (sels de la série alcaline), avec un pH de l'extrait de pâte saturée > 8,5, ils sont définis comme saliques si, pendant une période de l'année, la conductivité électrique de cet extrait de pâte saturée atteint 8 $dS \cdot m^{-1}$ à 25 °C.

Notations : **SaA, SaS, SaC, SaY** éventuellement **SaBT, SaH, SaK**, etc.

Remarque : la teneur de ces horizons en sodium et/ou en magnésium échangeable peut être élevée relativement au calcium, et elle l'est d'autant plus que la salinité est forte, mais la structure n'est pas dégradée.

Horizons sodiques Na

Horizons caractérisés par une forte proportion de sodium échangeable. Ils sont affectés également par une structure dégradée et compacte, soit totalement continue, soit grossièrement polyédrique, prismatique ou en colonnes. Cette évolution structurale est en relation avec des conditions pédoclimatiques de plus en plus humides qui provoquent la mobilisation du sodium au sein des solums ou latéralement. La porosité intra-agrégats de ces horizons est toujours faible, non seulement en saison humide, mais aussi en saison sèche.

Cette dégradation de la structure est provoquée par une teneur en sodium échangeable et hydrolysable plus ou moins élevée, mais représentant au moins 15 % de la somme des cations échangeables alcalins et alcalino-terreux. Cette teneur peut être inférieure lorsque le sodium manquant est compensé par une teneur élevée en magnésium échangeable et surtout déséquilibrée par rapport à celle du calcium. Selon la nature minéralogique des argiles présentes, une teneur en sodium < 15 % peut aussi causer des dégradations structurales.

La teneur en sels solubles de ces horizons est nulle ou très faible.

Notation : **NaA, NaS, NaBT, NaC.**

Horizons sulfatés U

Horizons minéraux ou organo-minéraux qui ont toujours un pH_{eau} < 3,5 (rapport solide/eau 1/1) et, le plus souvent, des taches de jarosite (teinte 2,5 Y ou plus jaune et *chroma* ≥ 6). Des sulfates sont présents, sous forme de jarosite ou de sulfate d'alumine, avec une teneur en soufre > 0,75 %.

Cf. chapitre « Thiosols et sulfatosols ».

Horizons « atypiques » ou « jeunes » (Js et Jp)

Ce sont des horizons très peu différenciés, soit parce que la durée d'évolution du solum est encore insuffisante, soit parce que les autres facteurs de la pédogenèse sont absents ou bloquent l'évolution. Les processus d'altération (décarbonatation, libération du fer, etc.) et de redistribution interne de matières (argile, fer, calcaire) sont à peine amorcés et peu visibles. Ce ne sont plus des couches M ou D ; il existe une structure pédologique, mais peu développée et tributaire de la granulométrie.

L'horizon **J de surface** (Js) contient de faibles quantités de matières organiques. Sa structure n'est jamais biomacrostructurée. Cet horizon peut être observé dans certains fluviosols, thalassosols, cryosols, ARÉNOSOLS, etc.

L'horizon **J de profondeur** (Jp) est situé, à faible profondeur, sous un horizon Js ou un horizon A ou LA, et ne contient pas de matières organiques ou seulement des traces. Il peut être observé dans certains fluviosols, thalassosols, cryosols ou ARÉNOSOLS.

Horizons C

Ce sont des horizons minéraux de profondeur qui diffèrent des couches M ou R en ce que leurs constituants ont subi, dans toute leur masse, une fragmentation importante et/ou une certaine altération géochimique. Ils diffèrent des horizons A, E, S, BT, G, g, etc., car ils n'ont pas acquis de structuration pédologique généralisée. Quand ils conservent en grande partie leur structure lithologique originelle, il s'agit d'isaltérites, sinon d'allotérites.

Certains horizons C peuvent présenter des traits pédologiques témoins d'une certaine illuviation (dépôts de $CaCO_3$, gypse, argile, sels, etc.) ou même d'éluviation latérale. Des sous-types peuvent être précisés :

Cca   horizon C calcaire.
Ccra   horizon C crayeux.

Couches R, M, D et P

Le plus souvent, ce sont des roches, dures ou meubles, non altérées (ou seulement très locale-ment), qui constituent une discontinuité physique et/ou chimique à la base du solum (matériaux parentaux et/ou substrats). Ces couches peuvent être partiellement exploitées par les racines selon la profondeur où elles se situent et leurs propriétés lithologiques.

Parfois, cependant, de telles couches sont observées à la surface du sol ou à proximité de la surface lorsque des dépôts récents sont intervenus : coulées de lave (couches R), dépôts de crue dans les plaines alluviales (couches M), éboulis colluvio-nivaux caillouteux en montagne (couches D).

Couches R

Roches dures, continues, massives ou peu fragmentées, avec généralement des diaclases et/ou des fissures. Celles-ci peuvent piéger des matières provenant des horizons supérieurs. Des phé-nomènes de dissolution, de désagrégation et d'altération localisés se produisent dans les joints de la roche. Ces couches sont très difficiles à disloquer et le sol ne peut être approfondi par les outils habituels de travail du sol. Des sous-types peuvent être précisés en fonction de la nature de la roche constituant la couche R :

Rca	couches R calcaires.
Rdo	couches R dolomitiques (dolomies et calcaires dolomitiques).
Rcri	couches R cristallines ou cristallophylliennes (granites, gneiss).
Rvo	couches R volcaniques (basaltes, andésites, trachytes).
Rsi	couches R siliceuses (quartzites, meulières, roches silicifiées, etc.).
Rsch	couches R constituées par des schistes durs.

Couches M

Roches continues, meubles ou tendres, non ou peu fragmentées, avec éventuellement des microfissures localement ou partiellement altérées. Ces couches sont cohérentes, mais faciles à travailler avec des outils. Des sous-types peuvent être distingués :

Mcra	craie ou calcaire crayeux tendre.
Mca	matériau meuble calcaire.
Mma	marnes.
Marg	roches argileuses (argillites, shales).
Msi	roches siliceuses (gaize, arène).
Mvo	roches volcaniques pyroclastiques.
Msch	schistes tendres.

Couches D

Matériaux durs fragmentés, puis déplacés ou transportés, non consolidés, formant un ensemble pseudo-meuble où les éléments grossiers dominent (cailloutis de terrasses, grève alluviale, grèzes, scories volcaniques, blocailles, éboulis, moraines, etc.). Ces couches peu cohérentes sont souvent faciles à travailler en l'absence de blocs. Des sous-types peuvent être utilisés selon la nature de la roche fragmentée constituant les éléments grossiers :

Dca	roches calcaires dures.
Dcra	craies dures.
Dsi	roches silicatées.
Dx	roches mixtes.
Dvo	volcanique.

Couches P (pergélisol)

Couches dont la température est en permanence < 0 °C pendant au moins deux années consécutives (synonyme : *permafrost*).

Cf. chapitre « Cryosols », p. 135.

Matériaux limniques (Mli) et terriques (Mt)

Dans les histosols, on observe parfois des matériaux non holorganiques déposés en surface (sur une épaisseur < 50 cm) ou intercalés au sein des horizons histiques :
- les **matériaux limniques** (Mli) sont des matériaux coprogènes ou des tourbes sédimentaires (débris de plantes aquatiques très modifiées par les animaux aquatiques), des terres à diatomées, des marnes dérivant de débris végétaux et d'organismes aquatiques (charophycées, coquilles d'animaux). Cette définition inclut la notion de « gyttya » utilisée en Europe septentrionale ;
- les **matériaux terriques** (Mt) sont des matériaux minéraux ou organo-minéraux, consolidés ou non, continus, recouvrant des horizons H ou recouverts par eux.

Matériau sulfidique (dit aussi thionique) TH

C'est un matériau minéral ou organo-minéral, gorgé d'eau, qui contient au moins 0,75 % de soufre (en poids sec), surtout sous forme de sulfures. Le matériau sulfidique s'accumule dans des sols qui sont continuellement saturés en eau généralement salée ou saumâtre. Les sulfates présents dans l'eau sont réduits par voie biologique en sulfures. Par assèchement naturel ou par drainage artificiel, les sulfures s'oxydent et produisent de l'acide sulfurique. Le pH, normalement voisin de la neutralité, peut s'abaisser au-dessous de 2,0. L'acide réagit avec le sol pour former des sulfates de fer et d'aluminium (jarosite, natro-jarosite, tamarugite, alun, etc.). La transformation d'un matériau sulfidique en un horizon sulfaté peut être assez rapide (quelques années). Pour une identification rapide sur le terrain, on peut oxyder un échantillon dans l'eau oxygénée concentrée et mesurer la chute du pH.

Matériaux anthropiques Z

Des matériaux variés d'origine anthropique, artificiels et technologiques, viennent souvent enfouir les sols autochtones. L'homme est responsable de la mise en place de ces matériaux non pédologiques dans lequel l'anthroposol va se développer (déblais de mines ou de carrières, déchets domestiques, boues résiduaires, scories, gravats, décombres, etc.). Cette mise en place provoque l'enfouissement des horizons initiaux qui doivent alors être notés soit –b, soit II.

Quatre types de **matériaux anthropiques** (codés Z) peuvent être distingués :
- les **matériaux anthropiques terreux** (codés Ztr) sont des matériaux d'origine pédologique ou géologique, le plus souvent mélangés, et de granulométrie fine (< 2 mm), avec parfois une faible charge en éléments grossiers,
- les **matériaux anthropiques technologiques** (codés Ztc) sont issus des procédés d'extraction et de transformations par voies physiques, chimiques ou biologiques de matières premières. Ce sont des sous-produits des activités industrielles, artisanales ou minières,
- les **matériaux anthropiques holorganiques** (codés ZO) correspondent à des apports de grande quantité de matières végétales non ou peu transformées ou de composts,

• les **matériaux archéo-anthropiques** (codés **Zar**) dont la composition a été très fortement influencée par l'homme. Leur composition peut être expliquée par les techniques et les raisonnements de l'archéologie. Ils sont caractérisés par un ou plusieurs des critères suivants :
– un taux très élevé de phosphore, au moins plus élevé que les sols voisins,
– une grande quantité de matières charbonneuses,
– plus de 20 % (en volume) de débris d'origine anthropique (tels qu'os, coquillage, etc.) ou/et des artefacts (objets fabriqués par l'homme, tels que fragments de céramique, outils en silex ou en os, etc.),
– des structures particulières, indiscutablement dues à l'homme, telles que fossés, trous de poteau, fondations, trous de plantation, pavages, etc.

Liste et définitions des qualificatifs
(par ordre alphabétique)

Les qualificatifs, préfixes et locutions listés *infra* servent à qualifier des solums ou des unités typologiques de sols. Ils sont à utiliser librement pour accompagner et compléter le nom d'une référence, et ainsi transmettre une information beaucoup plus riche :
- en précisant la nature du matériau parental ou du substrat ;
- ou celle de l'épisolum humifère ;
- en signalant la présence de tel ou tel horizon de référence supplémentaire ;
- en indiquant l'origine et l'intensité des excès d'eau ;
- la position du solum dans le paysage, le paysage environnant, la zone climatique ;
- les interventions de l'homme, etc.

Cf. chapitre « Qualificatifs classés par thèmes ».

Les qualificatifs doivent toujours être écrits en minuscules.

A

(à horizon) A humifère	Qualifie un solum présentant en surface un horizon A humifère (c.-à-d. qui contient beaucoup plus de carbone organique que la norme).
agricompacté	Qualifie un solum dont l'horizon de surface est fortement compacté sous l'action d'une agriculture mal menée. En conséquence, la porosité et l'activité biologique sont très diminuées.
agrique	Qualifie un luvisol présentant des revêtements d'argile associée à des matières organiques dans l'horizon BT, liés à la mise en culture.
albique	Qualifie un solum comportant un horizon E albique (codé Ea) ou qualifie un ARÉNOSOL de couleur très claire correspondant à la teinte des particules quartzeuses.
alluvial	Qualifie un solum (autre qu'un fluviosol) dont la plus grande partie ou la totalité des matériaux est d'origine alluviale (cf. **alluvio-colluvial, colluvial, fluvique**).
alluvio-colluvial	Qualifie un fluviosol dont une partie des matériaux est d'origine colluviale ou un COLLUVIOSOL dont une partie des matériaux est d'origine alluviale. Part relative des apports alluviaux et colluviaux non identifiée.
alpin	Qualifie un solum situé à l'étage de végétation alpin.
altéritique	Indique la présence d'un horizon C de type altérite.

aluminique   Qualifie un horizon ou un solum où l'aluminium échangeable Al^{3+} domine largement le complexe adsorbant.

alunique   Qualifie un SULFATOSOL dans lequel des sulfates d'aluminium (tamarugite, alun) sont présents soit dans les 20 premiers centimètres, soit sous forme d'efflorescences superficielles.

alusilandique   Qualifie un aluandosol présentant en profondeur, au-dessus d'un horizon Snd, un horizon possédant sur au moins 30 cm d'épaisseur les caractéristiques intermédiaires suivantes : le rapport Al_{py}/Al_{ox} est compris entre 0,5 et 0,3 ; Si_{ox} est compris entre 0,6 et 1 % ; le pH_{eau} est $\geq 5,0$.

amendé   Qualifie un solum dont certaines propriétés ont été modifiées par apports d'amendements (calcaires, calciques, organiques).

à amphimus (cf. *annexe 1*)

anacarbonaté   Qualifie un solum dans lequel on observe des remontées de $CaCO_3$ secondaire sous forme de pseudo-mycéliums dans des horizons S ou BT, suite à une évapotranspiration supérieure aux précipitations (certaines années). Il s'agit d'une recarbonatation *per ascensum*.

andique   Qualifie un solum (brunisol, RANKOSOL, NITOSOL) ayant, sur au moins 30 cm d'épaisseur depuis la surface, certaines caractéristiques et propriétés proches de celles de silandosols ou d'aluandosols, mais pas les propriétés andosoliques typiques permettant un rattachement parfait. Ce qualificatif souligne donc un caractère intergrade. L'évolution de ces sols mène, selon les climats, vers une brunification ou la formation d'halloysites (cf. chapitre « Nitosols »). Ces caractéristiques intermédiaires sont :
1. un taux de $[Al_{ox} + 1/2\ Fe_{ox}]$ compris entre 0,4 et 2 % de la terre fine ;
2. une densité apparente faible, comprise entre 0,9 et 1,2, liée à une grande microporosité ;
3. un test NaF négatif (réaction en plus de 2 min), lié à la faible réactivité de l'aluminium des complexes organo-minéraux.
Ces trois caractères rapprochent des VITRANDOSOLS, mais une altération plus poussée du matériau originel a fait disparaître la quasi-totalité des verres volcaniques et autres minéraux primaires.
Entre autres caractéristiques éventuellement présentes : une quantité de carbone organique plus élevée que la norme de la référence auquel ce solum est rattaché, et une structure micro-agrégée.

à anmoor (cf. *annexe 1*)

anthropique   Qualifie un LITHOSOL ou un RÉGOSOL dont l'existence résulte d'une activité humaine (fond de carrière, décapage, etc.).

anthropisé   Qualifie un solum non rattaché aux anthroposols, dans lequel des éléments d'un matériau anthropique sont mélangés aux horizons du sol, avec un taux < 50 % en volume.

anthropo-rédoxique   Qualifie un solum dans lequel des caractères rédoxiques se manifestent nettement dans l'horizon de surface, en conséquence d'une activité agricole.

anthropo-réductique	Qualifie un solum dans lequel des caractères réductiques se manifestent nettement dans l'horizon de surface, en conséquence d'une activité agricole.
appauvri	Qualifie un solum (autre qu'un luvisol, un PÉLOSOL DIFFÉRENCIÉ ou un planosol) dont les horizons de surface ont été appauvris en argile par un processus pédologique *in situ*. Le processus est insuffisant pour conduire à la différenciation d'horizons E typiques. Peut qualifier des brunisols, des pélosols, etc.
d'appauvrissement	Qualifie un planosol pédomorphe sans horizon BT, dont l'horizon supérieur E s'est différencié par départ latéral d'argiles en suspension.
d'apport	Qualifie un RÉGOSOL résultant de phénomènes d'apports récents (colluvions exclues).
arctique	Qualifie un solum situé dans de la zone climatique arctique.
à artéfacts	Qualifie un solum (autre qu'un anthroposol) présentant une couche ou un horizon contenant moins de 20 % (en volume) d'objets d'origine humaine, artificielle (fragments de céramique, outils en silex, etc.).
assaini	Qualifie un solum situé dans une parcelle ayant subi un assainissement agricole (généralement par fossés). Le niveau de la nappe phréatique est contrôlé.

B

de *badlands*	Qualifie des RÉGOSOLS d'érosion issus de marnes ou d'argilites, dans un paysage de ravinement généralisé.
de banquettes	Qualifie un solum dont la morphologie initiale a été fortement artificialisée par un aménagement en banquettes. Le long de certains versants, les cultures sont disposées en gradins subhorizontaux séparés par des murets verticaux ou des talus. Ce remodelage des versants par l'homme est destiné à lutter contre l'érosion et à faciliter les interventions culturales. Dans un tel contexte, les solums sont toujours plus ou moins artificialisés.
de bas de versant	
bathy-	(préfixe) Indique que le caractère s'observe en profondeur.
bathy-andosolique	Qualifie un solum (autre qu'un andosol) montrant les propriétés andosoliques, mais seulement au-delà de 50 cm de profondeur.
bathycarbonaté	Qualifie un solum qui est carbonaté en profondeur, mais pas en surface : par exemple, un CALCISOL dont la séquence d'horizons de référence est Aci/Sci/Sca (intergrade vers un CALCOSOL) ou un pélosol présentant un horizon C carbonaté.
bathycryoturbé	Qualifie un solum présentant des horizons ou des couches cryoturbés en profondeur.
bathyfragique	Qualifie un solum qui présente en profondeur un horizon de fragipan.
bathyhistique	Qualifie un solum (autre qu'un histosol) présentant des horizons histiques en profondeur.

bathylithique	Qualifie un histosol dans lequel une couche R débute entre 50 et 120 cm de profondeur.
bathyluvique	Qualifie un solum (autre qu'un luvisol) montrant des traits d'accumulation d'argile illuviale en profondeur. Qualifie plus particulièrement un CHERNOSOL TYPIQUE OU MÉLANOLUVIQUE ou un grisol ou un phæosol présentant en profondeur un horizon BT non humifère.
bathypyractique	Qualifie un histosol dont des horizons profonds ont brûlé.
bathysulfaté	Qualifie un solum autre qu'un SULFATOSOL présentant un horizon sulfaté U à plus de 80 cm de profondeur.
bathysulfidique	Qualifie un solum (autre qu'un THIOSOL ou qu'un SULFATOSOL) comportant un matériau sulfidique en profondeur.
bathy-vermihumique	Qualifie un solum ne correspondant pas (ou ne correspondant plus) complètement à la définition des VERACRISOLS, mais présentant en profondeur de nombreux volumes sombres brassés par les vers de terre et à forte teneur en matières organiques.
bathyvertique	Qualifie un solum (autre qu'un vertisol) qui présente un horizon V typique, débutant à plus de 100 cm de profondeur.
bicarbonaté	Qualifie des SODISALISOLS OU SALISODISOLS dont les sels solubles sont principalement des bicarbonates.
bigénétique	Qualifie un solum dans lequel on peut distinguer sans ambiguïté deux pédogenèses différentes affectant des horizons superposés les uns au-dessus des autres ou, parfois, surimposées l'une à l'autre au sein des mêmes horizons. Cf. chapitre « Vocabulaire pour les paléosolums ».
bilithique	Qualifie un solum dans lequel on peut distinguer sans ambiguïté deux matériaux superposés. Il existe dans le solum une discontinuité entre deux matériaux contrastés, déposés à des moments différents. Cf. chapitre « Vocabulaire pour les paléosolums ».
à blocs	Signale la présence de blocs en surface.
boréal	Qualifie un solum situé dans la zone climatique boréale.
brun	Qualifie un ALOCRISOL TYPIQUE dont l'horizon Sal présente une couleur brune (*chroma* ≤ 6).
à horizon BT	Qualifie un non-luvisol dans lequel un horizon BT est présent dans la partie inférieure du solum (cf. **luvique** et **bathyluvique**).

C

caillouteux	Qualifie un solum dont la charge en cailloux est > 40 %, mais dont la charge totale en éléments grossiers est < 60 % sur au moins 50 cm d'épaisseur à partir de la surface.
cailloutique	Qualifie un PEYROSOL dans lequel les horizons cailloutiques (Xc) sont dominants ou exclusifs.
calcaire	Qualifie un horizon ou un solum carbonaté dans lequel $CaCO_3$ est seul présent ou très largement majoritaire (rapport molaire $CaCO_3/MgCO_3 > 8$). Effervescence à froid généralisée dans la masse. Sera considéré également

comme « calcaire » un horizon ou un solum non calcaire dans la terre fine, mais qui contient des graviers et/ou des cailloux calcaires en grand nombre dans sa masse (cf. **hypercalcaire** et **hypocalcaire**).

calcarique Qualifie un solum dans lequel un horizon K ou Kc est présent à plus de 35 cm de profondeur.

calcimagnésique Qualifie un solum ou un horizon saturé, subsaturé ou resaturé dans lequel le rapport Ca^{2+}/Mg^{2+} est compris entre 5 et 2. Pas d'effervescence ou seulement localement ou ponctuellement.

calcique Qualifie un solum ou un horizon saturé, subsaturé ou resaturé dans lequel Ca^{2+} est largement dominant (rapport $Ca^{2+}/Mg^{2+} > 5$). Pas d'effervescence ou seulement localement ou ponctuellement (**attention** : l'horizon calcique, selon la *Carte mondiale des sols – Légende révisée* (FAO-Unesco, 1989), correspond à l'horizon calcarique du *Référentiel pédologique*).

carbonaté Qualifie un horizon ou un solum qui contient plus de 2 % de calcite ou de dolomite dans la terre fine. Effervescence généralisée avec HCl à froid ou à chaud.

à charge calcaire Qualifie un solum contenant des éléments grossiers calcaires.

à charge grossière Qualifie un solum dont la charge totale en éléments grossiers (> 2 mm) est > 40 %, mais < 60 % sur au moins 50 cm d'épaisseur à partir de la surface. Ni les graviers ni les cailloux ni les pierres n'excèdent 40 %.

chaulé Qualifie un solum ayant reçu des apports réguliers d'amendements calcaires et dont certaines propriétés ont été, en conséquence, très modifiées (pH, taux de saturation, réaction à l'acide).

chernique Qualifie un solum (autre qu'un chernosol) présentant à sa surface un horizon Ach épais de moins de 40 cm.

chloruro-sulfaté Qualifie des SODISALISOLS ou SALISODISOLS dont les sels solubles sont principalement des chlorures et des sulfates.

clinohumique Qualifie un solum présentant un épisolum humifère d'au moins 40 cm d'épaisseur, à accumulation de matières organiques fortement colorées et très liées à la matière minérale, montrant des teneurs élevées qui diminuent progressivement avec la profondeur. Ainsi, par exemple, il y a encore au moins 0,6 g de carbone organique pour 100 g à plus de 40 cm de profondeur pour des horizons Ach, Sh, BTh.

collinéen Qualifie un solum situé à l'étage de végétation collinéen.

colluvial Qualifie un solum (autre qu'un COLLUVIOSOL) dont la totalité ou la plus grande partie des matériaux est d'origine colluviale (apports essentiellement latéraux) et pour lequel un rattachement à une autre référence est possible.

colluvionné en surface Qualifie un solum (autre qu'un COLLUVIOSOL) qui présente en surface des apports colluviaux sur moins de 50 cm d'épaisseur.

compacté Qualifie un solum ayant subi un compactage par le trafic ou pour préparer la construction de bâtiments.

complexe Qualifie un solum composé de la superposition de plusieurs matériaux colluviaux, alluviaux ou sédimentaires, nettement différents.

concrétionné — Qualifie un ferruginosol dans lequel existe un horizon OXc.

contaminé en — Qualifie un solum ou un horizon notablement enrichi en éléments xénobiotiques (éléments en traces, hydrocarbures, molécules organiques de synthèse, etc.), par suite d'actions humaines, volontaires ou non.

à couche R disloquée, diaclasée, cryoturbée, fissurée, etc.

à couche R à pendage redressé — Qualifie un solum dont la roche sous-jacente présente un pendage redressé. Cela a des conséquences sur les possibilités d'enracinement et la vitesse de l'altération.

à couverture caillouteuse — Qualifie un solum (autre qu'un PEYROSOL) débutant par un horizon cailloutique de moins de 50 cm d'épaisseur.

à couverture graveleuse — Qualifie un solum (autre qu'un PEYROSOL) débutant par un horizon gravelique de moins de 50 cm d'épaisseur.

à couverture pierreuse — Qualifie un solum (autre qu'un PEYROSOL) débutant par un horizon pierrique de moins de 50 cm d'épaisseur.

en croissance — Qualifie un histosol dont la production de matières organiques est continue (bilan positif, accroissement de l'épaisseur). La tourbière constitue un puits de carbone.

cryoturbé — Qualifie un solum (autre qu'un cryosol) dont certains ou tous les horizons ont été déformés par cryoturbation.

cuirassé — Qualifie un ferruginosol dans lequel existe un horizon OXm.

cultivé — Qualifie un solum qui est régulièrement cultivé ou l'a été récemment. Cela implique le labour des horizons supérieurs et une fertilisation. Dans le cas particulier des podzosols, l'horizon BP n'est pas remanié et demeure facilement identifiable.
Cf. chapitre « Podzosols », § « POST-PODZOSOLS ».

cumulique — Qualifie un solum (autre qu'un COLLUVIOSOL) dont un horizon de surface est anormalement épais par rapport à une norme locale, par épaississement sur lui-même.

D

de — Cette préposition signifie que le solum considéré provient directement de la roche-mère dont la description suit. Utiliser de préférence la locution **issu de**.

décapé — Qualifie un ANTHROPOSOL TRANSFORMÉ ou ARCHÉOLOGIQUE dont on sait que les horizons supérieurs ont été enlevés par une intervention humaine.

décarbonaté en surface — Qualifie un solum carbonaté dont l'horizon de surface seul est décarbonaté.

en décroissance — Qualifie un histosol dont la production de matières organiques est plus faible que la minéralisation (bilan négatif, diminution de l'épaisseur). La tourbière constitue une source de carbone.

défoncé	Qualifie un solum ayant subi un ou plusieurs défoncements : retournement des horizons sur plus de 50 cm, contribuant à modifier complètement l'organisation naturelle des horizons qui se retrouvent mélangés.
à dégradation diffuse	Qualifie un LUVISOL DÉGRADÉ dans lequel la « dégradation morphologique » se présente en coupe sous la forme de taches et d'interdigitations.
de dégradation géochimique	Qualifie un planosol textural pédomorphe dont l'évolution actuelle procède d'une dégradation géochimique des minéraux argileux.
désaturé	Qualifie un solum dont le taux de saturation (rapport S/CEC) est < 20 % dans tous ses horizons ou au moins dans certains d'entre eux.
développé dans	Cette locution indique qu'une première séquence d'horizons observée dans le solum s'est développée à partir d'horizons résultant d'une ancienne pédogenèse dont certains horizons peuvent encore être observés à la base du solum.
distal	Qualifie un ferrallitisol ou un oxydisol dont la profondeur d'apparition d'un horizon ND, OXm ou OXc est comprise entre 80 et 120 cm. L'horizon nodulaire, pétroxydique ou duroxydique profond apparaît nécessairement sous un horizon F ou OX.
de doline	Indique que le solum est situé dans une doline.
dolomiteux	Qualifie un horizon ou un solum carbonaté qui présente un rapport molaire $CaCO_3/MgCO_3$ compris entre 1,5 et 8.
dolomitique	Qualifie un horizon ou un solum carbonaté dans lequel $MgCO_3$ est du même ordre de grandeur que $CaCO_3$ ou est dominant (rapport molaire $CaCO_3/MgCO_3$ < 1,5). Pas d'effervescence à froid ou très faible.
drainé	Qualifie un solum ayant subi un assainissement agricole par drains enterrés ou par taupage.
dunaire	Qualifie un solum développé dans des sables dunaires.
à duripan	Qualifie un solum dans lequel existe un horizon pétrosilicique (synonyme de duripan).
duroxydique	Qualifie un LITHOSOL présentant une carapace (horizon OXc) à moins de 10 cm de profondeur. Dans le cas de ferrallitisols ou d'oxydisols, signale la présence de niveaux durcis d'épaisseur centimétrique dans les horizons OX, F, ND ou RT.
dystrique	Qualifie un solum dont le taux de saturation (rapport S/CEC) est < 50 % dans tous ses horizons ou au moins dans certains d'entre eux.

E

ectopique	Qualifie un solum qui n'est pas situé dans la zone climatique d'existence habituelle de la référence à laquelle il a été rattaché.
à engorgements	Qualifie un solum dans lequel des excès d'eau sont régulièrement observés à certaines périodes, mais qui ne s'expriment pas morphologiquement.

entassé	Qualifie un PEYROSOL pierrique dans lequel l'organisation de la roche dure n'est plus conservée et les positions des pierres résiduelles ont changé sans qu'une organisation particulière ne se manifeste.
en voie de	Cette locution indique qu'une nouvelle pédogenèse a pu être décelée, mais que celle-ci n'a pas encore profondément modifié la morphologie du solum.
épianthropique	Qualifie un solum (autre qu'un anthroposol) à la surface duquel un matériau anthropique est présent sur moins de 50 cm d'épaisseur.
épicarbonaté	Qualifie un CHERNOSOL HAPLIQUE calcaire dès la surface.
épigypseux	Qualifie un SULFATOSOL à la surface duquel il y a du gypse, sous forme d'efflorescences superficielles. Le pH de l'horizon sulfaté peut être > 3,5.
épihistique	Qualifie un solum (autre qu'un histosol) qui comporte un ou des horizons H en surface (sur moins de 50 cm d'épaisseur).
épivitrique	Qualifie un solum (silandosol, aluandosol ou autre référence) ayant, sur moins de 50 cm d'épaisseur depuis la surface, les propriétés des VITRANDOSOLS (horizons Avi). Au-dessous, peuvent être observés des horizons silandiques (And ou Snd), aluandiques (Alu ou Slu), voire des horizons caractéristiques d'autres références.
d'erg	Qualifie un RÉGOSOL ou un ARÉNOSOL formé dans un erg.
d'érosion	Qualifie un solum dont l'existence résulte d'une érosion récente (par exemple, certains LITHOSOLS, RÉGOSOLS ou RANKOSOLS).
eutrique	Qualifie un solum dont le taux de saturation (rapport S/CEC) est > 50 % dans tous ses horizons ou au moins dans certains d'entre eux.
eutrophe	Qualifie un histosol dont la production primaire de biomasse, forte, se situe dans un milieu chimiquement riche et à pouvoir nutritif élevé pour les végétaux.

F

ferrograveleux	Qualifie un solum présentant une grande abondance de graviers ferrugineux (hérités et remaniés).
ferrolytique	Qualifie un solum dans lequel la destruction des minéraux argileux est attribuée à la ferrolyse (p. ex. un planosol pédomorphe).
ferronodulaire	Qualifie un solum présentant une grande abondance de nodules ferrugineux (formés en place) ; par exemple, un luvisol présentant un horizon BTcn riche en nodules et en enduits ferrugineux.
ferrugineux	Qualifie un ARÉNOSOL nettement coloré en rouge, en relation avec une relative richesse en fer sous forme de revêtements (p. ex. certains sols « Dior » du Sénégal).
fersiallitique	Qualifie un solum (autre qu'un fersialsol) dont la terre fine répond aux normes des horizons FS fersiallitiques (structure, couleur, teneurs en fer, etc.).
fertilisé	Qualifie un solum dont les propriétés chimiques ont été profondément modifiées par la fertilisation.

fibrique	Qualifie un CRYOSOL HISTIQUE ou un HISTOSOL LEPTIQUE dans lequel des horizons Hf sont seuls représentés ou prédominants.
(à horizon) fibrique	Qualifie un HISTOSOL MÉSIQUE ou un HISTOSOL SAPRIQUE comportant un horizon Hf de plus de 25 cm et pas, respectivement, de Hs ou de Hm de plus de 12 cm d'épaisseur.
fimique	Qualifie un solum dont l'horizon de surface est devenu très humifère par suite d'épandages répétés de fumiers ou lisiers. Un tel horizon L fimique est très épais (plus de 30 cm) et contient généralement des débris de briques ou de poteries sur toute son épaisseur. Sa teneur en éléments nutritifs est très élevée, notamment en P_2O_5 (plus de 250 mg·kg^{-1}, extraction à l'acide citrique).
flottant	Qualifie un HISTOSOL FIBRIQUE qui se présente sous la forme de radeaux flottants sur l'eau.
fluvique	Qualifie un solum (autre qu'un fluviosol) qui répond aux trois critères suivants : développement dans des matériaux alluviaux fluviatiles ou lacustres, position basse dans les paysages et présence d'une nappe phréatique alluviale à fort battement, plus ou moins profonde selon la saison.
fossilisé	Dont l'évolution pédogénétique est arrêtée depuis des siècles, suite, par exemple, à un changement climatique.
fragique	Qualifie un solum dont un horizon présente une structure massive et une sous-structure lamellaire (fragipan – horizons BTx, Ex, Sx).

G

à garluche, à grepp, à grison	Solum comportant des variantes d'horizons pétroferriques Fem.
giga-éluvique	Qualifie un podzosol tropical qui présente un horizon E de plus de 2 m d'épaisseur.
gigaliotique	Qualifie un podzosol présentant un horizon BP cimenté (alios) de plus de 50 cm d'épaisseur.
glacique	Qualifie un cryosol dans lequel il existe une couche de glace de plus de 30 cm d'épaisseur dont le toit se trouve à moins d'un mètre de la surface.
glossique	Qualifie un solum dans lequel la transition entre horizons Eg/BTgd (cas des LUVISOLS DÉGRADÉS) ou E/S ou E/FSt (cas des FERSIALSOLS ÉLUVIQUES) ou A/S prend la forme de langues.
graveleux	Qualifie un solum dont la charge en graviers est > 40 %, mais dont la charge totale en éléments grossiers est < 60 % sur au moins 50 cm d'épaisseur à partir de la surface.

(à horizon) gravelique, cailloutique, pierrique de surface
Présence d'un horizon gravelique, cailloutique ou pierrique de plus de 10 cm d'épaisseur, à moins de 50 cm de profondeur.

(à horizon) gravelique, cailloutique, pierrique de profondeur
Présence d'un horizon gravelique, cailloutique ou pierrique de plus de 10 cm d'épaisseur, à plus de 50 cm de profondeur.

(à horizon) graveleux, caillouteux, pierreux de surface
Présence d'un horizon graveleux, caillouteux ou pierreux de plus de 10 cm d'épaisseur, à moins de 50 cm de profondeur.

(à horizon) graveleux, caillouteux, pierreux de profondeur
Présence d'un horizon graveleux, caillouteux ou pierreux de plus de 10 cm d'épaisseur, à plus de 50 cm de profondeur.

gravelique	Qualifie un PEYROSOL dans lequel les horizons graveliques (Xgr) sont dominants ou exclusifs.
gypseux (à horizon S, C ou M)	Qualifie un solum (autre qu'un gypsosol) qui montre une accumulation gypseuse localisée, sous forme de pseudo-mycéliums, amas, nodules ou cristaux dans un horizon (horizon codé Sy ou Cy ou My).
(à horizon) gypsique	Qualifie tout solum (autre qu'un gypsosol) présentant une accumulation de gypse en profondeur sous la forme d'un horizon Yp.

H

à H$_2$S	Qualifie un HISTOSOL SAPRIQUE comportant un dégagement de H$_2$S à moins de 100 cm de profondeur.
haplique	Qualifie un solum correspondant parfaitement à la définition de la référence à laquelle il est rattaché et qui ne présente pas de particularités supplémentaires (s'oppose notamment à **leptique**, **pachique**, **lithique**).
halloysitique	Dont les minéraux argileux sont surtout des halloysites.
de hammada	Type particulier de LITHOSOL des déserts chauds.
hémiorganique	Qualifie un solum dont l'horizon de surface est hémiorganique (> 8 g de carbone organique pour 100 g).
holorganique	Qualifie un solum (autre qu'un histosol ou un ORGANOSOL HOLORGANIQUE) dont la terre fine est entièrement organique (horizons OF et/ou OH ou OHta). Cf. *annexe 4*.
hortique	Qualifie un solum ayant subi une fertilisation intense et ancienne (jardins, maraîchage).
humique	Qualifie un solum ou un épisolum humifère présentant, sur au moins 20 cm d'épaisseur depuis la base des horizons O, une couleur noire ou sombre qui témoigne d'une grande richesse en matières organiques : présence d'horizons humifères et/ou hémiorganiques. Cf. *annexe 4*.
humique-fulvique	Qualifie un silandosol ou un aluandosol dans lequel l'horizon And ou l'horizon Alu montre une *chroma* > 2 et une *value* > 2 à l'état humide ou un indice mélanique > 1,7 sur au moins 30 cm depuis la surface.
humique-mélanique	Qualifie un silandosol dans lequel l'horizon And est de couleur noire et montre une *chroma* ≤ 2 et une *value* ≤ 2 à l'état humide ou un indice mélanique < 1,7 sur au moins 30 cm depuis la surface.

à hydromoder, à hydromor, à hydromull, etc. (cf. *annexe 1*)

à hydromorphie fossile	Qualifie un solum dans lequel les signes rédoxiques observés ne correspondent pas à des engorgements actuels, mais à des conditions d'évolution anciennes (synonyme de **paléorédoxique**).
hypercalcaire	Qualifie un solum ou un horizon carbonaté contenant plus de 40 g de calcaire total pour 100 g et, en même temps, plus de 15 g de calcaire actif pour 100 g.
hypermagnésique	Qualifie un solum ou un horizon saturé, subsaturé ou resaturé, dans lequel le rapport Ca^{2+}/Mg^{2+} est < 0,2.
hypocalcaire	Qualifie un solum ou un horizon carbonaté contenant moins de 15 g de calcaire total (dans la terre fine) pour 100 g.

I • J • K

d'illuviation	Qualifie un planosol dont la différenciation texturale résulte principalement d'une argilluviation (donc à horizon BT).
insaturé	Qualifie un horizon ou un solum dont le rapport S/CEC est < 80 %.
insaturé en surface	Qualifie un solum saturé ou subsaturé dont seul l'horizon de surface est insaturé.
interstratifié	Qualifie un histosol comportant plusieurs couches de matériau terrique, quelle que soit leur épaisseur cumulée. Si cette dernière dépasse 30 cm, l'histosol est également **à matériau terrique**.
irragrique	Qualifie un solum ayant subi des irrigations répétées avec des eaux chargées en sédiments.
irrigué	Qualifie un solum qui est soumis à des irrigations fréquentes.
iso-	(préfixe) Indique que le caractère s'applique à l'ensemble des horizons pédologiques du solum (p. ex. iso-argileux, isocalcaire).
iso-argileux	Qualifie un solum dont tous les horizons sont argileux.
isocalcaire	Qualifie un solum dont tous les horizons présentent à peu près le même taux de calcaire.
issu de	Cette locution signifie que le solum considéré provient directement de l'altération *in situ* du matériau parental dont la description suit (s'oppose à **sur**). Cf. chapitre « Vocabulaire pour les paléosolums ».
jarositique	Qualifie un THIOSOL présentant des taches de jarosite dans les 50 premiers centimètres, mais de consistance n < 1,4. Qualifie également un solum salsodique dans lequel un horizon à jarosite apparaît à plus de 60 cm de profondeur (et à moins de 125 cm).
juvénile	Qualifie un solum dont l'évolution et la différenciation morphologique sont suffisantes pour qu'il soit rattaché à une référence, mais qui n'a pas encore atteint un stade d'évolution complet (cf. **en voie de**).
à kaolinite	Qualifie un NITOSOL dont l'horizon Sn contient une quantité non négligeable de kaolinite (entre 10 et 50 % de la fraction argileuse).
kaolinitique	Dont les minéraux argileux sont surtout des kaolinites.

L

lamellique Qualifie un luvisol dont l'horizon BT est formé par des bandes plus argileuses, dont l'épaisseur cumulée excède 15 cm.

de lapiaz Qualifie un LITHOSOL associé à un paysage de lapiaz.

leptique Qualifie un solum d'épaisseur plus faible que la norme (sans compter l'horizon C, ni les couches M, D ou R). Les modalités sont précisées à chaque chapitre (p. ex. brunisol dont l'épaisseur totale des horizons [A + S] est < 40 cm).

à laizines Qualifie un solum présentant des laizines en profondeur. Cf. *annexe 9.*

de laizines Qualifie un LITHOSOL dont les couches R calcaires sont dénudées et dans lequel la terre fine est localisée à des fissures ou crevasses (lapiaz semi-couvert). Cf. *annexe 9.*

limono-illuvial Qualifie un CRYOSOL MINÉRAL dans lequel on peut observer un horizon où des particules limoneuses forment, après transport, des coiffes sur la face supérieure de cailloux.

de lit majeur, de lit mineur

lithique Qualifie un solum dans lequel une couche R (naturelle ou artificielle) débute entre 10 et 50 cm de profondeur.

lithochrome Qualifie un solum dont la couleur est due aux constituants du matériau parental, et non à l'évolution pédogénétique.

luvique Qualifie un solum (autre que luvisol) présentant des traits d'illuviation d'argile, jugés insuffisants cependant pour constituer un véritable horizon BT (brunisols, ARÉNOSOLS, NITOSOLS, PHÆOSOLS HAPLIQUES, etc.).

M

magnésien Qualifie un sodisol où le magnésium est nettement dominant par rapport au sodium et surtout au calcium sur le complexe adsorbant.
Qualifie un solum (autre qu'un sodisol) mésosaturé ou oligosaturé dans lequel le rapport Ca^{2+}/Mg^{2+} est < 2.

magnésique Qualifie un horizon ou un solum saturé, subsaturé ou resaturé dans lequel le rapport Ca^{2+}/Mg^{2+} est < 2 (mais > 0,2). Pas d'effervescence à froid, ni à chaud.

de marais asséché

à matériau archéo-anthropique Qualifie un solum dans lequel est reconnu un matériau archéo-anthropique et qui ne répond pas aux critères d'un ANTHROPOSOL ARCHÉOLOGIQUE.

à matériau limnique Qualifie un histosol dans lequel un matériau limnique continu de plus de 5 cm d'épaisseur est présent à plus de 60 cm de profondeur sous des horizons Hf ou à plus de 40 cm de profondeur sous des horizons Hm ou Hs.

à matériau technologique Qualifie un anthroposol dans lequel est reconnu un matériau techno-logique.

à matériau terreux	Qualifie un anthroposol dans lequel est reconnu un matériau terreux.
à matériau terrique	Qualifie un histosol dans lequel existe un matériau terrique continu (minéral ou organo-minéral, consolidé ou non), de plus de 30 cm d'épaisseur, situé à plus de 60 cm de profondeur sous des horizons Hf ou à plus de 40 cm de profondeur sous des horizons Hm ou Hs.
mélangé	Qualifie un ANTHROPOSOL TRANSFORMÉ dont l'horizonation naturelle a été complètement détruite par l'activité humaine qui a provoqué le mélange des horizons.
mélanisé	Qualifie un horizon ou un solum ayant acquis une couleur sombre ou noire, bien que le taux de carbone organique demeure modeste. Précisions en ce qui concerne les vertisols : *value* < 4 et *chroma* < 3 à l'état humide, au moins sur l'ensemble des horizons Av et SV et sur plus de 50 cm d'épaisseur depuis la surface.
mélanoluvique	Qualifie un solum dont certains horizons montrent de nombreux revêtements argileux humifères noirs ou gris.
méridional	Qualifie un chernosol de la province européenne la plus méridionale (Bulgarie). Le climat peu froid (pas de gel prolongé) est responsable d'une plus forte minéralisation des matières organiques, de teneurs en carbone moindres et d'une couleur moins noire.
mésique	Qualifie un CRYOSOL HISTIQUE ou un HISTOSOL LEPTIQUE dans lequel des horizons Hm sont seuls représentés ou prédominants.
(à horizon) mésique	Qualifie un HISTOSOL FIBRIQUE comportant un horizon Hm dont l'épaisseur (éventuellement cumulée) est > 25 cm et pas de Hs de plus de 12 cm d'épaisseur. Qualifie un HISTOSOL SAPRIQUE comportant un horizon Hm dont l'épaisseur (éventuellement cumulée) est > 25 cm et pouvant comporter un horizon Hf d'épaisseur moindre.
mésosaturé	Qualifie un solum dont le taux de saturation (rapport S/CEC) est compris entre 50 et 80 % dans tous ses horizons ou au moins dans certains d'entre eux.
mésotrophe	Qualifie un histosol dont la production primaire de biomasse est intermédiaire entre eutrophe et oligotrophe.
à micropodzol	un épisolum podzolique [E + BP] ou [A + BP] existe en surface, sur une épaisseur < 20 cm, développé dans les premiers horizons d'une séquence d'horizons permettant de définir une autre référence (p. ex. LUVISOL TYPIQUE à micropodzol).
à micro-relief gilgaï	(cf. chapitre « Vertisols »)
mixte	Qualifie un PEYROSOL dans lequel se succèdent différents horizons peyriques (pierriques Xp, cailloutiques Xc, graveliques Xgr) ou seulement des horizons grossiers (X).
à moder, à mor, à mull	(cf. *annexe 1*)
montagnard	Qualifie un solum situé à l'étage de végétation montagnard.

multiferrugineux	Qualifie un ferruginosol dans lequel plusieurs pédogenèses ferrugineuses se sont succédé.
multi-	(préfixe) Indique que le solum est composé de plusieurs ensembles d'horizons résultant d'un même type de pédogenèse, ces ensembles ayant été constitués i) dans le même type de matériau (p. ex des dépôts de lœss successifs), ii) à deux ou plusieurs périodes, séparées par des événements divers (changement climatiques entraînant des modifications de fonctionnement, érosions ou colluvionnement), et iii) aboutissant à la formation des mêmes horizons de référence, d'âges différents. Cf. chapitre « Vocabulaire pour les paléosolums ».
multiferrallitique	Qualifie un solum qui est composé de plusieurs ensembles semblables d'horizons caractérisant les ferrallitisols. Ces ensembles ont été formés à différentes périodes, mais selon le même type de pédogenèse ferrallitique. Les variations sont dues à des processus géomorphologiques (érosion, reptation, colluvionnement, etc.) et/ou morphopédogénétiques.
multioxydique	Qualifie un solum qui est composé de plusieurs ensembles semblables d'horizons caractérisant les oxydisols. Ces ensembles ont été formés à différentes périodes, mais selon un même type de pédogenèse dans un même matériau. Les variations sont dues à des processus géomorphologiques (érosion, reptation, colluvionnement, etc.) et/ou morphopédogénétiques.

N

à nappe, à nappe perchée (temporaire ou permanente), à nappe salée, à nappe souterraine, etc. (cf. § « Qualificatifs et vocabulaire spécifiques des phénomènes d'excès d'eau (hors histosols) », p. 50)

à nappe de gravats	Qualifie un solum où l'on observe une « nappe de gravats » (synonyme : *stoneline*).
néoluvique	Qualifie un solum montrant un début d'illuviation d'argile sous la forme de quelques revêtements argileux, sans que l'on puisse reconnaître un véritable horizon BT (p. ex. présence d'un horizon St).
nivelé	Qualifie un solum dont la surface a été nivelée par l'homme.
nodulaire	Qualifie un FERRALLITISOL MEUBLE ou un OXYDISOL MEUBLE présentant un ou plusieurs horizons nodulaires (c.-à-d. contenant de 30 à 60 % en poids de nodules métalliques).
à nodules ferrugineux	présence de nodules ferrugineux dans l'horizon BP. Concerne les PODZOSOLS DURIQUES, HUMO-DURIQUES ou MEUBLES, voire même certains PODZOSOLS OCRIQUES.

O

ocreux	Qualifie un ALOCRISOL TYPIQUE dont l'horizon Sal présente une couleur « ocreuse » (*chroma* ≥ 7).

oligosaturé	Qualifie un solum dont le taux de saturation (rapport S/CEC) est compris entre 20 et 50 % dans tous ses horizons ou au moins dans certains d'entre eux.
oligosaturé en surface	Qualifie un solum dont seul l'horizon A est oligosaturé (p. ex. un BRUNISOL EUTRIQUE).
oligotrophe	Qualifie un histosol dont la production primaire de biomasse, faible, se situe dans un milieu chimiquement pauvre et à pouvoir nutritif faible pour les végétaux.
ombrogène	Qualifie un histosol dont le fonctionnement hydrique et la composition de l'eau dépendent principalement de l'alimentation pluviale (s'oppose à soligène). Des cas mixtes existent, dits soli-ombrogènes.
ondulique	solum dont une limite majeure entre horizons présente une forme d'ondes ayant environ 50 cm d'amplitude verticale pour une amplitude latérale d'environ 1 m.
organisé	Qualifie un PEYROSOL dont les pierres ont une organisation différente de celle de la roche sous-jacente en place.
oxyaquique	Qualifie un fluviosol fréquemment saturé par des eaux riches en oxygène et ne montrant pas de traits rédoxiques ou réductiques dans les 80 premiers centimètres.

P • Q

pachique	Qualifie un solum d'épaisseur particulièrement grande par rapport à une norme (sans compter l'horizon C, ni les couches M, D et R). Les modalités sont précisées à chaque chapitre (p. ex pour les podzosols : épaisseur > 200 cm ; pour les luvisols : horizon BT débutant à plus de 1 m, etc.).
paléo-	(préfixe) Indique un processus visible morphologiquement, mais qui n'est plus fonctionnel (exemples : paléoluvique, paléopodzolique, paléorédoxique, etc.).
paléoluvique	Qualifie un solum qui présente encore des traits d'illuviation (p. ex. présence d'horizons profonds de type BT), mais qui ne correspondent plus au fonctionnement actuel du solum.
paléorédoxique	Qualifie un solum dans lequel les signes rédoxiques observés ne correspondent pas à des engorgements actuels, mais à des conditions d'évolution anciennes (synonyme de **à hydromorphie fossile**).
palusmectique	Qualifie un TOPOVERTISOL qui se situe en position basse et s'est développé dans un ancien marais, naturellement ou artificiellement assaini.
à pavage	Qualifie un solum (autre qu'un PEYROSOL) à la surface duquel existe un mince horizon pierrique ou cailloutique dépourvu de terre fine, de moins de 20 cm d'épaisseur.
pédomorphe	Qualifie un planosol ou un PÉLOSOL DIFFÉRENCIÉ dont la différenciation texturale est d'origine pédologique (s'oppose à **sédimorphe**).

pénévolué Qualifie un CRYOSOL MINÉRAL où l'on peut distinguer clairement des horizons, soit peu perturbés par la cryoturbation, soit recoupant des traits cryoturbés inactivés temporairement (abaissement du niveau de la nappe), avec un horizon Jp d'épaisseur < 10 cm (absence d'activité biologique).

à pergélisol profond Qualifie un solum (autre qu'un cryosol) présentant un pergélisol à plus de 2 m de profondeur.

pétrique Qualifie un CALCARISOL à horizon Km.

pétrocalcarique Qualifie un solum (autre qu'un CALCARISOL ou un LITHOSOL) comportant un horizon Km à plus de 35 cm de profondeur ou un PEYROSOL formé de débris de croûte calcaire.

pétroferrique Qualifie un solum comportant un horizon Fem.

pétrosilicique Qualifie un solum comportant un horizon pétrosilicique Sim.

pétroxydique Dans le cas de ferrallitisols et d'oxydisols, signale la présence de niveaux indurés (très durs), d'épaisseur centimétrique, dans les horizons OX, F, ND ou RT. Dans le cas d'un LITHOSOL, signale que l'obstacle est constitué d'une cuirasse (horizon OXm).

pierreux Qualifie un solum dont la charge en pierres est > 40 %, mais dont la charge totale en éléments grossiers est < 60 % sur au moins 50 cm d'épaisseur à partir de la surface.

pierrique Qualifie un PEYROSOL dans lequel les horizons pierriques (Xp) sont dominants ou exclusifs.

placique Qualifie un solum comportant un horizon placique Femp.

de plage Qualifie un RÉGOSOL formé de sables de plage.

plaggique Qualifie un solum rendu très humifère et surépaissi par additions répétées de mottes de gazon ou de terre de bruyère (*plaggenboden*).

planosolique Qualifie un solum (autre qu'un planosol) où il y a passage subhorizontal et sans transition entre un horizon E et un horizon BT ou entre un horizon E et un horizon FSt (p. ex. un FERSIALSOL ÉLUVIQUE ou un LUVISOL DÉGRADÉ).

podzolisé Qualifie un solum (autre qu'un podzosol) dans lequel un processus de podzolisation peut être mis en évidence par des indices morphologiques, physico-chimiques ou minéralogiques, mais sans que l'on puisse identifier un véritable horizon BP.

de polder

polygénétique Qualifie un solum dans lequel on peut distinguer sans ambiguïté plus de deux pédogenèses différentes affectant des horizons superposés les uns au-dessus des autres ou, parfois, surimposées l'une à l'autre au sein des mêmes horizons.
Cf. chapitre « Vocabulaire pour les paléosolums ».

polylithique Qualifie un solum dans lequel on peut distinguer sans ambiguïté plus de deux matériaux superposés. Il existe dans le solum des discontinuités entre plusieurs matériaux contrastés, déposés à des moments différents.
Cf. chapitre « Vocabulaire pour les paléosolums ».

provenant de	Locution permettant de signaler l'origine pédologique d'un matériau terreux transporté constituant désormais un ANTHROPOSOL RECONSTITUÉ.
proximal	Qualifie un ferrallitisol ou un oxydisol pour lequel la profondeur d'apparition d'un horizon ND, OXm, ou OXc se situe entre 0 et 40 cm. Lorsque l'horizon nodulaire ou pétroxydique ou duroxydique est très proche de la surface du sol, il ne peut être surmonté que d'un horizon A.
pseudoluvique	Qualifie un solum dont la morphologie et le fonctionnement hydrique simulent ceux d'un véritable luvisol, mais qui résulte de la superposition de deux matériaux (un moins argileux au-dessus d'un autre plus argileux) et ne présente pas de traits d'argilluviation (revêtements argileux).
pyractique	Qualifie un histosol dont l'horizon de surface a brûlé.
pyroclastique	Qualifie un RÉGOSOL formé de dépôts pyroclastiques très récents.

R

réalluvionné	Qualifie un solum (situé en position alluviale) qui a reçu très récemment de minces sédiments minéraux. Les horizons organo-minéraux formés antérieurement sont désormais enfouis.
recarbonaté	Qualifie un solum ou un horizon dont la terre fine a été recarbonatée par colluvionnement ou suite à des travaux culturaux.
recouvert par	Qualifie un solum recouvert en surface (sur moins de 50 cm d'épaisseur) par des matériaux d'apport récent non ou encore très peu altérés : naturels (alluvions, colluvions, cendres volcaniques, sables dunaires, matériaux limniques ou terriques, etc.) ou anthropiques (remblayage ou lente accumulation sur place).
rédoxique	Qualifie un solum dans lequel un horizon g ou –g débute entre 50 et 80 cm de profondeur.

(à horizon) rédoxique de profondeur
Qualifie un solum dans lequel un horizon g ou –g débute entre 80 et 120 cm de profondeur.

réductique	Qualifie un solum dans lequel un horizon G débute entre 50 et 80 cm de profondeur.

(à horizon) réductique de profondeur
Qualifie un solum dans lequel un horizon G débute entre 80 et 120 cm de profondeur.

régosolique	Qualifie un CRYOSOL MINÉRAL dans lequel, sous un horizon H ou OL de moins de 10 cm, on passe directement à des horizons C ou des couches M cryoturbés. L'horizon H peut être totalement absent. Qualifie également un LITHOSOL constitué d'une couche M ou D reposant sur une couche R.
resaturé	Qualifie un solum dont on sait qu'il était naturellement insaturé et dont le rapport S/CEC a été remonté à plus de 80 % dans tous ses horizons, en conséquence d'une mise en culture, sous l'influence d'amendements.
resaturé en surface	Qualifie un solum dont on sait qu'il était naturellement insaturé et dont le rapport S/CEC a été remonté à plus de 80 % dans son horizon de surface, en conséquence d'une mise en culture, sous l'influence d'amendements.

à ressuyage accéléré Qualifie un solum dans lequel la fissuration « en grand » de la roche sous-jacente et/ou la position géomorphologique conduit à une accélération du ressuyage. L'eau passe très vite à travers la couverture pédologique et va ensuite circuler rapidement dans la masse de la roche. En conséquence, le pédoclimat est relativement sec, les données pluviométriques ne constituant pas un bon indicateur de l'ambiance hydrique du solum.

à ressuyage ralenti Qualifie un solum dans lequel la faible macroporosité du solum et de la roche sous-jacente conduit à un ralentissement considérable du ressuyage.

restauré Qualifie un solum dont les horizons ont été décapés, transportés et stockés séparément et dont les horizons ont été remis en place en respectant l'ordre de superposition initiale. Pour le rattachement, la pédogenèse initiale est privilégiée par rapport au caractère de reconstitution par l'homme (p. ex. LUVISOL TYPIQUE restauré).

à horizon réticulé Qualifie un solum présentant un horizon réticulé RT en profondeur.

rizicultivé Qualifie un solum dont les fonctionnements hydrique, physico-chimique et biologique sont complètement modifiés par l'inondation (répétée durant des siècles) des champs une ou deux fois par an, pour la production du riz.

rouge Qualifie un solum (ou un horizon) de teinte 5 YR ou plus rouge à l'état humide (au moins les faces des agrégats).

rougeâtre Qualifie un solum (ou un horizon) de teinte 7,5 YR à l'état humide (au moins les faces des agrégats).

rouillé Qualifie un ARÉNOSOL présentant un horizon de couleur rouille sous l'horizon de surface, mais ne présentant pas les caractères requis pour être rattaché aux podzosols (« sols rouillés » de Pologne).

rudérique Qualifie un ANTHROPOSOL ARTIFICIEL ou un PEYROSOL constitué par des décombres (produits de démolition de maisons, routes, etc.).

rubéfié Qualifie un solum qui est devenu rouge ou rougeâtre par évolution pédogénétique.

rubique Qualifie un SULFATOSOL dans lequel l'horizon sulfaté est surmonté d'un horizon à taches rouges d'oxydes de fer (hématite) résultant de l'hydrolyse de la jarosite.

ruptique Qualifie un solum à horizons interrompus latéralement, à échelle métrique.

S

sablé Qualifie un ANTHROPOSOL TRANSFORMÉ par d'importants apports volontaires de sable.

salin Qualifie un solum ou un horizon dans lequel est reconnue une certaine abondance de sels plus solubles que le gypse, mais dont la conductivité électrique est en deçà des normes de définition de l'horizon salique. Qualifie également un ARÉNOSOL sous l'influence des sels, mais dont la texture sableuse ne permet pas de confectionner une pâte saturée.

salique	Qualifie un solum (autre qu'un salisol, un THIOSOL ou un SULFATOSOL) dans lequel un horizon salique est reconnu débutant à plus de 60 cm de profondeur (et à moins de 125 cm). Qualifie un THIOSOL qui présente une conductivité de l'extrait de pâte saturée > 8 mS, sur les 50 premiers centimètres, toute l'année. Qualifie un SULFATOSOL dont l'horizon sulfaté présente une conductivité de l'extrait de pâte saturée > 8 mS toute l'année.
saprique	Qualifie un CRYOSOL HISTIQUE ou un HISTOSOL LEPTIQUE dans lequel des horizons Hs sont seuls représentés ou prédominants.
(à horizon) saprique	Qualifie un HISTOSOL FIBRIQUE comportant un horizon Hs dont l'épaisseur (éventuellement cumulée) est > 25 cm. Il peut comporter un horizon Hm d'épaisseur moindre. Qualifie un HISTOSOL MÉSIQUE comportant un horizon Hs dont l'épaisseur (éventuellement cumulée) est > 12 cm et peut comporter un horizon Hf.
saturé	Qualifie un solum non carbonaté dont le complexe adsorbant est entièrement occupé par les cations échangeables alcalino-terreux et alcalins, et principalement par Ca^{2+} et Mg^{2+}, dans tous ses horizons ou au moins dans certains d'entre eux. Le rapport S/CEC est donc égal à 100 ± 5 %.
scellé	Qualifie un solum dont la surface est « fermée » par un revêtement de chaussée (goudron, ciment, pavés).
sédimorphe	Qualifie un planosol ou un PÉLOSOL DIFFÉRENCIÉ dont la différenciation texturale est la conséquence de la nature complexe de la roche-mère et ne résulte pas d'une évolution pédogénétique (s'oppose à **pédomorphe**).
(à horizon) silicique	Qualifie un solum présentant un horizon silicique Si.
smectitique	Dont les minéraux argileux sont surtout des smectites.
(à horizon) Sn humifère	Qualifie un NITOSOL quand le taux de carbone organique est > 12 g·kg^{-1} dans la partie supérieure de l'horizon Sn (que l'on pourra coder Snh).
sodique	Qualifie un solum (autre qu'un sodisol) dans lequel un horizon sodique apparaît à plus de 60 cm de profondeur (et à moins de 125 cm).
sodisé	Qualifie un solum ou un horizon dans lequel est reconnue une certaine abondance de sodium Na$^+$ sur le complexe adsorbant, mais en deçà des normes de définition de l'horizon sodique (Na$^+$/CEC < 15 %).
soligène	Qualifie un histosol dont le fonctionnement hydrique et la composition de l'eau dépendent principalement de l'alimentation par le bassin versant ou par des sources (s'oppose à ombrogène). Des cas mixtes existent, dits soli-ombrogènes.
sous abri	Qualifie un ANTHROPOSOL ARCHÉOLOGIQUE situé sous un abri (entrée de grotte, aplomb rocheux, etc.), développé essentiellement par accumulation de détritus et de déchets et qui a évolué dans des conditions particulières (à l'abri des précipitations).
sous climat	Cette locution permet de signaler que le solum est situé dans telle ou telle zone climatique : aride, xérique, continental, méditerranéen, tempéré, océanique, etc.

soutré	Qualifie un solum dont on sait qu'il a subi la pratique du soutrage (exportation de la litière et parfois de l'horizon de surface).
(à horizon) Sp de profondeur	Qualifie un solum (autre qu'un pélosol) dans lequel un horizon Sp débute à plus de 40 cm de profondeur.
à sphaignes	Qualifie un HISTOSOL FIBRIQUE dans lequel les fibres sont, sur les 120 premiers centimètres, pour au moins 75 % des fibres de sphaignes associées à des herbacées.
strict	Qualifie un LITHOSOL réduit à la roche massive nue (moins de 1 kg de terre fine par m^2).
à structure lithique	Qualifie un PEYROSOL dans lequel l'organisation de la roche dure sous-jacente est conservée. Les vides résultent de l'agrandissement de fissures.
subalpin	Qualifie un solum situé à l'étage de végétation subalpin.
subsaturé	Qualifie un solum dont le taux de saturation (rapport S/CEC) est compris entre 95 et 80 % dans tous ses horizons ou au moins dans certains d'entre eux.
sulfaté	Qualifie des SODISALISOLS ou SALISODISOLS dont les sels solubles sont principalement des sulfates.
superposé à	Cette locution indique que l'on a affaire à plusieurs séquences d'horizons ou plusieurs types de matériaux, celle ou celui se situant au-dessus n'ayant aucun rapport pédogénétique avec celle ou celui situé au-dessous. Cette locution peut concerner les solums polygénétiques et polylithiques. Cf. chapitre « Vocabulaire pour les paléosolums ».
sur	Indique que le solum étudié ne semble pas provenir directement de la roche sous-jacente, laquelle est donc considérée comme un substrat (cf. **superposé à** et **issu de**).
(à horizon de) surface humifère	Qualifie un solum présentant en surface un horizon humifère (c.-à-d. qui contient beaucoup plus de carbone organique que la norme).
surrédoxique	Qualifie un solum dans lequel les caractères rédoxiques apparaissent à moins de 20 cm de profondeur (p. ex. un RÉDOXISOL ou un planosol).

T

à tangel	Indique la présence d'un horizon OHta.
de terrasses, de terrassettes	Qualifie un solum dont la morphologie initiale a été fortement modifiée par un aménagement en terrasses ou en terrassettes. Le long d'un versant, les cultures sont disposées en gradins subhorizontaux, séparés par des murets verticaux ou des talus. Ce remodelage des versants par l'homme est destiné à lutter contre l'érosion et à faciliter les interventions culturales. Dans un tel contexte, les solums sont toujours plus ou moins artificialisés.
torrentiel	Qualifie un fluviosol développé dans des alluvions très grossières de torrents, y compris les cônes alluviaux, et dont le cours d'eau a un régime torrentiel.

tronqué

Qualifie un solum dont on sait que les horizons superficiels ont été enlevés par érosion ou décapage.

U • V

urbain

Qualifie un solum situé dans une zone urbaine et ayant subi au moins une des modifications «anthropo-pédogénétiques» de ce type de milieu.
Cf. chapitre « Anthroposols ».

de vallon sec

vertique

Qualifie un solum (autre qu'un vertisol) dont certains horizons de profondeur présentent des caractères vertiques (tels que des faces de glissement obliques), mais insuffisants pour identifier un horizon V typique (horizons notés Sv ou Cv).

vétuste

Qualifie un solum qui a évolué depuis fort longtemps par rapport à l'âge fréquent des mêmes types de solum (p. ex. des millénaires pour un podzosol, plusieurs millions d'années pour un ferrallitisol), et qui n'a jamais été enfoui de façon significative. Un solum vétuste a été soumis antérieurement à des climats différents de l'actuel et a gardé sa morphologie antérieure.
Cf. chapitre « Vocabulaire pour les paléosolums ».

vide

Qualifie un PEYROSOL qui ne contient pas de terre fine entre les pierres ou les blocs sur au moins 30 cm depuis la surface.

vif

Qualifie un PEYROSOL formé dans un éboulis non fixé et toujours alimenté.

X

xanthomorphe

Qualifie un solum qui présente un ou plusieurs horizon(s) à caractère xanthomorphe (Sj, Scij ou BTj).

Qualificatifs et vocabulaire spécifiques des phénomènes d'excès d'eau (hors histosols)

▶▶ Disjonction morphologie/fonctionnement hydrique actuel
à hydromorphie fossile = paléorédoxique
assaini, drainé

▶▶ Forme et origine de l'excès d'eau
à nappe perchée temporaire d'origine pluviale
à nappe perchée temporaire d'origine pluviale et apports latéraux
à nappe perchée temporaire, stagnante ou circulante
à nappe perchée quasi permanente
à nappe souterraine, libre ou captive
à nappe souterraine, douce ou salée
à nappe souterraine, à battements de faible ou forte amplitude
à submersions par ruissellement ou inondation, fréquentes ou épisodiques
de mouillère, temporaire ou quasi permanente
à imbibition capillaire
à deux nappes
d'origine culturale (semelle de labour, horizon tassé, etc.)

▶▶ Intensité de l'hydromorphie dans l'horizon rédoxique
à horizon rédoxique peu tacheté (taches couvrant de 2 à 20 % de la surface de l'horizon)
à horizon rédoxique tacheté (taches couvrant de 20 à 40 % de la surface de l'horizon)
à horizon rédoxique bariolé (abondance sensiblement égale de taches d'oxydation et de réduction)
à horizon rédoxique décoloré (ou albique)
surrédoxique (les caractères rédoxiques apparaissent dans les 20 premiers centimètres)

▶▶ Présence d'horizon(s) riche(s) en matières organiques
à anmoor, acide ou calcique
à horizon histique en surface (épihistique) ou en profondeur (bathyhistique)

▶▶ Présence d'horizons d'accumulation dans le solum
à horizon ferrique
pétroferrique, placique
à horizon gypsique

▶▶ Traits particuliers du solum
à horizon histique entre 50 et 80 cm
à lentilles de sable fin entre 80 et 100 cm
à argile plastique, etc.
plancher à x cm

▶▶ Présence d'aménagements fonciers
drainé, à drainage souterrain, à drainage par fossés, ancien ou récent
irrigué par submersion, par aspersion, par un autre moyen, etc.

▶▶ Position topographique
en position de cuvette
de bas de pente
de bras mort, etc.

Qualificatifs relatifs au taux de saturation

Les adjectifs rappelés *infra* sont à la fois des termes du vocabulaire général (lorsqu'ils qualifient un horizon) et des qualificatifs (lorsqu'ils s'appliquent à un solum dans son ensemble).

▶▶ Définitions — Tolérances
Taux de saturation = rapport S/CEC exprimé en %.
S = somme des cations échangeables alcalins et alcalino-terreux Ca^{2+}, Mg^{2+}, K^+ et Na^+ de l'horizon.
CEC = capacité d'échange cationique de l'horizon.
S et CEC sont déterminés après percolation à l'acétate d'ammonium tamponné à pH 7.
Pour tous les seuils proposés *infra*, une tolérance de ± 5 % est admise.

▶▶ Rapport S/CEC

saturé — Qualifie un horizon ou un solum non carbonaté dont le complexe adsorbant est entièrement saturé par les cations échangeables alcalino-terreux et alcalins, et principalement par Ca^{2+} et Mg^{2+} (d'où un rapport S/CEC = 100 ± 5 %).

subsaturé — Qualifie un horizon ou un solum non carbonaté dont le rapport S/CEC est compris entre 95 et 80 %.

mésosaturé — Qualifie un horizon ou un solum dont le rapport S/CEC est compris entre 80 et 50 %.

oligosaturé — Qualifie un horizon ou un solum dont le rapport S/CEC est compris entre 50 et 20 %.

désaturé — Qualifie un horizon ou un solum dont le rapport S/CEC est < 20 %.

insaturé — Qualifie un horizon ou un solum dont le rapport S/CEC est < 80 %.

resaturé — Qualifie un horizon ou un solum dont on sait qu'il était naturellement insaturé et dont le rapport S/CEC a été remonté à plus de 80 %, en conséquence d'une mise en culture.

▶▶ Taux de saturation : deux échelles, au choix

	5 classes	2 classes
S/CEC > 95 %	saturé (ou resaturé)	eutrique
80 % < S/CEC < 95 %	subsaturé (ou resaturé)	eutrique
50 % < S/CEC < 80 %	mésosaturé	
20 % < S/CEC < 50 %	oligosaturé	insaturé / dystrique
S/CEC < 20 %	désaturé	dystrique

Remarque : si tous les horizons d'un même solum ne présentent pas la même classe de saturation, le qualificatif qui s'appliquera au solum dans son ensemble dépendra du taux de saturation mesuré dans l'horizon de moyenne profondeur (BT, FS, SV ou S). On pourra en outre employer des qualificatifs additionnels, tels que **resaturé en surface** ou **mésosaturé en surface**, etc.

Abondance relative de Ca^{2+} et Mg^{2+}

Les adjectifs rappelés *infra* sont à la fois des termes du vocabulaire général (lorsqu'ils qualifient un horizon) et des qualificatifs (lorsqu'ils s'appliquent à un solum dans son ensemble).

▶▶ Horizons ou solums non carbonatés : saturés, subsaturés ou resaturés

calcique — Qualifie un horizon ou un solum saturé, subsaturé ou resaturé, dans lequel Ca^{2+} est largement dominant (rapport Ca^{2+}/Mg^{2+} > 5). Pas d'effervescence ou seulement localement ou ponctuellement.

calcimagnésique — Qualifie un horizon ou un solum saturé, subsaturé ou resaturé, dans lequel le rapport Ca^{2+}/Mg^{2+} est compris entre 5 et 2. Pas d'effervescence ou seulement localement ou ponctuellement.

magnésique — Qualifie un horizon ou un solum saturé, subsaturé ou resaturé, dans lequel le rapport Ca^{2+}/Mg^{2+} est < 2 (mais > 0,2). Pas d'effervescence à froid, ni à chaud.

hypermagnésique — Qualifie un horizon ou un solum saturé, subsaturé ou resaturé, dans lequel le rapport Ca^{2+}/Mg^{2+} est < 0,2.

▶▶ Horizons ou solums mésosaturés ou oligosaturés

magnésien — Qualifie un horizon ou un solum (autre qu'un sodisol) mésosaturé ou oligosaturé dans lequel le rapport Ca^{2+}/Mg^{2+} est < 2.

Potentiel hydrogène

pH_{eau} (rapport sol/eau = 1/2,5) • Tolérance : ± 0,2 unité.

	pH_{eau}
Très basique	> 8,7
Basique	7,5 à 8,7
Neutre	6,5 à 7,5
Peu acide	5,0 à 6,5
Acide	4,2 à 5,0
Très acide	3,5 à 4,2
Hyper-acide	< 3,5

Qualificatifs relatifs aux couleurs

Les adjectifs rappelés *infra* sont à la fois des termes du vocabulaire général (lorsqu'ils qualifient un horizon) et des qualificatifs (lorsqu'ils s'appliquent à un solum dans son ensemble).

brun	Qualifie un ALOCRISOL TYPIQUE dont l'horizon Sal présente une couleur brune (*chroma* ≤ 6).
clair	Qualifie des horizons A à faible teneur en matières organiques, parce que celles-ci connaissent une minéralisation très rapide, d'où une couleur « claire ». Le qualificatif clair est employé lorsqu'il s'agit d'un équilibre naturel (cf. éclairci).
éclairci	Qualifie des horizons A à faible teneur en matières organiques, parce que celles-ci connaissent une minéralisation très rapide, d'où une couleur « claire ». Lorsque le caractère « clair » est lié à l'utilisation par l'homme, on utilise le qualificatif éclairci (cf. clair).
jaune	Qualifie un solum ou un horizon de teinte 10 YR ou plus jaune.
lithochrome	Qualifie un solum dont la couleur est due aux constituants du matériau parental, et non à l'évolution pédogénétique.
mélanisé	Qualifie un horizon ou un solum ayant acquis une couleur sombre ou noire, bien que le taux de carbone organique demeure modeste. Précisions, en ce qui concerne les vertisols : *value* < 4 et *chroma* < 3 à l'état humide, au moins sur l'ensemble des horizons Av et SV et sur plus de 50 cm d'épaisseur depuis la surface.
mélanoluvique	Qualifie un solum dont certains horizons montrent de nombreux revêtements argileux humifères noirs ou gris.
noir	Qualifie un horizon ou un solum dont la somme *value* + *chroma* est ≤ 4 à l'état humide.
ocreux	Qualifie un ALOCRISOL TYPIQUE dont l'horizon Sal présente une couleur « ocreuse » (*chroma* ≥ 7).
rouge	Qualifie un solum (ou un horizon) de teinte 5 YR ou plus rouge à l'état humide (au moins les faces des agrégats).
rougeâtre	Qualifie un solum (ou un horizon) de teinte 7,5 YR à l'état humide (au moins les faces des agrégats).
rubéfié	Qualifie un horizon ou un solum qui est devenu rouge ou rougeâtre par évolution pédogénétique.
sombre	Qualifie un horizon ou un solum non noir, dont la somme *value* + *chroma* est comprise entre 4 et 6 à l'état humide.
xanthomorphe	Qualifie un solum qui présente un ou plusieurs horizon(s) à caractère xantho-morphe, ce qui implique une teinte orangée ou jaune (7,5 YR ou plus jaune) et d'autres caractères. Cf. chapitre « Fersialsols », p. 180.

Qualificatifs classés par thèmes

Qualificatifs liés aux matériaux

Pour préciser la nature du matériau parent ou de l'horizon C ou du substrat
fluvique (non-fluviosols) • colluvial (non-colluviosols) • alluvial • alluvio-colluvial • altéritique • à pergélisol profond • dunaire • d'erg • de plage • pyroclastique • torrentiel (fluviosols).

Pour indiquer que le matériau parental ou le solum lui-même est complexe
bilithique • polylithique • complexe • alluvio-colluvial • colluvionné en surface • sédimorphe • développé dans… • interstratifié (histosols) • recouvert par…

Pour distinguer entre une origine directe et une superposition
de • issu de • sur • superposé à • pédomorphe, sédimorphe (planosols ou PÉLOSOLS DIFFÉRENCIÉS) • pseudoluvique.

Pour décrire l'état des couches R
à laizines • à couche R disloquée, diaclasée, cryoturbée, fissurée, à pendage redressé.

Pour signaler le mode de mise en place du matériau parental
ou la cause de l'existence du solum
d'apport (RÉGOSOLS) • fluvique • torrentiel (fluviosols) • de polder • d'érosion • anthropique (RÉGOSOLS, LITHOSOLS) • colluvial • ombrogène, soligène (histosols) • provenant de (ANTHROPOSOLS RECONSTITUÉS).

Qualificatifs liés à la pédogenèse

Caractères hérités d'une pédogenèse ancienne
paléoluvique • paléorédoxique • fossilisé • vétuste • paléo-.

Pédogenèse encore débutante
juvénile • pénévolué (CRYOSOLS MINÉRAUX).

De nouveaux processus pédologiques débutent sans affecter l'ensemble du solum
podzolisé • à micropodzol • en voie de • néoluvique • appauvri.

Processus pédogénétique particulier
d'appauvrissement, ferrolytique, de dégradation géochimique, d'illuviation (planosols) • pédomorphe (planosols, PÉLOSOLS DIFFÉRENCIÉS).

Pédogenèses multiples

bigénétique • polygénétique • multiferrugineux (ferruginosols) • multiferrallitique (ferrallitisols) • multioxydique (oxydisols).

Dynamique des histosols

en croissance • en décroissance.

Pour signaler que certains horizons présentent des caractères particuliers

fragique • décarbonaté en surface • insaturé en surface • mélanoluvique • anacarbonaté • nodulaire (podzosols) • vertique (non-vertisols) • xanthomorphe • fersiallitique (non-fersialsols) • humique-fulvique, humique-mélanique (andosols).

Pour souligner qu'il y a disjonction entre la morphologie du solum et son fonctionnement hydrique ou physico-chimique actuel

Suite à une intervention de l'homme

assaini • drainé • amendé • resaturé • fertilisé • recarbonaté • à hydromorphie fossile • paléo-rédoxique.

Sans intervention de l'homme

recarbonaté • resaturé • paléoluvique.

Qualificatifs liés aux constituants

Pour signaler la présence d'un constituant ou d'un trait pédologique (sans pour autant définir un horizon de référence supplémentaire)

gypseux • hémiorganique • glacique (cryosols) • jarositique • ferronodulaire • concrétionné (ferruginosols) • carbonaté • calcaire • alunique, rubique (SULFATOSOLS) • sodisé • duroxydique, pétroxydique (ferrallitisols et oxydisols) • à kaolinite (NITOSOLS) • luvique (non-luvisols) • limono-illuvial (cryosols).

Pour signaler l'abondance relative d'un constituant (par rapport aux cas les plus fréquents) dans le solum entier ou seulement dans certains horizons

à horizon A humifère • humique • ferrugineux • clinohumique • mélanoluvique • dolomiteux • calcaire • salin • à kaolinite (NITOSOLS).

ou au contraire l'absence ou la diminution d'un constituant dans l'horizon de surface

décarbonaté en surface • insaturé en surface • oligosaturé en surface • appauvri • strict (LITHOSOLS).

Pour signaler la dominance d'un constituant

halloysitique • smectitique • kaolinitique • hypercalcaire • holorganique • dolomitique • hypermagnésique • magnésien (sodisols) • bicarbonaté, sulfaté, chloruro-sulfaté (SODISALISOLS ou SALISODISOLS) • à sphaignes (HISTOSOLS FIBRIQUES).

Pour fournir des informations sur la présence en abondance,
l'organisation ou la dimension d'éléments grossiers (EG)
ferrograveleux • ferronodulaire • nodulaire (ferrallitisols et oxydisols) • à nodules ferrugineux
(podzosols) • à nappe de gravats.
à charge calcaire • à charge grossière • cailloutique, gravelique, pierrique, mixte (PEYROSOLS).
à couverture graveleuse • à couverture caillouteuse • à couverture pierreuse • graveleux •
cailllouteux • pierreux • à pavage (non-PEYROSOLS) • à blocs • à horizon gravelique, cailloutique, pierrique de surface • à horizon gravelique, cailloutique, pierrique de profondeur • à
horizon graveleux, caillouteux, pierreux de surface • à horizon graveleux, caillouteux, pierreux
de profondeur.

Organisation des éléments grossiers dans le cas des PEYROSOLS
entassé • organisé • vide • à structure lithique.

Qualificatifs pour décrire l'état du complexe adsorbant
eutrique • dystrique • désaturé • mésosaturé • oligosaturé • subsaturé • saturé • resaturé •
insaturé • resaturé en surface • aluminique • calcique • calci-magnésique • magnésique •
hypermagnésique • eutrophe, mésotrophe, oligotrophe (histosols) • magnésien.
Cf. aussi listes spécifiques pp. 50-51.

Qualificatifs liés aux excès d'eau

Pour signaler la présence, l'origine et l'intensité des excès d'eau
à engorgements • oxyaquique • anthropo-rédoxique • anthropo-réductique • sur-rédoxique.
à nappe • à nappe perchée (temporaire ou permanente) • à nappe salée • à nappe souterraine
• rizicultivé • rédoxique • réductique • à horizon rédoxique de profondeur • à horizon réductique de profondeur.
Cf. aussi liste spécifique p. 50.

Pour préciser la qualité du ressuyage
à ressuyage accéléré • à ressuyage ralenti.

Qualificatifs liés aux horizons et aux propriétés des solums

**Pour signaler la présence d'un horizon de référence
(ou d'un matériau) supplémentaire**
bathycarbonaté • bathyfragique • bathyhistique • bathyluvique • bathysulfaté • bathysulfidique
• bathyvertique • bathyvermihumique.
gypsique (non-gypsosols) • à horizon S, C ou M gypseux • à garluche • à grepp • à grison • à
duripan • pétrosilicique • à horizon silicique • calcarique • chernique • placique • pétroferrique
• pétrocalcarique • pétrique (CALCARISOLS) • à horizon BT (non-luvisols) • lamellique (luvisols)
• albique • sodique (non-sodisols) • salique (non-salisols) • alusilandique (andosols).
à horizon réticulé • cuirassé (ferruginosols) • à horizon Sp de profondeur.
à matériau terrique (histosols) • à matériau limnique (histosols) • à matériau archéo-anthropique
• à matériau terreux • à matériau technologique • épianthropique.

Pour signaler une épaisseur anormalement grande ou petite
de l'ensemble du solum ou de certains horizons

leptique • pachique • gigaliotique (podzosols) • giga-éluvique (podzosols) • cumulique • lithique • bathylithique (histosols).

Pour signaler un constituant ou une accumulation ou une caractéristique
présents seulement en profondeur

bathy-andosolique • bathycarbonaté • bathycryoturbé • bathyfragique • bathyhistique • bathy-luvique • bathy-pyractique • bathysulfaté • bathysulfidique • bathy-vertique • jarositique (THIO-SOLS) • anacarbonaté • vertique (non-vertisols) • duroxydique, pétroxydique (LITHOSOLS) • distal (ferrallitisols et oxydisols) • salique • à horizon gypsique • à horizon S, C ou M gypseux.
à horizon gravelique, cailloutique, pierrique de profondeur • à horizon graveleux, caillouteux, pierreux de profondeur.

Pour signaler un constituant ou un dépôt ou une caractéristique
présents seulement en surface

épianthropique • épigypseux • épihistique • épivitrique • décarbonaté en surface • insaturé en surface • resaturé en surface • colluvionné en surface • à couverture caillouteuse • à couverture graveleuse • à couverture pierreuse • à pavage • réalluvionné • recouvert par…

Pour signaler que la succession normale des horizons a été modifiée

par des phénomènes naturels
cryoturbé • bathycryoturbé • interstratifié (histosols) • tronqué.

par des phénomènes anthropiques
labouré • tronqué • cumulique • décapé • défoncé • mélangé.

Pour fournir une information relative à la forme des limites entre horizons et,
éventuellement, leur contraste

glossique • planosolique • lithique • à dégradation diffuse • ondulique • ruptique • de laizines (LITHOSOLS).

Qualificatifs pour préciser la nature ou une propriété particulière
de l'épisolum humifère

humique • hémiorganique • holorganique • clinohumique • à horizon A humifère • cher-nique • fimique • hortique • plaggique • cultivé • épicarbonaté (CHERNOSOLS HAPLIQUES) • épigypseux, alunique (SULFATOSOLS) • fibrique, mésique, saprique (CRYOSOLS HISTIQUES) • à horizon Sn humifère.
à mull • à moder • à mor • à hydromoder • à hydromull • à hydromor • à tangel • à anmoor • à amphimus • épihistique • à horizon fibrique, à horizon mésique, à horizon saprique, pyractique, flottant (histosols).

Qualificatifs pour fournir des informations relatives à la position topographique ou au paysage environnant, y compris la zone climatique

de doline • de bas de versant • de vallon sec • de lapiaz • de laizines (LITHOSOLS).
fluvique • de lit majeur • de lit mineur • palusmectique (TOPOVERTISOLS) • de marais asséché • de terrassette • de banquette • vif (PEYROSOLS).
sous abri (ANTHROPOSOLS ARCHÉOLOGIQUES) • à micro-relief gilgaï (vertisols).
de polder • d'erg • dunaire • de hammada • d'oasis • arctique • boréal • de *badlands* • de delta • de plage.
collinéen • montagnard • subalpin • alpin • méridional (chernosols) • sous climat… • ectopique.

Qualificatifs pour souligner le rôle majeur de l'homme par ses activités agricoles ou autres

amendé • cultivé • labouré • drainé • assaini • anthropique • anthropisé • anthropo-rédoxique • anthropo-réductique • hortique • fertilisé • fimique • compacté • agricompacté • contaminé en… • décapé • défoncé • irragrique • irrigué • nivelé • plaggique • agrique (luvisols) • sablé • scellé • rizicultivé • de terrassette • de banquette • rudérique (ANTHROPOSOLS ARTIFICIELS ou PEYROSOLS) • urbain (anthroposols) • soutré • épianthropique • à artéfacts • restauré.

Qualificatifs liés à la couleur

clair • éclairci • jaune • mélanisé • lithochrome • ocreux, brun (alocrisols) • sombre • noir • rubique (SULFATOSOLS) • rouillé, albique (ARÉNOSOLS) • rouge • rougeâtre • xanthomorphe.
Cf. aussi liste spécifique p. 52.

Qualificatifs exprimant un caractère intergrade

andique (non-andosols) • insaturé en surface • décarbonaté en surface • bathycarbonaté • fersiallitique • à micropodzol • podzolisé • luvique • alusilandique • appauvri • chernique • vertique.

Vocabulaire pour les paléosolums

Sur les plans climatiques et géomorphologiques, notre planète a toujours fonctionné de façon cyclique (biostasie *vs* rhexistasie) et présenté des changements brusques et accidentels retentissant sur les conditions de formation des sols : accidents climatiques, tectoniques, changements des niveaux de base des fleuves, volcanisme, etc.

On peut donc distinguer :
- la courte période actuelle relativement stable, au cours de laquelle se sont développés la plupart des sols que nous observons aujourd'hui (période correspondant sensiblement à l'Holocène sous nos latitudes) ;
- et les périodes plus anciennes qui ont subi des fluctuations climatiques majeures et de nombreux accidents (Pléistocène et périodes géologiques précédentes), dont nous héritons des solums complexes.

En effet, les couvertures pédologiques ont enregistré en leur temps toutes ces modifications, mais ces dernières ne sont plus toutes observables aujourd'hui (érosions ou transformations ultérieures), ni facilement interprétables. Si les processus holocènes sont généralement clairement interprétables (sols peu évolués), les processus plus anciens peuvent :
- être identiques aux processus actuels (cas des sols ayant longuement évolué selon un même phylum) ;
- avoir laissé la place à d'autres processus en équilibre avec les conditions actuelles (par exemple, la fersiallitisation → brunification hors zones sous climat méditerranéen actuel).

Dans certaines zones du globe, comme les régions intertropicales, malgré une certaine stabilité climatique sur de très longues durées, on ne peut affirmer que les horizons les plus profonds résultent des mêmes processus que les horizons les plus superficiels.

Ce chapitre propose un vocabulaire pour permettre une meilleure **désignation** des solums résultant de **plusieurs pédogenèses** s'étalant dans le temps ou des solums comportant plusieurs séquences d'horizons liées aux **différents matériaux** successifs qui le composent.

La durée d'évolution d'une couverture pédologique est l'un des paramètres essentiel de la pédogenèse. Elle n'est pas toujours facile à déterminer par des analyses de laboratoire et *a fortiori* sur le terrain. Cependant, il est parfois possible d'observer dans certains solums des traits relevant de plusieurs pédogenèses successives, différentes ou similaires, ou bien des horizons dont l'évolution, très ancienne, ne correspond plus aux conditions climatiques actuelles.

Ces pédogenèses successives sont dues :
- soit à des phases successives d'érosions et de dépôts (naturelles ou anthropiques) ; ces perturbations entraînent des modifications majeures des matériaux soumis à la (ou aux) pédogenèse(s) ;

• soit à des changements climatiques durables qui ont eu pour conséquences une modification sensible de la pédogenèse ancienne et le développement d'une pédogenèse plus récente dans le solum initial ;

• soit aux deux phénomènes, l'accident climatique qui affecte le matériau du solum étant suivi lui-même d'un épisode long de pédogenèse nouvelle.

Paléosolum

Est nommé « paléosolum » l'ensemble des horizons observables en profondeur, qui ont été formés dans des conditions (climat et végétation) différentes de celles qui prévalent aujourd'hui. Leur évolution pédogénétique a été ensuite bloquée ou nettement modifiée. Un paléosolum est généralement enfoui sous des matériaux plus récents ou situé sous des horizons formés postérieurement dans d'autres conditions pédogénétiques. Il correspond à la totalité ou, le plus souvent, à une partie seulement du solum initial issu de la pédogenèse la plus ancienne (par exemple, après troncature ou cryoturbation). Plusieurs pédogenèses ou plusieurs phases d'un même type de pédogenèse peuvent donc être identifiées.

Remarque : le plus souvent, les paléosolums ne sont pas atteints par des prospections (fosses, sondages à la tarière) peu profondes (< 120 cm).

Des informations supplémentaires sont fournies par les qualificatifs suivants, définis *infra* : **bigénétique, polygénétique, vétuste**, ainsi que par les locutions : **superposé à, développé dans, multi-**.

Pour désigner les paléosolums, le préfixe **paléo-** sera utilisé, suivi d'un terme indiquant, avec plus ou moins de précision, le type de pédogenèse. Exemples : paléofersialsol, paléoNITOSOL, paléopodzosol.

Le terme **paléosolum** est générique et ne constitue pas une référence. Il sera utilisé quand le type de paléopédogenèse ne peut pas être précisé.

Les termes « polycyclique », « polyphasé » et « relique » n'ont pas été retenus, parce que trop ambigus (chacun d'entre eux est employé dans la littérature avec des sens différents, voire contradictoires).

On notera que des qualificatifs comme **multi-xxx, bilithique, polygénétique** désignent l'ensemble [solum supérieur + paléosolum profond], et non le seul solum supérieur.

Qualificatifs et locutions spécifiques

bigénétique, polygénétique (cf. figure p. 62)

Qualifie **un solum** dans lequel on peut distinguer sans ambiguïté deux ou plusieurs pédogenèses différentes affectant des horizons superposés les uns au-dessus des autres ou, parfois, surimposées l'une à l'autre au sein des mêmes horizons. Deux cas peuvent se présenter :

1. S'il n'y a qu'un seul matériau, il y a lieu de supposer que les diverses pédogenèses sont dues à des modifications du climat et/ou de la végétation.

2. Souvent, le matériau dans lequel se développe la pédogenèse la plus récente est constitué par un (ou des) horizon(s) formés antérieurement par la pédogenèse plus ancienne. Il y a continuité dans le solum et certains horizons montrent à la fois des traits de la première et de la seconde pédogenèse.

Exemple :

Brunisol eutrique **développé dans** un paléofersialsol calcique **issu de** calcaire dur (étant donné la façon dont la désignation est formulée, il n'est pas indispensable de signaler le caractère bigénétique qui est implicite).

Cas particulier (cf. figure p. 62) : si nous sommes en présence d'un micropodzol développé dans un horizon E de planosol ou d'un podzosol leptique développé dans un horizon E d'un luvisol, nous ne sommes pas dans le cadre des paléosolums. En effet, la micropodzolisation est une évolution très récente, qui n'affecte qu'une faible épaisseur. Une mise en culture ferait immédiatement disparaître cette morphologie podzolique superficielle. En outre, les horizons E, BT etc. du luvisol sont toujours fonctionnels et en harmonie avec le climat général.

Exemple :

Podzosol meuble leptique (bigénétique) **développé dans** un luvisol typique **issu de** limons quaternaires.

multi- *(cf. figure p. 62)*

Préfixe indiquant que **le solum** est composé de plusieurs ensembles d'horizons résultant d'un même type de pédogenèse, ces ensembles ayant été constitués i) dans le même type de matériau (p. ex. des dépôts de lœss successifs), ii) à deux ou plusieurs périodes, séparées par des évènements divers (changement climatiques entraînant des modifications de fonctionnement, érosions ou colluvionnement) et iii) aboutissant à la formation des mêmes horizons de référence, d'âge différent.

Exemples :

Luvisol typique multiluvique.

Podzosol humique multipodzolique.

Ferrallitisol nodulaire multiferrallitique.

Oxydisol nodulaire multioxydique.

superposé à *(cf. figure p. 62)*

Cette locution indique que l'on a affaire à plusieurs **séquences d'horizons** ou plusieurs types de matériaux, celle ou celui se situant au-dessus n'ayant aucun rapport pédogénétique avec celle ou celui situé au-dessous. Cette locution peut concerner les solums polygénétiques et polylithiques.

Exemples :

Luvisol typique issu de lœss, **superposé à** un paléofersialsol tronqué.

Veracrisol resaturé, drainé, **superposé à** un paléoferrallitisol caillouteux.

développé dans *(cf. figure p. 62)*

Cette locution indique qu'une première **séquence d'horizons** observée dans le solum s'est développée à partir d'horizons résultant d'une ancienne pédogenèse dont certains horizons peuvent encore être observés à la base du solum.

Exemples :

Calcisol **développé dans** un paléofersialsol, bigénétique.

Luvisol typique **développé dans** un paléocryosol, bigénétique.

vétuste

Qualifie **un solum** qui a évolué depuis fort longtemps par rapport à l'âge fréquent des mêmes types de solum (par exemple, des millénaires pour un podzosol, plusieurs millions d'années pour un ferrallitisol), et qui n'a jamais été enfoui de façon significative. Un solum vétuste a été soumis antérieurement à des climats différents de l'actuel et a gardé sa morphologie antérieure.

fossilisé

Qualifie **un solum** dont l'évolution pédogénétique est arrêtée depuis des siècles, suite, par exemple, à un changement climatique.

Termes génériques – Définitions nouvelles et rappels (non spécifiques des paléosolums)

bilithique, polylithique *(cf. figure page suivante)*

Qualifie **un solum** dans lequel on peut distinguer sans ambiguïté deux ou plusieurs matériaux superposés. Il existe dans le solum une (ou plusieurs) discontinuité(s) entre deux (ou plus de deux) matériaux contrastés, déposés à des moments différents. De telles discontinuités lithologiques peuvent être dues, par exemple :
- à une érosion entraînant une troncature d'un premier solum, suivie d'un nouveau dépôt ;
- à une cryoturbation modifiant complètement la disposition du matériau parental et les propriétés mécaniques, voire physiques des couches supérieures ;
- à un recouvrement du solum plus ancien par un dépôt naturel (colluvions, alluvions, lœss, cendres volcaniques, etc.) ou anthropique (remblai, déblais miniers, végétaux), de plus de 50 cm d'épaisseur. Si moins de 50 cm d'épaisseur, utilisation du qualificatif **recouvert par...**

Ces différents matériaux superposés sont notés, du haut vers le bas, donc des plus récents aux plus anciens, par des chiffres romains qui précèdent les notations des horizons de référence : I (que l'on n'écrit pas), puis II, III, IV, etc.

issu de

Signifie que **le solum** considéré provient directement de l'altération *in situ* du matériau parental dont la description suit (s'oppose à **sur**).

Exemples :

Calcosol **issu d**'une marne grise.

Brunisol eutrique **issu de** colluvions.

Podzosol meuble **issu de** sables soufflés, **superposé au** calcaire du Gâtinais.

sur

Indique que **le solum** étudié ne semble pas provenir directement de la roche sous-jacente qui est donc considérée comme un substrat.

recouvert par

Qualifie **un solum** recouvert en surface (sur moins de 50 cm d'épaisseur) par des matériaux d'apport récent non ou encore très peu altérés :
- naturels : alluvions, colluvions, cendres volcaniques, sables dunaires, etc. ;
- anthropogènes : provenant de remblayage ou d'une lente accumulation sur place.

enfoui

Qualifie **un horizon** situé sous un apport naturel ou artificiel de plus de 50 cm d'épaisseur et qui, normalement, devrait être situé en surface ou presque en surface (codé -b pour *buried*).

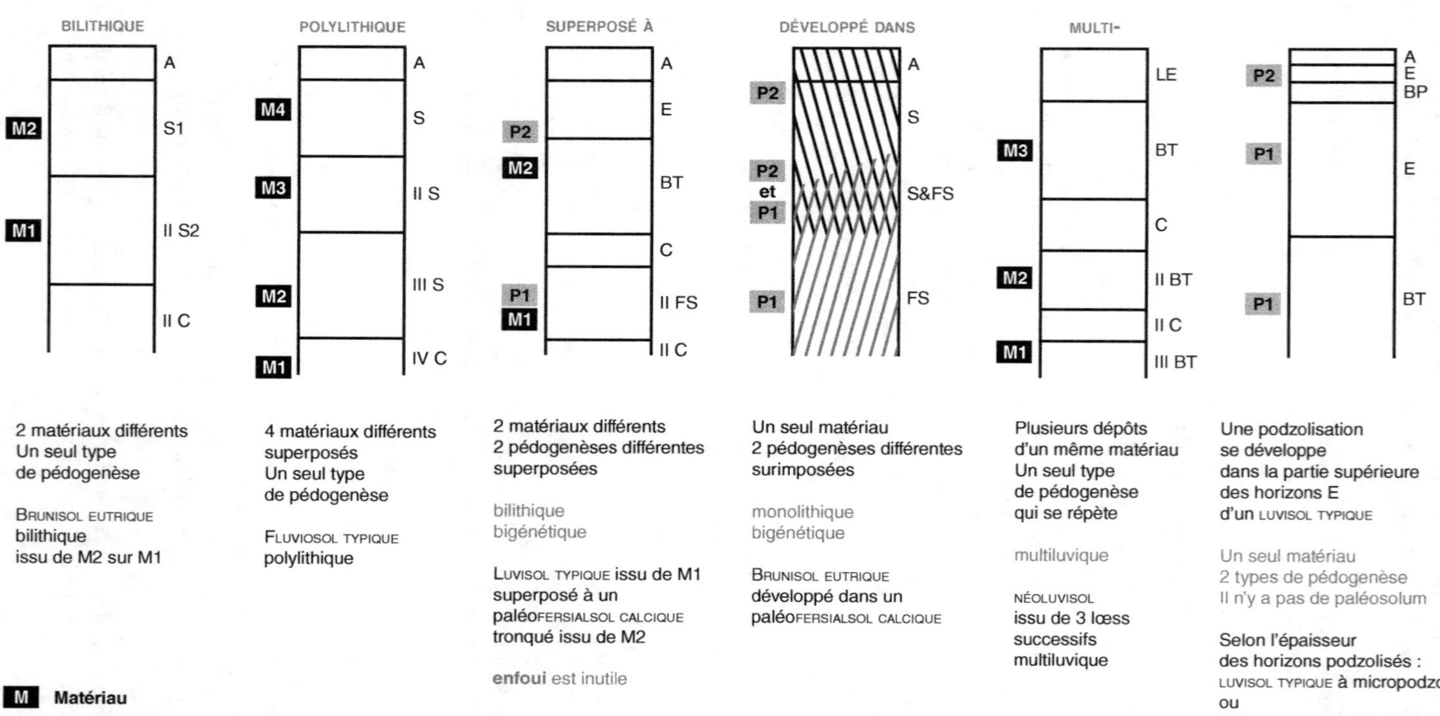
BILITHIQUE
A
M2
S1
M1
II S2
II C

POLYLITHIQUE
A
M4
S
M3
II S
M2
III S
M1
IV C

SUPERPOSÉ À
A
E
P2
M2
BT
C
P1
M1
II FS
II C

DÉVELOPPÉ DANS
A
P2
S
P2
et
P1
S&FS
P1
FS

MULTI-
LE
M3
BT
C
M2
II BT
M1
II C
III BT

P2
A
E
BP
P1
E
P1
BT

2 matériaux différents
Un seul type
de pédogenèse

BRUNISOL EUTRIQUE
bilithique
issu de M2 sur M1

4 matériaux différents
superposés
Un seul type
de pédogenèse

FLUVIOSOL TYPIQUE
polylithique

2 matériaux différents
2 pédogenèses différentes
superposées

bilithique
bigénétique

LUVISOL TYPIQUE issu de M1
superposé à un
paléoFERSIALSOL CALCIQUE
tronqué issu de M2

enfoui est inutile

Un seul matériau
2 pédogenèses différentes
surimposées

monolithique
bigénétique

BRUNISOL EUTRIQUE
développé dans un
paléoFERSIALSOL CALCIQUE

Plusieurs dépôts
d'un même matériau
Un seul type
de pédogenèse
qui se répète

multiluvique

NÉOLUVISOL
issu de 3 lœss
successifs
multiluvique

Une podzolisation
se développe
dans la partie supérieure
des horizons E
d'un LUVISOL TYPIQUE

Un seul matériau
2 types de pédogenèse
Il n'y a pas de paléosolum

Selon l'épaisseur
des horizons podzolisés :
LUVISOL TYPIQUE à micropodzol
ou
PODZOSOL MEUBLE développé
dans un LUVISOL TYPIQUE

M   Matériau
P   Pédogenèse

Synthèse

• Deux ou plusieurs **matériaux** (de natures différentes) superposés.
Pour désigner cela, nous avons :   **bilithique, polylithique**
(non spécifique des paléosolums)

• Deux ou plusieurs **types de pédogenèse** différents.
Pour désigner cela, nous avons :   **bigénétique** ou **polygénétique**

Superposées l'une au-dessus de l'autre, sans mélange
Pour désigner cela, nous avons :   **superposé à un paléo-xxx**

Surimposées l'une dans l'autre (au moins en partie, dans certains horizons)
Pour désigner cela, nous avons :   **développé dans un paléo-xxx**

• Un **même type de pédogenèse se répétant** deux ou plusieurs fois dans un même type de matériau
(plusieurs dépôts).
Pour désigner cela, nous avons :   **multi-**

• Un type de pédogenèse très ancienne, non en équilibre avec les facteurs climatiques et végétation
actuels, est **seul** responsable de la morphologie du solum, dès la surface.
Pour désigner cela, nous avons :   **vétuste**

• La séquence d'horizons correspondant à une référence ou à un grand type de pédogenèse est située
en profondeur et résulte d'une pédogenèse ancienne.
Pour désigner cela, nous avons :   **paléo-** précédant le nom d'une référence ou d'un GER.

Certaines de ces notions peuvent se combiner : p. ex. **bilithique** et **bigénétique**.

Tolérances pour les critères numériques
Règles d'écriture

Tolérances pour les critères numériques

Décompte des profondeurs
Du haut vers le bas des solums ; horizons OL exclus. Expression en centimètres.

Tolérances pour les seuils de profondeurs ou d'épaisseurs
Les seuils d'épaisseurs ou de profondeurs présentés dans le *Référentiel pédologique* sont indicatifs et ne doivent pas être employés mécaniquement. Outre une marge d'incertitude liée à l'observation et/ou à la mesure, le pédologue conserve une certaine marge de liberté vis-à-vis des valeurs proposées. Encore faut-il qu'il dispose d'arguments pédogénétiques ou fonctionnels pour faire jouer cette tolérance.

10 cm	± 5 cm	=	5 à 15 cm
20 cm	± 5 cm	=	15 à 25 cm
30 cm	± 5 cm	=	25 à 35 cm
35 cm	± 5 cm	=	30 à 40 cm
50 cm	**± 10 cm**	**=**	**40 à 60 cm**
60 cm	± 10 cm	=	50 à 70 cm
80 cm	± 15 cm	=	65 à 95 cm
120 cm	± 20 cm	=	100 à 140 cm
200 cm	± 30 cm	=	170 à 230 cm

Potentiel hydrogène (pH)
Tolérance : ± 0,2 unité.

Tolérance pour la prise en compte de la CEC
Tolérance : $\pm 1 \ cmol^+ \cdot kg^{-1}$.

Qualificatifs liés au taux de saturation
Pour tous les seuils proposés pour le rapport S/CEC : ± 5 %.

100 %	± 5 %	=	95 à 105 %
80 %	± 5 %	=	75 à 85 %
50 %	± 5 %	=	45 à 55 %
20 %	± 5 %	=	15 à 25 %

Tolérances pour les teneurs en carbone organique

Le dosage du carbone organique sera désormais effectué de préférence par analyseur élémentaire. Sinon, on utilisera les méthodes classiques Anne ou Walkley-Black.

En fonction de la teneur en carbone organique, un horizon ou un matériau sera qualifié de :

minéral	< 0,1 g/100 g	
organo-minéral	de 0,1 g/100 g	à 8 ± 2 g/100 g
hémiorganique	de 8 ± 2 g/100 g	à 30 ± 5 g/100 g
holorganique	> 30 ± 5 g/100 g	

Règles d'écriture

1) Seuls les noms complets des références doivent être écrits entièrement en CAPITALES ou en PETITES CAPITALES.

Exemples :

FLUVIOSOL TYPIQUE   LUVISOL DÉGRADÉ
BRUNISOL EUTRIQUE   RÉDOXISOL

ou :

FLUVIOSOL TYPIQUE   LUVISOL DÉGRADÉ
BRUNISOL EUTRIQUE   RÉDOXISOL

à la rigueur, les initiales **seules** en capitales :

Fluviosol Typique   Luvisol Dégradé
Brunisol Eutrique   Rédoxisol

2) Attention : fluviosols, brunisols, luvisols, planosols ne sont pas des noms de références, mais des titres de chapitres (ou GER). En conséquence, ces noms ne doivent pas être écrits en capitales lorsqu'ils sont employés seuls.

3) Les qualificatifs doivent toujours être écrits en minuscules.

Exemples : argileux, rédoxique, eutrique, carbonaté, drainé, cultivé, sodisé, etc.

Clé pour trouver rapidement
une référence de rattachement*

Cette clé non dichotomique sert à orienter rapidement l'utilisateur du *Référentiel pédologique* vers un chapitre, plus rarement vers une référence.

Les entrées principales de cette clé sont numérotées de 1 à 12.

	Principaux caractères distinctifs	Chapitre ou référence	Page
1	Solums très minces (< 10 cm), sur roches dures ou meubles, non ou très peu altérées	LITHOSOLS ou RÉGOSOLS	219 291
2	Solums très fortement transformés par les activités humaines (apports répétés de matériaux allochtones, aménagement en terrasses) ou accumulation de matériaux artificiels sur au moins les 50 premiers centimètres ou matériaux terreux déplacés	Anthroposols	88
3	Solums dont la morphologie, le fonctionnement et la pédogenèse sont dominés par des alternances gel/dégel (hautes altitudes et latitudes)	Cryosols	135
4	Solums dont la morphologie et le fonctionnement sont dominés par des engorgements par l'eau : horizons H, rédoxiques ou réductiques, apparaissant à moins de 50 cm de profondeur		
	Solums marqués seulement par des caractères rédoxiques	RÉDOXISOLS ou planosols ou luvisols-RÉDOXISOLS*	279 259 285
	Horizons réductiques apparaissant à moins de 50 cm (et constituant presque toujours toute la partie inférieure du solum)	Réductisols	279
	Solums constitués essentiellement d'horizons holorganiques H formés en conditions de saturation par l'eau	Histosols	201
5	Solums issus de matériaux de mise en place récente (alluvions, colluvions) et dont la position particulière dans le paysage influe fortement sur les fonctionnements		
	Solums peu différenciés, situés en positions basses (vallées ou plaines littorales), développés dans des alluvions fluviatiles marines ou lacustres récentes (Quaternaire) et soumis à l'influence d'une nappe alluviale	Fluviosols ou thalassosols	183 303

---

* Ne pas oublier la possibilité d'établir un rattachement double ou multiple.

Principaux caractères distinctifs	Chapitre ou référence	Page
Solums des estuaires et deltas vaseux des régions tropicales (mangrove), caractérisés par la présence de soufre (pyrite, jarosite), susceptibles de devenir hyper-acides quand drainés	THIOSOLS et SULFATOSOLS	307
Solums de bas de versants ou de vallons secs, formés de matériaux colluviaux accumulés	COLLUVIOSOLS	130
6 Solums montrant une constitution très particulière (granulométrie très déséquilibrée et/ou dominance d'un constituant)		
Solums où les éléments grossiers dominent (> 60 % de la terre brute totale en pondéral) dans au moins les 50 premiers centimètres	PEYROSOLS	249
Solums uniformément sableux ne présentant ni horizons BT ni horizons BP ni caractères rédoxiques ou réductiques dans les 100 premiers centimètres	ARÉNOSOLS	99
Solums uniformément argileux lourds à argiles gonflantes, avec présence d'horizons V à moins de 100 cm de profondeur	Vertisols	317
Solums argileux lourds à argiles gonflantes, limités à moins de 50 cm de profondeur par une roche dure et massive, sans horizon V	LEPTISMECTISOLS	217
Solums argileux lourds, sans horizon V, non calcaires, issus d'argilites ou de marnes compactes et peu perméables	Pélosols	243
Solums argileux, bien structurés, à faces d'agrégats brillantes, dominance des argiles de type halloysite	NITOSOLS	233
Solums humifères issus de matériaux volcaniques pyroclastiques ou durs (basaltes)	Andosols	74
Solums dominés sur toute leur épaisseur par du gypse primaire et/ou secondaire	Gypsosols	196
Solums formés sous l'influence dominante de sels solubles et/ou du sodium	Salisols et sodisols	294
7 Solums à horizons supérieurs très riches en matières organiques, formés en milieux aérés		
Solums constitués uniquement d'horizons holorganiques O et/ou d'horizons hémiorganiques Aho, en milieu aéré	Organosols ou RANKOSOLS	238 276
Solums comportant un horizon Ah biomacrostructuré d'au moins 50 cm d'épaisseur (action de vers de terre géants), en contexte acide, sous climat chaud et humide (Béarn)	Veracrisols	313
Épisolums noirs ou presque noirs, à caractères clinohumique. Structure très fine bien développée, d'origine biologique. Zones bioclimatiques de steppes, prairies et pampas	Chernosols ou phæosols	125 255

	Principaux caractères distinctifs	Chapitre ou référence	Page
8	Solums très acides, développés dans des matériaux pauvres en minéraux altérables. Migration de complexes humus + fer vers la profondeur = podzolisation	Podzosols	265
9	Solums comportant (au moins en profondeur) des horizons FS = horizons argileux rougeâtres ou rouges, à structure polyédrique anguleuse, fine, très nette et très stable, à faces luisantes	Fersialsols	178
10	Solums des zones intertropicales, marqués par une altération totale ou quasi totale des minéraux primaires. Dominance de la kaolinite et de la gibbsite. Abondance des oxyhydroxydes métalliques	Ferrallitisols et oxydisols ou ferruginosols	146 169
11	Solums ni calcaires ni dominés par le calcium, n'ayant pas les caractères des catégories 1 à 10		
	Solums non ou faiblement différenciés au plan textural, ne présentant que des horizons A (ou L) et S	Brunisols ou alocrisols	103 69
	Solums montrant une forte différenciation texturale entre des horizons supérieurs beaucoup moins argileux que ceux de moyenne profondeur	Luvisols ou planosols ou PÉLOSOLS DIFFÉRENCIÉS ou FERSIALSOLS ÉLUVIQUES	221 259 246 181
12	Solums calcaires ou dominés par le calcium, n'ayant pas les caractères des catégories 1 à 10	Solums dont le complexe adsorbant est dominé par le calcium et/ou le magnésium	109

Alocrisols

2 références

Conditions de formation et pédogenèse

Les alocrisols sont des sols acides, développés à partir d'altérites de grès, de schistes ou de roches cristallines (arènes) modérément acides, que l'on observe le plus souvent sous forêts ou végétation naturelle. En France, ils sont donc très présents dans les massifs anciens (Massif armoricain, Vosges, Morvan, Massif central) mais aussi récents (Alpes intermédiaires, Pyrénées, Corse, etc.). Ils sont souvent associés dans le paysage à des sols podzolisés (PODZOSOLS OCRIQUES, PODZOSOLS HUMIQUES) que l'on trouve, pour un climat donné, sur des roches plus acides et, pour un type de roche donnée, à des altitudes plus élevées.

La forme d'humus la plus typique est un oligomull, mais, dans ce contexte acide, l'activité biologique peut facilement être perturbée par une modification de la couverture végétale (substitution d'essences, fermeture du couvert, envahissement d'éricacées, etc.) pouvant entraîner une évolution réversible vers un fonctionnement de type moder, et induire ainsi des processus initiaux de podzolisation.

Les alocrisols correspondent à l'ancien concept de « sols bruns acides » et à la part des « sols bruns ocreux » qui ne présentaient pas d'horizon satisfaisant aux critères de l'horizon podzolique BP. Certains solums anciennement dénommés « rankers alpins » et « rankers humifères » sont inclus dans le concept d'ALOCRISOL HUMIQUE.

Horizon de référence

L'horizon de référence obligatoire est l'horizon S « aluminique » (**Sal**).

L'horizon Sal est défini par sa géochimie dominée par des composés minéraux de l'aluminium dans la solution du sol (Al^{3+}, $[Al(OH)_x]_n^{n(3-x)}$) et par une structure spécifique. Cette dernière résulte de la combinaison et/ou de l'association d'une structure polyédrique subanguleuse et d'une structure grumeleuse très fine (microgrumeleuse). Il se situe sous un horizon A désaturé ou oligosaturé plus ou moins riche en matières organiques.

À l'examen micromorphologique, l'horizon Sal présente des micro-agrégats ronds ou ovoïdes de 30 µm à plus de 100 µm, libres ou plus ou moins agglomérés ; ces micro-agrégats sont colorés en jaune, ocre ou brun clair en lames minces.

Ses caractéristiques analytiques sont :
- pH acide ou très acide (< 5,0), tamponné par l'aluminium ;
- Al^{3+} (extrait par KCl N) varie de 2 à 8 $cmol^+ \cdot kg^{-1}$ de terre fine, parfois plus ;

10ᵉ version (17 juillet 2007).

- Al^{3+} représente au moins de 20 à 50 % de la CEC ;
- rapport $Al^{3+}/S > 2$, pouvant atteindre 20 ;
- taux de saturation très faible, rapport S/CEC < 30 % (le plus souvent < 20 %) ;
- dans la fraction argile, les vermiculites sont en majorité aluminisées sous forme de vermiculites hydroxy-alumineuses.

Suite à l'altération des minéraux primaires, l'horizon S aluminique présente souvent des taux d'argile supérieurs à ceux des horizons ou couches sous-jacentes. Il n'en demeure pas moins qu'un processus d'éluviation d'argile s'y développe souvent. C'est pourquoi cet horizon peut présenter, dans certains sites de sa partie inférieure, des traits d'accumulation d'argile, visibles en microscopie.

Références

ALOCRISOLS TYPIQUES

Ils présentent la séquence d'horizons de référence :
A/Sal/C ou R   ou   **Ah/Sal/C ou R** (solums à horizon A humifère).

L'horizon A est soit un A biomacrostructuré, peu épais, à structure fragile, soit un A d'insolubilisation. Au plan physico-chimique, il présente des caractères qui le rapprochent de l'horizon Sal : son pH, tamponné par l'aluminium, est < 5,0. L'horizon Ah contient plus de 4 g de carbone organique pour 100 g.

L'horizon Sal contient moins de 2 g de carbone organique pour 100 g. Il présente en général une teinte 7,5 YR ou 10 YR, une *chroma* de 4 à 8, une *value* de 5 ou 6. On peut y observer des taches plus brunes 7,5 YR ou 10 YR 5/4 ou 4/4, associées à des racines ou à des chenaux.

Dans certains cas, l'horizon C sous-jacent peut présenter des traits d'accumulation d'argile, sous forme diffuse, en raies ou en bandes. Cette information supplémentaire doit être notée en utilisant le qualificatif « bathyluvique » qui signifie « à accumulation d'argile en profondeur ».

ALOCRISOLS HUMIQUES

La séquence d'horizons de référence est :
Aho/Salh/C ou R   ou   **Aho/Salh/Sal/C ou R.**

L'horizon Aho, très acide, riche en aluminium, présente une structure microgrumeleuse très aérée et des teneurs en matières organiques très élevées : de 8 à 20 g de carbone organique pour 100 g dans l'horizon le plus en surface, Aho_1, passant à 4 à 12 g/100 g au-dessous (horizons Ah ou Aho_2). Sa couleur à l'état humide est sombre ou noire (2/2 ou 3/2).

L'horizon Salh se différencie peu des horizons Aho sus-jacents. Il présente les propriétés physico-chimiques et structurales d'un horizon Sal, mais sa couleur est brun foncé : *value* 3 ou 4, *chroma* 3 ou 4, cela en relation avec des teneurs en carbone comprises entre 2 et 4 g/100 g.

Les ALOCRISOLS HUMIQUES sont parfois difficiles à distinguer morphologiquement des PODZOSOLS HUMIQUES, en raison de leur couleur sombre ou noire. Une étude analytique peut être nécessaire, particulièrement celle de la distribution de l'aluminium.

On les observe dans des milieux à conditions pédoclimatiques rudes (situation d'ubac, climat général froid) ou à forte de toxicité aluminique. L'activité biologique est faible, la minéralisation des matières organiques se fait mal, ces dernières s'accumulant en surface, mais imprègnant aussi la partie supérieure du solum sur les 40 à 80 premiers centimètres ; d'où une couleur très foncée masquant, totalement ou en partie, la coloration « ocreuse » caractéristique des ALOCRISOLS TYPIQUES. Cette accumulation de matière organique en profondeur est probablement liée également à une couverture végétale de graminées lors d'un long passé pastoral. Actuellement, les ALOCRISOLS HUMIQUES sont observés en moyenne montagne, sous des landes à fougère aigle ou à éricacées, issues de l'abandon des pâturages, ou, plus fréquemment encore, sous les reboisements résineux effectués sur ces landes depuis une cinquantaine d'année.

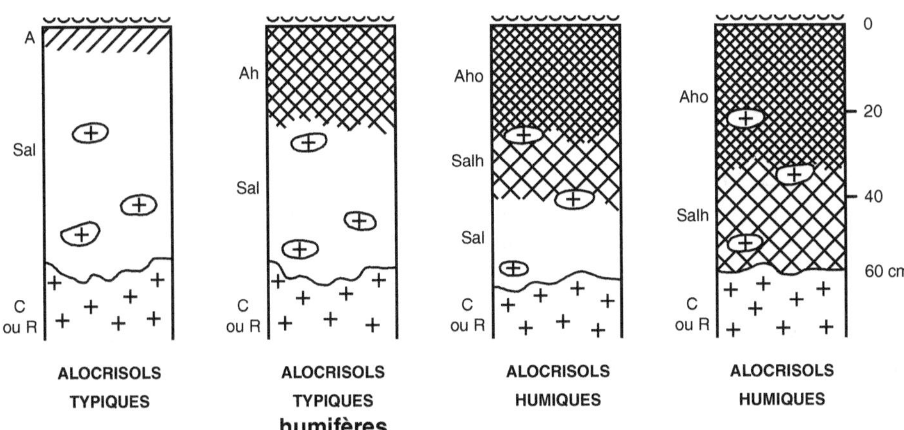

Qualificatifs utiles pour les alocrisols

Pour les deux références

pachique   Qualifie un alocrisol dont l'épaisseur cumulée des horizons [A + Sal] excède 60 cm.

bathyluvique   Qualifie un alocrisol montrant des traits d'accumulation d'argile illuviale en profondeur, souvent dans l'altérite sous-jacente.

podzolisé   Des caractères de podzolisation peuvent apparaître, soit uniquement à l'analyse s'ils sont par exemple masqués par le caractère humifère, soit sous forme d'un mince horizon brun chocolat (ALOCRISOLS TYPIQUES), mais ils sont insuffisants pour répondre aux critères d'un horizon BP. La forme d'humus est un moder.

à oligomull, à dysmull, à eumoder, etc.

Pour les ALOCRISOLS TYPIQUES seulement

à horizon A humifère   Qualifie un solum dont l'horizon A contient plus de 4 g de carbone organique pour 100 g sur au moins 20 cm d'épaisseur (codage Ah).

brun   Qualifie un ALOCRISOL TYPIQUE dont l'horizon Sal est « brun » (*chroma* ≤ 6).

ocreux   Qualifie un ALOCRISOL TYPIQUE dont l'horizon Sal est « ocreux » (*chroma* ≥ 7).

Exemples de types

Alocrisol typique ocreux, pachique, sablo-argileux, issu d'arène gneissique.
Alocrisol typique ocreux, limoneux, issu de schistes pourpres.
Alocrisol typique brun, bathyluvique, sablo-limoneux, issu d'arène granitique.
Alocrisol humique caillouteux, à dysmoder, de forte pente, issu d'un granite à deux micas (Morvan nord).
Alocrisol humique sablo-graveleux, à moder, de replat, sous lande à éricacées, issu de granite (Hautes Vosges).

Distinction entre les alocrisols et d'autres références

Dans l'espace multidimensionnel du référentiel, les alocrisols ont une position proche des références suivantes :

Avec les podzosols

Alocrisols et podzosols peuvent être en continuité dans les paysages. Les podzosols se distinguent par l'existence d'un horizon répondant aux critères des horizons BP.

Avec les andosols

Les aluandosols, bien qu'acides et riches en aluminium, montrent des formes d'humus de type mull, ainsi que des horizons de référence (Alu et Slu) et des propriétés spécifiques.

Avec les brunisols

En règle générale, la mise en culture ou en prairie, accompagnée ou non d'une fertilisation, modifie complètement le fonctionnement physico-chimique des alocrisols qui perdent souvent leur structure microgrumeleuse et passent en quelques années à des brunisols dystriques oligosaturés ou mésosaturés, plus ou moins riches en matière organique. Les brunisols dystriques oligosaturés présentent des horizons S bien macro-structurés, dont le taux de saturation est > 20 %.

Avec les luvisols

Luvisols typiques et luvisols dégradés présentent des horizons E acidifiés, dont certains caractères analytiques sont proches de ceux des horizons Sal. Mais ces luvisols sont caractérisés par une nette différenciation texturale et par la présence d'horizons BT argilluviaux.

Avec les rankosols

Ces derniers sont peu épais. S'ils comportent un horizon Sal, ce dernier fait moins de 10 cm d'épaisseur.

Avec les arénosols

Ceux-ci sont moins chargés en aluminium échangeable que les alocrisols. Ils ont toujours une texture franchement sableuse et ne présentent pas d'horizon Sal.

Avec les organosols

Tous les horizons situés au-dessus de l'horizon C ou de la couche R des organosols insaturés sont hémiorganiques ou holorganiques (teneur en carbone organique > 8 g/100 g). Ils ne présentent pas d'horizon Sal, même si certains caractères chimiques sont voisins.

Avec les PEYROSOLS

Ces derniers sont caractérisés par la présence d'un horizon Xp, Xc ou Xgr, même lorsque la terre fine de celui-ci présente des caractères analytiques et structuraux des horizons Sal. Un rattachement double doit alors être envisagé : par exemple, PEYROSOL-ALOCRISOL TYPIQUE.

Relations avec la WRB

RP 2008	WRB 2006
ALOCRISOLS TYPIQUES	Cambisols (Hyperdystric)
ALOCRISOLS HUMIQUES	Cambic Umbrisols (Hyperdystric)

Mise en valeur – Fonctions environnementales

Pour les raisons évoquées *supra*, les alocrisols sont donc peu fréquents sous cultures.

Sous forêt, leur fertilité dépend beaucoup :

• **de leur épaisseur** : les alocrisols, fréquemment épais en moyenne montagne, sur arènes remaniées, ont souvent de fortes contraintes de profondeur, et donc de réserve utile maximale aux étages collinéens ;

• **du niveau exact de réserves d'éléments nutritifs et du recyclage des éléments minéraux issus de la minéralisation** : ces sols sont parfois très pauvres, y compris en phosphore. En équilibre sous des formations naturelles peu productives, les alocrisols les plus pauvres ne permettent pas une production durable en sylviculture intensive sans amendement ou fertilisation. Ils sont tous très fragiles biologiquement et chimiquement, sensibles aux apports atmosphériques acidifiants (faible charge critique).

Andosols

6 références

Conditions de formation et pédogenèse

Le mot « andosol » vient du japonais « an » = noir et « do » = sol. Ce nom désignait à l'origine des sols de couleur sombre dérivant de cendres volcaniques, ayant des propriétés particulières attribuées aux « produits amorphes », dits allophaniques, de leurs colloïdes minéraux et organo-minéraux. Par la suite, leurs propriétés caractéristiques ont été mises en relation avec une quantité significative d'aluminium et de fer extraits par l'oxalate acide d'ammonium et attribués soit à de l'allophane, de l'imogolite et de la ferrihydrite, soit à des complexes organométalliques.

Les andosols sont relativement ubiquistes et couvrent plus de 100 millions d'hectares à travers le monde, surtout dans des régions de volcanisme actif ou récent. Ils existent sous une large gamme de climats dans différents paysages et se développent à partir de matériaux parentaux variés, le plus souvent volcaniques, d'âge très variable.

Les andosols sont caractérisés par les propriétés de la fraction colloïdale de leurs constituants minéraux et organo-minéraux. Trois grandes catégories peuvent être distinguées : les VITRANDOSOLS, les silandosols et les aluandosols.

Les VITRANDOSOLS et les silandosols se développent à partir de matériaux volcaniques pyroclastiques récents. Les VITRANDOSOLS sont des sols très jeunes, constitués de verres volcaniques[1] en début d'altération ainsi que d'un peu d'allophane et de composés humiques, dans lesquels les propriétés spécifiques des andosols (**propriétés « andosoliques »**) sont encore faiblement exprimées. Les silandosols se développent en conditions d'altération très rapide de fines particules de verres volcaniques, favorables à la genèse de minéraux paracristallins, dont l'allophane, en quantités suffisantes pour que les propriétés andosoliques soient bien exprimées.

Les aluandosols correspondent à une évolution à partir de matériaux plus compacts ou plus anciens, parfois par évolution de silandosols. Cela conduit à la formation de complexes organominéraux stables saturés en aluminium et à des conditions oligotrophes et acides. Ils sont observés sous climat tempéré humide à plus de 700 m d'altitude sur de vieux matériaux volcaniques compacts (laves ou tufs), et même en régions tempérées sur des matériaux non

---

23ᵉ version (6 août 2008).

[1] Dans ce chapitre, sont appelés « verres » des fragments de laves non cristallisées ne présentant ni de diffraction des RX ni de biréfringence (opaques en lumière polarisée). Leur composition chimique est très étendue, comme les laves dont ils sont issus, de rhyolitique à basaltique. Les produits de leur altération sont très variés, selon les conditions d'hydrolyse, de chlorites, vermiculites et illites, à smectites, halloysites, allophanes, gibbsite, goethite, hématite, etc.

volcaniques (lœss, argilites, roches métamorphiques basiques), ou en région tropicale de moyenne altitude (plus de 1 000 m) sur des produits d'altération ferrallitique provenant de roches métamorphiques ou volcaniques.

Dans le cas des produits volcaniques récents, le matériau est souvent formé d'une superposition de dépôts pyroclastiques. Les limites d'horizons du solum ne sont alors pas seulement dues à la pédogenèse, mais peuvent être celles des dépôts successifs. Quand il y a de notables différences d'âge et de texture (voire de composition chimique et minéralogique) entre strates, l'ensemble du solum est fort complexe, polylithique, certains horizons s'avérant moins ou plus altérés en fonction de différences de texture ou de durée d'altération, ou si le matériau est plus siliceux ou plus basique.

Le solum peut être également polygénétique, quand il y a d'importantes différences d'âge des dépôts, après un long intervalle entre deux cycles éruptifs. Les horizons supérieurs sont plus jeunes et moins altérés ; le processus pédogénétique peut non seulement avoir changé en fonction de la durée d'altération, mais aussi en raison de conditions climatiques très différentes. Dans le cas d'apports successifs de matériaux pyroclastiques, s'ils ont été intensément altérés pendant une longue période de temps, la complexité du solum est moins évidente et n'apparaît qu'après analyse chimique et minéralogique des constituants minéraux.

Deux processus d'altération biogéochimique bien différents doivent être distingués :

• **L'hydrolyse des verres volcaniques** est favorisée par un milieu bien drainant, légèrement alcalin (pH_{eau} compris entre 7,5 et 8,5) ou le plus souvent acide à modérément alcalin (pH_{eau} compris entre 5,5 et 7,5) et suffisamment chaud et humide. C'est un processus rapide qui génère des solutions concentrées en silice et cations alcalins et alcalinoterreux, et qui produit des minéraux paracristallins (allophane, imogolite, hisingérite, ferrihydrite), sur lesquels les composés humiques sont adsorbés et stabilisés.
Ainsi se développent les silandosols, faiblement alcalins, presque neutres ou modérément acides, à partir de matériaux pyroclastiques récents (moins de 10 000 ans). Ils apparaissent sous tous climats à régime hydrique suffisamment humide ; mais sous des climats tempérés ou froids, ils ne sont observés que sur des matériaux suffisamment basiques et alumineux (basaltes, andésites, trachytes), tandis que sur rhyolites se forment des podzosols. Ces sols ont souvent des horizons de surface très riches en matières organiques (30 à 250 g de carbone organique par kg) en relation avec l'abondance des minéraux d'altération paracristallins susceptibles de les adsorber.

• **L'acidolyse et la complexation par des acides organiques**, ou acido-complexolyse, produisent une altération très intense sous des conditions acides (pH_{eau} compris entre 3,5 et 5) et de forte lixiviation, qui génèrent des solutions diluées en silice et en cations alcalins et alcalino-terreux, généralement sous des climats suffisamment humides et froids (température moyenne annuelle < 12 °C). Les chélates produits, majoritairement saturés par de l'aluminium, sont relativement immobiles.
Ce processus donne naissance aux aluandosols, fortement acides, avec un pH_{eau} < 4,5 dans les horizons supérieurs humifères et < 5,0 dans les horizons plus profonds, peu humifères et aluminiques (Al^{3+} domine les autres cations échangeables). Les aluandosols apparaissent à un stade plus avancé d'altération que les VITRANDOSOLS et souvent même que les silandosols.
Le processus d'acido-complexolyse est favorisé par la présence des verres volcaniques riches en aluminium. Il peut apparaître aussi sur de vieux dépôts de tufs ou de laves et même sur des matériaux non volcaniques (argilites, lœss, roches métamorphiques) ; dans ce cas, le sol peut

contenir aussi des phyllosilicates argileux. En régions tropicales et subtropicales, des aluandosols apparaissent également dans des altérites ferrallitiques riches en aluminium et en fer, sur des hauts plateaux (Andes, Rwanda, Burundi, Polynésie, etc.), où les conditions sont perhumides et froides (ou tempérées). Les matières organiques sont généralement profondément réparties dans les horizons Slu. Les horizons profonds peu humifères sont rares et, s'ils sont présents, peu différenciés.

Cependant, tous les horizons des silandosols et des aluandosols ont en commun la présence dominante (par rapport aux minéraux argileux cristallisés) de minéraux d'altération non cristallins ou paracristallins et/ou de complexes organo-minéraux stables qui se manifestent par des propriétés spécifiques décrites *infra*.

Propriétés chimiques andosoliques

L'abondance d'aluminosilicates paracristallins, d'oxyhydroxydes non cristallins ou paracristallins de fer et d'aluminium (et éventuellement de silice non cristalline), ainsi que d'aluminium et de fer complexés par des composés humiques, est caractérisée chimiquement par la méthode de Blakemore (1981). Les quantités d'aluminium et de fer extraites par l'oxalate acide à pH 3,5 dans l'obscurité sont codées Al_{ox} et Fe_{ox}. Les propriétés chimiques andosoliques sont bien exprimées si $[Al_{ox} + 1/2\ Fe_{ox}] \geq 2\ \%$.

Les constituants minéraux ou organo-minéraux contribuent pour une part importante aux « charges variables » ; la CEC augmente avec le pH et inversement la capacité d'échange anionique diminue. Le taux de variation de la CEC, (ΔCEC de pH 9 à 4/CEC à pH 9) est > 40 % et peut atteindre 80 %. Ce phénomène est significatif de la composition chimique des produits allophaniques et augmente vers le pôle aluminique (imogolite).

La rétention du phosphore est > 85 % (méthode Blakemore, 1987).

Le pH mesuré dans le fluorure de sodium (NaF – 1 M) varie entre 9,5 et 11. Il dépend de la réactivité de l'aluminium, libérant des ions OH^- en solution, ainsi que de la quantité des produits allophaniques et des complexes d'aluminium, diminuée de l'acidité des acides organiques. Le test NaF (avec la phénolphtaléine) peut être employé comme test de terrain, bien que les horizons BP de podzosols, certains alocrisols ou des horizons K contenant du calcaire friable puissent aussi réagir à ce test. Cependant, les horizons supérieurs And et Alu, très riches en acides organiques, peuvent avoir un pH NaF < 9,5 et ne pas réagir, ou très lentement.

Propriétés physiques andosoliques

La faible densité apparente, généralement < 0,9, correspond à une microporosité de 60 à 90 %, due à une structure grumeleuse très fine des horizons Alu et And ou en micro-agrégats de nanoparticules sphériques des horizons Slu ou Snd. La macroporosité est fortement développée dans les horizons de surface, en raison de l'activité biologique intense, mais elle est souvent faible dans les horizons profonds.

Les micro-agrégats (conservés humides) sont stables, car la fraction colloïdale n'est pas ou peu dispersable dans l'eau. En revanche, il y a une forte susceptibilité à l'érosion et une grande friabilité après dessiccation à l'air (état poudreux, faible densité et flottabilité des agrégats). La consistance n'est généralement ni collante ni plastique au toucher, faute de minéraux argileux phylliteux, et très friable.

La granulométrie des andosols nécessite une méthode particulière (cf. l'encadré « Analyses et méthodes spécifiques aux andosols » en fin de chapitre). Cela en raison, d'une part, de la stabilité des agrégats dans l'eau et de l'effet irréversible d'une dessiccation prolongée à l'air et, d'autre part, du fort taux de charges variables des produits argileux en fonction du pH de la solution, qui rendent difficile une bonne dispersion de ces constituants.

La grande capacité de rétention en eau, pouvant dépasser 100 % (du poids de terre fine à 105 °C) au point de flétrissement (Ψ = 1 500 kPa) (horizons à caractère perhydrique), est due à une surface spécifique très grande des colloïdes argileux allophaniques et humiques. Une humidité au point de flétrissement (à 1 500 kPa, sur sol conservé humide) > 25 % distingue silandosols et aluandosols des VITRANDOSOLS.

Le fort taux de « déshydratation irréversible » entre état humide et après dessiccation prolongée à l'air est caractéristique des andosols. Ce taux varie de 40 à 80 % pour des sols non cultivés (soumis ni à une dessiccation forte et prolongée ni à l'écobuage). Cela est significatif des propriétés de gel du complexe organo-minéral.

Certains horizons noirs et très riches en carbone organique (> 6 %) peuvent montrer un toucher onctueux en conditions humides. Cela ne doit pas être confondu avec la thixotropie qui est seulement observée chez certains andosols (dits perhydriques) sous climat perhumide.

Horizons de référence

Ils sont au nombre de cinq : **Avi**, **And** et **Snd**, **Alu** et **Slu**.

Horizons Avi vitriques

Les horizons A vitriques sont constitués essentiellement d'un matériau pyroclastique peu altéré, riche en verres et minéraux volcaniques primaires. La teneur en ces verres + minéraux primaires résiduels est d'au moins 60 % de la fraction 0,02 à 2 mm et le taux de verres inaltérés > 20 % de la même fraction. [Al_{ox} + 1/2 Fe_{ox}] est compris entre 0,4 % et 2 % de la terre fine. En outre, le taux d'argile ne doit pas dépasser 20 % et la valeur de la CEC (à pH 7) doit être < 20 cmol$^+\cdot$kg^{-1}.

Le taux de rétention du phosphore est compris entre 25 % et 85 % ; la densité apparente se situe entre 0,9 et 1,2 ; l'humidité au point de flétrissement est < 25 % (mesurée sur sol conservé humide). Ces horizons ne présentent donc pas pleinement les propriétés andosoliques.

Les horizons A vitriques contiennent de 0,6 % à 25 % de carbone organique. Leur structure est microgrumeleuse et très friable. Leur texture est sableuse à sablo-limoneuse.

Horizons And silandiques

Ces horizons ont une fraction colloïdale dominée par un complexe de minéraux paracristallins (allophane, imogolite, ferrihydrite, hisingérite) ou non cristallins (oxyhydroxydes d'aluminium et de fer) à point de charge nulle (PZC) élevé, intimement associés à des acides humiques. Cette fraction colloïdale a, à l'état hydraté, les propriétés d'un gel.

L'aluminium extractible par le pyrophosphate à pH 10 (codé Al_{py}) provient principalement de formes complexées par les acides organiques et éventuellement d'hydroxydes non cristallins d'aluminium.

Ils présentent toutes les propriétés chimiques et physiques andosoliques (cf. tableau p. 79). De plus :
• $Al_{py}/Al_{ox} \leq 0,5$; l'aluminium est de façon prédominante sous une forme paracristalline d'aluminosilicate et d'oxyhydroxyde ;

- $Si_{ox} \geq 0,6\ \%$;
- la quantité de minéraux allophaniques peut être déduite de la valeur de Si_{ox} ;
- teneur en Al^{3+} (KCl) < 1 $cmol^+\cdot kg^{-1}$ ou Al^{3+}/CEC (déterminée à pH 7,0) < 1 %.

Les propriétés décrites ci-avant sont communes avec celles des horizons Snd silandiques.

Les horizons And présentent en outre une teneur en carbone organique > 3 % et souvent à 6 %, mais toujours < 25 %. Ils montrent un $pH_{eau} \geq 4,5$; une *value* et une *chroma* ≤ 3 à l'état humide. La structure est grumeleuse très fine en poly-agrégats (assemblage en micro-agrégats ovoïdes de nanoparticules) de 50 à 100 μm, très poreux et très friables. La texture de la terre fine est limoneuse et la consistance n'est typiquement ni collante ni plastique au toucher à l'état humide, mais parfois graisseuse (*smeary*) pour les horizons les plus humifères.

Horizons Alu aluandiques

Ces horizons ont une fraction colloïdale dominée par des complexes organo-minéraux d'aluminium et de fer non ou peu mobiles. L'aluminium extractible par le pyrophosphate à pH 10 (codé Al_{py}) provient principalement de formes complexées par les acides organiques et éventuellement d'hydroxydes non cristallins d'aluminium.

Ils présentent toutes les propriétés chimiques et physiques andosoliques (cf. tableau ci-contre). De plus :
- dans ces horizons, l'aluminium complexé par des acides organiques prédomine sur l'aluminium des minéraux allophaniques ;
- pH_{eau} est très acide (< 4,5) ;
- $Al_{py}/Al_{ox} \geq 0,5$;
- teneur en Si_{ox} < 0,6 % (sauf rares exceptions, toujours < 1 %) ;
- teneur en Al^{3+} généralement ≥ 2 $cmol^+\cdot kg^{-1}$ ou Al^{3+}/CEC (déterminée à pH 7,0) ≥ 5 %.

Les propriétés décrites ci-dessus sont communes avec celles des horizons Slu aluandiques.

Les horizons Alu présentent en outre une teneur en carbone organique > 3 % et souvent à 6 %, mais toujours < 25 %. *Value* et *chroma* ≤ 3 à l'état humide ; la structure est grumeleuse très fine en polyagrégats (assemblage en micro-agrégats ovoïdes de nanoparticules) de 50 à 100 μm, très poreux et très friables ; la texture de la terre fine est limoneuse et la consistance n'est typiquement ni collante ni plastique au toucher à l'état humide, mais souvent onctueuse et graisseuse (*smeary*) pour les horizons les plus humifères ou exceptionnellement un peu collante et plastique dans le cas des aluandosols contenant des minéraux argileux phylliteux.

Horizons Snd silandiques

Ces horizons ont des propriétés géochimiques identiques à celles des horizons And (cf. *supra*). Quoique non situés en surface, ils présentent une teneur souvent importante en matières organiques bien humifiées (0,6 % à 3 % de carbone organique), se marquant peu dans la couleur qui reste assez claire. La couleur change considérablement après séchage vers des teintes plus claires (*value* + 1 à 2 unités) et plus vives (*chroma* + 2 à 4 unités). Le pH_{eau} est $\geq 5,0$, la structure est microgrumeleuse ou polyédrique subanguleuse ou grenue, fine, constituée d'assemblages en poly-agrégats (diamètre de 1 μm à 1 mm) de micro-agrégats (diamètre de 0,1 à 1 μm) ovoïdes de nanoparticules ; friable à très friable à l'état sec ; microporeux. Ils sont peu ou non collants, peu ou non plastiques. La texture de la terre fine est généralement limoneuse.

Distinctions entre les horizons spécifiques des andosols

Critères	VITRANDOSOLS	Silandosols		Aluandosols	
	Avi	And	Snd	Alu	Slu
Densité apparente	0,9 à 1,2	< 0,9		< 0,9	
Rétention en phosphore	25 à 85 %	> 85 %		> 85 %	
Capacité de rétention en eau à 1 500 kPa (1)	< 25 %	> 25 %		> 25 %	
$[Al_{ox} + 1/2\ Fe_{ox}]$	0,4 à 2 %	≥ 2 %		≥ 2 %	
Test NaF	Négatif ou imparfait	Positif		Positif	
Al_{py}/Al_{ox}		< 0,5		> 0,5 %	
Si_{ox}		≥ 0,6 %		< 0,6 %	
pH eau		≥ 4,5	≥ 5,0	< 4,5	< 5,0
Carbone organique	0,6 à 25 %	3 à 25 %	0,6 à 3 %	3 à 25 %	0,6 à 3 %
CEC (à pH 7,0) $cmol^+ \cdot kg^{-1}$	< 20				
Al^{3+} (KCl) en $cmol^+ \cdot kg^{-1}$		< 1		≥ 2	
Al^{3+}/CEC (à pH 7,0)		< 1 %		≥ 5 %	
Taux d'argile	< 20 %				
C_f/C_{py}				< 0,5	
Verres et minéraux primaires résiduels (2)	> 60 %				
Taux de verres inaltérés (2)	> 20 %				
Structure	Micro-grumeleuse très friable	Grumeleuse très fine en polyagrégats biologiques très friables	Massive de micro-agrégats friables ou polyédrique subanguleuse fine et friable	Grumeleuse très fine en polyagrégats biologiques très friables	Macro-structure polyédrique moyenne ou continue et cohérente

Remarque : les propriétés andosoliques, communes aux silandosols et aux aluandosols, sont consignées dans les cinq premières lignes du tableau (cellules en gris plus soutenu).

(1) Humidité au point de flétrissement sur échantillon conservé humide.

(2) En % de la fraction 0,02 à 2 mm.

Horizons Slu aluandiques

Ces horizons ont des propriétés géochimiques identiques à celles des horizons Alu (cf. *supra*). Quoique non situés en surface, ils présentent une teneur en matières organiques humifiées relativement importante (0,6 % à 3 % de carbone organique), se marquant peu dans la couleur. Cette dernière change considérablement après séchage vers des teintes plus vives (*chroma* de + 2 à 4 unités) et plus claires (*value* de + 1 à 2 unités). Le pH_{eau} est < 5,0. Ces horizons montrent une macrostructure polyédrique moyenne ou continue (sans macro-agrégats visibles), constituée d'assemblages en poly-agrégats (diamètre de 1 µm à 1 mm) de micro-agrégats (diamètre de 0,1 à 1 µm) ovoïdes de nanoparticules et microporeux; friable ou modérément friable, à très friables à l'état sec; le toucher peut être collant et plastique et la cohésion plus ferme si l'horizon contient des phyllosilicates. La texture de la terre fine est généralement limoneuse.

Autres horizons de référence non spécifiques

Les andosols peuvent présenter des horizons Fem, Femp, Si, Sim et rarement G ou g (à plus de 50 cm de la surface). Ils ne doivent pas présenter d'horizons E, BP ou BT (à moins de 50 cm de la surface).

Références

VITRANDOSOLS

La séquence d'horizons de référence est: **Avi/C ou M ou R.**

Les VITRANDOSOLS se développent dans des dépôts pyroclastiques constitués de verres volcaniques et autres minéraux primaires en début d'altération et d'une petite quantité de produits colloïdaux non cristallins ou paracristallins, ainsi que d'une petite quantité de composés humiques. Ils constituent un stade « jeune », préalable à la formation de silandosols ou, éventuellement et ultérieurement, d'aluandosols.

Un VITRANDOSOL est caractérisé par un horizon Avi épais d'au moins 30 cm depuis la surface qui repose sur un horizon C ou une couche M ou R.

À la partie inférieure de l'horizon Avi, on observe souvent un horizon de transition caractérisé par sa couleur moins foncée due à une moindre abondance de matières organiques et par sa structure non ou peu agrégée, souvent particulaire. La teneur en carbone organique de cet horizon de transition est le plus souvent < 2 % et même parfois< 0,6 %. Ses caractéristiques chimiques vitriques ainsi que sa couleur, une certaine teneur en carbone organique et parfois une structure microagrégée et très friable le distinguent d'une couche M ou R.

SILANDOSOLS EUTRIQUES, SILANDOSOLS DYSTRIQUES et SILANDOSOLS PERHYDRIQUES

La séquence d'horizons de référence est:
And/M ou R   ou   **And/Snd/M ou R.**

Un horizon C est possible, bien que pas toujours aisé à distinguer sur le terrain si le matériau pyroclastique originel est coloré, mais son taux de $[Al_{ox} + 1/2\ Fe_{ox}]$ est < 0,4 %.

Les silandosols montrent un solum à $pH_{eau} \geq 4,5$, acide ou neutre, voire faiblement alcalin, et dont la fraction colloïdale minérale est constituée d'alumino-silicates paracristallins (allophane, imogolite, hisingérite) et d'oxyhydroxydes de Al et Fe non cristallins (gels d'alumine) ou paracristallins (ferrihydrite), intimement associés à des composés humiques. En outre, ils proviennent uniquement de matériaux volcaniques pyroclastiques récents.

Ils sont caractérisés par l'existence d'au moins un horizon silandique (And seul ou And/Snd) épais d'au moins 30 cm depuis la surface, apparaissant dans les 50 premiers centimètres du solum.

SILANDOSOLS EUTRIQUES

Les horizons And et Snd présentent en outre un rapport S/CEC ≥ 50 % (déterminés à pH 7,0) sur au moins 30 cm depuis la surface **ou** la somme S des cations alcalins et alcalino-terreux échangeables est > 15 $cmol^+ \cdot kg^{-1}$.

SILANDOSOLS DYSTRIQUES

Les horizons And et Snd présentent en outre un rapport S/CEC < 50 % (déterminés à pH 7,0) sur au moins 30 cm depuis la surface **ou** la somme S des cations alcalins et alcalino-terreux échangeables est < 15 $cmol^+ \cdot kg^{-1}$.

SILANDOSOLS PERHYDRIQUES

Les horizons Snd (et éventuellement And) présentent en outre, sur au moins 35 cm d'épaisseur cumulée (de 0 à 100 cm depuis la surface), une capacité de rétention en eau à 1 500 kPa (sur sol non préalablement séché à l'air) d'au moins 100 % (en poids de terre fine séchée à 105 °C). Dans ce cas, le solum présente aussi la propriété de thixotropie (subit changement d'un état semi-rigide à fluide sous l'effet d'une pression). Il se caractérise également par un taux de « déshydratation irréversible » d'au moins 70 % entre l'état humide initial (à 33 kPa) et l'état déshydraté à 1 500 kPa, après réhydratation à 33 kPa. Ces solums peuvent être eutriques ou dystriques.

ALUANDOSOLS HAPLIQUES et ALUANDOSOLS PERHYDRIQUES

La séquence d'horizons de référence est :
Alu/C/M ou R   ou   **Alu/Slu/C/M ou R.**

Dans le cas de solums polygénétiques, des paléo-altérites sont parfois présentes en profondeur (horizons C ou RT).

Les aluandosols présentent un solum acide (pH_{eau} < 5,0) dont la fraction colloïdale est dominée par des complexes organo-minéraux d'aluminium et de fer, non ou peu mobiles (à la différence de l'horizon BP podzolique), souvent associés à une petite quantité d'alumino-silicates paracristallins (allophane) ou même cristallins (phyllosilicates argileux ; dans ce cas, ils présentent une consistance collante et plastique au toucher). Ils peuvent provenir de matériaux volcaniques, pyroclastiques ou effusifs, d'âge ancien, ou même de matériaux non volcaniques, ayant subi une pédogenèse antérieure (solums polygénétiques). De ce fait, ils peuvent comporter des horizons non aluandiques sous-jacents, notamment un horizon de transition dit « alusilandique ».

Les aluandosols présentent des caractères dystriques. Ils sont caractérisés par l'existence d'au moins un horizon aluandique (Alu seul ou Alu/Slu) épais d'au moins 30 cm depuis la surface, apparaissant dans les 50 premiers centimètres du solum.

ALUANDOSOLS HAPLIQUES

Sans autre propriété particulière.

ALUANDOSOLS PERHYDRIQUES

Les horizons Slu (et éventuellement Alu) présentent en outre, sur au moins 35 cm d'épaisseur cumulée (de 0 à 100 cm depuis la surface), une capacité de rétention en eau à 1 500 kPa (sur échantillon non préalablement séché à l'air) d'au moins 100 % (en poids de terre fine séchée à 105 °C). Dans ce cas, le solum présente aussi la propriété de thixotropie (subit changement d'un état semi-rigide à fluide sous l'effet d'une pression). Il se caractérise également par un taux de « déshydratation irréversible » d'au moins 70 % entre l'état humide initial (à 33 kPa) et l'état déshydraté à 1 500 kPa, après réhydratation à 33 kPa.

Qualificatifs utiles pour les andosols

leptique — Qualifie un andosol dans lequel l'épaisseur cumulée des séquences d'horizons [Avi] ou [Alu + Slu] ou [And + Snd] est < 30 cm.

humique-fulvique — Qualifie un silandosol ou un aluandosol dans lequel l'horizon And ou l'horizon Alu montre une *chroma* et une *value* > 2 à l'état humide ou un indice mélanique > 1,7 sur au moins 30 cm depuis la surface.

humique-mélanique — Qualifie un silandosol dans lequel l'horizon And est de couleur noire et montre une *chroma* et une *value* ≤ 2 à l'état humide ou un indice mélanique < 1,7 sur au moins 30 cm depuis la surface.

pachique — Qualifie un silandosol ou un aluandosol présentant un horizon humique-mélanique ou humique-fulvique d'au moins 50 cm d'épaisseur depuis la surface.

à horizon Alu, And ou Avi humifère — Qualifie un solum présentant un horizon And ou Alu ou Avi de couleur sombre (*chroma* et *value* ≤ 3 sur sol humide) et contenant au moins 6 g de carbone organique pour 100 g sur plus de 30 cm d'épaisseur.

placique — Qualifie un aluandosol comportant un horizon placique Femp sous un horizon Alu humique ou sous un horizon Slu.

alusilandique — Qualifie un aluandosol présentant en profondeur au-dessus d'un horizon Snd un horizon présentant, sur au moins 30 cm d'épaisseur, les caractéristiques intermédiaires suivantes : le rapport Al_{py}/Al_{ox} est compris entre 0,5 et 0,3 ; Si_{ox} est compris entre 0,6 et 1 % ; pH_{eau} ≥ 5,0.

eutrique, dystrique, lithique, pierreux, caillouteux, graveleux, à charge grossière, rédoxique, etc.

La présence d'autres horizons de référence, enterrés par un nouvel apport volcanique à plus de 50 cm de profondeur, peut être signalée en ajoutant le qualificatif « à horizon X enfoui ». Par exemple, à horizon Aso enfoui ou à horizon BT enfoui ou à horizon Si enfoui, etc.

épivitrique — Qualifie un solum (silandosol, aluandosol ou autre référence) ayant, sur moins de 50 cm d'épaisseur depuis la surface, les propriétés des VITRAN-DOSOLS (horizons Avi). Au-dessous, peuvent être observés des horizons silandiques (And ou Snd), aluandiques (Alu ou Slu), voire des horizons caractéristiques d'autres références.

La nature du matériau originel (composition, âge) et éventuellement des dépôts successifs doit être précisée par des qualificatifs.

Qualificatifs utiles pour d'autres références (non-andosols)

andique | Qualifie un solum (brunisol, RANKOSOL, NITOSOL) ayant, sur au moins 30 cm d'épaisseur depuis la surface, certaines caractéristiques et propriétés proches de celles de silandosols ou d'aluandosols, mais pas les propriétés andosoliques typiques permettant un rattachement parfait. Ce qualificatif souligne donc un caractère intergrade. L'évolution de ces sols mène, selon les climats, vers une brunification ou la formation d'halloysites (cf. NITOSOLS). Ces caractéristiques intermédiaires sont :
- un taux de $[Al_{ox} + 1/2\ Fe_{ox}]$ compris entre 0,4 et 2 % de la terre fine ;
- une densité apparente faible, comprise entre 0,9 et 1,2, liée à une grande microporosité ;
- un test NaF négatif (réaction en plus de 2 min), lié à la faible réactivité de l'aluminium des complexes organo-minéraux.

Ces trois caractères rapprochent des VITRANDOSOLS, mais une altération plus poussée du matériau originel a fait disparaître la quasi-totalité des verres volcaniques inaltérés (il en demeure moins de 20 % de la fraction 0,02 à 2 mm) et a donné naissance à des minéraux argileux bien cristallisés, d'où un taux d'argile > 20 % et une CEC > 20 $cmol^+ \cdot kg^{-1}$.

Entre autres caractéristiques éventuellement présentes, une quantité de carbone organique plus élevée que la norme de la référence à laquelle ce solum est rattaché et une structure micro-agrégée.

pyroclastique | Qualifie un RÉGOSOL formé de dépôts pyroclastiques.

bathy-andosolique | Qualifie un solum (autre qu'un andosol) montrant les propriétés andosoliques, mais seulement au-delà de 50 cm de profondeur.

Exemples de types

VITRANDOSOL eutrique, leptique, issu de dépôt pyroclastique meuble (cendres ou lapillis).

VITRANDOSOL dystrique, issu de dépôt pyroclastique meuble.

VITRANDOSOL lithique, issu de cendres ou lapillis (andésitiques ou basaltiques, etc.), sur lave (ou autre matériau volcanique consolidé tel que brèche, tuf, etc.), andésitique ou basaltique, etc.

SILANDOSOL PERHYDRIQUE dystrique, humique, issu de cendres volcaniques, sur basalte.

SILANDOSOL EUTRIQUE issu de dépôt pyroclastique meuble.

SILANDOSOL DYSTRIQUE humique, issu de cendres volcaniques.

ALUANDOSOL PERHYDRIQUE dystrique, issu de cendres volcaniques.

ALUANDOSOL HAPLIQUE humique, placique, issu de cendres volcaniques.

PEYROSOL-VITRANDOSOL issu de ponces graveleuses.

Exemples de désignation de solums complexes (polylithiques et/ou polygénétiques)

VITRANDOSOL eutrique (> 30 cm d'épaisseur), issu de lapillis basaltiques, sur SILANDOSOL DYSTRIQUE, issu d'un dépôt antérieur de cendres basaltiques.

SILANDOSOL EUTRIQUE, issu de cendres basaltiques, sur un horizon pétrosilicique Sim.

SILANDOSOL DYSTRIQUE, issu de cendres basaltiques, bathyhistique.

SILANDOSOL EUTRIQUE, issu de cendres basaltiques, sur SILANDOSOL DYSTRIQUE, issu d'un dépôt antérieur de cendres et lapillis (basaltiques, ou andésitiques) (solum bilithique).

Doubles rattachements
Peyrosol gravelique – silandosol eutrique.
Vitrandosol-peyrosol gravelique.

Distinction entre les andosols et d'autres références

Avec les régosols

Des régosols peuvent se développer dans des matériaux pyroclastiques très récents et encore très peu altérés. La valeur de $[Al_{ox} + 1/2\ Fe_{ox}]$ étant alors < 0,4 %, il n'y a donc pas encore de véritable horizon Avi vitrique. Utilisation du qualificatif « pyroclastique ».

Avec les podzosols

Dans les podzosols humifères, l'abondance des matières organiques peut masquer des propriétés andosoliques. En effet, il y a de très grandes ressemblances tant au plan chimique que microstructural entre les horizons And des aluandosols et les horizons BP meubles de certains podzosols ne présentant pas d'horizons E. Par exemple :
- valeur $[Al_{ox} + 1/2\ Fe_{ox}]$ > 2 % dans la terre fine ;
- structure microagrégée ;
- abondance des oxyhydroxydes de fer paracristallins ;
- pH acide ou très acide.

En cas de doute, un élément peut permettre de trancher en faveur d'un aluandosol : la décroissance progressive de la teneur en carbone avec la profondeur (sauf en cas d'un solum polylithique, recouvert par des cendres volcaniques en surface, avec apparence d'horizon éluvié). On peut distinguer les formes mobiles d'acides fulviques, susceptibles de complexer l'aluminium dans le cas d'un horizon BP podzolique, de celles peu mobiles dans un horizon aluandique. On utilise une méthode sélective déterminant le carbone de l'extrait fulvique (codé C_f) et de l'extrait pyrophosphate (codé C_{py}). Si C_f/C_{py} < 0,5, on a affaire à un horizon aluandique, sinon il s'agit d'un horizon BP podzolique. En outre, un horizon podzolique BP doit avoir au moins deux fois plus de Al_{ox} que l'horizon immédiatement supérieur, ce qui n'est jamais le cas d'un horizon andique.

Avec les nitosols

Ceux-ci se forment le plus souvent à partir de la transformation des produits amorphes en argiles de type halloysite. Des intergrades existent fréquemment entre nitosols et silandosols.

Avec les brunisols

En région de climat tempéré modifié par l'altitude, par exemple dans les Vosges ou le Massif central, à des altitudes plus basses (moins de 1 000 m) que celles où se situent les andosols, on observe des sols intergrades entre brunisols et andosols, présentant des caractères intermédiaires dus à différentes causes. Une de ces causes est l'abondance relative de minéraux argileux hérités (par exemple formés au cours d'altérations anciennes de matériaux volcaniques massifs). Un autre facteur peut être l'existence d'un pédoclimat moins froid et moins humide, laissant des périodes de dessiccation plus longues. Une dernière cause possible est la mise en culture, accompagnée d'assainissement par drainage et d'apports d'amendements.

La CEC est relativement plus faible que dans les andosols (par rapport au même taux d'argile) et il y a une moindre rétention du phosphore ; la structure grumeleuse est plus développée et plus ferme dans l'horizon A et la macrostructure est plutôt polyédrique dans l'horizon S. Ces intergrades peuvent être désignés comme des brunisols andiques (cf. la définition de ce qualificatif, p. 83).

Relations avec la WRB

RP 2008	WRB 2006
Vitrandosols	Vitric Andosols
Silandosols eutriques	Silandic Andosols (Eutric)
Silandosols dystriques	Silandic Andosols (Dystric)
Silandosols perhydriques	Hydric Silandic Andosols
Aluandosols hapliques	Aluandic Andosols
Aluandosols perhydriques	Hydric Aluandic Andosols

Propriétés andosoliques = *andic properties* de la WRB.

Humique-mélanique présence d'un *melanic horizon* de la WRB *prefix qualifier "melanic"*
Humique-fulvique présence d'un *fulvic horizon* de la WRB *prefix qualifier "fulvic"*

Eutrosilic : qualifie un solum ayant un ou plusieurs horizons à propriétés andiques et une somme des bases échangeables de 15 cmol$^+$·kg^{-1} de terre fine ou plus sur au moins 30 cm d'épaisseur dans les 100 premiers centimètres depuis la surface (pour les andosols seulement).

Mise en valeur – Fonctions environnementales

Les VITRANDOSOLS présentent des propriétés de sables volcaniques humifères où les verres et les minéraux altérables abondent. Ils sont souvent riches en cations échangeables et en phosphore assimilable, du fait de la rapide altération des verres volcaniques et de la faible rétention du phosphore par des allophanes riches en silice. Leurs facteurs limitants sont d'ordre physique : profondeur restreinte, forte macroporosité, fort drainage naturel et faible rétention d'eau. En outre, la CEC est restreinte. En conséquence, il y a un risque de lixiviation rapide de certains éléments : l'azote minéral et, parfois, le potassium échangeable et le phosphore assimilable.

Les SILANDOSOLS EUTRIQUES sont peu acides ou neutres et constitués d'allophane modérément alumineux et ferrifère qui présente une CEC élevée et un taux important de charges permanentes qui assurent un stock élevé de cations échangeables nutritifs. Dotés d'allophanes riches en silice, ils ont une rétention modérée du phosphore. Ils ont aussi une capacité de rétention en eau suffisante et cependant un drainage rapide. Une importante macroporosité accessible à l'air permet un enracinement dense et profond. Ces sols sont très fertiles et supportent un usage agricole intensif. Ils ne connaissent pas de problème grave de fertilisation en phosphore. Cependant, ils sont très sensibles à l'érosion. Sous climat à longue saison sèche, un déficit hydrique saisonnier peut intervenir.

Les SILANDOSOLS DYSTRIQUES ont d'excellentes propriétés physiques (rétention d'eau et drainage interne), un stock souvent suffisant en cations échangeables, mais instable du fait du taux élevé de charges variables ; des déséquilibres minéraux sont possibles (déficience en K). Ils présentent presque toujours une déficience en phosphore, du fait d'une forte rétention par des allophanes alumineux, ainsi qu'en azote facilement disponible ; ce qui pose un problème de fertilisation, assez difficile à résoudre économiquement.

Les SILANDOSOLS PERHYDRIQUES marquent le stade extrême où l'allophane est le plus alumineux, d'où une CEC à taux de charges variables très élevé, une rétention du phosphore très énergique et un fort taux de déshydratation irréversible. Quoiqu'ils soient modérément acides et contiennent des minéraux altérables, leur taux de saturation en cations échangeables (déterminé à pH 7) est < 10 %. La disponibilité de l'azote, du phosphore et du soufre est restreinte, en dépit d'une bonne quantité de ces éléments dans les abondantes matières organiques. Ces sols constituent un milieu oligotrophe pour la croissance des plantes. En outre, l'humidité excessive du climat général et du pédoclimat, associée à une certaine anoxie dans les horizons Snd, est une sévère contrainte pour une mise en culture intensive. Après un labour profond et une forte dessiccation à l'air, ces sols deviennent sensibles à l'érosion.

Les aluandosols se distinguent par leur acidité, leur richesse en aluminium complexé par des acides organiques et par l'abondance de l'aluminium échangeable. Ils ont des teneurs en cations échangeables alcalins et alcalino-terreux et un taux de saturation en cations échangeables (à pH 7) < 20 %. Les solums les plus anciens ne contiennent presque plus de minéraux altérables. Le phosphore est fortement retenu, à la fois dans les matières organiques stables et par les complexes organo-aluminiques. De plus, les horizons Slu forment un obstacle chimique (toxicité aluminique) au développement racinaire et il y a, dans le cas des ALUANDOSOLS PERHYDRIQUES, une certaine anoxie. Enfin, le climat sous lequel on trouve ces sols est souvent trop froid ou trop humide pour obtenir de bonnes récoltes. La fertilité de ces sols oligotrophes est donc très restreinte et de très sérieux problèmes de fertilisation se posent.

Analyses et méthodes spécifiques aux andosols

▶▶ **Extractions à l'oxalate acide de Al, Fe, Si, C pour la caractérisation et la quantification des minéraux allophaniques**

Extraction par l'acide oxalique + oxalate d'ammonium, à pH 3,5 à l'obscurité, appliquée à la terre fine < 2 mm (Blakemore, 1981 ; 1983).

▶▶ **Dosage de Al et de C après extractions au pyrophosphate de sodium**

Extractions au pyrophosphate de Na (0,1 M) à pH 10 (Loveland et Digby, 1984). Dosage de Al ainsi extrait (Al_{py}).

Pour déterminer le **carbone présent sous forme d'acides fulviques** (C_f), dosage du carbone sur le surnageant de l'extrait pyrophosphate après floculation des acides humiques par H_2SO_4 (méthode de Mac Keague 1968, *in* Ito *et al.*, 1991).

▶▶ **Rétention du phosphore (méthode de Blakemore *et al.*, 1981 ou 1987)**

Cette méthode implique d'ajouter une quantité connue de P (phosphate de potassium à 1 mg·ml^{-1}) à l'échantillon de sol et d'agiter à un pH de 4,6. Le rapport sol/solution doit être de 1/5. La quantité de phosphore retenue par l'échantillon est déterminée par différence, par la mesure de la concentration de P restant en solution, et exprimée en % de la quantité apportée.

▶▶ **pH dans le fluorure de sodium (NaF)**

Mesure du pH dans NaF 1 M (1 g de sol/50 ml ; Fieldes et Perrott, 1966) ; le pH devient > 9,4 dans les horizons à propriétés nettement andosoliques en moins de 40 secondes ou dans les BP podzoliques. Cette augmentation de pH est révélée par une coloration rouge vif à la phénolphtaléine.

▶▶ **ΔpH ($pH_{KCl} - pH_{eau}$)**

Dans les andosols cette valeur varie de − 1 à + 0,2 et caractérise les minéraux à charges variables en fonction du pH.

▶▶ **Capacité de rétention en eau au point de flétrissement**

À 1 500 kPa, sur échantillon conservé humide ; capacité calculée en % du poids de terre fine séchée à 105 °C.

▶▶ Taux de « déshydratation irréversible » (Quantin, 1992)

Diminution de la capacité de rétention en eau entre état humide initial à 33 kPa (sur échantillon conservé humide) et après dessiccation prolongée à l'air (état sec à 1 500 kPa), puis réhydratation à 33 kPa. ; exprimée en % de la valeur initiale.

▶▶ Masse volumique

Volume prélevé dans son état initial à l'état humide (méthode du cylindre, au minimum 3 répétitions) et déterminé après ajustement de la rétention d'eau à 33 kPa, puis échantillon pesé après séchage à 105 °C (poids rapporté au volume).

▶▶ Indice mélanique

Rapport entre l'absorbance à 450 nm et l'absorbance à 520 nm des acides humiques extraits par une solution 0,5 M de NaOH; si ce rapport est < 1,7, caractère mélanique; si ce rapport est > 1,7, caractère fulvique (Honna *et al.*, 1988).

▶▶ Teneur en verres et minéraux primaires non altérés

Déterminée en poids de la fraction 0,02 à 2 mm, après élimination des matières organiques (par H_2O_2 ou NaOCl) et des produits allophaniques ou autres colloïdes non cristallins (extraction par l'oxalate d'ammonium à pH 3,5), dispersion de la fraction argile et tamisage, puis pesée. Une meilleure méthode consiste en l'observation de cette fraction sous microscope en lumière polarisée, puis le décompte des minéraux et verres réellement inaltérés (mais possibilité d'erreurs d'interprétation).

▶▶ Dosage du carbone organique

Par oxydation humide (méthode Walkley-Black ou Anne); ou mieux, par pyrolyse.

▶▶ Dosage de Al^{3+}

Échange dans KCl 1 M; ou éventuellement dans la cobaltihexammine.

▶▶ Analyse granulométrique spéciale pour les andosols

Elle doit être faite sur échantillon de terre conservée à l'état humide initial, pour éviter l'effet irréversible de la déshydratation. Une dessiccation à l'air de courte durée pour rendre les agrégats plus friables avant tamisage est également acceptable. Sur terre fine tamisée à 2 mm :
• prétraitement à H_2O_2 (hydrolytique) à chaud ou par NaOCl (Rouiller et Burtin, 1974);
• puis désaturation en cations par percolation de HCl (0,05 N, Quantin 1992) ou par ajout de résine échangeuse (résine de Na Amberlite IR 120; Bartoli et Burtin, 2007);
• puis dispersion des fractions argiles et limons par agitation ultrasonique, avec éventuellement recherche du pH optimum de dispersion, soit acide (pH 3,5 à 4,5, pour des allophanes alumineuses) par ajout goutte à goutte de HCl dilué (0,5 N), soit moins acide (pH 5 à 7, pour des allophanes siliceuses) par ajout de NaOH dilué (0,5 N) (Quantin, 1992);
• puis dosage des fractions dispersées argiles et limons (< 0,05 mm) par la méthode « pipette de Robinson » en fonction du temps de sédimentation;
• et enfin séparation de la fraction dispersée et granulométrie par tamisage humide des fractions sableuses (0,05 à 2 mm).

La fraction argile peut contenir encore du carbone organique après traitement à l'eau oxygénée (sur laquelle le carbone organique peut être dosé, pour plus de précision).

Anthroposols

5 références

Conditions de formation et pédogenèse

Les anthroposols sont des sols fortement modifiés ou fabriqués par l'homme, souvent en milieu urbain mais aussi, dans des conditions particulières, en milieu rural. Les modifications des sols en milieu urbain touchent généralement de faibles superficies contrairement aux sols modifiés en zone rurale. Les anthroposols des milieux urbains ont longtemps été ignorés par les pédologues, car ils ne répondaient pas aux critères de pédogenèse des sols naturels et cultivés. Il est vrai qu'ils sont difficiles à étudier du fait de l'abondance des bâtiments construits sur les territoires urbains.

Il est nécessaire de bien distinguer les anthroposols entièrement fabriqués par l'homme (apports de matériaux artificiels ou terre transportée) et ceux qui ont été tellement transformés par des processus « anthropo-pédogénétiques » que le solum originel n'est plus reconnaissable ou bien est désormais enfoui. Dans ce dernier cas, l'action de l'homme a comme résultat une artificialisation plus ou moins importante des sols.

Du fait qu'ils ont été modifiés ou fabriqués durant la période historique, les anthroposols sont généralement considérés comme « jeunes » et peu évolués. Une approche historique est souvent nécessaire pour tenter d'expliquer et comprendre les modifications dues aux activités humaines.

Les principaux processus « anthropo-pédogénétiques » sont, notamment :
• le travail profond ou défoncement (labours, sous-solage) : interventions mécaniques répétées, descendant jusqu'à au moins 40 cm ou beaucoup plus, donc bien au-dessous de la profondeur des labours habituels, et pouvant affecter la roche sous-jacente ;
• la surfertilisation par applications répétées de fertilisants organiques sans addition notable de matières minérales : lisiers, fumiers, ordures ménagères, composts, litières forestières, etc. (jardins, parcs, zones maraîchères) ;
• la destruction d'une horizonation antérieure par mélange d'horizons, nivellements et talutage ;
• l'addition répétée de matériaux allochtones terreux ou inertes, impliquant l'apport de quantités notables de matières minérales (mottes de gazon, sable de plage, fumiers terreux, curages de fossés, etc.) ;

14ᵉ version (28 novembre 2007).

• l'irrigation répétée avec des eaux contenant des quantités non négligeables de sédiments en suspension (pouvant contenir aussi des fertilisants, des sels solubles, des matières organiques, des polluants, etc.) ;
• la création de terrasses remodelant complètement le profil des versants et ayant donc affecté durablement les couvertures pédologiques naturelles.

En milieu urbain ou périurbain, viennent souvent s'ajouter, par exemple :
• la troncature de la partie supérieure du solum ;
• le compactage par le trafic ou pour la préparation de la construction de bâtiments ;
• la « fermeture » de la surface (scellement) par des revêtements de chaussées (goudrons, ciments, pavés) ;
• l'alcalisation par contamination à la suite d'épandages de produits variés et d'apports d'ordures ;
• la pollution par des métaux et des acides résultant de diverses combustions, par des gaz d'échappement, par des sous-produits d'industries ou d'artisanat, ainsi que par des produits chimiques comme les HAP ou les pesticides ;
• le dépôt de matériaux terreux d'origine pédologique ou géologique, de « matériaux technologiques », de déchets et sous-produits plus ou moins contaminés.

Cas particulier des solums étudiés lors des fouilles archéologiques

Certains solums sont très intensément modifiés ou construits par des activités humaines telles qu'habitats, extractions minières, ateliers, etc. Certains sont encore situés dans des zones habitées (centres villes, parcs, cours d'usines) ou des zones qui ont été habitées dans les siècles ou millénaires précédents.

D'autres sont situés dans des espaces repris par l'agriculture ou recolonisés par des associations végétales spontanées ou sub-spontanées (forêts, prairies, pelouses) : de nouveaux processus pédologiques apparaissent et certains traits initiaux ont pu être effacés ou estompés. Certains de ces traits sont spécifiquement étudiés par les archéologues. Dans certains cas, à la suite de modifications importantes, le fonctionnement général des solums (hydrique, chimique, biologique) a été profondément transformé par rapport au fonctionnement naturel antérieur.

Il est intéressant, dans le cadre du *Référentiel pédologique*, de définir des qualificatifs spécifiques de façon que les archéologues puissent intégrer leurs travaux à ceux des pédologues puisque la pluridisciplinarité les fait se rejoindre dans leurs travaux respectifs. L'archéologue décrit les sols sur de nombreux sites, mais ne couvrant que des superficies très petites ; en revanche, il détaille l'aspect temporel de la pédogenèse. Il traite le plus souvent de sols anciens, remaniés, superposés. Il est donc aussi utilisateur de qualificatifs ayant trait aux anthroposols et aux paléosols. Cet aspect est plus particulièrement développé dans cette troisième édition du *Référentiel pédologique*.

Matériaux et horizons de référence

Les matériaux anthropiques Z

Des matériaux variés d'origine anthropique, artificiels et technologiques, viennent souvent enfouir les sols autochtones. L'homme est responsable de la mise en place de ces matériaux non pédologiques dans lequel l'anthroposol va se développer (déblais de mines ou de carrières, déchets domestiques, boues résiduaires, scories, gravats, décombres, etc.). Cette mise en place provoque l'enfouissement des horizons initiaux qui doivent alors être notés soit -b, soit II.

Quatre types de **matériaux anthropiques** (codés **Z**) peuvent être distingués :

• les **matériaux anthropiques terreux** (codés **Ztr**) sont des matériaux d'origine pédologique ou géologique, le plus souvent mélangés et de granulométrie fine (< 2 mm), avec parfois une faible charge en éléments grossiers ;

• les **matériaux anthropiques technologiques** (codés **Ztc**) sont issus des procédés d'extraction et de transformations par voies physiques, chimiques ou biologiques de matières premières. Ce sont des sous-produits des activités industrielles, artisanales ou minières ;

• les **matériaux anthropiques holorganiques** (codés **ZO**) correspondent à des apports de grande quantité de matières végétales non ou peu transformées ou de composts ;

• les **matériaux archéo-anthropiques** (codés **Zar**) dont la composition a été très fortement influencée par l'homme. Leur composition peut être expliquée par les techniques et les raisonnements de l'archéologie. Ils sont caractérisés par un ou plusieurs des critères suivants :

 – un taux très élevé de phosphore, au moins plus élevé que les sols voisins,

 – une grande quantité de matières charbonneuses,

 – plus de 20 % (en volume) de débris d'origine anthropique (tels qu'os, coquillages, etc.) ou/et des « artefacts » (objets fabriqués par l'homme, tels que fragments de céramique, outils en silex ou en os, etc.),

 – des structures particulières indiscutablement dues à l'homme, telles que fossés, trous de poteau, fondations, trous de plantation, pavages, etc.

Début de pédogenèse affectant les matériaux anthropiques

Les facteurs naturels de pédogenèse n'ont pas encore eu le temps de beaucoup altérer les matériaux anthropiques définis *supra*. Certains matériaux (ceux mis en place le plus anciennement ou les plus réactifs) peuvent présenter de très faibles évolutions pédologiques dans les premiers centimètres : apparition d'une structure pédologique, présence de matières organiques et parfois redistribution de certains constituants comme les carbonates ; dans ces cas, une végétation est présente qui constitue un des principaux facteurs d'évolution.

Ces horizons superficiels atypiques peuvent être notés **JsZ** ou **Jtc** ou **JpZ**. Il apparaît parfois de minces horizons **AZ**.

Dans le cas des ANTHROPOSOLS RECONSTITUÉS, la terre dite « végétale » qui a été **prélevée et transportée** à partir d'un autre site doit être notée par **les lettres suffixes -tp**. Ainsi, l'horizon Ltp est un horizon L prélevé et transporté, et Ltph correspond, en plus, à des apports massifs de compost (-h).

Suffixes à utiliser pour des horizons pédologiques peu modifiés (non-anthroposols)

Certains horizons sont peu modifiés et peuvent contenir des marques d'artificialisation insuffisantes pour les considérer comme des **matériaux anthropiques**. Suivant le degré d'artificialisation, les horizons des solums seront plus ou moins semblables aux horizons pédologiques définis en milieu rural ou naturel : A, L, S, J, C, etc.

Dans le cas où les modifications sont peu importantes (apports de matériaux allochtones anthropiques inertes et non organiques mélangés avec les horizons superficiels du sol), l'artificialisation peut être symbolisée par la **lettre suffixe -z** : horizons Az, Lz, Jz ou Sz, etc. Le volume des matériaux allochtones d'origine anthropique doit rester < 20 % du volume total de l'horizon.

Dans le cas des parcs et jardins réalisés dans des zones peu modifiées, proches du milieu rural au moment de leur réalisation, les horizons sont les mêmes qu'en milieu rural. L'horizon de surface, dans certains cas, est fortement enrichi en matières organiques (lettre suffixe -h), comme par exemple dans les jardins potagers.

Références

Les **ANTHROPOSOLS TRANSFORMÉS** sont issus de modifications anthropiques des sols réalisées en zones rurales pour améliorer la fertilité des sols et permettre une production d'aliments suffisante pour nourrir la population et/ou protéger la ressource en sol : généralement, ce sont des modifications anciennes : rizières, terrassettes, oasis, etc.

Les **ANTHROPOSOLS ARTIFICIELS** résultent **entièrement** d'apports par l'homme de matériaux variés. Ils concernent plus les lieux où se sont développées les activités humaines telles qu'urbanisation, industries, mines, artisanat, voirie.

Les **ANTHROPOSOLS RECONSTITUÉS** et les **ANTHROPOSOLS CONSTRUITS** sont issus des opérations de « génie pédologique » : actes volontaires de fabrication d'un « sol » avec des objectifs précis, en particulier pour obtenir un milieu aussi fertile que possible dans le cadre d'opérations de végétalisation.

Les **ANTHROPOSOLS ARCHÉOLOGIQUES** ont subi des modifications anthropiques anciennes (sur plus de 50 cm d'épaisseur depuis la surface). Des couches contenant plus de 20 % (en volume) de débris d'activités humaines (matériau Zar) peuvent y être observées.

ANTHROPOSOLS TRANSFORMÉS

Le solum naturel initial est tellement transformé par des activités humaines intenses et/ou de longue durée qu'il n'est plus reconnaissable ou bien qu'il a acquis de nouvelles morphologies et propriétés qui ne permettent plus son rattachement satisfaisant à d'autres références ; ces transformations sont intervenues sur au moins 50 cm d'épaisseur ; mais des modifications sur plus de 30 cm doivent déjà être considérées comme un signal fort d'anthropisation justifiant des investigations complémentaires (analyses spécifiques).
Exemples : les sols de rizières, certains sols de terrasses agricoles, certains sols de jardins ou de zones maraîchères fortement enrichis en matières organiques et en sables.
Il faut préciser à la suite du nom de la référence ce qui a transformé : ANTHROPOSOL TRANS-FORMÉ par sablage, par défoncement, par amendements organiques, par aménagement de terrassettes, par nivellement, etc.

Il s'agit donc d'un concept très restrictif. Peu de sols agricoles pourront être rattachés aux ANTHROPOSOLS TRANSFORMÉS. Le plus souvent, le solum pourra être rattaché à une référence n'appartenant pas aux anthroposols et on emploiera un ou plusieurs qualificatifs utiles listés *infra*. Dans les cas intermédiaires, un rattachement double est toujours possible : CALCOSOL-ANTHROPOSOL TRANSFORMÉ OU ANTHROPOSOL TRANSFORMÉ-BRUNISOL EUTRIQUE, par exemple.

ANTHROPOSOLS ARTIFICIELS

La séquence d'horizons de référence est :
JZ/Z/II   ou   Z/II **(couches ou horizons naturels enfouis)**.

Leur existence résulte **entièrement** d'une activité humaine : l'homme est responsable de la mise en place d'un **matériau non pédologique (= matériau anthropique)** dans lequel va se développer l'anthroposol (déblais de mines ou de carrières, déchets domestiques, boues résiduaires, scories, gravats, décombres, etc.). Ces matériaux, considérés comme des déchets ou des décombres, se sont accumulés sur place ou ont été apportés. Ils ont pu être stockés en tas pour prendre le moins de place possible. Pour être rattaché aux ANTHROPOSOLS ARTIFICIELS, un solum devra être constitué, à sa partie supérieure et sur une épaisseur d'au moins 50 cm, par de tels apports ou accumulations. D'éventuels horizons naturels sous-jacents seront alors considérés comme « enfouis » (codage II ou -b). Ces matériaux anthropiques (technologiques) peuvent être mélangés à des matériaux terreux, mais ils sont prédominants : ils constituent plus de 50 % du volume total de la couche considérée.

Différents matériaux peuvent servir à constituer des ANTHROPOSOLS ARTIFICIELS :
• matériaux de construction : craie, argile à brique, sables, graviers, pierres et blocs, ardoises, béton, schistes, briques, gravats ;
• matériaux industriels et artisanaux : kaolin, fer, étain, acier, charbon, terrils, sous-produits chimiques, déchets de carrière, pierres à chaux ;
• déchets et ordures : gadoues d'ordures ménagères, boues d'épuration et de décantation, cendres, mâchefer, déchets de four ;
• matériaux terreux d'origine pédologiques ou géologiques (non majoritaires dans d'éventuels mélanges) ;
• matériaux technologiques, de déchets et sous-produits plus ou moins contaminés ;
• tas et dépôts de matériaux terreux et/ou technologiques, déposés, sans raisonnement de mélange et de disposition, en couches ayant subi une évolution pédogénétique à court, moyen ou long terme.

Les ANTHROPOSOLS ARTIFICIELS sont le plus souvent fortement compactés. La macroporosité y est très faible et les éléments grossiers y sont souvent abondants. Les teneurs en éléments nutritifs sont très faibles.

ANTHROPOSOLS RECONSTITUÉS

La séquence d'horizons de référence est : **Ltp/II Z ou II D ou II R**.

L'existence des ANTHROPOSOLS RECONSTITUÉS résulte de l'activité humaine en milieu urbain et péri-urbain, par l'utilisation de **matériaux pédologiques transportés**, remaniés, puis mis en place dans les jardins, parcs et espaces verts pour les plantations de végétaux d'ornement (« terre végétale » des paysagistes). Parfois, des matériaux géologiques sont également employés (sables, couches D).

Ils sont souvent constitués par des horizons L provenant des couches arables de terrains agricoles, mélangés parfois à la partie supérieure de l'horizon sous-jacent du lieu de prélèvement. Ces matériaux ont donc subi des évolutions pédogénétiques avant leur transport. Ils proviennent des terrassements, des aménagements routiers ou autoroutiers, des sites industriels, des mines ou carrières ou des sites artisanaux, dans lesquels la terre de surface et parfois les horizons plus profonds ont été prélevés par décapage, puis conservés plus ou moins longtemps. Ils peuvent être amendés et mélangés à d'autres constituants inertes ou organiques (composts) avant d'être mis en place.

Pour être rattaché aux ANTHROPOSOLS RECONSTITUÉS un solum devra être constitué, à sa partie supérieure et sur une épaisseur d'au moins 50 cm, par un **matériau pédologique transporté**. Lorsque l'origine pédologique est connue, utiliser la locution « provenant de ».

Remarques sur les conditions de mise en place et la gestion des ANTHROPOSOLS RECONSTITUÉS :
• Les matériaux à l'origine des ANTHROPOSOLS RECONSTITUÉS sont soumis à de fortes contraintes depuis leur extraction jusqu'à leur installation sur un site urbain ou péri-urbain.

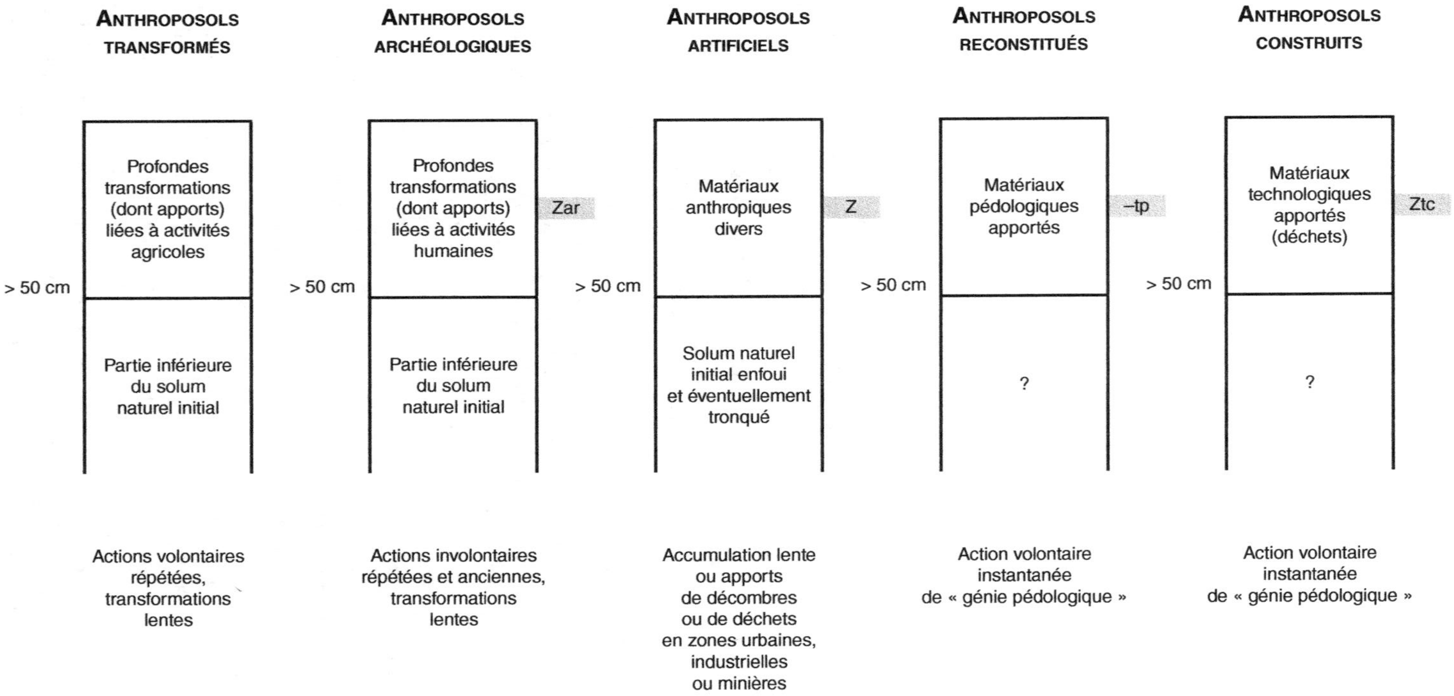

Modes de formation des différentes références d'anthroposols.

Les différentes opérations qui se succèdent sont : le ramassage de la terre, sa mise en tas, son stockage pendant un temps plus ou moins long, son transport et enfin sa mise en place à l'endroit choisi. Chacune de ces opérations peut être l'occasion d'une certaine dégradation des propriétés physiques de la terre. Le taux d'humidité du matériau au moment où sont effectuées ces opérations conditionne la morphologie et le fonctionnement futurs de l'anthroposol. Les humidités caractéristiques telles que les points d'entrée en plasticité et en liquidité sont des seuils de domaines de comportement des matériaux transportés, ceux-ci risquant de présenter, dès leur mise en place, des tassements ou compactages irréversibles, néfastes à la colonisation racinaire et au développement ultérieurs des végétaux.

• La connaissance des caractéristiques physiques, mécaniques et hydriques des matériaux pédologiques utilisés permet de prévoir les conditions optimales pour la construction des ANTHROPOSOLS RECONSTITUÉS.

• Lors de leur mise en place, des tuyaux verticaux perforés sont souvent installés pour permettre une irrigation en profondeur et/ou une aération des couches profondes. Dans certains cas, un drainage est prévu lorsque la « couche de fond de forme » est imperméable.

ANTHROPOSOLS CONSTRUITS

Séquence d'horizons de référence : **Ztc** ou **JZtc**.

Les ANTHROPOSOLS CONSTRUITS sont le résultat d'une action volontaire de construction d'un « sol » en utilisant des **matériaux technologiques**, considérés comme des déchets, pour l'installation d'une végétation. L'objectif est d'obtenir un milieu susceptible d'accueillir rapidement, dans de bonnes conditions physiques, chimiques et biologiques, une végétation capable de jouer à la fois un rôle esthétique (verdure) et un rôle de protection contre l'érosion éolienne et hydrique. Les propriétés physiques et chimiques de l'anthroposol seront susceptibles d'évoluer très rapidement au cours des premières années après sa mise en place.

ANTHROPOSOLS ARCHÉOLOGIQUES

Leur existence résulte **entièrement** d'une activité humaine ancienne : l'homme est responsable de la mise en place d'un **matériau archéo-anthropique** dans lequel se développe l'anthroposol. Pour être rattaché aux ANTHROPOSOLS ARCHÉOLOGIQUES un solum devra être constitué, à sa partie supérieure et sur une épaisseur d'au moins 50 cm, de tels apports. D'éventuels horizons naturels sous-jacents seront alors considérés comme « enfouis » (codage II ou -b). Ces matériaux archéo-anthropiques peuvent être mélangés à des matériaux terreux, mais ils représentent au moins 20 % du volume de la couche.

Qualificatifs relatifs à l'anthropisation

hortique Solum ayant subi une fertilisation intense et ancienne (jardins, maraîchage).

défoncé Solum ayant subi un ou plusieurs défoncements : retournement des horizons sur plus de 50 cm contribuant à modifier complètement l'organisation naturelle des horizons qui se retrouvent mélangés.

fimique Qualifie un solum dont l'horizon de surface est devenu très humifère par suite d'épandages répétés de fumiers ou lisiers. Un horizon L fimique est très épais (plus de 30 cm) et contient généralement des débris de briques ou de poteries sur toute son épaisseur. Sa teneur en éléments nutritifs est très élevée, notamment en P_2O_5 (plus de 250 mg·kg^{-1}, extraction à l'acide citrique).

plaggique — Qualifie un solum rendu très humifère et surépaissi par additions répétées de mottes de gazon ou de « terre de bruyère » (*plaggenboden*).

irragrique — Qualifie un solum ayant subi des irrigations répétées avec des eaux chargées en sédiments.

décapé — Qualifie un ANTHROPOSOL TRANSFORMÉ OU ARCHÉOLOGIQUE dont on sait que les horizons supérieurs ont été enlevés par une intervention humaine.

nivelé — Qualifie un solum dont la surface a été nivelée par l'homme.

mélangé — Qualifie un ANTHROPOSOL TRANSFORMÉ dont l'horizonation naturelle a été complètement détruite par l'activité humaine qui a provoqué le mélange des horizons.

compacté — Qualifie un solum ayant subi un compactage par le trafic routier ou pour préparer la construction de bâtiments.

contaminé en — Qualifie un solum ou un horizon enrichi notablement en éléments xénobiotiques (éléments traces, hydrocarbures, molécules organiques de synthèse, etc.), par suite d'actions humaines volontaires ou non.

scellé — Qualifie un solum dont la surface est « fermée » par un revêtement de chaussée (goudron, ciment, pavés).

lithique — Qualifie un ANTHROPOSOL ARTIFICIEL, RECONSTITUÉ OU ARCHÉOLOGIQUE dont l'épaisseur est < 50 cm au-dessus d'une couche dure artificielle (béton, pierre, brique, etc.) ou naturelle (horizon R) (rattachement imparfait).

leptique — Qualifie un ANTHROPOSOL ARTIFICIEL OU RECONSTITUÉ dont l'épaisseur est comprise entre 30 et 50 cm (rattachement imparfait).

rudérique — Qualifie un ANTHROPOSOL ARTIFICIEL constitué par des décombres (produits de démolition de maisons, routes, etc.).

riziculté — Qualifie un solum dont les fonctionnements hydrique, physico-chimique et biologique sont complètement modifiés par l'inondation (répétée durant des siècles) des champs une ou deux fois par an, pour la production du riz.

sablé — Qualifie un solum qui a reçu des apports volontaires et répétés de sable en surface de façon à faciliter le travail du sol et à améliorer la perméabilité et le réchauffement.

de terrasses/ de terrassettes/ de banquettes — Qualifie un solum dont la morphologie initiale a été fortement modifiée par un aménagement en terrasses, en terrassettes ou en banquettes. Le long d'un versant, les cultures sont disposées en gradins subhorizontaux, séparés par des murets verticaux ou des talus. Ce remodelage des versants par l'homme est destiné à lutter contre l'érosion et à faciliter les interventions culturales. Dans un tel contexte, les solums sont toujours plus ou moins artificialisés.

à matériau technologique — Qualifie un anthroposol dans lequel est reconnu un matériau technologique.

à matériau terreux	Qualifie un anthroposol dans lequel est reconnu un matériau terreux.
urbain	Situé dans une zone urbaine et ayant subi au moins une des modifications « anthropo-pédogénétiques » de ce type de milieu.
à matériau archéo-anthropique	Qualifie un solum dans lequel est reconnu un matériau archéo-anthropique et qui ne répond pas aux critères d'un ANTHROPOSOL ARCHÉOLOGIQUE.

Qualificatifs utiles pour des non-anthroposols

Tous les qualificatifs *supra* peuvent être aussi utilisés pour des solums qui ne sont pas suffisamment modifiés par les activités humaines pour être rattachés aux anthroposols. Par exemple :

hortique, défoncé, tronqué, irragrique, nivelé, compacté, contaminé en, urbain, de terrasses/terrassettes/banquettes, etc.

ainsi que :

cultivé, irrigué, resaturé, fertilisé, à drainage souterrain, assaini, amendé, sablé, agricompacté, etc.

épianthropique	Qualifie un solum autre qu'un anthroposol à la surface duquel un matériau anthropique est présent sur moins de 50 cm d'épaisseur.
anthropisé	Qualifie un solum non rattaché aux anthroposols dans lequel des éléments d'un matériau anthropique sont mélangés aux horizons du sol avec un taux < 50 % en volume.
restauré	Qualifie un solum dont les horizons ont été décapés, transportés et stockés séparément et dont les horizons ont été remis en place en respectant l'ordre de superposition initiale. Pour le rattachement, la pédogenèse initiale est privilégiée par rapport au caractère de reconstitution par l'homme. Exemple : LUVISOL TYPIQUE restauré.

Qualificatifs en liaison avec une activité humaine ancienne

à artéfacts	Qualifie un solum (autre qu'un anthroposol) présentant une couche ou un horizon contenant moins de 20 % (en volume) d'objets d'origine humaine, artificielle (fragments de céramique, outils en silex, etc.).
sous abri	Qualifie un ANTHROPOSOL ARCHÉOLOGIQUE situé sous un abri (entrée de grotte, aplomb rocheux, etc.), développé essentiellement par accumulation de détritus et déchets, et qui a évolué dans des conditions particulières (à l'abri des précipitations).

Exemples de types

ANTHROPOSOL TRANSFORMÉ à matériau archéo-anthropique à artéfacts, (os et céramique).

PODZOSOL MEUBLE développé dans un ANTHROPOSOL ARTIFICIEL à matériau archéo-anthropique de tumulus.

ANTHROPOSOL TRANSFORMÉ fimique, sableux, à horizons profonds argileux.

ANTHROPOSOL ARTIFICIEL limoneux, caillouteux, leptique, issu de terril d'ardoisière.

ANTHROPOSOL ARTIFICIEL rudérique, urbain, compacté.

ANTHROPOSOL RECONSTITUÉ leptique, limoneux, sur dalle de béton, provenant d'horizons LE de LUVISOL TYPIQUE issu de lœss.

ANTHROPOSOL TRANSFORMÉ urbain, tronqué, scellé, contaminé.

ANTHROPOSOL TRANSFORMÉ-CALCOSOL argilo-caillouteux, de terrassettes.

ANTHROPOSOL RECONSTITUÉ sablo-limoneux, tamisé, cultivé, amendé, issu des couches meubles environnantes (sols de certaines oasis).

ANTHROPOSOL CONSTRUIT provenant de sous-produits papetiers.

ANTHROPOSOL ARCHÉOLOGIQUE à artéfacts, sous abri.

Distinction entre les anthroposols et d'autres références

Avec les PEYROSOLS

Certains ANTHROPOSOLS ARTIFICIELS sont constitués de matériaux anthropiques grossiers dont les éléments ont des dimensions > 2 mm (graviers, cailloux, pierres et blocs). Si la teneur pondérale en éléments grossiers est > 60 % du matériau total, un rattachement double PEYROSOL–ANTHROPOSOL ARTIFICIEL s'impose. Si le taux d'éléments grossiers est compris entre 40 et 60 %, les qualificatifs définis dans le chapitre PEYROSOLS sont à utiliser pour qualifier les anthroposols (graveleux, caillouteux, pierreux, à charge grossière).

Certains ANTHROPOSOLS RECONSTITUÉS appelés par les paysagistes « mélanges terre-pierres » contiennent environ 65 % de pierres (en volume). Le rattachement double PEYROSOL-ANTHROPOSOL RECONSTITUÉ s'impose à nouveau.

Avec les autres références

Si l'épaisseur des matériaux anthropiques déposés en surface est < 50 cm, plusieurs qualificatifs liés à l'anthropisation seront ajoutés au nom de la référence, en particulier « anthropique », en précisant la nature de l'anthropisation. Exemple : CALCOSOL anthropique, décapé, compacté, scellé.

Si les matériaux anthropiques sont mélangés aux horizons supérieurs sur moins de 50 cm d'épaisseur à partir de la surface, le qualificatif « anthropisé » sera utilisé en précisant la nature de l'anthropisation. Exemple : BRUNISOL EUTRIQUE resaturé, anthropisé, à matériau technologique, issu de lœss.

Relations avec la WRB

RP 2008	WRB 2006
ANTHROPOSOLS TRANSFORMÉS	Anthrosols
ANTHROPOSOLS ARTIFICIELS	Technosols
ANTHROPOSOLS RECONSTITUÉS	*Non pris en compte*
ANTHROPOSOLS CONSTRUITS	Technosols (transportic)
ANTHROPOSOLS ARCHÉOLOGIQUES	*Non pris en compte*

Équivalences pour quelques qualificatifs :

RP 2008	*Prefix qualifiers* de la WRB 2006
de terrassettes	*Escalic*
rizicultivé	*Hydragric*
irragrique	*Irragric*
plaggique	*Plaggic*
hortique	*Hortic*

Le *suffix qualifier "transportic"* est défini ainsi : « présentant une couche, épaisse de 30 cm ou plus, avec un matériau solide ou liquide qui a été déplacé depuis une zone source non immédiatement voisine du sol, par une activité humaine intentionnelle, le plus souvent à l'aide d'une machine, et sans remaniement ou déplacement par des forces naturelles ».
Il est prévu uniquement pour les Histosols, les Arenosols et les Regosols, et équivaut à la notion de matériau transporté du *Référentiel pédologique* (codé -tp).

À noter également le *suffix qualifier "toxic"*.

Mise en valeur — Fonctions environnementales

ANTHROPOSOLS TRANSFORMÉS
Ils se situent en milieu rural ; les transformations dues à l'homme ont rendu possible une agriculture intensive (rizières, terrasses) et soit une augmentation de la productivité des sols, soit une protection contre l'érosion.

ANTHROPOSOLS ARTIFICIELS
La majorité des sols en milieu urbain présentent des propriétés défavorables à la croissance et au développement des racines des plantes et des arbres en particulier. Les anthroposols développés dans des matériaux anthropiques sont généralement chimiquement pauvres, sans réserve minérale, compactés, asphyxiants et très hétérogènes. Ils sont souvent contaminés par des substances minérales ou organiques. Leur valeur agronomique est très faible.

ANTHROPOSOLS RECONSTITUÉS
Les sols des espaces verts, des parcs et de jardins et des alignements sont la plupart du temps reconstitués ou construits pour obtenir un sol suffisamment productif. Cependant, leurs conditions de mise en place conditionnent fortement leur fertilité et l'on observe fréquemment des sols trop peu épais, reposant sur des matériaux anthropiques non prospectables par les racines et de fertilité nulle, ou compactés lors de leur mise en place, ou à terre fine de médiocre qualité (argiles mal structurées par exemple).

ANTHROPOSOLS CONSTRUITS
Nés d'un procédé du génie pédologique, ils permettent la réutilisation de déchets dans des opérations de végétalisation d'espaces dégradés.

ANTHROPOSOLS ARCHÉOLOGIQUES
Ce sont les archives de l'histoire de l'humanité.

Arénosols

1 référence

Conditions de formation et pédogenèse – Critères de diagnostic

Il s'agit de solums très sableux sur une épaisseur d'au moins 120 cm. La très forte proportion de sables leur confère des propriétés et des comportements particuliers ; c'est la raison pour laquelle cette référence a été distinguée.

La très faible abondance initiale des minéraux altérables et/ou la mise en place récente du matériau parental sableux (p. ex. dunes) et/ou la faible activité des processus pédogénétiques (p. ex. aridité) entraînent une très faible différenciation des solums.

En outre, les ARÉNOSOLS ne sont pas affectés (ou peu) par des excès d'eau.

Tous les sols sableux ne sont pas des ARÉNOSOLS. Pour pouvoir être rattaché aux ARÉNOSOLS, un solum doit présenter les **trois caractères suivants, sur une épaisseur d'au moins 120 cm** :
• granulométrie : plus de 65 % de sables totaux (en poids dans la terre fine) et moins de 12,5 % d'argile[1]. Moins de 60 % d'éléments grossiers en poids par rapport à la terre totale (sinon rattachement aux PEYROSOLS) ;
• structure particulaire sur toute l'épaisseur du solum (sauf dans un éventuel horizon A) ; la structure peut être massive non cimentée et friable dans un éventuel horizon C ou une couche M ;
• absence d'horizons BT, BP, S, FS, G, FE, F, OX, RT typiques dans les 120 premiers centimètres.

En outre, il n'y a pas d'engorgement prolongé au cours de l'année à moins de 80 cm de profondeur. Attention cependant, ne pas seulement se fier aux signes d'hydromorphie habituels qui ne se marquent que très difficilement, voire pas du tout dans des sables très pauvres en fer, et bien tenir compte du fonctionnement hydrique réel.

Horizons de référence

Il n'y a pas d'horizon de référence spécifique des ARÉNOSOLS. En surface, des horizons O, A ou Js sont possibles.

À profondeur moyenne, il existe des horizons sableux qui présentent une couleur différente de celle de l'horizon C ou de la couche M sous-jacents, qui contiennent des matières organiques en quantité non négligeable et où les plantes s'enracinent. Ces horizons présentent en outre

---

15ᵉ version (9 novembre 2007).

[1] Cette valeur est la limite supérieure de la classe sableuse du diagramme de texture du GEPPA.

un net décompactage par rapport au matériau parental (dans le cas des roches sédimentaires sableuses). Faute de structuration en agrégats, il ne s'agit pas de véritables horizons S (ni Sci ni Sca), mais d'horizons Jp sableux.

En profondeur, à moins de 120 cm, est atteint un horizon C sableux ou une couche M sableuse.

Séquences d'horizons de référence:

O/A/C ou M   A/C ou M   A/Jp/C ou M   Js/Jp/C ou M.

Absence d'horizons BT, BP, S, FS, G typiques dans les 120 premiers centimètres.

Un rattachement aux ARÉNOSOLS peut être envisagé dans deux cas bien distincts:
• celui de solums développés à partir de roches-mères sableuses et ne montrant pas la morphologie caractéristique de processus pédologiques aboutis tels que l'illuviation d'argile ou la podzolisation;
• ou lorsque les 120 cm supérieurs correspondent à des horizons d'un solum très différencié dont les horizons de référence caractéristiques (tels que BT, BP, S) n'ont pas été atteints, car situés trop profondément et jugés non fonctionnels.

Qualificatifs utiles pour les ARÉNOSOLS

à oligomull, à moder, à mor, etc.

graveleux, caillouteux, pierreux, à charge grossière, etc.

calcaire, dolomiteux, dolomitique, calcique, etc.

peu acide, acide, très acide, etc.

saturé, subsaturé, mésosaturé, oligosaturé, etc.

resaturé	Qualifie un ARÉNOSOL saturé ou subsaturé sous culture, dans un contexte où les ARÉNOSOLS similaires sont acides ou très acides sous forêt.
luvique	Quelques traits d'illuviation d'argile peuvent être observés à moins de 120 cm, mais insuffisants pour constituer un véritable horizon BT.
podzolisé	Des caractères podzoliques sont décelables, mais insuffisants cependant pour que le solum soit reconnu comme podzosol.
rouillé	Qualifie un ARÉNOSOL présentant un horizon de couleur rouille sous l'horizon de surface, mais ne présentant pas les caractères requis pour être rattaché aux podzosols (« sols rouillés » de Pologne).
albique	Qualifie un ARÉNOSOL de couleur très claire correspondant à la teinte des particules quartzeuses.
à horizon rédoxique de profondeur	Un horizon g ou –g apparaît entre 80 et 120 cm.
salin	Qualifie un ARÉNOSOL sous l'influence des sels, mais dont la texture sableuse ne permet pas de confectionner une pâte saturée.
ferrugineux	Qualifie un ARÉNOSOL nettement coloré en rouge, en relation avec une relative richesse en fer sous forme de revêtements (p. ex. certains sols « Dior » du Sénégal).

dunaire, fluvique, d'erg, etc.

Qualificatifs impliquant un rattachement imparfait (un caractère de la définition générale fait défaut) :

rédoxique   Un horizon –g apparaît entre 50 et 80 cm ; si l'horizon –g apparaît à moins de 50 cm, le solum sera désigné comme RÉDOXISOL sableux.

leptique   Un matériau non sableux (horizon C, couche M, D ou R) apparaît à moins de 120 cm de profondeur, mais à plus de 50 cm.

lithique   Une couche R apparaît à moins de 50 cm de profondeur, mais à plus de 10 cm. Des caractères podzoliques sont décelables, mais insuffisants cependant pour que le solum soit reconnu comme podzosol.

Exemples de types

ARÉNOSOL acide, à oligomull, sous chênes, issus de sables albiens.

ARÉNOSOL calcaire, de sables dunaires.

ARÉNOSOL resaturé, leptique, sur quartzite.

ARÉNOSOL ferrugineux, rougeâtres, de vieux dépôts éoliens.

ARÉNOSOL beiges, de sables dunaires, sous culture d'arachide.

Distinction entre les ARÉNOSOLS et d'autres références
— Rattachements doubles

L'existence d'une texture très sableuse ne suffit pas à entraîner automatiquement le rattachement aux ARÉNOSOLS.

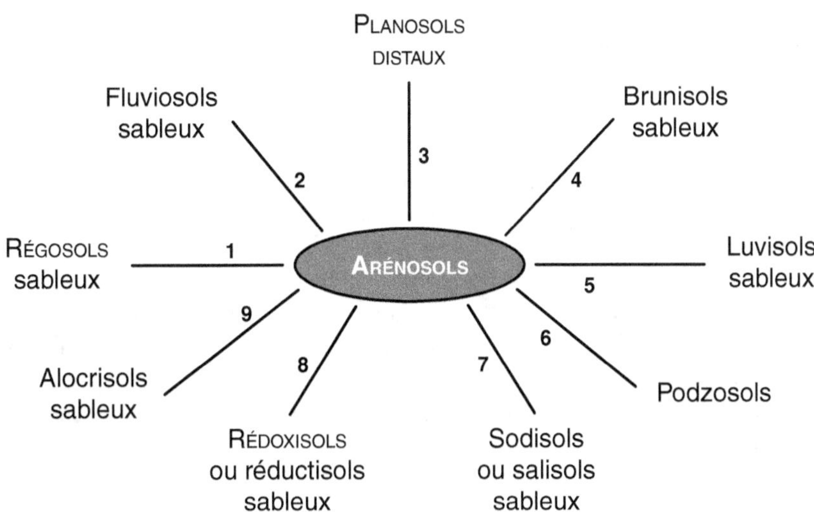

1. On peut hésiter entre le rattachement aux ARÉNOSOLS et aux RÉGOSOLS sableux, notamment dans le cas de dunes littorales ou continentales (ergs). On optera plutôt pour la référence ARÉNOSOL lorsque l'on observe dans le solum des matières organiques en quantité non négligeable, un bon enracinement des plantes, un décompactage et une réorganisation des particules sableuses par rapport à un matériau parental sableux sous-jacent.

2. Un ARÉNOSOL présente un solum peu différent de certains FLUVIOSOLS JUVÉNILES ou FLU-VIOSOLS BRUTS sableux. Le rattachement aux ARÉNOSOLS indique que le solum étudié n'est ni situé en position de vallée ni soumis aux fluctuations d'une nappe ni développé dans des alluvions fluviatiles récentes.

3. On peut rattacher aux ARÉNOSOLS la partie supérieure d'un solum planosolique, mais dont les horizons E sont très épais et pour lequel aucun excès d'eau n'affecte les 80 premiers centimètres (ou 50 cm dans le cas d'un rattachement imparfait).

4, 5 et 9. L'absence d'horizon S (sous ses diverses variantes) et d'horizon BT empêche tout rattachement aux brunisols, CALCOSOLS, alocrisols et luvisols.

6. Certains solums sableux peuvent faire penser à des horizons E très épais de podzosols. Si un horizon BP est observé en contrebas dans le paysage, le solum sera rattaché aux PODZOSOLS ÉLUVIQUES. Si, dans les conditions spécifiques de l'étude en cours, il n'a été observé d'horizon BP ni en profondeur ni en contrebas dans le paysage, le solum sera rattaché aux ARÉNOSOLS. Si l'existence d'un BP typique est reconnue à grande profondeur et que les horizons sableux supérieurs sont considérés comme les horizons E correspondants, le solum sera de préférence rattaché à une référence de podzosol pachique.

7. Un ARÉNOSOL salin ne doit être rattaché ni aux salisols ni aux sodisols, même s'il est sous l'influence de sels solubles ou de l'ion Na$^+$, car on ne peut confectionner de « pâte saturée » suite à une texture trop grossière.

8. Comme aucun excès d'eau prolongé n'affecte les 80 premiers centimètres, un ARÉNOSOL ne peut être rattaché ni aux RÉDOXISOLS ni aux réductisols (absence d'horizon G).

Relations avec la WRB

RP 2008	WRB 2006
ARÉNOSOLS	Arenosols

Mise en valeur – Fonctions environnementales

Les ARÉNOSOLS se caractérisent particulièrement par leur capacité de rétention très limitée et leur petit réservoir en eau, d'où une grande sensibilité à la sécheresse. Leur capacité d'échange cationique très basse entraîne une fertilité faible.

Ils connaissent généralement une bonne aération, mais peuvent être artificiellement compactés. Leur drainage naturel vertical est très rapide, d'où une capacité élevée à l'utilisation d'eaux d'irrigation salées.

L'horizon de surface est facile à travailler, inapte à la fissuration et ne présente pas de risque d'asphyxie.

Brunisols

2 références

Conditions de formation et pédogenèse – Facteurs stationnels

Les brunisols sont caractérisés par la présence d'un **horizon structural** (horizon S « haplique ») très bien développé (**à structure en agrégats fins très nette**) et possédant une **notable macroporosité fissurale et biologique**. En outre, cet horizon S n'est jamais calcaire, à la différence de l'horizon Sca. Il ne présente pas le comportement pélosolique de l'horizon Sp. Son pH_{eau} est presque toujours compris entre 5,0 et 6,5 sous forêt et, en général, il n'excède pas 7,5 sous cultures. Le taux de saturation est variable, en fonction du matériau parental, de la végétation ou de l'histoire du site (cultures, prairies, friche, etc.). Cet horizon S ne contient pas, ou peu, d'aluminium échangeable (< 2 $cmol^+ \cdot kg^{-1}$, à la différence de l'horizon S « aluminique » (Sal) dont le pH_{eau} est en outre < 5).

Sous forêt, en règle générale, l'épisolum humifère est un eumull ou un mésomull (plus rarement un oligomull) dont l'horizon A présente une structure construite d'origine biologique (**horizon A biomacrostructuré**). L'activité biologique favorise la constitution de complexes argiles-humus-fer stables et elle ralentit l'acidification à long terme lorsque des réserves minérales existent en profondeur.

Les brunisols ne présentent ni horizons E ni horizons BT. Cela ne veut pas dire qu'ils ne connaissent aucun mouvement de particules argileuses (quelques argilanes sont possibles), mais cela signifie que la morphologie macroscopique du solum ne montre pas de différenciation texturale notable.

Ce sont donc des sols « brunifiés » non argilluviés. Leur pédogenèse est marquée par des **altérations modérées** et par une faible néogenèse de minéraux argileux secondaires et d'oxyhydroxydes de fer.

On observe les brunisols surtout sous les climats tempérés, atlantiques ou semi-continentaux, quand la pédogenèse est encore récente (sols « jeunes » ou rajeunis, non acidifiés) ou bien, pour des sols plus anciens :
• lorsque les transferts de particules argileuses sont ralentis par un facteur stationnel, faible perméabilité du matériau parental, par exemple ;
• lorsque l'altération des minéraux primaires, libérant une quantité d'argile plus élevée en surface qu'en profondeur, compense ou masque une certaine éluviation d'argile (décelable seulement sur des lames minces).

19e version (18 juillet 2008).

Les matériaux parentaux ne sont jamais des roches très acides. Ce sont, par exemple, des argilites, des alluvions anciennes, des résidus d'altération de calcaires durs, des dépôts morainiques, certains schistes, des grès argileux, des roches magmatiques basiques (diorites, gabbros, basaltes), certains granites contenant des minéraux altérables en abondance (granites mélanocrates), etc.

Horizons de référence

La séquence d'horizons de référence est :
- sous forêts : **A/S/C ou M ou R** ;
- sous cultures : **LA ou LS/S/C ou M ou R**.

L'horizon A est biomacrostructuré. Sous agriculture intensive, la structure de l'horizon LA peut être nettement dégradée.

Sont interdits les horizons Ach, Aca, And, Alu, Avi, An, Sca, Sal, Snd, Slu, Sp, SV, BP, BT, FS, E, H, V.

Références

Deux références sont distinguées en fonction du taux de saturation (rapport S/CEC) **mesuré dans l'horizon S (la CEC étant déterminée à pH 7,0).**

BRUNISOLS EUTRIQUES

Dans l'horizon S de ces brunisols, le rapport S/CEC est > 50 %.

L'état de saturation de leur complexe d'échange peut être précisé grâce aux qualificatifs *ad hoc* (cf. tableau, *infra*).

BRUNISOLS DYSTRIQUES

Dans l'horizon S de ces brunisols, le rapport S/CEC est < 50 % et très généralement > 20 %.

Il est conseillé de déterminer également la CEC au pH du sol, car la méthode à l'acétate d'ammonium à pH 7 n'est pas bien adaptée pour appréhender le fonctionnement physico-chimique réel des sols acides.

	Taux de saturation de l'horizon S (rapport S/CEC)	
	CEC déterminée à pH 7	**CEC déterminée au pH du sol**
BRUNISOLS EUTRIQUES resaturés	> 80 % complexe resaturé par la mise en culture ; pH > 6,0	> 80 %
BRUNISOLS EUTRIQUES saturés	> 80 %	> 80 %
BRUNISOLS EUTRIQUES mésosaturés	Entre 50 et 80 %	> 80 %
BRUNISOLS DYSTRIQUES :	< 50 %	Variable
• saturés au pH du sol		> 80 %
• mésosaturés au pH du sol		50 à 80 %
• oligosaturés au pH du sol		10 à 50 %

Qualificatifs utiles pour les brunisols

saturé	Qualifie un BRUNISOL EUTRIQUE dont l'horizon S est saturé (mesure de la CEC à pH 7).
resaturé	Qualifie un BRUNISOL EUTRIQUE dont l'horizon S est resaturé (mesure de la CEC à pH 7).
mésosaturé	Qualifie un BRUNISOL EUTRIQUE dont l'horizon S est mésosaturé (mesure de la CEC à pH 7).
oligosaturé en surface	Qualifie un BRUNISOL EUTRIQUE dont l'horizon A est oligosaturé (mesure de la CEC à pH 7).
luvique	Qualifie un brunisol dont l'horizon S présente certains traits d'illuviation d'argile, mais le processus d'illuviation n'est pas jugé suffisamment net pour que cet horizon soit considéré comme un horizon BT (notation St).
pseudoluvique	Qualifie un brunisol dont la morphologie et le fonctionnement hydrique simulent ceux d'un véritable luvisol, mais qui résulte de la superposition de deux matériaux (un moins argileux au dessus d'un autre plus argileux) et ne présente pas de traits d'argilluviation.
colluvial	Qualifie un solum développé à partir de matériaux colluviaux. Certains brunisols colluviaux présentent une structuration particulièrement favorable et sont, de ce fait, plus fertiles que les sols environnants non colluviaux (Vosges).
andique	Qualifie un brunisol qui présente des propriétés andosoliques atténuées ou imparfaites dans tous ses horizons (cf. détails au chapitre consacrés aux andosols, p. 83).
vertique	Qualifie un brunisol dont certains horizons de profondeur présentent plus de 35 % d'argile et des caractères vertiques (tels que des faces de glissement obliques), mais insuffisants pour identifier un horizon V typique (horizons notés Sv ou Cv).
à horizon A humifère	Grande abondance inhabituelle de matières organiques dans l'horizon A et, éventuellement, la partie supérieure de l'horizon S.
à horizon Sp de profondeur	Signale la présence d'un horizon Sp en profondeur, sous l'horizon S.
pachique	Qualifie un brunisol dont l'épaisseur totale des horizons [A + S] est > 80 cm.
leptique	Qualifie un brunisol dont l'épaisseur totale des horizons [A + S] est < 40 cm.
lithique	Qualifie un brunisol dans lequel une couche R débute entre 10 et 50 cm de profondeur.

Lorsque des horizons g ou G débutent à plus de 50 cm de profondeur, on utilisera les qualificatifs **rédoxique, réductique, à horizon rédoxique de profondeur** ou **à horizon réductique de profondeur**.

La nature de l'épisolum humifère peut varier localement en fonction de la nature de la litière, du pédoclimat, de l'exposition, etc. et ne pas être forcément en accord avec le taux de saturation de l'horizon S. On pourra donc utiliser des qualificatifs tels que **à eumull mésosaturé, à eumull désaturé, à mésomull oligo-saturé, à oligomull, à dysmull**, etc.

Exemples de types

BRUNISOL DYSTRIQUE à horizon A humifère, mésosaturé en surface, cultivé, issu de schistes ardoisiers (région de Châteaulin).

BRUNISOL DYSTRIQUE, à horizon A humifère, sous prairie, sablo-argileux, issu de grès permien (Basses Vosges).

BRUNISOL DYSTRIQUE colluvial, pachique, humifère, à eumull, sablo-limoneux, issu de granite, sous sapinière-hêtraie (Hautes Vosges).

BRUNISOL EUTRIQUE mésosaturé, luvique, argilo-limoneux, issu d'alluvions anciennes.

BRUNISOL EUTRIQUE mésosaturé, à horizon A humifère, andique, à blocs isolés, sous prairie, issu de basalte (plateau des Coirons).

BRUNISOL EUTRIQUE mésosaturé, leptique, argileux, à eumull, sur calcaire dur (Bourgogne).

BRUNISOL EUTRIQUE saturé, pachique, vertique, argileux, cultivé, issu de glauconitite albo-cénomanienne (Perche).

BRUNISOL EUTRIQUE resaturé, cultivé, issu d'andésite (Morvan).

BRUNISOL EUTRIQUE resaturé, lithique, limoneux, cultivé, issu de schistes.

Distinction entre les brunisols et d'autres références
– Rattachements doubles

Les brunisols occupent une situation de « passage obligé » dans l'évolution de nombreux sols tempérés, entre, d'une part, les sols encore jeunes et peu différenciés (fluviosols, CALCISOLS, pélosols) et, d'autre part, des types beaucoup plus évolués et plus différenciés, tels que luvisols, planosols, fersialsols ou des sols issus de matériaux parentaux acides tels que les alocrisols.

Les brunisols sont des sols relativement différenciés (par leur couleur, leur structuration, la présence d'horizons A biomacrostructurés et d'horizons S typiques), ce qui les distingue de tous les sols peu ou pas différenciés.

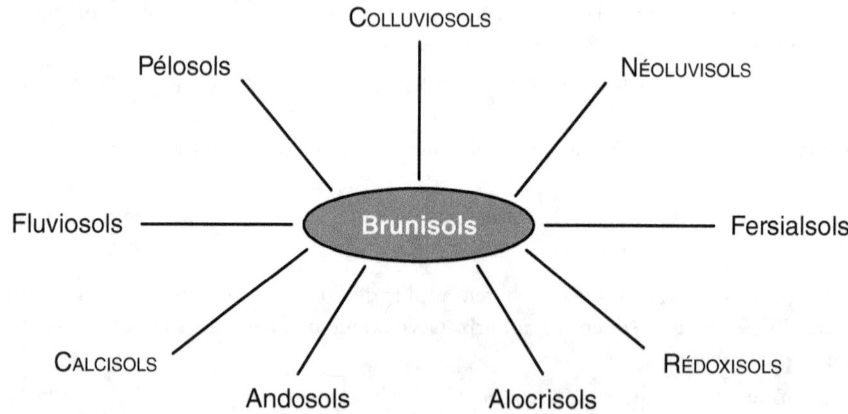

Avec les CALCISOLS

La question peut se poser de la distinction entre BRUNISOLS EUTRIQUES saturés et CALCISOLS. Dans les deux cas, la séquence d'horizons de référence consiste en un horizon A au-dessus d'un horizon S, tous deux saturés en calcium. S'il existe un stock de calcium (et/ou de magnésium) sous forme de carbonates en amont, dans le matériau parental sous-jacent ou dans des éléments grossiers, le solum sera rattaché de préférence aux CALCISOLS. Si un tel « réservoir » de carbonate de calcium n'existe pas, le solum sera rattaché plutôt aux BRUNISOLS EUTRIQUES saturés (solums ayant reçu des ions Ca^{2+} en provenance de la partie haute des versants, solums issus de roches magmatiques basiques).

Avec les andosols

En région de climat tempéré modifié par l'altitude, par exemple dans les Vosges ou le Massif central, à des altitudes plus basses (moins de 1 000 m) que celles où se situent les andosols, on observe des sols intergrades entre brunisols et andosols, présentant des caractères intermédiaires dus à différentes causes. Une de ces causes est l'abondance relative de minéraux argileux hérités (par exemple formés au cours d'altérations anciennes de matériaux volcaniques). Un autre facteur peut être l'existence d'un pédoclimat moins froid et moins humide, laissant des périodes de dessiccation plus longues. Une dernière cause possible est la mise en culture, accompagnée de drainage et de l'apport d'amendements.

La CEC est relativement plus faible que dans les andosols (par rapport au taux d'argile) et il y a une moindre rétention du phosphore ; la structure grumeleuse est plus développée et plus ferme dans l'horizon A et la macrostructure est plutôt polyédrique dans l'horizon S. Ces intergrades peuvent être désignés comme des brunisols andiques (cf. la définition de ce qualificatif au chapitre consacrés aux andosols, p. 83).

Avec les alocrisols

Les brunisols dystriques sont définis par l'existence d'un horizon S dont trois caractères le distinguent bien de l'horizon S aluminique Sal, en interdisant le rattachement aux alocrisols :
• structure en agrégats fins, mais non microgrumeleuse ;
• $pH_{eau} > 5,0$;
• faible proportion d'Al^{3+} sur le complexe adsorbant.

Avec les FLUVIOSOLS BRUNIFIÉS

Si le solum est développé dans des alluvions fluviatiles récentes, en position de vallée inondable, avec une nappe alluviale proche, la priorité sera donnée au caractère « fluviatile » et le solum sera plutôt rattaché aux FLUVIOSOLS BRUNIFIÉS. Si, au contraire, le solum s'est développé dans des matériaux alluviaux moins récents (moyennes ou basses terrasses alluviales, en position non inondable) et qu'il montre des horizons A et S bien structurés, il convient plutôt de le rattacher aux brunisols en ajoutant le qualificatif **fluvique**.

Avec les NÉOLUVISOLS

Les brunisols ne présentent pas les processus typiques d'argilluviation et la nette différenciation texturale des NÉOLUVISOLS. Cependant, lorsque des premiers signes d'argilluviation sont visibles (revêtements argileux suffisamment nombreux), le qualificatif **luvique** peut être employé.

Avec les pélosols

Les brunisols ne présentent pas les propriétés structurales défavorables des pélosols, observables, notamment, dans l'horizon Sp.

Avec les réductisols et les RÉDOXISOLS

Lorsqu'un horizon G débute à moins de 50 cm de profondeur : rattachement simple aux RÉDUCTISOLS TYPIQUES.

Lorsqu'un horizon –g débute à moins de 50 cm de profondeur : rattachement double BRUNISOL EUTRIQUE ou DYSTRIQUE-RÉDOXISOL (à condition que l'on observe effectivement un horizon S bien aéré et bien structuré), sinon rattachement simple aux RÉDOXISOLS.

Cas des pseudo-luvisols (*Référentiel pédologique 1995*)

Un solum dans lequel on reconnaît la superposition de deux matériaux différents (discontinuité lithologique), avec des horizons supérieurs généralement limoneux ou sableux reposant sur des horizons plus profonds nettement plus argileux, simule la morphologie d'un LUVISOL TYPIQUE ou d'un NÉOLUVISOL et en a grosso modo le comportement. La différenciation texturale est d'origine lithologique (et non pédogénétique) et aucun processus d'argilluviation n'y est donc décelable. Il n'y a ni horizon E ni horizon BT.

La séquence d'horizons de référence est **A/S/II S** ou **A/II S**.

Ils peuvent être désignés comme BRUNISOLS EUTRIQUES resaturés (ou DYSTRIQUES) bilithiques, pseudoluviques.

Relations avec la WRB

RP 2008	WRB 2006
BRUNISOLS EUTRIQUES saturés ou resaturés	Cambisols (Hypereutric)
BRUNISOLS EUTRIQUES mésosaturés	Cambisols (Eutric)
BRUNISOLS DYSTRIQUES	Cambisols (Dystric)

La WRB est formelle : la CEC et donc le taux de saturation doivent être déterminés par une méthode à pH 7.

Mise en valeur – Fonctions environnementales

Contrairement aux alocrisols, les brunisols ont des caractéristiques minéralogiques et chimiques très favorables. Dans les cas les plus désaturés, observés surtout sous forêt, une activité biologique notable de vers de terre anéciques est permise grâce à un pH > 5 : la forme d'humus de type mull qui en découle assure un cycle biologique permettant une nutrition en azote et en cations nutritifs correcte. La structuration des horizons S est elle aussi très favorable à l'enracinement ; c'est par conséquent la profondeur d'apparition d'une couche R qui détermine généralement l'épaisseur du sol prospectable, sa réserve maximale en eau et donc *in fine* sa fertilité. Cette épaisseur est souvent un facteur limitant.

Solums dont le complexe adsorbant est dominé par le calcium et/ou le magnésium

7 références

Ce chapitre regroupe des solums qui évoluent dans une ambiance physico-chimique dominée par les ions Ca^{2+} et/ou Mg^{2+}, mais qui ne présentent pas les caractères des vertisols, des pélosols, des gypsosols, des fersialsols, ni l'horizon A chernique Ach ni l'horizon de tangel OHta. Il rassemble des solums dont tous les horizons sont carbonatés (RENDOSOLS, CALCOSOLS et DOLOMITOSOLS) et des solums dont le complexe d'échange est saturé par du calcium et/ou du magnésium échangeables (RENDISOLS, CALCISOLS et MAGNÉSISOLS).

Conditions de formation et pédogenèse

Dans la quasi-totalité des cas, l'ambiance dominée par les ions Ca^{2+} et/ou Mg^{2+} est due à la présence en profondeur ou plus haut sur le versant d'un matériau parental ou d'un substrat riche en calcite et/ou en dolomite[1]. Mais ces matériaux sont très variés. Leur nature peut être précisée par une lettre suffixe :
- calcaires durs purs ou marneux = *limestones*, calcaires tendres = couches Rca ;
- dolomies et calcaires dolomitiques = couches Rdo ;
- craies ou calcaires crayeux = couches Mcra ;
- marnes, argiles calcaires = couches Mma ou Marg ;
- sables dunaires calcaires, faluns = couches Mca ;
- grèzes, éboulis = couches Dca ;
- formations de versants mises en place au Quaternaire = horizons Cca et Ccra ;
- alluvions et colluvions de toutes textures, moraines, etc.

1. Dans les solums carbonatés dès la surface (RENDOSOLS, CALCOSOLS, DOLOMITOSOLS), les solutions qui percolent sont constamment saturées en ions Ca^{2+} et/ou Mg^{2+}. Sous climats tempérés, on observe le plus souvent une décarbonatation partielle des horizons supérieurs qui se manifeste par un gradient croissant de teneurs en carbonates avec la profondeur. Cette décarbonatation s'accompagne d'une accumulation relative des fractions insolubles et d'éléments qui leur sont liés (argile, limons et sables silicatés, fer, éléments en traces). Cette décarbonatation s'accompagne

---

14e version (10 novembre 2007).

[1] La dolomite est un minéral, un carbonate double : $(Ca, Mg)(CO_3)_2$, non effervescent à froid.

également très souvent par des re-précipitations de carbonates secondaires en profondeur dans les horizons C ou dans les couches Dca ou plus bas dans les paysages (formation d'horizons K). Ces précipitations sont d'autant plus importantes qu'existe une saison sèche marquée ou un topoclimat chaud (versants exposés au sud), favorisant remontées capillaires et sursaturation des solutions (formation d'horizons Kc ou Km, cf. **3.** *infra*).

Il existe également des cas de recarbonatations anthropiques, par érosion, puis colluvionnement de matériaux carbonatés liés à des défrichements ou par remontées de calcaire par des labours profonds.

En présence de carbonates, même peu abondants, les pH demeurent > 7,3 et l'altération des minéraux primaires (autres que la calcite ou la dolomite) reste très limitée.

2. Dans le cas des solums non carbonatés en surface (RENDISOLS, CALCISOLS et MAGNÉSISOLS), la saturation du solum en ions Ca^{2+} et Mg^{2+} est assurée de diverses façons :
• par des remontées biologiques ou capillaires à partir d'un matériau calcaire sous-jacent (matériau parental ou substrat, horizon profond non totalement décarbonaté),
• par des apports latéraux de solutions saturées en provenance des parties hautes du paysage ;
• par la présence d'éléments grossiers carbonatés dont la dissolution sature les eaux de percolation.

3. Une troisième catégorie de solums (CALCARISOLS) est caractérisée par d'importantes accumulations de calcite secondaire débutant à moins de 35 cm de profondeur. Cela a été jugé suffisamment important à la fois au plan pédogénétique (fonctionnement hydrique spécifique) et sur le plan des propriétés agronomiques ou sylvicoles (obstacle mécanique et chimique à faible profondeur) pour en faire une référence distincte.

Correspondant typiquement aux conditions climatiques à saison sèche les plus marquées, les horizons Kc et Km peuvent cependant être observés sous tous les climats, notamment sous climats tempérés. Ce sont parfois des horizons fossiles de sols polygénétiques (p. ex. plaine de la Hardt en Alsace), mais leur formation peut être accélérée par des pratiques agricoles comme le désherbage chimique des vignes qui augmente l'évaporation directe et la précipitation de calcaire secondaire.

Étant donné la variété de leurs matériaux parentaux et de leurs positions dans le paysage, les solums dont le fonctionnement et la pédogenèse sont dominés par le calcium et/ou le magnésium montrent des morphologies très variées : depuis des solums très peu épais (moins de 20 cm) à très épais (plusieurs mètres), de toutes textures. Les éléments grossiers peuvent être absents ou au contraire très abondants, de natures, formes et dimensions très variées. Le ressuyage naturel peut être très rapide ou assez lent.

Horizons de référence

Les sept références font appel aux onze horizons de référence suivants (cf. définitions pp. 12, 15-16 et 20) :

Aca (A calcaire)	Km (horizon pétrocalcarique)
Ado (A dolomitique)	Sca (S calcaire)
Aci (A calcique)	Sdo (S dolomitique)
Amg (A magnésique)	Sci (S calcique)
K et Kc (horizons calcariques)	Smg (S magnésique)

Sous forêt, les formes d'humus sont fréquemment des mulls grâce à des conditions de pH favorables à l'activité biologique (horizons OL seuls présents) mais parfois aussi des amphimus (horizons OL, OF et OH présents au-dessus d'un horizon A biomacrostructuré). Ces horizons holorganiques ne sont pas rappelés *infra* dans les séquences d'horizons de référence.

Références

Cf. aussi le tableau et les compléments qui l'accompagnent, pp. 120 et 122 à 124.

RENDOSOLS

La séquence d'horizons de référence est :
Aca ou LAca/Cca et/ou M ou R ou D.

L'horizon Aca ou LAca est nécessaire et suffisant, il fait moins de 35 cm d'épaisseur (sinon, rattachement imparfait : RENDOSOL pachique). L'ensemble des horizons [O + Aca] fait plus de 10 cm d'épaisseur (horizon OL non compris), sinon rattachement aux LITHOSOLS.

Si l'horizon Aca est hémiorganique dans son ensemble (plus de 8 % de carbone – notation Acaho), le solum est rattaché aux ORGANOSOLS CALCAIRES.

Exemples de types :

RENDOSOL clair, limono-argileux, issu de craie tendre, sous pelouse.
RENDOSOL argilo-limoneux, caillouteux, de fortes pentes.
RENDOSOL limono-argileux, cultivé, issu de marne poudreuse.
RENDOSOL calcarique, limono-graveleux, issu de calcaire crayeux.
RENDOSOL dolomiteux, argilo-limoneux, cultivé, issu d'un calcaire dolomitique.

CALCOSOLS

Présence obligatoire d'un horizon Sca.

Les séquences d'horizons de référence sont :

Cas général des CALCOSOLS hapliques :
Aca ou LAca/Sca/Cca ou M ou R ou D

ou cas particulier des CALCOSOLS décarbonatés en surface :
Aci ou LAci/Sca/Cca ou M ou R ou D
ou **Aci ou LAci/Sci/Sca/Cca ou M ou R ou D,**
à condition que l'épaisseur de [Aci + Sci] soit nettement inférieure à celle de l'horizon Sca.

Si l'épaisseur de [Aci + Sci] est égale ou supérieure à celle du Sca, le solum sera plutôt désigné comme CALCISOL bathycarbonaté.

L'ensemble des horizons [A + Sca] fait plus de 35 cm d'épaisseur (sinon rattachement imparfait : CALCOSOL leptique).

Qualificatif spécifique aux CALCOSOLS :

décarbonaté
en surface   Qualifie un CALCOSOL présentant une séquence d'horizons de référence Aci/Sca ou Aci/Sci/Sca (intergrade vers un CALCISOL).

Exemples de types :

CALCOSOL argileux, issu de marne.
CALCOSOL graveleux, pétrocalcarique, issu de grèze litée.

Calcosol limono-graveleux, de versant, issu d'une formation de pente.
Calcosol pierreux, décarbonaté en surface.
Calcosol fluvique, argileux, peu perméable.
Calcosol dolomiteux, leptique, limono-argileux, issu de calcaire dolomitique.

Dolomitosols

La séquence d'horizons de référence est : **Ado/Sdo/C et/ou Rdo.**

Horizons carbonatés dans lesquels $MgCO_3$ est du même ordre de grandeur que $CaCO_3$ ou est dominant (rapport molaire $CaCO_3/MgCO_3$ < 1,5). Pas d'effervescence à froid, ou très faible. La roche sous-jacente contient de la dolomite (dolomie, calcaire dolomitique ou magnésien, gypse impur, etc.).

Habituellement, l'épaisseur de [Ado + Sdo] est > 35 cm (sinon rattachement imparfait : dolomitosol leptique).

Exemples de types :
Dolomitosol leptique, humifère, sablo-limoneux, issu de gypse.
Dolomitosol argilo-limoneux, rougeâtre, issu de calcaire dolomitique.

Rendisols

La séquence d'horizons de référence est : **Aci ou LAci/Cca ou M ou R ou D.**

L'horizon Aci ou LAci fait moins de 35 cm d'épaisseur, sinon rattachement imparfait : rendisol pachique. L'ensemble des horizons [O + Aci] fait plus de 10 cm d'épaisseur (horizon OL non compris), sinon rattachement aux lithosols.

Si l'horizon Aci est hémiorganique dans son ensemble (plus de 8 % de carbone – notation Aciho), le solum est rattaché aux organosols saturés.

Exemples de types :
Rendisol argileux, fersiallitique, sur calcaire dur.
Rendisol argilo-limoneux, cultivé, issu de marne argileuse.
Rendisol calcimagnésique, limono-argileux, issu de calcaire dolomitique.

Calcisols

La séquence d'horizons de référence est :
Aci ou LAci/Sci/Cca ou M ou R ou D.

Le solum est saturé par Ca^{2+} et/ou Mg^{2+} (S/CEC > 80 %), mais Ca^{2+} est largement dominant (rapport Ca^{2+}/Mg^{2+} > 5 pour les calcisols hapliques, > 2 pour les calcisols calcimagnésiques).

Habituellement, l'ensemble des horizons [A + Sci] fait plus de 35 cm d'épaisseur, sinon rattachement imparfait : calcisol leptique.

L'horizon Sp est interdit à moins de 40 cm de profondeur (sinon cf. pélosols bruni-fiés).

Les calcisols peuvent présenter une effervescence très localement (par exemple localisée à des grains de sable) dans les horizons Aci et/ou Sci. Il existe un stock de calcium sous forme de $CaCO_3$, soit en amont, soit sous-jacent dans le substrat ou le matériau parental, soit dans des éléments grossiers (c'est la différence avec les brunisols eutriques).

Qualificatifs spécifiques aux CALCISOLS :
Cf. aussi § « Intergrades CALCISOLS-CALCOSOLS », *infra*.

bathycarbonaté	Qualifie un CALCISOL présentant la séquence Aci/Sci/Sca (intergrade vers un CALCOSOL).
insaturé en surface	Qualifie un CALCISOL présentant la séquence A/Sci, l'horizon A n'étant ni saturé ni subsaturé (rattachement imparfait).

Exemples de types :
CALCISOL argileux, leptique, kaolinitique, d'érosion, sur calcaire dur.
CALCISOL argileux, caillouteux, leptique, sur calcaire dur.
CALCISOL argileux, issu de marnes oxfordiennes.
CALCISOL vertique, smectitique, cultivé.
CALCISOL calcimagnésique, argilo-limoneux, cultivé, issu de calcaire dolomitique du Muschelkalk.

Intergrades CALCISOLS-CALCOSOLS

La séquence des horizons de référence est :
Aci ou LAci/Sci/Sca/Cca ou M ou R ou D.

On se trouve donc en position d'intergrade :
- si l'épaisseur de [Aci + Sci] est nettement inférieure à celle de Sca → CALCOSOL décarbonaté en surface ;
- si l'épaisseur de [Aci + Sci] est nettement supérieure à celle de Sca → CALCISOL bathycarbonaté ;
- si l'épaisseur de [Aci + Sci] est du même ordre que celle de Sca → CALCISOL-CALCOSOL (rattachement double).

MAGNÉSISOLS

La séquence d'horizons de référence est : **Amg/Smg/C ou M ou R.**

Horizons saturés dans lesquels le rapport Ca^{2+}/Mg^{2+} sur le complexe adsorbant est < 2. Pas d'effervescence à froid, ni à chaud.

Habituellement, l'épaisseur de [Amg + Smg] est > 35 cm.

L'horizon Sp est interdit à moins de 40 cm de profondeur (sinon cf. PÉLOSOLS BRUNIFIÉS).

Exemple de type :
MAGNÉSISOL leptique, argileux, sur calcaire dolomitique.

CALCARISOLS

Solums dans lesquels un horizon Kc ou Km débute à moins de 35 cm de profondeur, avec une épaisseur de plus de 10 cm (5 cm s'il s'agit d'un horizon Km). Au-dessus de l'horizon Kc ou Km, on observe en général un horizon Aca, plus rarement un Aci. Entre A et Kc ou Km, il peut exister un mince horizon Sca ou Sci.

Un CALCARISOL dont l'horizon K est fortement induré (Km) est qualifié de **pétrique**.

Ces sols existent sous tous les climats. Ils connaissent leur extension maximum dans les régions à climat méditerranéen semi-aride à aride.

Exemples de types :
Calcarisol hypercalcaire, pétrique (séquence d'horizons Aca/Km).
Calcarisol calcique (séquence d'horizons Aci/Kc).

Prise en compte de caractères lithologiques, fonctionnels ou pédogénétiques importants

Le fonctionnement des couvertures pédologiques, surtout lorsqu'elles sont peu épaisses, est fortement conditionné par la lithologie, l'état et le comportement hydrique des roches dont elles sont issues ou qu'elles surmontent. C'est pourquoi il est recommandé d'adjoindre au nom de la référence des qualificatifs explicitant les divers caractères suivants.

La lithologie de la roche sous-jacente

Préciser, par exemple, s'il s'agit d'un calcaire dur, tendre, crayeux, oolithique, pur, marneux, magnésien ou dolomitique, d'un grès calcaire, d'une marne ou d'une argilite calcareuse, d'un calcschiste, d'une craie pure ou marneuse, d'un sable dunaire, d'un falun, etc.

L'information lithologique apporte en outre une information utile quant à la teneur en résidus non calcaires de la roche. Plus cette teneur est élevée, plus la décarbonatation complète peut s'opérer rapidement et plus grande est la quantité de matière libérée, susceptible de participer à l'évolution pédogénétique. Peuvent être à signaler également : feuilletage, débit particulier, présence de joints marneux, accidents siliceux (silex, chailles, meulières, gaize).

L'état de la roche sous-jacente

L'état de dislocation ou de fissuration, le pendage fortement redressé des couches géologiques sont autant de caractères qui ont des conséquences importantes sur les possibilités d'enracinement des plantes, plus ou moins notables selon le type biologique du végétal et la durée de son implantation (plantes annuelles ou pérennes, végétal appartenant aux herbacées, arbuste ou arbre). Les racines, profitant des dislocations ou fissurations, peuvent pénétrer très profondément dans la roche, sur plusieurs mètres, et contribuer à l'accélération de l'altération.

Sont à disposition (à titre d'exemple) les qualificatifs suivants :
- à couche Rca disloquée ;
- à couche Rca cryoturbée ;
- à couche Rca diaclasée ;
- à couche Rca à pendage redressé ;
- à lézines, etc.

Par combinaison des deux précédentes informations, on obtient :
- issu d'un calcaire dur disloqué ;
- issu d'une craie tendre cryoturbée ;
- issu d'un calcaire dur fortement diaclasé ;
- sur calcaire dur, en dalles, à joints marneux, etc.

Le pédoclimat du solum

Les éléments précédents et la situation géomorphologique déterminent le fonctionnement hydrique du solum. Ce fonctionnement se situe entre deux cas extrêmes formalisés, dans le cas des solums carbonatés ou calciques, par les deux qualificatifs suivants :

à ressuyage accéléré   La fissuration « en grand » de la roche sous-jacente et/ou la position géomorphologique conduit à une accélération du ressuyage. L'eau passe très vite à travers la couverture pédologique et va ensuite circuler rapidement dans la masse de la roche. Les circulations d'air dans un réseau de fissures karstiques de faible profondeur peuvent même accélérer le dessèchement des solums à partir de leurs horizons profonds. En conséquence, le pédoclimat est relativement sec, les données pluviométriques ne constituant pas un bon indicateur de l'ambiance hydrique du solum. Dans certains sites, la lixiviation peut-être très importante, pouvant entraîner à moyen terme une acidification de l'ensemble du solum. Cette situation est typiquement celle des paysages karstiques, associés à des calcaires durs, largement fissurés ou diaclasés. Elle peut être responsable d'un blocage de la minéralisation et d'une accumulation des matières organiques (présence d'horizons Ah ou Aho).

à ressuyage ralenti   À l'opposé, la faible macroporosité du solum et de la roche sous-jacente conduit à un ralentissement considérable du ressuyage. C'est typiquement le cas des solums développés à partir de matériaux marneux ou à partir d'argilites calcareuses.

L'abondance du calcaire

L'ambiance physico-chimique d'un horizon est fort différente selon qu'il contient 10 ou 75 % de calcaire total. Les effets de l'abondance du calcaire et de sa réactivité interviennent sur :
- le blocage de certains éléments fertilisants et de certains micro-éléments ;
- le développement de diverses plantes ou variétés (espèces plus ou moins calcarifuges, choix des porte-greffes) ;
- la couleur et les propriétés radiométriques de l'horizon de surface. Ce dernier est plus clair si la teneur en calcaire total est > 40 %, et l'estimation du taux de matières organiques peut en être faussée.

C'est pourquoi l'abondance du calcaire doit être prise en compte pour préciser la désignation des solums. La teneur en calcaire total sera prioritairement jugée sur les horizons Sca, s'ils existent, sinon dans l'horizon Aca. Sont proposés les deux qualificatifs suivants :

hypocalcaire   Moins de 15 % de calcaire total.

hypercalcaire   Plus de 40 % de calcaire total **et, en même temps,** plus de 15 % de calcaire « actif ».

Autres qualificatifs utiles

calcarique   Qualifie un solum dans lequel un horizon K ou Kc est présent à plus de 35 cm de profondeur.

pétrocalcarique   Qualifie un solum dans lequel un horizon Km est présent à plus de 35 cm de profondeur.

leptique   Épaisseur du solum inférieure à la norme (ensemble des horizons [A + S] < 35 cm pour les CALCOSOLS, DOLOMITOSOLS, CALCISOLS et MAGNÉSISOLS).

pachique	Épaisseur des horizons A supérieure à la norme (> 35 cm) pour les REN-DOSOLS et RENDISOLS ; ensemble des horizons [A + S] > 80 cm d'épaisseur pour les CALCOSOLS, DOLOMITOSOLS, CALCISOLS et MAGNÉSISOLS.
pétrique	Qualifie un CALCARISOL à horizon Km.

humique, à horizon A hémiorganique.

vertique, fluvique, colluvial, cumulique, rédoxique, etc.

Distinction entre les solums de ce GER et d'autres références

Tous les solums carbonatés ou saturés en calcium ne font pas automatiquement partie de ce Grand ensemble de références (GER).

1. Distinction entre BRUNISOLS EUTRIQUES saturés et CALCISOLS : dans les deux cas, la séquence d'horizons de référence consiste en un horizon A au-dessus d'un horizon S, tous deux saturés par du calcium. S'il existe un stock de calcium (et/ou de magnésium), **sous forme de carbonates**, en amont, dans le matériau parental sous-jacent ou dans des éléments grossiers, le solum sera rattaché de préférence aux CALCISOLS. Si un tel « réservoir » de carbonate de calcium n'existe pas, le solum sera rattaché plutôt aux BRUNISOLS EUTRIQUES saturés (p. ex. solums ayant reçu des ions Ca^{2+} en provenance de la partie haute de versants non carbonatés, solums issus de roches magmatiques basiques).

2. Les solums très sableux, à structure particulaire, développés dans des sables calcaires ou dolomitiques ne doivent pas être rattachés aux CALCOSOLS, RENDOSOLS ou DOLOMITOSOLS, mais soit aux ARÉNOSOLS (calcaires, dolomiteux ou dolomitiques), soit aux RÉGOSOLS sableux (cf. tableau, p. 122). En effet, ils ne montrent pas d'horizons A biomacrostructurés.

3. Différences entre RENDOSOLS et ORGANOSOLS CALCAIRES et entre RENDISOLS et ORGANOSOLS SATURÉS. Les organosols sont caractérisés par des horizons A hémiorganiques dans leur totalité (plus de 8 g de carbone organique pour 100 g).

4. Lorsque l'abondance des éléments grossiers (> 2 mm) excède 60 % (en masse) sur au moins 50 cm d'épaisseur à partir de la surface, le solum doit être rattaché à une référence de PEYROSOLS. Un rattachement double est possible.

5. La principale différence entre les CALCOSOLS ou CALCISOLS et les CHERNOSOLS HAPLIQUES est l'absence, dans le cas des premiers cités, d'horizon Ach (A chernique) caractérisé par sa structure fine d'origine biologique, sa couleur noire et sa faible teneur en calcaire (moins de 5 %).

6. Lorsque l'on est en présence de sols alluviaux calcaires ou calciques, la nature alluviale des matériaux parentaux, la position géomorphologique de vallée et la présence d'une nappe alluviale sont autant d'arguments pour le rattachement à l'une des quatre références de fluviosols ou aux thalassosols. Un rattachement double est possible.

7. Lorsqu'il existe un horizon pélosolique Sp débutant à moins de 40 cm de profondeur, le solum doit être rattaché aux PÉLOSOLS TYPIQUES ou aux PÉLOSOLS BRUNIFIÉS. Si un horizon Sp ou des caractères vertiques nets apparaissent au-delà de cette profondeur, le solum sera qualifié respectivement de **à horizon Sp de profondeur**, de **vertique** ou de **bathyvertique** (présence d'un horizon V à plus de 100 cm de profondeur).

8. Vers les FERSIALSOLS CARBONATÉS et FERSIALSOLS CALCIQUES. C'est la présence d'horizons fersiallitiques FS (argileux, à structure micro-polyédrique très stable, couleur rougeâtre, etc.) qui mène au rattachement à ces références.

9. Des brunisols sur CALCOSOLS ont été décrits dans le Jura mais également en Vercors, Chartreuse, Dolomites. La séquence d'horizons de référence est : A/S/II Sca/II Cca (facultatif)/ II Rca.

Le matériau supérieur est un lœss allochtone. Un tel solum peut donc être désigné comme BRUNISOL EUTRIQUE, bathycarbonaté, bilithique, issu d'un lœss superposé à des matériaux calcaires.

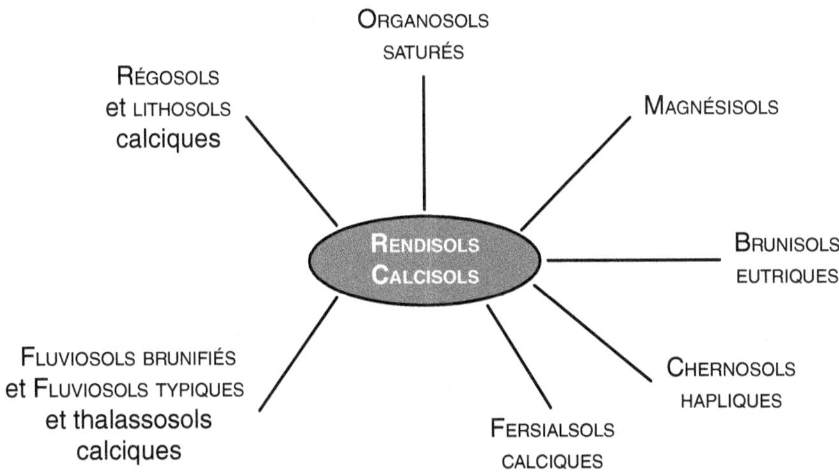

Ambiance calcique

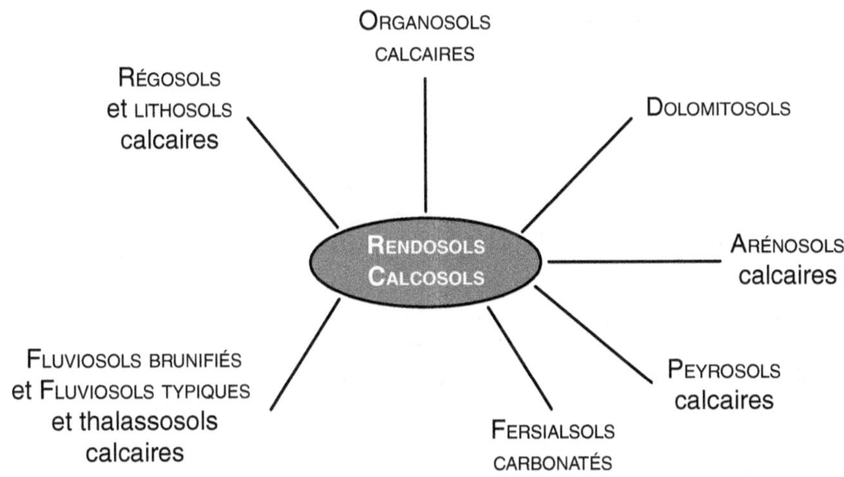

Ambiance carbonatée

Relations avec la WRB

RP 2008	WRB 2006
Horizons K et Kc	*calcic horizon*
Horizon Km	*petrocalcic horizon*
RENDOSOLS	Rendzic Leptosols ou Epileptic Cambisols (Calcaric)
RENDISOLS	Rendzic Leptosols ou Epileptic Cambisols (Hypereutric)
CALCOSOLS	Cambisols (Calcaric)
CALCISOLS	Cambisols (Hypereutric)
DOLOMITOSOLS	Cambisols (Dolomitic)
MAGNÉSISOLS	Cambisols (Hypereutric, Magnesic)
CALCARISOLS	Epipetric Calcisols
Toute référence calcarique ou pétrocalcarique	Calcisols

Dans la WRB, la présence de $CaCO_3$ est seulement prise en compte par l'utilisation du *suffix qualifier* "*calcaric*" qui s'applique à tout solum qui est calcaire entre 20 et 50 cm depuis la surface ou entre 20 cm et une roche continue ou une couche indurée moins profonde.

L'abondance relative du $MgCO_3$ parmi les carbonates et du Mg^{2+} échangeable n'est pas prise en compte dans la WRB, sauf dans le cas des Solonetz – cf. *suffix qualifier* "*magnesic*" quand le rapport $Ca^{2+}/Mg^{2+} < 1$.

Remarques sur les mots « calcic » et « calcisol » :
Le qualificatif « calcic » a deux significations très différentes dans les deux systèmes :
• dans le *Référentiel pédologique* (comme dans le vocabulaire pédologique général), il qualifie un solum ou un horizon dont le complexe adsorbant est saturé, subsaturé, ou resaturé, très majoritairement par du Ca^{2+} ;
• dans la WRB, est qualifié de *calcic* un solum présentant un *calcic horizon* ou des concentrations de carbonates secondaires débutant dans les 100 premiers centimètres à partir de la surface.

Le *calcic horizon* est défini comme un horizon dans lequel du $CaCO_3$ secondaire s'est accumulé sous une forme diffuse (uniquement sous la forme de fines particules de moins de 1 mm dispersées dans la matrice) ou sous la forme de concentrations discontinues (pseudo-mycéliums, cutanes, nodules durs ou tendres ou veines).

Le mot « calcisol » a également deux significations très différentes. Dans la WRB, un Calcisol est défini comme un sol présentant un *petrocalcic horizon* ou un *calcic horizon* débutant dans les 100 premiers centimètres à partir de la surface et une matrice totalement calcaire entre 50 cm de profondeur et le *calcic horizon*. Dans le *Référentiel pédologique*, un CALCISOL est un solum non carbonaté, mais saturé en calcium, caractérisé par la superposition Aci/Sci.

Il y a un grand contraste entre la définition qui est donnée des Calcisols de la WRB dans la clé (page 61) et la « description succincte » qui en est fournie page 74. La définition de la clé fait appel uniquement à l'existence, à moins de 100 cm de profondeur, d'un horizon d'accumulation de calcaire secondaire (l'horizon « calcique ») ET la présence d'une « matrice » calcaire entre 50 cm de profondeur et l'horizon calcique. Avec une définition aussi large, de nombreux sols français peuvent être rattachés aux Calcisols de la WRB, notamment les CALCOSOLS et les CALCISOLS calcariques ou pétrocalcariques. En revanche, la description succincte (page 74) fait référence clairement et exclusivement à des sols des zones arides et semi-arides.

Mise en valeur – Fonctions environnementales

Le calcium est connu pour ses propriétés positives, indirectes ou directes, sur tout un ensemble de propriétés du sol et sur les conditions de vie des micro-organismes, des animaux du sol et des végétaux :
• amélioration de la stabilité de la structure. Encore faut-il la présence d'argile en quantité suffisante, mais la structure des horizons A et S calciques et carbonatés est le plus souvent très favorable. En revanche, les propriétés négatives du magnésium échangeable sur la structure ont été signalées, notamment en cas de textures argileuses ;
• augmentation du pH et conséquences favorables sur l'activité biologique et, en l'absence de calcaire dans la terre fine, sur le cycle biogéochimique et la disponibilité en azote et sur la biodisponibilité de la plupart des éléments nutritifs ;
• caractère indispensable du calcium pour le développement végétal.

Les horizons calciques sont donc des milieux exceptionnels sur le plan chimique, favorisant une très forte biodiversité. Mais la présence de $CaCO_3$ dans la terre fine perturbe cet équilibre, et ce, d'autant plus fortement qu'elle affecte des horizons plus proches de la surface (Aca), que le pédoclimat est sec, et que le calcaire « actif » (méthode Drouineau) est abondant :
• blocage de la minéralisation secondaire des matières organiques, entraînant dans les sols à faible quantité de matières organiques des problèmes de nutrition azotée, parfois aggravés par la nitrification totale et rapide de l'azote ammoniacal (cas d'espèces forestières comme l'épicéa) ;
• insolubilisation et donc blocage de l'absorption de certains éléments minéraux : phosphore, manganèse, bore ;
• compétition dans l'absorption de certains cations (p. ex. Ca^{2+} *vs* K^+) ;
• perturbations majeures et complexes du métabolisme des plantes dites calcarifuges, souvent réunies sous le syndrome de « chlorose ferrique ».

Les propriétés agronomiques ou forestières des solums sont cependant essentiellement sous la dépendance de l'épaisseur totale prospectable par les racines, fonction elle-même de l'épaisseur des horizons à structure pédologique mais aussi de celle des horizons C et beaucoup de l'état des couches Rca ou Dca sous-jacentes (p. ex. pénétration des racines de vignes).

Dans le cas particulier des CALCARISOLS, la présence à faible profondeur d'horizons K plus ou moins indurés représente un obstacle physique et chimique majeur pour l'enracinement.

L'épaisseur facilement exploitable par les racines varie donc de 15 cm à plusieurs mètres. Cela en fonction de la position dans le paysage (zone plane de plateau, haut de versant, plein versant pentu, bas de versant à pente faible) et de la texture. Le bilan hydrique doit en outre prendre en compte l'exposition et la présence d'éléments grossiers, souvent abondants, qui limitent d'autant le réservoir en eau disponible. Cependant, certains éléments grossiers calcaires possèdent une porosité non négligeable, et peuvent donc constituer un complément notable au réservoir hydrique disponible pour les plantes.

Les réservoirs en eau et les bilans hydriques peuvent par conséquent être des plus contraignants aux plus favorables (cas fréquent des CALCOSOLS). Dans les cas les plus contraignants, les formations végétales naturelles correspondent à des pelouses ou des fruticées, souvent à haute valeur biologique.

Rappelons les différences de vitesses de ressuyage selon que le solum est argileux, mais bien structuré, sur calcaires durs diaclasés et filtrants (qualificatif **à ressuyage accéléré**) ou que le solum est d'origine marneuse, argileux également, mais dont la terre fine est collante, mal structurée et peu perméable (qualificatif **à ressuyage ralenti**).

À signaler le cas particulier des RENDOSOLS et CALCOSOLS crayeux, hyper-calcaires (sols et roche en place) qui montrent des propriétés hydriques favorables malgré leur faible épaisseur. Ils s'avèrent très productifs, une fois résolu le problème de la fertilisation phosphorique.

Compléments au tableau page 122

Compléments relatifs aux références

RENDOSOLS
Horizon Aca seul présent (biomacrostructuré) ;
Rapport molaire $CaCO_3/MgCO_3 > 1,5$.

haplique	Épaisseur du Aca < 35 cm et rapport molaire $CaCO_3/MgCO_3 > 8$.
pachique	Épaisseur du Aca > 35 cm.
dolomiteux	Si rapport molaire $CaCO_3/MgCO_3$ compris entre 1,5 et 8.
calcarique	Si présence d'un horizon K ou Kc à plus de 35 cm de profondeur.
pétrocalcarique	Si présence d'un horizon Km à plus de 35 cm de profondeur.

CALCOSOLS
Horizons Aca et Sca superposés.
Rapport molaire $CaCO_3/MgCO_3 > 1,5$.

haplique	Épaisseur de [Aca + Sca] > 35 cm et rapport molaire $CaCO_3/MgCO_3 > 8$.
leptique	Épaisseur de [Aca + Sca] < 35 cm.
dolomiteux	Si rapport molaire $CaCO_3/MgCO_3$ compris entre 1,5 et 8.
calcarique	Si présence d'un horizon K ou Kc à plus de 35 cm de profondeur.
pétrocalcarique	Si présence d'un horizon Km à plus de 35 cm de profondeur.
décarbonaté en surface	Solum Aci/Sca.

DOLOMITOSOLS
Horizon A dolomitique/S dolomitique ou A dolomitique seul.
Épaisseur de Ado ou [Ado + Sdo] > 35 cm.

leptique	Si Ado ou [Ado + Sdo] < 35 cm.

RENDISOLS
Horizon Aci seul présent.
Rapport $Ca^{2+}/Mg^{2+} > 2$.

haplique	Si épaisseur de Aci < 35 cm et rapport $Ca^{2+}/Mg^{2+} > 5$.
pachique	Si Aci > 35 cm.

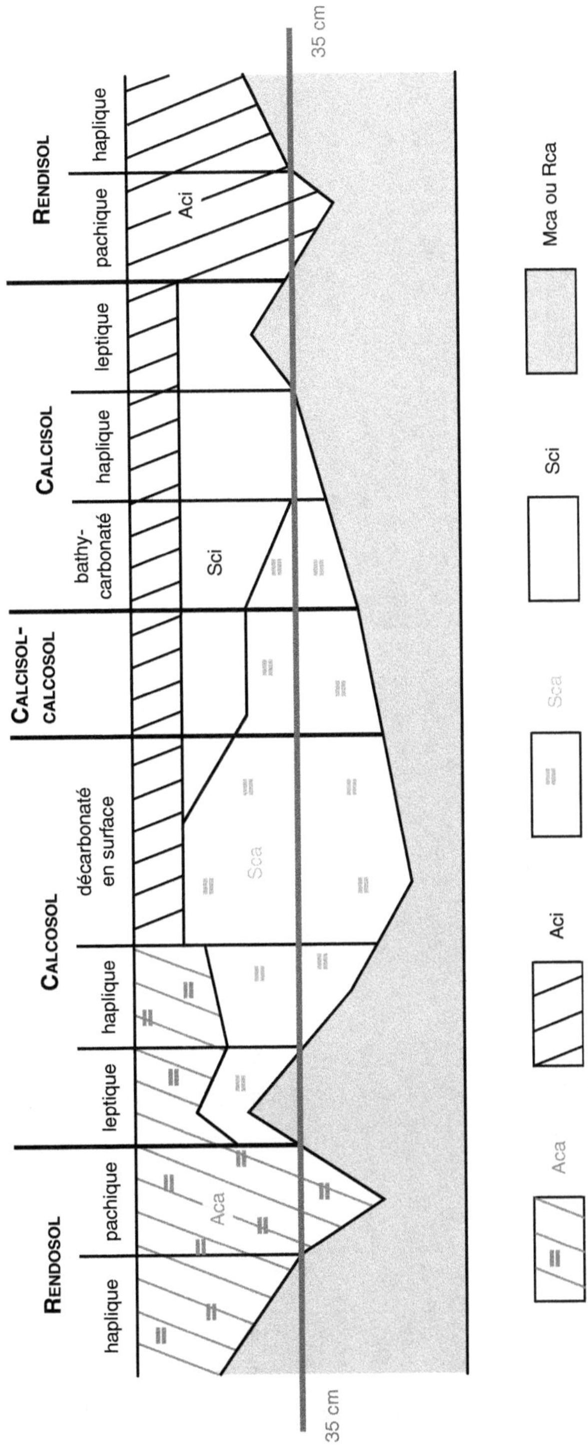

Présentation schématique des différents types de solums dominés par le calcium.

	Solums carbonatés			Solums non carbonatés, saturés ou sub-saturés		
	Rapport molaire $CaCO_3/MgCO_3$			Rapport Ca^{2+}/Mg^{2+}		
	> 8,0	Entre 1,5 et 8,0	< 1,5	> 5	Entre 2 et 5	< 2
Horizon A ou LA seul, d'épaisseur supérieure à 10 cm (1)	RENDOSOLS	RENDOSOLS dolomiteux	DOLOMITOSOLS leptiques	RENDISOLS	RENDISOLS calcimagnésiques	MAGNÉSISOLS leptiques
Horizon A ou LA et S ou LS (1)	CALCOSOLS	CALCOSOLS dolomiteux	DOLOMITOSOLS	CALCISOLS	CALCISOLS calcimagnésiques	MAGNÉSISOLS
Horizon A de moins de 35 cm sur Kc ou Km	CALCARISOLS calcaires	CALCARISOLS dolomiteux	CALCARISOLS dolomitiques	CALCARISOLS calciques	CALCARISOLS calcimagnésiques	CALCARISOLS magnésiques
Autres références	LITHOSOLS, RÉGOSOLS, ARÉNOSOLS, etc. calcaires	LITHOSOLS, RÉGOSOLS, ARÉNOSOLS, etc. dolomiteux	LITHOSOLS, RÉGOSOLS, ARÉNOSOLS, etc. dolomitiques	LITHOSOLS, RÉGOSOLS, ARÉNOSOLS, etc. calciques	LITHOSOLS, RÉGOSOLS, ARÉNOSOLS, etc. calcimagnésiques	LITHOSOLS, RÉGOSOLS, ARÉNOSOLS, etc. magnésiques

(1) A, LA, S, LS = selon les cas : Aca, Aci, Ado, Amg, Sca, Sci, Sdo, Smg, etc.

calcimagnésique	Si rapport Ca^{2+}/Mg^{2+} compris entre 5 et 2.
calcarique	Si présence d'un horizon K ou Kc à plus de 35 cm de profondeur.
pétrocalcarique	Si présence d'un horizon Km à plus de 35 cm de profondeur.

CALCISOLS
Horizons Aci et Sci superposés.
Rapport $Ca^{2+}/Mg^{2+} > 2$.

haplique	Si [Aci + Sci] > 35 cm d'épaisseur et rapport $Ca^{2+}/Mg^{2+} > 5$.
leptique	Si [Aci + Sci] < 35 cm d'épaisseur.
calcimagnésique	Si rapport Ca^{2+}/Mg^{2+} compris entre 5 et 2.
calcarique	Si présence d'un horizon K ou Kc à plus de 35 cm de profondeur.
pétrocalcarique	Si présence d'un horizon Km à plus de 35 cm de profondeur.
bathycarbonaté	Si présence d'un Sca peu épais sous l'horizon Sci.

MAGNÉSISOLS
Horizon A magnésique/S magnésique ou A magnésique seul.
Épaisseur de Amg ou [Amg + Smg] > 35 cm.
Rapport $Ca^{2+}/Mg^{2+} < 2$.

leptique	Si Amg ou [Amg + Smg] < 35 cm d'épaisseur.

CALCARISOLS
Un horizon Kc ou Km débute à moins de 35 cm de profondeur.
L'horizon Kc doit présenter une épaisseur d'au moins 10 cm et l'horizon Km une épaisseur d'au moins 5 cm.

pétrique	Si horizon Km à moins de 35 cm de profondeur.
calcaire, calcique, dolomiteux, etc.	Selon les propriétés de l'horizon de surface.

Quelques exemples de groupes cognats carbonatés

Groupe cognat des solums dolomitiques
Tous les DOLOMITOSOLS + les RÉGOSOLS et LITHOSOLS dolomitiques + les ARÉNOSOLS dolomitiques, etc.

Groupe cognat des solums dolomiteux
Les RENDOSOLS dolomiteux + les CALCOSOLS dolomiteux + les RÉGOSOLS et LITHOSOLS dolomiteux + les CALCARISOLS dolomiteux + les ARÉNOSOLS dolomiteux, etc.

Groupe cognat des solums calcaires à faible profondeur exploitable
Les RÉGOSOLS et LITHOSOLS calcaires + tous les RENDOSOLS+ les CALCOSOLS leptiques + les CALCARISOLS calcaires + certains fluviosols calcaires, etc.

Rapports CaCO$_3$/MgCO$_3$

Nom des roches (classification chimique) (1)	% de dolomite (3)	Rapport molaire théorique CaCO$_3$/MgCO$_3$ (4)	Rapport pondéral CaCO$_3$/MgCO$_3$
Dolomies	100 à 90	1 à 1,22	1,19 à 1,32
Dolomies calcareuses (2)	90 à 50	1,22 à 3	1,32 à 2,37
Calcaires dolomitiques	50 à 10	3 à 19	2,37 à 11,87
Calcaires magnésiens	10 à 5	19 à 39	11,87 à 23,75
Calcaires	5 à 0	> 39	> 23,75

(1) D'après L. Cayeux, repris par J. Jung (1953). (2) Ou calcarifères. (3) La dolomite est un minéral, un carbonate double [(Ca, Mg) (CO$_3$)$_2$], non effervescent à froid. (4) D'après Dupuis (1969).

Rappel de définitions

Les adjectifs rappelés *infra* sont à la fois des termes du vocabulaire général (lorsqu'ils qualifient un horizon) et des qualificatifs (lorsqu'ils s'appliquent à un solum dans son ensemble).

▶▶ Présence de carbonates

carbonaté — Qualifie un horizon ou un solum qui contient plus de 2 % de calcite ou de dolomite dans la terre fine. Effervescence généralisée avec HCl à froid ou à chaud.

calcaire — Qualifie un horizon ou un solum carbonaté dans lequel CaCO$_3$ est seul présent ou très largement majoritaire (rapport molaire CaCO$_3$/MgCO$_3$ > 8). Effervescence à froid généralisée dans la masse. Sera considéré également comme « calcaire » un horizon ou un solum non calcaire dans la terre fine, mais qui contient des graviers et/ou cailloux calcaires en grand nombre dans sa masse.

dolomiteux — Qualifie un horizon ou un solum carbonaté qui présente un rapport molaire CaCO$_3$/MgCO$_3$ compris entre 1,5 et 8.

dolomitique — Qualifie un horizon ou un solum carbonaté dans lequel MgCO$_3$ est du même ordre de grandeur que CaCO$_3$ ou est dominant (rapport molaire CaCO$_3$/MgCO$_3$ < 1,5). Pas d'effervescence à froid ou très faible.

Les définitions *supra* impliquent le souci de doser CaCO$_3$ et MgCO$_3$. La méthode employée par Dupuis (1969) peut être préconisée : attaque à 60 °C par un excès d'acide chlorhydrique, puis titrage en retour de l'acide restant par une solution basique (ce qui permet de doser les « carbonates totaux ») et, sur le même extrait, dosage de Ca^{2+} et Mg^{2+} par complexométrie (ce qui permet de déterminer CaCO$_3$ et MgCO$_3$). C'est pourquoi le rapport molaire a été choisi pour comparer les abondances relatives de CaCO$_3$ et MgCO$_3$ (cf. tableau, p. 122). Un problème demeure pour interpréter les publications anciennes, car MgCO$_3$ n'a pas été dosé.

▶▶ Garniture cationique du complexe adsorbant

saturé — Qualifie un horizon ou un solum non carbonaté dont le complexe adsorbant est entièrement occupé par les cations échangeables alcalino-terreux et alcalins, et principalement par Ca^{2+} et Mg^{2+} (d'où un rapport S/CEC = 100 ± 5 %).

calcique — Qualifie un horizon ou un solum saturé, subsaturé ou resaturé, dans lequel Ca^{2+} est largement dominant (rapport Ca^{2+}/Mg^{2+} > 5). Pas d'effervescence à froid, ni à chaud, ou seulement localement ou ponctuellement.

calcimagnésique — Qualifie un horizon ou un solum saturé, subsaturé ou resaturé, dans lequel le rapport Ca^{2+}/Mg^{2+} est compris entre 5 et 2. Pas d'effervescence à froid, ni à chaud, ou seulement localement ou ponctuellement.

magnésique — Qualifie un horizon ou un solum saturé, subsaturé ou resaturé, dans lequel le rapport Ca^{2+}/Mg^{2+} < 2 (mais > 0,2). Pas d'effervescence à froid, ni à chaud.

hyper-magnésique — Qualifie un horizon ou un solum saturé, subsaturé ou resaturé, dans lequel le rapport Ca^{2+}/Mg^{2+} < 0,2).

Chernosols

3 références

Conditions de formation et pédogenèse

Les chernosols sont caractérisés par l'existence obligatoire d'un horizon Ach (A « chernique ») épais d'au moins 40 cm. Selon les cas, il y a aussi éventuellement présence d'horizons Sh, St, BTh, Ck, K ou Yp. Leur solum présente toujours un caractère vermique et un caractère clinohumique.

Conditions bioclimatiques de formation de l'horizon Ach

La végétation est steppique ou sylvo-steppique. Aux herbacées s'ajoutent les feuilles et brindilles des arbres, d'où d'abondantes matières organiques fraîches déposées en surface et décomposition annuelle des systèmes racinaires des graminées.

Le climat est continental assez rude : des périodes froides (avec gel prolongé en Russie, Ukraine, Moldavie) alternent avec des périodes sèches et plus chaudes. Une partie des matières organiques est minéralisée par l'activité microbiologique, le reste s'accumule (stabilisation physico-chimique et maturation climatique) avec une couleur noire (mélanisation). Un brassage des matières organiques et des matières minérales intervient en outre sous l'action de la mésofaune (caractère vermique) et de la macrofaune (crotovinas).

Caractère vermique et activité biologique

L'activité des micro-organismes, mais surtout celle de la mésofaune sont intenses au printemps et à l'automne ; aux autres saisons, elles se concentrent davantage en profondeur (en conséquence du gel ou de la sécheresse de la partie supérieure du solum). Elle s'exprime macroscopiquement dans les horizons supérieurs humifères par une grande abondance de tubules, par de nombreux coprolithes (sphérules de l'ordre du millimètre de diamètre) et par des loges ovoïdes aux parois tapissées de revêtements noirs. Plus en profondeur, on observe de nombreuses crotovinas (galeries de 4 à 6 cm de diamètre, à section ronde, résultant de l'activité de la macrofaune) provoquant des descentes de matériaux noirs dans les horizons C jaunâtres (parfois l'inverse) jusqu'à des profondeurs de l'ordre de 1,5 à 2 m.

Caractère clinohumique et transitions graduelles

Les matières organiques sont très abondantes à la surface du solum, puis la teneur décroît progressivement avec la profondeur : il y a encore au moins 6 g·kg^{-1} de carbone organique à plus de 40 cm de profondeur dans un horizon Ach, Sh ou BTh.

8e version (23 novembre 2007).

De même, la transition entre l'horizon de surface Ach et l'horizon sous-jacent est toujours très graduelle en ce qui concerne la couleur, la teneur en carbone et la structure. Il en va de même de la transition entre les horizons Sh ou BTh et l'horizon C sous-jacent.

Les matériaux parentaux

Ce sont des matériaux meubles, souvent assez riches en argile (20 à 30 %) ou en minéraux altérables : lœss et dépôts dits « lœssoïdes », dépôts de terrasses, ou bien des marnes, ou des argiles sédimentaires, plus ou moins remaniées.

Horizons de référence

Horizon chernique Ach

C'est un horizon A riche en matières organiques très évoluées, dont la teneur diminue progressivement avec la profondeur (caractère « clinohumique »). En conditions de végétation permanente, la teneur en carbone organique est d'au moins de 30 $g \cdot kg^{-1}$ dans les 10 premiers centimètres pour une texture argilo-limoneuse. Les acides humiques (surtout acides humiques gris) et l'humine sont plus abondants que les acides fulviques.

L'horizon Ach présente une couleur noire : sa *value* à l'état humide ≤ 3,5 dans l'ensemble de l'horizon. Cette couleur est plus foncée que celle de l'horizon sous-jacent, sauf dans certains cas d'horizons de surface labourés. Sa *chroma* à l'état pétri humide est ≤ 2.

L'horizon Ach est généralement non calcaire ; il peut l'être faiblement (< 5 %).

En conditions de végétation permanente, la structure est grenue, grumeleuse ou polyédrique subangulaire fine ou très fine ou à sous-structure fine (agrégats de moins de 2 mm). Cette structure caractéristique est notamment due à de fréquents brassages d'origine biologique. Elle peut être partiellement ou totalement dégradée en surface par la mise en cultures (horizon LAh agricompacté, à structure polyédrique grossière et tendance massive).

Le complexe adsorbant est saturé ou subsaturé, principalement par le calcium ; le pH est compris entre 6,0 et 8,3.

L'horizon Ach est relativement meuble et poreux, il permet un bon enracinement profond, il présente habituellement une capacité de rétention élevée pour l'eau. Gelé durant l'hiver (Russie, Ukraine), plus ou moins engorgé au dégel, il connaît ensuite des successions d'humectations et de dessiccations plus ou moins prolongées qui influent sur la maturation de l'humus.

Autres horizons

L'horizon Sh est une variante d'horizon S non calcaire, riche en matières organiques (teneur en carbone organique > 6 $g \cdot kg^{-1}$) dans la masse.

L'horizon St est une variante d'horizon S où l'on peut observer quelques fins revêtements argileux (souvent également humifères) sur les faces d'agrégats. L'illuviation d'argile est jugée insuffisante pour considérer cet horizon comme un véritable horizon BT.

L'horizon BTh est une variante d'horizon BT montrant de très nombreux revêtements argilo-humifères sur les faces d'agrégats et sur les parois de la macro-porosité. Teneurs en carbone organique > 6 $g \cdot kg^{-1}$.

L'horizon Ck est un horizon C dans lequel on observe des traits d'accumulation de calcite secondaire (sous la forme de veinules, de nodules ou « poupées », de pseudo-mycéliums), mais où cette accumulation est jugée insuffisante pour considérer cet horizon comme un véritable horizon K.

En profondeur, on peut parfois observer des horizons BT non humifères, de couleur brune, situés sous l'horizon BTh ou Sh. La formation de ces horizons BT résulterait d'une phase pédogénétique ancienne, antérieure à la formation de l'épisolum humifère actuel.

Références

CHERNOSOLS HAPLIQUES

La séquence d'horizons de référence est :

Ach/Ck ou K   **LAch ou LAh/Ck ou K sous cultures.**

Il n'y a ni horizon BTh ni Sh. L'horizon Ach est épais d'au moins 40 cm. Il peut être calcaire dès la surface, mais alors la teneur en $CaCO_3$ n'excède pas 5 %.

La transition entre l'horizon Ach et l'horizon Ck est progressive (horizon ACk).

Un horizon Ck ou K apparaît entre 60 et 85 cm de profondeur.

CHERNOSOLS TYPIQUES

La séquence d'horizons de référence est :

Ach/Sh/Ck ou K   **Ach ou LAh/ Sh/Ck ou K sous cultures.**

Absence d'horizon BTh. L'horizon Ach est épais de plus de 40 cm et non calcaire. Son rapport S/CEC est compris entre 85 et 95 %.

La transition entre l'horizon Ach et l'horizon Sh sous-jacent est progressive (horizon AS).

L'horizon Sh montre une couleur sombre, sa structure est polyédrique sub-angulaire, polyédrique anguleuse ou prismatique assez fine. Il n'est pas calcaire. Sa teneur en carbone organique est encore > 0,6 % dans sa partie supérieure.

Un horizon Ck ou K débute à une profondeur comprise entre 70 et 120 cm.

L'indice de différenciation texturale entre l'horizon Ach et l'horizon Sh est < 1,3.

CHERNOSOLS MÉLANOLUVIQUES

La séquence d'horizons de référence est :

Ach/BTh/Ck ou K   **LAch ou LAh/BTh/Ck ou K sous cultures.**

L'horizon Ach est épais de plus de 40 cm et non calcaire. Sa structure est polyédrique sub-angulaire fine. Son rapport S/CEC est compris entre 75 et 90 %.

La transition entre l'horizon Ach et l'horizon BTh sous-jacent est progressive.

L'horizon BTh est épais d'au moins 40 cm et non calcaire. Il est de couleur brun-noir à l'état humide. Sa structure est prismatique à sous-structure polyédrique fine avec présence de nombreux revêtements argilo-humifères. Sa teneur en carbone organique est encore > 0,6 % dans sa partie supérieure. Le rapport S/CEC est compris entre 75 et 90 %.

Un horizon Ck ou K apparaît entre 100 et 160 cm de profondeur.

L'indice de différenciation texturale entre l'horizon Ach et l'horizon BTh est > 1,3.

Qualificatifs utiles pour les chernosols

méridional   Qualifie un chernosol de la province européenne la plus méridionale (Bulgarie). Le climat peu froid (pas de gel prolongé) est responsable d'une plus forte minéralisation des matières organiques, de teneurs en carbone moindres et d'une couleur moins noire.

épicarbonaté   Qualifie un CHERNOSOL HAPLIQUE calcaire dès la surface.

leptique	Qualifie un chernosol dont l'épisolum humifère dans son ensemble [Ach ou LAch + Sh ou BTh] présente une épaisseur < 50 cm.
agricompacté	Qualifie un chernosol dont l'horizon Ah est fortement compacté sous l'action d'une agriculture mal menée. En conséquence, la structure originelle fine ou très fine de cet horizon est complètement détruite, sa porosité et son activité biologique sont très diminuées.
sodisé	Qualifie un chernosol dans lequel Na$^+$ représente entre 5 et 15 % de la somme des cations échangeables alcalins et alcalino-terreux.
anacarbonaté	Qualifie un chernosol dans lequel des remontées de CaCO$_3$ secondaire sous forme de pseudo-mycéliums sont observées dans les horizons S ou BT, suite à une évapotranspiration supérieure aux précipitations (certaines années). Il s'agit d'une recarbonatation *per ascensum*.
néoluvique	Qualifie certains CHERNOSOLS TYPIQUES présentant quelques traits d'illuviation d'argile (horizon St), mais possédant un indice de différenciation texturale < 1,3.
bathyluvique	Qualifie un CHERNOSOL TYPIQUE ou MÉLANOLUVIQUE présentant en profondeur un horizon BT non humifère ne correspondant plus au fonctionnement actuel du solum.
calcarique	Signale la présence en profondeur d'un véritable horizon K ou Kc.
à horizon gypsique	Signale la présence en profondeur d'un horizon Yp.

cumulique, rédoxique, à horizon réductique de profondeur, etc.

Exemples de types

CHERNOSOL HAPLIQUE leptique, calcaire, cultivé, issu de lœss (Bulgarie).
CHERNOSOL TYPIQUE méridional, anacarbonaté, agricompacté, issu de lœss (Bulgarie).
CHERNOSOL MÉLANOLUVIQUE calcarique, issu de formation de pente argilo-limoneuse.

Distinction entre les chernosols et d'autres références

Avec les phæosols

Les principales différences entre phæosols et chernosols sont relatives à l'épisolum humifère : l'horizon Ach des chernosols est très noir, montre une structure naturelle très fine, anguleuse grenue ou grumeleuse et un complexe adsorbant saturé ou subsaturé ; il est même parfois calcaire ; l'horizon Aso des phæosols est en général moins noir, et présente une structure anguleuse plus grossière et un rapport S/CEC compris entre 50 et 80 %.

Avec les VERACRISOLS

Les chernosols partagent avec les VERACRISOLS les caractères vermique et clinohumique ; mais les VERACRISOLS se distinguent complètement des chernosols par leur ambiance acide et aluminique et par leur pédoclimat doux et humide.

Relations avec la WRB

RP 2008	WRB 2006
CHERNOSOLS HAPLIQUES	Calcic Chernozems
CHERNOSOLS TYPIQUES	Voronic Chernozems
CHERNOSOLS MÉLANOLUVIQUES	Luvic Chernozems

Le *voronic horizon* de la WRB semble bien correspondre à l'horizon A chernique demeuré en conditions sub-naturelles.

Les *prefix qualifiers* "*voronic*" et "*vermic*" sont spécifiques des chernozems.

Mise en valeur – Fonctions environnementales

Les chernosols sont réputés pour être parmi les meilleurs sols du monde. Les fortes teneurs en matières organiques totales et stables et la grande activité biologique sont à l'origine des propriétés physiques et chimiques favorables au développement des plantes et des cultures. Ces sols généralement profonds présentent une forte porosité qui assure une bonne aération, une capacité pour l'eau importante, une capacité d'échange cationique saturée et élevée. La fertilité de ces sols est donc forte. Ils constituent une formidable ressource potentielle.

Les cultures céréalières sont bien adaptées aux chernosols et sont les cultures principales. D'autres productions sont aussi présentes telles que les légumes, les fruits et la vigne.

Une agriculture lourdement mécanisée sans restitution organique, de même que des engrais acidifiants peuvent être à l'origine d'une dégradation de la fertilité des chernosols et notamment de la perte de porosité de l'horizon de surface.

Ils sont présents sous des climats continentaux différents : au nord, en climat froid, la saison de végétation est courte, tandis qu'au sud des risques de sécheresse existent et l'irrigation peut être nécessaire. L'érosion éolienne s'avère également un problème important lorsque les sols sont nus et qu'il y a peu de haies pour briser la force des vents.

Colluviosols

1 référence

Conditions de formation et pédogenèse

Les COLLUVIOSOLS sont définis par leur matériau parental : les colluvions. C'est pourquoi ils occupent des positions particulières dans les paysages et présentent de ce fait des propriétés morphologiques et de fonctionnement spécifiques. En ce sens, il y a une certaine analogie avec les fluviosols.

Les colluvions

Les colluvions sont des formations superficielles particulières de versants qui résultent de l'**accumulation progressive** de matériaux pédologiques, d'altérites ou de roches meubles (ou cohérentes désagrégées) arrachés plus haut dans le paysage. Le colluvionnement ne peut intervenir qu'à condition que la couverture végétale ne soit pas continue.

Ces matériaux ont été transportés le plus souvent par ruissellement sur de courtes distances selon les lignes de plus grandes pentes d'un versant. Cette mobilisation peut être combinée avec l'action des *pipkrakes* (ou aiguilles de glace – cf. chapitre consacré aux cryosols) libérant des particules ou des agrégats ou avec des coulées de boue, en cas de fonte de neige ou d'averses brutales. La reptation du sol en masse (dite reptation thermohydrique) et la solifluxion périglaciaire n'appartiennent pas à ce système.

Il s'agit généralement de dépôts de compétence, donc microtriés, caractérisés en amont par une perte en argiles ou autres colloïdes dispersables, et remaniant quelques éléments grossiers arrachés sur le versant (graviers, charbons de bois, terre cuite, débris végétaux).

Selon les conditions climatiques responsables de leur mise en place, les colluvions conservent certains caractères pédologiques de leurs matériaux d'origine :
• caractères de constitution (humifère, calcaire, etc.) et d'ambiance chimique générale (acide, calcique, carbonatée) ;
• caractères d'organisation (microstructures observables en lames minces) ;
• caractères d'évolution antérieure (fersiallitique, par exemple).

La préservation de ces caractères dépend de l'état hydrique initial du sol érodé, de la stabilité de son agrégation, de la rugosité de sa surface et de l'énergie cinétique mise en œuvre (intensité de la pluie). L'intensité du colluvionnement croît après une période de sécheresse ou surtout de gel.

Version 8bis (12 septembre 2007).

Les volumes mis en place au cours de chaque épisode de sédimentation sont difficiles à distinguer, étant donné qu'ils sont souvent peu épais et que leur intégration au sol préexistant est assez rapide (bioturbation, labours). C'est pourquoi il est souvent délicat de mettre les matériaux colluviaux en évidence (sinon par l'existence d'éléments allochtones). En outre, il est difficile d'y déceler une évolution pédologique actuelle, en raison de leur mise en place relativement récente : fin du Quaternaire ou périodes historiques.

Situations géomorphologiques

Les COLLUVIOSOLS peuvent être observés :
- dans les parties concaves et en bas des versants, ainsi qu'en position de piémonts ;
- dans les fonds des vallons secs (notamment dans les têtes de talwegs en milieu limoneux) et dans les dolines ;
- en milieu de pentes, à la faveur de replats (naturels ou artificiels) ou consécutifs à des aménagements humains disparus ou toujours en place (haies, rideaux, banquettes) ;
- au pied des grands talus de terrasses alluviales.

Pédogenèse

L'évolution pédologique transforme les colluvions, comme tout autre matériau meuble de constitution analogue. Cette évolution est plus ou moins rapide selon l'état d'altération préalable des matériaux d'origine et selon la resaturation éventuelle en cations échangeables.

Une caractéristique des COLLUVIOSOLS est l'indépendance totale du solum colluvial vis-à-vis du matériau sous-jacent (substrat ou autre solum enfoui). Cependant, l'intervention de la reptation, de la bioturbation, etc. fait que la limite inférieure de la formation colluviale n'est pas toujours nette. La présence d'un alignement de cailloux ou de pierres peut souligner cette limite. En outre, plusieurs matériaux différents ont pu être colluvionnés successivement et se trouver aujourd'hui superposés ou plus ou moins mélangés. À noter enfin que plus on se déplace vers le bas des versants, plus les formations colluviales ont tendance à s'épaissir et à acquérir une granulométrie plus riche en particules fines et en matières organiques.

Les colluvions se raccordent souvent aux alluvions, soit graduellement (matériaux d'origine mixte), soit par superposition discordante, soit par interstratification.

Propriétés et fonctionnement

Les propriétés des COLLUVIOSOLS varient largement en fonction de la nature des matériaux colluvionnés, de l'importance de la pente, de la position sur le versant, etc. Un certain nombre de caractères fonctionnels particuliers peuvent cependant être cités :
- le niveau de fertilité est amélioré par accumulation sur une grande épaisseur des horizons de surface arrachés plus haut : les réservoirs en eau sont souvent importants. La mise en place récente des matériaux et leur faible évolution leur confèrent souvent de très bonnes qualités physiques (faible compacité) favorables à l'enracinement profond et à une activité biologique meilleure que sur autres sols des versants ;
- la dynamique hydrique est essentiellement oblique, qu'il s'agisse de flux superficiels (ruissellements) ou plus profonds ; non seulement cela améliore considérablement le bilan hydrique, mais les COLLUVIOSOLS reçoivent de ce fait des apports d'éléments en solution provenant de la partie haute des versants (Ca, Mg, K, nitrates, etc.) : ils sont ainsi souvent plus riches que les sols des hauts de versants. Si ceux-ci sont très acides, les COLLUVIOSOLS ne sont qu'acides ou peu acides ;

• les atterrissements actuels sont toujours possibles dans les parties basses et la reprise d'érosion possible dans les parties hautes ; s'ils ne sont pas très fréquents en climats tempérés là où la végétation protège le sol, les atterrissements sont effectifs à l'échelle de plusieurs centaines d'années et suffisants pour contrecarrer les processus pédogénétiques zonaux comme la décarbonatation ou l'argilluviation. Ils peuvent se produire à l'occasion de disparition temporaire de la couverture végétale (incendie, tempête, défrichement, etc.) ;

• du fait de la forte dynamique latérale de l'eau et de leur situation topographique de bas de versant, les COLLUVIOSOLS peuvent être soumis à des engorgements temporaires, principalement lorsque leur substrat est imperméable (argiles ou marnes).

Horizons de référence

Il n'y a pas d'horizons de référence spécifiques des COLLUVIOSOLS : les horizons A, Js, Jp, S, Sca, Sci, C sont les plus fréquents. Les horizons BT, FS, BP sont interdits. Un solum développé dans des colluvions sera donc rattaché aux COLLUVIOSOLS tant que l'on n'aura pas diagnostiqué le solum caractéristique d'une autre référence (cf. § « Remarques » *infra*).

Référence

C'est seulement lorsque l'épaisseur des matériaux colluvionnés excède 50 cm à partir de la surface que l'on rattache le solum entier aux COLLUVIOSOLS.

Si les horizons de surface d'un solum ont été surépaissis par colluvionnement « sur eux-mêmes », on se rattache à une référence (autre que COLLUVIOSOLS) et on emploie le qualificatif **cumulique**. Exemple : LUVISOL TYPIQUE, resaturé, fragique, cumulique.

Si les apports colluviaux, de nature différente du solum sous-jacent, ont une épaisseur < 50 cm, le qualificatif **colluvionné en surface** est ajouté au nom d'une référence. Exemple : CALCOSOL argilo-limoneux, colluvionné en surface, issu de marne.

Dans le cas où le solum enfoui sous les colluvions est reconnaissable, il est recommandé d'utiliser la formule **superposé à** une autre référence. Exemple : COLLUVIOSOL argilo-caillouteux, calcaire, superposé à un FERSIALSOL CALCIQUE argileux, tronqué.

Qualificatifs utiles pour les COLLUVIOSOLS

limoneux, argilo-caillouteux, pierreux, etc.

mésosaturé, subsaturé, saturé, dystrique, eutrique, etc.

humifère, calcaire, etc.

fersiallitique, etc.

de doline, de vallon sec, de replat, de bas de versant, etc.

rédoxique, à horizon rédoxique de profondeur, réductique, à horizon réductique de profondeur, etc.

complexe	Qualifie un COLLUVIOSOL montrant la superposition de plusieurs matériaux colluviaux nettement différents.
alluvio-colluvial	Qualifie un COLLUVIOSOL dont une partie des matériaux est d'origine alluviale ; part relative des apports alluviaux et colluviaux non identifiée.
superposé à	Signale que le COLLUVIOSOL est superposé à un solum encore reconnaissable et rattaché à une autre référence.

Qualificatifs utiles pour les non-COLLUVIOSOLS

colluvial	Qualifie un solum dont la totalité ou la plus grande partie des matériaux est d'origine colluviale (apports essentiellement latéraux) et pour lequel un rattachement à une autre référence est possible.
cumulique	Qualifie un solum dont un horizon de surface est anormalement épais, par rapport à une norme locale, par épaississement sur lui-même.
colluvionné en surface	Qualifie un solum (autre que COLLUVIOSOL) qui présente en surface des apports colluviaux sur moins de 50 cm d'épaisseur.

Exemples de types

COLLUVIOSOL argilo-caillouteux, calcaire, de versant, sur marnes altérées.
COLLUVIOSOL limono-sableux, caillouteux, dystrique, de vallon sec.
COLLUVIOSOL argileux, fersiallitique, recarbonaté, de doline.
COLLUVIOSOL limono-argileux, graveleux, calcaire, de versant, sur argile verte.
COLLUVIOSOL-RÉDOXISOL argileux, de bas de versant.

Distinction entre les COLLUVIOSOLS et d'autres références

Avec les fluviosols

C'est essentiellement l'origine alluviale ou colluviale du matériau qui fait la différence. En outre, les fluviosols montrent très généralement une nappe phréatique plus ou moins profonde et à fort battement. Ce n'est pas le cas des COLLUVIOSOLS.

Avec les PEYROSOLS

La présence d'horizons peyriques sur plus de 50 cm d'épaisseur à partir de la surface implique le rattachement **simple ou double** aux PEYROSOLS, y compris en contexte colluvial. Un rattachement double PEYROSOL-COLLUVIOSOL est donc envisageable.

Avec les RÉDOXISOLS

S'il y a des signes rédoxiques (ou si l'on sait qu'il existe des engorgements temporaires fréquents) débutant à moins de 50 cm de profondeur, se prolongeant et s'aggravant en profondeur :
• débutant à moins de 20 cm de profondeur : rattachement simple aux RÉDOXISOLS colluviaux ;
• débutant entre 20 et 50 cm de profondeur : rattachement double aux COLLUVIOSOLS-RÉDOXISOLS.

Remarques

Pour certains solums, on peut hésiter entre deux rattachements, car le caractère « colluvial » n'est pas toujours évident.

Exemple 1

COLLUVIOSOL calcaire, humifère, argilo-caillouteux, pachique, de vallon sec
ou CALCOSOL colluvial, argilo-caillouteux, pachique, humifère, de vallon sec.

Exemple 2

BRUNISOL EUTRIQUE mésosaturé, caillouteux, à silex, colluvial, cultivé, de bas de versant
ou COLLUVIOSOL caillouteux, à silex, mésosaturé, brunifié, cultivé, de bas de versant.

Dans ces deux exemples, quel que soit le choix du pédologue, la même information peut être transmise.

Relations avec la WRB

La WRB ne prend pas en compte les sols colluviaux à un haut niveau taxonomique.

Un *colluvic material* est défini comme un « matériau formé par sédimentation due à l'érosion induite par l'homme. Normalement, il s'accumule en position de bas de pente, dans des dépressions ou en amont de haies. L'érosion peut être intervenue depuis le Néolithique ».

Les deux *qualifiers* "*colluvic*" et "*novic*" sont en rapport direct avec les colluvions et le colluvionnement.

Colluvic est défini ainsi : « montrant un *colluvic material*, épais de 20 cm ou plus, formé par un mouvement latéral induit par les activités humaines ». Ce terme sert de *suffix qualifier* pour de nombreux RSG (dont celui des Cambisols) et de *prefix qualifier* pour les Regosols.

Novic est défini ainsi : « montrant au-dessus du solum qui est classifié au niveau des RSG une couche de sédiments récents (nouveau matériau), épais de 5 cm ou plus, mais de moins de 50 cm ». Ce terme sert de *suffix qualifier* pour presque tous les RSG.

RP 2008	WRB 2006
COLLUVIOSOLS	Colluvic Regosols or Cambisols or other RSG (Colluvic)

Mise en valeur – Fonctions environnementales

Les COLLUVIOSOLS de bas de versants occupent des emplacements où il peut être utile de pratiquer des cultures pérennes (bandes enherbées, rideaux d'arbres) afin de garantir la qualité des eaux contre la pollution agricole diffuse.

Cryosols

2 références

Conditions de formation et pédogenèse

La morphologie, le fonctionnement et la pédogenèse des cryosols sont dominés par les alternances de gels et de dégels.

Les cryosols se forment sous des climats froids, de haute altitude ou de haute latitude, plus particulièrement lorsque les étés sont frais, ce qui a pour conséquence, soit une limitation du couvert végétal (< 50 % de la surface), soit la subsistance en profondeur d'une couche gelée pérenne, minérale ou organique, le **pergélisol**, quel que soit le type de couvert végétal. Le pergélisol est défini comme une couche dont la température est en permanence < 0 °C pendant au moins deux années consécutives (synonyme : *permafrost*).

En été, la partie supérieure du solum dégèle sur une certaine profondeur : c'est la **couche active** dans laquelle les horizons pédologiques et les processus physiques spécifiques des cryosols peuvent se développer ; elle subit au moins un cycle gel-dégel annuel. La glace est présente sous forme de lentilles, aussi bien dans les horizons supérieurs du pergélisol que dans la couche active en hiver. Sa répartition n'est pas nécessairement homogène ; le régime hydrologique particulier qui découle de sa formation ou de sa fusion va interférer avec le fonctionnement et l'évolution des solums.

On peut distinguer des environnements à :
- gel saisonnier superficiel, mais fréquent (montagnes des zones tropicales et subtropicales) ;
- gel saisonnier profond :
  - à période(s) de regel nocturne (montagnes des climats tempérés, zones subantarctiques ou subarctiques océaniques),
  - sans périodes de regel temporaire (zones subarctiques continentales) ;
- pergélisol sporadique qui affecte moins de 30 % de la surface ; température moyenne annuelle du sol (T_{mas}) < − 1 °C ;
- pergélisol discontinu qui affecte entre 30 et 80 % de la surface ; − 5 °C ≤ T_{mas} ≤ − 1 °C ;
- pergélisol continu qui affecte plus de 80 % de la surface ; T_{mas} < − 5 °C.

La répartition du pergélisol dans un paysage et sous un climat donné est en relation avec la qualité du drainage naturel, l'insolation et la présence éventuelle de facteurs d'isolation thermique, tels que les lacs ou les accumulations de neige. De 40 à 50 % des précipitations annuelles ont lieu sous forme de neige. Le pergélisol peut être qualifié de « sec » s'il ne contient pratiquement pas de glace.

16e version (9 novembre 2007).

Les cryosols se développent dans des matériaux variés, peu altérés : produits de gélifraction, moraines, lœss, formations glacio-marines, alluvions fluviatiles ou fluvio-glaciaires.

Phénomènes physiques

Ils sont nombreux. On peut distinguer :

• une **ségrégation saisonnière de glace en lentilles** organisées parallèlement à la surface topographique ou en réseau réticulé ; elle est responsable du gonflement du sol au gel et constitue l'agent principal de l'acquisition des microstructures cryogéniques. Une forte accumulation de glace s'observe dans la partie supérieure du pergélisol et, en hiver, à la base de la couche active et à son sommet (potentiel matriciel élevé, lié au gradient thermique et au changement de phase) ;

• une **agrégation** le plus souvent **lamellaire** du matériau (parfois grenue en surface, polyédrique angulaire ou prismatique courte), d'autant plus stable que le matériel est riche en limons fins et colloïdes (minéraux ou organiques) et que les températures minimales sont basses.

• une **désagrégation** ou **gélifraction** du matériel minéral, en relation avec la formation de glace, la présence de sels (haloclastie) et la nature des matières organiques labiles (modification de la conductivité hydrique), avec production de limons et de sables ;

• une **redistribution** des fractions > 0,5 mm par **cryoexpulsion** vers la surface, résultant de la traction exercée sur certains éléments grossiers par la glace de ségrégation à l'engel, allant jusqu'à l'expulsion après dégonflement du sol au dégel ;

• un **transfert de particules** de taille < 50 µm, selon la porosité disponible en période de dégel, et la possibilité de constitution dès 5-10 cm de profondeur d'un horizon dit « limono-illuvial » dans lequel l'illuviation se reconnaît aux coiffes limoneuses compactes déposées sur la face supérieure des éléments grossiers. S'il perdure, ce phénomène peut modifier la gélivité d'un horizon et, de ce fait, le gradient de gélivité au sein d'un solum (cf. § « Phénomènes mécaniques », *infra*) ;

• un **engorgement printanier** fréquent sur bas de pente, de préférence en exposition nord ou nord-est (dans l'hémisphère nord) ou en milieu mal drainé ;

• l'apparition fréquente d'un **réseau de fentes de retrait** consécutif au ressuyage estival (maille < 2 m) ou à la contraction thermique en hiver (maille de 2 à 30 m) ;

• la création d'une **microtopographie** particulière, en relation directe avec l'état hydrique au moment du gel. Elle est la résultante du gonflement cryogénique différentiel (cf. § « Phénomènes mécaniques », *infra*) et/ou de la capacité de stockage des précipitations.

Biogéochimie

Le **potentiel redox** est bas, en raison de l'engorgement saisonnier (fonte de la neige et de la glace) et de la très faible activité biologique.

L'**altération minérale** est « potentiellement efficace », en raison de l'accumulation des matières organiques de type acides fulviques et de la dessiccation par le gel (pF élevé, notamment en période hivernale), mais très limitée par la brièveté de son action (début d'extraction de fer des réseaux minéraux), car la saison d'activité biologique ne dure que de 1 à 4 mois.

La **dissolution de la calcite** est d'autant plus rapide qu'elle est en relation avec les faibles températures (abondance de CO_2 dissous), l'abondance des précipitations, des cyanophycées, des moisissures, de NaCl (embruns, brouillard), de $MgCO_3$ et que la bioturbation est réduite (température basse, engorgement). Cette calcite (parfois aragonite) reprécipite sous contrôle biologique en prenant la forme de pendeloques dans les anfractuosités ou dans la macroporosité.

Une autre forme en microsphérules est précipitée par les cyanobactéries en milieu bien drainant (stress hydrique). Enfin, une calcite (ou aragonite) cryogénique apparaît due à la circulation d'eau dans la macroporosité, mais pas dans les horizons à texture fine.

L'**humification** est peu poussée (activité biologique réduite, anaérobiose pendant une partie importante de la brève saison végétative), associée à une mélanisation importante (liée à la richesse en Ca^{2+} et à la dessiccation) et à des rapports C/N bas, souvent < 15. L'apport local d'azote et de cations par les cadavres et les déjections d'oiseaux est un facteur important d'accumulation organique.

La **capacité d'échange** est souvent très faible (mais le taux de saturation élevé grâce à Ca^{2+}, Na^+, Mg^{2+}), en raison de la faible altération des minéraux primaires et de la faible teneur en argiles. En très hautes latitudes (déserts polaires) ou en milieux à climat hypercontinental d'altitude (Asie centrale), des précipitations salines sulfatées ou nitratées sont courantes.

Biologie

L'**activité bactérienne** est limitée, en raison du caractère antibiotique des exsudats de lichens, mais des précipitations d'origine bactérienne organo-ferriques et carbonatées interviennent, et il y a, en période estivale, une activité sulfato-réductrice efficace lorsque la température maximale dépasse + 4 °C (subsurface) en milieu engorgé.

Il y a formation d'une **croûte cryptogamique** (complexe d'algues, de lichens et parfois de mousses formant un tapis feutré), lorsqu'elle n'est pas détruite par la formation superficielle d'aiguilles de glace (*pipkrakes*). Par sa couleur sombre, cette sorte d'horizon OL modifie l'albédo de la surface du sol. Sa résistance mécanique au cisaillement limite l'érosion éolienne ou le ruissellement. Elle peut être remplacée par un tapis de mousse ou, après le passage d'un feu, de lichens du genre *Cladonia*.

Le rôle de la **végétation** n'est pas négligeable. Par sa présence, celle-ci favorise une meilleure humectation des sols, une fixation des substrats peu gélifs, permettant l'expression de buttes en milieu sableux, le corsetage des coulées de solifluxion. Sa déchirure par les *pipkrakes* favorise la constitution d'ostioles (flaques de boue). En été, lorsqu'elle est sèche ou épaisse, elle limite le réchauffement du sol, et donc la profondeur du dégel, soit par isolation thermique (tourbières) soit par modification de l'albédo (forêt). En hiver, les arbres favorisent l'accumulation de la neige qui limite la pénétration du gel, et peuvent subsister grâce à celle-ci.

La **pédofaune** est peu efficace dans les processus de biodégradation. Son activité est contrôlée par le régime hydrique et les températures estivales. Elle consiste en des arthropodes (larves de diptères ou de coléoptères, collemboles, acariens, oribates), des nématodes et de très peu d'annélides (enchytréides surtout et deux espèces seulement de vers anéciques).

Phénomènes mécaniques

Tous les phénomènes présentés *infra* sont en relation directe avec la formation de glace de ségrégation.

La cryoturbation

Elle résulte du gonflement différentiel au gel de sédiments adjacents ou superposés, en relation avec l'état hydrique lors de l'engel automnal. La gélivité des sédiments est en relation, d'une part, avec leur composition granulométrique et minéralogique ou organique et, d'autre part, avec leur porosité. Le gonflement au gel est en relation avec le gradient thermique et la teneur en eau.

Remarque: d'autres mécanismes peuvent également induire un gonflement différentiel et une morphologie voisine: gonflement lié aux sels, gonflement différentiel de matériaux, en relation avec leur composition minéralogique ou organique.

Les déformations sont à mettre en rapport avec:

• le **contraste de gélivité**: les déformations acquises sont d'autant plus importantes que le contraste entre les sédiments est plus grand; toutes conditions étant égales, une différence de teneur en argiles ou en matières organiques de 0,5 % entre deux couches est amplement suffisante pour que ce processus démarre. Il en est de même pour tout contact de matériaux différents, dû par exemple au colmatage de fentes ou au contenu de langues. Un contact abrupt ondulant entre horizons peut permettre l'amorce du phénomène.

• le **gradient de gélivité**, qui correspond au sens du contraste: il est positif lorsque le matériel supérieur est le plus gélif; dans le cas contraire, il est négatif. Un tel gradient peut être acquis par pédogenèse: accumulation de fractions limoneuses ou colloïdales (minérales ou organiques), podzolisation, lessivage.

En milieu engorgé, la surface du sol se rigidifie et le gonflement cryogénique différentiel est obligé de s'exprimer vers le bas. Le matériel sous-jacent est comprimé et s'injecte petit à petit à la base des fentes de retrait. C'est un processus lent. À partir de cette figure de base, le gradient de gélivité va s'exprimer: les injections plus gélives que l'encaissant vont atteindre progressivement la surface et former un type particulier d'ostiole de toundra (plage gélive encadrée par un substrat moins gélif). Les injections moins gélives que l'encaissant ne peuvent atteindre la surface et s'accumulent à faible profondeur en forme de diapir ou de dôme. À l'inverse, le colmatage de fentes, organique ou minéral, peut exprimer son gonflement vers le bas et former des « gouttes », voire des « poches en chaudron » selon la taille des figures. Ces déformations se produisent généralement en superposition à un réseau de fentes de retrait (ressuyage, dessiccation ou contraction thermique).

D'une manière générale, le **dégel** est un phénomène très lent et la liquéfaction par thixotropie est un phénomène exceptionnel, n'intervenant que sous l'effet d'un piétinement ou de vibrations.

En milieu bien drainé, au contraire, le gonflement différentiel s'exprime pleinement et les formes se mettent progressivement en relief (sols à buttes, formes à centre surélevé). Ce phénomène peut également apparaître après un abaissement du niveau de la nappe.

La cryoturbation peut être réactivée dans une formation donnée chaque fois que les conditions thermiques et hydrologiques (remontée de la nappe) sont présentes.

Formation de pipkrakes (ou aiguilles de glace)

Il s'agit d'un type de ségrégation de glace apparaissant à la surface du sol lors d'un gel modéré sur sol humide et relativement chaud. C'est la forme de glace la plus fréquente, en milieu tempéré de basse altitude comme en milieu tropical et subtropical d'altitude. Dans les autres régions, cette ségrégation se manifeste lors des changements de saison. Ces aiguilles sont très actives à la surface des sols nus ou des ostioles. En soulevant et déchirant la croûte cryptogamique ou la strate herbacée, en soulevant de petites mottes de terre, elles s'avèrent être un facteur très important de préparation des sols à l'érosion. Leur action, couplée à celle de l'éluviation en période de fonte, sensibilise les sols ainsi dénudés à la battance, induisant une liquéfaction superficielle, ou encore à la déflation. Sur pente, la déformation plastique des aiguilles de glace ou leur sublimation provoque une migration particulaire superficielle très importante, susceptible d'être retouchée par la solifluxion, la battance ou la déflation.

La solifluxion

Sur pente, le matériel, soulevé orthogonalement à sa surface par le gonflement cryogénique, glisse ou flue plan par plan au moment du dégel, au fur et à mesure de la fonte des lentilles de glace (régime d'écoulement laminaire). Le déplacement sera d'autant plus rapide que l'apport latéral d'eau sera plus important (fonte de névé, drainage oblique) et permettra la lubrification du matériau au plan de fonte. Les déformations obtenues sont d'intensité décroissante vers la profondeur. Différents types de déplacement peuvent être qualifiés par leur intensité et leur signature macro- et microstructurale.

Régime d'écoulement laminaire :

• **cryoreptation** : moins de 1 cm/cycle de gel-dégel ; structure lamellaire parallèle à la pente et/ou blocs et pierres coiffés de limons allongés à plat dans le sens de la pente, souvent en position relevante ;

• **cryoreptation accélérée** (bas de pente) : de 2 à 5 cm/cycle : mêmes caractéristiques que la cryoreptation ; certains lits peuvent présenter une structure grenue.

Régime d'écoulement (micro) turbulent :

• **gélifluxion** : plus de 10 cm/cycle ; structuration grenue, pierres coiffées sur toutes leurs faces ; blocs généralement allongés dans le sens de la pente ;

• **coulée boueuse** : plus de 100 cm/cycle ; à structure massive, compacte à sec, thixotropique, non entravée par la végétation, position des éléments grossiers aléatoire sur forme active, les gros éléments étant généralement allongés dans le sens de la pente. Peut être retouchée *a posteriori* par les autres mécanismes.

Remarques : l'orientation des éléments grossiers est la résultante de l'expulsion cryogénique et de la solifluxion : elle peut donc varier selon le contexte microclimatique local. En bordure de structure lobée, l'orientation des éléments grossiers peut être légèrement plongeante vers le centre de la forme.

Les cryoturbations sur pente obéissent aux mêmes lois qu'en milieu subhorizontal, mais il faut leur adjoindre une composante de déformation liée à la cryoreptation.

Formation d'un thermokarst

La morphologie de surface des cryosols est surtout en relation avec leur régime thermohydrique. Toute modification, même temporaire, des conditions climatiques peut changer leur fonctionnement (abaissement de la nappe, enfoncement du sommet du pergélisol) et faire naître des affaissements, voire des effondrements liés à la disparition de la glace (c.-à-d. modelé thermokarstique). Une sursaturation temporaire des sols peut faire apparaître localement des phénomènes de *load cast* (ou figure de charge = déformations par différence de densité en milieu saturé par l'eau) ou de liquéfaction sous l'effet de vibrations ou de chocs. Ce modelé peut évoluer de manière régressive en bordure de versant et continuer à évoluer, même si les conditions climatiques originales sont restaurées (thermokarst régressif). C'est un des processus de remaniement important des solums, provoquant leur rajeunissement.

Horizons de référence

Pour définir les cryosols, il n'y a pas d'horizons de référence spécifiques. Cependant, **la présence d'un pergélisol (couche P) débutant à moins de 2 m de profondeur** est exigée.

Les horizons les plus fréquents sont : OL, Hf, Hm, Hs, Js, Jp et C.

Un horizon gelé sera noté -*.

Un horizon très déformé par la cryoturbation sera noté -cry (p. ex. Jcry).

À faible profondeur, un horizon limono-illuvial peut être observé. Une telle accumulation limoneuse sera signalée par l'emploi du qualificatif **limono-illuvial** et pourra, comme certains horizons de surface, former un horizon massif à macroporosité **vésiculaire** ou parfois présenter des caractères fragiques (notation -x) : horizon dense à structure lamellaire. Dans ce cas, l'occurrence de cet horizon est significative d'un approfondissement récent de la couche active.

Références

Les caractéristiques essentielles des cryosols sont la **présence d'un pergélisol à moins de 2 m de profondeur** et la prédominance des processus mécaniques (cryoturbation, solifluxion, illuviation) dérivés des alternances gel/dégel sur les processus d'altération biogéochimiques limités par un pédoclimat froid. Le développement des horizons (horizonation) est très lent, en raison de la brièveté de la saison biologique, et contrecarré par les processus cryogéniques. En outre, ces derniers sont responsables d'une véritable « marqueterie » de solums, organisée selon différents systèmes géomorpho-pédologiques (cf. encadré « Systèmes géomorpho-pédologiques » en fin de chapitre).

CRYOSOLS HISTIQUES

Présence possible des horizons de référence suivants :

OL, H et R   ou   **H et R**   ou   **H et -***   **Couche P à moins de 200 cm.**

Deux possibilités :
- s'il existe à moins de 30 cm de profondeur une couche R ou une couche de glace de plus de 30 cm d'épaisseur, les horizons H doivent avoir plus de 10 cm d'épaisseur ;
- dans les autres cas, les horizons H ont une épaisseur > 30 cm. Pas d'horizons A, E, S, BT ou BP.

Les systèmes morpho-pédologiques associés aux CRYOSOLS HISTIQUES sont le plus fréquemment les palses, les plateaux tourbeux et les petites buttes tourbeuses, (hummocks tourbeux) les macropolygones de toundra à centre déprimé et le colmatage des fossés de macropolygones à centre surélevé. Un cas particulier existe dans les sites de nidification d'oiseaux (pieds de falaise, îlots) : tourbières nitrophiles bombées.

CRYOSOLS MINÉRAUX

Présence possible des horizons de référence suivants :
Hcry, Jscry, C ou M ou R ou D   Hcry, Jpcry, C ou M ou R ou D
Couche P à moins de 200 cm.

Les CRYOSOLS MINÉRAUX sont très généralement cryoturbés et ne présentent pas d'horizons histiques continus de plus de 30 cm d'épaisseur.

La plupart des horizons sont affectés par la cryoturbation. Ils restent continus, mais involués en milieu bien drainant ; ils sont souvent complètement interrompus ou mélangés en milieu engorgé. Un horizon Jp est possible, mais discontinu ou cryoturbé. Des horizons limono-éluviaux (appauvris en limons) et limono-illuviaux (enrichis en limons) peuvent exister. Ils contribuent à la constitution du gradient de gélivité, donc à la cryoturbation.

Les CRYOSOLS MINÉRAUX se forment sur substrats hétérogènes peu filtrants, tels que limons stratifiés, lœss, substrats gélivés de toutes natures ou paléosols. Les systèmes morpho-pédologiques associés aux CRYOSOLS MINÉRAUX sont les thufurs ou hummocks minéraux (cryogènes ou d'accumulation sédimentaire éolienne ou alluviale), les champs de cercles ou de polygones de pierre et les macropolygones de toundra à centre déprimé.

Qualificatifs utiles pour les cryosols

fibrique, mésique, saprique Qualifient un CRYOSOL HISTIQUE dans lequel des horizons Hf ou Hm ou Hs respectivement sont seuls représentés ou prédominants, c'est-à-dire les plus épais entre 40 et 120 cm de profondeur.

lithique Qualifie un cryosol dans lequel une couche R apparaît entre 10 et 50 cm de profondeur.

glacique Qualifie un cryosol dans lequel il existe une couche de glace de plus de 30 cm d'épaisseur, dont le toit se trouve à moins de 1 m de la surface.

limono-illuvial Qualifie un CRYOSOL MINÉRAL dans lequel on peut observer un horizon où des particules limoneuses forment, après transport, des coiffes sur la face supérieure de cailloux.

pénévolué Qualifie un CRYOSOL MINÉRAL où l'on peut distinguer clairement des horizons, soit peu perturbés par la cryoturbation, soit recoupant des traits cryoturbés inactivés temporairement (abaissement du niveau de la nappe), avec un horizon Jp d'épaisseur < 10 cm (absence d'activité biologique).

régosolique Qualifie un CRYOSOL MINÉRAL dans lequel, sous un horizon H ou OL de moins de 10 cm, on passe directement à des horizons C ou des couches M cryoturbés. L'horizon H peut être totalement absent.

rédoxique, réductique, etc.

Qualificatifs liés au gel, utiles pour les non-cryosols

à pergélisol profond Un pergélisol existe à plus de 2 m de profondeur.

cryoturbé Qualifie un solum dont certains, voire tous les horizons ont été déformés par cryoturbation.

bathycryoturbé Qualifie un solum présentant des horizons ou des couches cryoturbés en profondeur.

Exemples de types

CRYOSOL MINÉRAL régosolique, arctique.
CRYOSOL MINÉRAL réductique, alpin.
CRYOSOL HISTIQUE fibrique, alpin, à hummocks tourbeux.

Distinction entre les cryosols et d'autres références

Les cryosols ne se développent que dans des contextes climatiques à saison végétative peu favorable au développement d'une strate végétale continue, et là où un pergélisol est susceptible d'exister. La cryoturbation peut affecter, selon les régions, aussi bien des sols faiblement différenciés que des podzosols ou des luvisols, à la suite du refroidissement de la fin de l'Holocène (Néoglaciaire). Un double rattachement CRYOSOL MINÉRAL-podzosol ou CRYOSOL MINÉRAL-luvisol est donc envisageable.

Lorsque les caractères sont insuffisants pour un rattachement aux cryosols, dans les autres cas (p. ex. milieu bien drainé, non cryoturbé, sous une couverture végétale continue, à pergélisol profond, avec un relief périglaciaire hérité), le rattachement sera effectué à une référence, puis on y ajoutera des qualificatifs tels que **à pergélisol profond**, **cryoturbé** ou **bathycryoturbé**.

CRYOSOLS HISTIQUES et histosols

En l'absence d'un pergélisol et même en présence d'une microtopographie héritée, le solum sera rattaché aux histosols (cas des tourbières subarctiques ou de montagne) ou on effectuera un double rattachement. Le ressuyage estival d'une tourbière soulevée par la croissance d'un palse peut entraîner une humification un peu plus poussée des 10 premiers centimètres du solum.

Autres relations

Matériaux très filtrants (tills, dépôts glacio-marins, sédiments fluvio-glaciaires et terrasses alluviales) :
- **solums non différenciés** où la gélifraction n'a pas encore été efficace et n'a pas permis la constitution d'un gradient de gélivité (pas de cryoturbation) : le rattachement se fera dans le cadre des RÉGOSOLS à ou sans pergélisol ;
- **solums différenciés** :
  – la constitution d'un gradient de gélivité simple et contrasté (p. ex. horizon limono-éluvial sur horizon limono-illuvial) permet l'expression de la cryoturbation et le rattachement aux CRYOSOLS MINÉRAUX,
  – dans le cas d'un gradient de gélivité modéré, résultant d'un autre type d'horizonation, on pratiquera un double rattachement (exemples : cryosol-podzosol ou luvisol-cryosol),
  – dans le cas d'une horizonation ne créant pas de gradient de gélivité, le solum sera rattaché à une référence qualifiée de **à pergélisol**, telle que RÉDOXISOL, gypsosol, on peut aussi utiliser le double rattachement (exemple : CRYOSOL MINÉRAL-RÉDOXISOL).

Matériaux fins homogènes : en raison de l'absence de gradient de gélivité lithologique marqué et d'un développement pédologique peu différencié (pas de gradient de gélivité), sur solum non différencié, à rattacher aux RÉGOSOLS, ARÉNOSOLS, fluviosols, etc. à pergélisol, glaciques ou autres sols peu évolués.

Relations avec la WRB

RP 2008	WRB 2006
CRYOSOLS HISTIQUES	Histic Cryosols or Cryic Histosols ?
CRYOSOLS MINÉRAUX	Haplic or Umbric or Spodic Cryosols

Dans la WRB, les Cryosols sont définis comme des sols montrant « un *cryic horizon* débutant dans les 100 premiers centimètres à partir de la surface **ou** un *cryic horizon* débutant dans les 200 premiers centimètres à partir de la surface **et** *des traits de* cryoturbation dans une couche dans les 100 premiers centimètres à partir de la surface ».

Le *cryic horizon* est un horizon perpétuellement gelé (développé) dans un matériau minéral ou organique. Ses critères de diagnostic sont :
1. en continu pendant deux années consécutives ou plus, l'un des caractères suivants :
   a. de la glace massive, une induration par de la glace ou des cristaux de glace facilement visibles ; **ou**

b. une température du sol ≤ 0 °C et pas assez d'eau pour former des cristaux de glace facilement visibles; **et**

2. une épaisseur d'au moins 5 cm.

Le *prefix qualifier "glacic"* de la WRB correspond exactement à la définition du qualificatif glacique: « montrant, dans les 100 premiers centimètres, une couche de plus de 30 cm d'épaisseur contenant (en volume) plus de 75 % de glace ».

Le *suffix qualifier "reductaquic"* est spécifique des Cryosols de la WRB. Sa définition est: « saturé deau pendant la période de dégel et montrant des conditions réductrices à certains moments de l'année au-dessus d'un *cryic horizon* et dans les 100 premiers centimètres depuis la surface du sol ».

"turbic" est un *prefix qualifier* pour les Cryosols et seulement un *suffix qualifier* pour plusieurs autres RSGs. Sa définition est: « montrant des traits de cryoturbation (matériau mélangé, horizons de sol interrompus, involutions, intrusions organiques, soulèvements par le gel, tri entre matériel fin et plus grossier, fentes en coin, terrain réorganisé en polygones) à la surface du sol ou au-dessus d'un *cryic horizon* et dans les 100 premiers centimètres à partir de la surface ».

Le *prefix qualifier "cryic"* qualifie des Histosols ou des Technosols. La définition est: « montrant un *cryic horizon* débutant dans les 100 premiers centimètres à partir de la surface ou montrant un *cryic horizon* débutant dans les 200 premiers centimètres à partir de la surface avec des signes de cryoturbation dans les 100 premiers centimètres ».

Systèmes géomorpho-pédologiques

Les couvertures pédologiques des régions où l'on observe des cryosols sont organisées de manière très complexe et de telle façon que des solums d'aspect très différent peuvent être observés à quelques mètres de distance. Tout un vocabulaire spécifique est nécessaire afin de décrire l'organisation spatiale des couvertures pédologiques.

Sibérie exceptée, les cryosols sont généralement des sols jeunes, datant de l'Holocène moyen ou final. De plus, les modifications climatiques récentes (400-100 ans) et très récentes (depuis 1947 et surtout 1970 en arctique européen) perturbent ces milieux très sensibles. L'hémisphère nord est en cours de refroidissement depuis 4 500 ans et les sols ne se constituent qu'avec beaucoup de difficulté, dix fois plus lentement en milieu subarctique que pour les homologues alpins. Les refroidissements du petit âge glaciaire, notamment, ont fait évoluer des podzosols boréaux ou subarctiques en cryosols. La destruction de la végétation par l'homme (déforestation, surpâturage) a réactivé des cryosols fossiles à des altitudes moyennes (Causses, Massif central, Irlande du Nord, etc.), et donc perturbé une horizonation acquise pendant l'Holocène.

▶▶ Systèmes tourbeux

Systèmes géomorpho-pédologiques de dépression dans lesquels les solums ne sont pas nécessairement des CRYOSOLS HISTIQUES:

• **Palses** (1 à 7 m de hauteur, diamètre < 100 m) et **plateau tourbeux** (diamètre > 100 m) correspondent à des îlots de pergélisol riche en glace au milieu de tourbières (pergélisol sporadique ou discontinu de fond de vallée ou de dépression). Ils peuvent être affectés par des macropolygones (plateau). Il existe aussi des palses minérales ou organo-minérales. Après fonte du pergélisol, une morphologie de dépression circulaire à bordure surélevée peut subsister (Hautes Fagnes, Pays de Galles).

• **Les thufurs** sont des buttes décimétriques à métriques, holorganiques ou organo-minérales, à répartition généralement aléatoire, se formant souvent en bordure de tourbières, dans les plaines de débordement ou en milieu mal drainé. De la glace de ségrégation peut y subsister tardivement jusqu'en été. Il s'agit d'une construction dominée par la croissance végétale (mise « hors d'eau »), complétée par des apports sédimentaires et les processus cryogéniques. Ils ne correspondent pas aux cryosols en dehors de la zone d'extension actuelle du pergélisol. À ne pas confondre avec les méso- et micropolygones à centre surélevé qui peuvent cependant servir de formes initiales à la constitution de thufurs.

▶▶ Systèmes réorganisés

Les systèmes géomorpho-pédologiques typiques des CRYOSOLS MINÉRAUX sont décrits *infra*.

Système polygonal
- Macropolygones : maille décamétrique = grands polygones de toundra (contraction thermique), souvent formés à l'aplomb d'un coin de glace (fente en coin) en milieu mal drainé ou d'un colmatage de fentes en milieu bien drainé.
- Mésopolygones : maille métrique = sols polygonaux (contractions thermiques et/ou dessiccation).
- Micropolygones : maille décimétrique ou cellules (dessiccation).
- Système aléatoire : ostioles et cercles (diamètre > 10 cm) ; nubbin (diamètre < 10 cm).

Tri
- non trié = pas d'organisation visible autre que le réseau de fentes ; peut être déformé par la solifluxion : polygones et cercles ;
- trié = polygones : bordure de cailloux plus ou moins granoclassés :
  - cryoexpulsés sur fentes → méso- et macropolygones,
  - cryoexpulsés et flués → micropolygones ;
- trié = cercles :
  - contigus → cf. mésopolygones triés,
  - coalescents → repousse les cailloux superficiels.

Ostioles (flaques de boue)
Elles peuvent être :
- résiduelles au centre d'un polygone trié (habituellement non mentionnées comme telles) ;
- d'injection, à l'aplomb d'un nœud de polygones ;
- d'injection aléatoire (cercle trié).

Remarques
- Les formes métriques et décimétriques peuvent être appelées « sols à buttes » ou « hummocks » dans la littérature.
- Les macropolygones, correspondant aux coins de glace, sont qualifiés de concaves et de convexes ; leur expression morphologique est contrôlée à la fois par le régime hydrique et par les phénomènes thermokarstiques.

▶▶ Formes de solifluxion

Pente et formes de solifluxion
La pédogenèse est généralement synchrone de la forme.

- **Solifluxion laminaire** : mouvement extensif et homogène du sol, sur tout un versant, associé à la cryoreptation. Correspond en général à un versant mal drainé, souvent surmonté d'une congère, et à une microtopographie lisse, zones triées exceptées. Responsable de stratification visible en coupe par étirement des couches et autres structures. À la solifluxion peut s'ajouter des réorganisations de type cryosols.

- **Sols striés** : réseaux polygonaux métriques à décimétriques évoluant par étirement (cryoreptation) pour former des stries parallèles ou anastomosées, souvent retouchées par le ruissellement.

- **Sols microstriés** : figures larges de < 10 cm, formant un faisceau parallèle ou anastomosé de buttes et de sillons, souvent en relation avec un réseau de dessiccation et avec le ruissellement.

- **Solifluxion en banquettes** : mouvement lent du sol, par cryoreptation, légèrement plus rapide que son environnement voisin, caractérisé par un front raide (→ 60°) ou multilobé, de hauteur allant de 5 cm à 1 m maximum (Alpes) à 6 m maximum (Alaska, Spitzberg), par une élongation allant de 2 à 30 m (Alpes) jusqu'à 1 200 m maximum (Alaska), apparaissant généralement sur pente modérée (entre 5° et 15°), mais pouvant apparaître sur pente plus forte (30°). La morphologie du front sera armée soit par une accumulation frontale raide ou en bourrelet de blocs et de graviers, pouvant constituer un dallage sous le lobe, soit par une végétation dont le mat racinaire assure le maintien de la forme, soit enfin une forme mixte. Leur superposition et leur étirement entraînent la formation d'une stratification visible en coupe.

Remarque
Selon les définitions requises, des lobes totalement végétalisés sans pergélisol ne portent pas de cryosols (cf. « coulées » des Alpes). Cette forme de solifluxion en lobe peut être exprimée sous la forme :
- de lobes isolés (front : 0,3 à 1,5 m), dont la longueur est très supérieure à la largeur, liés à la cryoreptation accélérée ou à la gélifluxion (pente forte et/ou suralimentation hydrique) ;

• de lobes imbriqués (longueur > largeur ; longueur = 1 à 10 m) (cryoreptation, drainage médiocre à modéré), pouvant dériver de cercles triés ;

• de terrassettes (longueur < largeur ; longueur = 0,3 à 1 m) (cryoreptation sur pente forte, bien drainée).

Ces formes peuvent être retouchées en « systèmes réorganisés » (cf. *supra*).

Coulées boueuses

Flux de terre dont la longueur est très supérieure à la largeur. Elles caractérisent des zones de suralimentation hydrique et d'instabilité du matériau, avec dépassement du seuil de liquidité. Ce sont des épanchements très plats, parfois bordés de bourrelets.

Leur dynamique n'est pas nécessairement cryogénique. La couverture végétale, si elle préexiste, est déchirée. Une coulée peut être retouchée *a posteriori* par d'autres figures cryogéniques. La pédogenèse est obligatoirement postérieure à la coulée boueuse.

Ferrallitisols et oxydisols

4 références pour les ferrallitisols
3 références pour les oxydisols

Conditions de formation et pédogenèse

La définition des ferrallitisols et oxydisols insiste sur un certain nombre de caractères majeurs : la grande épaisseur des solums ; la minéralisation rapide des matières organiques ; l'altération très poussée des minéraux, y compris du quartz ; l'élimination de la majeure partie des cations alcalins et alcalino-terreux ; la forte teneur en sesquioxydes de fer, assez souvent accompagnés de sesquioxydes d'aluminium ; la présence presque exclusive de la kaolinite comme minéral argileux dans la majorité des sols ; une capacité d'échange cationique variable, mais généralement basse ou très basse, et dans certains cas l'existence d'une capacité d'échange anionique ; un taux de saturation souvent faible ou moyen (exceptionnellement élevé) ; un pH acide ou très acide ; une teneur en limons faible ; une structure assez diversifiée en éléments nettement individualisés, généralement assez fins, polyédriques ou grumeleux, qui peut être parfois grenue fine ou très fine, voire particulaire. Cette structure confère aux horizons meubles ou à la fraction meuble des solums ferrallitiques une grande friabilité.

Le processus d'altération

Les minéraux primaires, à l'exception des plus stables (quartz, rutile, zircon, etc.), sont complètement détruits et les cations alcalins et alcalino-terreux ainsi que la silice sont lixiviés.

Il se forme toujours des composés cristallins, les substances amorphes n'étant, le plus souvent, que transitoires ou mineures.

Plusieurs modes d'altération géochimiques sont possibles, directs ou indirects : passage ou non par un stade de bisiallitisation (formation d'argiles 2/1) qui aboutit à une allitisation (formation de gibbsite) ou à une monosiallitisation (formation d'argiles 1/1) et à la libération du fer. L'altération se termine toujours avec des conditions de drainage et d'oxydation bonnes ou assez bonnes.

Sur roches ultrabasiques, l'absence totale ou presque d'alumino-silicates détermine une altération marquée par la libération massive de sesquioxydes autres que ceux de l'aluminium. Ce processus dit de **ferritisation** semble être le terme ultime de la ferrallitisation. Il peut être assez rapide et direct sur les péridotites, très lent et passer par le stade monosiallitique sur les roches contenant des alumino-silicates. Dans un premier stade, tous les éléments solubles sont éliminés, et il ne reste alors que le fer et la silice, cette dernière recristallisant dans les fissures, filons, etc., qui s'accumulent sous des formes diverses et coexistent, mais demeurent juxtaposés. À terme, la silice tend également à disparaître du paysage (il peut en rester sous formes de reliques siliceuses en bas de séquences). Seuls les sesquioxydes de fer (et d'aluminium pour une moindre part) demeurent. Ce processus aboutit ainsi à la formation des oxydisols, où les sesquioxydes métalliques sont les éléments essentiels. Dans les niveaux ferrugineux indurés (cuirasses et carapaces), les réorganisations sont nombreuses (création de chenaux de dissolution, reprécipitations ferrugineuses, biopédoturbations, etc.).

21ᵉ version (9 novembre 2007).

L'altération en milieu ferrallitique ne semble pas faire intervenir des mécanismes spécifiques. La très large prépondérance de la kaolinite est le trait commun de tous les ferrallitisols. L'halloysite et la métahalloysite, parfois présentes dans des horizons de ferrallitisols, sont les indices d'une transformation incomplète des minéraux altérables (stade de jeunesse : sols de moins de 100 000 ans) sur des matériaux volcaniques ou d'un rajeunissement par apport de cendres volcaniques[1].

Dans certains cas (zones sèches), le processus d'altération ne joue qu'un rôle mineur dans la pédogenèse ; dans d'autres, il se limite à de simples dissolutions sans néoformations, par exemple sur des matériaux kaolinitiques, quartzeux ou calcaires.

Le processus d'altération aboutit à la formation de matériaux de faciès et de types très divers, mais aucun d'entre eux n'est constant dans les ferrallitisols. Ces matériaux constituent, dans la plupart des sols, un horizon C, l'altérite (isaltérite, allotérite[2]), qui peut atteindre une très grande épaisseur. Mais, dans certains solums, le passage de la roche aux horizons ferrallitiques se fait brutalement. L'altérite est alors présente sous forme de fragments (lithoreliques) inclus dans d'autres horizons de référence.

L'altération n'est pas toujours totale et des minéraux primaires altérables, des fragments ou même des blocs de roches peuvent subsister dans les horizons ferrallitiques (F) et réticulés (RT).

L'individualisation des sesquioxydes métalliques, principalement de fer et d'aluminium, s'exprime de façon parfois saisissante par la présence d'accumulations ferrugineuses fines (horizons oxydiques OX) ou grossières et discontinues — les nodules (horizon ND) — ou continues plus ou moins indurées — les cuirasses (horizon OXm) ou carapaces (horizon OXc). La présence de ces accumulations de sesquioxydes métalliques confère aux horizons oxydiques des comportements particuliers, liés essentiellement à la présence de charges variables.

Le caractère « charges variables »

C'est une des caractéristiques essentielles des horizons oxydiques. Les valeurs mesurées du pH_{KCl} sont, dans ces horizons, supérieures à celles de pH mesurés dans l'eau. Cette différence révèle la présence de charges positives sur les oxyhydroxydes métalliques (en milieu acide et en l'absence d'argile). Ces horizons sont donc caractérisés par une « capacité d'échange anionique » et par leur « charge variable » en fonction du pH, du fait des propriétés amphotères de ces oxydes et hydroxydes métalliques.

Lorsque la valeur du pH augmente, la quantité de charges négatives augmente, et il existe alors une capacité d'échange cationique. À l'inverse, lorsque la valeur du pH diminue, il se crée une capacité d'échange anionique.

Dans un milieu acide ou très acide, la capacité d'échange cationique est donc faible ou très faible. La présence de tels horizons oxydiques, très bien drainés, dans des zones à fortes précipitations a pour conséquence le départ des cations.

Le point de charge zéro (PCZ)

Le point de charge zéro des ferrallitisols est le plus souvent compris entre 2,5 et 4,5, mais il peut atteindre 6 dans les sols riches en oxyhydroxydes de fer et/ou d'aluminium. L'abondance de matières organiques ou de quartz tend à diminuer la valeur du PCZ. La kaolinite, qui n'a que peu de charges négatives, tend également à diminuer la valeur du PCZ. En revanche, les oxydes et les hydroxydes métalliques l'augmentent.

La texture et la structure confèrent aux horizons A, F et OX du domaine ferrallitique un caractère meuble. Ce caractère est accentué par le processus de micro-agrégation dans les

---

[1] La présence exclusive d'halloysite dans certains sols formés sur roches basiques d'origine volcanique leur confère des propriétés particulières. Ces NITOSOLS représentent en fait un stade de transition entre les andosols et les ferrallitisols.

[2] **Isaltérite** : niveau d'altération qui a conservé la structure de la roche ; **allotérite** : niveau d'altération dans laquelle la structure originelle de la roche n'est pratiquement plus reconnaissable. Cf. *infra* horizons C.

horizons A et F. Les micro-agrégats sont présents en quantité importante dans les solums des paysages à modelés en 1/2 orange, où ce trait morphologique est très largement dominant, voire le seul présent sur les plus anciennes surfaces structurales.

> ### La micro-agrégation
>
> La morphologie des micro-agrégats (de diamètre < 1 mm, parfois appelés micronodules) est arrondie ou ovoïde (micro-agrégats granulaires) ou polyédrique avec des angles plus ou moins marqués (micro-agrégats fragmentaires).
>
> La formation des micro-agrégats résulte de l'application de multiples processus : hydratation-dessiccation, ségrégation-accumulation de certains éléments et apparition de « volumes critiques » (volumes délimités par des fissures, qui sont à l'origine, par étapes successives, des micro-agrégats eux-mêmes) et action des termites plus particulièrement. Les micro-agrégats peuvent être d'origine biologique ou chimique (sous l'action des oxyhydroxydes de fer et d'aluminium mal cristallisés), les micro-agrégats fragmentaires sont plutôt d'origine physique. Toutefois, certains micro-agrégats de type granulaire se forment dans des horizons très acides, riches en aluminium échangeable, sans que la faune intervienne de façon marquée.

Quelques dérogations à cette définition des ferrallitisols sont cependant admises : présence de minéraux hérités en faible quantité, comme l'illite ou d'autres silicates altérables (vermiculite altérée), existence d'une structure plus massive, de teneurs élevées en matières organiques dans les régions d'altitude élevée, présence d'halloysite, parfois en quantité importante, dans certains niveaux dérivant de matériaux volcaniques, etc.

Selon la situation et les conditions, l'évolution des ferrallitisols conduit à l'accumulation de certains éléments sous formes de cuirasses (horizon OXm) mais également à la destruction ultérieure de ces cuirasses.

Les couvertures pédologiques ferrallitiques ont une extension géographique extrêmement importante dans la zone tropicale humide et sont observées en Afrique, à Madagascar, en Amérique du Sud ou centrale, dans le Pacifique, en Australie, en Asie mais également hors des régions soumises aux conditions climatiques sous lesquelles elles se forment ou sont en équilibre actuellement.

De nombreux solums, dont les caractéristiques morphologiques, minéralogiques, géochimiques sont très diverses, sont présents dans ces couvertures pédologiques ferrallitiques. Dans certaines régions, elles paraissent en « équilibre », dans d'autres en formation ou encore en transformation. Il existe ainsi au sein du domaine ferrallitique divers systèmes dynamiques, selon l'environnement pédologique, qui se sont mis en place sur de très longues périodes de temps (100 000 ans à plusieurs millions d'années).

Les pédopaysages montrent également des modelés très différents, allant des formes convexes en 1/2 orange à celles convexo-concaves ou à des ensembles associant plateaux cuirassés sommitaux et longs versants rectilignes. Toutefois, il existe dans cet ensemble morphopédologique un certain nombre de caractères communs, le plus souvent d'ordre géomorphologique, qui permettent de définir des horizons et des séquences d'horizons de références.

Les couvertures ferrallitiques se caractérisent par deux grandes discontinuités :
• entre la roche et l'horizon C, il y a une très forte évolution chimique, mais peu de modifications structurales ;
• entre l'horizon C et les autres horizons, il y a peu de changements chimiques, mais une réorganisation structurale très importante due à l'intervention de l'activité biologique (bio-pédoplasmation) ainsi qu'à des processus physiques (éluviation, illuviation) ou chimiques (acidification, oxydation/réduction).

Horizons de référence

L'altération ferrallitique aboutit à la disparition généralement totale des minéraux primaires altérables et à la néogenèse de nouveaux composés cristallins :
- minéraux argileux de type 1/1 (kaolinite essentiellement, halloysite dans certaines conditions) ;
- oxydes et d'hydroxydes métalliques (fer, essentiellement, mais aussi aluminium, chrome, cobalt, nickel, etc.) ;
- silice, quartz résiduel, de dépôt de recristallisation (opale).

Leur grande concentration, surtout en ce qui concerne l'argile et les oxydes et hydroxydes métalliques, conduit à définir des horizons de référence possédant une organisation pédologique spécifique :
- l'**horizon ferrallitique** (F) et l'**horizon oxydique** (OX) : horizons meubles caractérisés par leurs proportions relatives de minéraux argileux et d'oxyhydroxydes métalliques ;
- l'**horizon réticulé** (RT) : horizon meuble ou partiellement durci avec une ségrégation importante des sesquioxydes de fer ;
- les **horizons pétroxydique** (OXm), **duroxydique** (OXc) et **nodulaire** (ND) : horizons d'accumulations de sesquioxydes métalliques sous forme de cuirasses ou de carapaces ou de nodules.

Horizon ferrallitique (F)

La structure, fragmentaire moyenne à très fine, ou massive, mais ni vertique ni columnaire, est souvent riche en micro-agrégats d'un diamètre inférieur au millimètre. La couleur vive, en général homogène, due aux oxydes et hydroxydes de fer, est rouge, jaune, ou encore rouge violacé. La *chroma* et la *value* varient entre 2 et 8. Ces deux caractères de structure et de couleur l'ont fait dénommer *structichron* par Chatelin et Martin (1972).

La couleur permet de distinguer des horizons **F rouges** et des horizons **F jaunes**.

Le taux d'argile minéralogique est > 12 % de la terre fine. La composante minéralogique argileuse principale de l'horizon F est la kaolinite. L'halloysite peut être présente dans certains horizons des solums ferrallitiques rajeunis des régions volcaniques (horizons Sn[3]). Les minéraux argileux de type 2/1, s'ils sont présents, le sont en très faible quantité (< 10 % de la fraction argileuse). Le rapport moléculaire SiO_2/Al_2O_3 du produit d'altération (hormis quartz résiduel) est < 2,2.

Les oxydes et hydroxydes métalliques (fer essentiellement — goethite, hématite — mais aussi aluminium — gibbsite —, titane, chrome, cobalt, nickel) sont souvent mélangés, mais, en règle générale, l'un d'eux domine très largement. La somme des oxydes (dosés par méthode triacide ou fusion alcaline) est < 60 % de la fraction < 2 µm. Les valeurs les plus fréquentes sont comprises entre 3 et 18 %.

Les horizons F sont dits :

halloysitiques	lorsque l'halloysite représente entre 10 et 50 % des minéraux argileux (codés Fhy) ;
oxydiques	lorsque les oxydes métalliques représentent entre 30 et 60 % de la fraction < 2 µm (codés Fox).

---

[3] Les horizons Sn sont caractéristiques des NITOSOLS (cf. ce chapitre).

Dans les horizons F, le pH_{eau} varie entre 3,5 et 7 ; il est supérieur au pH_{KCl}.

La capacité d'échange cationique y est < 16 $cmol^+ \cdot kg^{-1}$.

Distinctions entre les horizons F rouges, F jaunes et Sn.

Caractères	Horizons F rouges	Horizons F jaunes	Horizons Sn
Couleur	10 R → 5 YR (7,5 YR)	(7,5 YR) 10 YR → 5 YR	10 R → 7,5 Y
Structure	Fine à très fine	Moyenne à très fine ou structure massive	Moyenne à grossière
Micro-agrégats	Nombreux, arrondis, de type granulaire	Moins nombreux, polyédriques plus ou moins anguleux, de type fragmentaire	Absents
Traits pédologiques	• Peu ou pas d'orientations plasmiques • Cutanes assez peu nombreux ou absents	• Orientations plasmiques plus abondantes et de types variés • Cutanes assez nombreux à nombreux	• Orientations plasmiques importantes • Faces luisantes nombreuses (cutanes de tension)
Minéraux	• Kaolinite dominante • Hématite dominante	• Kaolinite dominante • Goethite dominante	• Halloysite dominante • Goethite dominante, gibbsite en faible quantité
CEC	< 16 $cmol^+ \cdot kg^{-1}$	< 16 $cmol^+ \cdot kg^{-1}$	> 16 $cmol^+ \cdot kg^{-1}$

Horizon oxydique (OX)

La structure de cet horizon, d'apparence massive, est en fait polyédrique émoussée, fine à très fine. Les micro-agrégats de la taille des limons et des sables sont très abondants. La porosité est élevée.

La coloration est généralement homogène. Selon la nature des oxydes et hydroxydes dominants (le plus souvent de fer), les teintes varient du rouge violacé très foncé parfois presque au noir (10 R 2,5/2, 3/2 à 4) et plus rarement au jaune (10 YR, 2,5 Y 6 à 7/6 à 8). Les couleurs très sombres sont dues à la présence de magnétite ou de chromite.

La texture est en général argileuse, limoneuse ou limono-argileuse. Le taux d'argile minéralogique est < 12 % de la terre fine.

Les oxydes et hydroxydes métalliques (de fer, d'aluminium, de titane, de manganèse, de chrome, de cobalt, de nickel, etc.) sont les constituants essentiels de ces horizons. La somme des oxydes (dosés par méthode triacide ou fusion alcaline) est > 60 % de la fraction < 2 μm. Le pourcentage de minéraux altérables autres que le quartz et la muscovite est < 10 % de la fraction 20-200 μm. Les oxydes et hydroxydes métalliques sont tous présents, mais, le plus souvent, l'un d'entre eux est largement dominant. Dans la majorité des situations, il s'agit du fer ou de l'aluminium. En fonction de la nature de l'élément dominant, on distingue des horizons oxydiques :

allitiques   dans lesquels les oxydes d'aluminium (boehmite et gibbsite) représentent plus de 30 % des oxydes totaux (codés OXal) ;

ferritiques   dans lesquels les oxydes de fer (hématite et goethite) constituent plus de 30 % des oxydes totaux (codés OXfr) ;

bauxitiques   qui comportent soit des éléments allitiques, soit des éléments allitiques et ferritiques (codés OXba) ;

titaniques   dans lesquels les oxydes de titane sont prépondérants (certains sols de Tahiti ou des îles Hawaï – codés OXti).

Lorsque la teneur en argile minéralogique est > 12 % de la terre fine, l'horizon OX est dit **ferrallitique** (codé OXfl).

Le pH_{eau} est compris entre 5,5 et 6,5. Il est inférieur ou égal au pH_{KCl}. Le point de charge zéro est égal à 7, voire dépasse cette valeur.

L'horizon oxydique résulte principalement de l'altération de roches basiques ou ultrabasiques.

Comparaison des horizons F et OX

Les horizons F et OX comportent parfois des taches qui indiquent la juxtaposition de matériaux ferrallitiques (rouges) et oxydiques (rouge violacé). Dans ces conditions, il est relativement facile de définir les proportions de chaque matériau et de qualifier sur le terrain les horizons F ou F oxydique ou OX ou OX ferrallitique.

En revanche, dans certaines situations, la différenciation morphologique (basée sur couleur et texture) est pratiquement impossible. Seules des déterminations de laboratoire permettent alors de caractériser ces horizons en fonction de la nature et des teneurs en oxydes métalliques et en argile 1/1. Ce n'est donc qu'après ces résultats qu'il est possible d'appliquer les qualificatifs précédents.

Il existe assez souvent dans ces horizons F et OX d'assez fortes concentrations en éléments grossiers sesquioxydiques. Lorsque les quantités de nodules sont comprises entre 30 et 60 % en poids, ces horizons sont dits « nodulaires » (codage Fnod et OXnod).

Caractères	Horizons ferrallitiques F	Horizons oxydiques OX
Minéraux argileux 1/1	90 à 100 % de la fraction 0-50 µm (kaolinite, halloysite)	< 10 % de la fraction 0-50 µm (kaolinite)
Minéraux argileux 2/1	< 10 % des minéraux argileux	Absents
Somme des oxydes et hydroxydes métalliques dans la fraction < 2 µm	< 60 %	> 60 %
Rapport SiO_2/Al_2O_3	< 2,2	< 0,5
CEC	Entre 5 et 16 $cmol^+ \cdot kg^{-1}$ d'argile	< 5 $cmol^+ \cdot kg^{-1}$ d'argile
« Charges variables »	Peu importantes	Très importantes
pH_{eau}	3,5 à 7	5,5 à 6,5
pH_{eau} et pH_{KCl}	$pH_{eau} > pH_{KCl}$	$pH_{eau} \leq pH_{KCl}$
Teneur en argile minéralogique	> 12 % de la terre fine	< 12 % de la terre fine

La couleur, le plus souvent rouge violacé (*value* 2,5 à 3, *chroma* 2 à 3), et la composition minéralogique de la fraction 0-50 μm sont les traits le plus distinctifs des horizons OX par rapport aux horizons ferrallitiques F.

Horizon réticulé (RT)

Il est caractérisé par une grande variété de couleurs (rouge, ocre-rouge, jaune, ocre-jaune, beige, blanc, gris, etc.) et par un réseau plus ou moins régulier, dont la maille, de type alvéolée, réticulée ou anastomosée, se répète systématiquement tous les centimètres ou tous les décimètres. Le faciès typique montre une égale importance de taches fortement contrastées : rouge et jaune, rouge et blanc, jaune et blanc, rouge et gris, etc.

Il se situe dans des zones où les variations du degré d'humectation sont (ou ont été) marquées et conduisent (ou ont conduit) à une ségrégation des éléments ainsi qu'à des mouvements de matières importants (présence de revêtements). Les zones claires, grises, blanches ou beiges peuvent correspondre à des zones déferrifiées dans des conditions réductrices.

Bien que très fréquent, sa présence n'est pas systématique dans les couvertures ferrallitiques. C'est un horizon de profondeur qui peut être présent dans tout le paysage, mais plus facilement observable en aval, où il peut se trouver à l'affleurement. Dans le solum, l'horizon réticulé se situe entre les horizons d'altération et les horizons F ou OX. Son épaisseur peut être très variable (quelques dizaines de centimètres à plusieurs mètres).

Fréquemment, cet horizon révèle l'existence d'un durcissement des réseaux les plus vivement colorés, où sont notées de plus grandes concentrations en oxyhydroxydes métalliques. Il représente par conséquent souvent un terme de passage vers des horizons altéritiques (C), rédoxiques (g) ou pétroxydiques (OXm).

Comme dans les horizons ferrallitiques et oxydiques, il peut y avoir dans cet horizon des quantités plus ou moins importantes de nodules ; on le qualifie alors de nodulaire.

Cet horizon a été désigné de façons multiples : argile tachetée, bariolée, zone tachetée, plinthite, latérite hydromorphe, *mottled clay*, rétichron. Il était souvent codé Cg.

Horizon pétroxydique (OXm : cuirasse)

Cet horizon se caractérise par l'accumulation d'oxydes et d'hydroxydes métalliques (fer, aluminium, chrome, nickel, etc., seuls ou en mélange) sous forme consolidée continue. Il ne peut être brisé que très difficilement avec un outil (marteau, barre à mine, etc.).

La morphologie, la nature, le fonctionnement et l'organisation sont extrêmement variés. Les cuirasses sont fréquemment formées par le rassemblement d'éléments tels que nodules, concrétions, pisolithes, oolithes, fragments de roches, galets, etc., réunis par un ciment ferrugineux, ferro-manganique, ferro-alumineux, etc. L'horizon OXm peut ne pas contenir d'éléments grossiers et posséder une organisation apparemment plus homogène. Il est assez fréquent d'observer des figures exprimant la circulation et le dépôt des oxydes métalliques (ferranes, mangano-ferranes, etc.).

À l'aide des qualificatifs, on peut établir des typologies régionales ou thématiques qui mettent en avant les traits les plus utiles à la compréhension de la genèse, du fonctionnement et de l'évolution de ces horizons, en indiquant : la dureté ; la morphologie générale ; la nature chimique ou minéralogique ; l'organisation interne ; la nature des éléments et du ciment ; la couleur ; la place dans le paysage ; l'épaisseur, etc.

L'accumulation des oxydes métalliques

Les accumulations les plus fréquentes d'oxydes métalliques sont celles du fer, de l'aluminium ou encore du manganèse. Elles proviennent de l'altération des formations géologiques et sont soit absolues (apports d'oxydes métalliques), soit relatives (départ des différents éléments du matériau sous-jacent et/ou environnant ne laissant sur place que les oxydes métalliques). L'induration s'effectue lors de l'abaissement de la nappe par dessiccation.

La genèse des horizons pétroxydiques est fonction de plusieurs conditions :
• la quantité de sesquioxydes métalliques (en relation avec la nature du matériau géologique) ;
• la présence de niveaux d'immobilisation des oxydes (conditions d'oxydation et de réduction et rôles de la texture, la structure, les matières organiques, la concentration en cations alcalins et alcalino-terreux, etc.) ;
• la possibilité de mouvements latéraux des oxydes.

Les étroites relations entre la morphologie de ces horizons et les milieux de formation dépendent de plusieurs facteurs :
• le matériau originel : c'est le facteur fondamental, aussi bien au niveau de la genèse initiale qu'à celui de l'évolution ultérieure ;
• le rôle des sesquioxydes immobilisés qui cimentent les particules existantes, imprègnent la formation en place, se concrétionnent (ségrégation des oxydes à l'intérieur des horizons réductiques G) ;
• le mode de formation :
– accumulation relative : aspect scoriacé, aspect de meulière, brèche ou poudingue,
– accumulation absolue : la structure dépend essentiellement des conditions physico-chimiques ;
• le milieu physico-chimique :
– acide : OXm alvéolaire, feuilleté,
– milieu argileux et colmaté : formes arrondies,
– milieux sableux et graveleux : imprégnations plus ou moins diffuses ;
• la quantité d'oxydes :
– beaucoup d'oxydes : milieu en partie saturé, donnant des formes nodulaires, concrétionnaires,
– peu d'oxydes : formes d'imprégnation.

L'horizon pétroxydique est présent au sommet et sur les versants d'interfluves. Il s'agit le plus souvent de cuirasses ferritiques, de cuirasses bauxitiques (allitiques, allitiques et ferritiques). Ces cuirasses sont extrêmement fréquentes dans le domaine ferrallitique où, bien souvent, elles fossilisent des surfaces géomorphologiques anciennes (tertiaires). Les accumulations à dominante allitique s'observent en général sur les surfaces les plus anciennes. Cet horizon, dont on peut démontrer l'origine pédologique, dérive de roches de natures très variées : volcaniques, ultrabasiques, métamorphiques, éruptives, etc., et même sédimentaires.

L'horizon pétroxydique peut être continu, mais le plus souvent il présente de nombreuses fractures : dissolution superficielle du fait de l'engorgement temporaire de surface qui remet le fer en solution et « altère » ainsi la cuirasse, pénétration de racines, etc.

Les phénomènes de dégradation des horizons pétroxydiques sont attribués à leur mise à l'affleurement, à l'activité biologique et à l'action hydrodynamique. La dégradation résulte d'une désagrégation mécanique superficielle et/ou d'une action pédologique conduisant à la dégradation interne et basale des OXm. Plusieurs faits confirment le « décuirassement pédologique » :
• la présence de diaclases en forme d'« entonnoir renversé » ;
• la présence d'un feuilletage horizontal et d'un démantèlement en écailles, avec apparition de vides sous-lamellaires à la base des horizons OXm. Cela conduit à la libération de nodules.

Les deux processus de dégradation seraient devancés par des microphénomènes (micro-nodulation par concentration plasmique, fissuration périnodulaire, accroissement cortical des teneurs en fer, dissociation plasmique du fer, illuviation et redistribution du plasma argileux, etc.), par tous les processus habituels participants à la pédoplasmation et à la pédoturbation.

Il semble exister une relation directe entre le type de roche qui a donné naissance à l'horizon pétroxydique et le type de dissociation qui s'ensuit :
• sur roches acides la désagrégation sera essentiellement chimique et profonde ;
• sur roches basiques elle sera importante et de nature mécanique et chimique. Ces désagrégations provoquent une descente de l'horizon pétroxydique et un abaissement de la topographie. Il en résulte, dans ces milieux extrêmement riches en fer, la formation de cavernes, grottes, dolines. Ces phénomènes s'accompagnent d'une diminution de l'épaisseur de l'horizon.

Horizon duroxydique (OXc : carapace)

Cet horizon se distingue de l'horizon pétroxydique par son moindre degré de dureté. L'horizon duroxydique est un horizon de résistance variable qui peut se briser difficilement à la main ou assez facilement avec un outil léger. L'horizon OXc correspond aux carapaces. Du fait de sa position en bas de versant ou en profondeur et de la proximité des horizons réticulés, les couleurs y sont plus hétérogènes que celles de l'horizon OXm.

Toutes les remarques faites pour l'horizon pétroxydique s'appliquent ici.

Horizon nodulaire (ND)

Dans cet horizon, traditionnellement qualifié de nodulaire ou gravillonnaire, le fer et/ou les autres métaux s'accumulent sous forme de nodules, de concrétions, etc. La teneur en éléments grossiers sesquioxydiques doit être > 60 % (en poids), valeur à partir de laquelle des contraintes apparaissent pour l'utilisation des sols, et ce, quelle que soit la dimension de ces éléments.

Ces éléments grossiers peuvent être le résultat d'une réelle accumulation sous cette forme ou celui d'un démantèlement de l'horizon pétroxydique. Ils peuvent s'être formés sur place, résulter d'apports, etc.

Les horizons à concentrations d'éléments grossiers sesquioxydiques contiennent en général une phase meuble associée. Lorsque la phase meuble est dominante, il s'agit d'horizons **Anod, Fnod, OXnod, RTnod**. Lorsque la phase grossière (dure ou très dure) est très largement dominante (> 60 %) ou seule présente (dans certains solums développés à partir de roches ultrabasiques), on a affaire à un horizon nodulaire ND.

Quelle que soit l'origine de ces éléments grossiers, il faut retenir plusieurs critères d'identification, lesquels peuvent être utilisés comme qualificatifs : la dureté, la dimension, la couleur, la nature chimique ou minéralogique, la forme des éléments, le type d'organisation interne.

Caractères spécifiques des autres horizons

Horizons A

Les horizons A, biostructurés, sont marqués par une forte activité biologique, mais ne présentent pas de particularités morphologiques spécifiques. Leur teneur en carbone organique est assez variable (< 4 %), mais ils sont reconnaissables à leur couleur : les *values* sont comprises entre 2 et 5, les *chromas* entre 0 et 4 (code Munsell).

Plusieurs types principaux de biocénoses peuvent être distingués. Ils suivent un découpage zonal du domaine ferrallitique :

1. Dans les zones forestières humides, la végétation est représentée par une forêt dense ombrophile. Les biocénoses qui existent dans et sur les ferrallitisols se caractérisent à la fois par une biomasse végétale et une production primaire des plus élevées mais aussi par un cycle extrêmement rapide de dégradation et de minéralisation des résidus organiques par la faune édaphique et par la microflore.

2. Dans les zones tropicales à saisons alternantes, on passe de la forêt dense humide semi-décidue, dont la biomasse est encore très importante, à la forêt sèche, puis à la savane.

2.1. Sous forêt, l'activité biologique des solums ferrallitiques est fortement influencée par le rythme de la végétation et par les alternances d'humectation et de dessiccation du sol. La litière devient temporairement plus importante et les processus de dégradation biologique et d'humification conduisent à la formation de composés humiques plus abondants.

2.2. Sous savane, la biomasse est environ dix fois plus faible que sous forêt et la production primaire serait deux à trois fois moins grande. Toutefois, par suite du passage des feux de brousse, les processus de dégradation biologique et d'humification dépendent essentiellement de la production hypogée. Dans ces solums, l'humus est peu abondant et plutôt pauvre en azote.

3. Dans les zones d'altitude, les précipitations très élevées et surtout la température plus basse ralentissent certains processus biologiques de dégradation, conduisant à une accumulation de matières organiques dans ces sols. Dans certaines situations, l'acidification qui en résulte peut provoquer une dégradation chimique, voire la formation d'aluandosols (Tahiti, Rwanda, Burundi).

Horizons A nodulaires (Anod)

Ces horizons des ferrallitisols contiennent des éléments grossiers (moins de 60 % d'éléments grossiers en poids, mais plus de 30 %) de nature métallique (fer, aluminium, chrome, etc.) qui se présentent sous différentes formes (nodules, concrétions, etc.).

Horizons A éluviaux (Ae)

On les observe dans les solums ferrallitiques issus de roches leucocrates, plus rarement de roches mésocrates. Ils sont assez fréquemment peu humifères (carbone organique compris entre 0,5 et 1 %) et très sableux, avec des grains de quartz parfaitement « lavés », d'où des couleurs à dominante gris ou gris-brun (*value* 5 à 7, *chroma* 1 à 3). L'appauvrissement est dû au départ vertical différentiel de l'argile et du fer qui se retrouvent dans l'horizon F sans qu'il y ait de revêtements.

Horizons C (altérites)

Il n'existe pas de processus d'altération spécifique des domaines ferrallitiques. En revanche, sa grande intensité, l'épaisseur du profil d'altération et l'âge (qui se chiffre en centaines de milliers d'années ou en millions d'années pour des solums vétustes) paraissent caractéristiques.

L'altération transforme certaines roches cristallines en un matériau meuble avec peu de changement de volume. Mais le volume peut diminuer dans le cas de roches où les dissolutions sont importantes ; le cas extrême étant signalé sur les roches ultrabasiques (réduction du volume initial de 2 à 3 fois).

Les densités apparentes des altérites de roches éruptives quartzeuses (de 1,2 à 1,8) sont du même ordre de grandeur que celles des horizons ferrallitiques. Dans les horizons C (altérites) développés à partir de roches non quartzeuses, les densités apparentes sont bien plus faibles que celles des horizons ferrallitiques et oxydiques, pouvant atteindre 0,7 sur roches ultrabasiques ou 0,8 à 0,9 sur basalte.

La composition des altérites, variable, est toujours caractérisée par des minéraux du cortège ferrallitique (kaolinite, gibbsite, goethite, goethite alumineuse, hématite, autres oxyhydroxydes métalliques libres), auxquels il faut ajouter quelques espèces minérales résiduelles. Les pseudomorphoses[4] sont fréquentes (feldspaths et micas transformés en kaolinite, grenat en oxyhydroxydes de fer, etc.).

Les altérites reproduisent avec plus ou moins de fidélité les organisations de la roche (litage, fissures, diaclases, plages cristallines). Les traces d'activité biologique peuvent être fréquentes (tubules, micro-agrégats biologiques, passage de racines). Des dépôts illuviaux sont parfois visibles (revêtements argileux, ferriques, ferri-argileux, etc.).

Les altérites sont morphologiquement très hétérogènes (distribution des minéraux, plus ou moins bonne conservation de la structure de la roche, juxtaposition de minéraux alumineux blancs et de minéraux ferrugineux de coloration vive). Les kaolinites se présentent souvent sous forme d'empilements de grandes dimensions, dus à une altération isomorphique de mica (kaolinite « en accordéon »). Les oxydes métalliques ne sont pas toujours situés à l'emplacement des minéraux qui les ont libérés. Ils se déplacent fréquemment et forment des dépôts, mais ne réalisent pas l'association intime avec les autres minéraux, telle que celle observée dans les horizons ferrallitiques.

Deux grands types d'altérites doivent être distingués :
• **L'isaltérite**, qui a conservé la structure de la roche. Un exemple en est le « pain d'épice ». Ce faciès se forme sur roches basiques ou ultrabasiques. Il s'agit d'un ensemble poreux, léger, présentant un aspect « carié ». Il peut être rouge ou jaune, mais toujours nuancé de brun. De nombreux pointillés et enduits noirs de manganèse sont visibles. Les minéraux des roches sont remplacés totalement par des oxyhydroxydes de fer, mais la structure est parfaitement conservée lors de l'altération. Les faciès rouges sont plutôt en position haute, mieux drainée, les faciès jaunes sur les bas des versants. Cette altérite, proche d'un horizon oxydique par sa composition minéralogique et géochimique, s'en distingue par son organisation et sa très faible densité apparente (0,7 à 0,8).
• **L'allotérite**, dans laquelle on ne discerne plus nettement la structure de la roche. Cela peut être le résultat d'une altération différente ou celui d'une altération plus accentuée. Cette disparition de la structure de la roche est souvent plus apparente que réelle. En effet, tant que les processus de bio-pédoturbation (pédoplasmation) n'ont pas réalisé, entre squelette, phyllites et oxyhydroxydes métalliques, l'une des associations caractéristiques des horizons ferrallitiques, les minéraux restent organisés selon un schéma hérité de la roche. Il sera plus ou moins facile à reconnaître en fonction du type de la roche.

Références

Les références font apparaître les traits majeurs de la genèse et de la dynamique de ces solums, permettent d'établir les relations morphogenèse-pédogenèse et tiennent compte des potentialités d'utilisation de ces sols, essentiellement pour l'agriculture. Les critères suivants sont facilement reconnaissables sur le terrain :

---

[4] Pseudomorphose : phénomène par lequel un minéral néoformé se présente avec la même forme cristalline que le minéral qu'il a remplacé (p. ex. limonite ayant conservé la forme de la pyrite).

- la présence des horizons de référence spécifiques : F, OX, RT ;
- leur mode de succession et leur position dans l'espace ;
- la couleur ;
- la nature géochimique ;
- l'absence ou la présence des divers types d'horizons A qui traduisent l'existence et l'importance des processus d'érosion ;
- l'épaisseur représentée par la somme des horizons meubles ou l'épaisseur des horizons F, OX, ND, OXm, ou OXc ;
- la quantité de nodules sesquioxydiques.

Les horizons nodulaire (ND), pétroxydique (OXm), duroxydique (OXc), A appauvri (Ae) et A nodulaire (Anod) ne sont pas spécifiques des ferrallitisols et oxydisols, mais ils y sont très fréquents.

FERRALLITISOLS MEUBLES

Ils sont caractérisés par la présence nécessaire et suffisante d'horizons ferrallitiques F. Des horizons A et réticulés RT sont souvent présents.

Il n'y a ni horizon nodulaire (ND) ni horizon pétroxydique (OXm) ni horizon duroxydique (OXc) à moins de 120 cm de profondeur.

La séquence d'horizons de référence est :

A (facultatif)/F/RT/C/R   ou   **A (facultatif)/F/C/R.**

Exemples de types :
- Selon la nature minéralogique :

FERRALLITISOLS MEUBLES kaolinitiques : présence d'un horizon F.

FERRALLITISOLS MEUBLES polylithiques : présence d'une alternance d'horizons F et Sn (sols rajeunis une ou plusieurs fois par des dépôts volcaniques à l'origine de la formation d'un horizon Sn).
- Selon la couleur :

FERRALLITISOLS MEUBLES à horizon F rouge ou F jaune.
- Selon la présence de nodules et leur localisation :

FERRALLITISOLS MEUBLES nodulaires : à Anod, à Fnod, à RTnod ou à Anod et Fnod.
- Selon les horizons présents et la séquence des horizons de référence, il sera possible de distinguer des :

FERRALLITISOLS MEUBLES issus de granite, migmatite, péridotite, basalte, etc.

FERRALLITISOLS MEUBLES à horizon réticulé.

FERRALLITISOLS MEUBLES à horizons réticulé et altéritique.

FERRALLITISOLS MEUBLES à horizon réticulé, à horizon réductique de profondeur, et altéritique.
- Selon l'épaisseur de l'horizon F, peuvent être distingués des :

FERRALLITISOLS MEUBLES à F leptiques ou pachiques.
- Selon la présence ou l'absence d'horizon A : F/Fnod/RT.

Par combinaison de tous ces caractères, on peut définir, par exemple, un :

FERRALLITISOL MEUBLE à horizon F rouge, nodulaire, réticulé et altéritique de basalte, pachique, soit : Anod/Fnod/RT/C/R.

FERRALLITISOL MEUBLE polylithique, réticulé, soit : A/Sn/F/II Sn/II F/II RT/C/R.

FERRALLITISOLS NODULAIRES

La séquence des horizons de référence est caractérisée par la présence d'au moins un horizon ND à moins de 120 cm de profondeur et celle d'un horizon F.

Les horizons A et RT peuvent être présents.

Pour être rattaché aux FERRALITISOLS NODULAIRES, il faut qu'un horizon OXm n'apparaisse pas avant 120 cm de profondeur.

Exemples de types :

Plusieurs types peuvent être définis en fonction de la position relative des horizons F et des horizons ND dans la séquence d'horizons de référence. Plusieurs qualificatifs seront utilisés en fonction de la profondeur d'apparition des horizons nodulaires. Les principaux types sont les suivants :

FERRALLITISOLS NODULAIRES proximaux

Ils se caractérisent par la succession ND/F.

Il peut exister un horizon A, Ae ou Anod au-dessus de l'horizon ND qui apparaît avant 60 cm. Un horizon RT peut faire suite, soit à l'horizon F, soit à l'horizon ND.

La séquence d'horizons de référence est :

A ou Ae ou Anod (facultatifs)/ND/F ou Fnod/RT (facultatif).

FERRALLITISOLS NODULAIRES distaux

Ils se caractérisent par la succession F/ND.

L'horizon ND est à plus de 80 cm et moins de 120 cm de profondeur. Présence ou non d'horizons A, Ae ou Anod et RT.

La séquence d'horizons de référence est :

A ou Ae ou Anod (facultatifs)/F ou Fnod/ND/RT.

FERRALLITISOLS NODULAIRES multiferrallitiques

Ils se caractérisent par des successions ND/F/ND/F ou encore F/ND/F/ND. Présence ou non d'horizons A, Ae ou Anod et d'horizon RT.

La séquence d'horizons de référence est, par exemple (dans le cas où le premier horizon nodulaire n'est pas en surface) :

A ou Ae ou Anod (facultatifs)/F ou Fnod/ND/II F ou II Fnod/II ND/III F ou III Fnod/ IV RT.

A ou Ae ou Anod (facultatifs)/ND/F ou Fnod/II ND/II F ou II Fnod/III RT.

A ou Ae ou Anod (facultatifs)/ND/II ND/III F ou III Fnod/IV RT.

L'existence de plusieurs horizons nodulaires superposés résulte, le plus souvent, de transformations ou d'apports successifs provenant éventuellement du même matériau et correspondant à des périodes climatiques différentes.

En fonction de leur situation dans la couverture pédologique, on peut indiquer les caractéristiques des horizons ferrallitiques (F) et nodulaires (ND). Pour ces derniers, il est intéressant de signaler, en plus de la nature chimique et minéralogique des nodules, leur type, leur forme, leur dimension, etc., l'épaisseur des horizons :

FERRALITISOLS NODULAIRES proximaux à horizon ND leptique.

FERRALITISOLS NODULAIRES proximaux à horizon ND pachique.

FERRALITISOLS NODULAIRES proximaux, réticulés, altéritiques.

FERRALLITISOLS PÉTROXYDIQUES

La séquence des horizons de référence est caractérisée par la présence d'au moins un horizon OXm à moins de 120 cm. À cet horizon, s'ajoutent des horizons ND, F, OX, OXc, RT.

Exemples de types :

FERRALLITISOLS PÉTROXYDIQUES proximaux
L'horizon OXm apparaît à moins de 60 cm dans le solum.
Voici quelques exemples de séquences d'horizons de référence :
A ou Ae ou Anod (facultatifs)/OXm/F ou Fnod/RT.
A ou Ae ou Anod (facultatifs)/OXm/ND/F ou Fnod/RT.
A ou Ae ou Anod (facultatifs)/OXm/F ou Fnod/ND/RT.
A ou Ae ou Anod (facultatifs)/OXm/RT.

FERRALLITISOLS PÉTROXYDIQUES distaux
L'horizon OXm apparaît entre 80 cm et 120 cm dans le solum.
Voici quelques exemples de séquence d'horizons de référence :
A ou Ae ou Anod (facultatifs)/ND/OXm/F ou Fnod/RT.
A ou Ae ou Anod (facultatifs)/F ou Fnod/OXm/RT.
A ou Ae ou Anod (facultatifs)/F ou Fnod/OXm/ND/RT.

FERRALLITISOLS PÉTROXYDIQUES multiferrallitiques
Voici quelques exemples de séquences d'horizons de référence :
A ou Ae ou Anod (facultatifs)/F ou Fnod/OXm/II F ou II Fnod/II OXm/III F ou III Fnod/ IV RT.
A ou Ae ou Anod (facultatifs)/OXm/F ou Fnod/II OXm/II F ou II Fnod/III RT.

D'autres critères sont ensuite pris en compte : la nature, l'épaisseur, la dureté, de l'horizon OXm, l'ordre de succession et la nature des horizons qui font suite à l'horizon OXm, les caractères des différents horizons ND et F.

FERRALLITISOLS DUROXYDIQUES

Ils sont caractérisés par la présence d'au moins un horizon OXc à moins de 120 cm de profondeur. À cet horizon, s'ajoutent des horizons ND, F, OX, OXm, RT.

Exemples de types :

FERRALLITISOLS DUROXYDIQUES proximaux
L'horizon OXc apparaît à moins de 60 cm dans le solum.
La séquence d'horizons de référence est :
A ou Ae ou Anod (facultatifs)/OXc/RT.

FERRALLITISOLS DUROXYDIQUES distaux
L'horizon OXc apparaît entre 80 cm et 120 cm dans le solum.
Voici quelques exemples de séquences d'horizons de référence :
A ou Ae ou Anod (facultatifs)/ND/OXc/RT.
A ou Ae ou Anod (facultatifs)/F ou Fnod/OXc/RT.
A ou Ae ou Anod (facultatifs)/F ou Fnod/OXc/ND/RT.

D'autres critères sont ensuite pris en compte : la nature, l'épaisseur, la dureté de l'horizon OXc, l'ordre de succession et la nature des horizons qui font suite à l'horizon OXc, les caractères des différents horizons ND, F et RT.

OXYDISOLS MEUBLES

Ils sont caractérisés par la présence d'un horizon oxydique OX.

Il n'y a ni horizon nodulaire (ND) ni horizon pétroxydique (OXm) ni horizon duroxydique (OXc) à moins de 120 cm de profondeur.

Exemples de types :

Selon la nature et les proportions relatives des oxydes métalliques, on les qualifie de ferritiques (les plus fréquents), allitiques, ferritiques et allitiques, ferritiques et manganiques, manganiques, chromiques, etc.

En fonction des autres horizons présents et de la séquence de succession de ces horizons sous les horizons oxydiques, par exemple :

OXYDISOLS MEUBLES sur roche calcaire corallienne (Nouvelle-Calédonie)[5].

OXYDISOLS MEUBLES sur péridotite, etc.

OXYDISOLS MEUBLES sur altérite de granite.

OXYDISOLS MEUBLES sur altérite et sur substrat de péridotite.

En lien avec d'autres critères : l'épaisseur de l'horizon OX (leptiques ou pachiques), la présence ou l'absence d'horizon A, la présence de « nodules », la localisation et la quantité de ces derniers, la présence d'un horizon pétroxydique à plus de 120 cm de profondeur.

Exemples de types comportant ces divers caractères :

OXYDISOL MEUBLE ferritique, nodulaire, issu de péridotite, pachique.

OXYDISOL MEUBLE allitique, sur calcaire corallien, leptique.

OXYDISOLS NODULAIRES

Ils sont caractérisés par la présence d'au moins un horizon ND à moins de 120 cm de profondeur et par celle d'un horizon OX. Des horizons A peuvent être également présents. Pour être rattaché à la référence des OXYDISOLS NODULAIRES, il ne faut pas qu'un horizon OXm apparaisse avant 120 cm de profondeur.

Plusieurs grandes distinctions peuvent être faites en fonction de la localisation relative des horizons OX et des horizons ND.

Exemples de types :

Plusieurs types peuvent être distingués, en lien avec la profondeur d'apparition des horizons nodulaires.

OXYDISOLS NODULAIRES proximaux

Ils se distinguent par la succession ND/OX. Il peut exister un horizon A, Ae ou Anod au-dessus de l'horizon ND, lequel apparaît avant 60 cm.

La séquence des horizons de référence est :

A ou Ae ou Anod (facultatifs)/ND/OX ou OXnod.

OXYDISOLS NODULAIRES distaux

Ils sont caractérisés par la succession OX/ND. L'horizon ND débute à plus de 80 cm et à moins de 120 cm de profondeur. Présence ou non d'horizons A, Ae ou Anod.

---

[5] Les oxydisols sur calcaires coralliens ont été observés dans le Pacifique sur les atolls soulevés. Ces oxydisols de type allitiques dérivent de matériaux volcaniques (ponces) piégés dans les anciens lagons. Les oxydisols allitiques sont généralement peu épais (60 à 80 cm).

La séquence des horizons de référence est :
A ou Ae ou Anod (facultatifs)/OX ou OXnod/ND.

Oxydisols nodulaires multioxydiques
Ils sont caractérisés par des successions ND/OX/ND/OX ou encore OX/ND/OX/ND. Présence ou non d'horizons A, Ae ou Anod.
La séquence d'horizons de référence pourra être, par exemple (dans le cas où le premier horizon nodulaire n'est pas de surface) :
A ou Ae ou Anod (facultatifs)/OX ou OXnod/ND/II OX ou II OXnod/II ND/III OX ou III OXnod.
A ou Ae ou Anod (facultatifs)/ND/OX ou OXnod/II ND/II OX ou II OXnod.
A ou Ae ou Anod (facultatifs)/ND/II ND/II OX ou II OXnod.

En fonction de leur situation dans la couverture pédologique, il est possible d'indiquer les caractéristiques des horizons oxydiques (OX) et nodulaires (ND). Pour ces derniers, il est intéressant de signaler, en plus de la nature chimique et minéralogique des nodules, leur type, leur forme, leur dimension, etc., l'épaisseur des horizons :
Oxydisols nodulaires proximaux à horizon ND leptique.
Oxydisols nodulaires proximaux à horizon ND pachique.

Oxydisols pétroxydiques
Ils sont caractérisés par la présence d'un horizon OXm à moins de 120 cm de profondeur. À cet horizon, s'ajoutent des horizons ND, OX.

Exemples de types :
Oxydisols pétroxydiques proximaux
L'horizon OXm apparaît avant 60 cm.
Exemples de séquences d'horizons de référence :
A ou Ae ou Anod (facultatifs)/OXm/OX ou OXnod.
A ou Ae ou Anod (facultatifs)/OXm/OX ou OXnod/ND.
A ou Ae ou Anod (facultatifs)/OXm/ND/OX ou OXnod.

Oxydisols pétroxydiques distaux
L'horizon OXm apparaît entre 80 et 120 cm.
Exemples de séquences d'horizons de référence :
A ou Ae ou Anod (facultatifs)/ND/OXm/OX ou OXnod.
A ou Ae ou Anod (facultatifs)/OX ou OXnod/OXm/RT.
A ou Ae ou Anod (facultatifs)/OX ou OXnod/OXm/ND.

Oxydisols pétroxydiques multioxydiques
Exemples de séquences d'horizons de référence :
A ou Ae ou Anod (facultatifs)/OX ou OXnod/OXm/II OX ou II OXnod/II OXm/III OX ou III OXnod.
A ou Ae ou Anod (facultatifs)/OXm/OX ou OXnod/II OXm/II OX ou II OXnod.

D'autres critères peuvent aussi être pris en compte : la nature, l'épaisseur, la dureté, de l'horizon OXm, l'ordre de succession et la nature des horizons qui font suite à l'horizon OXm, les caractères des différents horizons ND et OX.

Qualificatifs utiles pour les ferrallitisols et les oxydisols

distal
Qualifie un solum dont la profondeur d'apparition d'un horizon ND, OXm ou OXc est comprise entre 80 et 120 cm. L'horizon nodulaire, pétroxydique ou duroxydique profond apparaît nécessairement sous un horizon F ou OX.

proximal
Qualifie un solum dont la profondeur d'apparition d'un horizon ND, OXm, ou OXc se situe entre 0 et 60 cm. Lorsque l'horizon nodulaire ou pétroxydique ou duroxydique est très proche de la surface du sol, il ne peut être surmonté que d'un horizon A.

duroxydique
Signale la présence de niveaux durcis, d'épaisseur centimétrique, dans les horizons OX, F, ND ou RT.

pétroxydique
Signale la présence de niveaux indurés (très durs), d'épaisseur centimétrique, dans les horizons OX, F, ND ou RT.

nodulaire
Qualifie un FERRALLITISOL MEUBLE ou un OXYDISOL MEUBLE présentant un ou plusieurs horizons nodulaires (c.-à-d. contenant de 30 à 60 % en poids de nodules métalliques).

leptique
Qualifie un ferrallitisol ou un oxydisol de moins de 60 cm d'épaisseur (en comptant les horizons A, F, OX, Anod, Fnod, OXnod).

pachique
Qualifie un ferrallitisol ou un oxydisol de plus de 120 cm d'épaisseur horizon RT non compté. Les variations d'épaisseur des sols ferrallitiques sont importantes en fonction de la région où l'on se trouve. 120 cm est une valeur peu élevée pour certaines régions (sud de la Côte d'Ivoire, sud du Cameroun, etc.), mais elle représente une valeur moyenne acceptable pour la mise en valeur.

multiferrallitique
Qualifie un solum qui est composé de plusieurs ensembles semblables d'horizons caractérisant les ferrallitisols. Ces ensembles ont été formés à différentes périodes, mais selon le même type de pédogenèse ferrallitique. Les variations sont dues à des processus géomorphologiques (érosion, reptation, colluvionnement, etc.) et/ou morphopédogénétiques.

multioxydique
Qualifie un solum qui est composé de plusieurs ensembles semblables d'horizons caractérisant les oxydisols. Ces ensembles ont été formés à différentes périodes, mais selon un même type de pédogenèse dans un même matériau. Les variations sont dues à des processus géomorphologiques (érosion, reptation, colluvionnement, etc.) et/ou morphopédogénétiques.

vétuste
Qualifie un ferrallitisol ou un oxydisol dont la pédogenèse, qui a débuté depuis des millions d'années, se poursuit actuellement.

à horizon OX allitique, **à horizon OX ferritique**, **à horizon OX ferrallitique**, **à horizon OX bauxitique**, **à horizon F halloysitique**, **à horizon F oxydique**, etc.

Distinction entre les ferrallitisols et oxydisols et d'autres références

Avec les ferruginosols

Malgré une similitude minéralogique avec les ferruginosols, et contrairement à eux, les ferrallitisols ne présentent ni d'horizons FE, Ea&BT, BT, BTg, Sg ni de ségrégation des oxydes de fer sous formes de taches, concrétions ; en revanche, ils contiennent presque exclusivement des argiles 1/1 (kaolinite) et une accumulation de sesquioxydes métalliques (fer, aluminium, etc.). En général, les solums de ferrallitisols sont très épais et ils se situent en conditions climatiques à fortes précipitations.

Avec les NITOSOLS

Les FERRALLITISOLS MEUBLES se différencient des NITOSOLS, sols à halloysite, par la présence dominante de kaolinite dans la majorité des horizons du solum qui sont caractérisés par : leur couleur rouge à jaune, leur CEC faible (< 16 cmol$^+$·kg^{-1}), leur densité plus élevée, la présence de micro-agrégats, des revêtements peu nombreux, une absence d'orientations plasmiques.

Toutefois, les ferrallitisols peuvent comporter des horizons de surface à halloysite développés dans des dépôts de cendres volcaniques plus récents (FERRALLITISOLS MEUBLES recouverts par des cendres).

Avec les luvisols

Dans les ferrallitisols et oxydisols, il n'y a ni horizons E ni horizons BT ; des revêtements argileux peu importants peuvent être observés, mais ils sont le plus souvent absents.

Avec les fersialsols

Dans les ferrallitisols et oxydisols, il n'y a pas de minéraux argileux de type 2/1 ; leur épaisseur est beaucoup plus importante que pour les fersialsols. L'illuviation d'argile est absente ou peu importante.

Relations pédogénétiques et/ou géographiques avec d'autres GER

Cf. figure page suivante.

1. Dans certaines conditions (pluviométrie plus faible, périodes sèches plus importantes) entraînant la dissociation du fer et de l'argile, il peut se former en surface des horizons dans lesquels la circulation de l'eau est ralentie. Les conditions d'engorgement accélèrent le processus de dissociation du fer et de l'argile avec une redistribution verticale et latérale des éléments et l'apparition d'un horizon d'accumulation d'argile (BT) et d'un horizon Ea&BT dans les paysages. C'est le passage vers les ferruginosols (avec très fréquemment une figuration des sesquioxydes de fer sous forme de nodules, concrétions, carapace, cuirasse). Le processus rédoxique peut entraîner la dégradation des argiles, le départ de l'aluminium, et la silicification qui aboutit, dans certaines situations, à la formation d'un horizon pétrosilicique Sim (duripan).

2. Le passage des andosols vers les ferrallitisols correspond le plus souvent à une chronoséquence. À partir d'un même matériau volcanique, la durée et les modifications des conditions pédoclimatiques conduisent à l'altération des allophanes et à la formation d'halloysite, de métahalloysite, puis de kaolinite et éventuellement de gibbsite. Certaines séquences décrivent ce passage des andosols aux ferrallitisols par les NITOSOLS, mais elles correspondent à la présence de différents matériaux volcaniques d'âges et de natures différents.

3. Les séquences décrivant une succession ferrallitisols-fersialsols sont fréquentes. Le passage des fersialsols aux ferrallitisols s'étend sur de longues périodes. Les ferrallitisols occupent généralement l'amont des paysages. Leur transformation sous des conditions climatiques plus sèches peut conduire à l'apparition progressive de fersialsols avec néogenèse d'argiles de type 2/1.

4. En aval des paysages, le passage progressif des ferrallitisols vers les sols à caractères hydromorphes est pratiquement constant. L'engorgement présent en aval des paysages provoque la réduction du fer et son départ plus ou moins complet des solums. Dans ces conditions particulières, il peut y avoir également, par altération, un passage vers les podzosols.

5. À partir de grès, quartzites ou matériaux sablo-argileux, sur lesquels se développent des ferrallitisols, il apparaît, sous les horizons de surface, des horizons E. Vers le bas de pente, l'épaisseur des horizons E peut augmenter considérablement (podzosols pachiques). C'est apparemment la nature du matériau d'origine, riche en silice, qui semble être déterminante dans cette transformation ou bien le départ de l'argile (lessivage ou destruction) qui enrichit le sol en silice. Sur roches ultrabasiques, dans certaines localisations où la silice résiduelle s'est accumulée, on assiste également à l'apparition de micro-podzols à partir de ferrallitisols et d'oxydisols.

6. Dans certaines conditions (sommets montagneux forestiers sous climat de type équatorial), on peut observer la formation de sols organiques au-dessus de ferrallitisols où s'accumule en surface de grandes quantités de matières végétales qui se décomposent plus ou moins rapidement selon la nature de la végétation.

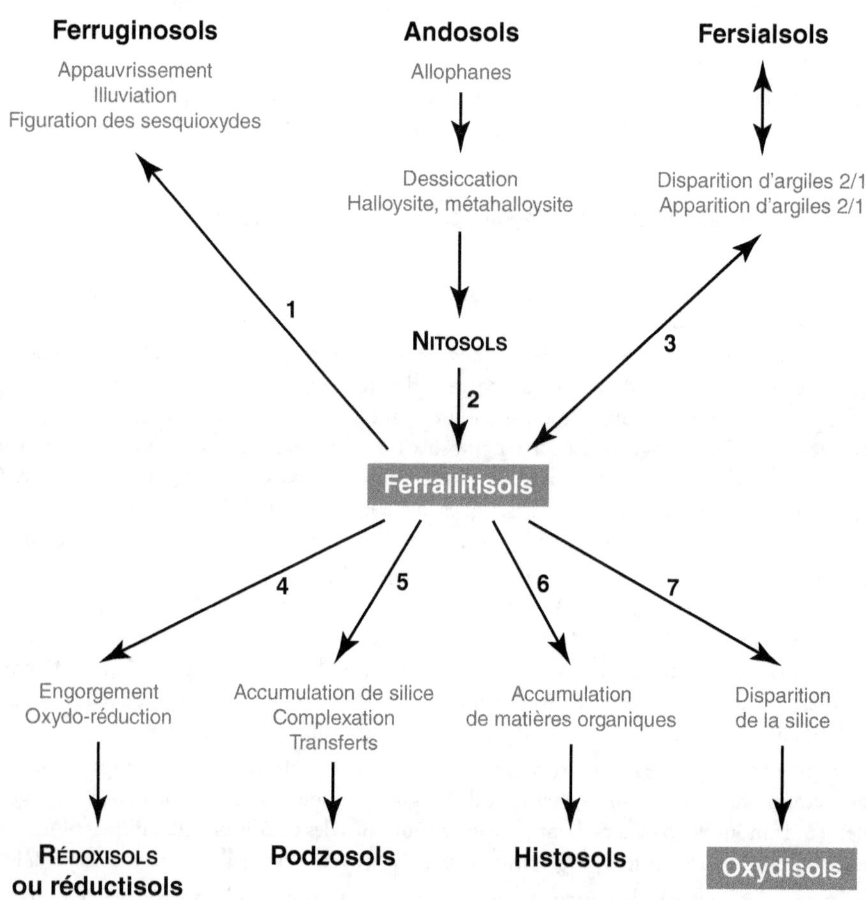

7. Sur des périodes de temps très longues (roches non ultrabasiques), dans de très bonnes conditions de drainage et sous fortes précipitations, la silice disparaît complètement des sols. Les oxydes métalliques sont les seuls éléments présents. Seule l'érosion peut, par la suite, redistribuer ces matériaux sesquioxydes dans des situations particulières où ils participeront à la genèse de nouveaux types de sols. Les oxydisols seraient un stade ultime de la pédogenèse ferrallitique.

Relations avec la WRB

RP 2008	WRB 2006
Horizons de référence	**Diagnostic soil horizons**
Horizon ferrallitique (F)	Ferralic horizon
Horizon oxydique (OX)	Ferric horizon (*pro parte*)
Horizon réticulé (RT)	Plinthic horizon
Horizon pétroxydique (OXm)	Petroplinthic horizon
Horizon duroxydique (OXc)	Petroplinthic horizon
Horizon nodulaire (ND)	Pisoplinthic horizon (*pro parte*)
Références	
Ferrallitisols meubles	Ferralsols, Lixisols
Ferrallitisols nodulaires	Ferralic Hyperferric Plinthosols
Ferrallitisols pétroxydiques	Plinthosols (Petric)
Ferrallitisols duroxydiques	Plinthosols
Oxydisols meubles	Ferric Ferralsols (Geric)
Oxydisols nodulaires	Hyperferric Plinthosols
Oxydisols pétroxydiques	Ferric Plinthosols (Petric)

Mise en valeur – Fonctions environnementales

Sols et pédopaysages

Certains solums sont associés à des formes de modelés géomorphologiques, constituant des pédopaysages spécifiques.

Les modelés en 1/2 orange et les couvertures à horizons F. Les solums semblent plus spécifiquement ferrallitiques ; les horizons nodulaires OXnod et, plus particulièrement, les horizons pétroxydiques OXm sont peu fréquents. Lorsqu'ils existent, ils sont observés, en général, en profondeur.

Les anciennes surfaces structurales (plateaux) **à horizons ferrallitiques, parfois intergrades ferrallitique/oxydique (F et F/OX) et à horizons pétroxydiques (OXm).** Ils caractérisent le plus souvent de vastes superficies subhorizontales reposant sur des matériaux géologiques anciens ou très anciens (plusieurs millions à plusieurs dizaines de millions d'années). Les horizons pétroxydiques peuvent être observés dès la surface jusqu'à des profondeurs très variables. D'une façon générale, ces couvertures pédologiques sont épaisses de plusieurs mètres.

Les modelés tabulaires à longs versants rectilignes et les couvertures à OXm, OXc, ND, RT. Ces modelés et ces couvertures caractéristiques de régions à saison sèche bien marquée sont dominés par la présence des horizons pétroxydiques. Sur les surfaces tabulaires, ils sont morphologiquement proches de ceux présents sur les anciennes surfaces structurales. Sur les versants, différents types morphologiques d'horizons pétroxydiques coexistent et souvent se font suite de l'amont vers l'aval. Tout à fait en aval, leur dureté diminue (OXc) et ils laissent progressivement la place aux horizons réticulés (RT). De telles formes de modelé traduisent à la fois un démantèlement (horizons nodulaires) et une induration (avec parfois reprise des niveaux nodulaires) matérialisée par le passage des horizons pétroxydiques (OXm) aux horizons réticulés (RT). Dans les régions plus humides, on observe l'adoucissement des formes tabulaires, la diminution de l'importance des versants rectilignes et de celle des horizons pétroxydiques associés. On passe ainsi peu à peu à des modelés convexo-concaves à couvertures pédologiques principalement nodulaires.

Les modelés convexo-concaves et les couvertures ferrallitiques à horizons nodulaires ND et à horizons ferrallitiques F. Dans certaines situations, les modelés et les couvertures pédologiques de ce type semblent faire suite aux modelés tabulaires. Ils sont observés dans des zones où la pluviosité est relativement élevée, et ils pourraient résulter de la transformation de ces paysages tabulaires. Les horizons nodulaires proviennent alors du démantèlement des horizons pétroxydiques.

Les modelés sur roches ultrabasiques à couverture OX, OXm, ND contenant Cr, Ni, Co, Mn, etc. Ils sont caractérisés presque uniquement par des sesquioxydes qui peuvent constituer des horizons meubles OX, nodulaires ND ou pétroxydiques OXm. Dans ces couvertures ferrallitiques oxydiques, s'accumulent, dans certaines situations, des matières organiques et de la silice. Dans les régions forestières d'altitude subissant de fortes précipitations, les matières organiques s'accumulent dans des zones en dépression où l'eau circule difficilement. On assiste alors à un passage direct des oxydisols aux histosols. Dans les endroits où se concentre la silice, on remarque en effet la formation d'horizons blanchis et l'apparition de solums s'apparentant aux podzosols. Il existe en fait une relation entre oxydisols, histosols et podzosols, ou plus simplement entre oxydisols et podzosols. Ce dernier cas a été observé dans les îles du Pacifique (Nouvelle-Calédonie, Polynésie, etc.) sous de très fortes pluviométries, où l'accumulation relative de silice en poches d'extension limitées induit la formation de micro-podzosols dans un environnement d'OXYDISOLS MEUBLES et d'OXYDISOLS NODULAIRES.

Les modelés sur atolls soulevés avec les couvertures peu épaisses à OX allitiques (dérivant de matériaux volcaniques piégés sur les surfaces coralliennes).

Ferrallitisols, oxydisols et fertilité

Parmi les caractéristiques retenues pour définir la fertilité de ces sols, certaines sont directement liées à leur genèse. D'une façon très générale, on peut retenir :
• La faible quantité de cations alcalins et alcalino-terreux échangeables dans les horizons ferrallitiques (F), qui devient pratiquement négligeable dans les horizons oxydiques (OX). Le calcium est généralement toujours le cation le plus abondant. Il est suivi par le magnésium et, de très loin, par le potassium et le sodium. Les ferrallitisols dérivés de roches ultrabasiques montrent une prédominance du magnésium échangeable par rapport au calcium échangeable.
• Les horizons de surface sont beaucoup plus riches en carbone organique que les horizons F et OX, d'où leur importance. Malheureusement, le défrichement et les brûlis qui s'ensuivent provoquent des pertes importantes en matières organiques.

• La « richesse » des ferrallitisols est très dépendante de la nature de la roche mère. Les plus pauvres dérivent de roches très acides (sables quartzeux, grès, quartzites). La majorité des ferrallitisols dérivent de roches granito-gneissiques et présentent de meilleurs caractères de fertilité que ceux formés à partir de roches très acides. La « fertilité potentielle » des ferrallitisols augmente nettement avec le caractère basique de la roche mère (roches volcaniques basaltiques, dolérites, etc.). Les solums sont moins épais et les réserves minérales (minéraux primaires) plus facilement mobilisables. Cependant, sur roches ultrabasiques, les ferrallitisols et les oxydisols contiennent de grandes quantités de minéraux tels que le nickel, le chrome, le cobalt, etc., de très fortes teneurs en magnésium qui provoquent de grands déséquilibres au niveau de la fertilité de ces sols. Sur ces roches, la pédogenèse conduit à la formation d'oxydisols dont les potentialités chimiques sont extrêmement limitées. Seules les caractéristiques physiques (texture, structure et bonne perméabilité) peuvent parfois convenir, à condition de pouvoir maintenir une certaine fertilité organique et minérale.

Le pH est acide, voire très acide (< 3,5), ce qui a pour conséquence de mettre l'aluminium en positions échangeables (Al^{3+}), cation dont on connaît la toxicité pour un grand nombre de plantes.

Certains FERRALLITISOLS MEUBLES polylithiques caractérisés par la présence d'horizons nitiques Sn possédant une CEC et une capacité de rétention en cations plus élevées ont un potentiel de fertilité plus grand.

Les teneurs en phosphore sont faibles, compte tenu de la faible quantité de cet élément dans les roches granito-gneissiques (très peu d'apatite ou de francolite). Le phosphore assimilable est faible, du fait de la forte rétention du phosphore. Dans les ferrallitisols dérivés des roches volcaniques basiques, les teneurs sont sensiblement plus élevées. L'addition de phosphates dans les sols s'accompagne d'une insolubilisation des anions qui se fixent sur les oxydes métalliques. La « réserve » est inutilisable, principalement dans les oxydisols.

La présence presque exclusive de kaolinite et celle d'oxydes métalliques, parfois en grande quantité, limitent les capacités de fixation des cations (CEC très faible) et font que la réserve en eau est très réduite.

Du fait de la lyse des minéraux primaires, les réserves minérales sont réduites, et généralement inexistantes, excepté pour les ferrallitisols dérivés des roches basiques. En règle générale, la véritable réserve minérale des ferrallitisols et oxydisols est constituée par la biomasse venant des forêts qui les couvrent encore dans certaines régions. Leur destruction entraîne des pertes considérables. La mise en culture, qu'elle soit traditionnelle (culture sur brûlis) ou moderne (installation de grandes plantations) doit toujours être conduite avec prudence.

Les situations les plus favorables sont représentées par les sols dérivés de roches « basiques » (basaltes, dolérites, etc.) ou des sols proches de volcans en activité (apport de cendres). Ces sites sont peu nombreux.

Toutefois, dans la majorité des cas, les ferrallitisols, lorsqu'ils ne sont pas indurés, ni trop riches en nodules, présentent une bonne structure permettant un enracinement correct des plantes qui trouvent ici un milieu poreux, bien drainé et facile à explorer.

On peut remédier aux contraintes évoquées *supra* par :
• l'incorporation de matières organiques (augmentation de la CEC, ralentissement de l'insolubilisation du phosphore, augmentation de la teneur en carbone organique) ;
• l'apport de chaux ou de calcaire pour remonter le pH et éviter la toxicité aluminique ;
• l'apport d'engrais plusieurs fois par an, par petites doses, si possible déposées à proximité des racines.

Dans les pays des régions intertropicales, ces pratiques sont malheureusement difficiles à mettre en œuvre, le plus souvent par manque de moyens financiers.

S'il n'est pas possible de pratiquer ces techniques culturales, il faut alors respecter un certain nombre de règles pour la mise en valeur de ces sols :
• éviter les défrichements trop importants. Il est nécessaire de conserver des surfaces forestières afin que se reconstitue ou se maintienne une certaine réserve minérale. La pratique de la culture en bandes permet cette conservation, apporte de l'ombrage et limite les risques d'érosion ;
• les cultures arborées ou arbustives (avec arbres d'ombrage) sont à conseiller, car elles procurent une bonne protection du sol, produisent une masse végétale assez importante et limitent l'érosion (hévéas, caféiers, cacaoyers, palmiers à huile, anacardes) ;
• dans la mesure du possible, limiter les pâturages à valeur nutritive limitée et qui nécessitent de grandes superficies pour un nombre limité de bêtes. Ils sont à l'origine du recul de la forêt et sont sources d'incendies ;
• sélectionner des plantes adaptées à ces milieux, résistantes à la toxicité aluminique et peu exigeantes en nutriments.

En conclusion, les capacités potentielles des ferrallitisols sont limitées et leur mise en valeur ne peut dépasser certaines limites de rentabilité. Très rapidement, les investissements risquent de devenir disproportionnés par rapport aux bénéfices obtenus.

En ce qui concerne les oxydisols, les potentialités sont encore plus limitées du fait de la très faible quantité, voire de l'absence de minéraux argileux et de la présence d'éléments lourds en grandes quantités (chrome, cobalt, nickel, etc.). Le seul critère positif se rapporte aux caractéristiques physiques de ces sols, qui peuvent en faire de bons supports pour les cultures maraîchères. Il faut toutefois apporter de grandes quantités de matières organiques afin de pouvoir retenir les nutriments apportés. Cela implique également une dimension réduite des surfaces mises en valeur et des techniques culturales parfaitement maîtrisées.

Ferruginosols

4 références

Conditions de formation et pédogenèse

Les ferruginosols se forment :
• dans les régions intertropicales ayant une saison sèche de 4 à 5 mois et une saison des pluies avec des précipitations annuelles de 400 à 1 400 mm ;
• sur des roches acides (peu riches en minéraux s'altérant en argiles 2/1), des cuirasses (OXm) ou des altérations kaolinitiques (horizon RT) ;
• sur des surfaces anciennes permettant une genèse longue.

Ils sont riches en fer, par accumulation relative ou absolue, pouvant conduire à une induration. Ils présentent des structures peu développées et des taux de saturation (S/CEC) très variables. Les textures sont très marquées par les sables grossiers, car les matériaux parentaux sont le plus souvent des altérations très anciennes dépourvues de limons grossiers.

La lithologie des matériaux parentaux est d'une importance capitale. Il s'agit de matériaux plus ou moins acides :
• des roches sédimentaires (grès, grès argileux du continental terminal et schistes) ; des roches détritiques (quartzeuses et désaturées meubles ou tendres) en place ou reprises par les agents météoriques (vent, eau), puis redéposées ;
• des paléo-altérations kaolinitiques (horizon RT issu d'une précédente pédogenèse), généralement d'âge tertiaire : elles peuvent être ou non recouvertes de cuirasses qui se situent ou non en surface et qui peuvent être démantelées ou entièrement dégagées. Ces matériaux sont épais (de 2 à 200 m – observations par géophysique électrique), développés sur l'ensemble des roches du socle précambrien durant pour le moins les ères Tertiaire et Quaternaire ;
• des affleurements de roches granitiques leucocrates à gros grains (d'extension relativement réduite au Sénégal, Burkina Faso, Tchad et Cameroun).

Les ferruginosols ne se développent pas à partir des autres roches du socle cristallin subaffleurant, en particulier à partir des roches neutres (migmatites, gneiss), basiques (dolérites, basaltes, etc.) et ultrabasiques, car ces roches possèdent des minéraux altérables (feldspaths, ferromagnésiens, etc.). C'est une autre pédogenèse qui se développe actuellement, donnant naissance à des sols à argiles 2/1, plus riches et non lixiviés.

Les ferruginosols sont donc des sols polygénétiques dont la pédogenèse actuelle se superpose à une pédogenèse ancienne, longue et géochimiquement poussée. Ces caractères hérités et non réversibles rendent difficiles la perception de l'action de la pédogenèse actuelle et son interprétation.

14ᵉ version (2 janvier 2008).

L'absence de tectonique durant le Tertiaire en Afrique de l'Ouest et en Afrique centrale est d'une importance déterminante. Le socle a été soumis à l'action d'une altération météorique intense durant des dizaines de millions d'années sous un climat chaud et humide, ce qui a permis d'approfondir les profils d'altération. Durant la même période, les socles sud-américain (Brésil, Colombie, etc.) et indien étaient l'objet d'une tectonique active (surrection) qui rajeunissait, voire décapait entièrement les profils d'altération. Cela expliquerait pourquoi les ferruginosols ne sont pas décrits dans ces régions.

Ils sont absents des entailles de bas de pente à sols hydromorphes et à argiles 2/1. Ils portent divers types de végétation, du nord vers le sud :
• les steppes à épineux et bushs (graminées : *Aristida* sp., *Cenchrus* sp., *Schoenefeldia* sp. ; *Acacia* : *laeta, ehrenbergiana*) ;
• les savanes arbustives et arborées lâches (graminées ; *Acacia* : *raddiana, senegal*; *Grewia* sp.), puis de plus en plus denses (graminées : *Ctenium* sp., *Andropogon* sp., *Loudetia* sp. ; ligneux : *Combretum* sp., *Pterocarpus* sp., etc.) ;
• les savanes arborées hautes et les savanes parcs (*Vitellaria paradoxa, Bombax* sp., *Anogeissus* sp., *Parkia* sp., *Khaya* sp., etc.) ;
• les forêts sèches claires (ligneux : *Isoberlinia* sp., *Azfelia* sp., *Daniella oliveri, Lophira* sp., etc.).

Les termites ont une action importante sur ces sols, et les *Macrotermes* sp. et *Trinervitermes* sp. sont en relation étroite avec eux. L'activité microbiologique est faible à très faible pour l'ensemble des ferruginosols, en rapport avec les faibles teneurs en matières organiques de ces sols.

Horizons de référence

Horizons ferrugineux (FE)

Ces horizons se forment à partir des horizons des vieilles altérations. Ils se caractérisent par une concentration en hydroxydes, principalement de fer. Il s'agit, pour majeure partie du fer, d'une accumulation relative résultant :
• de la dissolution ou de la transformation de minéraux primaires altérables ;
• de l'élimination de minéraux secondaires argileux, principalement de la kaolinite, entraînés par l'eau des nappes temporaires qui se forment en saison pluvieuse.

Une accumulation absolue de fer, due à d'autres processus, peut venir s'ajouter à l'accumulation relative. L'observation sur le terrain permet de séparer les zones d'illuviation d'argile et d'altération par la présence ou non de cutanes d'illuviation.

Ces horizons sont meubles, peu bioturbés et de couleur rougeâtre (2,5 YR, 5 YR ou 7,5 YR, selon la nature du matériau parental, de *value* 4 à 7 et de *chroma* 6 à 8). La kaolinite et la goethite sont les produits dominants, majoritairement issus de l'altération des minéraux primaires (les formes sont en effet conservées). Il reste des minéraux primaires altérables, en faible abondance (orthose et biotite).

De texture sablo-argileuse à argilo-sableuse, ils contiennent peu ou pas de nodules ferrugineux. Leur structure est cubique à polyédrique. La teneur en fer total (exprimée en oxydes) n'y dépasse pas 12 %, et ils ne s'indurent pas sous l'effet d'une longue dessiccation. Assez poreux et toujours bien drainés, ils se dessèchent pendant quatre mois jusqu'à atteindre une teneur en eau égale ou un peu inférieure au pF 4,2 ($\Psi < -1\,500$ kPa).

La teneur en carbone organique est < 0,3 % et la teneur en phosphore total de 0,25 ‰ environ. Le pH est compris entre 6,0 et 6,5. La somme des cations échangeables alcalins et alcalino-terreux est < 5 cmol$^+$·kg^{-1}. La CEC est de l'ordre de 10 cmol$^+$·kg^{-1}, ce qui implique un taux de saturation S/CEC < 50 %.

La concentration du fer diminue vers le bas de l'horizon (gradient vertical) et vers le bas des versants (gradient latéral).

Les constituants s'organisent selon deux types de fond matriciel :
• l'un a conservé la structure du matériau originel (l'horizon RT) et est le lieu principal de concentration du fer. Des revêtements ferri-argileux de teintes rougeâtres y sont visibles à l'œil nu ou à la loupe. Ce type de fond matriciel est plus abondant en bas de l'horizon qu'en haut. Il peut subsister dans l'horizon sus-jacent sous forme de nodules ferrugineux ;
• l'autre, plus clair, plus altéré et plus poreux, est plus abondant vers le sommet de l'horizon ; il se forme aux dépens du fond matriciel précédent.

Un certain degré de concentration en fer entraîne l'induration de l'horizon FE dans sa masse pour former des horizons nodulaires ND ou pétroxydiques OXm (cuirasse). Ce dernier horizon manifeste alors d'importantes modifications de ses propriétés physiques et hydriques. Entre ces horizons, la transition est très graduelle et s'effectue le long d'un même versant.

Horizons Ea

Ce sont des horizons situés sous l'horizon FE. Ils sont blancs (albiques) ou de couleur nettement plus claire que les horizons sus-jacents (7,5YR à 10YR 5 à 7 en *value*, 4 à 8 en *chroma*), à pH peu acide (6,1 à 6,3). Leur texture est plutôt sableuse, avec une forte porosité et une structure massive à débit polyédrique. Leurs constituants sont les mêmes que ceux des horizons A.

Ces horizons sont continus ou discontinus. De petits volumes éluviés apparaissent, formés aux dépens d'horizons illuviaux BT, qui en grossissant se rejoignent et donnent naissance à des horizons Ea continus. Les argiles et le fer ainsi déplacés vont s'accumuler dans des horizons illuviaux BT qui sont situés à la base ou à l'aval des solums observés.

L'association de volumes éluviés discontinus au sein d'un horizon BT peut être codée Ea&BT.

Caractères spécifiques des autres horizons

Horizons A

Ces horizons comportent de 0,4 % à 0,9 % de carbone organique ; leur couleur est gris beige (7,5 à 10 YR, de *value* 5 et de *chroma* 3 à 6) ; ils contiennent de 3 à 4 % de fer (exprimé en oxydes) ; ils sont le siège d'un appauvrissement en argile (horizon Ae) sous l'effet du ruissellement en nappe. En saison sèche, ils subissent un dessèchement tel que l'humidité est inférieure à celle du potentiel matriciel à − 1 500 kPa. Ils sont constitués d'argiles kaolinitiques, jamais de minéraux 2/1.

Horizons BT

Au sein de ferruginosols, ce sont des horizons d'accumulation relative et absolue d'argile et de fer, de couleur vive ocre jaune (10 YR 5/5) à brun rouge (7,5 YR 5/5), de texture argileuse à argilo-sableuse, à structure massive à débit polyédrique, compacts ; ils ne sont ni tachetés ni concrétionnés. Ils sont constitués de kaolinite et sont sans minéraux 2/1 de néogenèse. Le rapport SiO_2/Al_2O_3 est égal ou supérieur à 2 (pas d'alumine libre). Certains horizons illuviaux BT sont pédogénétiquement associés à des horizons Ea. Ils sont alors situés sous les horizons Ea ou en aval de ceux-ci.

Horizons BTg

Lorsqu'ils existent, ces horizons sont situés sous l'horizon FE. Ils se caractérisent par une accumulation d'argiles phylliteuses gris clair, non liées à des hydroxydes de fer, déplacées, puis déposées par de l'eau circulant dans la porosité de l'horizon. Ils présentent un aspect bariolé avec une teinte grise dominante et des taches de couleur rouille. Leur texture est argilo-sableuse à sablo-argileuse (25 à 40 % d'argile). Leur structure est polyédrique ou massive, le plus souvent compacte, avec des ségrégations reticulées de fer à plages décolorées pouvant remonter jusqu'à l'horizon Ea.

Ils peuvent passer en profondeur à des horizons BTcn, par coalescence des concrétions, sans atteindre le degré d'induration de la carapace (OXc) ou de la cuirasse (OXm).

Les horizons BT se distinguent des horizons BTcn et RT selon leurs positions dans le solum, leur structure, leur porosité, la nature des substances illuviées et leur régime hydrique.

Horizons BTcn

Ce sont des horizons BT à concrétions rouges (2,5 YR 4/6), dont l'induration plus ou moins marquée s'intensifie vers sa base. Les concrétions deviennent coalescentes au contact d'une cuirasse ou d'une carapace ferrugineuse.

Horizons Sg

Ce sont des horizons d'argilisation par altération des minéraux primaires des granites leucocrates à gros grains (uniquement dans ce cas-là), situés sous les horizons BTg. Leurs teintes sont gris verdâtre à gris olive, pistache, plus ou moins bariolées de taches jaune-rouille. Des feldspaths peu altérés y existent encore. Leur texture est argilo-sableuse. Les smectites y représentent en général plus de 50 % des minéraux argileux et sont mélangées à de la kaolinite. Il peut y avoir des nodules et du pseudo-mycélium calcaires.

La base de l'horizon, en partie smectitique, correspond alors à l'altération récente ou actuelle de la roche fraîche, telle qu'elle se présente sur tous les affleurements de roches cristallines et à la base des profondes altérations kaoliniques tertiaires.

Horizons réticulés (RT)

Ces horizons ont une matrice moins vivement colorée que l'horizon BTg; ils sont massifs à peu structurés, souvent compacts et présentent des taches et des concrétions vives ocre rouge. Sur le vieux manteau kaolinitique, les horizons RT ne montrent pas d'illuviation.

Horizons nodulaires (ND)

Ils sont situés sur la pente des versants, en aval de l'horizon FE. Leur texture est sablo-argileuse. Leur structure est cubique avec une sur-structure à tendance lamellaire. La teneur en fer total y varie de 12 à 20 %. Le matériau s'y indure partiellement *in situ* sous forme de nombreux nodules ferrugineux. Sous l'effet d'une longue dessiccation à l'air libre, ils s'indurent dans leur masse et de façon irréversible.

Assez poreux, bien drainés à leur sommet, parfois saturés par une nappe à leur base, ils se dessèchent pendant plus de quatre mois jusqu'à une humidité inférieure à celle du potentiel matriciel à − 1 500 kPa.

Horizons duroxydiques OXc (carapaces) ou pétroxydiques OXm (cuirasses)

Ils sont situés vers le bas des versants, en aval des horizons ND nodulaires. Leur teneur en fer total dépasse 20 % (exprimée en oxydes). Ils sont généralement indurés de manière irréversible à l'état naturel. Leur structure est massive, avec un aspect lamellaire à la base. La capacité de gonflement et de retrait est très réduite.

Ces horizons sont saturés par une nappe (de quelques jours au sommet jusqu'à plusieurs semaines à la base), puis se dessèchent pendant cinq mois jusqu'à une teneur en eau inférieure à celle du potentiel matriciel à − 1 500 kPa.

Positions relatives des trois horizons FE, ND et OXm (ou OXc)

• Au sommet et dans le tiers supérieur des versants est situé l'horizon ferrugineux FE qui est meuble.
• Sur la pente des versants, en aval de l'horizon FE, est situé l'horizon nodulaire ND.
• Vers le bas des versants, en aval de l'horizon ND nodulaire, est situé l'horizon duroxydique OXc (carapace) ou pétroxydique OXm (cuirasse).

Références

Quatre références sont distinguées :
• les FERRUGINOSOLS MEUBLES, caractérisés par la présence d'un horizon FE sous un horizon A ;
• les FERRUGINOSOLS SEMILUVIQUES, avec taches et concrétions ou sans taches ni concrétions, issus d'un manteau d'altération kaolinitique, cuirassés ou pas, développés sur roches sédimentaires et détritiques ;
• les FERRUGINOSOLS LUVIQUES, sans taches ni concrétions ou tachetés, concrétionnés, cuirassés, issus d'un manteau d'altération kaolinitique, développés sur roches sédimentaires et roches détritiques ;
• les FERRUGINOSOLS PÉTROXYDIQUES présentant des horizons d'éluviation et/ou d'illuviation sous une cuirasse, issus de granites leucocrates.

FERRUGINOSOLS MEUBLES

La séquence d'horizons de référence est : **A/FE/S/C ou M.**

La différenciation en horizons, la profondeur (de 1 à 2,5 m), la couleur de l'horizon FE plus ou moins rouge, le taux d'argile (5 à 15 %) et la cohésion augmentent avec l'âge du matériau, et donc la durée de la pédogenèse.

Exemples de types :

FERRUGINOSOLS MEUBLES hapliques
La séquence d'horizons de référence est : **A/FE/S/C ou M.**

FERRUGINOSOLS MEUBLES sans horizon S (rattachement imparfait)
La séquence d'horizons de référence est : **A/FE/C ou M.**

FERRUGINOSOLS MEUBLES à horizon S rédoxique
La séquence d'horizons de référence est : **A/FE/Sg/C.**

FERRUGINOSOLS MEUBLES à horizon S rédoxique, pétroxydiques
La séquence d'horizons de référence est : **A/FE/Sg/OXm.**

FERRUGINOSOLS MEUBLES à horizon S rédoxique, issus d'une paléoaltérite
La séquence d'horizons de référence est : **A/FE/ Sg/RT.**

FERRUGINOSOLS MEUBLES à horizon S rédoxique, multiferrugineux
La séquence d'horizons de référence est : **A/FE/Sg/C/II RT.**

FERRUGINOSOLS SEMILUVIQUES

La séquence d'horizons de référence est : **A/FE/BT/C/R.**

Il n'y a pas d'horizon Ea. L'horizon FE peut tendre, par abondance des concrétions, à devenir un FEcn, puis une cuirasse OXm.

Exemples de types :

FERRUGINOSOLS SEMILUVIQUES à horizons rédoxiques

La séquence d'horizons de référence est : **A/FE/BTg/Sg/Cg/II R.**

La nappe est profonde et, selon sa hauteur, atteint les horizons Cg, Sg et BTg.

FERRUGINOSOLS SEMILUVIQUES concrétionnés, à horizons rédoxiques

La séquence d'horizons de référence est : **A/FEcn/BTg/Cg/R.**

FERRUGINOSOLS LUVIQUES

La séquence d'horizons de référence est : **A/FE/Ea/BT/II C.**

Non indurés, ces ferruginosols sont fortement influencés par les caractères acquis des altérations anciennes des roches gréseuses, du socle cristallin précambrien et du manteau kaolinitique qui en dérive : texture sablo-argileuse des produits détritiques, nature exclusivement kaolinitique des argiles, pauvreté chimique due à l'altération et à la lixiviation poussée et continue des matériaux durant le Tertiaire et le Quaternaire ancien.

La caractérisation du matériau parental est donc particulièrement importante pour les divers types :

• s'il s'agit de grès ou les schistes, des horizons se différencient, mais ni la granulométrie ni les caractères géochimiques très évolués du matériau ne sont modifiés ;

• dans le cas de granites leucocrates à gros grains, le substrat est plus riche en alcalinoterreux que pour les types précédents et la structure issue de celle de la roche assure une meilleure porosité, car l'altération est moins forte ;

• en présence d'une paléoaltérite tertiaire (horizon RT), il s'agit de FERRUGINOSOLS LUVIQUES cuirassés.

Exemples de types :

FERRUGINOSOLS LUVIQUES issus d'une paléoaltérite sur grès

La séquence d'horizons de référence est : **A/FE/Ea/BT/BTcn/BTg/πRT/R.**

FERRUGINOSOLS LUVIQUES réticulés

La séquence d'horizons de référence est : **A/FE/Ea/BT/πRT/II C/R.**

FERRUGINOSOLS LUVIQUES concrétionnés

La séquence d'horizons de référence est : **A/FE/Ea/BT/BTcn/C/R.**

FERRUGINOSOLS LUVIQUES cuirassés

La séquence d'horizons de référence est : **A/FE/Ea/BT/BTg/II C ou OXm.**

Le matériau parental peut être un granite mésocrate, légèrement métamorphisé, à biotite et amphibole et phénocristaux de microcline ou un granite leucocrate à gros grains. Toute la partie supérieure du sol résulte d'une vieille et longue altération (moins épaisse que celle ayant donné le manteau kaolinitique épais) des roches du socle moins quartzeuses, neutres ou basiques. L'horizon profond Sg, en partie smectitique, correspond alors à l'altération récente ou actuelle de la roche fraîche.

Ces solums ne présentent pas d'horizons FE, et ressemblent donc beaucoup aux oxydisols pétroxydiques. Sous la cuirasse, cependant, ils présentent des horizons formés en liaison avec des processus d'éluviation/illuviation. Ils ont été traités dans ce chapitre, car ils sont présents dans le même domaine climatique et géographique que les autres ferruginosols.

Un horizon OXm ou OXc est présent. Selon la présence ou l'absence d'un des deux horizons Ea et BT, on distingue plusieurs types. Ces solums sont issus de granites leucocrates à gros grains ; la cuirasse ou la carapace se forment et s'altèrent d'une manière concomitante.

Exemples de types :
Ferruginosols pétroxydiques bathyluviques
La séquence d'horizons de référence est :
A/OXm/Ea/BTg/C/R   ou   A/OXm/Ea/C/R.
Ferruginosols pétroxydiques bathyluviques, tronqués
La séquence d'horizons de référence est : OXm/Ea/BTg/Sg/C/R.

Ferruginosols pétroxydiques bathyluviques, à horizons rédoxiques de profondeur
La séquence d'horizons de référence est : A/OXm/BTg/Cg/R.

Qualificatifs utiles pour les ferruginosols

à horizon réticulé	Qualifie un ferruginosol dans lequel existe un horizon RT.
concrétionné	Qualifie un ferruginosol dans lequel existe un horizon OXc.
cuirassé	Qualifie un ferruginosol dans lequel existe un horizon OXm.
multiferrugineux	Qualifie un ferruginosol dans lequel plusieurs pédogenèses ferrugineuses se sont succédé.

Distinction entre les ferruginosols et d'autres références

Avec les ferrallitisols
Les ferruginosols présentent une persistance des minéraux primaires les plus résistants et rarement d'argiles 2/1, alors que les ferrallitisols présentent une altération totale des minéraux primaires au sommet du solum. C'est en cela que réside la principale différence.

Avec les fersialsols
Les fersialsols ne peuvent être confondus avec les ferruginosols africains pour les motifs suivants :
• Les fersialsols indiens, ainsi que les angolais, sont issus de substrats calcaires ou basiques, plus rarement de roches cristallines, mais peu acides, et sans paléoaltérations kaolinique ; et, dans ce cas, il y a altération des biotites, formation d'interstratifiés gonflants et d'argiles 2/1 en profondeur. Les horizons A, épais, sont riches en carbone organique et structuré finement. Les horizons FS sont alors bien structurés polyédriques, et il y a sursaturation (en Ca^{2+} et Mg^{2+}) du complexe adsorbant à moyenne profondeur de l'horizon FS.
• Au Brésil, des substrats calcaires donnent naissance à des fersialsols rouges et à des « Latosols ». Issus de roches cristallines neutres et basiques proches de la surface, et donc sans altérations

profondes, on observe les « solos Podzolicos Vermelho-Escuro » dont les principales caractéristiques sont la texture argileuse (faces brillantes), une structure bien développée, un horizon E peu fréquent, des argiles de type interstratifiés et 2/1. Il y a absence de compacité, mais présence d'aluminium libre.

Avec les luvisols

À la différence des ferruginosols, les luvisols n'ont pas d'horizon FE, mais ils montrent une altération modérée et une accumulation illuviale d'argiles 2/1 dans leurs horizons BT.

Relations avec avec la WRB

Aucune place n'est faite aux ferruginosols dans la WRB, car les critères utilisés pour les sols intertropicaux sont très différents de ceux utilisés ici. Les ferruginosols pourraient être répartis parmi les Lixisols (acidification faible) et les Acrisols (acidification forte).

RP 2008	WRB 2006
FERRUGINOSOLS MEUBLES	Lixisols ou Acrisols
FERRUGINOSOLS SEMILUVIQUES	Lixisols ou Acrisols
FERRUGINOSOLS LUVIQUES	Lixisols ou Acrisols
FERRUGINOSOLS PÉTROXYDIQUES	Plinthosols (Petric)

Mise en valeur – Fonctions environnementales

FERRUGINOSOLS MEUBLES

Ces sols à drainage limité en profondeur peuvent être cultivés lorsqu'ils reçoivent des précipitations suffisantes. Leur texture sableuse leur confère des propriétés physico-chimiques particulières : bonnes perméabilité et porosité, capacités d'échange cationique et capacité de rétention pour l'eau plus faibles, mais suffisantes, notamment pour ceux à caractère rédoxique. La fertilité chimique est influencée par la nature pétrographique. Elle est maximale pour les horizons sableux peu épais situés sur les altérations de roches basiques, et bien moindre s'ils reposent sur un horizon pétroxydique. La vocation de ces sols est limitée aux cultures adaptées aux sols légers : mil, arachide, niébé, fonio, haricot vandzou. La fertilité naturelle assez médiocre peut cependant devenir potentiellement élevée après des pratiques culturales adéquates : labours légers, engrais verts et fumure.

La strate herbacée dense de ces sols en fait des terrains de parcours privilégiés pour bovins et caprins. Les qualités agrostologiques sont renforcées par la présence d'arbustes appréciés par les chameaux et les chèvres : *Acacia* sp., *Balanites* sp. Arbres et arbustes sont souvent élagués, voire coupés pour alimenter le bétail et s'approvisionner en bois de chauffe. De nombreuses espèces sont utilisées pour leurs fruits (*Ziziphus* sp., *Ximenia* sp., *Diospiros* sp.), la pharmacopée locale, l'artisanat (faux ébènes) et la gomme (*Acacia senegal*).

L'amélioration du stock organique (fumure, engrais verts) reste l'un des facteurs d'amélioration de la fertilité. La réponse des ferruginosols à des apports en phosphore est constante et très élevée. La réponse au potassium est en revanche faible à nulle.

Les cuirasses sous-jacentes (OXc, OXm) sont utilisées comme matériaux de construction et pour le ballast des routes.

FERRUGINOSOLS SEMILUVIQUES et LUVIQUES

La faible valeur agricole actuelle de ces sols est due 1) à une richesse minérale faible (valeurs basses, voire carentielles en P, K et même Ca, Mg), 2) à un stock de matières organiques moyen à faible, et surtout 3) à une dégradation des qualités physiques de surface par l'emploi des méthodes culturales traditionnelles, les brûlis annuels, la réduction des temps de jachère et une érosion laminaire. Cependant, la fertilité potentielle est loin d'être négligeable, sous réserve d'aménagements comme des barrières minérales (ligne de blocs et rochers) ou d'un travail du sol qui réduit le ruissellement et améliore la rétention en eau (billons isohypses, binages et scarifications) et la structure (labours précoces, enfouissement d'engrais verts, etc.). Les principales cultures sont le sorgho et le mil, le maïs, le coton, le manioc et l'igname.

Sur les FERRUGINOSOLS LUVIQUES rédoxiques, pourvus d'une réserve en eau plus importante, l'amélioration de la stabilité de surface et du drainage peut permettre une mise en valeur intéressante en riz, coton et sorgho.

Principaux supports des cultures extensives, ces sols ont perdus leur couverture végétale naturelle. Seuls certains arbres utiles sont systématiquement préservés (*Vitellaria paradoxa, Khaya senegalensis, Parkia biglobosa*), et les parcelles s'apparentent à des savanes-parc.

Les FERRUGINOSOLS LUVIQUES concrétionnés sont utilisés pour le ballast des pistes de latérites. Les niveaux les plus argileux des horizons BTcn servent à faire des briques (banco). Les FERRUGINOSOLS LUVIQUES issus de granites sont un peu plus riches chimiquement, grâce à la présence de minéraux altérables dont les sols précédents sont dépourvus. La teneur en matières organiques de surface est plus élevée (1,3 % en moyenne), et surtout les qualités physiques (porosité, perméabilité, stabilité structurale) sont nettement supérieures à ceux des autres FERRUGINOSOLS LUVIQUES. La présence en profondeur d'une altération de type 2/1, riche en Ca, Mg et K accessible aux racines, est un facteur de fertilité rare dans ces régions situées le plus souvent en situation méridionale, et donc à précipitations suffisantes. La susceptibilité à l'érosion et au ruissellement est faible.

FERRUGINOSOLS PÉTROXYDIQUES

La présence de la cuirasse en profondeur, puis de plus en plus proche de la surface le long du versant n'est semble-t-il pas un facteur limitant important, les racines réussissant à passer l'obstacle. La mise en valeur récente de ces sols, après déforestation et pratiques mécanisées lourdes, a en revanche des effets néfastes sur la stabilité de surface et les rendements. Les cultures de rapport, coton et maïs supplantent celle traditionnelle du sorgho. L'érosion se manifeste alors.

Fersialsols

4 références

Conditions de formation et pédogenèse

Les fersialsols sont caractérisés par une altération de type bisiallitique (formation d'argiles 2/1) : l'hydrolyse ménagée provoque une nette argilification, non seulement par héritage (bisiallitisation apparente) mais aussi par agradation et néogenèse (bisiallitisation vraie). Cette altération s'accompagne d'une forte libération du fer, lequel contracte généralement des liaisons étroites avec les minéraux argileux. Des phénomènes de redistribution mécanique de ces derniers associés aux oxyhydroxydes de fer peuvent intervenir.

Il en résulte des sols évolués et différenciés, qui sont caractérisés par une structure anguleuse et stable, ainsi que par des couleurs vives rouges.

La pédogenèse fersiallitique est localisée le plus souvent au milieu subtropical à saison sèche chaude (climat méditerranéen) et au milieu tropical, là où le drainage climatique profond est nul ou réduit. Elle se manifeste par la formation d'un horizon spécifique : l'horizon fersiallitique FS.

Cet horizon est généralement issu d'une longue évolution. Dans les régions tempérées, c'est essentiellement dans des paléosols que l'on peut l'observer (ou des sols polygénétiques).

L'horizon FS se développe à partir d'une très large gamme de matériaux géologiques, à l'exception notable des marnes. Les propriétés du matériau parental se conjuguent avec les caractéristiques du climat pour en expliquer la répartition géographique. Ainsi, dans les régions méditerranéennes, on peut observer cet horizon sous des climats d'autant plus secs que le matériau est filtrant et/ou acide (grès, schistes), et sous des climats d'autant plus humides que le matériau est filtrant et/ou carbonaté. Dans les régions tropicales, sur socle, l'horizon FS est observé sous des climats d'autant plus humides que la roche présente une composition plus basique ; en revanche, il ne semble pas que l'on puisse en observer sur calcaires.

Horizons de référence

La présence d'un horizon fersiallitique (FS) est nécessaire pour le rattachement aux fersialsols.

L'horizon FS se situe généralement entre un horizon A et un horizon C, mais il peut se retrouver en surface à la suite de la troncature du solum.

11ᵉ version (31 décembre 2007).

Horizons fersiallitiques (FS)

Ils présentent tous les caractères décrits *infra*.

Constituants

L'altération fersiallitique confère aux horizons FS des constituants qui sont toujours de même nature, mais qui peuvent se trouver en proportions variables selon les roches dont sont issus les fersialsols. Les minéraux argileux 2/1 jouent un rôle important, même s'ils peuvent être présents en proportion faible (environ 10 %), comme dans le cas, par exemple, des fersialsols issus de roches basiques non micacées.

La fersiallitisation a été souvent caractérisée par un taux élevé de libération du fer (rapport $Fe_{libre}/Fe_{total} > 0,50$). En réalité, il s'avère que le seuil pertinent dépend très largement de la nature du matériau parental : par exemple, lorsque ce dernier est riche en fer (basaltes, gneiss à amphibole, schistes à chlorite ferrifère, etc.), le rapport Fe_{libre}/Fe_{total} peut être beaucoup plus faible (environ 0,30).

En revanche, il apparaît plus intéressant de doser le fer facilement extractible (FFE), quantifié grâce à une cinétique d'extraction à l'acide chlorhydrique et à la soude (méthode de Ségalen, adaptée par Quantin et Lamouroux). Pour les horizons FS qui ont été soumis à cette analyse, il se dégage un seuil : $FFE/Fe_{total} > 0,20$. Il reste cependant à mettre au point une méthode plus adaptée, qui ne risque pas de solubiliser le fer inclus dans certains minéraux.

La pertinence du dosage du fer facilement extractible s'explique par le fait que le fer des horizons FS se trouve, au moins en partie, sous la forme de cristallites très fins (3 à 5 nm), généralement d'hématite (détermination par spectrométrie Mössbauer).

Les horizon FS peuvent être carbonatés ou non. Sur roche calcaire, cependant, il semble que la fersiallitisation intervienne après décarbonatation : les carbonates éventuellement présents dans un horizon FS seraient donc d'origine secondaire (reprécipitation ou colluvionnement).

Couleur

La couleur de la matrice ou au moins celle des faces d'agrégats est 5 YR (ou plus rouge), avec une *chroma* > 3,5, ou plus rouge.

Structure

La structure est polyédrique anguleuse, très fine, fine ou moyenne, très bien développée et très nette. Elle est extrêmement stable. Elle s'organise souvent en une sur-structure polyédrique anguleuse, cubique ou prismatique, à faces luisantes ; elle se subdivise généralement en une sous-structure millimétrique anguleuse, très typique. Cette structure caractéristique s'estompe souvent en présence de carbonates.

La structure d'un horizon FS n'est jamais micro-agrégée (ni « micro-nodulaire » ni « en pseudo-sables »).

Microstructure

L'assemblage textural (distribution relative du plasma et du squelette) est généralement porphyrique. Le motif de biréfringence (assemblage plasmique) est généralement à striation réticulée (lattisépique).

À l'échelle ultra-microscopique, la micromasse (plasma) est organisée en microdomaines orientés ; les oxyhydroxydes de fer, sous la forme de nanoparticules de 3 à 5 nm de diamètre, n'apparaissent pas étroitement associés aux minéraux argileux, mais sont groupés en amas isolés dans la masse argileuse.

Traits pédologiques

L'illuviation d'argile est souvent observée dans certains horizons FS (horizons FSt), mais les traits texturaux (revêtements argileux ou argilanes) peuvent être invisibles sur le terrain parce qu'intégrés à la masse basale (matrice).

Souvent, sur matériau parental carbonaté, ce sont ces revêtements qui donnent à l'horizon sa couleur rouge, alors que sur roches volcaniques riches en verres, c'est la micromasse d'altération (altéro-plasma) qui est rouge.

Typiquement, il n'y a pas de ségrégation du fer et du manganèse, sauf, éventuellement, sous forme de très fins enduits noirs sur les faces des agrégats.

Autres propriétés

Nettement argilisé et riche en minéraux argileux 2/1, un horizon FS a généralement une capacité d'échange assez élevée et de bonnes capacités de rétention en eau. L'abondance du fer facilement extractible confère généralement à cet horizon une bonne capacité d'échange pour le phosphore.

Un horizon FS peut être carbonaté, calcique ou insaturé.

Horizons à caractère xanthomorphe (-j)

Sont dits « à caractère xanthomorphe » des horizons qui présentent les caractères suivants :
• des teintes vives, jaunes ou orangées (7,5 YR ou plus jaune), dans la matrice et les faces d'agrégats ;
• une structure anguleuse nette, assez fine, à faces luisantes ;
• des redistributions du fer et du manganèse, sous forme de fins enduits noirs brillants sur les faces des agrégats et/ou très petits nodules noirs ;
• un matériau généralement argileux, riche en fer libre.

De tels horizons ressemblent assez à l'horizon FS. Ils s'en distinguent cependant par leur couleur non rouge, parce qu'ils ne présentent pas de sous-structure micro-polyédrique très nette, par la présence de redistributions du fer et du manganèse (sous la forme d'enduits et/ou nodules noirs) et par une moindre abondance du fer facilement extractible.

Le caractère xanthomorphe peut s'appliquer à différents types d'horizons tels que S, Sci ou BT, mais pas à un horizon FS. Ils sont alors codés Sj, Scij ou BTj. Le caractère xanthomorphe apparaît fréquemment dans les franges humides des régions méditerranéennes, mais on peut l'observer sous climat tempéré. Dans les milieux méditerranéens, il est souvent associé dans le paysage à l'horizon FS, mais il y occupe des situations pédoclimatiquement plus humides. Sous un même climat, on l'observe en position aval (poche karstique, bas de versant). Enfin, dans un même solum, un horizon à caractère xanthomorphe peut coexister avec un horizon FS : il est généralement situé sous ce dernier, au contact avec la roche sous-jacente ou son altérite, où il résulte d'un ralentissement de la circulation de l'eau.

Références

Les fersialsols doivent toujours comporter un ou plusieurs horizons FS. Quatre références sont distinguées selon la nature de l'horizon FS (carbonaté, calcique, insaturé) ou l'existence d'une nette différenciation texturale.

Les différents types se distinguent par la présence ou l'absence d'un autre horizon de référence (O, A, Aca, Ach, K, Kc, Km), par l'apparition de caractères secondaires dans certains horizons (caractère xanthomorphe -j, début d'accumulation de calcaire -k, caractère rédoxique -g), l'existence d'une « nappe de gravats » (synonyme = *stoneline*) et par l'épaisseur totale du solum (caractère leptique).

FERSIALSOLS CARBONATÉS

La séquence d'horizons de référence est :
Aca/FS carbonatés/C ou M ou R.

Horizons FS carbonatés (ou recarbonatés) dans la terre fine.

FERSIALSOLS CALCIQUES

La séquence d'horizons de référence est :
Aci/FS calciques/C ou M ou R.

Horizons FS calciques : pas d'effervescence dans la terre fine, ou seulement localement ; taux de saturation élevé (S/CEC > 80 %), rapport Ca^{2+}/Mg^{2+} > 5.

Pas de différenciation texturale (horizons E et FSt interdits).

FERSIALSOLS INSATURÉS

La séquence d'horizons de référence est :
A/FS insaturés/C ou M ou R.

Horizons FS insaturés (rapport S/T < 80 %)

Pas de différenciation texturale (horizons E et FSt interdits).

FERSIALSOLS ÉLUVIQUES

La séquence d'horizons de référence est :
A/E/FSt/C ou M ou R.

Illuviation d'argile nette (présence d'un horizon FSt) et d'un horizon éluvial E ou LE (sauf si troncature). Différenciation texturale notable (IDT > 1,3).

Qualificatifs utiles pour les fersialsols

xanthomorphe	Qualifie un fersialsol présentant un ou plusieurs horizon(s) à caractère xanthomorphe (Sj, Scij ou BTj).
leptique	Qualifie un fersialsol dont l'épaisseur des horizons [A + FS] est comprise entre 10 et 50 cm au dessus d'un horizon C ou d'une couche M.
lithique	Qualifie un fersialsol dont l'épaisseur des horizons [A + FS] est comprise entre 10 et 50 cm au-dessus d'une couche R.
chernique	Qualifie un fersialsol présentant en surface un horizon Ach épais de moins de 40 cm.
tronqué	Qualifie un fersialsol dont les horizons de surface A ou [A + E] ont été érodés.
calcarique	Qualifie un fersialsol présentant en profondeur un horizon K ou Kc.
pétrocalcarique	Qualifie un fersialsol présentant en profondeur un horizon Km.
glossique	Qualifie un FERSIALSOL ÉLUVIQUE présentant un contact E/FSt glossique.
planosolique	Qualifie un FERSIALSOL ÉLUVIQUE présentant un contact E/FSt planique.

rédoxique — Qualifie un fersialsol présentant un horizon Eg et/ou FSg débutant entre 50 et 80 cm de profondeur.

ruptique — Qualifie un fersialsol dont l'horizon FS est interrompu latéralement, à échelle métrique.

à nappe de gravats

resaturé, **fertilisé**, **cultivé**, **calcimagnésique**, **magnésique**, etc.

Exemples de types

Fersialsol calcique leptique, argileux, à substrat calcaire diaclasé.

Fersialsol éluvique argileux, mésosaturé en surface, issu d'une formation superficielle argileuse calcaire (Bulgarie).

Fersialsol insaturé caillouteux, tronqué, sur calcaire jurassique à chailles.

Fersialsol carbonaté limono-argileux, calcarique.

Fersialsol éluvique dystrique, caillouteux, issu de cailloutis rhodaniens (haute terrasse mindelienne).

Distinction entre les fersialsols et d'autres références

Avec les calcosols, les calcisols et les brunisols

La distinction se fait essentiellement sur des considérations de couleurs (les fersialsols montrent des teintes 5 YR ou plus rouges), de fer libre ou facilement extractible et de structure : les fersialsols ont une structure micro-polyédrique stable à faces luisantes.

Avec les luvisols

On peut concevoir l'existence d'intergrades entre luvisols et fersialsols éluviques. Les luvisols seront distingués, notamment :
- par leur teneur en fer facilement extractible (rapport FFE/fer total < 0,20) ;
- par leur teinte moins rouge que 5 YR ;
- par des considérations de structure (structure non micro-polyédrique dans l'horizon BT).

Avec les nitosols

Les nitosols sont caractérisés par la prédominance d'halloysite dans leur fraction argileuse, et les critères géochimiques des produits d'altération sont Ki < 2,2 et Kr < 1,8 (cf. ce chapitre).

Relations avec la WRB

RP 2008	WRB 2006
Fersialsols carbonatés	Haplic Cambisols (Calcaric, Chromic)
Fersialsols calciques	Haplic Cambisols (Eutric, Chromic)
Fersialsols insaturés	Haplic Cambisols (Eutric or Dystric, Chromic)
Fersialsols éluviques	Haplic Luvisols (Chromic) or Albic Alisols (Chromic)

Fluviosols

4 références

Conditions de formation et pédogenèse

Les fluviosols (c.-à-d. les sols alluviaux fluviatiles et lacustres) méritent d'être distingués des autres types de sols non ou peu évolués pour trois raisons principales :

• ils sont développés dans des matériaux déposés récemment, les **alluvions fluviatiles ou lacustres**, mis en place par transport, puis sédimentation en milieu aqueux. Ces alluvions peuvent être relativement homogènes ou présenter une grande hétérogénéité minéralogique et granulométrique qui reflète la diversité des matériaux géologiques et pédologiques situés en amont du bassin versant. Par rapport aux matériaux de l'amont, un tri a cependant été effectué au profit des minéraux les plus résistants et les plus lourds, et également en fonction de leur granulométrie ;

• ils occupent toujours une **position basse** dans les paysages, celle des **vallées** où ils constituent les lits mineur et majeur des rivières, à l'exclusion des zones de terrasses (hors vallées actuelles) ;

• ils sont marqués par la **présence d'une nappe phréatique alluviale** permanente ou temporaire à fortes oscillations et ils sont généralement **inondables en période de crue** (sauf endiguement). Ces inondations sont susceptibles de tronquer le solum ou, au contraire, de générer de nouveaux apports sédimentaires ou des atterrissements.

Matériaux parentaux

Souvent (en France), il s'agit de matériaux relativement fins (argiles, limons, sables, gravillons) reposant sur un matériau grossier (la « grève » alluviale) dans lequel circule une nappe phréatique.

La granulométrie des matériaux est constante ou, au contraire, très variée. Dans ce cas, les plus proches de la rivière sont sableux, alors que les plus lointains sont souvent limoneux ou nettement argileux.

Le matériau parental a été transporté sur de longues distances et longitudinalement par rapport à l'axe des vallées (ce qui oppose les fluviosols aux COLLUVIOSOLS). Sa granulométrie peut être homogène ou, au contraire, très hétérogène sur l'ensemble du solum (solum bilithique ou polylithique). Une stratification peut exister, mais n'est pas générale. Des apports solides sont toujours possibles à la surface, lors de grandes crues.

La présence d'horizons pédologiques enfouis, organo-minéraux ou plus ou moins humifères, n'est pas rare (cf. qualificatif **réalluvionné**).

18ᵉ version (10 novembre 2007).

Évolution pédogénétique *in situ*

Faute de temps, les altérations des minéraux primaires sont nulles ou faibles. Une certaine évolution peut se traduire par de faibles redistributions de fer, de $CaCO_3$, de sels, etc. Des traits d'illuviation d'argile peuvent parfois être observés, mais n'occasionnant aucune différenciation texturale.

Engorgements par l'eau

On note toujours la présence d'une nappe souterraine plus ou moins profonde selon les cas et selon les saisons, mais cette nappe peut circuler en profondeur, par exemple dans une couche D, et ne pas affecter la partie supérieure du solum. C'est pourquoi de nombreux fluviosols, mais pas tous, connaissent des engorgements à des degrés divers. Les effets sur les plantes de ces engorgements, temporaires ou plus permanents, sont atténués du fait que cette nappe est circulante et oxygénée.

Dans le cas de certains matériaux très pauvres en fer (p. ex. sables quartzeux ou matériaux très calcaires) ou de granulométrie grossière, les engorgements temporaires ou quasi permanents ne s'expriment pas ou très peu par les signes d'hydromorphie classiques (rédoxiques ou réductiques). Il y a engorgement plus ou moins prolongé sans hydromorphie.

Horizons de référence

Pour définir les fluviosols, il n'existe pas d'horizons de référence spécifiques, mais on peut y reconnaître :

• des horizons organo-minéraux typiques (horizons A biomacrostructurés) ou atypiques (horizons Js) ;
• des horizons S, Sca ou Sci typiques, c'est-à-dire à structure en agrégats anguleux nette (cas des FLUVIOSOLS BRUNIFIÉS) ou atypiques (horizons Jp) ;
• des horizons réductiques G, mais ceux-ci doivent débuter à plus de 50 cm de profondeur, sinon le solum sera rattaché à une référence de réductisols qualifiée de fluvique ;
• des horizons –g ou g débutant à plus de 50 cm (qualificatifs rédoxique ou à horizon rédoxique de profondeur) ;
• si des horizons g ou –g apparaissent à moins de 50 cm de la surface et que les caractères rédoxiques se prolongent ou s'intensifient en profondeur (sur une épaisseur d'au moins 50 cm), on a le choix entre un rattachement simple aux RÉDOXISOLS (qualifiés alors de fluviques) et un double rattachement à des fluviosols-RÉDOXISOLS ;
• des horizons H, mais ceux-ci doivent débuter à plus de 50 cm de profondeur (qualificatif **bathyhistique**) ;
• des couches M et très souvent des couches D (grève alluviale) qui constituent une discontinuité physique et mécanique dans le solum.

En outre, certains de ces horizons peuvent présenter des caractères secondaires tels que : hémiorganique, calcaire, calcique, à accumulation de gypse, etc.

Exclusions : la présence d'horizons E, BT, BP, sodiques, saliques, sulfatés, de matériau thionique interdit le rattachement aux fluviosols. La présence d'horizons H de plus de 50 cm d'épaisseur, si situés en surface, ou d'horizons g ou –g à moins de 50 cm de la surface interdit le **rattachement simple** aux fluviosols.

Références

FLUVIOSOLS BRUTS

Matériaux d'apport fluviatiles, en général grossiers (sables et cailloux) à l'état brut (ou presque), inclus dans le lit mineur des rivières (bancs, îlots temporaires, berges, etc.), souvent linéaires. Ils sont souvent mal stabilisés et toujours recouverts en période de hautes eaux. La violence des crues s'oppose à l'accumulation de matériaux fins.

La couche la plus superficielle peut contenir des traces de matières organiques, généralement figurées, mais il n'existe pas de véritable structuration pédologique généralisée. Des horizons O peuvent exister sous la forme d'une litière grossière de feuilles et brindilles si une végétation arbustive a pu s'installer.

La séquence d'horizons de référence est :
couches M ou D pratiquement inaltérées.

FLUVIOSOLS JUVÉNILES et **FLUVIOSOLS TYPIQUES**

Développés dans des matériaux d'apport fluviatiles très récents qui occupent le lit majeur des rivières, ils sont soumis aux inondations en période de crues, correspondant encore parfois à des phases érosives, mais au cours desquelles, majoritairement, la sédimentation l'emporte. Faute de temps, la pédogenèse minérale n'a pas encore pu se manifester. Il s'agit donc de sols « peu évolués » et « peu différenciés » sans véritable horizon S.

Les FLUVIOSOLS JUVÉNILES présentent la séquence d'horizons de référence : **Js/M ou D.**

Ce sont des solums encore très peu différenciés, où un horizon Js peu épais (moins de 30 cm) repose directement sur la couche M ou D (grève alluviale). Ils ne présentent pas d'horizon Jp. Ils peuvent contenir une forte proportion d'éléments grossiers issus de la couche D. Des horizons O sont fréquents. Sur matériaux caillouteux à pédoclimat sec, des moders xériques peuvent être observés.

Les FLUVIOSOLS JUVÉNILES se distinguent des FLUVIOSOLS BRUTS par un début d'incorporation, dans la terre fine, de matières organiques humifiées. Cette dernière provient de l'évolution de la litière mais aussi, voire surtout, des sécrétions racinaires de la végétation. Après quelques années, en effet, celle-ci est assez développée (arbres) pour coloniser le sol à une certaine profondeur et l'enrichir par sa rhizodéposition. Cela se traduit par l'apparition de l'horizon Js. L'absence de particules fines à forte capacité d'échange rend toutefois encore impossible une incorporation plus stable au sein d'un complexe organo-minéral. Cette étape ne sera réalisée que plus tard, quand l'effet filtre de la végétation ou l'altération des roches auront permis respectivement la rétention ou la libération de particules plus aptes à la stabilisation des matières organiques humifiées (limons fins, argiles). Un véritable horizon A pourra alors se former (cas des FLUVIOSOLS TYPIQUES et des FLUVIOSOLS BRUNIFIÉS).

Ces types de solums sont plus fréquents et de granulométrie plus grossière en secteur amont du profil en long des vallées que dans la partie aval, ainsi que sur des terrasses alluviales relativement récentes.

Les FLUVIOSOLS TYPIQUES correspondent à deux séquences d'horizons de référence (cf. figure page suivante) :
1. A ou LA/Jp/D : solums moyennement épais (horizons [A + Jp] épais de 30 à 80 cm) comprenant un horizon A typique biomacrostructuré et un horizon « jeune » de profondeur

(Jp) reposant directement sur la couche D par une transition parfois progressive, mais le plus souvent par un contact abrupt et ondulé.

2. A ou LA/Jp/M/D: solums épais (> 80 cm), où l'horizon Jp surmonte une couche M plus ou moins épaisse constituée d'un matériau d'apport alluvial de granulométrie variable, mais fine. Cette couche M repose sur une couche D située le plus souvent à plus d'un mètre de profondeur.

Ces deux derniers types de solums sont plus fréquents et de granulométrie plus fine dans la partie aval des rivières que dans le secteur amont, ainsi que sur des terrasses alluviales plus anciennes.

FLUVIOSOLS BRUNIFIÉS

Développés dans des matériaux d'apport fluviatiles souvent plus anciens que les précédents, ou de granulométrie plus fine, ils occupent le lit majeur des rivières et sont, sauf modifications dues à l'homme (endiguements), soumis aux inondations au cours desquelles une sédimentation fine se produit encore actuellement. Ils sont souvent limoneux, argilo-limoneux ou argileux, plus riches en matières organiques que les FLUVIOSOLS TYPIQUES et présentent l'aspect des sols brunifiés à horizons S ou Sca ou Sci bien exprimés.

En fait, ce sont des sols jeunes, formés dans des dépôts récents (holocènes) qui proviennent vraisemblablement de matériaux pédologiques préalablement évolués et progressivement érodés en amont du bassin versant.

La séquence d'horizons de référence est: **A ou Aca ou Aci ou LA/S ou Sca ou Sci/D**.

Une couche M peut s'intercaler entre les horizons S et la couche D.

Les solums sont profonds (1 m ou plus) et possèdent, au-dessous de l'horizon A, un horizon bien structuré, biologiquement actif, bien pourvu en matières organiques (le taux de carbone peut être > 2 %) ayant tout à fait les caractères d'un horizon S typique (ou d'un Sca ou d'un Sci). Cet horizon recouvre une couche M qui peut être épaisse, ou repose directement sur une couche D (grève alluviale).

Ces solums sont les plus fréquents dans les grandes vallées alluviales européennes, en zones médiane et aval du profil en long des rivières. Ils peuvent présenter des caractères d'engorgement plus ou moins accentués, mais qui sont souvent atténués par le fait que la nappe alluviale et les eaux d'inondation sont circulantes et oxygénées. Si des traits rédoxiques apparaissent dans les 50 premiers centimètres (par exemple en raison d'un niveau peu perméable), on pourra opérer un rattachement double aux FLUVIOSOLS BRUNIFIÉS-RÉDOXISOLS ou un rattachement simple aux RÉDOXISOLS qualifiés de fluviques.

Qualificatifs utiles pour les fluviosols

leptique — Qualifie un FLUVIOSOL JUVÉNILE ou TYPIQUE dans lequel la couche M ou D apparaît à moins de 30 cm de profondeur.

rédoxique, réductique, à horizon rédoxique de profondeur, à horizon réductique de profondeur, à engorgements, gypsique

à deux nappes — Présence d'une nappe perchée et d'une nappe phréatique profonde.

à horizon A humifère

bathyhistique — Présence d'horizons H en profondeur.

vertique — Qualifie un solum dont certains horizons de profondeur présentent plus de 35 % d'argile et des caractères vertiques (tels que des faces de glissement obliques), mais insuffisants pour identifier un horizon V typique (horizons notés Sv ou Cv).

alluvio-colluvial — Une partie des matériaux est d'origine colluviale ; part relative des apports alluviaux et colluviaux non identifiée.

torrentiel — Qualifie un fluviosol développé dans des alluvions très grossières de torrents, y compris les cônes alluviaux, et dont le cours d'eau a un régime torrentiel.

réalluvionné — Qualifie un solum qui a reçu très récemment de minces sédiments minéraux. Les horizons organo-minéraux formés antérieurement sont désormais enfouis.

oxyaquique — Qualifie un fluviosol saturé fréquemment par des eaux riches en oxygène et ne montrant pas de traits rédoxiques ou réductiques dans les 80 premiers centimètres.

issu de grève alluviale, sur grève alluviale, de lit majeur, de lit mineur, de marais asséché, etc.

calcaire, calcique, saturé, subsaturé, mésosaturé, etc.

Qualificatif utile pour les non-fluviosols

fluvique — Seront qualifiés de fluviques des solums rattachés à d'autres références, telles que RÉDUCTISOLS TYPIQUES, RÉDOXISOLS ou histosols, qui répondraient aux **trois conditions** définissant les fluviosols : développement dans des matériaux alluviaux fluviatiles ou lacustres, position basse dans les paysages et présence d'une nappe phréatique alluviale battante, plus ou moins profonde selon la saison.

fluvique
(suite)

Seront également qualifiés de fluviques des solums rattachés à des références telles que BRUNISOLS EUTRIQUES OU DYSTRIQUES, CALCOSOLS, CALCISOLS et ARÉNOSOLS, qui répondent également aux trois conditions énumérées *supra*, mais dans lesquels la nappe n'affecte que les couches profondes (horizons C, couches D ou M, ou horizons G débutant à plus de 80 cm de profondeur).

Exemples de types

FLUVIOSOL TYPIQUE leptique, caillouteux, de lit mineur.
FLUVIOSOL TYPIQUE argileux, calcique, rédoxique, sur grève calcaire.
FLUVIOSOL TYPIQUE hypercalcaire, calcarique.
FLUVIOSOL BRUNIFIÉ argileux, faiblement calcaire, de lit majeur.
FLUVIOSOL BRUNIFIÉ argileux, calcique, rougeâtre, bien structuré, sur grève calcaire.

Distinction entre fluviosols et d'autres références
— Doubles rattachements

Certains solums développés à partir de matériaux alluviaux fluviatiles, mais qui correspondent parfaitement à certaines autres catégories du référentiel, doivent être exclus des fluviosols et rattachés aux THIOSOLS, SULFATOSOLS, histosols, réductisols, salisols, sodisols, etc. Cependant, le qualificatif **fluvique** doit leur être adjoint (cf. *supra*). Par exemple, HISTOSOL MÉSIQUE fluvique, SULFATOSOL fluvique, etc.

Avec les RÉDOXISOLS

Si des signes rédoxiques (ou connaissance d'engorgements temporaires) débutant à moins de 50 cm de la surface et se prolongeant et s'intensifiant en profondeur (sur au moins 50 cm d'épaisseur) : choix entre un rattachement simple aux RÉDOXISOLS qualifiés de fluviques et un rattachement double à une référence de fluviosols-RÉDOXISOLS.

Avec les réductisols

Si des signes réductiques (ou connaissance d'engorgements quasi permanents ou permanents) débutent à moins de 50 cm de profondeur : rattachement simple à une référence de réductisol qualifiée de fluvique (p. ex. RÉDUCTISOL TYPIQUE fluvique).

Avec les histosols

En contexte alluvial, si des horizons H de moins de 50 cm d'épaisseur sont superposés à un horizon G ou à une couche D : rattachement respectivement à une référence de réductisol fluvique épihistique ou à la référence des HISTOSOLS LEPTIQUES fluviques.

Avec les PEYROSOLS

En hautes altitudes, il existe des PEYROSOLS pierriques où circulent des ruisseaux et des torrents. Un double rattachement PEYROSOL-FLUVIOSOL BRUT est envisageable.

Avec les RÉGOSOLS

En contexte alluvial, le rattachement aux FLUVIOSOLS BRUTS sera privilégié.

Cas particulier : solums des « cônes de déjection »

Les solums développés dans des matériaux de « cônes de déjection » torrentiels, ou « cônes alluviaux », sont bien des sols peu évolués développés dans des alluvions récentes, mais ils n'occupent pas une position basse dans le paysage et ne sont en général ni soumis aux battements d'une nappe phréatique alluviale ni inondables. Ce sont des milieux aux pédoclimats plutôt secs.

Selon les cas (abondance des éléments grossiers, différenciation d'horizons), un rattachement aux PEYROSOLS fluviques ou aux RÉGOSOLS fluviques peut être envisagé.

Remarque

L'utilisation de l'ensemble cognat [tous les fluviosols + tous les types **fluviques**] permet de faire bien ressortir les grands traits du paysage dans un document cartographique.

Relations avec la WRB

RP 2008	WRB 2006
FLUVIOSOLS BRUTS	Fluvisols
FLUVIOSOLS JUVÉNILES	Fluvisols
FLUVIOSOLS TYPIQUES	Fluvisols
FLUVIOSOLS BRUNIFIÉS	Fluvic Cambisols

Mise en valeur – Fonctions environnementales

Les fluviosols des grandes vallées alluviales correspondent à des milieux naturels extrêmement convoités qui ont été, au cours des siècles, occupés et souvent dégradés par l'homme : mise en culture et irrigation, populiculture, exploitation de granulats, urbanisation et industrialisation le long de ces axes de communication. Aussi, ces milieux naturels sont-ils devenus extrêmement rares en France et, de ce fait et à cause de l'originalité des conditions écologiques, sont très souvent à haute valeur patrimoniale : les forêts alluviales ou forêts riveraines sont désormais en France des milieux protégés. Elles sont encore présentes dans la plaine d'Alsace, la plaine de Saône, relictuelles ailleurs (Rhône, Loire, etc.). Les écosystèmes alluviaux sont d'ailleurs les plus riches en espèces végétales, dans l'absolu, de tous les milieux des climats tempérés. À noter l'importance grandissante des espèces invasives qui trouvent dans ces milieux pionniers des conditions favorables à leur développement.

FLUVIOSOLS BRUTS

Ils correspondent à des matériaux instables souvent grossiers. La végétation naturelle, lorsqu'une relative stabilité permet son installation, y est très diversifiée. Dans un premier temps, des végétaux pionniers s'installent, de toute origine écologique (espèces alluviales typiques, espèces de la forêt alluviale ou des forêts environnantes, espèces de prairies ou pâturages plus ou moins nitratophiles, espèces montagnardes dont les graines ont été emportées en plaine). Les espèces ligneuses qui s'installent ensuite — parfois aussi immédiatement ! — sont plus spécialisées : saules arbustifs, peupliers noirs ou blancs (essences dites « à bois tendre »), mieux installées cependant sur les FLUVIOSOLS TYPIQUES, voire pins sylvestres sur les substrats particulièrement filtrants. Cette végétation ayant souvent un rôle majeur dans la stabilisation des berges, son maintien est primordial. Le long des torrents de montagne, une végétation dite « d'eaux vives » s'installe, à base de différents saules ou d'aulne blanc.

FLUVIOSOLS JUVÉNILES

Également situés sur des dépôts alluviaux récents et souvent grossiers, ils sont très fréquents dans les parties amont des cours d'eau. Ils sont colonisés par de véritables forêts à bois tendres, comme les saulaies ou les aulnaies blanches.

FLUVIOSOLS TYPIQUES et FLUVIOSOLS BRUNIFIÉS

Ces sols s'organisent dans les paysages alluviaux selon des micro-reliefs avec zones basses, bras morts, dépressions et aussi bosses et levées, en mosaïque possible avec des sols à caractère réductique marqué.

En général, la présence d'une nappe permanente assure la possibilité d'alimentation hydrique estivale pour les espèces arborescentes ou la possibilité d'irrigation par pompage.

La végétation naturelle des FLUVIOSOLS TYPIQUES est soit une forêt à bois tendre, généralement une aulnaie blanche, soit une forêt à bois durs, mais encore alluviale : frênaie à orme, charmaie à charme-houblon, pinède, par exemple. Elles restent en équilibre avec un régime de crues et inondations pouvant être encore fortes, mais déposant généralement du matériel plus fin que dans les stades précédents. Les frênaies alluviales et autres peupleraies naturelles rencontrées de-ci de-là en France sont à haute valeur patrimoniale. Leur pérennité est en outre un atout dans la régulation des épisodes de crue.

Les FLUVIOSOLS BRUNIFIÉS, à crues moins fréquentes ou alluvionnements encore plus fins, sont le domaine cette fois exclusif des forêts de bois durs où se côtoient frêne, orme et chêne pédonculé pour les plus stables d'entre elles. Ce sont à la fois des forêts à forte valeur patrimoniale, mais aussi à fort niveau de production étant donné la richesse trophique fréquente et la présence de la nappe en profondeur. Ces excellents sols forestiers sont, dans de nombreuses vallées, le support de peupleraies artificielles productives. Dans les zones où les cours d'eau ont été endigués, la forêt alluviale à bois durs est souvent rapidement remplacée par la forêt climacique régionale, chênaie-charmaie, hêtraie, sapinière ou pessière, selon les régions et les étages. Le sol, à inertie nettement plus grande, reste pourtant pour des siècles un FLUVIOSOL BRUNIFIÉ, avant d'évoluer vers les CALCOSOLS ou les brunisols.

Lorsque la forêt n'existe plus, l'inondabilité reste une contrainte forte pour les activités humaines.

Utilisations agricoles

• En zones tempérées, la vocation herbagère est la plus fréquente. La mise en culture est possible, en particulier en cultures tardives de printemps (maïs), en raison des risques d'inondation hivernale.

• En zones sèches et arides, les cultures sont intensives grâce à l'irrigation.

Les potentialités forestières et agronomiques des fluviosols vont croissant depuis les FLUVIOSOLS JUVÉNILES vers les FLUVIOSOLS TYPIQUES avec solum de type 2 (LA/Jp/M/D), notamment en raison des possibilités plus favorables de réserve en eau et d'enracinement des plantes, à condition cependant que celles-ci ne soient pas entravées par des phénomènes d'engorgement plus fréquents dans le solum de type 2.

Les potentialités agronomiques des FLUVIOSOLS BRUNIFIÉS sont toujours très élevées. Bien que souvent lourds et difficiles à travailler, ils sont de plus en plus mis en culture, sauf pour les types rédoxiques et réductiques. Ils font rarement l'objet d'exploitation de granulats, la grève alluviale apparaissant à une trop grande profondeur.

Utilisations non agricoles

• Zones inaptes à la construction et à l'urbanisation en raison des risques d'inondation ; utilisation des terrains comme parcs de délassement ou terrains de sport.

• Exploitation fréquente pour l'extraction de granulats (gravières) destinés au génie civil.

L'aptitude des fluviosols à l'exploitation des granulats se cantonne de façon préférentielle aux FLUVIOSOLS JUVÉNILES et aux FLUVIOSOLS TYPIQUES à solums de type 1, en raison de la moindre épaisseur de terre meuble à décaper lors de l'extraction.

Grisols

3 références

Conditions de formation et pédogenèse

Les grisols sont des solums de couleur foncée, avec une teneur élevée en matières organiques en surface, puis qui diminue lentement et progressivement vers la profondeur (épisolum à caractère clinohumique). Ces matières organiques sont très liées à la matière minérale.

Le complexe adsorbant est en général mésosaturé ou subsaturé par le calcium dans tous les horizons (S/CEC compris entre 50 et 95 %), d'où un pH_{eau} faiblement acide (compris entre 5,5 et 6,5). En cas de matériau originel contenant des carbonates, la décarbonatation est totale sur une épaisseur > 100 cm.

Les grisols se forment dans des zones à climats tempérés continentaux, intermédiaires entre la zone des forêts feuillues et celle de la steppe, mais des changements climatiques notables ont pu intervenir depuis les dernières glaciations.

L'activité biologique (ancienne ou actuelle) est forte et peut se marquer par des coprolithes (dans les horizons supérieurs), de nombreux tubules et chambres biologiques et par des crotovinas de grandes dimensions en profondeur.

À la différence des chernosols, l'altération géochimique des minéraux primaires est assez forte : altération *in situ* dans les horizons BTh et BT et « dégradation » en cours à la surface des agrégats dans l'horizon BThd.

Ces solums correspondent aux « Greyzems » de la *Carte mondiale des sols – Légende modifiée* (FAO-Unesco, 1975 et 1989), aux « sols gris forestiers » des classifications russes et bulgares et à certains des sols « cenusiu » de la classification roumaine.

Horizons de référence

Les horizons obligatoires sont l'horizon sombrique Aso et au moins l'un des deux horizons suivants : Eh ou BThd.

Les séquences d'horizons de référence sont (sous végétation permanente) :
Aso/Eh/BTh   ou   **Aso/Eh/BThd**   ou   **Aso/BThd**.

Des horizons BT sont possibles, mais toujours situés sous l'horizon BTh ou BThd.

Horizon sombrique Aso

Assez peu épais (moins de 30 cm), c'est un horizon biomacrostructuré, très riche en matières organiques, qui présente donc tous les caractères suivants :

5ᵉ version (28 décembre 2007).

- une couleur noire ou sombre à l'état humide (*value* < 4,5 et *chroma* < 4, mais 4/3 exclue);
- une structure très bien développée et fine (agrégats de la structure ou de la sous-structure < 5 mm);
- une bonne aération, liée à une grande activité biologique.

C'est un horizon non calcaire; sous végétation permanente, le pH_{eau} est compris entre 5,5 et 6,5 et le complexe adsorbant est mésosaturé (S/CEC compris entre 50 et 80 %), principalement par du calcium.

La mise en cultures peut modifier assez fortement les propriétés de cet horizon: structure dégradée plus ou moins massive, complexe adsorbant plus ou moins resaturé. La couleur demeure cependant sombre ou noire. Notation LAso ou LAh.

Horizons Eh

Encore riches en matières organiques et fortement colorés par elles à l'état humide, ces horizons sont le siège d'une éluviation de complexes argiles-humates de calcium. À l'état sec, ils présentent une couleur grise caractéristique, plus ou moins claire. Le rapport S/CEC est < 95 %.

Horizons BTh et BThd

Débutant à faible profondeur (entre 30 et 50 cm), ils présentent:
- de très nombreux revêtements associant des minéraux argileux et des humates de calcium, d'où une couleur noire ou brun-noir;
- une structure polyédrique anguleuse fine;
- un rapport S/CEC < 95 %;
- dans le cas des horizons BThd, des petits volumes blancs sur les faces et les arêtes des peds, plus ou moins abondants, mais toujours bien visibles à l'œil nu, surtout à l'état sec. Ces « siltanes» ne résultent pas d'apports, mais du départ de matières qui laisse à nu des constituants peu colorés.

Horizons BT

Situés sous l'horizon BTh, ils sont caractérisés par d'abondants revêtements argileux bruns et par une structure très bien affirmée, polyédrique anguleuse fine à moyenne. La majeure partie de la fraction argile présente dans cet horizon est héritée du matériau originel ou résulte de l'altération *in situ* des minéraux primaires.

Dans un certain nombre de cas, la formation de ces horizons BT non humifères semble résulter d'une phase pédogénétique ancienne, antérieure à la formation de l'épisolum humifère.

Références

GRISOLS ÉLUVIQUES

La séquence d'horizons de référence est:
Aso/Eh/BTh sous végétation permanente.
LAh/Eh/BTh   ou   **LEh/BTh** sous cultures.

Le processus d'éluviation des complexes organo-argileux est bien marqué, d'où un IDT > 1,3. Un horizon Eh est morphologiquement bien visible, caractérisé par une couleur grise beaucoup plus claire que les deux horizons humifères sus- et sous-jacents, par sa texture nettement plus légère que les horizons BTh et BT sous-jacents et par une structure faiblement développée et fragile.

Grisols dégradés

La séquence d'horizons de référence est :
Aso/Eh/BThd sous végétation permanente.
LAh/Eh/BThd sous cultures.

On observe à la fois un horizon Eh morphologiquement net et un BThd marqué par de nombreuses taches de « dégradation » silteuses. IDT > 1,3.

Grisols hapliques

La séquence d'horizons de référence est :
Aso/BThd sous végétation permanente.
LAh/BThd sous culture.

On n'observe pas de véritable horizon Eh. Le deuxième horizon, situé immédiatement sous l'horizon Aso, est parfois un peu plus gris, mais sa structure demeure polyédrique anguleuse ou sub-angulaire fine, et on ne peut pas mettre en évidence de différenciation texturale significative (IDT < 1,3). Ou bien il correspond à la partie supérieure du BThd plus fortement « dégradée » où les « siltanes » blancs sont plus nombreux.

Certains GRISOLS HAPLIQUES observés aujourd'hui sous cultures sont d'anciens GRISOLS DÉGRADÉS partiellement tronqués.

Qualificatifs utiles pour les grisols

leptique — L'épisolum humifère de couleur foncée (ensemble des horizons Aso, Eh et BTh) est peu épais (moins de 50 cm).

bathyluvique — Présence en profondeur d'horizons BT non humifères.

rédoxique — Un horizon rédoxique débute entre 50 et 80 cm de profondeur.

cultivé, **resaturé**, etc.

Distinction entre les grisols et d'autres références

Avec les CHERNOSOLS MÉLANOLUVIQUES et TYPIQUES
- Sous végétation permanente, l'horizon Aso n'est pas saturé.
- Sous cultures, horizon LAh est peu épais.
- Insaturation du complexe adsorbant dans tout le solum.
- Présence d'un horizon Eh (dans le cas des GRISOLS ÉLUVIQUES et DÉGRADÉS).
- Traits de dégradation sur les faces des agrégats (cas des GRISOLS DÉGRADÉS).

Avec les phæosols
- Présence d'un horizon Eh (dans le cas des GRISOLS ÉLUVIQUES et DÉGRADÉS).
- Insaturation du complexe adsorbant dans tous les horizons.
- Traits de dégradation sur les faces des agrégats (cas des GRISOLS DÉGRADÉS).

Avec les NÉOLUVISOLS et les LUVISOLS TYPIQUES
- Fortes teneurs en matières organiques et coloration grise ou noirâtre dans les horizons Aso, Eh et BTh.
- Caractère clinohumique.

Relations avec la WRB

RP 2008	WRB 2006
GRISOLS ÉLUVIQUES	Greyic Phaeozems (Albic)
GRISOLS DÉGRADÉS	Greyic Phaeozems (Glossalbic)
GRISOLS HAPLIQUES	Greyic Phaeozems

Gypsosols

2 références

Conditions de formation et pédogenèse

Les gypsosols sont des solums à **accumulations secondaires de gypse dans les horizons supérieurs**. Ils constituent les couvertures pédologiques de très vastes zones, exclusivement en climats arides et semi-arides (précipitations annuelles < 300 mm).

Ils se développent toujours à partir de roches évaporitiques contenant du gypse ou de l'anhydrite : argiles et marnes gypseuses, sables éoliens gypseux, ancien encroûtement gypseux de nappe, alluvions anciennes, etc. Ils se forment à partir de la dissolution et de la redistribution du gypse dans les paysages. L'accumulation n'est pas en relation avec l'influence d'une nappe phréatique comme dans certains solums hydromorphes ou salsodiques à encroûtement gypseux de nappe. L'accumulation gypseuse se situant dans l'horizon de surface, ne peut évidemment être due à une lixiviation des horizons supérieurs, telle qu'on peut l'observer dans les « sierozems » ou certains solums à encroûtements gypseux de régions plus humides.

Les « sols gypseux » sont mentionnés en tant que tels dans la plupart des classifications, à différents niveaux et avec une assez grande diversité de termes et de définitions. Les « sols gypseux » (au sens large) sont largement répandus et apparaissent typiques des régions arides et semi-arides (précipitations annuelles < 300-400 mm) : Tunisie, Algérie, Syrie, Irak, sud de l'ex-URSS et de l'Espagne, Texas, Mexique, sud de l'Australie, Namibie, etc.

L'origine du gypse en quantité importante dans les sols est en relation avec la présence de roches sédimentaires gypseuses. Le gypse est dissous, transporté à l'état de solutions dans les nappes et dans les couvertures pédologiques ; il peut être repris sous forme solide et transporté par le vent (lunette en bordure de sebkhas). Dans le sud tunisien, par exemple, le gypse abonde dans les matériaux géologiques. Les eaux souterraines et de surface de la région sont fortement chargées en ions Ca^{2+} et SO_4^{2-}, si bien que pratiquement tous les solums présentent des manifestations gypseuses pouvant aller de seulement quelques traces de sulfates dans les solutions du sol jusqu'à de puissantes croûtes polygonées.

Le gypse peut ne pas être perçu à l'examen visuel et n'être révélé que par l'analyse chimique. Un examen microscopique confirme éventuellement sa présence sous forme de très fins cristaux disséminés dans la masse du sol ou localisés dans les pores (solums de texture fine à très fine). Parfois, les cristaux de gypse constituent la fraction sableuse, associés à quelques grains de quartz, dans les sables des bourrelets éoliens de sebkhas (Afrique du Nord, Mexique, Australie, etc.). Sous cette forme, le gypse peut demeurer peu apparent, même avec un pourcentage très

---

9e version (2 janvier 2008).

élevé (> 50 %). À l'inverse, un encroûtement, même très induré et compact, peut contenir seulement 20 à 30 % de gypse, ce dernier formant le ciment d'un sable siliceux.

La teneur en gypse d'un horizon n'est donc pas en soi le facteur le plus important. En revanche, les notions de gypse secondaire et surtout de formes d'accumulations gypseuses sont fondamentales. Elles déterminent les caractéristiques morphologiques et physiques de l'horizon et peuvent constituer un facteur limitant pour l'agriculture et le développement des plantes.

Horizons de référence des milieux gypseux

Horizon pétrogypsique (Ym)

C'est un horizon de concentration continue (croûte) de gypse, induré et morcelé en plaques polygonales, dont l'amorce est visible dans l'horizon sous-jacent qui est toujours un horizon Ys. Il souligne souvent des ruptures de pente et se trouve à la partie supérieure d'un horizon Ys.

Principaux caractères :
- structure très massive. Les faces supérieures des plaques polygonales, avec pellicules de lichens souvent unies ou lapiazées et les faces inférieures constituées d'une pellicule durcie sont nettement individualisées ;
- la matrice est composée d'un assemblage très dense ;
- pas de racines, ni de radicelles.

Horizon gypsique de surface (Ys)

Cet horizon est toujours situé en surface ou proche de la surface, souvent surmonté par un horizon pétrogypsique Ym. Il épouse les formes topographiques d'amont en aval d'un glacis ou d'un versant, du centre au rebord d'un plateau ou d'une terrasse.

Cet horizon est caractéristique de solums issus de matériaux parentaux gypseux en zones arides et semi-arides (précipitations annuelles < 300 mm). La végétation naturelle est spécifiquement adaptée, avec notamment le groupe biogéochimique des thiophores qui accumulent beaucoup de soufre, calcium et magnésium. Les positions géomorphologiques sont bien définies sur les surfaces du Pléistocène et de l'Holocène. La pédogenèse est ancienne et se poursuit actuellement.

La transition avec le matériau parental gypseux se fait par l'intermédiaire d'un horizon à concentration discontinue de gypse en pseudo-mycéliums, amas, nodules et cristaux macroscopiques.

Sa genèse, où interviennent des recristallisations successives de gypse de plus en plus fin en relation avec l'activité racinaire, est encore mal connue.

D'épaisseur sensiblement constante et comprise entre 20 et 50 cm, cet horizon est caractérisé par une concentration continue (encroûtement) de gypse microcristallisé, en relation avec l'activité racinaire et le cycle humectation/dessiccation.

Principaux caractères :
- teneur en gypse total comprise entre 25 et 95 % ; calcaire total < 20 % ;
- structure massive, relativement friable, avec des amas plus durs et colorés (« têtes d'épingles ») ;
- gypse microcristallisé (< 20 µm), avec quelques gros cristaux de gypse et de quartz ;
- couleurs : *value* 8, *chroma* entre 0 et 3, teinte de 2,5 YR à 10 YR (bornes comprises) ;
- racines et radicelles nombreuses, souvent noirâtres ;

• très compact, porosité tubulaire ;

• CEC de quelques milliéquivalents/100g. Solution du sol saturée en Ca^{2+}, avec une conductivité de plus de 2 mS·cm^{-1} (de 2 à 7). Fort déficit en éléments nutritifs. Les déterminations analytiques classiques sont inopérantes et les méthodes mieux adaptées difficiles à mettre en œuvre.

Horizon gypsique de profondeur (Yp)

Ce type d'horizon peut être observé dans des solums salsodiques, des solums hydromorphes, des « sierozems », etc., développés à partir de matériaux parentaux très variés, gypseux ou non gypseux, sous des climats arides ou semi-arides.

Cet horizon est situé à moyenne profondeur, parfois assez proche de la surface, en relation avec le niveau de la nappe phréatique ou avec des situations en aval des formes du relief. Les transitions verticales avec les horizons de surface et avec le matériau parental ainsi que les transitions latérales vers l'amont se font par l'intermédiaire d'horizons à concentrations discontinues de gypse en nodules plus ou moins grossièrement cristallisés, amas et pseudo-mycéliums.

D'épaisseur très variable (10 à 100 cm), il est caractérisé par une concentration continue (encroûtement) de gypse cristallisé et parfois induré en relation soit avec une nappe phréatique soit avec des phénomènes d'illuviation verticale ou avec une circulation latérale des solutions.

Il peut présenter deux principaux faciès : un faciès très induré (croûte = horizon Ypm) et un faciès calcaro-gypseux.

Principaux caractères :

• teneur en gypse comprise entre 15 et 60 % ; calcaire total très variable (< 40 %) ;

• structure massive, parfois indurée avec cristaux plus ou moins visibles, parfois sur-structure lamellaire grossière. Très compact ;

• les cristaux sont plus gros que dans l'horizon Y de surface (10 à 100 µm) ; quelques vides avec gypsanes ;

• couleur : la *value* peut descendre à 7 et la *chroma* monter à 4 ;

• peu ou pas de racines ;

• solution du sol saturée en Ca^{2+} avec une conductivité > 2 mS·cm^{-1} pouvant atteindre 80 mS·cm^{-1} ;

• horizon formant obstacle à la pénétration des racines et à la circulation de l'eau.

D'autres horizons de référence peuvent être présents dans des gypsosols : Sim, K, Kc et Km.

Références

GYPSOSOLS HAPLIQUES

La séquence d'horizons de référence est : **Ys/Cy/My.**

GYPSOSOLS PÉTROGYPSIQUES

La séquence d'horizons de référence est : **Ym/Ys/Cy/My.**

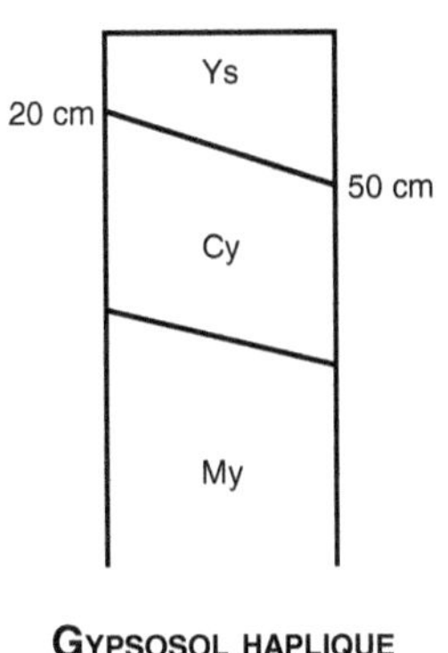

GYPSOSOL HAPLIQUE

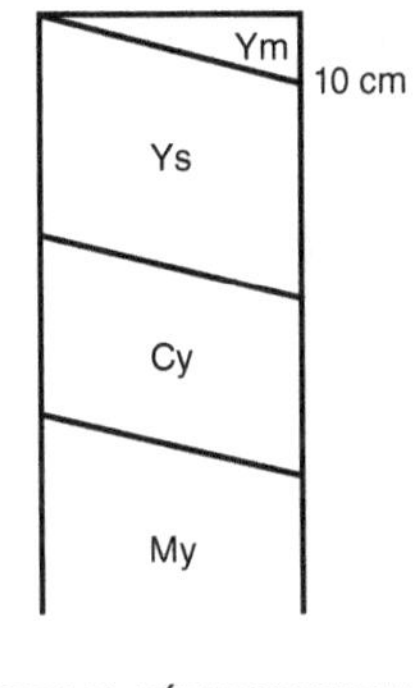

**GYPSOSOL PÉTROGYPSIQUE
= à croûte**

Qualificatifs utiles pour les gypsosols
calcaire, calcarique, pétrocalcarique, à duripan, etc.

Qualificatifs en rapport avec l'accumulation du gypse
Tout horizon qui n'est ni un Ys ni un Yp ni un Ym et qui montre une accumulation gypseuse localisée sous forme de pseudo-mycéliums, amas, nodules ou cristaux sera noté -y. Par exemple : horizons Sy, Cy, My, etc.

Les solums comportant de tels horizons seront qualifiés de **à horizon S, C ou M gypseux**.

à horizon gypsique Qualifie tout solum, autre qu'un gypsosol, présentant un horizon Yp (horizon gypsique de profondeur).

Relations avec la WRB

RP 2008	WRB 2006
GYPSOSOLS HAPLIQUES	Gypsisols
GYPSOSOLS PÉTROGYPSIQUES	Epipetric (?) Gypsisols

À noter les *prefix qualifiers* "*hypergypsic*", "*hypogypsic*", "*petrogypsic*" et "*arzic*" qui sont spécifiques des Gypsisols :
• *Hypergypsic* = montrant un *gypsic horizon* avec au moins 50 % de gypse (en poids) ;
• *Hypogypsic* = montrant un *gypsic horizon* avec une teneur en gypse dans la terre fine de moins de 25 % et débutant à moins de 100 centimètres de la surface ;
• *Petrogypsic* = montrant un *petrogypsic horizon* débutant à moins de 100 cm de la surface. Un *petrogypsic horizon* est un horizon cimenté contenant des accumulations de gypse secondaire.

Mise en valeur
Les gypsosols offrent à la végétation un milieu très défavorable et difficile à traverser, aussi bien du point de vue physique (grande compacité et éventuellement induration) que du point de

vue chimique (fort déficit en éléments nutritifs, particulièrement en phosphates et potassium mais aussi en nitrates et autres éléments ou oligo-éléments).

L'horizon Ys, notamment, constitue un véritable « tampon stérile » qu'il est nécessaire de faire « sauter » pour implanter des espèces arbustives (aménagement de rideaux de protection contre l'érosion éolienne, plantation des palmiers d'oasis).

Les gypsosols sont cependant irrigués dans de vastes régions d'Irak et de Syrie. Les cultures les mieux adaptées à la présence du gypse sont les palmiers et la luzerne, mais on peut aussi y cultiver des betteraves, des fèves, des tomates (sous serres), etc.

Histosols

5 références

Le terme de tourbe présente une connotation plus géologique et écologique que pédologique, la classification des tourbes ayant comme critère premier les conditions écologiques de genèse. C'est pourquoi le terme d'histosol a été retenu dans le *Référentiel pédologique* pour désigner ces solums.

Conditions de formation et pédogenèse

Un histosol est composé de matières organiques et d'eau. Le solum se construit à partir de débris végétaux morts qui se transforment lentement, en conditions d'anaérobiose, en raison de son engorgement permanent ou quasi permanent. Un histosol est constitué presque exclusivement d'horizons histiques H (cf. définitions de ces horizons, *infra*).

La formation des histosols nécessite :
• un bilan hydrique positif une grande partie de l'année : les apports (précipitations et apports telluriques) doivent être supérieurs aux pertes (évaporation, ruissellement latéral, drainage, infiltration vers le substrat) ;
• un bilan d'accumulation de matières organiques excédentaires : la production primaire nette doit être supérieure à la quantité de matières organiques décomposées.

Il existe deux grands processus qui permettent cette formation :
• le processus d'atterrissement : les végétations hygrophiles et aquatiques s'installent sur les bordures, dans et au-dessus d'un étang ou d'un lac peu profond, et comblent peu à peu de leurs débris le volume d'eau initial ;
• le processus de paludification : il résulte des changements de conditions du milieu (changements climatiques, tempêtes, perturbations humaines), qui se traduisent par un passage rapide d'une situation sèche à une situation humide.

Les conditions optimales de formation sont celles qui favorisent la saturation permanente du solum par l'eau jusqu'en surface, associées à des conditions de ralentissement de transformation des débris végétaux qui dépendent du climat (température et pluviosité), de la topographie (qui gère l'écoulement), du substrat géologique (à l'origine de la qualité et de la quantité des aquifères) et de la formation végétale qui produit le matériel parental du solum.

Tant que le niveau d'eau est suffisant pour saturer le milieu et limiter la présence d'oxygène, le processus se poursuit, les matières organiques s'accumulent et l'histosol grandit de 0,2 à 1,6 mm·an^{-1}.

25e version (janvier 2008).

Les fluctuations de la nappe délimitent deux parties dans un histosol :
- la partie supérieure, ou **acrotelm**, qui est affectée par le battement de nappe et subit des phases aérobies par égouttage et désaturation ;
- la partie inférieure, ou **catotelm**, qui reste saturée en eau en permanence.

L'accumulation de matières organiques s'effectue au contact de ces deux niveaux.

Localisation et évolution des histosols

Ce sont les conditions géomorphologiques locales, entraînant un fonctionnement hydrogéologique favorable à un relèvement de nappe, qui conditionnent la formation des histosols. En conséquence, ces derniers peuvent être observés sous presque toutes les latitudes du globe. En zone tempérée (et en France en particulier où ils couvrent environ 100 000 ha), les histosols occupent :
- en montagne et en zone collinaire, en situation arrosée (> 1 000 mm·an^{-1}), des positions de replats et de dépressions, le plus souvent sur de petites surfaces. On peut y associer celles liées aux formes volcaniques ;
- en plaine et avec des précipitations annuelle moindres (< 1 000 mm·an^{-1}), ils occupent de grandes vallées ou des bassins d'effondrement sédimentaires. La liaison avec les aquifères régionaux est primordiale. Ils sont nés des variations du niveau marin ou liées aux sédimentations fluvio-glaciaires ou alluviales.

Les histosols ont commencé leur croissance il y a environ 10 000 ans. Si certains d'entre eux sont plus anciens de quelques millénaires (période tardiglaciaire), beaucoup d'histosols se sont développés à partir de 7 000 à 5 000 ans avant le présent (période Atlantique), mais d'autres sont beaucoup plus jeunes. Les oscillations climatiques de l'Holocène ont conduit à des alternances de régimes hydriques pouvant occasionner jusqu'à l'arrêt de la formation des histosols, formation qui a pu être reprise ultérieurement à la faveur de conditions favorables, comme celles apportées par le petit âge glaciaire du XVIe au XIXe siècle. Leur formation peut être également d'origine anthropique, comme celle liée à l'abandon d'étangs artificiels.

Constituants des histosols

Dans leur état naturel, les histosols contiennent 88 à 97 % d'eau, 2 à 10 % de matière sèche et 1 à 7 % de gaz.

Les matières organiques

Son accumulation résulte d'une différence entre les cinétiques de production (production primaire de biomasse) et de destruction (minéralisation). Sa constitution est directement liée aux végétaux qui la produisent et à leur décomposition.

Le passage de la matière fraîche aux matières organiques évoluées s'effectue dans la partie supérieure du solum (acrotelm), et sa stabilisation, dans la partie inférieure (catotelm), nécessite de 16 à 28 ans pour un histosol à sphaignes. On estime que 800 g·m^{-2} de matière fraîche donnent 30 g de matières organiques par mètre carré. L'estimation moyenne de croissance des histosols est de 0,5 à 1 mm·an^{-1}, pour un apport d'un centimètre de matières organiques fraîches. Ces valeurs sont inférieures pour des histosols constitués à partir de laîches.

Cette dynamique d'accumulation des matières organiques s'accompagne de processus spécifiques à la pédogenèse en milieu engorgé. Une fraction de la biomasse végétale aérienne, la litière, est transformée. Une autre, souterraine, est aussi transformée en partie par les microorganismes aérobies de l'acrotelm, tandis que dans le catotelm le processus de méthanogenèse se produit par fermentation des molécules organiques monomères et sous l'action des micro-organismes anaérobies. Sous l'effet de l'anoxie, ces processus sont souvent accompagnés du catabolisme d'acides aminés soufrés qui produisent du sulfure d'hydrogène (H_2S) à l'odeur fétide caractéristique.

Origine botanique et teneurs en fibres

Les matières organiques non dégradées se présente en fibres végétales de tailles diverses. La teneur en fibres d'un horizon H est un élément fondamental à la base de la typologie.

Si l'on exclut la masse des radicelles dont la provenance ne peut pas être déterminée et qui compose la majeure partie des matières organiques, l'étude des macrorestes permet de distinguer les végétaux herbacés, ligneux et muscinaux. Cette origine se traduit en grande partie par la nature des fibres. Par exemple, les herbacées produisent des tiges creuses remplies ou vidées de moelle, les restes aériens ou racinaires sont aplatis ou ronds. La quantité et la taille de ces cavités ainsi que leur disposition déterminent en partie la porosité des horizons H et leur capacité de stockage en eau.

L'origine botanique est une donnée essentielle. Les bryophytes se partagent entre les sphaignes et les autres types de mousses. Les herbacées se composent essentiellement de poacées (nouvelle dénomination des graminées), de cypéracées, de joncacées, de typhacées et d'équisétacées. Les arbres et les arbustes se limitent à quelques espèces de pinacées, de fagacées, de bétulacées, de salicacées, de myricacées et d'éricacées. Il est cependant bien rare de trouver une origine botanique unique dans les histosols. Non seulement il est souvent observé une superposition de couches d'origine botanique différente, mais chaque couche est composée de mélanges, reflétant à la fois la diversité de la communauté végétale et les vitesses différentes de décomposition du matériel. Toutes les combinaisons sont possibles en fonction des conditions écologiques du milieu.

Origine botanique et degré de décomposition

La relation entre la teneur en fibres et l'origine du matériau est plus ou moins évidente si l'on considère l'état de décomposition du matériel végétal apprécié par l'échelle de von Post (cf. tableau, p. 215). Elle varie selon le type de végétaux et les conditions hydriques du milieu.

Tandis que les bryales se décomposent rapidement, les sphaignes conservent leurs caractères morphologiques originaux plus longtemps que les autres végétaux, en exerçant une sorte d'autoprotection, grâce à l'acidification du milieu à laquelle elles contribuent. Parmi les herbacées, les laîches ont tendance à être plus décomposés que les autres. À l'inverse, les linaigrettes possèdent des tiges basilaires et des souches très fibreuses, parfois cespiteuses, qui résistent à la décomposition. Pour les roseaux, ce sont principalement les réseaux racinaires qui perdurent longtemps dans le sol. Quant aux résidus ligneux, ils se fractionnent en gros éléments (multiple du centimètre ou du décimètre), en petits éléments (0,1 mm) et en matière fine, par décomposition chimique.

L'origine botanique couplée au degré de décomposition permet de distinguer des variétés d'horizons H (cf. définition *infra*).

L'eau

En conditions naturelles, il y a interrelation intime entre le type de matériel végétal, son degré de décomposition et la circulation de l'eau dans l'histosol, cette dernière intervenant par sa composition et son niveau, d'abord dans l'installation des végétaux vivants, puis dans la vitesse et le mode de décomposition du végétal mort (c'est-à-dire dans le degré d'anoxie).

L'eau joue donc un rôle primordial dans la pédogenèse d'un histosol, par sa quantité, sa répartition annuelle, sa qualité chimique et sa circulation au sein du solum.

L'eau intervient quantitativement par son niveau moyen annuel, nécessairement proche de la surface en cas de formation actuelle d'histosols. L'amplitude et la fréquence des fluctuations de la nappe règlent le bilan entre la matière produite et la matière décomposée lors de périodes d'anoxie.

Les histosols ont une capacité de stockage en eau importante. Leur comportement hydrique est fortement influencé par la composition botanique et le degré d'évolution des horizons H. Plus la part des horizons fibriques (Hf) est importante dans les 60 premiers centimètres du sol, plus la part d'eau retenue est importante. *A contrario*, plus la part des horizons sapriques (Hs) est importante, moins l'histosol pourra stocker d'eau.

À saturation, les matériaux tourbeux peu transformés ont une teneur en eau comprise entre 85 et 92 %. Pour des matériaux plus décomposés, la teneur en eau à saturation n'atteint plus que 75 à 85 %. À la capacité au champ, elle est de 55 à 68 % pour des niveaux de tourbe peu évoluée, et de 48 à 55 % pour des matériaux décomposés. Enfin, les taux d'humidité au point de flétrissement permanent (potentiel matriciel égal à − 1 500 kPa) varient de 20 à 35 %. En conséquence, malgré une capacité de stockage importante, allant de 750 mm minimum à 920 mm maximum par mètre, les histosols ont une réserve utile maximale (RUM) de l'ordre de 200 à 400 $mm \cdot m^{-1}$.

Fonctionnement hydrique des histosols

Le fonctionnement d'un histosol est en relation directe avec les bilans interannuels et pluriannuels stationnels, entre alimentation en eau et pertes (évapotranspiration et écoulement). Dans les horizons entièrement saturés par l'eau (catotelm), la circulation de l'eau dépend surtout des macropores, de leur disposition par rapport à la source d'approvisionnement en eau et de la connexion entre les réseaux de pores. Dans les horizons non constamment saturés (acrotelm), la circulation de l'eau se fait par capillarité dans les micropores.

Le fonctionnement hydrique d'un histosol dépend directement de la porosité, laquelle est une conséquence de la composition botanique et du degré de décomposition. Les réactions sont différentes suivant la structure des cellules végétales internes aux fibres, l'organisation des structures végétales les unes par rapport aux autres, et la présence plus ou moins importante de matières organiques fines (sans débris figurés visibles à l'œil nu).

Dans la majorité des cas, la quantité et la qualité de l'eau qui alimente les histosols dits « soligènes » dépendent des apports du bassin versant amont et des infiltrations ou ruissellements latéraux, en relation avec la plus ou moins grande perméabilité des sols et des roches proches ou lointains. Le battement des nappes est caractérisé par des fluctuations rapides et des mouvements de grande ampleur. Pour que l'ensemble du solum conserve les conditions réductrices nécessaires à la turbification, le niveau de la nappe ne doit pas descendre au-dessous de 80 cm sur une durée de plus de deux mois.

Les histosols sont qualifiés d'« ombrogènes » lorsqu'ils se forment dans les parties hautes des versants, sur des croupes, etc. ou lorsque le développement important des horizons histiques provoque un exhaussement du solum, et qu'ils sont alors uniquement alimentés en surface par les eaux de pluie. Dans ces cas, le niveau de nappe fluctue peu.

La qualité de l'eau résulte donc indirectement du mode d'alimentation. Dans le cas d'une alimentation soligène, elle dépend de la teneur des roches en éléments minéraux solubles, liée au degré de dépendance de l'histosol à son impluvium. Dans le cas des histosols ombrogènes, les eaux sont particulièrement peu minéralisées.

Les conditions trophiques dépendent de la composition minérale des eaux, particulièrement de leur teneur en azote et en phosphore et de leur oxygénation. En relation avec le niveau moyen et les fluctuations de la nappe, elles contrôlent la production de biomasse.

Horizons de référence

Un horizon histique est caractérisé par son degré dans l'échelle de von Post (cf. tableau, p. 215), sa teneur en fibres, son taux de cendres, son taux d'humidité *in situ*, son pH, sa composition botanique et son taux de carbone organique. À l'état naturel, c'est l'état des fibres qui détermine en priorité la typologie des horizons ; en cas d'utilisation en agriculture ou en foresterie, la structure prévaut.

Typologie des horizons histiques H		Indice de von Post	Taux de cendres (en %)	Taux de fibres frottées (en %)	Indice pyrophosphate
Horizons sapriques (Hs)	sans aucun élément visible	10	25-50		
	avec quelques fibres reconnaissables	9	25-50	< 10	Très variable > 10
	avec restes de bois	8 ou 9	40-50		
Horizons mésiques (Hm)	avec restes de racines	5 à 8	10-50		
	avec restes d'herbacées et de mousses	5 à 8	15-50		Très variable Compris entre 10 et 25
	indifférencié	5 à 8	12-50	De 10 à 40	
	à rhizomes ou restes de bois	5 à 8	12-50		
Horizons fibriques (Hf)	à rhizomes, et de radeaux	4 à 5	5-25		
	à restes de bois	3 à 5	10-50		Peu variable Compris entre 7 et 10
	à linaigrettes	2 à 4	10-50	> 40	
	à sphaignes et éricacées	1 à 5	< 10		
	à sphaignes	1 à 4	< 10		

Horizons histiques H

Horizons holorganiques formés en milieu saturé par l'eau durant des périodes prolongées (plus de 6 mois dans l'année) et composés principalement à partir de débris de végétaux hygrophiles ou subaquatiques.

Pour qu'un horizon soit considéré comme histique, sa teneur en cendres (obtenue par calcination à 600 °C) doit être < 50 % ; au-delà de 20 % de matière minérale, on estime que l'horizon histique a reçu des apports de matières minérales d'origine allochtone.

En raison de la constitution holorganique des horizons H, des méthodes analytiques spécifiques doivent être employées pour les caractériser (cf. encadré en fin de chapitre).

La méthode Anne de dosage du carbone organique n'est pas appropriée au dosage des matières organiques des horizons H. En effet, elle sous-estime le taux de carbone organique.

Les horizons H peuvent reposer sur ou être interstratifiés dans des horizons ou matériaux minéraux (matériaux terriques, limniques, horizons G), mais le plus souvent, ils reposent directement sur un substrat qui peut être très profond. Ils sont parfois observés flottant sur l'eau, par exemple lors de recolonisation végétale d'anciennes fosses de tourbage.

Plusieurs horizons H peuvent se superposer et se distinguer par leur fonctionnement. Ils se différencient principalement et sont définis par leur taux de fibres frottées et le degré de décomposition du matériel végétal. Sont appelées « fibres frottées » les débris organiques à structures végétales reconnaissables, retenus sur un tamis de 200 µm après tamisage sous un courant d'eau. Le degré de décomposition du matériel s'apprécie sur le terrain par la couleur du liquide qui s'écoule quand on presse un échantillon (échelle de von Post). Au laboratoire, on emploie l'« indice pyrophosphate » (cf. encadré en fin de chapitre).

Horizons H sapriques (Hs)

Ils contiennent moins de 10 g de fibres frottées pour 100 g. La décomposition du matériel végétal est forte à totale. Les structures végétales ne sont plus discernables. La proportion de matières organiques amorphes est très élevée. Degré de 8 à 10 dans l'échelle de von Post. Le matériel noir, gras, tachant les doigts, à structure continue, passe presque en totalité entre les doigts avec l'eau qu'il contient. Le liquide qui s'écoule est noir. Quand il y a résidu, il est très peu important et formé de quelques débris ligneux, non décomposés. La masse volumique, variable suivant la compacité, est souvent proche de 0,2 g·cm^{-3}.

Horizons H mésiques (Hm)

Ils contiennent de 10 à 40 g de fibres frottées pour 100 g. La décomposition du matériel végétal est moyenne à forte. Les structures végétales variées (bois, herbacées et mousses) sont difficilement identifiables ou même indistinctes, la proportion de matières organiques amorphes est moyenne à élevée. Degré de 5 à 8 dans l'échelle de von Post. Quand on presse un échantillon, le liquide qui s'écoule est trouble et brun. Le résidu est légèrement pâteux. La masse volumique est comprise entre 0,1 et 0,2 g·cm^{-3}.

Horizons H fibriques (Hf)

Ils contiennent au moins 40 g de fibres frottées pour 100 g (en poids sec). La décomposition des débris végétaux est nulle à très faible. Les structures végétales sont facilement identifiables : sphaignes, roseaux, laîches, joncs, mousses, bois, etc. Il est à noter une absence de matières organiques amorphes. Degré de 1 à 5 dans l'échelle de von Post. Quand on presse un échantillon, le liquide qui s'écoule est clair (ou ambré) et limpide. Le résidu n'est pas pâteux. La masse volumique est < 0,1 g·cm^{-3}.

Horizons H assainis (Ha) – Horizons H labourés (LH)

Horizons formés de matières organiques très décomposées, de couleur foncée. Un abaissement du niveau de la nappe, avec mise en culture (horizon LH) ou sans (horizon Ha), entraîne l'apparition d'une structure grumeleuse, mais qui peut être fragile. Souvent, sur ces horizons, il n'est pas possible de déterminer le taux de fibres frottées. Ils se caractérisent par un indice pyrophosphate > 50, une faible porosité et une faible capacité de rétention en eau.

Les matériaux non holorganiques

Dans les histosols, il y a parfois des matériaux non holorganiques déposés en surface (sur une épaisseur < 50 cm) ou intercalés au sein des horizons histiques :

• le **matériau terrique** (Mt) est un matériau minéral ou organo-minéral, consolidé ou non, continu, recouvrant des horizons H ou recouvert par eux ;

• le **matériau limnique** (Mli) est un matériau coprogène ou une « tourbe sédimentaire » (débris de plantes aquatiques très modifiées par les animaux aquatiques), une terre à diatomées, une marne dérivant de débris végétaux et d'organismes aquatiques (charophycées, coquilles d'animaux). Cette définition inclut la notion de « gyttja ».

Références

Les histosols sont définis par la présence quasi exclusive des horizons de référence histiques Hf, Hm, Hs, Ha ou LH, accompagnés ou non de minces niveaux de matériaux limniques et/ou terriques.

Seuls autres horizons et couches possibles en profondeur : horizons G, couches M ou D ou R.

Définition : est appelé **prédominant** l'horizon qui est le plus épais (éventuellement épaisseurs cumulées) entre 40 et 120 cm de profondeur, ou entre 0 et 50 cm si des couches M, D ou R apparaissent à moins de 50 cm de profondeur.

En cas de contact lithique, les histosols doivent être plus épais que 10 cm, sinon le solum doit être rattaché aux LITHOSOLS épihistiques (cf. figure, p. 209).

HISTOSOLS FIBRIQUES

Le solum présente un ou des horizons Hf prédominants de plus de 60 cm d'épaisseur.

Le solum le plus simple ne comporte pas d'horizon Hm de plus de 25 cm, ni d'horizon Hs de plus de 12 cm au-dessous de 40 cm de profondeur et jusqu'à 120 cm (HISTOSOLS FIBRIQUES hapliques).

Il n'y a pas de production de H_2S sous forme de gaz entre 0 et 50 cm. Solums saturés en eau la plus grande partie de l'année. La nappe peut fluctuer, mais ne doit pas descendre au-dessous de 60 cm sur la courte période de végétation.

HISTOSOLS MÉSIQUES

Le solum présente un ou des horizons Hm prédominants de plus de 40 cm d'épaisseur.

Le solum le plus simple ne comporte pas d'horizon Hf de plus de 25 cm, ni d'horizon Hs de plus de 12 cm au-dessous de 40 cm de profondeur (HISTOSOLS MÉSIQUES hapliques).

Solums totalement saturés en eau jusqu'à la surface plus de 30 jours dans l'année. Les matières organiques sont en partie décomposées. Il n'y a pas d'odeur de H_2S. La nappe est fluctuante et l'origine botanique des débris végétaux n'est pas toujours reconnaissable. Les HISTOSOLS MÉSIQUES sont fréquents dans les tourbières des plaines alluviales et les marais côtiers ou en bordure des hauts-marais. La partie supérieure du solum reste humide toute l'année. Les origines végétales sont variées : bois, herbacées et mousses.

HISTOSOLS SAPRIQUES

Le solum présente un ou des horizons Hs prédominants de plus de 40 cm d'épaisseur.

Le solum le plus simple ne comporte pas d'horizon Hf, ni d'horizon Hm de plus de 25 cm au-dessous de 40 cm de profondeur (HISTOSOLS SAPRIQUES hapliques).

Solums totalement saturés en eau jusqu'à la surface plus de 30 jours par an, fréquemment en situation de vallée. Il peut y avoir des dégagements de H_2S gazeux à moins de 100 cm de la surface dans des horizons plus fibriques et très acides (pH de 3 à 4) ; ils sont alors désignés comme HISTOSOLS SAPRIQUES à H_2S. L'odeur de H_2S est importante à noter, car elle est en liaison avec les conditions anaérobies qui engendrent la formation de méthane, lequel est inodore.

HISTOSOLS COMPOSITES

Le solum ne comporte pas d'horizon saprique, fibrique ou mésique vraiment prédominant (entre 40 et 120 cm), ni répondant aux critères d'épaisseur exposés *supra*.

HISTOSOLS LEPTIQUES

Des horizons H de moins de 50 cm d'épaisseur au total (mais de plus de 10 cm) reposent sur un substrat tendre ou dur (couches M, D ou R) (cf. figure ci-contre).

Remarque : si des horizons H de moins de 50 cm d'épaisseur sont observés au-dessus d'horizons G, le solum doit être rattaché à une référence de réductisols épihistiques (cf. figure ci-contre).

Qualificatifs utiles pour les histosols

lithique	Qualifie un HISTOSOL LEPTIQUE dans lequel une couche R débute entre 10 et 50 cm de profondeur (cf. figure ci-contre).
bathylithique	Qualifie un histosol dans lequel une couche R débute entre 50 et 120 cm de profondeur (cf. figure ci-contre).
pachique	Qualifie un histosol dont les horizons H font plus de 200 cm d'épaisseur.
à matériau limnique	Qualifie un histosol dans lequel un matériau limnique continu de plus de 5 cm d'épaisseur est présent à plus de 60 cm de profondeur sous des horizons Hf ou à plus de 40 cm de profondeur sous des horizons Hm ou Hs.
à matériau terrique	Qualifie un histosol dans lequel existe un matériau terrique continu (minéral ou organo-minéral, consolidé ou non) de plus de 30 cm d'épaisseur, situé à plus de 60 cm de profondeur sous des horizons Hf, ou à plus de 40 cm de profondeur sous des horizons Hm ou Hs.
interstratifié	Qualifie un histosol comportant plusieurs couches de matériau terrique, quelle que soit leur épaisseur cumulée. Si celle-ci dépasse 30 cm, l'histosol est également « à matériau terrique ».
flottant	Qualifie un HISTOSOL FIBRIQUE qui se présente sous la forme de radeaux flottants sur l'eau.
recouvert par	Qualifie un histosol recouvert sur une épaisseur maximale de 50 cm par divers matériaux (anthropiques, terriques, archéoanthropiques, alluvions, colluvions, cendres volcaniques, sables dunaires, etc.). Il est recommandé d'indiquer la nature du matériau de recouvrement.
à horizon fibrique	Qualifie un HISTOSOL MÉSIQUE ou un HISTOSOL SAPRIQUE comportant un horizon Hf de plus de 25 cm, mais pas, respectivement, de Hs ou de Hm de plus de 12 cm d'épaisseur.
à horizon mésique	Qualifie un HISTOSOL FIBRIQUE comportant un horizon Hm dont l'épaisseur (éventuellement cumulée) est > 25 cm, mais pas de Hs de plus de 12 cm d'épaisseur.

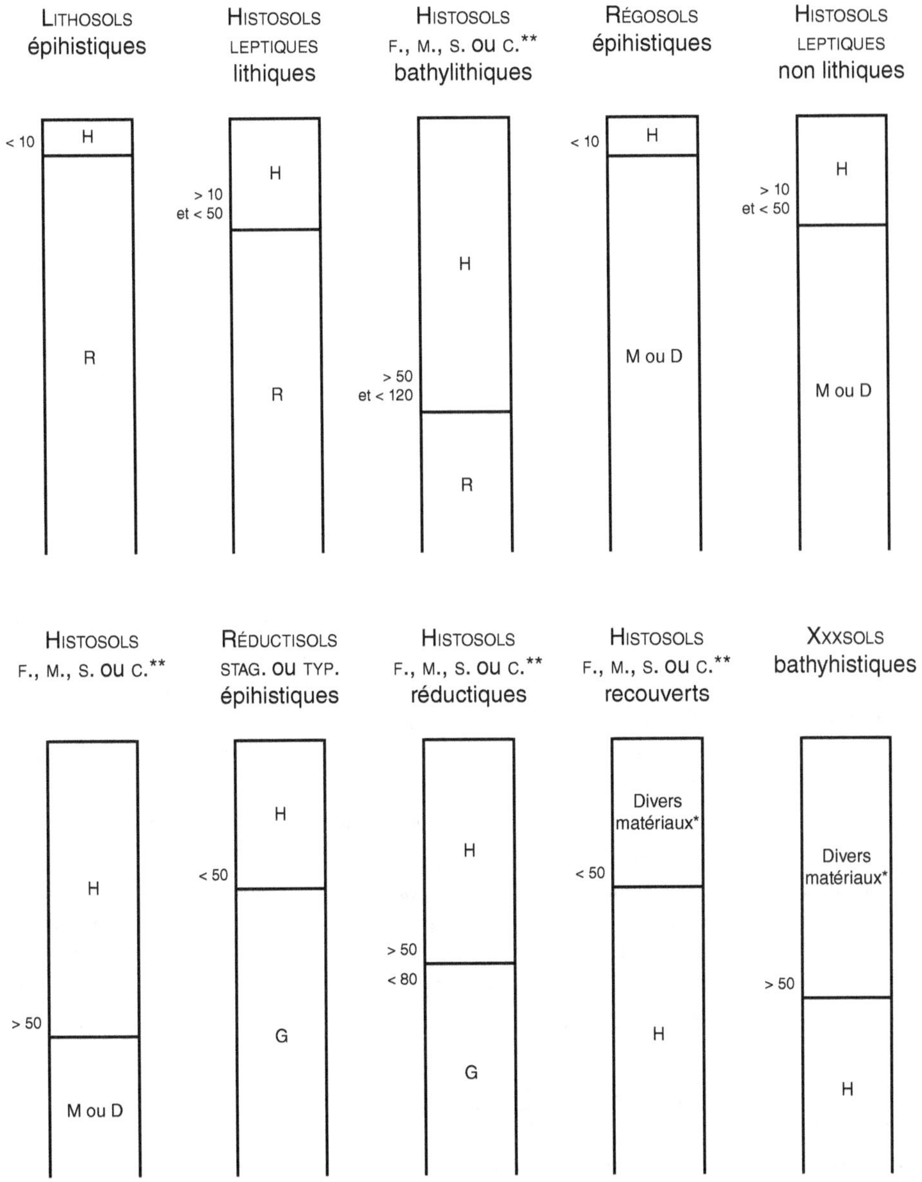

LITHOSOLS épihistiques

HISTOSOLS LEPTIQUES lithiques

HISTOSOLS F., M., S. ou C.** bathylithiques

RÉGOSOLS épihistiques

HISTOSOLS LEPTIQUES non lithiques

< 10 — H — R

> 10 et < 50 — H — R

> 50 et < 120 — H — R

< 10 — H — M ou D

> 10 et < 50 — H — M ou D

HISTOSOLS F., M., S. ou C.**

RÉDUCTISOLS STAG. ou TYP. épihistiques

HISTOSOLS F., M., S. ou C.** réductiques

HISTOSOLS F., M., S. ou C.** recouverts

XXXSOLS bathyhistiques

> 50 — H — M ou D

< 50 — H — G

> 50 < 80 — H — G

< 50 — Divers matériaux* — H

> 50 — Divers matériaux* — H

On admet que, sous des horizons histiques fonctionnels, il ne peut exister que des horizons G ou des couches M, D ou R.

* Ces « divers matériaux » peuvent être des matériaux terriques ou anthropiques, des alluvions, des colluvions, des cendres volcaniques, des sables dunaires, etc.

** F. = FIBRIQUES; M. = MÉSIQUES; S. = SAPRIQUES; C. = COMPOSITES.

Histosols et épaisseurs (en cm) des horizons H (Hf, Hm, Hs, Ha).

à horizon mésique (suite)	Qualifie un HISTOSOL SAPRIQUE comportant un horizon Hm dont l'épaisseur (éventuellement cumulée) est > 25 cm et pouvant comporter un horizon Hf d'épaisseur moindre.
à horizon saprique	Qualifie un HISTOSOL FIBRIQUE comportant un horizon Hs dont l'épaisseur (éventuellement cumulée) est > 25 cm. Il peut comporter un horizon Hm d'épaisseur moindre. Qualifie un HISTOSOL MÉSIQUE comportant un horizon Hs dont l'épaisseur (éventuellement cumulée) est > 12 cm et peut comporter un horizon Hf.
fibrique, mésique, saprique	Qualifient un HISTOSOL LEPTIQUE dans lequel les horizons fibriques, mésiques, sapriques sont seuls représentés ou dominants.
à sphaignes	Qualifie un HISTOSOL FIBRIQUE dans lequel les fibres sont, sur les 120 premiers centimètres, pour au moins 75 % des fibres de sphaignes associées à des herbacées.
soligène	Qualifie un histosol dont le fonctionnement hydrique et la composition de l'eau dépendent principalement de l'alimentation par le bassin versant ou par des sources (s'oppose à ombrogène). Des cas mixtes existent, dits soli-ombrogènes.
ombrogène	Qualifie un histosol dont le fonctionnement hydrique et la composition de l'eau dépendent principalement de l'alimentation pluviale (s'oppose à soligène). Des cas mixtes existent, dits soli-ombrogènes.
eutrophe	Qualifie un histosol dont la production primaire de biomasse, forte, se situe dans un milieu chimiquement riche et à pouvoir nutritif élevé pour les végétaux.
mésotrophe	Qualifie un histosol dont la production primaire de biomasse est intermédiaire entre eutrophe et oligotrophe.
oligotrophe	Qualifie un histosol dont la production primaire de biomasse, faible, se situe dans un milieu chimiquement pauvre et à pouvoir nutritif faible pour les végétaux.
assaini	Qualifie un histosol ayant subi un abaissement artificiel du niveau de la nappe, entraînant une non-saturation des horizons de surface qui demeurent cependant humectés.
pyractique	Qualifie un histosol dont l'horizon de surface a brûlé.
bathypyractique	Qualifie un histosol dont des horizons profonds ont brûlé.
en croissance	Qualifie un histosol dont la production de matières organiques est continue (bilan positif, accroissement de l'épaisseur). La tourbière constitue un puits de carbone.
en décroissance	Qualifie un histosol dont la production de matières organiques est plus faible que la minéralisation (bilan négatif, diminution de l'épaisseur). La tourbière constitue une source de carbone.
à H_2S	Qualifie un HISTOSOL SAPRIQUE comportant un dégagement de H_2S à moins de 100 cm de profondeur.

alpin, arctique, réductique, à horizon réductique de profondeur, etc.

Exemples de types

Histosol fibrique alpin, flottant, oligotrophe, ombrogène, à sphaignes et laîches.

Histosol mésique limnique, pachique, mésotrophe, à marisques et laîches.

Histosol saprique mésotrophe, soligène, désaturé, sur arène granitique.

Histosol mésique recouvert, argilo-limoneux.

Histosol fibrique à horizon réductique de profondeur.

Histosol leptique fibrique, lithique.

Distinction entre les histosols et d'autres références

Si des horizons histiques font moins de 10 cm d'épaisseur au-dessus d'une couche M, D ou R, le solum doit être rattaché aux lithosols ou régosols épihistiques.

Avec les réductisols et rédoxisols

Les réductisols connaissent des excès d'eau prolongés comme les histosols. Le caractère d'anoxie les réunit. Mais dans les histosols, en l'absence de constituants minéraux, il n'y a ni mobilité ni redistribution du fer dans le solum, sauf dans les matériaux terriques ou limniques, où les processus d'oxydo-réduction peuvent être visibles. Cependant, certaines eaux plus chargées en oxydes de fer les redéposent à l'occasion de suintements (dépôts ferrihydriques).

Dans les sols à engorgement très prolongé jusqu'à la surface, l'évolution des matières organiques peut se traduire par la formation d'un anmoor, d'un hydromoder ou d'un hydromor ; dans ce dernier cas, la base des horizons O peut évoluer jusqu'à la formation d'un horizon histique.

Les horizons histiques peuvent être superposés à des horizons réductiques (un rattachement double est alors envisageable). Dans un même pédopaysage, des séquences d'histosols, de réductisols et rédoxisols peuvent être observées.

Avec les organosols

Organosols et histosols diffèrent principalement par le milieu de formation. Les organosols se sont formés dans un milieu naturellement bien ou assez bien drainant et ne comportent pas d'horizon H, mais seulement des horizons O et/ou Aho. Les organosols (non holorganiques) contiennent une fraction minérale notable, ce qui n'est pas le cas des histosols, sauf dans celui des histosols à matériau terrique. En montagne, sur le terrain, en pente, sur arènes, il n'est pas facile de faire la part des choses, surtout lorsque le territoire a été utilisé par l'agriculture. L'épaisseur des horizons H et le taux de cendres sont les critères déterminants.

Avec les thiosols et les sulfatosols

Dans certains pédopaysages, des horizons histiques peuvent recouvrir des matériaux sulfidiques ; certains histosols peuvent donc être qualifiés de **bathysulfidiques.**

Avec les cryosols

Un solum présentant des horizons H et un pergélisol débutant à moins de deux mètres de profondeur est rattaché aux cryosols histiques.

Relations avec la WRB

Équivalence des horizons H

RP 2008	FAO et WRB 2006
Hf	Hi
Hm	He
Hs	Ha

Équivalence entre références du *RP* et catégories de la WRB

RP 2008	WRB 2006
HISTOSOLS FIBRIQUES	Fibric Histosols
HISTOSOLS MÉSIQUES	Hemic Histosols
HISTOSOLS SAPRIQUES	Sapric Histosols
HISTOSOLS COMPOSITES	Histosols (1)
HISTOSOLS LEPTIQUES	Epileptic Histosols

(1) Le caractère composite n'est pas prévu par la WRB.

Correspondance des qualificatifs pour les 5 références d'histosols

RP 2008	WRB 2006
H. recouvert	Histosol (Novic)
H. à matériau limnique de surface	Limnic Histosol
H. flottant	Floatic Histosol
H. lithique	Epileptic Histosol
H. à contact lithique de profondeur	Endoleptic Histosol
H. ombrogène	Ombric Histosol
H. soligène	Rheic Histosol
H. drainé ou assaini	Histosol (Drainic)
H. sulfidique	Histosol (Thionic)

Mise en valeur – Fonctions environnementales

L'importance et la nature des fonctions assurées par les histosols varient avec leur superficie et leur position géomorphologique dans le bassin versant mais également en fonction de leur intégration dans un espace rural, périurbain ou protégé.

In situ par mise en pâture

Les histosols ont souvent été utilisés pour les activités agricoles (pâturage et fauche). Celles-ci entraînent une limitation des apports en matière sèche nécessaire à l'édification de l'horizon histique de surface. Par ailleurs, le piétinement des animaux modifie la structure des histosols en surface par fractionnement des fibres et tassement.

Enfin, la pratique agricole change le fonctionnement hydrique des histosols. On note un rabattement supérieur de la nappe en zones pâturées de 20 cm par rapport aux parcelles de fauche. La mise en pâture est souvent accompagnée d'un assainissement.

In situ après assainissement

Certains histosols sont utilisés pour la culture, après un apport de sable (plaines allemandes). C'est le cas également des HISTOSOLS LEPTIQUES sur sables des hortillonnages de la région d'Amiens.

L'assèchement provoque un remplacement progressif par l'air des vides occupés initialement par l'eau. Le milieu n'est plus asphyxiant. Un double processus physique et chimique se met en route. En conséquence de l'élimination progressive de l'eau liée, les matières organiques s'oxydent, les matériaux organiques se restructurent et un phénomène de subsidence intervient.

Dans le cas d'un horizon fibrique Hf (sphaignes, bois), il y a également fractionnement des fibres ; dans le cas d'un horizon saprique Hs, il y a évolution des matières organiques.

Extraction de la tourbe

L'extraction de la tourbe a été importante pour le chauffage de certains pays : Irlande, Pays-Bas, Allemagne. En France, elle a été florissante à partir du XVIe siècle. Ce sont surtout des tourbières de vallées et bassins qui ont été exploitées : la Brière (Loire-Atlantique), Vendoire (Creuse), La Souche (Ain), les vallées de la Somme et de l'Essonne (Bassin parisien).

En France, certaines tourbes sont exploitées actuellement pour des besoins en amendements et supports de culture : à Baupte (Manche), dans la vallée de l'Erdre (Loire-Atlantique), en Isère et en Pyrénées-Atlantiques.

Utilisation horticole des tourbes

En horticulture, les tourbes sont utilisées comme supports de culture des plantes ornementales en pot et pour la réalisation de mottes de semis des plantes maraîchères et ornementales ou de godets de repiquage. Ce sont le plus souvent les tourbes blondes de sphaignes (provenant de l'extraction des HISTOSOLS FIBRIQUES) qui sont recherchées par les horticulteurs pour fabriquer les supports de culture des plantes en pot, en raison de leurs propriétés de rétention en eau et en air, leur très faible biodégradabilité et leur pH naturellement acide, facile à contrôler par des apports de chaux. Les tourbes brunes de roseaux (provenant des HISTOSOLS MÉSIQUES) sont aussi utilisées en mélange avec des tourbes blondes. Les tourbes noires (provenant des HISTOSOLS SAPRIQUES), trop décomposées, ont une faible rétention en air ; elles peuvent être utilisées en mélange avec des tourbes brunes pour la fabrication de mottes de semis ou des godets de repiquage. Les HISTOSOLS COMPOSITES peuvent aussi être utilisés. Les tourbes blondes, brunes ou noires entrent aussi dans des mélanges pour fabriquer des terreaux à ajouter aux planches de cultures maraîchères ou florales. Après extraction, les tourbes sont partiellement séchées, déchiquetées et tamisées, avant d'être conditionnées. Les quantités utilisées dans le monde sont très importantes, et bien que les réserves localisées dans le nord de l'Europe, la Russie ou la Canada soient aussi importantes, des recherches et des expérimentations sont menées afin de remplacer la tourbe par d'autres produits organiques renouvelables (par exemple, composts de déchets verts ou d'écorces de pins) et de préserver les tourbières.

Protection des paysages et des écosystèmes

Les tourbières sont des milieux humides très particuliers, biologiquement originaux, tant du point de vue floristique que faunistique. Trente-neuf espèces végétales typiques des histosols sont protégées en France (soit 9 % du total des espèces protégées) sur des espaces restreints couvrant 1 % environ de l'espace national. Ces milieux correspondent à sept types d'habitats prioritaires et quatre types non prioritaires cités à l'annexe I de la directive CEE 92/43, dite directive Habitats.

Protection des archives

Les histosols sont aussi des archives naturelles, car la composition botanique des différents horizons histiques révèle les conditions climatiques passées. En situation non alcaline, l'anoxie permet le maintien en bon état des différents pollens provenant de la végétation régionale. L'étude des différentes séquences palynologiques, de leur épaisseur et de leur composition permet de reconstituer les paléoclimats. Des datations au ^{14}C sont possibles, surtout en présence de charbons de bois.

Des fonctions de filtres et de dénitrification

Les histosols constituent des filtres qui contribuent au maintien de la qualité des eaux. Ils constituent un filtre physique qui piège les éléments toxiques et assure la rétention des éléments en suspension. Le filtre biologique permet la dégradation biochimique des nitrates et des phosphates à l'origine de l'eutrophisation des cours d'eau.

Méthodes d'étude spécifiques

▶▶ Méthodes de description sur le terrain

Dans un histosol saturé par l'eau, les débris organiques gardent longtemps leur physionomie. Une description appropriée des différents niveaux renseigne sur l'histoire hydrique et sur le fonctionnement. Comme certains caractères sont fugaces, l'ordre des descriptions est important.

0. noter le cortège végétal à l'endroit du sondage ainsi que les observations topographiques (butte, résurgence, etc.). Ensuite, pour chaque niveau, il faut noter :
1. la couleur : elle varie du beige au noir, avec des reflets souvent rougeâtres, parfois violacés ;
2. l'odeur : sans odeur, odeur d'H$_2$S (noter l'intensité : +, ++, +++) ;
3. la compacité ;
4. l'organisation des structures végétales : plutôt verticale ou horizontale, inorganisation, avec grumeaux, etc. ;
5. le degré de décomposition peut être estimé par le test de von Post (cf. tableau ci-contre). Il varie de 1 à 10 ; noter s'il est impossible de réaliser ce test ; le test peut aider à la caractérisation des deux points suivants, ne pas hésiter à le renouveler ;
6. le taux de fibres : saprique < 10 %, mésique entre 10 et 40 %, fibrique > 40 % ;
7. la nature des fibres et des macrorestes ainsi que leurs tailles (tiges, brindilles, racines) et hypothèses typologiques (bois, cypéracées, éricacées, roseaux, sphaignes, etc.) ;
8. l'humidité (impression) : sec, frais, peu humide, humide, etc. ;
9. éventuellement : mesures de teneurs en eau volumiques avec des grands anneaux de 250 cm^3 ;
10. la présence ou l'absence d'une nappe d'eau : pour identifier les superpositions de nappe, noter le niveau par rapport à la surface après le sondage ;
11. présence ou non de matière minérale : noter la granulométrie, la structure et l'abondance.

▶▶ Analyses de laboratoire

Certaines analyses sont communes aux approches effectuées pour caractériser d'autres sols : pH, masse volumique apparente, CEC, teneurs en carbone, teneur en azote ; les autres sont spécifiques : taux de fibres frottées, taux de cendres, indice pyrophosphate, étude des macrorestes.

1. Le taux de fibres frottées (Levesque et Dinel, 1981) est obtenu par pesée du refus sur tamis de 200 µm, après agitation pendant 12 h et tamisage à l'eau. Il est exprimé sous la forme d'une proportion pondérale sur échantillons séchés à 105 °C.

Échelle de décomposition des horizons histiques selon von Post.

Degré de l'échelle	Décomposition	Structures végétales avant le test	Présence de matières amorphes	Ce qui passe entre les doigts par pression dans la main	Nature du résidu restant dans la paume de la main
1	Nulle	Parfaitement identifiables	Nulle	Eau limpide	Végétaux non décomposés
2	Insignifiante	Facilement identifiables	Nulle	Eau de couleur jaune à brune	Végétaux très peu décomposés
3	Très faible	Identifiables	Très faible	Eau de couleur brune à noire	Végétaux peu décomposés – masse fibreuse faiblement humide
4	Faible	Difficilement identifiables	Faible	Eau turbide	Le résidu (humide) est de consistance légèrement granuleuse
5	Moyenne	Reconnaissables, mais non identifiables	Moyenne	Eau turbide, avec un peu de matière solide	Résidu pâteux détrempé, structures végétales encore visibles à l'œil nu
6	Moyenne à forte	Non reconnaissables	Élevée	Eau boueuse : moins du 1/3 de la matière solide passe entre les doigts	Résidu granuleux et mou, avec quelques structures végétales visibles
7	Forte	Indistinctes	Très élevée	Eau boueuse : environ la moitié de la matière solide passe entre les doigts	Résidu détrempé, avec quelques structures végétales visibles
8	Très forte	Très indistinctes	Très élevée	Boue : les 2/3 de la matière solide passent entre les doigts	Résidu mou et détrempé, avec parfois des résidus ligneux non décomposés
9	Presque totale	Pratiquement non discernables	Très élevée	Presque tout le mélange homogène eau-matière solide passe entre les doigts	La structure des végétaux inclus dans le résidu en faible quantité est rarement reconnaissable
10	Totale	Non discernables	Très élevée	Toute la masse homogène passe entre les doigts	Pas de résidu

2. La teneur en matières organiques peut être obtenue par deux techniques
Le **taux de cendres** par calcination d'un échantillon sec (préalablement séché à 105 °C) à 600 °C pendant 2 h (après deux paliers successifs d'une heure à 350 et 450 °C) permet une bonne estimation de la teneur réelle en matières organiques.
Celle-ci varie fortement en fonction de la composition végétale et de son degré de décomposition. La teneur en carbone organique ne peut pas être correctement déterminée par la méthode Anne. Il vaut mieux faire appel à l'**analyse élémentaire du carbone** (en pratiquant une éventuelle correction du carbone des carbonates).

3. L'indice pyrophosphate
Cet indice (Kaïla, 1956) sert à estimer le degré de décomposition chimique du matériel végétal par extraction des composants organiques solubles dans le pyrophosphate de sodium.
On distingue :
• matières organiques peu humifiées : indice pyrophosphate compris entre 1 et 10 ;
• matières organiques humifiées : indice pyrophosphate compris entre 10 et 50 ;
• matières organiques très humifiées : indice pyrophosphate > 50.

4. La caractérisation des macrorestes (pour une reconnaissance botanique des débris) s'effectue sur des refus de tamis de 200 µm, après passage des échantillons à l'eau. Cette technique, peu utilisée en France par manque de spécialistes, est fondamentale pour la reconstitution des paléo-environnements dans le cas des tourbières où les pollens sont altérés.

5. La masse volumique apparente varie à la fois avec l'origine botanique des matériaux et leur degré de décomposition. Les valeurs s'échelonnent généralement entre 0,02 et 0,25 g·cm^{-3}, en relation inverse avec la porosité totale (de 0,80 à 0,98 cm^3/cm^3).

6. Le pH est mesuré après agitation dans l'eau d'un échantillon ressuyé, mais **non séché**. Selon le type d'histosol et la qualité de l'eau, le pH > 6 correspond plutôt à ce qu'on appelait « tourbe eutrophe », et le pH < 5 correspond plutôt à ce qu'on appelait « tourbe acide » ou « tourbe oligotrophe ».

7. La capacité d'échange cationique (CEC) des horizons H est très élevée (100 à 500 cmol$^+$·kg^{-1}). Elle est déterminée sur échantillon frais par la méthode de Thorpe ou celle de Metson. Ainsi obtenue, la CEC est un bon indicateur de degré de décomposition. Les résultats doivent être interprétés en fonction de la composition botanique. Les histosols à muscinées ont des valeurs de CEC inférieures à celles des histosols à herbacées. Ce sont les horizons riches en débris issus de la décomposition de bois qui ont les plus fortes CEC, en raison d'un taux élevé de lignine (CEC > 150 cmol$^+$·kg^{-1}).

8. Les teneurs en azote : elles sont directement en liaison avec la nature des matières organiques et l'utilisation du sol. Les histosols sont pauvres en azote minéral. Les teneurs varient de 3 % pour les horizons histiques à cypéracées et ligneux (les deux étant souvent associés) à moins de 1 % pour les horizons histiques à sphaignes. Il y a une relation étroite entre le pH, le taux de cendres et la teneur en azote. À l'état naturel, les concentrations en azote restent stables et renseignent directement sur le degré trophique des histosols lors de leur formation.

Remarque : les analyses chimiques totales (Ca, Mg, K, Na, P, Al, Fe, etc.) donnent des résultats directement interprétables en termes de caractérisation et de fonctionnement biochimique.

Leptismectisols

1 référence

Conditions de formation et pédogenèse — Critères de diagnostic

Les LEPTISMECTISOLS sont des solums peu épais, dont tous les horizons sont argileux (plus de 40 % d'argile), smectitiques et qui présentent des propriétés vertiques (cf. p. 22).

À l'état sec, l'horizon de surface présente une structure franchement polyédrique fine très bien développée, analogue à celle de l'horizon Av ou Lav des vertisols. Le deuxième horizon, à structure plus grossière, est similaire à l'horizon SV des vertisols. En revanche, **il n'existe pas d'horizon V à structure typiquement sphénoïde**. Le solum est souvent limité en profondeur, soit par une roche dure et massive, carbonatée ou non (couche R), soit par un encroûtement calcaire (horizon Kc ou Km).

Les minéraux argileux sont des smectites souvent ferrifères. La CEC de l'argile est élevée et le complexe adsorbant est saturé à plus de 90 % par Ca^{2+} et/ou Mg^{2+}.

Ce sont, en quelque sorte, soit des proto-vertisols, soit des vertisols avortés. Souvent, la teneur en calcaire du matériau originel est très élevée, soit parce que le solum n'a pas encore eu le temps de s'épaissir, soit parce que le calcaire constitue un encroûtement massif. En effet, les LEPTISMECTISOLS sont observés sur des roches carbonatées (calcaires, marnes) dont les constituants non carbonatés sont des argiles gonflantes. Ils existent aussi sur basaltes, tufs, serpentinites, etc.; les smectites sont alors néoformées.

Dans les paysages ondulés, sur marnes ou alluvions argileuses, il est fréquent que les bas-fonds soient occupés par des TOPOVERTISOLS et les interfluves par des LEPTISMECTISOLS. Des glissements en masse peuvent souvent être observés suite à l'existence d'une surface de décollement entre les horizons SV et la couche sous-jacente, où circulent les eaux.

La séquence d'horizons de référence est: **Av ou Lav/SV/R, Km ou C**.

L'épaisseur des horizons [Av + SV] est ≤ 50 cm. Absence d'horizon V.

Qualificatifs utiles pour les LEPTISMECTISOLS

lithique	Qualifie un LEPTISMECTISOL limité en profondeur par la présence d'une roche dure (Mexique, Italie, Espagne, Afrique du Nord, Beauce).
calcarique ou pétrocalcarique	Qualifie un LEPTISMECTISOL limité en profondeur par la présence d'un horizon Kc ou Km (Afrique du Nord: tirs à croûte).
altéritique	Qualifie un LEPTISMECTISOL limité en profondeur par la présence d'un horizon C (sur basaltes et roches cristallines basiques ou ultrabasiques).

13ᵉ version (8 août 2007).

Exemple de types

LEPTISMECTISOL lithique, sur calcaire d'Étampes (Gâtinais occidental).

Distinction entre les LEPTISMECTISOLS et d'autres références

Avec les LITHOVERTISOLS

La ressemblance avec les LITHOVERTISOLS est évidente (même textures argileuses, mêmes structures vertiques, même composition smectitique), mais l'horizon V fait défaut.

Avec les PÉLOSOLS TYPIQUES

Les LEPTISMECTISOLS sont constitués très majoritairement d'argiles smectitiques, ce qui leur confère une CEC élevée et des propriétés vertiques marquées. Leur épaisseur n'excède pas 50 cm.

Relations avec la WRB

RP 2008	WRB 2006
LEPTISMECTISOLS	Epileptic Vertisols

Mise en valeur

Les LEPTISMECTISOLS sont des terres à céréales, en zones à climat contrasté et chaud. Ils présentent des aptitudes sylvicoles satisfaisantes et de bonnes propriétés géotechniques (à la différence des vertisols associés).

L'érosion en nappe est possible, mais les griffes sont contrôlées par un sous-sol résistant.

Lithosols

Définition — Conditions de formation

Solums très minces, limités en profondeur par un matériau cohérent, dur et continu (roche non altérée ou horizons pédologiques très durcis) situé à 10 cm de la surface ou moins (éventuel horizon OL non compté).

La plupart des LITHOSOLS résultent de l'érosion totale ou presque totale de couvertures pédologiques formées antérieurement ou de phénomènes d'érosion suffisants pour empêcher les produits d'altération actuels de s'accumuler.

Horizons de référence

La séquence d'horizons de référence est constituée par :
• un horizon pédologique (organo-minéral ou holorganique), un horizon C ou une couche M ou D, **de moins de 10 cm d'épaisseur** ;
• au-dessus d'une couche R, ou d'un horizon Km ou FEm ou Sim, ou d'une carapace (horizon OXc), ou d'une cuirasse (horizon OXm).

Qualificatifs utiles pour les LITHOSOLS

Les différents qualificatifs servent à préciser les propriétés du solum sur les premiers centimètres ou la cause de l'existence du LITHOSOL ou la nature de la couche dure faisant obstacle.

strict	Roche massive nue (moins de 1 kg de terre fine par m^2).
holorganique	La terre fine est holorganique (horizons O).
calcaire, calcique, dolomitique, dystrique, mésosaturé, sableux, etc.	
régosolique	Le solum est constitué d'une couche M ou d'une couche D reposant sur une couche R.
anthropique	L'existence du LITHOSOL provient directement d'une activité humaine (p. ex. fond de carrière).
d'érosion	LITHOSOL dont l'existence résulte d'une érosion récente.
pétrocalcarique	Obstacle constitué d'un horizon Km.
pétroferrique	Obstacle constitué d'un horizon Fem.
pétrosilicique	Obstacle constitué d'un horizon pétrosilicique Sim.

11e version (22 juin 2007).

duroxydique	Obstacle constitué d'une carapace (horizon OXc).
pétroxydique	Obstacle constitué d'une cuirasse (horizon OXm).
de hammada	Type particulier de LITHOSOL des déserts chauds.
de laizines	les couches R calcaires sont dénudées, la terre fine est localisée à des fissures ou crevasses (lapiaz semi-couvert).
à couche R fissurée	
de lapiaz	LITHOSOL associé à un paysage de lapiaz.

Exemples de types

LITHOSOL calcique, à couche R fissurée, de bord de plateau.
LITHOSOL dystrique, pétrosilicique.
LITHOSOL sableux, sur grès, de hammada.
LITHOSOL strict, anthropique, sur calcaires durs (fond de carrière).

Distinction entre les LITHOSOLS et d'autres références

La seule différence entre LITHOSOLS et RÉGOSOLS réside dans la grande dureté du matériau géologique non altéré sous-jacent. Dans le cas des LITHOSOLS, l'approfondissement est quasi impossible.

Relations avec la WRB

RP 2008	WRB 2006
LITHOSOLS	Lithic Leptosols
LITHOSOLS stricts	Nudilithic Leptosols

Mise en valeur – Fonctions environnementales

La mise en valeur agricole ou forestière est limitée par la présence d'un obstacle rédhibitoire à tout approfondissement situé à très faible profondeur (moins de 10 cm). Il est impossible de labourer à l'aide d'outils modernes. L'agriculture y est donc quasiment inenvisageable.

Le réservoir en eau est infime. Les LITHOSOLS manquent de volume pour l'enracinement et l'alimentation des arbres. Ces derniers ne pourront s'enraciner, très difficilement, qu'à l'occasion de fissures et diaclases. Sous nos climats, les LITHOSOLS portent généralement des pelouses naturelles ou des fruticées.

Luvisols

6 références

Conditions de formation et pédogenèse

Les luvisols sont caractérisés par l'importance des processus d'**argilluviation** au sein d'un matériau originel unique (sans discontinuité lithologique importante), avec accumulation au sein du solum des particules déplacées. La principale conséquence de ce mécanisme est une différenciation morphologique nette entre :

• des horizons supérieurs appauvris en argile et en fer, moins colorés, moins bien structurés, généralement assez perméables (horizons E), qui constituent des **structures de départ** ;
• et des horizons plus profonds, enrichis en argile et en fer, à structure bien développée polyédrique ou prismatique, plus colorés, moins perméables (horizons BT), qui doivent être considérés comme des **structures d'accueil**.

Des déplacements d'argile sous forme colloïdale peuvent être observés dans d'autres solums rattachés à d'autres références, mais dans ce cas, soit ils sont de faible importance et/ou amplitude, soit ils constituent un processus secondaire par rapport à un autre processus considéré comme dominant.

La lixiviation des cations alcalins et alcalino-terreux et la dynamique du fer et de l'aluminium sont des conditions importantes de leur évolution. En outre, le fer reste associé à l'argile tant que les processus d'oxydo-réduction sont négligeables.

Dans la classification CPCS de 1967, les luvisols constituaient un groupe des « sols lessivés » au sein de la classe des « sols brunifiés ». Depuis lors, nombre de connaissances nouvelles ont été acquises, notamment :
• importance de la nature des processus d'altération initiale, préparant les possibilités de déplacement des particules ;
• accumulations relatives et absolues de certains constituants ;
• connaissance de la dynamique des argiles fines ;
• phases successives dans le déplacement des particules : argiles fines d'abord, argiles grossières et fractions limoneuses fines ensuite ;
• dégradation morphologique, géochimique et minéralogique des horizons BT ;
• microdivision des particules limoneuses.

Les luvisols montrent des solums relativement épais, caractérisés par une séquence d'horizons de référence E/BT. Les caractéristiques des horizons E appauvris et des BT enrichis en argile (structure, profondeur d'apparition et épaisseur des horizons d'accumulation) peuvent être sensiblement différentes selon la texture originelle des matériaux parentaux.

12e version (13 novembre 2007).

Ils sont essentiellement développés dans des matériaux dominés par des constituants dits siallitiques qui répondent aux caractéristiques suivantes, déterminées dans l'horizon BT :
- dominance des minéraux argileux 2/1 dans la fraction < 2 µm ;
- CEC de la fraction argile (< 2 µm) > 24 cmol$^+$·kg^{-1} ;
- fer « facilement extractible » peu abondant (rapport FFE/fer total < 0,20).

Pour définir la notion de **dégradation** des sols affectés par l'illuviation, plusieurs aspects doivent être évoqués :
- **aspect morphologique** : nette concentration relative de matériaux siliceux de la taille des limons ou des sables dans l'horizon E et dans des langues s'insinuant au sein de la partie supérieure du BT (glosses) ;
- **aspect granulométrique** : microdivision de fractions limoneuses fines dans les horizons supérieurs, qui conduisent à une augmentation des fractions comprises entre 1 et 2µm ;
- **aspect géochimique** : dissociation, au sein du plasma, du fer et des argiles, d'où des dynamiques et redistributions relativement indépendantes de ces deux constituants ;
- **aspect minéralogique** : ouverture des phyllites 2/1, suivie de leur transformation progressive par vermiculitisation et hydroxy-aluminisation éventuelle.

Ces deux derniers mécanismes apparaissent essentiellement à la base de l'horizon E et dans la partie supérieure des horizons BT.

Trois formes de dégradation morphologique sont observables sur le terrain : **glossique**, **planosolique** ou **diffuse**. Ce dernier type constituerait une transition vers les deux autres, lié soit à une microstructure particulière du matériau, soit à un stade initial du processus. Les deux autres types constitueraient deux voies d'évolution distinctes, dépendant étroitement du potentiel structural des matériaux, lequel est lié le plus souvent aux conditions de leur mise en place :
- une voie glossique dans des matériaux à potentiel de structuration élevé ;
- une voie planosolique dans des matériaux à potentiel de structuration faible.

Facteurs de la distribution des luvisols

Le facteur le plus déterminant de la rapidité et de l'intensité de la différenciation des luvisols est la **nature du matériau parental**. Les matériaux les plus favorables à l'argilluviation sont les matériaux sédimentaires meubles, profonds, suffisamment filtrants (mais sans excès), non ou peu calcaires. Les plus caractéristiques sont les formations limoneuses, notamment éoliennes, de tous âges. Plusieurs grands types de matériaux peuvent être considérés.

Couvertures limoneuses

Les matériaux parentaux des luvisols sont très souvent des formations de texture limoneuse, limono-sableuse ou sablo-limoneuse. Ces matériaux sont fréquemment éoliens (lœssiques) ou fluviatiles mais également issus d'une arénisation très fine de roches cristallines.

Historiquement, l'étude des couvertures limoneuses (lœss, limons lœssiques, dépôts alluviaux) fut tout d'abord privilégiée, d'une part, parce qu'elles présentent une grande extension spatiale et, d'autre part, parce qu'elles permettent une expression morphologique optimale et rapide de l'argilluviation.

Un certain nombre de notions liées à une évolution chronologique séquentielle des luvisols développés dans des matériaux lœssiques, sous climat tempéré humide, ont été définies dans la partie nord-ouest du territoire : altération initiale ; illuviations primaire et secondaire ; dégradation morphologique, géochimique et minéralogique ; accumulations relative et absolue de constituants dans la différenciation progressive des solums ; importance de la dynamique des argiles fines, ainsi que celle de l'aluminium.

De nombreuses convergences de faciès ont été observées dans les sols limoneux du sud-ouest de la France (boulbènes), une hydromorphie précoce ayant joué un rôle essentiel au cours de leur genèse. On y a notamment mis en évidence, pour les plus différenciés d'entre eux, le passage progressif de solums à faciès glossiques vers des solums à faciès planiques, puis enfin des solums présentant des indurations sesquioxydiques, celles-ci pouvant elles-mêmes être affectées par la dégradation.

De nombreux luvisols polygénétiques et/ou polylithiques marqués par l'hydromorphie et à morphologie glossique, développés dans des limons anciens, caractérisent les paysages de la partie orientale du territoire français. Beaucoup d'entre eux, présentant des langues de dégradation, seraient constitués, au moins dans leur partie inférieure, de niveaux anciens (paléosols), datant du dernier interglaciaire et ayant subi ensuite l'influence de climats froids précédant l'époque actuelle.

Dans les plaines atlantiques, existent des luvisols rubéfiés, sous la dépendance de l'association entre fer et argiles fines, où lessivage et rubéfaction sont liés. La présence d'un horizon de type BT « bêta », d'origine essentiellement illuviale, y est fréquente au contact d'un substratum calcaire.

Matériaux détritiques

Des solums appauvris en surface, développés aux dépens de matériaux sableux à argilo-sableux, notamment sur nappes détritiques et hautes terrasses en bordure de massifs anciens, participent à une séquence évolutive complexe, chronologique et topographique, partant de luvisols à horizons BT en bandes jusqu'à des luvisols glossiques développés à partir de matériaux anciens.

Matériaux d'évolution ancienne

L'étude de la genèse et de l'évolution de sols issus de matériaux fersiallitiques, en climat méditerranéen, démontre l'importance dans ces milieux d'une dynamique par « soutirage » permanent de matière et d'une exportation par lessivage lent des résidus argileux issus de l'altération de matériaux originellement calcaires le plus souvent, au travers d'importantes épaisseurs de matériaux. Un colmatage et un confinement du milieu provoquent ensuite une asphyxie, une acidification et une dynamique plus latérale, le tout conduisant à une dérubéfaction et à une phase « dégradante » analogue, par beaucoup d'aspects, à la dégradation des solums des climats tempérés.

Autres manifestations d'argilluviation

Des manifestations d'argilluviation **non verticales** peuvent être décelées dans des sols issus d'autres types de matériaux. Dans ce cas, les solums seront rattachés à d'autres références :
• dans les **arènes cristallines et cristallophylliennes de massifs anciens**, généralement acides, des accumulations argileuses en bandes sont piégées dans des structures subhorizontales ou parallèles à la pente, et résultent de migrations latérales d'origine récente. On observe des phénomènes de désagrégation et de transfert des particules avec différenciation de concentrations plasmiques à la base d'horizons S de BRUNISOLS DYSTRIQUES oligosaturés, des coiffes dans des structures de départ appauvries, ainsi que des revêtements argileux et limono-argileux dans des structures d'accueil enrichies (liaisons possibles avec les brunisols et les alocrisols). Ces phénomènes ont été souvent sous-estimés, parce que masqués très fréquemment par l'importance des processus de néogenèse d'argiles par altération ;

• dans les **sédiments argileux**, un appauvrissement des horizons supérieurs par ruissellement et drainage oblique hypodermique entraîne l'élimination latérale d'un certain nombre de constituants, le plus souvent sous forme de suspensions, et tout particulièrement des argiles fines (cf. planosols et PÉLOSOLS DIFFÉRENCIÉS).

Remarque: il convient également d'évoquer l'importance des mécanismes liés aux alternances gels-dégels des périodes glaciaires du Quaternaire dans la genèse de structures et de concentrations observées dans les sols actuels soumis à une argilluviation.

Autres facteurs de pédogenèse

Au plan de la **géomorphologie**, la grande majorité des luvisols est observable sur des surfaces planes ou sub-planes (plateaux, terrasses ou replats), favorables au fonctionnement hydrique vertical nécessaire aux transferts de particules vers la profondeur.

Les **conditions climatiques** constituent un facteur important dans la formation des luvisols. Les plus favorables à leur différenciation sont celles liées au climat atlantique tempéré humide, certainement les plus efficaces. Des conditions climatiques plus continentales ou méditerranéennes peuvent également être à l'origine de leur développement, mais avec des intensités moindres ou plus spécifiques.

Les **conditions stationnelles** ont également beaucoup d'importance dans leur différenciation : le type de végétation intervient particulièrement dans l'intensité de leur développement : mode d'enracinement, qualité des litières, intensité de l'activité biologique.

Horizons de référence

Sauf troncature du solum, sont toujours présents les horizons majeurs E (ou Eg) et BT (ou BTg).

En outre, on observe souvent des horizons OF, OH, A, Ae, LA, LE, LBT, BTd, BTgd ou C; parfois Ea, BTcn (cf. chapitre définitions des horizons). Seules sont rappelées ici les définitions des horizons BT, BTd et LBT.

Horizons argilluviaux BT

Un horizon BT contient des argiles phylliteuses **illuviales**. Il se forme en relation avec un horizon éluvial E qui se trouve au-dessus de lui ou en amont. Un horizon BT peut se trouver en surface si le solum a été partiellement tronqué.

Un horizon BT présente les caractères suivants :
• une teneur en argile supérieure à celle des horizons A, E, S ou C qui sont présents dans le même solum ;
• une épaisseur d'au moins 15 cm. S'il est composé entièrement de bandes plus argileuses, ce qui est fréquemment observé dans les sédiments sableux, sablo-limoneux ou sablo-argileux, l'épaisseur de chaque bande doit être $\geq 0,5$ cm et > 15 cm en épaisseur cumulée ;
• dans les sols à structure particulaire, l'horizon BT doit présenter des argiles orientées reliant les grains de sables entre eux et décelables également dans certains pores ;
• lorsqu'il existe des agrégats (cubes, polyèdres, prismes), présence de nombreux revêtements argileux sur certaines surfaces : faces d'agrégats verticales et horizontales, chenaux, canalicules. Une observation microscopique est souvent nécessaire. Il s'agit de matières essentiellement argileuses et ferriques, généralement bien orientées par rapport aux parois et dont la nature et l'organisation contrastent par rapport à la matrice.

Très souvent, dans leur déplacement, les particules argileuses sont accompagnées de particules limoneuses très fines (2 à 10 µm). Dans certaines circonstances particulières (milieux dominés par le gel), cette illuviation de particules limoneuses peut devenir dominante (qualificatif **limono-illuvial**).

Horizons BTd (BT « dégradés »)

Ce sont des horizons BT présentant une « dégradation morphologique » sous une forme **diffuse**, d'**interdigitations** ou de **pénétration de langues**.

L'interdigitation désigne des pénétrations d'un horizon E dans un horizon BT sous-jacent le long des faces des unités structurales, essentiellement verticales. Ces pénétrations ne sont pas assez larges pour constituer des langues, mais forment des concentrations relatives continues d'éléments du squelette. Pour être appelées langues, ces pénétrations doivent être plus profondes que larges, avoir des dimensions horizontales minimales dépendant de la texture de l'horizon BT (de 0,5 cm dans les matériaux argileux à 1,5 cm dans les matériaux limoneux à sableux) et présenter une occupation en volume > 15 % de la partie de l'horizon BT affectée.

Horizons LBT (BT labourés)

Ces horizons BT se présentent en surface, suite à une troncature partielle du solum par érosion. Ils sont remaniés régulièrement par des actions culturales. Les caractéristiques typiques des BT sont associées à celles des horizons labourés : teneur en matières organiques plus élevée, présence fréquente de revêtements organo-minéraux, artificialisation de la structure, prise en masse éventuelle.

Références

NÉOLUVISOLS

La séquence d'horizons de référence est :
A/E/BT sous forêts.
LA/E/BT   ou   **LA/BT** sous cultures.

L'horizon E est modérément appauvri, encore assez coloré, assez bien structuré et aéré. Le BT correspond à la définition du BT typique.
La transition entre l'horizon E et l'horizon BT est assez progressive.
Si la teneur en argile de l'horizon E est < 10 %, alors la teneur en argile de l'horizon BT est au moins égale à celle de l'horizon E + 3 %.
Si la teneur en argile de l'horizon E est comprise entre 10 et 30 %, alors l'IDT (cf. définition dans le lexique, p. 401) doit être compris entre 1,3 et 1,8.
Si la teneur en argile de l'horizon E est > 30 %, alors la teneur en argile de l'horizon BT est au moins égale à celle de l'horizon E + 9 %.

LUVISOLS TYPIQUES

La séquence d'horizons de référence est :
Ae/E/BT sous forêts.
LA ou LE/E/BT   ou   **LA ou LE/BT** sous cultures.

L'horizon E est nettement appauvri en argile et en fer. Il est légèrement décoloré, modérément à peu structuré ou à structure instable.

L'horizon BT est typique, avec un rapport argile fine/argile grossière plus élevé que pour la référence précédente.

La transition entre horizon E et horizon BT est nette.

Il n'est pas rare d'observer des traits d'oxydo-réduction au niveau du contact entre la base des horizons E et la partie supérieure des horizons BT (notations Eg et BTg).

Si la teneur en argile de l'horizon E est < 10 %, alors la teneur en argile de l'horizon BT est au moins égale à celle de l'horizon E + 8 %.

Si la teneur en argile de l'horizon E est comprise entre 10 et 30 %, alors l'IDT doit être > 1,8.

Si la teneur en argile de l'horizon E est > 30 %, alors la teneur en argile du BT est au moins égale à celle de l'horizon E + 24 %.

Luvisols dégradés

La séquence d'horizons de référence est :

Ae/E/Eg/BTgd sous forêts.

LE/Eg/BTgd   ou   **LE/BTgd** sous cultures.

L'horizon E est fortement décoloré, particulièrement au contact de l'horizon BT ainsi qu'au sein des langues qui pénètrent ce BT. Il est donc, au moins partiellement, albique. La présence, à la partie inférieure de cet horizon E, de concentrations et indurations de sesquioxydes fossilisant des reliques du BT est fréquente, justifiant le codage -g.

L'horizon BTgd présente des langues et/ou des interdigitations en prolongement de l'horizon E, dont la texture en est semblable ou proche, sensiblement appauvrie par rapport à la matrice de l'horizon BT. Cette matrice peut elle-même être tachetée de zones de dégradation diffuse correspondant à des sites préférentiels.

L'IDT est généralement > 1,8.

La présence d'horizons –g est incluse dans la définition de la référence. Si un horizon –g apparaît à moins de 50 cm de profondeur et correspond à des engorgements toujours fonctionnels, le solum sera désigné comme LUVISOL DÉGRADÉ-RÉDOXISOL (rattachement double).

Luvisols dermiques

La séquence d'horizons de référence est : **Ae/E/Ea/BTd.**

Au plan morphologique, un liseré très délavé existe au contact E/BTd, plus prononcé que dans les LUVISOLS DÉGRADÉS glossiques atlantiques, et une tendance à la planosolisation est marquée pour les plus évolués d'entre eux. La profondeur d'apparition du BT et l'épaisseur des horizons sont plus faibles, liées à la concentration des processus dans la partie supérieure du solum, sous l'influence du régime climatique continental.

Ces processus (dissociation fer/argile, dissociation squelette/plasma, altération hydrolytique, dégradation minéralogique) y sont plus intenses dans un volume plus restreint. La désaturation du complexe adsorbant est généralement très marquée en surface, mais beaucoup plus modérée, et parfois même absente en profondeur. La migration des argiles les plus fines est importante.

L'horizon E peut généralement être subdivisé en deux parties : une partie supérieure répondant à la définition générale des horizons E et une partie inférieure beaucoup plus blanchie (E albique).

Les horizons E présentent des individualisations et répartitions particulières de constituants : sesquioxydes et fractions squelettiques, ainsi que différents traits d'appauvrissement.

De même, des différences significatives apparaissent au sein des horizons BTd (nombreux squelettanes : concentrations de fractions limoneuse ou sablo-limoneuses fines).

L'IDT est > 1,8 et souvent nettement plus élevé.

Si un horizon Eg débute à moins de 50 cm de profondeur et que l'engorgement reste fonctionnel, le solum sera désigné comme LUVISOL DERNIQUE-RÉDOXISOL (rattachement double). Ces sols correspondent aux « sols derno-podzoliques » des auteurs russes.

Les LUVISOLS DÉGRADÉS OU DERNIQUES très nettement planosoliques et à forte différenciation texturale seront rattachés aux planosols texturaux s'ils présentent les caractères exigés.

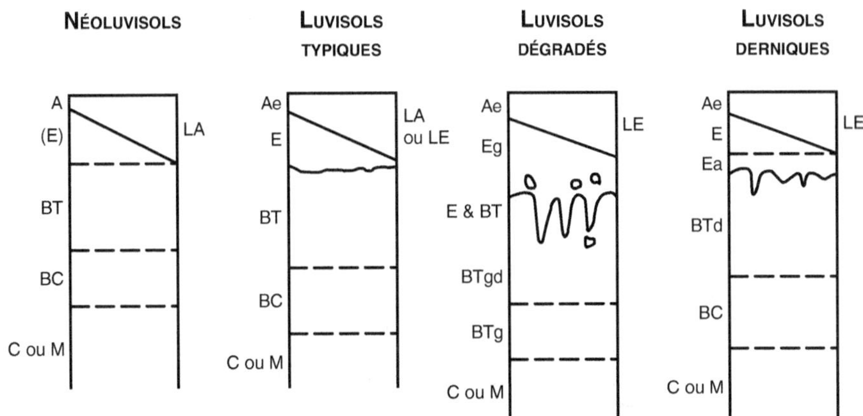

LUVISOLS TRONQUÉS

La séquence d'horizons de référence est :

A/BT sous forêts.

LBT/BT sous cultures.

Ces solums ne présentent plus le couple E + BT (donc le contraste textural) caractéristique des luvisols, par suite d'une troncature partielle du luvisol initial et de l'ablation des horizons éluviaux.

Sous forêts, pas d'horizon E de plus de 10 cm.

Sous cultures, l'horizon labouré doit avoir plutôt les propriétés texturales et structurales d'un horizon BT que d'un horizon E.

QUASI-LUVISOLS

Il s'agit d'une référence d'apparentement aux luvisols.

La séquence d'horizons de référence est : **E/II BT.**

Après troncature d'un LUVISOL TYPIQUE ou d'un LUVISOL DÉGRADÉ ayant affecté les horizons supérieurs éluviaux mais également une bonne part des horizons BT initiaux, des matériaux pédologiques correspondant à des horizons LE ont été rapportés par dessus le solum initial tronqué. Ces matériaux ont été déplacés sur une assez longue distance (quelques hectomètres ou plus). L'horizon II BT résiduel présente une morphologie typique d'horizon BT profond (notamment revêtements d'argilluviation et structure polyédrique grossière).

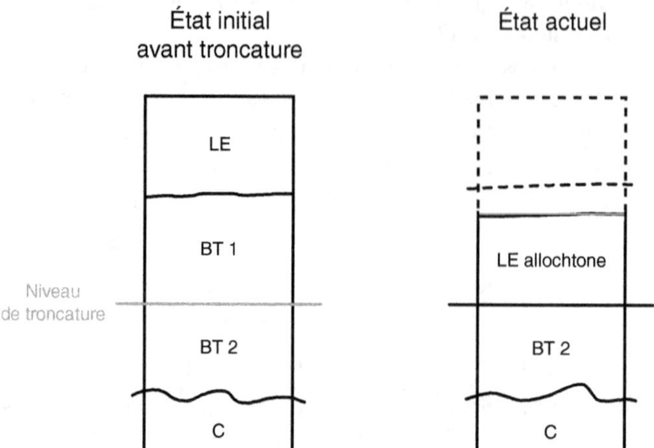

Trois phases successives :
1) développement d'un LUVISOL TYPIQUE ou d'un LUVISOL DÉGRADÉ ;

2) troncature de la partie supérieure du solum initial, y compris la partie supérieure de l'horizon BT ;

3) dépôt ultérieur d'horizons limoneux de type LE, d'origines relativement proches (d'où la similitude des matériaux).

Remarque : la référence des PSEUDO-LUVISOLS définie dans le *Référentiel pédologique 1995* a été supprimée. Les solums en question sont désormais évoqués au chapitre consacré aux brunisols et désignés comme BRUNISOLS EUTRIQUES (ou DYSTRIQUES) bilithiques, pseudo-luviques.

Qualificatifs utiles pour les luvisols

Rapport S/CEC déterminé par des mesures à pH 7.

Qualificatifs communs à tous les luvisols

eutrique   Rapport S/CEC > 50 % dans l'horizon BT.

dystrique   Rapport S/CEC < 50 % dans l'horizon BT.

oligosaturé   Rapport S/CEC compris entre 20 et 50 % dans l'horizon BT.

mésosaturé   Rapport S/CEC compris entre 50 et 80 % dans l'horizon BT.

subsaturé   Rapport S/CEC compris entre 80 et 95 % dans l'horizon BT, en conditions naturelles.

resaturé   Rapport S/CEC > 80 % sur l'ensemble du solum (sous l'influence d'amendements).

sodisé   Rapport Na^+/CEC > 6 % dans tout ou partie de l'horizon BT, mais < 15 %.

rédoxique   Caractère rédoxique (-g) apparaissant entre 50 et 80 cm de profondeur.

agrique	Présence de revêtements d'argile associée à des matières organiques dans l'horizon BT, liés à la mise en culture.
vertique	Qualifie un luvisol montrant des caractères vertiques à la base de l'horizon BT.
bathyfragique	Qualifie un luvisol présentant en profondeur un horizon de fragipan.
ferronodulaire	Qualifie un luvisol présentant un horizon BTcn riche en nodules et/ou en enduits ferrugineux.
pachique	Qualifie un luvisol dont l'horizon BT débute à plus de 1 m de profondeur.
cumulique	Qualifie un luvisol dans lequel on observe un épaississement anormal des horizons E par rapport à la norme locale ou régionale (transition vers des sols franchement colluviaux en domaine limoneux, par exemple).
lamellique	Qualifie un luvisol dont l'horizon BT est formé de bandes plus argileuses, dont l'épaisseur cumulée excède 15 cm.
mélanoluvique	Qualifie un luvisol dont les horizons BT montrent de nombreux revêtements argileux humifères noirs ou gris.
rubéfié	Qualifie un luvisol dont l'horizon BT présente de nombreux ferri-argilanes rouges ou rougeâtres, ce qui lui confère sa couleur.

Qualificatifs spécifiques aux LUVISOLS DÉGRADÉS et aux LUVISOLS DERNIQUES

albique	Qualifie un luvisol à horizon E albique.
glossique	Qualifie un luvisol dans lequel la dégradation prend la forme de langues.
planosolique	Qualifie un luvisol dans lequel la dégradation présente une morphologie à tendance planosolique (aplanissement de la limite E/BT).
à dégradation diffuse	Qualifie un luvisol dans lequel la « dégradation » présente un aspect en taches et interdigitations.
à micro-podzol	Qualifie un luvisol à la partie supérieure duquel un épisolum podzolique [A + E + BP] ou [A + BP] existe sur moins de 20 cm d'épaisseur.
podzolisé	Un processus de podzolisation débutante est décelable dans l'horizon E.
paléorédoxique	Qualifie un solum dans lequel les signes rédoxiques observés ne correspondent pas à des engorgements actuels, mais à des conditions d'évolution anciennes (synonyme de « à hydromorphie fossile »).

Qualificatifs spécifiques aux luvisols intensément cultivés

assaini, drainé, cultivé, amendé, chaulé, fertilisé, etc.

Exemples de types

NÉOLUVISOL resaturé, cumulique, agrique, issu de lœss.

LUVISOL TYPIQUE eutrique, rédoxique, agrique, issu de limon récent.

LUVISOL TYPIQUE mésosaturé, sableux en surface, lamellique, issu d'une formation calcaire redistribuée au Quaternaire.

LUVISOL DÉGRADÉ glossique, drainé, resaturé, limono-sableux en surface.

LUVISOL DÉGRADÉ planosolique, dystrique, albique, d'alluvions anciennes.

Luvisol dernique dystrique, rédoxique.
Luvisol tronqué eutrique, de rebord de plateau, issu de lœss.
Luvisol typique-rédoxisol bathyfragique, dystrique, issu de limons anciens.
Luvisol typique polygénétique, limono-argileux en surface, rubéfié, développé dans un paléosol argileux issu de la décarbonatation totale de calcaires jurassiques (« terres d'Aubues » des plateaux de Bourgogne).

Différences entre les luvisols et d'autres références

Avec les brunisols

Les luvisols présentent la séquence d'horizons E/BT ou E/BTd et un IDT > 1,3.

Dans les horizons S de certains brunisols, des revêtements argileux peuvent être présents, mais de faible importance et avec des ampleurs de déplacement réduites, ne permettant pas la différenciation significative d'horizons BT.

Avec les planosols

Certains luvisols fortement dégradés planosoliques sont intergrades vers les planosols qui eux requièrent un changement textural brusque. Les matériaux parentaux de ces derniers sont généralement beaucoup plus argileux et le fonctionnement hydrique y est particulier, essentiellement latéral.

Avec les podzosols

Une micro-podzolisation dans les horizons Ae et E des luvisols dégradés manifeste un début d'évolution secondaire vers la podzolisation dans la partie supérieure du solum et, à long terme, vers des podzosols.

Avec les rédoxisols

Le colmatage des horizons argilluviaux BTg par de l'argile fine provoque des engorgements temporaires d'intensité variable dans la partie inférieure des horizons E.

Si l'hydromorphie est plus intense en relation avec un engorgement plus long et qu'elle apparaît à moins de 50 cm de la surface, on pratiquera impérativement un rattachement double aux luvisols typiques-rédoxisols ou aux luvisols dégradés-rédoxisols.

Avec les fersialsols

Les horizons FS fersiallitiques présentent souvent des traits d'illuviation d'argile. La dissociation Fe/argile est d'importance variable, particulièrement pour les concentrations plasmiques.

On peut donc concevoir une transition progressive entre luvisols et fersialsols éluviques. Les luvisols seront notamment distingués :
• par leur faible teneur en fer « facilement extractible » (rapport FFE/fer total < 0,20) dans l'horizon BT ;
• par leur couleur moins rouge que 5 YR ;
• par des considérations de structure (structure non micro-polyédrique dans l'horizon BT).

Relations avec la WRB

RP 2008	WRB 2006
NÉOLUVISOLS	Luvic Cambisols
LUVISOLS TYPIQUES	Haplic Luvisols
LUVISOLS DÉGRADÉS	Haplic Albeluvisols
LUVISOLS DERNIQUES	Albeluvisols
LUVISOLS TRONQUÉS	(*truncated*) Luvisols
QUASI-LUVISOLS	Ruptic Luvisols

Remarques :
- l'horizon BT correspond assez bien à l'« horizon argique » ;
- *truncated* n'est pas un *prefix qualifier* de la WRB.

Des *qualifiers* supplémentaires peuvent être utilisés :
- pour les NÉOLUVISOLS et les LUVISOLS TYPIQUES : *lamellic, eutric, dystric, chromic, leptic, gleyic, albic, abruptic, cutanic, chromic, rhodic* (transition vers les fersialsols), etc. ;
- pour les LUVISOLS DÉGRADÉS : *dystric, gleyic, glossalbic, fragic,* etc.

Mise en valeur – Fonctions environnementales

Propriétés agronomiques des luvisols

Tant que les processus d'appauvrissement et d'argilluviation restent modérés, les NÉOLUVISOLS, généralement profonds, sont des sols à réserve maximale en eau élevée et fortes potentialités. Généralement à dominante limoneuse, ils sont faciles à travailler.

En revanche, dès que le l'illuviation d'argile s'accentue, deux types de problèmes affectent certains LUVISOLS TYPIQUES et les LUVISOLS DÉGRADÉS :
- l'appauvrissement en argile et l'acidification progressifs de l'horizon de surface entraînent une perte de cohésion entre les particules et rendent les sols sensibles au tassement et à la battance. La fermeture de la surface par une croûte, en réduisant l'infiltration, induit le ruissellement superficiel. Outre les dégâts aux cultures (arrachements, recouvrement de semis ou de plants par des atterrissements, apparition de ravines, etc.), ce ruissellement superficiel, tout en redistribuant les particules et les matières organiques, entraîne également des molécules telles que les produits phytosanitaires ou les fertilisants vers des zones de concentration. Différentes préconisations sont mises en œuvre pour limiter l'impact de ces processus qui touchent de vastes surfaces consacrées à l'agriculture intensive : maintien du pH et des teneurs en matières organiques à un niveau suffisant, techniques culturales n'émiettant pas trop le lit de semence, maintien d'un couvert végétal durant l'automne et l'hiver, etc. ;
- en profondeur, le colmatage de l'horizon illuvial réduit l'infiltration verticale de l'eau et provoque l'installation d'une nappe perchée en périodes humides. Les parcelles deviennent impénétrables et les semis d'automne peuvent être compromis. Il est alors nécessaire de recourir au drainage agricole, pratique en usage depuis plus d'un siècle (XIXe siècle en Brie).

Impacts de la mise en culture

Ces impacts apparaissent d'une importance capitale dans l'évolution pédogénétique récente et actuelle des sols d'Europe occidentale, tout particulièrement dans celle des LUVISOLS DÉGRADÉS. Les pratiques très anciennes de mise en culture (amendements, chaulages, fertilisation, drainage agricole) ont freiné ou réorienté l'évolution naturelle en créant des conditions artificielles différentes qui modifient sensiblement le fonctionnement des sols.

Les impacts les plus évidents apparaissent :

• au plan des propriétés chimiques : augmentation du pH de plusieurs unités, parfois jusqu'à 3...

• au plan des matières organiques : tendance à une harmonisation des rapports C/N aux alentours de 10, apparition de revêtements argilo-organiques nombreux et souvent épais à la partie supérieure des BT ;

• au plan des propriétés structurales : différenciation d'agrégats spécifiques liés aux travaux culturaux dans l'horizon LE ;

• au plan des régimes et fonctionnements hydriques, les assainissements et le drainage agricole ont influencé de manière fondamentale les processus pédogénétiques initiaux : l'implantation des collecteurs a notamment conduit à une modification dans les flux qui, verticaux à l'origine, se sont vu orientés de manière oblique, cela indépendamment d'une modification probable dans la nature des particules colloïdales transférées.

Les durées d'engorgement pour les luvisols à caractères rédoxiques subissent également d'importantes diminutions.

Nitosols

1 référence

Conditions de formation et pédogenèse

Les NITOSOLS sont généralement observés sous climat tropical ou subtropical à courte saison sèche (pluviosité moyenne annuelle de 1 500 à 3 500 mm). Ils se forment à partir de roches volcaniques ou de roches métamorphiques basiques d'âge plio-pléistocène, par exemple dans les régions suivantes : Vanuatu, Mexique, Brésil, Nicaragua, la Réunion, les Canaries, les Antilles ainsi qu'au Cameroun et qu'en Nouvelle-Calédonie. En Martinique, ils ont été appelés « sols brun-rouille à halloysite ». Ils ont également été nommés « sols ferrallitiques à halloysite » par d'autres auteurs. Au Brésil, ces sols, antérieurement appelés *terra roxa estructurada*, sont nommés Nitossolos.

Les NITOSOLS sont caractérisés par des horizons de subsurface très argileux (> 50 % de la fraction < 2 mm) **dont la fraction < 2 μm est constituée principalement d'halloysite** mais aussi de goethite et d'hématite. Cette fraction argileuse peut contenir aussi un peu (< 20 % de la fraction argileuse) de kaolinite et de gibbsite ou de beidellite. Selon le degré d'altération (lequel varie en fonction de l'âge du sol ou du régime pluviothermique), il peut demeurer quelques minéraux primaires altérables (< 10 % de la fraction sableuse). Les NITOSOLS sont également caractérisés par des faces luisantes sur les faces d'agrégats des horizons de subsurface (leur nom vient du latin *nitidus :* luisant, brillant).

L'halloysite se présente sous deux formes : l'une, hydratée, présentant des feuillets distants de 1,0 nm, et l'autre, déshydratée, avec une distance interfoliaire typique de 0,7 nm (métahalloysite). L'halloysite hydratée à 1,0 nm est souvent observée en profondeur dans des NITOSOLS issus de laves ou dès la surface pour ceux ayant été recouverts de cendres volcaniques. Sous l'effet des successions des périodes de sécheresse et à mesure que le temps s'écoule, l'halloysite se transforme par déshydratation en métahalloysite. Cette dernière apparaît dans les horizons près de la surface ou dans les zones à saison sèche plus marquée, où peut être observée une transition avec les fersialsols, ou, sous climat plus régulièrement humide, dans les NITOSOLS plus évolués contenant un peu de kaolinite et de gibbsite, qui font transition avec les ferrallitisols.

En raison de l'altération quasi totale des verres volcaniques et des minéraux primaires altérables (hydrolyse acide en condition de libre drainage, hormis le quartz et certains oxydes stables), la composition chimique des produits d'altération (phyllosilicates et oxydes libres de fer et d'aluminium) est caractérisée par des valeurs des rapports moléculaires :

$$Ki = \frac{SiO_2}{Al_2O_3} \, mol. < 2,2 \quad et \quad Kr = \frac{SiO_2}{Al_2O_3 + Fe_2O_3} \, mol. < 1,8.$$

8ᵉ version (22 juillet 2008).

Les NITOSOLS correspondent à une première étape de la pédogenèse « ferrallitique » en climat tropical et subtropical, d'âge plio-pléistocène (de 10 000 ans à trois millions d'années au maximum), particulièrement par altération de roches volcaniques (riches en verres) ou de roches métamorphiques basiques. Ils évoluent ensuite, par transformation de l'halloysite en kaolinite et gibbsite, soit sur place dans le solum, soit latéralement en toposéquence. Cette transformation se fait par l'individualisation et la relocalisation des oxyhydroxydes de fer et des hydroxydes d'aluminium (concrétions, carapaces, cuirasses, etc.) ou par altération des argiles sous l'effet de phénomènes d'oxydoréduction et d'individualisation de la silice pouvant donner des indurations siliciques et pétrosiliciques.

Horizons de référence

Horizons S nitiques (Sn)

Ces horizons présentent une texture argileuse lourde (50 à 80 % d'argile). C'est pourquoi leur structure est très développée et stable, polyédrique moyenne à grossière, ou prismatique. Les argiles de type halloysite sont dominantes : elles représentent plus de 50 % de la fraction argileuse. Les horizons Sn présentent des alternances saisonnières de gonflement et de retrait de faible amplitude, se traduisant par des « faces luisantes » centimétriques dues à des pressions (appelées « faces irisées » en Guadeloupe) localisées sur les faces planes des agrégats. Il n'y a généralement pas de revêtements argileux ou alors ceux-ci sont en très faible quantité. Ils sont difficiles à observer et à distinguer des faces luisantes.

La couleur est brun ocre (7,5 YR 4/4 à 5/6), brun rouge (5 YR 4/3 à 4/6) ou rouge foncé (2,5 YR 4/6 ou 5/6).

La teneur en carbone organique varie de 6 à 12 g·kg^{-1}. La capacité de rétention en eau est élevée : 60 à 85 % à − 33 kPa ; 45 à 65 % à − 1 500 kPa. Les horizons Sn présentent un faible taux de déshydratation irréversible (moins de 30 %) après dessiccation à − 1 500 kPa.

La CEC (à pH 7) a un fort taux de charges permanentes : elle varie de 8 à 30 cmol$^+$·kg^{-1} de terre fine (de 10 à 40 cmol$^+$·kg^{-1} pour la fraction < 2 µm). La surface spécifique varie de 100 à 200 m^2·g^{-1}. Le rapport Fe$_{libre}$/Fe$_{total}$ est compris entre 0,60 et 0,90 (oxydes et hydroxydes de fer).

Autres horizons : horizons A à halloysite

Les horizons A à halloysite dominante présentent une couleur noire à sombre (10 YR 2/1 à 3/3 − 7,5 YR 2/1 à 3/3), une structure grumeleuse ou granulaire fine à moyenne, une texture argilo-limoneuse à argileuse (taux d'argile > 30 %). Le rapport taux d'argile de l'horizon Sn/ taux d'argile de l'horizon A est < 1,5. Le plus souvent, la teneur en carbone organique est comprise entre 20 et 100 g·kg^{-1}.

Référence

La séquence d'horizons de référence est caractérisée par la présence obligatoire de l'horizon Sn : **A ou LA ou L/Sn/C, M ou R.**

Localement, des horizons rédoxiques peuvent apparaître en profondeur au-dessus d'un horizon réticulé RT ; parfois, des horizons Si et Sim sont aussi observés en profondeur :
A ou LA ou L/Sn/Sng/IIRT.
A ou LA ou L/Sn/Si ou Sim.

Qualificatifs utiles pour les NITOSOLS

humique	Définition générale.
à horizon Sn humifère	Le taux de carbone organique est > 12 g·kg^{-1} dans la partie supérieure de l'horizon Sn (que l'on pourra coder Snh).
hémiorganique	Qualifie un NITOSOL quand l'horizon A est hémiorganique (codage Aho).

rédoxique, à horizon rédoxique de profondeur

à horizon réticulé

recouvert par des cendres volcaniques	Sur moins de 50 cm d'épaisseur.
mésosaturé	Dont l'horizon Sn montre un taux de saturation S/CEC compris entre 50 et 80 %.
oligosaturé	Dont l'horizon Sn montre un taux de saturation S/CEC compris entre 20 % et 50 %.
luvique	Qualifie un NITOSOL présentant quelques revêtements argileux dans l'horizon Sn.
à kaolinite	Qualifie un NITOSOL dont l'horizon Sn contient une quantité non négligeable de kaolinite (entre 10 et 50 % de la fraction argileuse).
leptique	Qualifie un NITOSOL quand l'épaisseur des horizons [A + Sn] est inférieure à 40 cm.

à horizon silicique, pétrosilicique, etc.

Exemples de types

NITOSOL humique, oligosaturé, issu de matériaux pyroclastiques, recouvert par des cendres volcaniques, sur pente faible à moyenne.

NITOSOL oligosaturé, issu de laves andésitiques.

NITOSOL à horizon rédoxique de profondeur, oligosaturé, issu de cendres volcaniques.

NITOSOL rédoxique, oligosaturé, à horizon silicique, issu de matériaux pyroclastiques sur basalte altéré.

NITOSOL à horizon rédoxique de profondeur, à horizon réticulé, issu de lave basaltique altérée.

Distinction entre les NITOSOLS et d'autres références

Avec les ferrallitisols

Dans les NITOSOLS, l'halloysite prédomine dans la fraction argileuse, les horizons Sn montrent une macrostructure polyédrique grossière ou prismatique et des faces luisantes sur les macro-agrégats. La CEC de la fraction argile est > 16 cmol$^+$·kg^{-1}.

Avec les fersialsols

Les NITOSOLS montrent une prédominance d'halloysite dans leur fraction argileuse et les critères géochimiques des produits d'altération sont Ki < 2,2 et Kr < 1,8.

Avec les brunisols

Dans le cas des NITOSOLS, l'altération des minéraux altérables est quasi totale, l'horizon Sn est très argileux et montre des faces luisantes sur les agrégats grossiers.

Avec les andosols

Dans le cas des NITOSOLS, l'altération des minéraux altérables est quasi totale et il n'y a pas d'allophanes. Parfois, ils présentent des caractéristiques andosoliques, limitées à une faible épaisseur en surface, en liaison avec des dépôts récents de cendres volcaniques.

Avec les vertisols

Dans les vertisols, on constate la prédominance de smectites ; les faces de glissement sont très nombreuses dans l'horizon V et sont de dimensions centimétriques à décimétriques. En outre, de larges fentes de retraits apparaissent saisonnièrement depuis la surface.

Avec les pélosols

Les pélosols présentent des argiles 2/1 dominantes héritées du matériau parental.

Avec les luvisols

Certains NITOSOLS peuvent présenter des débuts d'évolution avec formation d'horizons E au-dessus des horizons Sn, voire d'horizons BT ou BTg — ce qui les rapproche des NÉOLU-VISOLS —, puis de luvisols planosoliques à horizon silicique. Ceux-ci peuvent ensuite évoluer vers des planosols pétrosiliciques.

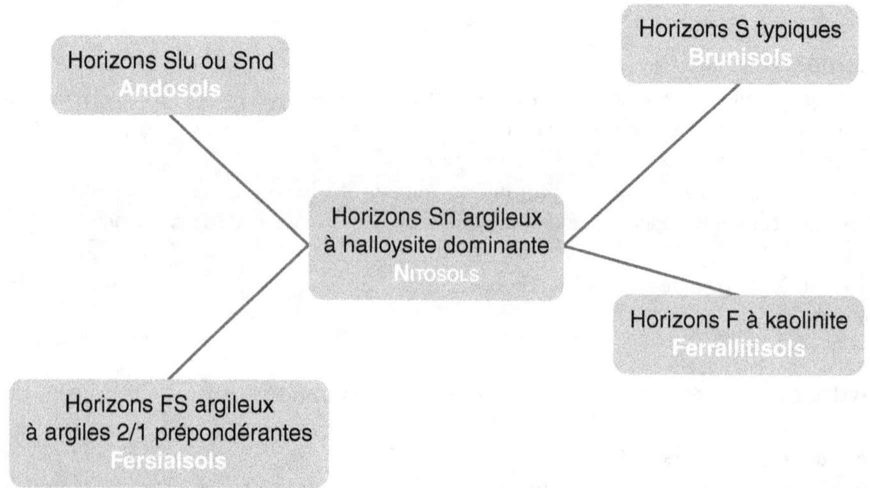

Relations avec la WRB

RP 2008	WRB 2006
NITOSOLS	Nitisols

Remarque : la définition de l'horizon nitique dans la WRB 2006 diffère un peu de celle de l'horizon Sn par les limites de critères de teneur en argile (> 30 % de la terre fine) et de la composition des minéraux argileux (kaolinite/métahalloysite ou halloysite), l'absence de critères géochimiques des produits d'altération (rapports Ki et Kr), ainsi que par la nécessité de faces luisantes (*shiny faces*) sur les macro-agrégats.

Mise en valeur

La présence d'halloysite, à CEC moyenne à élevée permettant une bonne adsorption des cations échangeables et la rétention modérée du phosphore, rend ces sols potentiellement très fertiles, à condition de maintenir leur stock de Ca, Mg et K à un niveau assez élevé pour éviter leur acidification et de maintenir leur stock d'azote et de phosphore facilement disponibles. En outre, ces sols présentent un réservoir important en eau utilisable (humidité à la capacité au champ moins humidité au point de flétrissement) et une perméabilité satisfaisante dans les conditions naturelles initiales (sous forêt ou prairie).

Sous culture mécanisée intensive, les horizons superficiels peuvent être compactés ; en outre, leur teneur élevée en argile les rend assez difficiles à travailler en dehors de bonnes conditions d'humidité et peut causer la saturation en eau et une certaine anoxie défavorable au bon développement racinaire en période de pluies fréquentes. Les NITOSOLS sont nettement plus fertiles que les FERRALLITISOLS MEUBLES présents dans les mêmes régions. C'est pourquoi ils sont souvent utilisés pour des plantations de caféier, cacaoyer, canne à sucre, ananas et autres cultures de rente à forte productivité.

La pente est parfois un facteur limitant la mise en valeur et pouvant être à l'origine de problèmes de ruissellement et d'érosion.

Organosols

4 références

Conditions de formation et pédogenèse

Les organosols correspondent à des solums dont tous les horizons sont marqués par une grande abondance de matières organiques et qui sont en situation bien drainée. Ces matières organiques, qui évoluent en conditions aérobies, ne se minéralisent que très peu ou très lentement (en particulier en montagne), et donc s'accumulent, soit sous la forme d'horizons OH ou OHta, soit dans un horizon Aho. L'origine de la forte accumulation de matières organiques n'est pas toujours connue. Elle peut être favorisée par des ambiances calcaires, calciques, très filtrantes et par un passé pastoral ; mais les conditions climatiques ont un rôle très probable. En effet, les organosols sont fréquents dans les moyennes montagnes humides (étages montagnards à subalpin des Vosges, Massif central, Jura, Alpes, Pyrénées), parfois clairement en exposition nord aux altitudes les plus faibles. Sur roches carbonatées, ils se développent à partir de calcaires durs, massifs, s'altérant essentiellement par dissolution, et tout particulièrement en situation très drainante favorisée par une forte fragmentation de la roche, lorsque le climat est humide et encore suffisamment chaud et lumineux pour fournir une biomasse abondante. C'est, par exemple, le cas sur les seconds plateaux du Jura, avec 1 500 à 2 500 mm de précipitations moyennes annuelles, l'absence de toute saison sèche et une température moyenne annuelle de 8 ± 3 °C.

Des caractères d'autres évolutions pédogénétiques peuvent parfois être observés dans le solum, mais ces évolutions sont encore débutantes, si bien que les horizons de référence autres que O, A et C, s'ils existent, montrent de très faibles épaisseurs.

Horizons de référence

Les horizons de référence sont les horizons OF, OH, OHta et Aho (des horizons OL existent généralement, mais ils ne sont pas pris en compte pour la définition des références et pour les épaisseurs). Ces horizons ont au total, sans compter l'horizon OL, plus de 10 cm d'épaisseur (sinon rattachement aux LITHOSOLS).

Les organosols sont donc constitués uniquement d'horizons organiques O (contenant plus de 30 % de carbone organique ± 5 %) et/ou d'horizons Aho hémiorganiques (contenant plus de 8 % de carbone organique ± 2 %). Ils ne comportent pas d'horizon H.

L'horizon OHta (horizon de tangel) est un horizon de consistance grasse, tachant les doigts, constitué de déjections animales, à structure fine (agrégats de 1-2 mm) résultant de l'activité de

---

19ᵉ version (12 novembre 2007).

vers épigés, parfois épi-anéciques. Il est généralement décrit sur roches calcaires comme étant saturé à plus de 80 % par Ca^{2+} et/ou Mg^{2+}, avec un pH compris entre 5 et 7. Mais il pourrait également exister sur matériaux plus acides. Il correspond à des milieux aérobies à activité faunique importante, mais en conditions climatiques contraignantes (en particulier altitude) : il pourrait témoigner de phases de végétation antérieures au fonctionnement actuel.

De minces horizons organo-minéraux (horizons E, S, BP, etc.) sont tolérés, mais ils doivent avoir moins de 10 cm d'épaisseur au total **et** l'ensemble des horizons [OF + OH + OHta + Aho] doit alors avoir une épaisseur supérieure au double de celle des horizons organo-minéraux.

Exemple : considérons une séquence d'horizons O/S/C dans lequel l'horizon S a 10 cm d'épaisseur. Pour pouvoir être rattaché aux organosols, ce solum doit présenter des horizons OF et/ou OH d'au moins 20 cm d'épaisseur. Un même solum dont les horizons [OF + OH] présentent une épaisseur de 40 cm, mais dont l'horizon S est épais de 15 cm ne peut pas être rattaché de façon « parfaite » aux organosols ; il doit être rattaché à une autre référence.

Références

Le rapport S/CEC est déterminé sur l'horizon Aho dans son ensemble.

ORGANOSOLS HOLORGANIQUES

Ils comportent uniquement des horizons holorganiques OF et/ou OH et/ou OHta.

Les séquences d'horizons de référence sont :
OF/C, M ou R   ou   **OF/OH/C, M ou R**
ou   **OL/OF/OHta/R (le plus souvent Rca)**.

Un cas particulier est représenté par les ORGANOSOLS HOLORGANIQUES à tangel, dans lesquels l'horizon de référence obligatoire est un horizon OHta (épais généralement de 5 à 45 cm). Il y a en outre contact lithique avec un substrat dur carbonaté ou toute autre roche basique massive. Les horizons OL et OF ont tendance à devenir plus épais (plusieurs décimètres jusqu'à un mètre) au fur et à mesure que l'altitude croît et que le climat est plus froid.

Les ORGANOSOLS HOLORGANIQUES à tangel occupent fréquemment des zones karstiques caractérisées par des calcaires durs non gélifs à réseaux de lézines (fissures profondes, de 10 à 20 cm de large sur plusieurs mètres de profondeur). Ces fissures sont remplies par des matériaux holorganiques plus ou moins saturés en cations alcalins et alcalino-terreux qui conditionnent la fertilité du milieu dans son ensemble.

ORGANOSOLS CALCAIRES

Ils comportent un horizon Aca hémiorganique à plus de 8 % de carbone organique (codé Acaho) avec ou non des éléments grossiers calcaires.

La séquence d'horizons de référence est :
OF/OH/Acaho/C, M ou R   ou   **Acaho/C, M ou R**.

ORGANOSOLS SATURÉS

Organosols non carbonatés dont le complexe adsorbant de l'horizon Aho est saturé ou subsaturé (S/CEC > 80 %) dès la surface.

La séquence d'horizons de référence est :
OF/OH/Aho/C, M ou R   ou   **Aho/C, M ou R**.

Organosols dont le rapport S/CEC est < à 80 % sur au moins 20 cm à partir de la surface (horizons OL non comptés). Solums bien drainant au moins jusqu'à 50 cm.

La séquence d'horizons de référence est:

OF/OH/Aho/C, M ou R   ou   **Aho/C, M ou R.**

Les ORGANOSOLS INSATURÉS sont observés dans les Vosges et le Massif central sur roches cristallines, parfois volcaniques, souvent sous des alpages des étages bioclimatiques allant du montagnard supérieur au subalpin.

Qualificatifs utiles

Pour tous les organosols

leptique   Épaisseur des horizons [O + Aho] < 40 cm (horizon OL non compté).

pachique   Épaisseur des horizons [O + Aho] > 80 cm.

Pour les ORGANOSOLS HOLORGANIQUES, CALCAIRES et SATURÉS

à tangel   Présence d'un horizon OHta.

Pour les ORGANOSOLS CALCAIRES et SATURÉS

à charge calcaire   Qualifie un ORGANOSOL SATURÉ si des éléments grossiers calcaires sont présents dans les horizons O et/ou Aho.

à amphimus   Forme d'humus très fréquente pour ces références.
à laizines

calcique,   Qualifient des ORGANOSOLS SATURÉS en fonction du rapport Ca^{2+}/Mg^{2+}.
magnésique

Pour les ORGANOSOLS INSATURÉS

mésosaturé, oligosaturé, désaturé, acide, très acide, etc.

Exemples de types

ORGANOSOL CALCAIRE à amphimus, issu d'éboulis cailouteux.

ORGANOSOL SATURÉ argileux, de versant, à amphimull.

ORGANOSOL INSATURÉ oligosaturé, à dysmoder, de pente, issu de gneiss.

ORGANOSOL HOLORGANIQUE à tangel, à lézines, sur calcaire dur.

ORGANOSOL INSATURÉ-ALOCRISOL HUMIQUE subalpin issu de granite à biotite (rattachement double).

Distinction entre les organosols et d'autres références

1. Histosols. Les organosols sont formés en milieu bien drainant: ils diffèrent donc fondamentalement des histosols et ne présentent pas d'horizons H histiques.

2. Brunisols. Si l'on observe dans le solum des horizons organo-minéraux S de plus de 10 cm d'épaisseur, le solum sera rattaché aux brunisols et pourra être qualifié, si nécessaire, d'hémiorganique (si présence d'un horizon Aho avec plus de 8 g de carbone organique pour 100 g).

3. Solums dont le complexe adsorbant est dominé par le calcium.
Un solum présentant des horizons organo-minéraux Sca ou Sci de plus de 10 cm d'épaisseur sera rattaché aux CALCOSOLS ou aux CALCISOLS et pourra être qualifié si nécessaire d'hémiorganique (si présence d'un horizon Acaho ou Aciho avec plus de 8 g de carbone organique pour 100 g).
Si le solum présente des horizons Aca ou Aci hémiorganiques (Acaho ou Aciho) dont l'épaisseur cumulée avec d'éventuels horizons OF et/ou OH dépasse 40 cm, sans autres horizons, il sera rattaché aux ORGANOSOLS CALCAIRES ou SATURÉS.

4. On dénombre quatre différences entre les RANKOSOLS et les ORGANOSOLS INSATURÉS: les premiers cités ne présentent pas d'horizons Aho, leur épaisseur est limitée à 35 cm au-dessus d'une couche R; la présence d'éléments grossiers abondants est obligatoire; la roche sous-jacente n'est jamais calcaire.

5. Podzosols. Si sur le terrain (ou par analyse), des horizons E et BP de plus de 10 cm d'épaisseur sont décelés sous des horizons O et/ou Aho, le solum sera rattaché aux PODZOSOLS HUMIQUES. Si ces horizons ont moins de 10 cm d'épaisseur, le solum sera désigné comme ORGANOSOL INSATURÉ podzolisé.

6. Alocrisols. Si un horizon Sal de plus de 10 cm d'épaisseur est présent sous des horizons O et/ou Aho, le solum sera rattaché aux ALOCRISOLS HUMIQUES. Si cet horizon a moins de 10 cm d'épaisseur, le solum sera désigné comme ORGANOSOL INSATURÉ.

7. Lithosols. Les LITHOSOLS holorganiques ne comportent que des horizons O superposés à une couche R, mais l'épaisseur cumulée de [OF + OH] est < 10 cm.

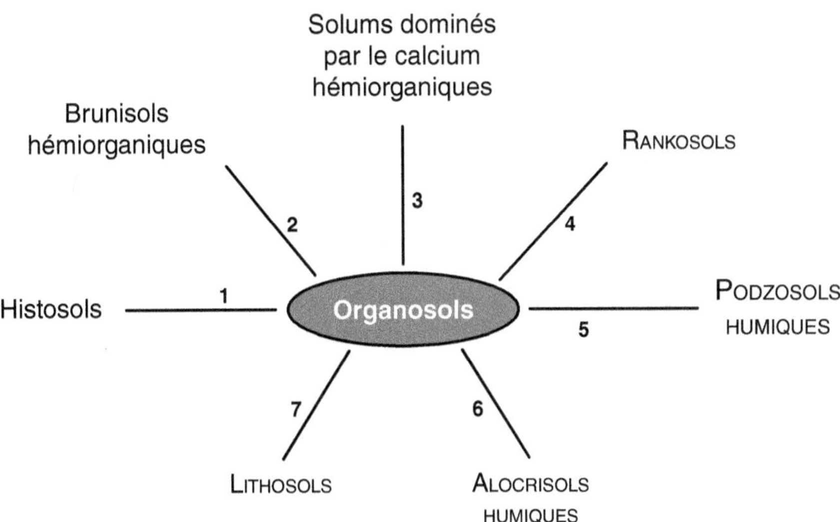

Relations avec la WRB

RP 2008	WRB 2006
ORGANOSOLS HOLORGANIQUES	Folic (or Cumulifolic) Histosols
ORGANOSOLS CALCAIRES	Folic Umbrisols (Hyperhumic, Calcaric) (1)
ORGANOSOLS SATURÉS	Folic ou Mollic Umbrisols (Hypereutric)
ORGANOSOLS INSATURÉS	Folic Umbrisols (Hyperhumic)

(1) Officiellement, un Umbrisol ne peut pas être *calcaric* !

   Remarques :

• les horizons de référence du *Référentiel pédologique* sont OF, OH, OHta et Aho (A hémiorganique) ;

• OF, OH et OHta sont des variantes d'horizons foliques, d'où le *prefix qualifier "folic"* ;

• Aho est peu différent du *suffix qualifier "hyperhumic"*.

Mise en valeur

Situés le plus souvent aux étages montagnard à subalpin des montagnes humides, les organosols sont le domaine de la forêt ou d'alpages anthropiques ou, plus rarement, climaciques. Ils ont peu ou pas de contrainte hydrique. La productivité de la sapinière jurassienne sur ORGANOSOLS CALCAIRES OU SATURÉS est forte. Les ORGANOSOLS INSATURÉS podzolisés présentent en revanche souvent des contraintes nutritionnelles non négligeables. Les ORGANOSOLS HOLORGANIQUES à tangel sont liés à l'étage subalpin sous forêt résineuse claire ou lande à *Rhododendron* sp.

Pélosols

3 références

Conditions de formation et pédogenèse

Il s'agit de sols très riches en argile granulométrique avec, de plus, une grande abondance de limons fins. Mais tous les sols très argileux ne sont pas des pélosols. Outre une forte teneur en argile, les pélosols se distinguent par deux autres caractères spécifiques :

• une faible évolution des minéraux argileux, hérités du matériau parental et comprenant une part importante d'interstratifiés semi-gonflants. La nature des minéraux argileux est pratiquement constante sur toute l'épaisseur du solum (PÉLOSOLS TYPIQUES). La quantité d'argile, considérable, constitue un frein aux altérations et à l'évolution pédogénétique. La libération du fer est faible, inférieure à celle observée dans le cas des brunisols.

• un comportement structural particulier de l'horizon Sp, lié à la proportion d'argiles semi-gonflantes. Sa structure à l'état sec est caractérisée à faible profondeur par de gros polyèdres, puis, dès 30 ou 40 cm, par des prismes à sous-structure polyédrique plus ou moins visible, à faces gauchies et luisantes, provoquant en surface l'apparition de larges fentes de retrait (sauf dans le cas des PÉLOSOLS DIFFÉRENCIÉS). À l'état humide, le gonflement des minéraux argileux provoque la fermeture de la macroporosité et la structure devient plus massive.

Les matériaux parentaux peuvent être des marnes ou des argiles sédimentaires, (souvent calcaires ou dolomitiques, parfois gypseuses), des schistes argileux, des argiles lacustres, etc.

Lorsque le matériau parental est calcaire, la partie supérieure du solum est décarbonatée, notamment l'ensemble de l'horizon Sp. Il s'agit donc de sols qui se sont encore assez peu différenciés de leur matériau parental, si ce n'est par l'acquisition d'une structure pédologique dans la partie supérieure des solums.

Il arrive souvent que l'horizon de profondeur moyenne (horizon pélosolique Sp) soit plus argileux que le matériau sous-jacent. Cela peut s'expliquer soit par une accumulation relative d'argile après décarbonatation totale du matériau parental (dissolution des fractions carbonatées), soit par une microdivision de minéraux illitiques de la dimension des limons fins.

Sous forêts, on constate fréquemment un appauvrissement plus ou moins net en argile des horizons de surface, lequel correspondrait à une évolution en transition vers les planosols. En effet, des argiles fines sont entraînées et évacuées latéralement en suspension par les eaux circulant dans les 30 premiers centimètres du solum, grâce à leur structure plus nettement grumeleuse ou polyédrique et leur plus forte macroporosité. Lorsque l'appauvrissement en argile est suffisamment prononcé, un horizon éluvial Eg se différencie. Mais il existerait aussi des solums à deux couches, dans lesquels les horizons de surface, beaucoup moins argileux,

14ᵉ version (4 juillet 2007).

correspondraient à de minces dépôts limoneux allochtones. Sous cultures, le travail du sol et l'érosion font souvent disparaître cette différenciation texturale, lorsqu'elle est faible ou qu'elle existe sur une faible épaisseur.

La forte teneur en argile et le comportement structural de ces sols entraînent des régimes hydriques particuliers : engorgement par nappe ou par imbition capillaire en période humide ; forts dessèchements en période sèche, dus aux fentes de retraits, à une mauvaise rétention en eau des argiles à forte densité apparente et au mauvais enracinement des plantes en profondeur. Ces contrastes hydriques saisonniers interviennent d'une façon très spécifique sur la micro-flore, donc sur l'évolution biochimique. L'horizon cultivé contient des matières organiques à dynamique d'évolution relativement lente (biomasse microbienne) : sous forêts, les horizons A sont souvent épais et riches en matières organiques.

Horizons de référence

Horizon S pélosolique (Sp)

Cet horizon est obligatoire pour définir les pélosols. Il doit faire plus de 30 cm d'épaisseur.

Très argileux (plus de 45 % d'argile), il présente à l'état humide une structure polyédrique anguleuse très ajustée et une sur-structure prismatique ou polyédrique grossière bien visible en période sèche. Les fentes de retrait sont bien marquées en été et des caractères vertiques sont presque toujours présents, plus ou moins visibles selon la saison. Cet horizon n'est jamais carbonaté, même en cas de matériaux parentaux calcaires ; il peut être encore saturé en cations alcalins et alcalino-terreux ou plus ou moins insaturé. Son pH n'est jamais acide. Le passage à l'horizon C sous-jacent est progressif et se manifeste surtout par un élargissement des agrégats.

Lorsque les stagnations d'eau y sont importantes (mauvaise circulation), des traits rédo-xiques peuvent être présents dans l'horizon Sp (taches rouille ou claires, le plus souvent peu contrastées étant donnés les pH élevés, mais parfois très nettes).

Autres horizons

Un horizon E et/ou LE existe dans certains cas (PÉLOSOLS DIFFÉRENCIÉS). Il doit contenir moins de 30 % d'argile. Il s'agit le plus souvent d'un horizon Eg. Sous forêts, il peut se confondre, au moins partiellement, avec l'horizon organo-minéral de surface (Ae). L'épaisseur des horizons [Ae + E] ou de l'horizon LE ne doit pas dépasser 30 cm (sinon, rattachement aux planosols).

Dans le cas des PÉLOSOLS BRUNIFIÉS, un horizon S de faible épaisseur existe au-dessus de l'horizon Sp.

Références

PÉLOSOLS TYPIQUES

Les séquences d'horizons de référence sont :
A ou Av/Sp/C sous forêts.
LSp/Sp/C sous cultures.

Les PÉLOSOLS TYPIQUES sont observés dans toutes les positions topographiques, mais c'est sur pentes fortes que se situent les solums texturalement les plus homogènes (cf. *infra*) et non marqués par l'hydromorphie.

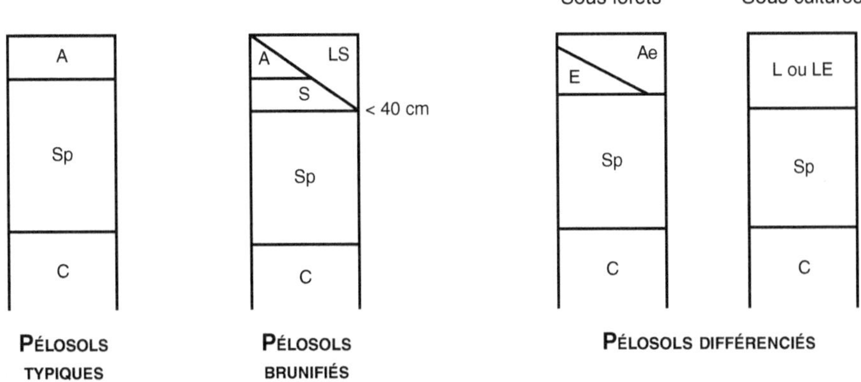

La texture est argileuse dans tous les horizons (souvent plus de 45 % d'argile en A ou LS et en Sp) ; sous forêts, les horizons de surface présentent fréquemment une baisse de la teneur en argile par appauvrissement latéral dans les horizons de surface mieux structurés. Sur fortes pentes et en sols cultivés, ces nuances texturales s'estompent ou disparaissent suite à une érosion de quelques centimètres ou à un brassage des horizons de surface.

Les signes d'hydromorphie sont très discrets ou absents sur les pentes fortes, alors qu'en zone plane ou bas de versants ils sont plus nets et plus fréquents dans la partie supérieure la mieux structurée des horizons Sp. Ils s'expriment très peu en A.

Sous forêts, l'horizon A est épais, souvent de plus de 10 cm, et de teinte foncée ; l'épisolum humifère est un eumull particulier à structure très nette, mais parfois plus polyédrique que grumeleuse lorsque les grumeaux ont été soumis à des successions d'humectations et de dessiccations. Cela lui confère des caractères vertiques. Il peut alors être codé Av.

Le complexe adsorbant est saturé ou sub-saturé par Ca^{2+} et Mg^{2+} ; le pH est > 6 dans tous les horizons.

L'altération est faible dans l'horizon Sp (rapport fer libre citrate dithionite/fer total de l'ordre de 0,35) ; la couleur du matériau parental argileux, peu modifiée, se retrouve dans l'horizon Sp (hors taches d'hydromorphie) : grisâtre, verdâtre, lie de vin, etc.

PÉLOSOLS BRUNIFIÉS

Les séquences d'horizons de référence sont :
A/S/Sp/C sous forêts.
LS/S/Sp/C sous cultures.

L'horizon Sp apparaît à moins de 40 cm de profondeur.

La texture est argileuse ou argilo-limoneuse dans tous les horizons (en A ou LS, S et Sp), avec parfois une baisse du taux d'argile dans l'horizon A.

Les horizons supérieurs (A et S) présentent des caractères de brunification sur une faible épaisseur (couleur brune, libération de fer amorphe ou cryptocristallin) ; l'horizon A est grumeleux ou à tendance grumeleuse ; l'épisolum humifère est un mull. Cette brunification peut être due à une altération plus intense ou à un matériau parental initialement plus riche en illite.

Pélosols différenciés

Les séquences d'horizons de référence sont :
Ae/E ou Eg/Sp/C   ou   **Ae/E ou Eg/II Sp/II C** sous forêts.
LE/Sp/II C   ou   **LE/II Sp/II C** sous cultures.

Les horizons supérieurs (Ae ou LE et E) montrent une texture limoneuse ou limono-argileuse (moins de 30 % d'argile) ; l'épaisseur cumulée de [Ae + E] ou celle de l'horizon LE n'excède pas 30 cm.
Ces horizons supérieurs sont insaturés, souvent acides.

Des engorgements temporaires se manifestent à très faible profondeur, à partir de la base du Ae, du E ou du LE, ou parfois même sur toute l'épaisseur du solum. Les traces d'oxydo-réduction qui en résultent (taches rouille ou grises) sont nombreuses dans ces horizons ainsi que dans la partie supérieure de l'horizon Sp (Spg). Ces engorgements provoquent des difficultés d'implantation, de survie et de croissance, pour les cultures annuelles comme pour les essences forestières. Dans ces conditions, la structure est très instable en surface.

Qualificatifs utiles pour les pélosols

réductique, rédoxique, à horizon réductique de profondeur, à horizon rédoxique de profondeur, magnésique, etc.

pédomorphe	Qualifie un PÉLOSOL DIFFÉRENCIÉ dont les horizons de surface (Ae et/ou E) ont le même matériau parental que les horizons Sp et C, et résultent d'une pédogenèse (appauvrissement latéral).
sédimorphe	Qualifie un PÉLOSOL DIFFÉRENCIÉ dont les horizons de surface (Ae et/ou E) ont une autre origine que les horizons Sp et C, et résultent d'un dépôt superficiel plus récent (solum Ae et/ou E/II Sp/II C).
bathycarbonaté	Qualifie un pélosol présentant un horizon C carbonaté.

Qualificatif utile pour les non-pélosols

à horizons Sp de profondeur	Qualifie un non-pélosol dans lequel un horizon Sp débute à plus de 40 cm de profondeur.

Exemples de types

PÉLOSOL TYPIQUE désaturé, pachique, cultivé, drainé, issu d'argile lacustre éocène (Cher).
PÉLOSOL TYPIQUE magnésique, cultivé, drainé, issu de marnes versicolores triasiques (Plateau lorrain).
PÉLOSOL BRUNIFIÉ calcique, cultivé, drainé, issu d'argiles sinémuriennes (La Bouzule).
PÉLOSOL DIFFÉRENCIÉ calcique, leptique, pédomorphe, cultivé, issu de marnes callovo-oxfordiennes (Woëvre).

Distinction entre les pélosols et d'autres références

Avec les vertisols

Les smectites ne sont pas les argiles dominantes des pélosols ; s'ils sont présents, les caractères vertiques des pélosols ne sont pas suffisamment marqués, et on ne peut reconnaître ni horizon V ni horizon SV.

Dans le cas des pélosols, il n'y a pas de pédoturbation généralisée, ni tendance à l'homogénéisation du solum allant à l'encontre de la différenciation d'horizons.

Les pélosols ne montrent pas de néogenèse de smectites comme dans le cas des TOPOVERTISOLS.

Avec les brunisols

Dans le cas des brunisols, l'accroissement de l'altération entraîne la formation d'un horizon S non pélosolique d'épaisseur notable. Une autre différence majeure entre PÉLOSOLS BRUNIFIÉS et brunisols argileux réside dans le comportement structural des horizons Sp *vs* celui des horizons S. De la qualité de la structure dépend la qualité de l'aération et du ressuyage. Dans un brunisol argileux, même en présence d'argiles semi-gonflantes, la structure des horizons S est polyédrique et stable, n'entraînant pas de fermeture de la macroporosité en période humide, et par conséquent aucun phénomène d'asphyxie dans les horizons de surface.

En position d'intergrade parfait, un rattachement double PÉLOSOL BRUNIFIÉ-BRUNISOL EUTRIQUE est envisageable.

Entre les PÉLOSOLS DIFFÉRENCIÉS et les PLANOSOLS TYPIQUES

Chez les PLANOSOLS TYPIQUES, il n'y a pas forcément d'horizon Sp; l'épaisseur des horizons très appauvris est le plus souvent > 30 cm; il a un changement textural brusque, avec contact subhorizontal.

Entre ces deux références, il existe de grandes ressemblances. Avec le temps, les PÉLOSOLS DIFFÉRENCIÉS auront tendance à évoluer progressivement vers les PLANOSOLS TYPIQUES par épaississement des horizons Eg et par apparition d'un changement textural brusque et subhorizontal. La ressemblance est encore plus grande avec les PLANOSOLS TYPIQUES tronqués (cf. chapitre dédié aux planosols).

Relations avec la WRB

RP 2008	WRB 2006
PÉLOSOLS TYPIQUES	Epistagnic Regosols (clayic)
PÉLOSOLS BRUNIFIÉS	Vertic Cambisols (clayic)
PÉLOSOLS DIFFÉRENCIÉS	Epistagnic Vertic Cambisols or Planosols

Mise en valeur – Comportements structural et hydrique

En été, s'ouvrent de larges et profondes fissures. Celles-ci se referment en période humide. Ces mouvements s'accompagnent de phénomènes de compressions et de glissements, mais sans pédoturbation généralisée comme dans le cas des vertisols qui sont beaucoup plus riches en véritables smectites. Les caractères vertiques sont donc très atténués.

L'horizon labouré, lorsqu'il est argileux, se divise sous l'influence du gel en micro-polyèdres très anguleux, mais seulement sur les premiers centimètres.

Si l'horizon Sp peut présenter sur 10 à 30 cm une sous-structure polyédrique assez grossière, qui se manifeste encore en période humide, plus en profondeur la tendance est à une structure prismatique non ou mal subdivisée, devenant nettement massive en période humide. L'horizon Sp est alors globalement très imperméable (absence de macroporosité et architecture très ajustée des agrégats) et très difficile à pénétrer pour les racines, même d'espèces arborescentes. Sous forêts comme sous cultures, les horizons de surface s'engorgent en période pluvieuse, particulièrement dans le cas des PÉLOSOLS DIFFÉRENCIÉS. Les eaux météoriques s'accumulent à très faible profondeur au contact d'un plancher structural situé à la base de l'horizon A (sous forêts), d'un horizon E ou à la base de l'horizon labouré. Si la pente est suffisante, les eaux peuvent être évacuées latéralement dans l'horizon A grumeleux ou dans l'horizon E. En terrains drainés artificiellement, de fortes pluies peuvent être évacuées rapidement par les tranchées de drainage, même en cas de pentes faibles.

Une petite partie, parfois très faible, des eaux de pluie pénètre plus profondément, atteint les horizons C et circule alors latéralement selon le litage du matériau parental.

Inversement, la forte structuration estivale, le mauvais enracinement en profondeur et la faible capacité de rétention en eau utile des argiles entraînent un dessèchement rapide des horizons de surface.

Le travail du sol est en conséquence très difficile : la base de l'horizon labouré demeure longtemps un lieu d'engorgement où la structure est très fragile : tout travail réalisé à l'état humide entraîne une prise en masse. Après une phase d'évapotranspiration plus ou moins intense, l'horizon cultural a tendance à durcir. On passe ainsi très rapidement du « mastic » au « béton ».

Peyrosols

1 référence

Justification

La présence, **dès la surface et sur une épaisseur importante**, de pierres et/ou de cailloux en grande abondance est une contrainte majeure à l'utilisation agricole d'un sol. C'est également une contrainte à d'autres utilisations non agricoles. Lorsque pierres et/ou cailloux (et plus généralement les éléments grossiers) dépassent un certain taux (fixé à 60 %), le solum doit être rattaché aux PEYROSOLS. Un rattachement double avec une autre référence est possible, voire souhaitable.

L'accumulation de débris rocheux abondants a également une signification pédogénétique et géomorphologique qui ne peut être négligée.

Nota : la prise en compte des graviers dans la définition des PEYROSOLS constitue une modification importante par rapport à la version de 1995 du *Référentiel pédologique*. Elle nous a été demandée par des collègues travaillant sur les sols de vignobles qui considèrent que, pour la vigne, les propriétés liées à une grande abondance de graviers sont à peu près les mêmes que celles liées aux cailloux ou aux pierres (réchauffement du sol, faible réservoir utilisable).

Définitions préalables

Les éléments lithiques de dimensions comprises entre 0,2 et 2 cm sont appelés **graviers.** Ceux dont les dimensions sont comprises entre 2 et 7,5 cm sont appelés **cailloux.** Ceux dont les dimensions sont comprises entre 7,5 et 20 cm sont nommés **pierres**. Au-delà de 20 cm, il s'agit de **blocs**. La formule « éléments grossiers » (EG) désigne l'ensemble des éléments lithiques de dimensions > 2 mm, tandis que la formule « terre fine » désigne l'ensemble des particules de dimensions < 2 mm.

Dans le texte *infra*, les teneurs en graviers, cailloux, pierres et blocs sont exprimées **en poids** et en % par rapport à la **terre brute totale séchée à l'air**. Le poids a été préféré au volume, car moins difficile à quantifier en routine, aussi bien sur le terrain qu'au laboratoire[1].

12ᵉ version (6 juillet 2007).

[1] D'après Gras (1994), la masse minimale à prélever pour pouvoir correctement quantifier les éléments grossiers est de 1 kg pour des graviers de 2 cm et de 22 kg pour des pierres de 6 cm. Le trou creusé (supposé cubique) doit avoir une arête de deux fois la dimension des plus gros éléments grossiers.

Conditions de formation

Les PEYROSOLS sont généralement associés :

• à des roches dures désagrégées en place ou altérées par dissolution *in situ*, le plus souvent en hautes ou moyennes montagnes ;

• ou à des matériaux grossiers ou très grossiers déposés après transport (éboulis, pierriers, grèzes, alluvions torrentielles, moraines) ;

• ou à une accumulation relative des éléments grossiers, suite au départ des éléments fins (cas des biefs à silex).

Horizons de référence : les horizons peyriques

Ces horizons contiennent plus de 60 % d'éléments grossiers (teneur pondérale). La terre fine y représente donc moins de 40 % de la terre brute totale.

Différents horizons peyriques sont distingués, selon les critères suivants :

• S'ils contiennent plus de 50 % de [cailloux + pierres + blocs] (zone grisée ❶ du diagramme ci-contre)

    – et que les cailloux dominent → **Horizons cailloutiques Xc.**

    – et que les pierres et/ou blocs dominent → **Horizons pierriques Xp.**

• S'ils contiennent plus de 50 % de graviers → **Horizons graveliques Xgr** (zone grisée ❷ du diagramme ci-contre).

• S'ils n'appartiennent à aucune de ces deux catégories → **Horizons grossiers X** (zone grisée ❸ du diagramme ci-contre).

Un niveau très graveleux ou un lit de pierres horizontal dans un solum peuvent être considérés respectivement comme des horizons Xgr et Xp. Pour des raisons pratiques, il n'est pas forcément nécessaire de décrire des horizons peyriques de moins de 10 cm d'épaisseur.

Remarque : certains horizons du domaine ferrallitique (ferrallitisols et oxydisols – cf. ce chapitre) contiennent une grande quantité d'éléments grossiers sesquioxydiques d'origine pédologique. Ces horizons « nodulaires » (codés ND) sont considérés comme des horizons de référence spécifiques du domaine ferrallitique.

Conditions de rattachement aux PEYROSOLS

Pour être rattaché aux PEYROSOLS, un solum doit être constitué, **sur plus de 50 cm d'épaisseur à partir de la surface**, par des horizons pierriques (Xp) ou cailloutiques (Xc) ou graveliques (Xgr) ou « grossiers » (X).

Si les horizons peyriques font moins de 50 cm d'épaisseur depuis la surface, le rattachement aux PEYROSOLS ne pourra être effectué que s'ils reposent directement sur des couches M, R ou D (il s'agira alors d'un PEYROSOL leptique).

Les espaces entre les éléments les plus grossiers peuvent être vides ou occupés par de la terre fine, holorganique ou organo-minérale.

Qualificatifs spécifiques ou utiles pour les PEYROSOLS

Selon les dimensions des éléments grossiers

Il est bien évidemment très utile de préciser les dimensions des éléments grossiers les plus abondants (en pondéral) présents depuis la surface sur au moins 50 cm d'épaisseur.

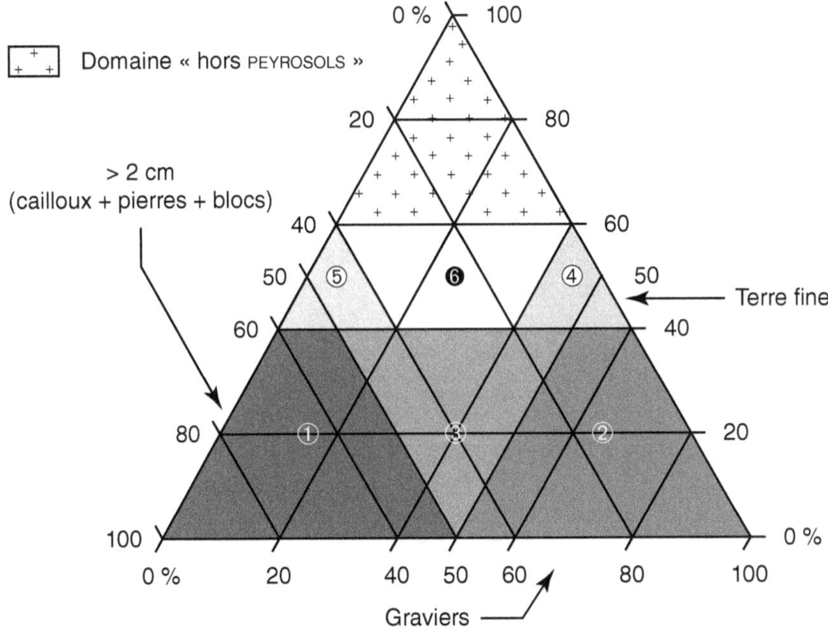

Teneurs pondérales en % de la terre totale sèche.

D'où la **nécessité** d'utiliser l'un des quatre qualificatifs complémentaires : **gravelique, caillou-tique, pierrique** ou **mixte**.
- Si horizons graveliques (Xgr) dominants → **PEYROSOL gravelique**.
- Si horizons cailloutiques (Xc) dominants → **PEYROSOL cailloutique**.
- Si horizons pierriques (Xp) dominants → **PEYROSOL pierrique**.
- Si succession de différents horizons peyriques ou seulement horizons grossiers (X) → **PEY-ROSOL mixte**.

Selon l'organisation des éléments grossiers

à structure lithique L'organisation de la roche dure sous-jacente est conservée. Les vides résultent de l'agrandissement de fissures.

entassé L'organisation de la roche dure n'est plus conservée et les positions des pierres résiduelles ont changé sans qu'une organisation particulière se manifeste.

organisé Les pierres ont une organisation, différente de celle de la roche sous-jacente en place.

vide Absence de terre fine entre les pierres ou les blocs sur au moins 30 cm depuis la surface.

vif Qualifie un PEYROSOL formé dans un éboulis non fixé et toujours ali-menté.

leptique   Horizons peyriques de moins de 50 cm d'épaisseur au-dessus d'une couche M, D ou R (mais de plus de 10 cm, sinon rattachement aux LITHOSOLS ou aux RÉGOSOLS).

Selon la nature de la terre fine (exemples)

holorganique   Dont la terre fine est holorganique.

acide, très acide

calcaire, dolomitique, calcique, calcimagnésique, etc.

Selon la nature ou l'origine des éléments grossiers

pétrocalcarique   Les cailloux et les pierres sont des débris de croûte calcaire.

rudérique   Les éléments grossiers proviennent de décombres (produits de démolition de maisons, de routes, etc.).

de grès, de calcaire dur, issu de moraine, etc.

Selon la présence d'un processus pédogénétique décelable morphologiquement

fersiallitique   Dont la terre fine répond aux normes des horizons FS fersiallitiques (structure, couleur, teneurs en fer, etc.).

podzolisé, luvique, etc.

Exemples de types

PEYROSOL pierrique, entassé, calcaire, humifère, de calcaire dur.
PEYROSOL cailloutique, fersiallitique, fluvique, à galets granitiques.
PEYROSOL cailloutique, organisé, calcaire, de calcaire dur.
PEYROSOL pierrique leptique, calcaire, à pavage pierrique, sur pente, de calcaire dur (mont Ventoux).
PEYROSOL gravelique, calcaire, de grèze litée.
PEYROSOL-PODZOSOL MEUBLE cailloutique, issu de limons à silex.
PEYROSOL cailloutique rudérique.

Qualificatifs liés aux graviers, cailloux et pierres
(à utiliser pour qualifier des références autres que des PEYROSOLS)

graveleux   Qualifie un solum dont la charge en graviers est > 40 %, mais dont la charge totale en EG est < 60 % sur au moins 50 cm d'épaisseur à partir de la surface (zone grisée ❹ du diagramme p. 251).

caillouteux   Qualifie un solum dont la charge en cailloux est > 40 %, mais dont la charge totale en EG est < 60 % sur au moins 50 cm d'épaisseur à partir de la surface (zone grisée ❺, pour partie, du diagramme p. 251).

pierreux   Qualifie un solum dont la charge en pierres est > 40 %, mais dont la charge totale en EG est < 60 % sur au moins 50 cm d'épaisseur à partir de la surface (zone grisée ❺, pour partie, du diagramme p. 251).

à charge grossière   Qualifie un solum dont la charge totale en éléments grossiers (> 2 mm) est > 40 %, mais < 60 % sur au moins 50 cm d'épaisseur à partir de la surface. Ni les graviers ni les cailloux ni les pierres n'excèdent 40 % (zone blanche ❻ du diagramme p. 251).

à couverture pierreuse	Solum débutant par un horizon pierrique de moins de 50 cm d'épaisseur.
à couverture caillouteuse	Solum débutant par un horizon cailloutique de moins de 50 cm d'épaisseur.
à couverture graveleuse	Solum débutant par un horizon gravelique de moins de 50 cm d'épaisseur.
à pavage	En surface, existe un horizon pierrique ou cailloutique dépourvu de terre fine de moins de 20 cm d'épaisseur.

à horizon gravelique, cailloutique, pierrique de surface
Présence d'un horizon gravelique, cailloutique ou pierrique de plus de 10 cm d'épaisseur, à moins de 50 cm de profondeur.

à horizon gravelique, cailloutique, pierrique de profondeur
Présence d'un horizon gravelique, cailloutique ou pierrique de plus de 10 cm d'épaisseur, à plus de 50 cm de profondeur.

à horizon graveleux, caillouteux, pierreux de surface
Présence d'un horizon graveleux, caillouteux ou pierreux de plus de 10 cm d'épaisseur, à moins de 50 cm de profondeur.

à horizon graveleux, caillouteux, pierreux de profondeur
Présence d'un horizon graveleux ou caillouteux, pierreux de plus de 10 cm d'épaisseur, à plus de 50 cm de profondeur.

Exemples :
CALCOSOL graveleux.
FLUVIOSOL TYPIQUE caillouteux.
FERSIALSOL INSATURÉ pierreux.
CALCOSOL pachique, à charge grossière.
CALCOSOL argileux, à horizon cailloutique de surface, de forte pente, issu de marnes oxfordiennes.

Distinction entre les PEYROSOLS et d'autres références

La présence d'horizons peyriques sur plus de 50 cm d'épaisseur à partir de la surface implique le rattachement **simple ou double** aux PEYROSOLS, quel que soit le contexte : alluvial (FLUVIOSOLS BRUTS, JUVÉNILES OU TYPIQUES), anthropique (ANTHROPOSOLS CONSTRUITS OU ARTIFICIELS), calcaire (RENDOSOLS, CALCOSOLS), podzolique, fersiallitique, etc.

Si une autre pédogenèse est clairement diagnostiquée, le rattachement double est possible, par exemple avec les podzosols, les fersialsols (cf. exemple *supra*).

Différence entre horizons peyriques et couche D :
Les couches M, R et D sont des « **roches** dures ou meubles, **non altérées** ». Les couches D sont définies en outre comme des « matériaux durs, fragmentés, puis déplacés ou transportés, non consolidés, formant un ensemble pseudo-meuble où les éléments grossiers dominent (cailloutis de terrasses, grève alluviale, éboulis cryoclastiques, blocailles, éboulis, moraines) ».
Un horizon peyrique contient généralement une certaine quantité de terre fine (moins de 40 % en poids) ayant les propriétés d'horizons pédologiques : structure en agrégats, matières organiques abondantes, activité biologique, etc. Les PEYROSOLS entassés et organisés montrent des organisations des cailloux et pierres différentes de celles des roches dures sous-jacentes.

À leurs limites, les deux concepts se rejoignent, par exemple dans le cas d'un PEYROSOL pierrique vide, développé dans un éboulis pierreux. Si un autre horizon est décelé en profondeur, si une végétation spécialisée s'est installée, la notion d'horizon peyrique pourra être privilégiée par rapport à celle de couche D.

Relation avec la WRB

La WRB prend en compte la grande abondance des éléments grossiers dans la définition du *prefix qualifier "hyperskeletic"* (qui s'applique aux Leptosols, Podzols et Cryosols) et du *suffix qualifier "skeletic"* qui s'applique à dix-huit GSR (groupes de sols de référence) sur trente-deux.

Au niveau des GSR, la WRB ne prend pas en compte l'abondance des éléments grossiers, sauf dans la définition de certains Leptosols dits *hyperskeletic*, c'est-à-dire « contenant moins de 20 % (en volume) de terre fine en moyenne, sur une épaisseur de 75 cm à partir de la surface du sol ou jusqu'à une roche dure continue moins profonde ».

RP 2008	WRB 2006
PEYROSOLS	Hyperskeletic Leptosols, Hyperskeletic Podzols ou *suffix qualifier "episkeletic"*

Mise en valeur – Fonctions environnementales

La végétation peut être absente (p. ex. sommet du mont Ventoux, aujourd'hui), mais certains PEYROSOLS peuvent porter une forêt bien développée (p. ex. mont Ventoux, secteurs situés à moins de 1 500 m d'altitude). En effet, les racines des arbres sont susceptibles de s'implanter dans des horizons plus profonds contenant parfois plus de terre fine et y trouver alimentation en eau et en minéraux. C'est le manque de stabilité du versant qui, le cas échéant, peut entraîner la contrainte la plus forte pour la végétation : éboulis « vifs » sans végétation, à végétation herbacée spécialisée, éboulis peu mobiles à habitats forestiers spécialisés (érablaies, tillaies). Beaucoup de ces habitats sont d'intérêt communautaire, habitats prioritaires de la directive européenne, de par leur rareté ou la présence d'espèces rares. Les conditions défavorables d'alimentation en eau peuvent parfois être compensées par des conditions topoclimatiques très fraîches.

La grande abondance des éléments grossiers, notamment des pierres et blocs, constitue une contrainte majeure à l'agriculture, difficile à réduire. Localement, cependant, les PEYROSOLS portent des cultures pérennes de bon rapport (arboriculture, vignes) aussi bien en position plane avec possibilité d'irrigation (terrasses alluviales) que sur fortes pentes où les sols peuvent être profonds.

Phæosols

2 références

Conditions de formation et pédogenèse

Solums de couleur très foncée, avec une teneur élevée en matières organiques en surface, laquelle diminue progressivement en profondeur (épisolum à caractère clinohumique). Ces matières organiques qui sont très liées à la matière minérale présentent un rapport C/N compris entre 8 et 10.

Le complexe adsorbant est le plus souvent saturé ou subsaturé par le calcium dans les horizons S ou BT (rapport S/CEC > 80 %), tandis qu'il est nettement insaturé dans l'horizon de surface sous végétation naturelle ou permanente (rapport S/CEC compris entre 50 et 80 %).

Les phæosols se développent à partir de roches très diverses, mais principalement de roches meubles telles que marnes, lœss, alluvions, formations superficielles redistribuées. Ils se forment dans des zones à climats à saisons contrastées, avec un hiver pluvieux, frais ou froid et un été chaud, sec et orageux (précipitations moyennes annuelles > 600 mm ; températures moyennes annuelles comprises entre 9 et 17 °C).

Les phæosols sont observés dans des régions à géomorphologie plane ou faiblement ondulée. La végétation naturelle est de type herbacées avec des bosquets disséminés, telle que celle de la prairie des États-Unis et du Canada ou celle de la pampa d'Argentine ou d'Uruguay.

Proches des « phaeozems » de la *Carte mondiale des sols – Légende modifiée* (FAO-Unesco, 1975 et 1989), ils correspondent sensiblement aux « brunizems » de la classification CPCS de 1967 et en partie aux « brunosols » de la classification uruguayenne.

Horizons de référence

Horizon A sombrique Aso

Épais de 30 à 50 cm, il présente **tous les caractères** suivants :

- il est très riche en matières organiques très évoluées qui proviennent de l'humification *in situ* de la litière et des racines les plus fines sous une végétation de prairie ; teneurs en carbone organique > 12 g·kg^{-1} dans les 20 premiers centimètres, généralement entre 17 et 30 g·kg^{-1} sous végétation permanente ; rapport C/N compris entre 8 et 10 ; rapport acides humiques/acides fulviques > 1, avec une proportion d'humine importante. Les acides humiques sont principalement de type gris ;
- couleur sombre ou noire à l'état humide (*chroma* < 4 et *value* < 4 et *chroma* + *value* < 6) ;

9e version (23 novembre 2007).

• la structure ou la sous-structure sont de type polyédrique fine ou très fine (< 5 mm), parfois subangulaire, voire grumeleuse ;

• l'aération est bonne, liée à une grande activité biologique ;

• l'horizon est non calcaire ;

• sous végétation permanente, le complexe adsorbant est nettement insaturé, au moins dans sa partie supérieure (rapport S/CEC compris entre 50 et 80 %). Le pH_{eau} est compris entre 5,5 et 6,5.

La mise en cultures peut modifier assez fortement les propriétés de cet horizon : baisse des teneurs en matières organiques, structure dégradée, complexe adsorbant plus ou moins resaturé. La couleur demeure cependant sombre ou noire. Notation LAso ou LAh.

Horizons Sh et BTh

Sous l'horizon Aso, on observe des horizons non calcaires Sh, Sth ou BTh de teintes sombres ou noires, encore bien pourvus en matières organiques humifiées d'origine racinaire (teneurs en carbone > 0,6 % au cœur de l'horizon). Leur structure est généralement polyédrique très nette, avec une sur-structure prismatique. Le complexe adsorbant est saturé ou subsaturé par le calcium, et secondairement par le magnésium (rapport S/CEC > 80 %). Des caractères vertiques peuvent être observés.

Les horizons BTh mélanoluviques présentent en outre de nombreux revêtements organo-argileux sur les faces des agrégats. Le taux d'argile est supérieur à celui des horizons Aso sus-jacents, conséquence à la fois d'une illuviation verticale ou latérale d'argiles fines mais aussi d'une importante formation d'argile *in situ* par altération des minéraux primaires. Le caractère clinohumique est dû à l'activité biologique et à l'illuviation d'organo-argilanes.

Autres horizons

En profondeur, on peut observer des horizons BT non humifères. Situés sous l'horizon BTh, ils sont caractérisés par d'abondants revêtements argileux bruns et par une structure polyédrique anguleuse fine à moyenne très bien affirmée. La majeure partie de la fraction argile présente dans cet horizon est héritée du matériau originel ou résulte de l'altération *in situ* des minéraux primaires. Dans un certain nombre de cas, la formation de ces horizons BT non humifères semble résulter d'une phase pédogénétique ancienne, antérieure à la formation de l'épisolum humifère.

Sous les horizons Sh, Sth, BTh ou BT, peuvent apparaître des horizons présentant des accumulations de calcaire secondaire, sous la forme de pseudo-mycéliums ou d'amas friables, (horizons K ou Kc), mais il n'y a pas d'horizons Km.

La zone de contact entre les horizons Aso et l'horizon BTh peut être affectée par des engor-gements et présenter des caractères rédoxiques (–g). Enfin, des processus de planosolisation peuvent se manifester sous la forme d'un mince horizon E de couleur claire (de moins de 5 cm d'épaisseur), situé entre Aso et BTh. L'existence d'un horizon E bien développé est exclue. Sa présence conduirait au rattachement à d'autres références (grisols, planosols, luvisols, etc.).

Références

PHÆOSOLS HAPLIQUES

Les processus d'illuviation des complexes organo-argileux sont inexistants ou peu importants. L'IDT est < 1,3 (dans le cas de matériaux initialement homogènes).

La séquence d'horizons de référence est : **Aso ou LAso/Sh/K ou Kc ou C.**

Des horizons BT non humifères peuvent exister sous l'horizon Sh. Ils résultent d'une phase pédogénétique antérieure.

Les processus d'illuviation des complexes organo-argileux sont bien marqués. L'IDT est compris entre 1,3 et 3 si la transition entre Aso et BTh est graduelle, et compris entre 1,3 et 2 si le passage entre Aso et BTh est abrupt.

La séquence d'horizons de référence est : **Aso ou LAso/BTh/K ou Kc ou C.**

Des horizons BT non humifères peuvent exister sous l'horizon BTh.

Qualificatifs utiles pour les phæosols

leptique L'ensemble des horizons [Aso + Sh ou BTh] est peu épais (moins de 50 cm).

bathyluvique Présence en profondeur d'horizons BT non humifères.

luvique Qualifie un PHÆOSOL HAPLIQUE qui présente quelques revêtements organo-argileux (horizon Sth).

dystrique Qualifie un phæosol dont l'horizon Aso présente un rapport S/CEC < 50 % (rattachement imparfait).

vertique Qualifie un phæosol présentant des caractères vertiques dans l'horizon Sh ou BTh.

sodisé Qualifie un phæosol dans lequel Na^+ représente plus de 6 % de la CEC dans l'horizon Sh ou BTh.

calcarique Présence d'un horizon K ou Kc en profondeur.

planosolique Assez forte différenciation texturale, apparition d'un mince horizon E (de moins de 5 cm d'épaisseur) et changement textural brusque.

cultivé, rédoxique, resaturé, etc.

Exemples de types

PHÆOSOL HAPLIQUE issu de lœss (Uruguay).

PHÆOSOL HAPLIQUE luvique, calcarique, issu de lœss (Uruguay).

PHÆOSOL HAPLIQUE vertique, issu de basalte (Uruguay).

PHÆOSOL MÉLANOLUVIQUE issu de lœss (Uruguay).

PHÆOSOL MÉLANOLUVIQUE planosolique, issu de lœss (Uruguay).

Distinction entre les phæosols et d'autres références

Avec les chernosols

Les principales différences entre phæosols et chernosols sont relatives à l'épisolum humifère : l'horizon Ach des chernosols est très noir, montre une structure naturelle très fine, anguleuse grenue ou grumeleuse, et un complexe adsorbant saturé ou subsaturé ; l'horizon Aso des phæosols est en général moins noir, présente une structure anguleuse plus grossière et un rapport S/CEC compris entre 50 et 80 %.

Avec les grisols ou les planosols

Si des horizons E, Eh ou Eg épais de plus de 5 cm existent au-dessus d'horizons BTh ou BThg, le rattachement à d'autres références doit être envisagé :

• aux GRISOLS ÉLUVIQUES ou DÉGRADÉS si séquence d'horizons de référence Ah ou LAh/Eh/BTh ou BThd ;

• aux PLANOSOLS TYPIQUES mélanoluviques si la séquence d'horizons de référence est A/Eg/BThg, si l'IDT est > 2 et s'il y a un passage abrupt entre Eg et BThg.

Il existe également des intergrades vers les sodisols, les brunisols, les vertisols, les andosols, etc.

Relations avec la WRB

RP 2008	WRB 2006
PHÆOSOLS HAPLIQUES	Haplic Phaeozems
PHÆOSOLS MÉLANOLUVIQUES	Luvic Phaeozems

Mise en valeur

Les phæosols sont souvent cultivés en céréales (maïs ou blé, selon les régions) mais aussi en plantes sarclées, oléagineux ou vergers. La mise en culture tend à abaisser la teneur en matières organiques de l'horizon A à 2 % environ. La structure de cet horizon peut, dans ces conditions, devenir plus fragile, avec parfois l'apparition de volumes compactés. La fertilité des phæosols est généralement bonne, sauf dans les situations qui présentent des excès d'eau ou de sodium.

Planosols

3 références

Définition – Morphologie

Les planosols sont définis principalement par leur **morphologie différenciée**, elle-même étroitement liée à leur type particulier de **fonctionnement hydrique**. Cette liaison est telle que l'on ne sait plus si c'est la morphologie planosolique qui induit ce fonctionnement hydrique ou si c'est le fonctionnement qui a occasionné la morphologie.

Dans tous les cas, un grand contraste existe entre :
- des horizons supérieurs perméables qui sont saisonnièrement le siège d'excès d'eau, et présentent donc des caractères rédoxiques (-g) ;
- et un horizon plus profond dont la perméabilité est très faible ou nulle : le **plancher**.
Le contact entre ces horizons doit, dans tous les cas, être brutal et subhorizontal.

Les planosols font donc partie de l'ensemble cognat des solums à caractères hydromorphes (cf. chapitre « Réductisols et rédoxisols » et *annexe* 2).

Le cas général est celui des planosols **texturaux**, qui cumulent les quatre caractères suivants :
- **Forte différenciation texturale** entre horizons supérieurs peu argileux, assez perméables, et horizons plus profonds, beaucoup plus argileux et très peu perméables (= plancher) :
  - la différence entre taux d'argile au sein du solum doit être d'au moins 20 % ;
  - l'horizon E le moins argileux ne doit pas excéder 30 % d'argile ;
  - l'horizon le plus argileux du solum doit avoir au moins 25 % d'argile.
- Entre horizons supérieurs E et horizons plus profonds il y a **changement textural brusque** : en moins de 8 cm comptés verticalement, on passe de :
  - si moins de 20 % d'argile dans l'horizon E, à plus du double (exemple : de 18 à plus de 36 % d'argile) ;
  - si plus de 20 % d'argile dans l'horizon E, augmentation d'au moins 20 % de la teneur en argile (exemple : de 25 à plus de 45 % d'argile).
- Le **contact textural** doit être **subhorizontal**, ce qui exclut un contact en glosses larges et profondes, mais ce qui n'empêche pas une certaine « dégradation morphologique » du sommet du plancher sous la forme de petits volumes silteux ou de petites glosses étroites.
- Saisonnièrement, les horizons E sont (au moins en partie) le siège d'engorgements par des **nappes perchées temporaires à écoulement essentiellement latéral**. Il en résulte des phénomènes d'oxydo-réduction qui se marquent morphologiquement par des décolorations et/ou des précipités d'oxyhydroxydes de fer.

13e version (7 janvier 2008).

Cas particulier : en certaines régions (par exemple en Lorraine ou encore en Afrique sou-dano-sahélienne), on observe des solums à fonctionnement typiquement planosolique dans lesquels existe un plancher, mais qui ne présentent ni de forte différenciation texturale ni de changement textural brusque. Ce sont des PLANOSOLS STRUCTURAUX. Le changement **structural** est brusque et le contact subhorizontal.

Conditions de formation et pédogenèse

Sous climats tempérés humides, les planosols sont observés généralement sur pentes faibles, parfois très faibles, et sous forêts, à l'abri de l'érosion. Leurs matériaux parentaux sont, le plus souvent, des sédiments argileux marins ou lagunaires ou des matériaux détritiques argileux, peu perméables. Plus rarement, il peut s'agir d'altérites argileuses de schistes.

Sous climats humides à saisons contrastées, les planosols se forment surtout sous steppes, prairies ou savanes.

En règle générale, la forte différenciation texturale résulte d'une pédogenèse *in situ* au sein d'un matériau unique et homogène (**planosols pédomorphes**). Au cours du temps, se différencient progressivement des horizons supérieurs de plus en plus pauvres en argiles (horizons éluviaux E). Différents processus peuvent intervenir pour aboutir à ces planosols :

• le plus souvent, c'est une une perte de minéraux argileux dans les horizons supérieurs par transfert latéral de particules (« appauvrissement » ; la séquence d'horizons de référence est Eg/Sg). Une dégradation géochimique de certains minéraux argileux (smectites, glauconites, halloysites) peut se développer ultérieurement à la partie supérieure du plancher sous l'effet des phénomènes d'oxydo-réduction (acidolyse, ferrolyse ; la séquence d'horizons de référence est Eg/Sdg) ;

• plus rarement, c'est une illuviation verticale d'argile (la séquence d'horizons de référence est Eg/BTg) ;

• certains planosols dits « secondaires » correspondent à un stade ultime d'évolution de luvisols (cf. ce chapitre).

La forte différenciation texturale peut parfois résulter de la préexistence de deux couches sédimentaires superposées (matériau complexe ancien ou récent – **solum bilithique**). Dans un tel cas, la séquence d'horizons de référence est : Eg/II S (plus rarement Eg/II BT). Il s'agit alors de **planosols sédimorphes** (autrefois dits lithomorphes).

Horizons de référence

Sous forêts, l'horizon de surface humifère est un horizon A à caractère éluvial (horizon Ae) ; sous cultures, c'est un horizon LE.

Les seuls horizons de référence exigés sont donc **Ae ou LE et Eg**. Un horizon E albique (Ea) est fréquent, mais n'est pas obligatoire.

Cependant, le concept de planosol exclut la superposition Eg/BP, caractéristique de certains podzosols. L'ensemble des horizons [Ae + E + Eg] doit montrer une épaisseur d'au moins 15 cm pour être pris en compte et donc permettre le rattachement aux planosols.

Le plancher (accompagné d'un changement textural brusque dans le cas des planosols texturaux) doit apparaître à une profondeur maximale de 120 cm.

Références

 et

Pour être rattaché à l'une ou l'autre des références de planosols texturaux (soit PLANOSOLS TYPIQUES, soit PLANOSOLS DISTAUX), un solum doit cumuler les quatre caractères morphologiques cités au début de ce chapitre.

Cependant, la profondeur de l'horizon affecté par la nappe perchée temporaire (horizon Eg) a une grande importance pratique. Dans le cas le plus général, celui-ci apparaît à moins de 50 cm de profondeur (PLANOSOLS TYPIQUES). Mais quand il existe des horizons Ae et E non engorgés d'épaisseur > 50 cm au-dessus de l'horizon Eg, le solum est rattaché à la référence des PLANOSOLS DISTAUX (c'est-à-dire à engorgement profond).

Lorsqu'il n'y a pas (ou peu) de différenciation texturale au sein du solum et que l'imperméabilité du plancher est due à une autre cause (fort tassement, cimentation), le solum sera rattaché aux PLANOSOLS STRUCTURAUX (solums à grep, à fragipan, à horizon pétrosilicique = duripan, etc.).

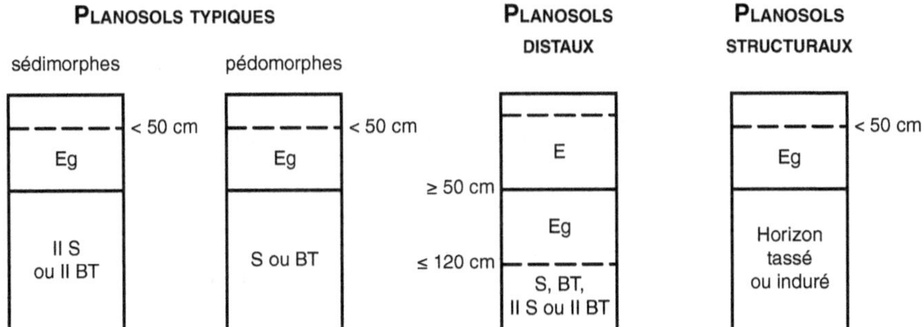

Qualificatifs utiles pour les planosols

• Les différents faciès des horizons éluviaux peuvent être exprimés par l'utilisation d'un certain nombre de qualificatifs, tels que :

albique   Qualifie un planosol présentant un horizon Ea albique.

à horizon rédoxique tacheté, à horizon rédoxique bariolé

surrédoxique   Qualifie un planosol dans lequel les caractères rédoxiques apparaissent à moins de 20 cm de profondeur.

• Cependant, de nombreux qualificatifs se réfèrent à des caractéristiques ou des propriétés des **horizons profonds**, plus ou moins argileux :

eutriques, dystriques, resaturés, etc.

vertiques (= à caractères vertiques)

sodiques

mélanoluviques (= à revêtements noirs)

fersiallitiques (= à caractères fersiallitiques)

kaolinitiques, smectitiques, etc.

sablo-argileux, argileux, etc.

- En ce qui concerne les **horizons de surface**, sont disponibles :

à horizon A humifère, à micropodzol, à moder, à mésomull, etc.

à horizons de surface oligosaturés, resaturés, etc.

- Si l'on a recueilli des arguments suffisants, on peut employer les qualificatifs suivants, relatifs aux processus pédogénétiques impliqués :

pédomorphe ou **sédimorphe, d'illuviation, d'appauvrissement, de dégradation géochimique, ferrolytique**, etc.

Exemples de types

PLANOSOL TYPIQUE pédomorphe, d'appauvrissement, dystrique, humifère, limono-sableux en surface, glauconitique (Champagne humide).

PLANOSOL TYPIQUE pédomorphe, d'illuviation, drainé, cultivé.

PLANOSOL DISTAL sédimorphe, albique, sableux en surface, argilo-sableux en profondeur (Sologne bourbonnaise).

PLANOSOL TYPIQUE pédomorphe, fersiallitique, albique, cultivé (Bulgarie).

PLANOSOL TYPIQUE pédomorphe, d'illuviation, mélanoluvique, eutrique (Colombie).

PLANOSOL STRUCTURAL pédomorphe, pétroferrique, cultivé (boulbènes à grep).

Distinction entre les planosols et d'autres références

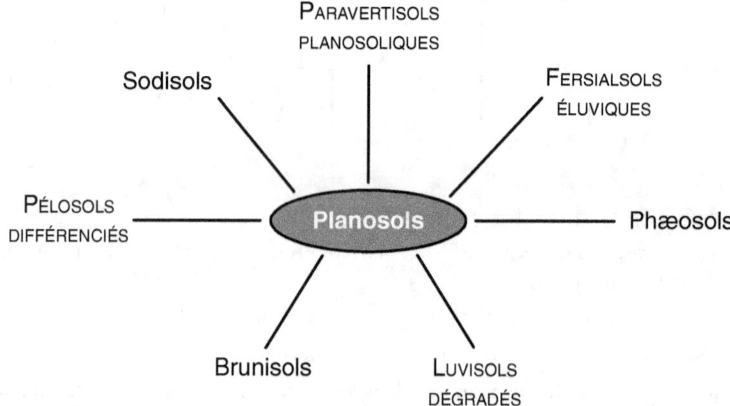

Un grand nombre de **parentés** ont été signalées à propos des planosols : parenté avec les FERSIALSOLS ÉLUVIQUES (Éthiopie, Bulgarie), avec des PARAVERTISOLS PLANOSOLIQUES (Uruguay, Colombie, Bulgarie), avec des chernosols ou des phæosols (Colombie, Bulgarie), avec les LUVISOLS DERNIQUES (ex-URSS), avec des SODISOLS SOLODISÉS, etc. En France, il y a transition avec les LUVISOLS DÉGRADÉS et les PÉLOSOLS DIFFÉRENCIÉS.

Toutes les liaisons du schéma suivant peuvent donner lieu à intergrades. Le concept de planosol, essentiellement morphologique et fonctionnel, est un faciès de **convergence** de différentes évolutions pédogénétiques.

Cas particulier des PLANOSOLS TYPIQUES tronqués

En terrains cultivés, on constate parfois que des PLANOSOLS TYPIQUES ont été légèrement tronqués par rapport aux solums forestiers environnants. L'horizon LE est alors directement superposé à l'horizon Sg et il n'y a pas d'horizon Eg. L'horizon LE peut même inclure des rognures de l'horizon Sg sous-jacent. L'horizon labouré est alors beaucoup trop humide, car la base du labour (situé à 25-30 cm de profondeur) coïncide avec le plancher imperméable. De tels solums montrent une grande ressemblance avec les PÉLOSOLS DIFFÉRENCIÉS (mais on n'observe pas d'horizon Sp sous-jacent). Ils seront désignés comme PLANOSOLS TYPIQUES cultivés, tronqués.

Cas de solums argileux fortement différenciés non planosoliques

Certains solums, développés à partir de matériaux parentaux argileux et associés dans les paysages à des PLANOSOLS TYPIQUES, ressemblent aux planosols, car ils montrent :
- une forte différenciation texturale ;
- des horizons éluviaux très appauvris en argile et à caractères rédoxiques marqués (horizons Eg) ;
- des horizons profonds argileux, peu perméables et ne présentant pas de signes d'illuviation nette ;
- mais pas de changement textural brusque. Le changement textural se fait par l'intermédiaire d'un horizon de transition de 15 à 20 cm d'épaisseur où les volumes blancs de dégradation géochimique peuvent être nombreux.

De tels solums peuvent être, selon les cas, désignés comme RÉDOXISOLS appauvris, argileux en profondeur, ou brunisols argileux, appauvris, rédoxiques, etc.

Les PLANOSOLS TYPIQUES et STRUCTURAUX étant, par définition, rédoxiques, le double rattachement avec les RÉDOXISOLS est inutile.

Relations avec la WRB

RP 2008	WRB 2006
PLANOSOLS TYPIQUES	Mollic, Umbric, Calcic, Petrocalcic,
PLANOSOLS DISTAUX	Alic, Acric, Luvic, Lixic
	ou, à défaut, Haplic Planosols (1)
PLANOSOLS STRUCTURAUX (2)	Stagnosols

(1) En fonction des propriétés des horizons de surface humifères ou des horizons profonds, ou de l'apparition de certains horizons à moins de 100 cm de profondeur.
(2) Les PLANOSOLS STRUCTURAUX ne peuvent pas être classés en Planosols dans la WRB, car un *abrupt textural change* est obligatoire pour y être classé.

Mise en valeur

La mise en valeur des planosols pose de nombreux problèmes.

Leur fonctionnement hydrique est caractérisé par des engorgements saisonniers, intenses, mais parfois fugaces, par des nappes perchées superficielles temporaires qui circulent rapidement et s'évacuent latéralement au contact du plancher peu perméable.

Les horizons de surface sont souvent à structure instable, à faible réserve hydrique et engorgés une partie de l'année, alors que les horizons sous-jacents sont souvent compacts, difficilement pénétrables par les racines et par l'eau. Les planosols sont donc à la fois trop humides en hiver et au printemps et trop secs en été : le mauvais enracinement des plantes occasionné par les excès d'eau d'hiver et de printemps accroît encore leur caractère « séchard ».

Les horizons supérieurs sont soumis temporairement, mais souvent, à l'anoxie ; ils sont appauvris en argile et en fer. Ils présentent fréquemment une forte acidité, leur fertilité chimique étant alors faible. Dans certains cas, l'abondance de l'aluminium échangeable peut occasionner des toxicités.

Quant aux horizons profonds argileux et/ou compacts, ils présentent un réservoir utilisable restreint pour l'eau, du fait de leur porosité trop fine et des difficultés d'enracinement. De plus, leur richesse minérale, parfois considérable, est peu disponible.

Podzosols

8 références

Conditions de formation et pédogenèse

Les podzosols présentent des solums où le processus de podzolisation est jugé dominant. Le concept de podzolisation implique :

- un processus biogéochimique d'altération, dit **acido-complexolyse**, défini comme une attaque des minéraux altérables (minéraux primaires, minéraux argileux) par des solutions contenant des composés organiques acides et complexants. Cette altération conduit à la formation de complexes organo-métalliques solubles ;
- puis un processus de **migration** de ces complexes par les eaux gravitaires, plus ou moins marquée, ayant pour effet l'élimination de l'aluminium et du fer ainsi que celle des autres cations (Ca^{2+}, Mg^{2+}, K^+, Na^+, etc.) des horizons supérieurs. Il se forme alors un horizon résiduel, essentiellement quartzeux, correspondant à un horizon E ;
- et enfin **un processus d'immobilisation** des constituants organiques et des complexes organo-minéraux d'aluminium et/ou de fer, conduisant à la formation d'un horizon podzolique d'accumulation BP.

Le déclenchement et le déroulement du processus de podzolisation nécessitent à la fois un climat humide et une abondance d'acides organiques solubles dans les eaux de percolation. Cette deuxième condition, essentielle, est liée à l'absence de surfaces adsorbantes (notamment faible quantité d'argile) et/ou à une faible activité biologique, et donc à des formes d'humus de type moder ou mor (succession d'horizons OL/OF/OH), d'origine climatique (froid) ou édaphique (acidité).

La fréquence et/ou le degré de développement de la podzolisation sont donc plus élevés i) quand le climat est plus humide et le matériau plus filtrant, ii) quand les deux facteurs « température basse » et « acidité forte » se cumulent (roche acide en zone boréale, altitude plus forte en zone tempérée sur matériau acide), iii) par l'effet d'une végétation dite acidifiante, à litière difficilement biodégradable, qui augmente la concentration en molécules complexantes dans les eaux de percolation : résineux à litière à rapport C/N élevé (épicéas, pins), éricacées (bruyères, myrtille, etc.). En zone tempérée, des landes à éricacées, d'origine anthropique, ont parfois amplifié les processus de podzolisation pendant quelques centaines à quelques milliers d'années.

Les podzosols se développent donc dans différentes conditions pédoclimatiques :
- **En zone boréale**, sous la taïga, où la faible température moyenne annuelle (< 8 °C) entraîne la disparition des vers anéciques et la généralisation des formes d'humus peu actives sur des

Version 15bis (26 novembre 2007).

substrats divers. Tous les matériaux décarbonatés sont soumis à la podzolisation. Les solums sont peu épais.

• De l'étage « montagnard supérieur » à l'étage « subalpin humide » des zones tempérées, pour les mêmes raisons climatiques. Dans les montagnes plus sèches, comme les Alpes internes, les processus sont limités aux roches les plus acides décrites au point suivant ;

• Aux étages collinéens et montagnards des zones tempérées, où les formes d'humus moder et mor sont liées à des matériaux pauvres chimiquement, donc acides (pH < 5) : sables et grès quartzeux, roches magmatiques ou cristallophylliennes acides. La podzolisation y est d'autant plus poussée et les solums différenciés que ce matériau est plus riche en quartz (roche plus acide), pauvre en argile et/ou en fer, filtrant, et que l'altitude est élevée.

• En zones intertropicales humides[1] (Amazonie, Afrique centrale, Asie), les podzosols se développent à partir de matériaux sableux ou sablo-argileux acides et appartiennent à deux types géomorphologiques et pédogénétiques majeurs :
– sur les versants et parties tabulaires de plateaux, ils se développent au détriment de ferrallitisols ou d'oxydisols par l'intermédiaire de mécanismes très complexes dans lesquels les conditions environnementales (acidité, pluviosité, oxydo-réduction, végétation, drainage) jouent un rôle prépondérant. Les podzosols qui en découlent ont des horizons E d'épaisseur métrique, parfois plurimétrique, tandis que les horizons BP sont peu développés et forment le plus souvent un liseré sinueux au contact entre les horizons E du podzosol et les horizons du ferralitisol ;
– en position de terrasses ou dans les fonds de vallées, des podzosols hydromorphes se développent dans des alluvions sableuses en présence d'une nappe phréatique à grand battement. Ils sont caractérisés par une teneur particulièrement faible en fer, la très grande épaisseur des horizons E (souvent 2 à 5 m) et BP (couramment 2 à 3 m). Les stocks de matières organiques des horizons BP sont considérables (des valeurs de 220 $kg \cdot m^{-2}$ ont été mesurées).
Plus épisodiquement, dans des situations particulières (p. ex. en sommet de dune sableuse couverte de forêt), se développent des podzosols très semblables à ceux des climats tempérés.

En Scandinavie, des processus de podzolisation visibles au bout d'une cinquantaine d'années sur des matériaux très sableux ont été décrits. En régions tempérées, ils peuvent également être observés, dans le cas de textures extrêmes, au bout d'une centaine d'année (podzolisation de dunes fixées historiques, progressant à la vitesse de la décarbonatation). De nombreux podzosols présentent des matières organiques datées de quelques centaines à plusieurs milliers d'années. Parmi les podzosols des régions intertropicales, nombreux sont ceux dont l'âge se compte en dizaines de milliers d'années (sols vétustes). Les conditions environnementales dans lesquelles ils sont actuellement placés sont parfois en discordance avec celles qui ont prévalu pendant les principales étapes de leur formation.

À l'échelle du globe, l'épaisseur moyenne des podzosols s'accroît à mesure que l'on se rapproche de l'équateur.

Horizons de référence

Horizon podzolique BP

Il est l'horizon obligatoire pour définir les podzosols. Il est caractérisé par une **accumulation absolue de produits amorphes** constitués de **matières organiques** et d'**aluminium**, avec ou

---

[1] Texte rédigé par Dominique Schwartz.

non du **fer** (en fonction de l'abondance de ce dernier dans le matériau parental et selon les conditions d'oxydo-réduction).

Attention, l'horizon BP peut parfois, sur versants pentus, n'être présent que plus bas dans le paysage (transferts latéraux, cas des PODZOSOLS ÉLUVIQUES).

Il présente les caractères suivants :

Souvent :
- une micro-structure pelliculaire, les revêtements étant constitués de matières organiques amorphes (monomorphes) associées à l'aluminium et, éventuellement, au fer ;
- une cimentation continue d'une partie de l'horizon par des constituants amorphes organiques associés à l'aluminium et, éventuellement, au fer.

Toujours :
- une teinte de 7,5 YR ou plus rouge à l'état humide (condition nécessaire, mais non suffisante) ;
- des taux d'aluminium et/ou de fer extractibles à l'oxalate d'ammonium (Al_{ox} et Fe_{ox}) tels que Al_{ox} et Fe_{ox} dans l'horizon BP soient supérieurs à Al_{ox} et Fe_{ox} dans l'horizon A ou E ;
- une fraction majoritaire de matières organiques extractibles au pyrophosphate de sodium 0,1 M ; dans cette fraction extractible, les acides fulviques sont essentiellement de type polyphénolique (séparation sur résine polyvinyl-pirrolidone). En absence de ces informations, on peut utiliser le critère suivant : densité optique de l'extrait oxalique au moins deux fois supérieur dans l'horizon BP que dans l'horizon A et > 2,5.

La morphologie et les caractéristiques analytiques des horizons BP sont susceptibles de varier largement. On distingue notamment des horizons BP cimentés (alios, ortstein) et des horizons BP meubles ou friables. Certains BP ont une teneur élevée en carbone, relativement aux teneurs en Al et Fe extractibles (horizons BPh, h pour « humifère »), d'autres ont une teneur plus faible en carbone, Al et Fe extractibles étant alors dominants (horizons BPs, s pour sesquioxydique). Ces deux types d'horizons BP peuvent exister dans un même solum ; dans ce cas, l'horizon BPh, d'un brun sombre, est situé au-dessus de l'horizon BPs de couleur plus vive (ocre ou rouille).

Autres horizons de référence

En relation avec la dynamique de l'eau dans le sol, une ségrégation des accumulations de fer par rapport aux accumulations de matières organiques et d'aluminium peut être observée. Ces ségrégations prennent la forme, soit de nodules ferrifères, soit d'un horizon placique.

Un horizon placique (Femp) est un horizon mince (1 à 10 mm), cimenté par du fer, du fer et du manganèse ou par un complexe « matières organiques-fer ». Le développement d'un horizon placique n'est pas nécessairement lié au processus de podzolisation.

L'horizon BP succède non obligatoirement à un horizon E appauvri en fer et/ou en aluminium, qui est soit « cendreux » de consistance ou de couleur, soit simplement éclairci par rapport au matériau d'origine.

Les horizons OF et OH sont aussi présents en sols non cultivés puisque les formes d'humus sont nécessairement de type moder ou mor. Tous les épisolums mulls sont exclus (sauf si le processus de podzolisation n'est plus fonctionnel après mise en culture, amendements, etc.).

Lorsqu'un horizon A existe (forme d'humus de type moder), il est acide ou très acide (pH_{eau} < 5,0) ; riche en matières organiques, il présente une couleur sombre à noire : c'est un horizon A de juxtaposition, à structure massive ou particulaire. Il présente, comme l'horizon E, des appauvrissements en fer et en aluminium : c'est donc un horizon Ae. Dans certains cas, (forme d'humus de type mor), on observe la superposition directe OH/E ou Eh. Cet horizon Eh est imprégné de matières organiques de diffusion.

En profondeur, il existe un horizon C (par exemple une altérite granitique), une couche M (sable sédimentaire) ou une couche R (roche cristalline dure, grès, etc.).

Enfin, on observe souvent la surimposition d'engorgements à des solums podzolisés, et donc la présence d'horizons rédoxiques ou réductiques (cf. *infra* § « Distinction entre les podzosols et d'autres références »).

Références

Huit références sont définies selon la présence ou l'absence d'un horizon E, le caractère plus ou moins humifère de celui-ci, selon le caractère meuble ou cimenté de l'horizon BP et la présence ou non d'une ségrégation de fer.

Lorsque la forme d'humus est un mor, l'horizon A est absent (noté *infra* entre parenthèses).

PODZOSOLS OCRIQUES

Le solum est le plus souvent sans horizon E, ou alors ce dernier est très discontinu ou en taches.

La séquence d'horizons de référence est alors :

O/A ou Ae/BP meuble/(S)/C ou R.

L'horizon A est présent (formes d'humus de type moder) et peu épais (quelques centimètres au maximum), il est généralement appauvri en fer (horizon Ae). Le contraste entre A et BP est peu accentué et la transition progressive. L'horizon BP est le plus souvent un BPs, surmonté parfois d'un BPh peu développé. Cependant, l'horizon BP peut, de temps à autre, se limiter à un BPh (cas de matériaux sableux très pauvres en minéraux altérables).

Les PODZOSOLS OCRIQUES correspondent à un développement de la podzolisation sur des roches encore riches en fer et/ou en argile, et où la présence de ces minéraux provoque une insolubilisation rapide, voire quasi immédiate des complexes organo-minéraux avant que leur migration en profondeur ait pu avoir lieu : acido-complexolyse et immobilisation se font en partie dans les mêmes niveaux. L'examen des profils de fer ou aluminium libres montre cependant une migration des horizons A jusqu'à l'horizon BPs. C'est par exemple très fréquemment le cas en zone tempérée sur les granites acides à faible altitude ou sur certains granites plus riches à l'étage montagnard supérieur, ou encore dans des matériaux limoneux comme les horizons E des planosols ou ceux de luvisols acides.

Dans le cas de matériaux limoneux modérément filtrants, la somme des horizons BP peut n'atteindre qu'une dizaine de centimètres (solum à micropodzol sans horizon E, si [A + BP] épais de moins de 20 cm). Sur roche cristalline, les horizons BPs peuvent être décelés morphologiquement jusqu'à 50 à 70 cm de profondeur (couleur plus vive que les horizons sous-jacents). Un horizon S ou S-C est parfois observé entre l'horizon BPs et l'altérite.

PODZOSOLS MEUBLES

Le solum comprend la séquence d'horizons de référence suivante :

O/(Ae)/E/BP meuble/C ou R.

L'horizon BP peut être un BPh ou un BPs. Il peut y avoir superposition BPh/BPs.

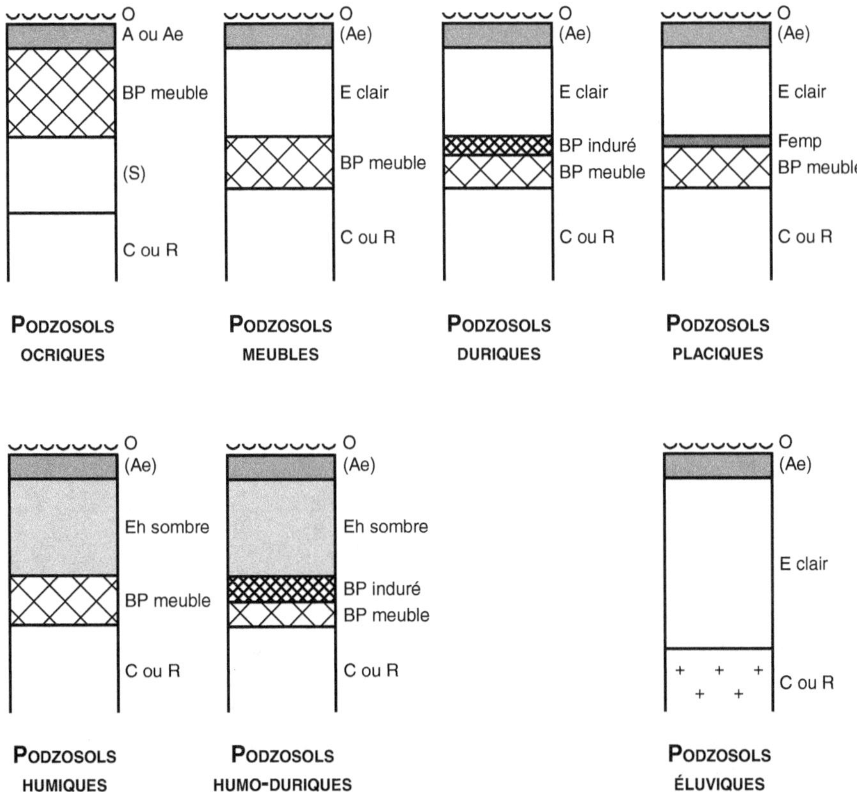

Ce sont les podzosols les plus fréquents, à contraste plus ou moins marqué entre les couleurs d'un horizon E et d'un horizon BP. Cette limite est facilement reconnaissable sur le terrain. Les horizons E et BP montrent des épaisseurs variables : E plus minces en zone boréale ou sur limons, plus épais sur matériaux très filtrants, exceptionnellement > 50-70 cm en zone tempérée. Lorsque la somme [A + E + BP] est < 20 cm, le solum sera qualifié de « à micropodzol ». La limite entre l'horizon BP et l'horizon C est très progressive, parfois festonnée.

PODZOSOLS DURIQUES

Le solum présente la séquence d'horizons de référence suivante :
O/(Ae)/E/BP cimenté (alios)/(BP).

Les formes d'humus de type mor sont fréquentes. Le contraste entre les horizons E et BPh est très fort et la transition brutale.

La cimentation est due à une très grande quantité de complexes organo-minéraux ayant migré à travers le solum et précipité en BP (podzolisation intense) dans des conditions de matériau très sensible au processus. Elle peut être due à une accélération du processus de podzolisation suite à la dégradation anthropique d'une forêt feuillue naturelle ayant conduit à une évolution sous lande à éricacées pendant plusieurs centaines ou milliers d'années (p. ex.

forêt de Fontainebleau). Elle peut être accélérée en présence d'une nappe phréatique à fort et rapide battement, mais qui n'atteint pas la surface en hiver (p. ex. Landes de Gascogne).

Podzosols humiques

La séquence d'horizons de référence est:
O/(Ae)/Eh/BPh ou BPs meubles/C ou R.

Les formes d'humus de type mor sont fréquentes. L'horizon Eh, de couleur sombre, n'est pas un horizon A, car l'incorporation des matières organiques n'est pas biologique; sa structure est micro-agrégée; il est épais (jusqu'à 40-50 cm) et présente une densité apparente faible. La perte en fer est masquée par l'accumulation de matières organiques.

Podzosols humo-duriques

Ces solums présentent à la fois les caractères des PODZOSOLS HUMIQUES et des PODZOSOLS DURIQUES.

La séquence d'horizons de référence est:
O/(Ae)/Eh/BP cimenté (alios)/(BP).

Les formes d'humus de type mor sont fréquentes. L'horizon Eh est épais et sombre, le contraste entre horizons Eh et BP est fort et la transition est brutale.

La cimentation peut n'être que partielle, n'affectant que certains volumes de l'horizon et permettant de distinguer des horizons BP cimentés et non cimentés superposés.

Les PODZOSOLS HUMO-DURIQUES se forment en conditions d'intense podzolisation et en présence d'une nappe phréatique atteignant temporairement les horizons de surface en période hivernale (cf. *infra* § « Distinction entre les podzosols et d'autres références »). Le temps moyen de résidence des matières organiques pouvant être de l'ordre du millier d'années, cette morphologie peut être héritée de périodes plus humides ou avant drainage.

Podzosols éluviques

Ces solums sont typiquement situés en haut de fortes pentes, souvent sur roches peu fissurées, ces facteurs étant responsables d'une importante migration latérale des complexes organo-minéraux.

La séquence **verticale** d'horizons de référence est alors: **O/(Ae)/E/C ou R.**

L'horizon BP n'est pas observable dans le solum, mais il existe latéralement, plus bas sur le versant. Souvent, cependant, une certaine accumulation de matières organiques est visible à la base de l'horizon E.

Podzosols placiques

Ils sont caractérisés par la présence d'un horizon placique Femp situé immédiatement au-dessus ou dans l'horizon BP.

La séquence d'horizons de référence est:
O/Ae/E/Femp/BP   ou   **O/Ae/Femp/BP.**

La présence d'un horizon BP est nécessaire pour le rattachement aux podzosols, car la présence d'un horizon placique n'est pas suffisante.

Suite à la mise en culture, le solum présente, à la base de l'horizon labouré, un horizon BP reconnaissable, mais tronqué ou remanié et parfois discontinu. L'horizon labouré a donc repris les horizons O et A et une partie ou la totalité des horizons E et BP. Il a de ce fait une couleur grisâtre plus ou moins foncée, mal définie.

La séquence d'horizons de référence est :
LA/BP   ou   LE/E/BP.

Qualificatifs utiles pour les podzosols

à nodules ferrugineux Présence de nodules ferrugineux dans l'horizon BP. Concerne les PODZOSOLS DURIQUES, HUMO-DURIQUES OU MEUBLES, voire certains PODZOSOLS OCRIQUES.

à horizon BT Présence d'un horizon BT à la partie inférieure du solum, sous l'horizon BP.

bathyluvique À traits d'accumulation d'argile en profondeur.

leptique L'ensemble des horizons [A + E + BP] ou [A + BP] a moins de 30 cm d'épaisseur.

pachique L'ensemble des horizons [A + E + BP] ou [A + BP] a plus de 2 m d'épaisseur.

giga-éluvique Le solum présente un horizon E de plus de 2 m d'épaisseur. Le qualificatif pachique n'est alors pas utile.

gigaliotique Le solum présente un horizon BP cimenté (alios) de plus de 50 cm d'épaisseur.

fossilisé Qualifie un podzosol dont l'évolution pédogénétique est arrêtée depuis des siècles suite, par exemple, à un changement climatique. La forme d'humus peut être de type mull (rattachement imparfait).

cultivé Ce qualificatif implique le labour des horizons supérieurs et une fertilisation. Dans le cas particulier des podzosols, l'horizon BP n'est pas remanié et demeure facilement identifiable (cf. *supra* POST-PODZOSOLS).

cryoturbé, à nappe, rédoxique, caillouteux, pierreux, à charge grossière, etc.

Qualificatifs utiles pour les non-podzosols

à micropodzol Un épisolum podzolique [E + BP] ou [A + BP] existe en surface, sur une épaisseur < 20 cm, développé dans les premiers horizons d'une séquence d'horizons permettant de définir une autre référence (p. ex. LUVISOL TYPIQUE à micropodzol).

podzolisé Qualifie un solum dans lequel un processus de podzolisation peut être mis en évidence par des indices morphologiques, physico-chimiques ou minéralogiques, sans que l'on puisse identifier un véritable horizon BP.

Exemples de types

Podzosol humo-durique réductique, à nappe, à mor, issu de sable des Landes.

Podzosol ocrique montagnard, très désaturé, issu de granite leucocrate.

Podzosol éluvique à mor, de haut de versant, issu de grès vosgien.

Podzosol meuble leptique, issu de sable dunaire, carbonaté à faible profondeur.

Podzosol meuble gigaéluvique, vétuste, de plateau, bigénétique, développé dans un ferrallitisol meuble.

Distinction entre les podzosols et d'autres références

Seuls les podzosols présentent des horizons BP. Les liens et différences génétiques ou écologiques avec d'autres références peuvent être précisés.

Avec les alocrisols humiques et les organosols insaturés

Les podzosols humiques, très riches en matières organiques, ressemblent beaucoup à certains organosols insaturés ou aux alocrisols humiques. Ces derniers ne sont pas podzolisés et se développent dans des roches moins acides ou à plus faible altitude. L'origine de l'accumulation de matières organiques dans ces alocrisols des crêtes des moyennes montagnes humides (Vosges, Massif central) pourrait être liée à un long passé pastoral dans des conditions climatiques froides.

Analytiquement, la distinction est aisée puisque seuls les podzosols présentent des migrations importantes de fer et aluminium. Morphologiquement, le diagnostic de l'horizon BP peut cependant être délicat dans certains podzosols humiques, et ce, bien que l'horizon BP soit en général plus rouge que l'horizon Ah ou Aho. Dans les podzosols, la forme d'humus est toujours un moder ou un mor, sauf après mise en culture. Ces différents solums peuvent être observés dans les mêmes pédopaysages : les podzosols à des latitudes ou altitudes plus élevées, sur des roches plus sensibles à l'acido-complexolyse (plus pauvre en fer et/ou argiles).

Avec les aluandosols

Une très grande ressemblance peut exister entre aluandosols, qui ne montrent pas d'horizon E, et podzosols humiques (cf. chapitre « Andosols », p. 81).

Avec les peyrosols

Un podzosol contenant plus de 60 % d'éléments grossiers en poids peut être désigné par un rattachement double, par exemple peyrosol-podzosol meuble.

Avec les rankosols

Ces derniers sont caractérisés par une faible épaisseur. S'ils possèdent un horizon BP, celui-ci doit faire moins de 10 cm d'épaisseur, et un rattachement double est alors possible, par exemple rankosol-podzosol ocrique.

Avec les arénosols

Ces derniers ne présentent pas d'horizon BP. Cependant, lorsqu'un podzosol qui ne serait plus fonctionnel (mise en culture, solum fossilisé) montre un horizon E extrêmement épais (plus de 1,20 m), cet horizon peut être considéré comme un arénosol. La position géomorphologique et la forme d'humus peuvent permettre de faire la différence entre un podzosol éluvique et un arénosol lorsque les contrastes de couleurs sont très faibles entre les horizons E et C.

Sous un climat tempéré océanique, un ARÉNOSOL développé dans des sables dunaires peut évoluer en podzosol en quelques siècles seulement, après stabilisation des dunes et décarbonatation, puis acidification.

Avec les luvisols et les planosols

Une forte acidification au cours de leur évolution peut entraîner dans ces solums la formation d'un épisolum de type moder et la surimposition d'un début de podzolisation à la partie supérieure de l'horizon E, appauvri en argile (podzolisation secondaire). On peut alors désigner des solums comme : des LUVISOLS TYPIQUES podzolisés si les critères de podzolisation sont insuffisants pour reconnaître un horizon BP ; des LUVISOLS TYPIQUES à micropodzol si l'ensemble des horizons [A + E + BP] est < 20 cm ; ou des LUVISOLS TYPIQUES-PODZOSOLS MEUBLES leptiques (double rattachement).

Avec les ANTHROPOSOLS TRANSFORMÉS

Dans le cas des POST-PODZOLS, les remaniements affectent moins de 50 cm d'épaisseur. Un rattachement double est possible entre différentes références de podzosols et les ANTHROPOSOLS TRANSFORMÉS.

Avec les RÉDOXISOLS ou réductisols

On observe souvent la surimposition d'engorgements à des solums podzolisés. La présence d'une nappe phréatique permanente modifie la morphologie et les caractéristiques analytiques des podzosols sur les points suivants :

Redistribution du fer

La présence d'une nappe acide et réductrice favorise le passage du fer à l'état ferreux. Le fer est alors beaucoup plus soluble et potentiellement mobile qu'à l'état ferrique. En conséquence, la redistribution du fer est dépendante de la circulation des nappes et des changements de leurs caractéristiques physico-chimiques (Eh, pH) provoquant réduction ou réoxydation. Dans les matériaux sableux, où la circulation des eaux est relativement rapide, cette redistribution se fait généralement sur des distances assez grandes ; des parties du paysage quasi totalement appauvries en fer s'opposent alors à d'autres parties où celui-ci s'accumule.

La redistribution des composés organiques et de l'aluminium est beaucoup moins affectée par l'excès d'eau. Il s'ensuit une dissociation dans l'espace des éléments mobilisés par la podzolisation (matières organiques, aluminium) et du fer mobilisé par oxydo-réduction. Les podzosols hydromorphes sont alors caractérisés par la quasi-absence de fer dans tout le solum (et en particulier dans les horizons BP) ou, si le fer est présent, il l'est sous forme de nodules ferrugineux, voire de bancs ferrugineux (garluche) dans les horizons BP ou C sous-jacents.

Accumulation de matières organiques dans l'horizon Eh

La présence d'un excès d'eau affectant les horizons de surface se traduit par un caractère plus humifère par imprégnation de matières organiques de diffusion dans l'horizon E qui perd son aspect gris cendreux. La séquence d'horizons de référence est alors **Eh/BP/C**.

Des hydromors, voire des horizons histiques H ont également été décrits à la surface de podzosols hydromorphes, en transition avec des histosols (podzosols épihistiques).

Références concernées

Toutes les références retenues pour les podzosols peuvent présenter des caractères hydromorphes (sauf les PODZOSOLS ÉLUVIQUES). Seule la séquence d'horizons **A/BPh induré/C** semble être caractéristique d'une podzolisation en milieu engorgé, à rapide battement de nappe. Il existe des intermédiaires entre podzosols et RÉDOXISOLS ou réductisols pouvant être désignés grâce à des rattachements doubles.

Attention: en cas d'excès d'eaux météoriques (fonte des neiges ou climat per-humide) et en conditions de mauvais drainage, on peut observer des solums présentant un horizon de surface blanchi et des mouvements du fer liés à des processus d'oxydo-réduction et non à la complexation. La présence de lépidocrocite (taches orangé vif) dans l'horizon sous-jacent est un indicateur d'une évolution dominée par l'anoxie. Généralement, un processus de podzolisation accompagne cependant l'engorgement superficiel. Il est important d'évaluer l'importance du premier processus par rapport au second. Cela peut être fait en étudiant la redistribution des matières organiques et de l'aluminium.

Relations avec la WRB

RP 2008	WRB 2006
PODZOSOLS OCRIQUES	Entic Podzols
PODZOSOLS MEUBLES	Haplic or Albic Podzols
PODZOSOLS DURIQUES	Ortsteinic Albic Podzols
PODZOSOLS HUMIQUES	Umbric or Entic Podzols
PODZOSOLS HUMO-DURIQUES	Umbric-Ortsteinic Podzols
PODZOSOLS ÉLUVIQUES	Albic Arenosols
PODZOSOLS PLACIQUES	Placic Albic Podzols
POST-PODZOSOLS	Aric Podzols (1)

(1) Définition de *Aric* (WRB) : « ayant seulement des restes d'horizons diagnostiques – désorganisé par labours profonds ».

Mise en valeur – Fonctions environnementales

Les podzosols sont des sols très pauvres chimiquement et très acides, caractères aggravés par une très lente minéralisation des matières organiques dont les rapports C/N sont très élevés dans tout le solum (> 23-25). Il en résulte parfois des toxicités (notamment aluminique) et des carences (en cuivre, cobalt, bore). La disponibilité du phosphore, insolubilisé par les composés aluminiques, est très faible. La fertilisation nécessite des apports à doses faibles et répétées.

Les podzosols peuvent présenter des réserves en eau très faibles en périodes estivales, car leurs textures sont souvent grossières, leur charge en éléments grossiers importante, l'enracinement des végétaux parfois limité par les horizons BP indurés. En matière de rétention d'eau, les horizons A sont plus favorables que les horizons E. C'est en partie pourquoi les PODZOSOLS HUMO-DURIQUES sont parfois moins secs que les PODZOSOLS DURIQUES ou MEUBLES, mais les végétaux y ont aussi souvent accès à une nappe phréatique en profondeur. En revanche, certains podzosols souffrent d'excès d'eau sous forme de nappes phréatiques peu profondes (p. ex. Landes de Gascogne).

Les podzosols sont les seuls cas où les métaux traces potentiellement polluants d'origine anthropique (Cu, Pb, Cd) sont susceptibles de migrer rapidement vers la profondeur sous formes de complexes organo-métalliques.

La cimentation de l'horizon BP peut être telle que cet horizon devient non pénétrable par le système racinaire. Des résistances à la pénétration > 50 kg·cm^{-2} ont été mesurées, le seuil de pénétration des racines étant estimé à environ 30 kg·cm^{-2}. La partie du solum accessible est alors uniquement la partie supérieure éluviale du solum (horizons Ae + E), particulièrement pauvre en éléments nutritifs.

En revanche, les podzosols sont en général faciles à travailler et se réchauffent rapidement au printemps.

La fertilité des podzosols pour la forêt dépend :
• de l'importance du blocage du cycle biogéochimique qui conditionne la disponibilité en azote mais aussi le recyclage des autres éléments minéraux,
• de la pauvreté minérale du matériau. Dans certains cas, elle peut rester compatible avec une production forestière en équilibre avec le milieu. Sur certains matériaux (sables du Bassin parisien, grès vosgiens, grès du Primaire, etc.), la pauvreté et la faible minéralisation des matières organiques créent des contraintes très fortes à la production et conduisent à des systèmes extrêmement fragiles ne permettant pas une gestion durable des stocks minéraux, cette situation étant aggravée si les sols sont soumis à d'importantes pollutions atmosphériques acidifiantes ;
• de l'épaisseur du sol prospectable par les racines et de la pierrosité qui peuvent aggraver l'effet de textures souvent grossières ;
• de l'intensité du processus de podzolisation lui-même, dans le cas d'une induration limitant la profondeur prospectable par les arbres.

Rankosols

1 référence

Condition de formation et pédogenèse

Les RANKOSOLS correspondent à des solums peu différenciés et peu épais, ni calcaires ni calciques. Ils ont des origines diverses. Pour certains, la faible évolution est liée uniquement à une situation sur pentes fortes et à un rajeunissement permanent : ils peuvent être observés à tous les étages bioclimatiques (RANKOSOLS d'érosion). D'autres RANKOSOLS résultent d'un équilibre avec le climat et la végétation : ils sont localisés dans des zones de hautes altitudes ou de hautes latitudes. La température moyenne, très basse, y ralentit l'activité biologique et les processus biochimiques d'altération. Ce sont les RANKOSOLS alpins et arctiques.

Les RANKOSOLS sont aux roches acides ce que les RENDOSOLS ou les RENDISOLS sont aux roches carbonatées.

Référence

La séquence d'horizons de référence est : **O (facultatif)/A ou LA/R.**

En outre, les **cinq caractères** suivants sont **obligatoires** :
- les horizons A ou LA et la couche R ne sont pas carbonatés ;
- la présence d'éléments grossiers non calcaires abondants : plus de 25 % en poids, mais moins de 60 % (sinon rattachement aux PEYROSOLS) ;
- la teneur en carbone organique en A ou LA est < 8 %, le plus souvent < 5 % ;
- l'épaisseur de l'ensemble [O + (A ou LA)], hors horizon OL, est > 10 cm (sinon rattachement aux LITHOSOLS), mais < 35 cm ;
- il ne doit y avoir ni horizon Ag ni E ni BP ni BT ni S ni g de plus de 5 cm d'épaisseur. Les horizons Alu et And sont interdits.

Qualificatifs utiles pour les RANKOSOLS

d'érosion	Origine non climatique, situation sur pentes.
arctique	Des hautes latitudes.
alpin	Situé à l'étage alpin ou à de hautes altitudes.
collinéen, montagnard	Situés à l'étage collinéen, à l'étage montagnard, etc.

16e version (2 juillet 2007).

à horizon A humifère	Présence d'un horizon A contenant de 5 % à 8 % de carbone organique.
andique	Qualifie un RANKOSOL qui présente des propriétés andosoliques imparfaites (cf. définition détaillée de ce qualificatif p. 83).
leptique	Qualifie un RANKOSOL dont l'épaisseur est comprise entre 10 et 20 cm.

à mor, à moder, à mull

à micropodzol

pierreux, cailouteux, graveleux

Exemples de types

RANKOSOL humifère, alpin, aluminique, à mor, issu de gneiss, d'érosion, de pente forte.
RANKOSOL cultivé, sablo-graveleux, issu de granite à deux micas.
RANKOSOL humifère, d'érosion, oligo-saturé, sur grès quartzitique.
RANKOSOL-PEYROSOL cailloutique, leptique.

Distinction entre les RANKOSOLS et d'autres références

1. Les LITHOSOLS sont plus minces (≤ 10 cm d'épaisseur) que les RANKOSOLS.

2. Les RANKOSOLS se distinguent des ORGANOSOLS INSATURÉS leptiques essentiellement par l'absence d'horizons A hémiorganiques (Aho) et par la présence d'éléments grossiers abondants (plus de 25 % en poids).

3. La différence entre les RANKOSOLS et d'autres solums peu épais (< 35 cm), non calcaires et peu différenciés se caractérise par l'absence ou la très faible épaisseur d'autres horizons, comme S, Sal ou BP. Si le solum montre une épaisseur < 35 cm et un horizon S > 5 cm d'épaisseur, il sera rattaché de préférence aux BRUNISOLS DYSTRIQUES lithiques.

4. Les andosols leptiques présentent des horizons Avi ou [And + Snd] ou [Alu + Slu] typiques (dont l'épaisseur totale est < 30 cm), ce qui n'est pas le cas des RANKOSOLS.

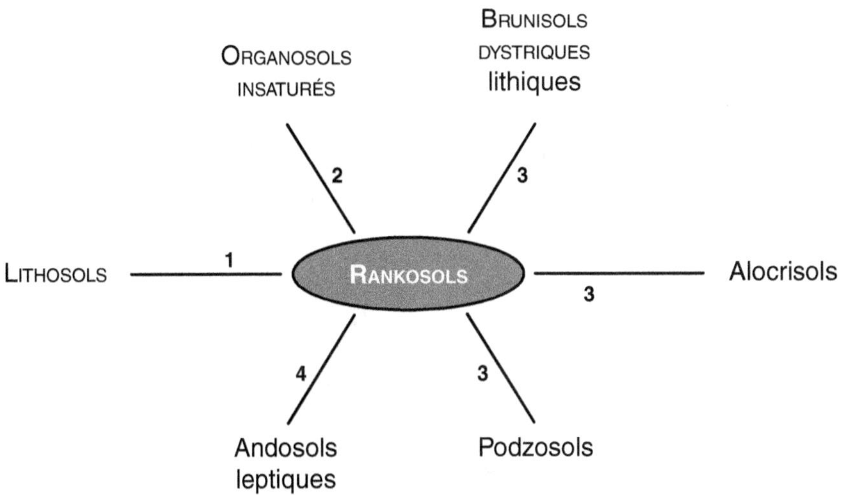

Relations avec la WRB

RP 2008	WRB 2006
RANKOSOLS	Umbric Leptosols, ou Leptosols (Dystric) ou Epileptic Umbrisols

Remarque: dans la WRB, les Leptosols sont limités à 25 cm d'épaisseur.

Mise en valeur – Fonctions environnementales

Les RANKOSOLS de hautes altitudes ou hautes latitudes sont généralement non cultivés en raison des conditions climatiques extrêmes qui y sévissent; ils sont le domaine des pelouses naturelles (p. ex. pelouses alpines) ou d'une végétation forestière de faible croissance (pins d'altitude, mélèzes, etc.).

Les RANKOSOLS d'érosion ne connaissent pas de contrainte climatique particulière, mais présentent une forte contrainte de profondeur et de réservoir en eau, d'où aussi de très mauvaises conditions de nutrition étant donné le faible volume de terre fine, et donc le faible stock d'éléments minéraux nutritifs. Les forêts naturelles très peu productives ont souvent été remplacées par des reboisements, eux-mêmes à faible potentiel. La pente est souvent un facteur limitant majeur. Le reboisement représente alors un élément de protection contre l'érosion. En cas de pente plus faible, les RANKOSOLS peuvent résulter de troncatures suite à des utilisations agricoles prolongées. Lorsqu'ils sont encore cultivés, leur teneur en carbone organique est de ce fait plus faible que celle des sols forestiers, leur rapport C/N plus bas.

Réductisols et rédoxisols

3 références

Ce chapitre traite essentiellement des réductisols et des RÉDOXISOLS, solums dans lesquels les processus d'oxydo-réduction sont jugés prédominants, sinon exclusifs. Il n'inclut pas d'autres types de solums dans lesquels ces processus se surimposent à d'autres caractères, que nous nommons « solums à caractères hydromorphes ».

Ce GER rassemble les solums pour lesquels les **traits d'hydromorphie rédoxiques ou réductiques (toujours fonctionnels) débutent à moins de 50 cm de la surface, puis se prolongent ou s'intensifient en profondeur (sur au moins 50 cm d'épaisseur)**. Ces solums présentent obligatoirement des horizons de référence marqués par la redistribution du fer (horizons G et g ou –g) et parfois un épisolum humifère épais et foncé.

Conditions de formation et pédogenèse

Le texte *infra* a été volontairement allégé. Le lecteur intéressé par le problème général des relations entre morphologie hydromorphe (dynamique du fer) et fonctionnements hydriques pourra se reporter à *l'annexe 2*.

Les solums à caractères hydromorphes (au sens large) présentent des caractères attribuables à un excès d'eau. Ce dernier peut être dû au seul défaut de perméabilité d'horizon(s) qui empêchent l'infiltration des précipitations dans le solum ou résulter de la concentration dans ce dernier de flux d'origine extérieure (inondation, ruissellement, transferts latéraux, remontée d'une nappe souterraine).

La saturation des horizons par l'eau, c'est-à-dire l'occupation de toute la porosité accessible, peut prendre des formes différentes suivant la géométrie de l'espace poral. Si elle se manifeste le plus souvent sous forme de nappe, perchée ou profonde (eau libre), elle peut aussi prendre la forme d'une imbibition capillaire (eau plus ou moins fortement liée au sol) en l'absence de pores grossiers. La saturation par l'eau est plus ou moins durable au cours de l'année, elle peut affecter une partie ou la totalité du solum.

La saturation par l'eau limite les échanges gazeux entre le sol et l'atmosphère. Il peut en résulter un déficit en oxygène plus ou moins prolongé, qui entraîne :

• une ségrégation du fer liée au développement de processus d'**oxydo-réduction** qui modifient la mobilité différentielle des constituants du sol ;

• une évolution spécifique de la fraction organique lorsque la saturation intéresse la partie supérieure des solums. L'anaérobiose provoque alors un ralentissement et une modification de

---

Version 19bis (4 décembre 2007).

l'activité biologique. Cela se traduit par une production de substances propres à ces milieux saturés par l'eau et par une augmentation des teneurs en matières organiques.

Le GER des réductisols et RÉDOXISOLS regroupe les solums qui présentent exclusivement des horizons marqués par une redistribution particulière du fer et parfois un épisolum humifère épais et foncé. En revanche, nombre de solums subissant un excès d'eau ne sont pas traités ici, soit parce qu'ils n'ont pas de caractères attribuables aux processus d'oxydo-réduction (certains vertisols, les histosols), soit parce qu'en outre ils présentent des caractères importants relatifs à d'autres pédogenèses (salisols, sodisols, SULFATOSOLS, luvisols, planosols, etc.). Tous ces solums affectés par l'excès d'eau constituent un grand **ensemble cognat**.

Les solums subissant des excès d'eau sont développés dans des matériaux parentaux ou des substrats très variés, dans des positions topographiques diverses (plateau, glacis, plaine, vallée, terrasse), indépendamment du climat. Ils occupent des superficies très variables, et les conditions stationnelles spécifiques de leur localisation se marquent dans le paysage par la végétation constituée d'espèces hygrophiles.

Horizons de référence

Deux types d'horizons spécifiques des réductisols et des RÉDOXISOLS, peuvent être distingués en fonction de leur régime hydrique et de la répartition du fer dans leur masse, ce qui s'exprime le plus souvent par des associations de couleurs.

Horizons réductiques (notation Gr, Go et Ga)

La morphologie des horizons réductiques résulte de la prédominance des processus de réduction et de mobilisation du fer, en relation avec l'engorgement permanent d'au moins la partie inférieure du solum. Dans les horizons réductiques, la répartition du fer est plutôt homogène. Lorsque la porosité et les conditions hydrologiques permettent, en milieu acide, le renouvellement de l'eau réductrice, ces horizons s'appauvrissent progressivement en fer. Il peut même y avoir déferrification complète et décoloration de l'horizon (horizon G albique : **Ga**)

L'aspect des horizons réductiques varie sensiblement au cours de l'année, en fonction de la persistance ou du caractère saisonnier de la saturation (battement de nappe profonde) qui les génère. On distingue sur le terrain des horizons réductiques totalement réduits (codés **Gr**) et d'autres partiellement réoxydés (codés **Go**).

Les **horizons réductiques totalement réduits** (notés **Gr**) sont caractérisés par leur couleur qui peut être soit uniformément bleuâtre à verdâtre (sur plus de 90 % de la surface), soit uniformément blanche ou noire à grisâtre, avec une *chroma* ≤ 2.

Dans les **horizons réductiques partiellement réoxydés** (notés **Go**), la saturation par l'eau est interrompue périodiquement, la nappe ennoyant les horizons sous-jacents. Des taches de teintes rouille (*chroma* > 4), souvent pâles (*value* > 5), sont observables pendant les périodes de non-saturation, au contact des vides, des racines, sur les faces de certains agrégats. Il y a une **redistribution centrifuge du fer**, migrant lors du dessèchement de l'horizon, de l'intérieur des agrégats vers leur périphérie. Cette ségrégation de couleurs est fugace, elle disparaît quand l'horizon est de nouveau saturé d'eau.

En raison de leur importance pratique et pédogénétique, les caractères réductiques sont considérés comme dominant tous les autres, même s'ils peuvent se surimposer aux traits pédologiques résultant du développement (actuel ou ancien) d'autres processus. En conséquence, des notations comme SG, GS, BTG ou CG n'ont pas été retenues.

Horizons rédoxiques (notation g ou −g)

La morphologie des horizons rédoxiques résulte de la succession de processus de réduction + mobilisation partielles du fer (périodes de saturation de toute la porosité par l'eau) et de processus de réoxydation + immobilisation du fer (par suite d'une réoxygénation). Les horizons rédoxiques correspondent donc à des engorgements temporaires.

Les horizons rédoxiques se caractérisent par une distribution du fer (et donc une couleur) très hétérogène qui se manifeste par une juxtaposition de plages ou de traînées grises (ou simplement plus claires que le fond matriciel de l'horizon), appauvries en fer, et de taches, enrichies en fer, de couleur rouille (*chroma* > 5 et *value* > 6), voire vermillon dans le cas des salisols.

Les traits d'oxydation, de déferrification, voire de réduction doivent couvrir plus de 5 % de la surface de l'horizon. En conditions acides, il peut y avoir déferrification complète et **décoloration** de l'horizon (horizon g albique, **ga**). Seul le fonctionnement hydrique du solum permet alors de différencier un horizon réductique albique (**Ga**) d'un horizon rédoxique albique (**ga**). Mais il s'agit le plus souvent de taches très fines (1 à 2 mm) à grosses (> 15 mm), peu contrastées ou très contrastées. La couleur des faces des unités structurales, plus claire que celle de leur partie interne, résulte d'une **redistribution centripète de fer** migrant, lors des périodes de saturation, vers l'intérieur des agrégats, où il s'immobilise lors du dessèchement. Ces ségrégations du fer sont permanentes, visibles quel que soit l'état hydrique de l'horizon et se maintiennent lorsque le sol est de nouveau saturé ; elles tendent ainsi à former peu à peu des accumulations localisées de fer donnant naissance à des amas, des nodules ou des concrétions.

Le fer qui se redistribue dans ce type d'horizon peut provenir, dans des proportions variables, d'horizons sus-jacents ou voisins, en liaison avec les circulations verticales ou latérales des solutions du sol. Il y a alors enrichissement de l'horizon en fer. Un fort enrichissement et une forte hétérogénéité de la redistribution du fer peuvent conduire à la formation d'horizons ferriques non indurés (horizon Fe) ou indurés (horizons Fem ou Femp).

Une ségrégation de type rédoxique peut se surimposer aux traits pédologiques résultant du développement (actuel ou ancien) d'autres processus de pédogenèse tels que l'éluviation, l'illuviation, les altérations, etc. Le symbole g est alors associé aux lettres des autres horizons (horizons Eg, BTg, Scig, Scag, Sg, etc.).

Remarque : les traits réductiques observés sur le terrain correspondent toujours à des engorgements fonctionnels. Il n'en va pas de même des traits rédoxiques qui persistent même après la disparition des excès d'eau (après assainissement agricole, par exemple). L'utilisation de la morphologie des solums pour la définition et la localisation des zones humides doit tenir compte du caractère encore fonctionnel de cette hydromorphie, c'est-à-dire de la réalité des engorgements. Dans le cas contraire, le qualificatif **à hydromorphie fossile** peut être employé.

Autres horizons de référence

L'évolution en anaérobiose plus ou moins prolongée de la fraction organique se traduit par une accumulation de matières organiques et par la formation de substances particulières (cf. hydromull, hydromoder, hydromor, anmoor, horizons histiques H ; cf. *annexes 1 et 2*). Sont parfois présents également des horizons Fe, Fem et Femp.

Références

Le rattachement à l'une des trois références est basé sur :

• la présence obligatoire d'au moins un horizon de référence G ou g débutant à moins de 50 cm de profondeur ;

• la présence de traits réductiques ou rédoxiques, toujours fonctionnels, sur une épaisseur d'au moins 50 cm.

RÉDUCTISOLS TYPIQUES

La séquence d'horizons de référence est :

Ag/Go/Gr   ou   **An/Go/Gr**   ou   **H/Gr**.

L'horizon G débute à moins de 50 cm de profondeur.

La saturation par une eau d'origine profonde est permanente au moins dans la partie inférieure du solum, mais peut varier saisonnièrement (fluctuation d'une nappe permanente profonde). Les solums peuvent présenter des formes d'humus hydromorphes (anmoor, horizon histique, hydromoder, etc.).

Les RÉDUCTISOLS TYPIQUES sont observés en position de fond de vallées, de vallons, de plaine littorale, de delta, de dépression, sur alluvions fluviatiles ou fluviomarines, ou encore sur alluvio-colluvions récentes. La présence de l'horizon G est liée à l'existence d'une nappe profonde (phréatique) non oxygénée, à faible circulation, souvent en relation avec le système hydrographique de surface (cours d'eau, étangs, lacs) ou, localement, avec la mer. Ils sont souvent associés dans les paysages aux fluviosols, plus proches des cours d'eau, mais soumis, quant à eux, à une nappe circulante oxygénée.

RÉDUCTISOLS STAGNIQUES

Ils résultent de l'existence d'une nappe perchée permanente, l'horizon de surface étant soit constamment saturé en eau, de manière prolongée, soit soumis à une imbibition capillaire. La permanence de conditions réductrices est due à la présence d'un plancher peu profond et est liée le plus souvent à une double origine de l'eau, à la fois pluviale et d'apports latéraux. Les conditions réductrices disparaissent en profondeur (horizon C).

Les RÉDUCTISOLS STAGNIQUES se situent généralement en montagne sous climat froid et humide, en position de cuvette ou de replat. Certains d'entre eux se situent en position de fond de vallée, de plaine alluviale ou de dépression lorsqu'une lame d'eau recouvre fréquemment le sol (submersion liée au débordement de cours d'eau ou à l'afflux d'eau de ruissellement).

La séquence d'horizons de référence est :

A ou An/Gr/C   ou   **H/Gr/C**   ou   **H/A/Gr/C**.

RÉDOXISOLS

Les traits rédoxiques (codés g ou -g) débutent à moins de 50 cm de la surface et résultent de l'occupation temporaire de toute la porosité par de l'eau d'origine pluviale, liée à sa faible percolation à travers le solum et, le plus souvent, à la présence d'une nappe perchée temporaire. Ces traits se prolongent ou s'intensifient sur au moins 50 cm d'épaisseur.

Dans le cas d'un RÉDOXISOL dit « primaire », les traits hydromorphes (rédoxiques et éventuellement réductiques en profondeur) sont seuls présents ou sont jugés majeurs par rapport à d'autres traits ou processus. On n'observe pas de caractères jugés très typiques et importants, comme un « changement textural brusque » (cas des planosols texturaux) ou la présence d'un horizon BT argilluvial (cas des luvisols hydromorphes).

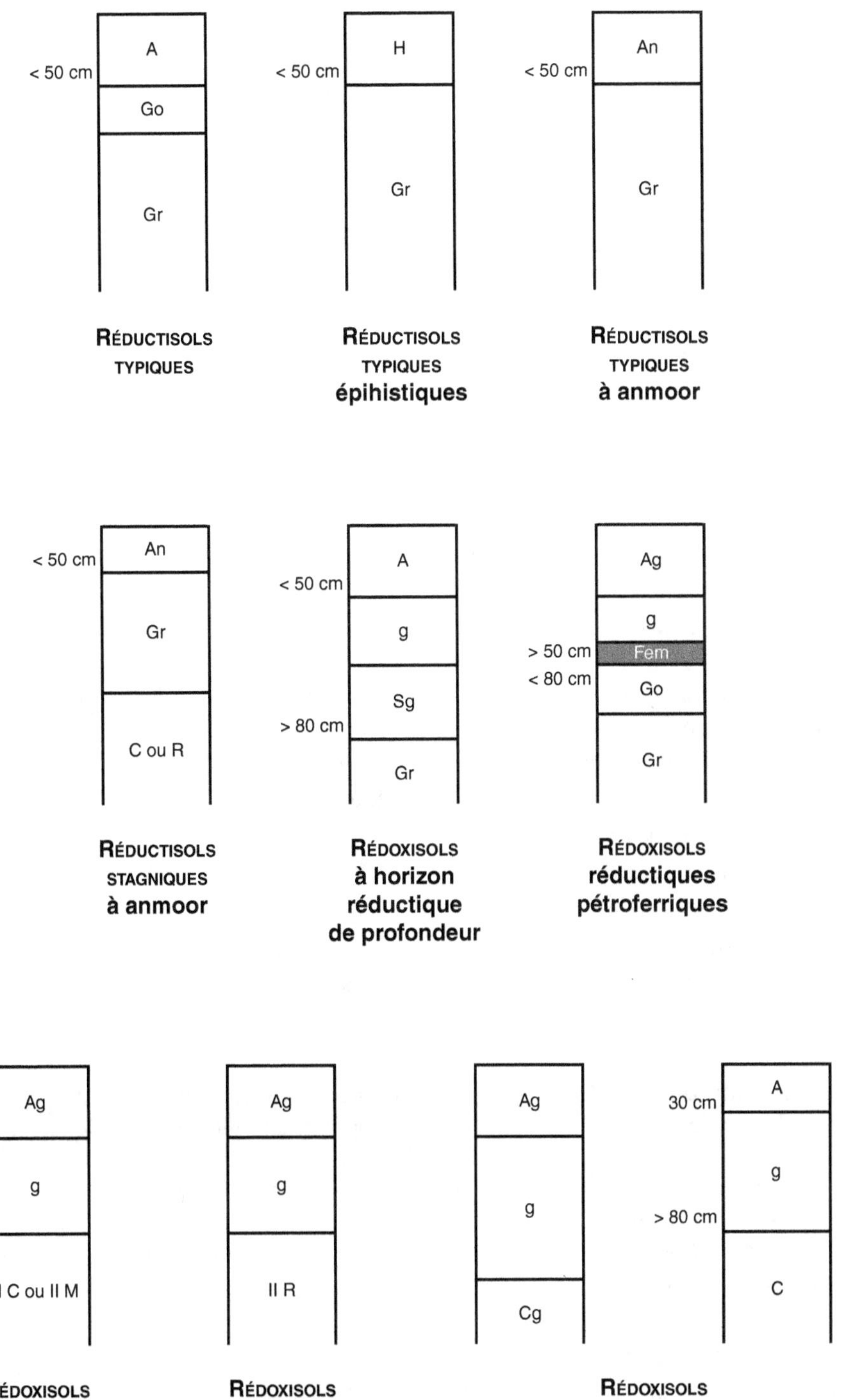

< 50 cm
A
Go
Gr
RÉDUCTISOLS TYPIQUES

< 50 cm
H
Gr
RÉDUCTISOLS TYPIQUES épihistiques

< 50 cm
An
Gr
RÉDUCTISOLS TYPIQUES à anmoor

< 50 cm
An
Gr
C ou R
RÉDUCTISOLS STAGNIQUES à anmoor

< 50 cm
A
g
Sg
> 80 cm
Gr
RÉDOXISOLS à horizon réductique de profondeur

Ag
g
> 50 cm
< 80 cm
Fem
Go
Gr
RÉDOXISOLS réductiques pétroferriques

Ag
g
II C ou II M
RÉDOXISOLS à substrat meuble

Ag
g
II R
RÉDOXISOLS à substrat rocheux

Ag
g
Cg
RÉDOXISOLS

30 cm
A
g
> 80 cm
C

Par opposition à ce que l'on pourrait appeler des RÉDOXISOL « secondaires » (p. ex. les LUVI-SOLS DÉGRADÉS-RÉDOXISOLS), qui couvrent de très grandes superficies en France, les RÉDOXISOLS « primaires » sont peu fréquents. On ne les observe que développés dans des matériaux très argileux à faible percolation dès la surface, dans des dépôts alluviaux ou colluviaux présentant une discontinuité texturale propre à générer la formation d'une nappe perchée. Cette dernière est alimentée par les précipitations mais souvent également par des apports latéraux provenant des parties hautes des versants.

La séquence d'horizons de référence est :

A/g   ou   A/S/g   ou   Ag/g/C ou II C ou II M ou II R.

Un horizon G peut être présent à plus de 50 cm de profondeur.
La séquence d'horizons de référence est alors : **A/g/Go/Gr**   ou   **A/g/Sg ou Cg/G.**

De tels solums (anciens RÉDUCTISOLS DUPLIQUES du *Référentiel pédologique 1995*) peuvent être désignés comme RÉDOXISOLS réductiques ou comme RÉDOXISOLS à horizon réductique de profondeur, selon la profondeur d'apparition de l'horizon G.

Une information complémentaire doit être apportée quant à la nature du plancher imper-méable qui peut être un matériau meuble (horizon C ou Cg) ou une roche dure (couche R) ou une roche meuble sans trace d'oxydo-réduction (couche M).

Qualificatifs utiles pour les réductisols et les RÉDOXISOLS

Pour préciser un type et pour enrichir l'information à transmettre, il est possible d'utiliser en outre toute une série de qualificatifs spécifiques des excès d'eau (cf. liste p. 50) ou non spécifiques, tels que :

épihistique, à anmoor, à horizon A humifère

oligosaturé, mésosaturé, subsaturé, calcique, calcaire

fluvique, colluvial, de polder

argileux, sableux, limono-graveleux

cultivé, sous prairie, rizicultivé

de bas de versant, de fond de vallon, de lit mineur, de plateau, etc.

surrédoxique   Qualifie un réductisol ou un RÉDOXISOL dans lequel des caractères rédoxi-ques apparaissent à moins de 20 cm de profondeur.

Qualificatifs utiles pour des non-réductisols et des non-RÉDOXISOLS

Lorsque les caractères réductiques ou rédoxiques apparaissent **à plus de 50 cm de profondeur**, les excès d'eau sont considérés comme secondaires et ils sont indiqués par l'utilisation :
• des qualificatifs **réductique** ou **rédoxique** : manifestations d'hydromorphie apparaissant entre 50 et 80 cm de profondeur ;
• des locutions **à horizon réductique de profondeur** ou **à horizon rédoxique de profondeur** : manifestations d'hydromorphie apparaissant entre 80 et 120 cm de profondeur.

Exemples de types

RÉDUCTISOL TYPIQUE à anmoor, issu d'alluvions-colluvions argileuses.
RÉDUCTISOL TYPIQUE brunifié, argileux, issu d'alluvions modernes.

RÉDUCTISOL STAGNIQUE épihistique, oligotrophe, de replat granitique.

RÉDOXISOL réductique, carbonaté, d'ancien étang.

RÉDOXISOL humifère, dystrique, issu de colluvions granitiques sur substrat de granite.

PÉLOSOL TYPIQUE-RÉDOXISOL colluvial, de bas de versant, issu de marnes du Keuper (rattachement double).

Exemples de types pour des non-réductisols et des non-RÉDOXISOLS

FLUVIOSOL TYPIQUE réductique, à horizon A humifère, de lit majeur.

FLUVIOSOL TYPIQUE rédoxique, argileux, sur grève calcaire.

BRUNISOL DYSTRIQUE rédoxique, caillouteux, à moder, issu d'argile à silex.

LUVISOL TYPIQUE rédoxique, glossique, resaturé, cultivé, issu de limons anciens.

LUVISOL TYPIQUE, à hydromorphie fossile, drainé, cultivé, resaturé, issu de limons anciens, sur substrat argileux.

Distinction entre les réductisols et les RÉDOXISOLS et d'autres références

De nombreux solums comportent des caractères rédoxiques ou réductiques **débutant à moins de 50 cm de profondeur**, susceptibles de justifier, ou non, un rattachement double, par la présence d'autres horizons de référence importants tels que E, BT, BP, Sca, Sa, Sal, etc. (cf. tableau p. 289). En effet, les processus d'oxydo-réduction ne sont pas exclusifs et les caractères hydromorphes peuvent se surimposer à d'autres caractères importants relatifs à d'autres pédogenèses.

Ainsi, quatre cas se présentent :

• S'il y a présence uniquement d'horizons G ou –g, surmontés éventuellement d'horizons O, H, A, An, J, S, (C admis en profondeur) : **rattachement simple aux réductisols ou aux RÉDOXISOLS.**

• S'il y a présence également d'horizons E, BT, BP, S, Sp, etc., le **rattachement double est obligatoire :**

– LUVISOL DÉGRADÉ-RÉDOXISOL (le caractère rédoxique est inclus dans le concept de LUVISOL DÉGRADÉ, mais l'apparition des signes rédoxiques ne se fait pas forcément à moins de 50 cm de profondeur) ;

– PODZOSOL MEUBLE-réductisol (séquence d'horizons A/E/BP/G).

• Si le solum est développé dans des alluvions, le **rattachement double est recommandé :**

– FLUVIOSOL TYPIQUE-RÉDOXISOL ;

– THALASSOSOL POLDÉRISÉ-RÉDOXISOL.

• Si la définition de la référence inclut déjà la notion d'horizons à caractères rédoxiques apparaissant à moins de 50 cm de profondeur, le **rattachement double est alors inutile.** C'est le cas des :

– PLANOSOLS TYPIQUES, caractérisés par la présence d'horizons Eg et Sg ou BTg, une forte différenciation texturale, un changement textural brusque et un contact textural subhorizontal, etc. ;

– PÉLOSOLS DIFFÉRENCIÉS, caractérisés par la succession d'horizons A/Eg/Sp.

Relations avec la WRB

RP 2008	WRB 2006
RÉDUCTISOLS TYPIQUES	Gleysols
RÉDUCTISOLS STAGNIQUES	Gleysols
RÉDOXISOLS	Stagnosols

Gleysols : peu différents des réductisols.

Stagnosols : peu différents des RÉDOXISOLS.

En effet, en page 3 de la WRB, il est écrit : « Stagnosols unify the former Epistagnic subunits of many other RSGs ».

Le *stagnic colour pattern* correspond sensiblement aux horizons rédoxiques g ou –g.

Le *gleyic colour pattern* correspond sensiblement aux horizons réductiques G.

À noter les *prefix qualifiers* "*gleyic*" et "*stagnic*" :

• *Gleyic* : montrant dans les 100 premiers centimètres des conditions réductrices et un *gleyic colour pattern* dans 25 % ou plus du volume de sol. *Epigleyic* si cela apparaît dans les 50 premiers centimètres ; *endogleyic* si cela apparaît entre 50 et 100 cm.

• *Stagnic* : montrant dans les 100 premiers centimètres des conditions réductrices et un *stagnic colour pattern* dans 25 % ou plus du volume de sol. *Epistagnic* si cela apparaît dans les 50 premiers centimètres ; *endostagnic* si cela apparaît entre 50 et 100 cm.

Mise en valeur – Fonctions environnementales

Sur le plan agronomique, l'excès d'eau peut être à l'origine de contraintes liées à l'anoxie/hypoxie, contrariant le développement racinaire et le développement végétatif des plantes. Par ailleurs, la perte de cohésion du sol aux fortes humidités et la fragilisation des organisations structurales rendent ces sols très sensibles aux dégradations physiques, modifient leur comportement mécanique (portance) et peuvent obliger d'adapter les techniques d'exploitation forestière ou les façons culturales. Enfin, certains de ces sols sont inondables.

RÉDUCTISOLS TYPIQUES

La mise en valeur de ces sols ne peut être envisagée que dans le cadre d'un l'aménagement global des pédopaysages correspondants ; elle doit prendre en compte les équilibres écologiques et l'équilibre hydrologique général lié au niveau des nappes souterraines et des cours d'eau et aux inondations possibles. Lorsqu'il s'agit de « zones humides » au sens du législateur, les fonctions de protection sont de nos jours prioritaires.

La nature et la croissance des essences des peuplements forestiers naturels sont très dépendantes de la profondeur estivale de la nappe permanente, car les horizons Gr sont des obstacles absolus à la pénétration racinaire, sauf pour l'aulne glutineux : cette essence compose seule les peuplements sur sols à nappe proche de la surface. Si la nappe estivale se trouve à quelques décimètres de la surface, elle est au contraire très favorable à l'alimentation hydrique estivale des arbres (essences supportant l'engorgement temporaire de surface) : les peuplements sont soit des frênaies, soit des chênaies pédonculées, à très forte productivité pour un grand nombre d'autres essences. Ils peuvent être à haute valeur patrimoniale. Le peuplier y rencontre de très bonnes conditions de croissance.

Leur mise en culture implique la création (ou la réhabilitation) d'un système d'assainissement par fossés, le réaménagement des cours d'eau, éventuellement la mise en place de digues (contre les inondations) et souvent le drainage souterrain. Ils peuvent se situer à l'émergence d'une nappe souterraine (mouillères, dites aussi « sorties sourceuses »). Ces mouillères sont sevrées à l'aide de captages localisés et de tranchées drainantes (drains et graviers).

RÉDUCTISOLS STAGNIQUES

Leur mise en valeur suppose une protection contre l'arrivée des eaux extérieures (fossés ou canaux de piémont, digues, aménagement des cours d'eau). Mais il s'agit généralement de sols à très fortes contraintes d'anoxie, et donc à très faible niveau de production, couvrant de faibles surfaces, et pour lesquels des investissements sont rarement justifiés.

RÉDOXISOLS

La mise en œuvre de fossés de ceinture et de drains enterrés (nus ou enrobés) permet généralement de maîtriser le type d'excès d'eau dans ces sols qui ont par ailleurs de bonnes potentialités agronomiques.

Sur le plan forestier, les horizons rédoxiques g ou à caractère rédoxique –g ne représentent que rarement un obstacle absolu à l'enracinement des arbres. Les potentialités forestières des RÉDOXISOLS peuvent donc rester excellentes (dépendant plus de leur réservoir en eau utile et de leur niveau trophique que de l'engorgement), sauf lorsque la durée d'engorgement devient très longue (jusqu'en juin en région tempérée, en France!) et le niveau de saturation proche de la surface. Dans ces derniers cas, se poseront des problèmes de choix d'essences résistantes à l'anoxie, de stabilité des arbres et de choix de techniques de renouvellement des peuplements. Les investissements en interventions lourdes, de type billonnage et assainissement par fossés, risquent de ne pas être récupérés.

Fonctions environnementales des « zones humides »

Longtemps considérées comme des zones à mauvaise réputation, les zones humides ont progressivement acquis l'image de milieux de première importance d'un point de vue environnemental. Les solums rattachés aux réductisols, aux RÉDOXISOLS et en doubles rattachements avec les RÉDOXISOLS sont tous susceptibles d'être considérés comme caractéristiques des zones humides telles que définies à l'article 1 du décret n° 2007-135 du 30 janvier 2007 :
Les critères à retenir pour la définition des zones humides… sont relatifs à la morphologie des sols liée à la présence prolongée d'eau d'origine naturelle et à la présence éventuelle de plantes hygrophiles… En l'absence de végétation hygrophile, la morphologie des sols suffit à définir une zone humide.

Outre leur forte productivité biologique, les zones humides constituent des réserves de biodiversité, voire d'espèces patrimoniales, et remplissent d'importantes fonctions environnementales pour leur **capacité à fixer le carbone** et pour leurs **fonctions épuratrices** (cf. Girard M.-C., 2005. *Sols et environnement*. Paris, Dunod) :
• Dans les solums des zones humides, l'anoxie réduisant l'activité biologique, les matières organiques se décomposent plus lentement et une partie du carbone reste stockée dans la couverture pédologique (puits de carbone).
• Les zones humides bordant les cours d'eau constituent des « zones tampons » limitant le contact direct entre les zones émettrices de pollutions d'origine agricole et les cours d'eau. Plusieurs processus interviennent :

– le filtrage et la sédimentation des particules en suspension (et des molécules associées);
– la fixation temporaire physico-chimique de certains éléments comme le phosphore, le carbone organique, les ETM, certains micropolluants organiques, etc., selon les conditions oxydantes ou réductrices, ainsi que l'ambiance physico-chimique (force ionique, pH, teneur en carbone organique dissous). Les processus sont complexes et mal connus. Plutôt qu'une fixation, il vaut mieux parler de stockage plus ou moins long et de relargage ultérieur qui peut être bénéfique si le rejet s'effectue sous une forme chimique différente, moins biodisponible ou moins toxique, à des concentrations plus faibles, ou en période plus favorable;
– la rétention et la dégradation des pesticides: l'alternance des conditions d'oxydo-réduction favoriserait, selon la nature et la structure des molécules, la dissipation par biodégradation de certains polluants organiques. Les situations les plus favorables seraient un engorgement suffisamment long par une nappe riche en oxygène dissous assurant une bonne activité de la microflore du sol;
– l'assimilation du phosphore et de l'azote, en milieu eutrophe à forte productivité végétale, pendant les périodes d'activité de la végétation;
– la dénitrification: la transformation des nitrates en N_2 en conditions anoxiques est le processus concernant la restauration de la qualité de l'eau le plus mis en avant parmi les fonctions environnementales des zones humides. Les conditions optimales sont l'anoxie complète, une source importante de carbone assimilable, une température élevée et une forte concentration en nitrate.

Il faut noter que la dénitrification résulte de l'enchaînement d'une série de réactions qui n'est pas toujours complète et qui peut aboutir au final à l'émission de N_2O, gaz à effet de serre. Il semble cependant que les zones humides de faible étendue, à anoxie saisonnière et limitée, recevant des apports continus de nitrates soient favorables à la dénitrification, comme l'ont montré notamment des travaux menés en Bretagne.

Globalement, les couvertures pédologiques et la végétation des zones humides sont des « intégrateurs » de processus divers et efficaces, retenant, transformant ou éliminant les différents polluants des eaux, mais parfois antagonistes et pouvant entraîner des effets négatifs (gaz à effet de serre). Elles sont de ce fait fortement impliquées dans les enjeux environnementaux majeurs.

Réductisols, RÉDOXISOLS et autres solums à caractères hydromorphes (les histosols font l'objet d'un chapitre particulier).

Manifestations d'hydromorphie fonctionnelle **débutant à moins de 50 cm de profondeur.**			Manifestations d'hydromorphie fonctionnelle **débutant à plus de 50 cm de profondeur.**	
Processus d'oxydo-réduction jugés majeurs : • traits réductiques ; • ou traits rédoxiques exclusifs sans autres caractères importants.		Présence d'horizons de référence associant des traits **rédoxiques** et d'autres caractères importants. Processus d'oxydo-réduction jugés non exclusifs ou secondaires.		
Rattachement simple au GER des réductisols et RÉDOXISOLS		**Rattachement double obligatoire ou recommandé ou rattachement à un autre GER**	**Solums à caractères hydromorphes, autres GER**	
Présence obligatoire d'horizons de référence G débutant à moins de 50 cm. Présence possible d'horizons An, H, –g ou g.	Présence obligatoire des horizons de référence g ou –g ou ga. G possible en profondeur (à plus de 50 cm).	Traits rédoxiques fonctionnels débutant à moins de 50 cm de la surface et se prolongeant ou s'intensifiant en profondeur sur au moins 50 cm d'épaisseur.	Traits rédoxiques ou réductiques fonctionnels débutant entre 50 et 80 cm.	Traits rédoxiques ou réductiques fonctionnels débutant entre 80 et 120 cm.
RÉDUCTISOLS TYPIQUES **RÉDUCTISOLS STAGNIQUES**	**RÉDOXISOLS**	Rattachement à des références incluant déjà la notion d'engorgement : • **PLANOSOLS TYPIQUES** ; • **LUVISOLS DÉGRADÉS.** ou double rattachement : **LUVISOLS TYPIQUES-RÉDOXISOLS** ; **FLUVIOSOLS TYPIQUES-RÉDOXISOLS** ; **PÉLOSOLS TYPIQUES-RÉDOXISOLS**, etc.	Utilisation des qualificatifs : • rédoxique • ou réductique Exemples : • **FLUVIOSOL BRUNIFIÉ réductique** ; • **LUVISOL TYPIQUE rédoxique.**	Utilisation des qualificatifs : • à horizon rédoxique de profondeur ; • à horizon réductique de profondeur. Exemple : **BRUNISOL EUTRIQUE à horizon rédoxique de profondeur.**

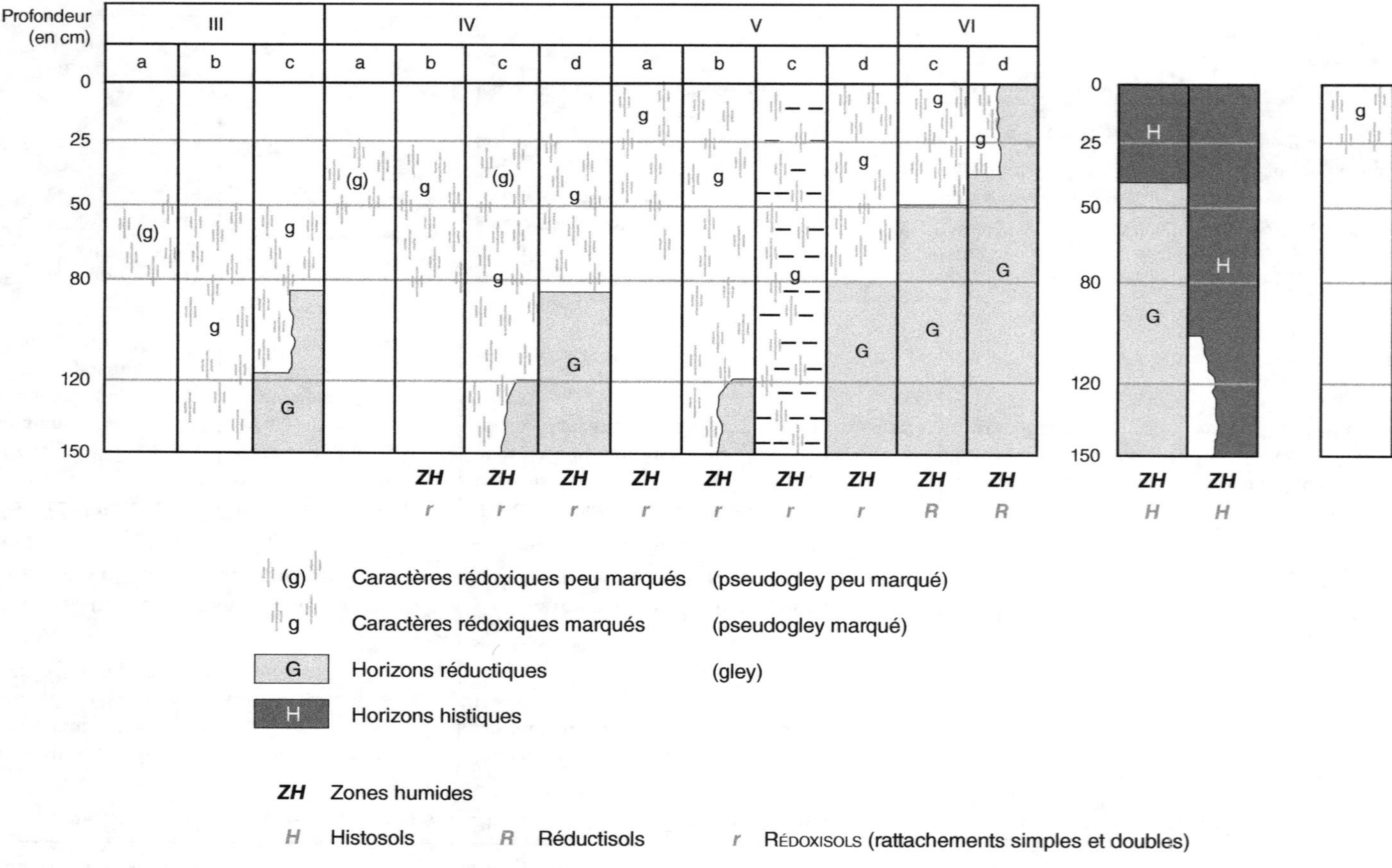

Morphologie des sols correspondant à des « zones humides » (d'après classes d'hydromorphie du GEPPA, 1981).

Régosols

Les RÉGOSOLS sont des solums très minces comportant, à moins de 10 cm de profondeur (éventuel horizon OL non compté), un matériau non ou très peu évolué, non différencié, n'ayant pas acquis de structure pédologique généralisée, meuble ou peu dur (c'est-à-dire cohérent, mais dont l'approfondissement avec des outils tels que bêches, pioches ou charrues est réalisable).

Conditions de formation et pédogenèse

De nombreux RÉGOSOLS résultent de processus d'érosion, mais d'autres, au contraire, résultent d'apports récents, notamment éoliens. Il peut s'agir :
• de sols véritablement très jeunes, d'origine anthropique après troncature complète de couvertures pédologiques antérieures, ou libérés par le retrait d'un glacier ou liés à des dépôts volcaniques très récents, etc. ;
• de sols « rajeunis » dont les matériaux parentaux ne sont pas encore stabilisés, soumis à des apports ou déflations constants et rapides par le vent (sables dunaires), ou subissant constamment une érosion hydrique active (RÉGOSOLS de *badlands*), etc. ;
• de sols sous climats arides, n'évoluant pratiquement pas à cause d'un manque de pluie et de l'absence de végétation.

Les matériaux pouvant constituer les RÉGOSOLS sont variés : sables, formations pyroclastiques, marnes, craies, altérites décapées, etc.

Horizons de référence

La séquence d'horizons de référence est constituée :
• d'un horizon pédologique (organo-minéral ou holorganique),
• au-dessus d'une couche M ou D ou d'un horizon C, à l'exclusion des dépôts alluviaux très récents.

Dans ces derniers cas, le solum sera rattaché aux FLUVIOSOLS BRUTS, en raison du mode de dépôt, de la position géomorphologique et de la présence d'une nappe phréatique alluviale.

Qualificatifs utiles pour les RÉGOSOLS

Les différents qualificatifs serviront à préciser la nature du solum sur les premiers centimètres ou bien la cause de l'existence du RÉGOSOL ou bien le type de paysage.

12ᵉ version (9 novembre 2007).

calcaire, **crayeux**, **dolomitique**, **marneux**, **pyroclastique**, **épihistique**, etc.

d'érosion	Qualifie un RÉGOSOL résultant de phénomènes d'érosion.
d'apport	Qualifie un RÉGOSOL résultant de phénomènes d'apports récents (colluvions exclues – cf. *infra*).
anthropique	L'existence du RÉGOSOL provient directement d'une activité humaine (p. ex. fond de carrière).
lithique	Qualifie un RÉGOSOL dans lequel une couche R débute à moins de 50 cm de profondeur.
dunaire, d'erg	RÉGOSOL sableux, d'apport éolien.
à pergélisol profond	Présentant un pergélisol à plus de 2 m de profondeur.
de *badlands*	RÉGOSOL d'érosion issu de marnes ou d'argilite, dans un paysage à ravinement généralisé.

Exemples de types

RÉGOSOL sableux, calcaire, de dune littorale.
RÉGOSOL dolomitique, de pente forte.
RÉGOSOL anthropique, crayeux, de fond de carrière.
RÉGOSOL de *badlands*, issu de marnes noires.
RÉGOSOL limoneux, issu d'altérites de schistes.

Distinction entre les RÉGOSOLS et d'autres références

Le matériau géologique non altéré sous-jacent des RÉGOSOLS n'est pas très dur, contrairement à celui des LITHOSOLS. Un approfondissement est possible avec des moyens appropriés.

Les ARÉNOSOLS se distinguent des RÉGOSOLS sableux du fait que les premiers montrent, sur une épaisseur > 10 cm, un taux de matières organiques et une activité biologique non négligeables.

Les COLLUVIOSOLS, ils se distinguent des RÉGOSOLS d'apport à la fois par leur position géomorphologique de bas de versants ou de fond de vallon et parce qu'ils sont le plus souvent constitués de matériaux pédologiques déplacés le long des versants, matériaux souvent fortement altérés.

Quant aux RÉGOSOLS, ils se distinguent des VITRANDOSOLS par la très faible épaisseur de l'horizon de surface (< 10 cm).

Relations avec la WRB

RP 2008	WRB 2006
RÉGOSOLS	(non Lithic) Leptosols

Remarque : pour le *Référentiel pédologique*, la couche M doit débuter à moins de 10 cm de profondeur ; pour la WRB, les Leptosols ont moins de 25 cm d'épaisseur.

Mise en valeur agricole et forestière

Les RÉGOSOLS sont constitués essentiellement de matériaux apparaissant à très faible profondeur et n'ayant ni structure pédologique ni activité biologique. Il y a cependant possibilité d'approfondissement et d'ameublissement avec des outils modernes (défonçage).

Les principales contraintes à la mise en valeur sont le très faible réservoir en eau et le manque de volume pour l'enracinement et l'alimentation des arbres.

Salisols et sodisols

7 références

Conditions de formation et pédogenèse

Les caractères des solums affectés par les sels imposent de les retenir au plus haut niveau du *Référentiel pédologique*. En effet, la nature chimique de leurs constituants, leurs caractères morphologiques et d'organisation et surtout leurs comportements physico-chimique et hydrique particuliers et à dynamique parfois rapide entraînent la formation de paysages typiques, une occupation végétale spécialisée ou totalement absente et des problèmes spécifiques de mise en valeur.

Les climats arides et semi-arides, qui contribuent au maintien des sels dans les couvertures pédologiques et les paysages, sont les plus favorables au développement de ces caractéristiques salines ou alcalines, reconnues aussi sous climats tempérés, dans des situations particulières (estuairiennes, endoréiques, etc.).

L'origine des sels responsables de cette salinité-sodicité est diverse :
• marine actuelle ou ancienne ;
• lithologique, due aux ions libérés par l'altération de certaines roches ;
• volcanique ou hydrothermale ;
• éolienne par des embruns ;
• mais aussi anthropique, induite par la mise en valeur agricole et autres aménagements (eaux d'irrigation, engrais, barrages, serres, effluents agricoles ou urbains, etc.).

Les matériaux affectés sont le plus souvent alluviaux, fluvio-marins, parfois colluviaux, de compositions texturales variables, souvent hétérogènes, car polygéniques, et situés en position topographique basse. La présence d'une nappe phréatique est fréquente. En régime naturel, les conditions bioclimatiques (précipitations pluviales, évaporation, évapotranspiration) différencient des dynamiques verticales descendantes, ascendantes ou complexes, qui caractérisent les profils de ces sols du point de vue des sels solubles ou du sodium échangeable. En systèmes irrigués, les profils verticaux peuvent être plus complexes, en relation avec les régimes hydriques imposés.

La végétation naturelle subissant soit une pression osmotique trop élevée dans la solution du sol, soit une toxicité ionique spécifique, soit encore des caractéristiques physiques et une ambiance hydrique défavorables se spécialise sur ces milieux occupés par des espèces tolérantes dites halophytes ou xérophytes ; ces milieux peuvent aussi être totalement dépourvus de végétation à partir d'un niveau de salinité élevé (cf. les termes vernaculaires : chotts, lagunas, sebkhas, salares, sansouires, tannes vifs).

12e version (2 janvier 2008).

Horizons de référence

Les solums salsodiques sont définis par la présence de deux horizons de référence spécifiques : l'horizon salique et l'horizon sodique. Ils peuvent exister soit séparément, soit conjointement et superposés dans un même solum (un horizon salique reposant sur un horizon sodique ou inversement), en raison d'une évolution naturelle ou souvent anthropique induite par l'irrigation. Ces deux horizons de référence sont essentiellement caractérisés :
• soit par la présence d'une certaine quantité de sels solubles dans la solution du sol ou précipités dans l'horizon lui-même (**horizons saliques**) ;
• soit par la présence, sur le complexe échangeable de l'horizon, d'une quantité de sodium relativement importante par rapport aux autres cations adsorbés (**horizons sodiques**).

Horizons saliques

Ces horizons se caractérisent par une accumulation marquée de sels plus solubles que le gypse $[CaSO_4, 2(H_2O)]$ dont le produit de solubilité $(\log Ks)_{25\,°C} = -4,85$. Il peut donc s'agir de sels chlorurés, sulfatés, bicarbonatés, carbonatés ou nitratés : sels simples KCl, $NaCl$, $MgCl_2$, $CaCl_2$, Na_2SO_4, $MgSO_4$, $NaHCO_3$, Na_2CO_3, $NaNO_3$, etc. ou sels complexes plus ou moins hydratés. Le cation le plus fréquent est le sodium.

Outre ce critère de solubilité, le type anionique de salure et la conductivité électrique de la solution du sol sont pris en considération :
• enrichis en chlorures et/ou en sulfates ou nitrates (sels de la série neutre), avec un pH de l'extrait de pâte saturée < 8,5, ils sont définis comme saliques si, à un moment de l'année, la conductivité électrique de cet extrait de pâte saturée atteint 15 $dS \cdot m^{-1}$ (dSiemens par mètre) à 25 °C.
• enrichis en bicarbonates et carbonates (sels de la série alcaline), avec un pH de l'extrait de pâte saturée > 8,5, ils sont définis comme saliques si, pendant une période de l'année, la conductivité électrique de cet extrait de pâte saturée atteint 8 $dS \cdot m^{-1}$ à 25°C.

Notations : **SaA, SaS, SaC, SaY**   éventuellement   **SaBT, SaH, SaK**, etc.

Remarque : la teneur de ces horizons en sodium et/ou en magnésium échangeable peut être élevée relativement au calcium, et elle l'est d'autant plus que la salinité est forte, mais la structure n'est pas dégradée.

Horizons sodiques

Ces horizons se caractérisent par une forte proportion de sodium échangeable. Ils sont affectés également par une structure dégradée et compacte, soit totalement continue, soit grossièrement polyédrique, prismatique ou en colonnes. Cette évolution structurale est en relation avec des conditions pédoclimatiques de plus en plus humides provoquant la mobilisation du sodium au sein des solums ou latéralement. La porosité intra-agrégats de ces horizons est toujours faible, non seulement en saison humide, mais aussi en saison sèche.

Cette dégradation de la structure est provoquée par une teneur en sodium échangeable et hydrolysable plus ou moins élevée, mais représentant au moins 15 % de la somme des cations échangeables alcalins et alcalino-terreux. Cette teneur peut être inférieure lorsque le sodium manquant est compensé par une teneur élevée en magnésium échangeable, et surtout déséquilibrée par rapport à celle du calcium. Selon la nature minéralogique des argiles présentes, une teneur en sodium < 15 % peut aussi causer des dégradations structurales.

La teneur en sels solubles de ces horizons est nulle ou très faible.

Notation : **NaA, NaS, NaBT, NaC**.

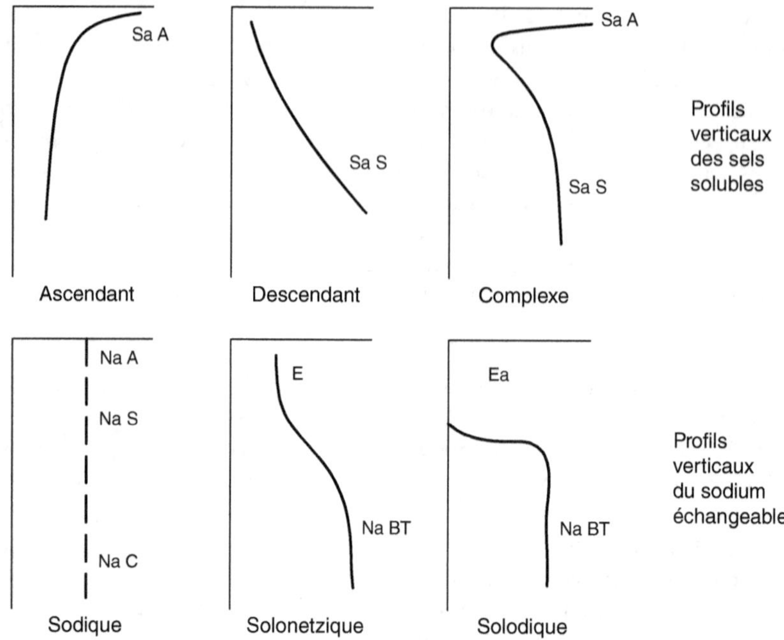

Distribution des sels solubles dans les salisols (en haut) et du sodium échangeable dans les sodisols (en bas).

Références

Sept références sont distinguées : deux références de salisols, trois références de sodisols, les SODISALISOLS et les SALISODISOLS.

Salisols

Ils sont caractérisés par la présence d'un **horizon salique** débutant à moins de 60 cm de profondeur. La présence de sels solubles en quantité suffisante entraîne obligatoirement dans ce même horizon un transfert de sodium sur le complexe d'échange, mais la structure n'est pas dégradée. Selon le type anionique de salure, on distingue deux références :

SALISOLS CHLORURO-SULFATÉS

Ils sont affectés par une salure neutre ou faiblement acide (pH< 8,5) et riches en sels neutres de sodium, magnésium ou calcium (milieux souvent marins, mais pas exclusivement, sols sulfatés sodiques continentaux du nord du Mexique, par exemple).

SALISOLS CARBONATÉS

Leur salure est dominée par des sels alcalins (pH > 8,5 ; milieux continentaux).

Remarque : des salisols nitratés et boratés reconnus ponctuellement en Asie centrale, Antarctique, Bolivie, etc. pourraient constituer des références supplémentaires.

En relation avec une dynamique ascendante ou descendante de leur profil salin, ces solums peuvent ou non présenter des états de surface bien différenciés et caractéristiques, (croûte saline ou gypsosaline, efflorescences, structure poudreuse, salant hygroscopique ou structure superficielle friable à agrégats conservés).

Sodisols

Ils sont caractérisés par la présence d'un **horizon sodique,** apparaissant à moins de 60 cm de profondeur, et par l'absence quasi totale de sels solubles, en présence desquels la structure se maintiendrait stable. Selon la garniture cationique du complexe d'échange, on peut différencier des **sodisols sodiques** et des **sodisols magnésiens.** Au plus haut niveau, seul le degré d'évolution verticale du couple argile-sodium (fonction des conditions hydroclimatiques) est pris en considération pour distinguer trois références :

SODISOLS INDIFFÉRENCIÉS

Dans les SODISOLS INDIFFÉRENCIÉS (= **sodiques**), la dispersion de l'argile sodique provoque seulement une dégradation de la structure qui devient très massive ; la porosité intra-agrégats est faible ; il n'y a pas de migration verticale, ni d'ions ni d'argile. Le pH y est généralement > 8,7 (alcalinisation).

La séquence d'horizons de référence est : **NaA/NaS/NaC.**

SODISOLS SOLONETZIQUES

Dans les SODISOLS SOLONETZIQUES (= **lessivés**), une certaine désaturation en sodium du complexe échangeable, puis une éluviation d'argile se manifestent dans les horizons supérieurs. En outre, le pH s'y abaisse pour devenir proche de la neutralité. Les horizons inférieurs, enrichis en sodium et en argile, y ont une structure prismatique ou en colonnes, avec une porosité intra-agrégats très faible.

La séquence d'horizons de référence est : **E/NaBT.**

SODISOLS SOLODISÉS

Dans les SODISOLS SOLODISÉS (= **dégradés**), une désaturation complète du complexe adsorbant dans les horizons supérieurs provoque un abaissement du pH jusqu'à des valeurs comprises entre 4 et 5. L'action conjointe de l'acidité libérée et des phénomènes d'oxydo-réduction y provoque une dégradation des minéraux argileux, qui se manifeste sous forme d'un blanchiment de l'horizon E et du sommet des colonnettes de l'horizon NaBT ; cet horizon inférieur enrichi en sodium présente un pH élevé, alcalinisé, compris entre 9 et 10.

La séquence d'horizons de référence est : **Ea/NaBT.**

SODISALISOLS et SALISODISOLS

Certains solums salsodiques présentent à la fois un horizon salique et un horizon sodique superposés. Selon l'ordre de superposition de ces deux horizons de référence, on distingue deux références :

SODISALISOLS

Du fait d'une évolution saline verticale descendante, naturelle ou anthropique d'un salisol originel, les SODISALISOLS présentent un horizon de surface dessalé, mais sodique, à forte compacité intra-agrégats à l'état sec ou à structure continue à l'état humide. Cet horizon est plus ou moins épais et différencié selon la mobilité des sels solubles initialement présents. On passe en profondeur à un horizon salique.

La séquence d'horizons de référence est : **NaA/SaS.**

SALISODISOLS

Les SALISODISOLS, du fait d'une longue évolution saline ascendante, présentent un horizon superficiel salique (chloruro-sulfaté ou carbonaté) passant en profondeur à un horizon sodique dessalé. Cette configuration se reconnaît en présence d'une nappe alcalisante, à SAR (*Sodium Adsorption Ratio*) élevé, dont les battements affectent les horizons inférieurs des sols, les soumettant à une alcalisation remontante (horizon sodique). Sous les climats à fort pouvoir évaporant, les sels solubles présents et suffisamment mobiles (essentiellement chlorures et sulfates) se concentrent dans la partie supérieure des solums, différenciant un horizon salique.

La séquence d'horizons de référence est : **SaA/NaS**.

Remarque : pour chacune de ces deux dernières références, des précisions complémentaires peuvent être apportées selon la nature anionique des sels solubles présents (qualificatifs **chloruro-sulfatés**, **sulfatés** ou **bicarbonatés**).

Qualificatifs utiles pour les salisols et les sodisols

magnésien Qualifie un sodisol où le magnésium est nettement dominant par rapport au sodium, et surtout au calcium, sur le complexe adsorbant.

chloruro-sulfaté, Ces qualificatifs précisent la nature anionique des sels solubles présents
sulfaté, bicarbonaté (cas des SODISALISOLS et SALISODISOLS).

jarositique Qualifie un solum dans lequel un horizon à jarosite apparaît à plus de 60 cm de profondeur (et à moins de 125 cm).

mélanoluvique, vertique, réductique, rédoxique, carbonaté, calcaire, argileux, etc.

Qualificatifs en rapport avec la salure et la sodicité

salique Qualifie un solum (autre que salisol) dans lequel un horizon salique est reconnu débutant à plus de 60 cm de profondeur (et à moins de 125 cm).

sodique Qualifie un solum (autre que sodisol) dans lequel un horizon sodique apparaît à plus de 60 cm de profondeur (et à moins de 125 cm).

salin Qualifie un solum (ou un horizon) dans lequel est reconnue une certaine abondance de sels plus solubles que le gypse, mais dont la conductivité électrique est en deçà des normes de définition de l'horizon salique.

sodisé Qualifie un solum (ou un horizon) dans lequel est reconnue une certaine abondance de sodium sur le complexe adsorbant, mais en deçà des normes de définition de l'horizon sodique (Na^+/CEC < 15 %).

Distinction entre les salisols et les sodisols et d'autres références

Avec les ARÉNOSOLS

Les solums dont la texture trop grossière ne permet pas la confection d'une pâte saturée ne peuvent pas être rattachés aux salisols, mais aux ARÉNOSOLS salins.

Avec les réductisols et les RÉDOXISOLS

Les solums salsodiques sont souvent affectés par des engorgements temporaires ou permanents plus ou moins intenses. Un solum présentant un horizon salique ou sodique pourra également être rattaché à une référence de réductisol ou aux RÉDOXISOLS s'il présente un horizon G ou g débutant à moins de 50 cm de profondeur (rattachement double). Si les caractères liés à l'engorgement sont plus profonds, on utilisera les qualificatifs **réductique**, **rédoxique**, **à horizon réductique de profondeur** ou **à horizon rédoxique de profondeur**.

Avec les THIOSOLS et les SULFATOSOLS

Des solums qui présentent des caractéristiques de THIOSOLS ou surtout de SULFATOSOLS peuvent aussi correspondre à la définition des salisols. Dans un tel cas, les solums seront désignés comme SULFATOSOLS saliques.

Avec les vertisols, les fluviosols et les thalassosols

Les solums salsodiques peuvent présenter des caractères vertiques, gypsiques, ou calcimagnésiques, de même que certains vertisols ou fluviosols ou thalassosols peuvent présenter des manifestations salsodiques. Dans de tels cas, on utilisera les qualificatifs **salin**, **salique**, **sodique**, **sodisé**, etc.

Relations avec la WRB

RP 2008	WRB 2006
SALISOLS CHLORURO-SULFATÉS	Solonchaks (Chloridic or Sulphatic)
SALISOLS CARBONATÉS	Solonchaks (Carbonatic)
SODISOLS INDIFFÉRENCIÉS	Solonetz
SODISOLS SOLONETZIQUES	Haplic Solonetz
SODISOLS SOLODISÉS	Solonetz (Albic)
SODISALISOLS	Endosalic Solonetz
SALISODISOLS	Episalic Solonetz

L'horizon salique correspond sensiblement au *salic horizon* de la WRB. De même, l'horizon sodique correspond au *natric horizon*, mais ce dernier est défini comme présentant un taux d'argile nettement supérieur à celui des horizons supérieurs.

Puffic est un *prefix qualifier* spécifique des solonchaks, qui signale la présence en surface d'une croûte soulevée par des cristaux de sel.

Aceric est un *suffix qualifier* spécifique des solonchaks, qui signale la présence d'un pH situé entre 3,5 et 5 et des taches de jarosite dans une couche située dans les 100 premiers centimètres. Cf. qualificatif **jarositique** du RP 2008.

À noter les différences de profondeurs d'apparition pour les horizons spécifiques : 60 cm pour le *Référentiel pédologique* ; 100 cm pour la WRB.

Mise en valeur

L'utilisation agricole de ces sols est délicate. En pluvial, seuls les sols des pays suffisamment humides sont utilisables, parfois après dessalement saisonnier, pour cultiver riz, pâturages et espèces forestières ou fourragères tolérantes. Partout ailleurs, notamment en régions sèches, il faut recourir à une mise en valeur irriguée qui nécessite des précautions particulières, et surtout un lessivage et un drainage pour éliminer l'excès de sels et contrôler les remontées de nappe. On a aussi recours à l'emploi d'amendements minéraux ou organiques, et même à des solutions acides qui, améliorant la structure, facilitent le lessivage des sels. Un autre risque est de développer par ces pratiques hydro-agricoles, sur des sols initialement sains, une dégradation saline secondaire induite. En effet, même en utilisant une eau de bonne qualité, si cette eau n'est pas apportée en quantités suffisantes pour assurer un lessivage des sels et s'il n'y a pas de drainage efficace, alors il demeure un risque de salinisation progressive.

Dans tous les cas, un diagnostic préalable suffisamment précis s'avère indispensable avant toute intervention.

Les problèmes liés à la conservation, à la dégradation chimique et à la régénération des sols affectés sont aujourd'hui d'une importance primordiale dans ces milieux irrigués, en raison de l'ampleur des interventions humaines en cours de développement. Une orientation récente consiste à rechercher des variétés de plantes tolérantes, grâce à une sélection génétique, afin de maintenir la meilleure production possible en repoussant les seuils de mortalité des espèces cultivées.

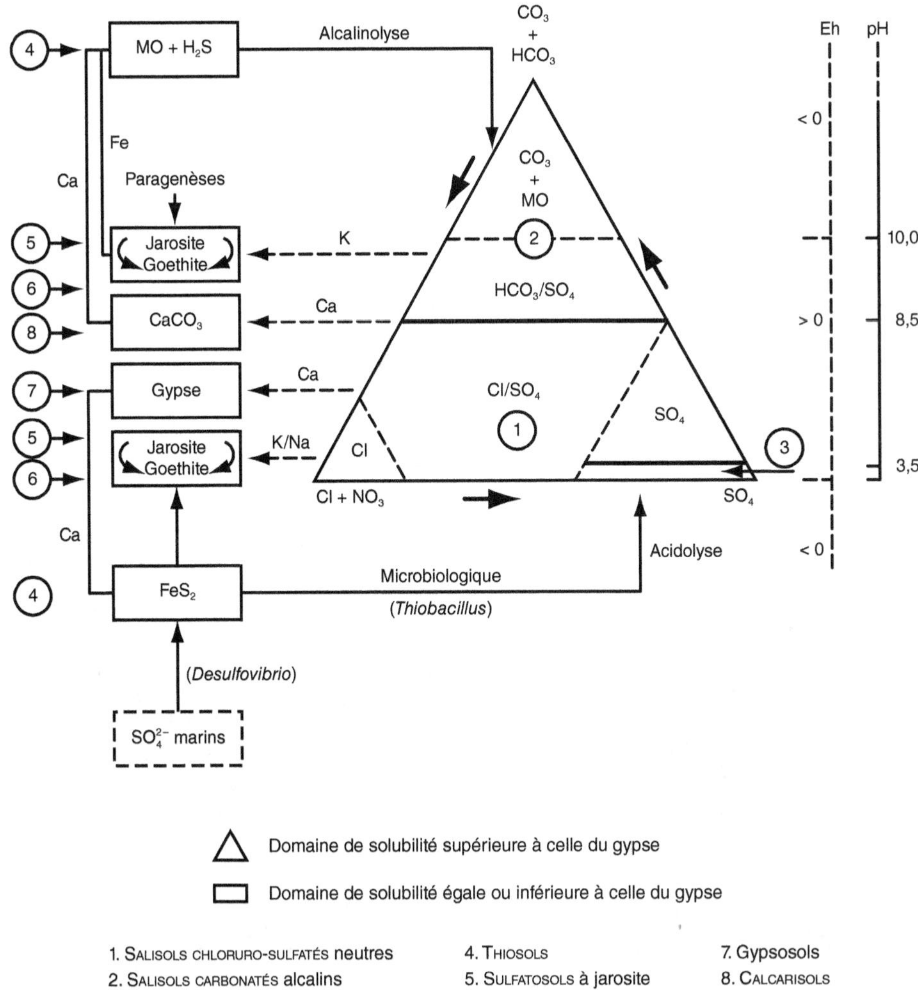

Domaine de solubilité supérieure à celle du gypse

Domaine de solubilité égale ou inférieure à celle du gypse

1. SALISOLS CHLORURO-SULFATÉS neutres
2. SALISOLS CARBONATÉS alcalins
3. SULFATOSOLS aluniques

4. THIOSOLS
5. SULFATOSOLS à jarosite
6. SULFATOSOLS rubiques

7. Gypsosols
8. CALCARISOLS

Filiation des salisols avec d'autres références.

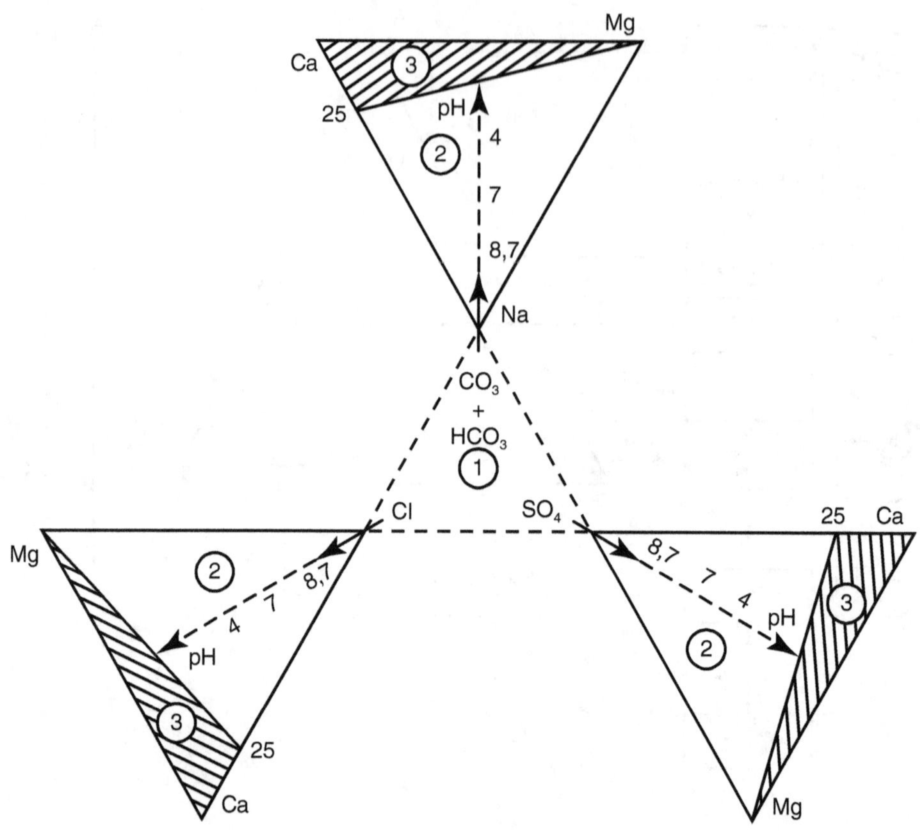

① Solution du sol enrichie en sels plus solubles que le gypse
= salisols (et SULFATOSOLS aluniques).

② Complexe échangeable du sol enrichi en sodium
et ou en magnésium = sodisols.
Évolution possible du pH : SODISOLS INDIFFÉRENCIÉS,
SOLONETZIQUES et SOLODISÉS.

③ Complexe échangeable du sol saturé en calcium et en magnésium
= autres types de sols non sodiques.

Schéma des filiations entre salisols et sodisols.

Thalassosols

3 références

Conditions de formation et pédogenèse

Les thalassosols sont développés dans des formations d'apports marins ou fluvio-marins, et donc situés à des altitudes voisines de celles de la mer (négatives ou positives). Les solums sont peu différenciés, non décarbonatés entièrement (s'ils étaient carbonatés à l'origine) et non brunifiés.

Paysages

Les thalassosols sont typiques des plaines littorales des côtes basses. En France, le long de la Manche (Wateringues, baie du Mont-Saint-Michel), de l'océan Atlantique (Marais poitevin, marais de Rochefort, marais de Bourgneuf, marais de Guérande, rives de la Gironde, îles de Ré et de Noirmoutier) et de la Méditerranée (étangs du Languedoc et du Roussillon). Ils abondent également aux Pays-Bas, dans le nord de l'Allemagne, etc.

Matériaux parentaux

Constitués d'alluvions marines ou fluvio-marines (estuaires, deltas), ils sont en général de granulométrie très fine (80 à 90 % de particules < 50 µm). Ces matériaux sont particuliers en ce sens qu'ils reflètent, à long terme, les cycles de sédimentation (périodes de transgressions alternant avec des phases de régressions marines).

Régimes hydrique et physico-chimique

À l'état naturel, ces terrains subissent l'influence d'une nappe phréatique proche de la surface, dont les fluctuations sont liées aux rythmes des marées. Parfois, il y a même invasion par la mer aux périodes de grandes marées ou durant les tempêtes. Ces eaux de nappes sont plus ou moins salées. Les sédiments eux-mêmes peuvent contenir des sels, du gypse, du $CaCO_3$ (tangue).

Action de l'homme (poldérisation)

Elle est pratiquement nulle dans le cas des THALASSOSOLS BRUTS et JUVÉNILES. À partir du moment où les matériaux sont endigués (THALASSOSOLS POLDÉRISÉS), la mise en valeur par l'homme peut débuter : mise à l'abri de la submersion par les eaux de la mer ; évacuation par gravité ou pompage des eaux en excès par des réseaux de canaux, de fossés et de drains ; contrôle du niveau de la nappe ; irrigation par des eaux douces ; mise en prairies, voire, dans un second temps, mise en culture ; fertilisation ; gypsage ; amendements calcaires ou organiques, etc. Dans ces conditions artificielles, un sol salé peut se voir dessaler par les pluies en quelques

---

15ᵉ version (17 mai 2008).

années, avec tout ce que cela peut entraîner au plan agronomique, et particulièrement en ce qui concerne la structure des horizons affectés.

Horizons de référence

Seuls peuvent être présents les horizons H, A (ou LA), Js, Jp, G, –g, C et Yp.

Les horizons de référence E, BT, BP, S, Sci, Sca sont interdits ainsi que l'horizon Y de surface. Un matériau thionique ainsi que des horizons sulfaté, salique et sodique peuvent être présents, mais débutant à plus de 60 cm de profondeur.

Les solums qui, à l'état naturel, possèdent les caractères de paysage, matériaux, régimes hydriques et physico-chimiques décrits plus haut seront rattachés prioritairement aux salisols ou aux sodisols s'ils présentent un horizon salique ou un horizon sodique débutant à moins de 60 cm de profondeur ; ils seront rattachés prioritairement aux réductisols ou aux RÉDOXISOLS si un horizon G, g ou –g apparaît à moins de 50 cm de profondeur.

Références

THALASSOSOLS BRUTS (sols de la *slikke*)

Ce sont des matériaux d'apports marins ou fluvio-marins à l'état brut, déposés le long des côtes et des berges (vasières). Ils sont souvent mal stabilisés et recouverts par la mer à chaque marée en période de hautes eaux. On note une absence totale de couverture végétale ou une végétation halophile pionnière éparse. Aucun signe de pédogenèse ne peut y être décelé.

Ces terrains subissent l'influence d'une nappe phréatique salée proche de la surface, dont les fluctuations sont liées aux rythmes des marées.

Il s'agit de **couches M inaltérées.**

THALASSOSOLS JUVÉNILES (sols du *schorre*)

Développés dans des matériaux d'apport marins ou fluvio-marins récents qui occupent les parties supérieures des vasières, ils sont recouverts par la mer en période de très hautes marées ou de très fortes tempêtes. Ces terrains, entrecoupés de chenaux, sont colonisés par une végétation halophile basse et continue et servent de pâturages (herbu, prés salés).

Faute de temps, la pédogenèse n'a pas encore pu se manifester. Il s'agit donc de sols « très peu évolués » et « très peu différenciés ».

La séquence d'horizons de référence est : **Js/M**   ou   **Js/Jp/M.**

THALASSOSOLS POLDÉRISÉS

Seuls des solums suffisamment dessalés et situés dans des sites endigués, drainés ou assainis seront rattachés aux THALASSOSOLS POLDÉRISÉS.

La séquence d'horizons de référence est : **A/Jp/M.**

Qualificatifs utiles pour les THALASSOSOLS POLDÉRISÉS

rédoxique, réductique, à horizon rédoxique de profondeur, à horizon réductique de profondeur

à deux nappes   Présence d'une nappe perchée et d'une nappe phréatique profonde.

assaini	Le solum a subi un assainissement agricole (généralement par fossés), le niveau de la nappe phréatique est contrôlé.
gypsique	Présence d'un horizon Yp de profondeur.
à horizon A humifère	Dont l'horizon de surface est humifère et bien structuré.
épihistique	Présence d'horizons H en surface (sur moins de 50 cm d'épaisseur).
bathyhistique	Présence d'horizons H en profondeur.
bathysulfaté	Présence d'un horizon sulfaté U à plus de 80 cm de profondeur.
bathysulfidique	Présence d'un matériau TH en profondeur.
salique	Qualifie un THALASSOSOL POLDÉRISÉ dans lequel un horizon salique est reconnu, débutant à plus de 60 cm de profondeur (et à moins de 125 cm).
sodique	Qualifie un THALASSOSOL POLDÉRISÉ dans lequel un horizon sodique est reconnu, débutant à plus de 60 cm de profondeur (et à moins de 125 cm).
salin	Qualifie un THALASSOSOL POLDÉRISÉ dans lequel est reconnue une certaine abondance de sels plus solubles que le gypse, mais dont la conductivité électrique est en deçà des normes de définition de l'horizon salique.
sodisé	Qualifie un THALASSOSOL POLDÉRISÉ dans lequel est reconnue une certaine abondance de sodium sur le complexe adsorbant, mais en deçà des normes de définition de l'horizon sodique.
vertique	Qualifie un THALASSOSOL POLDÉRISÉ montrant des caractères vertiques en profondeur.

calcaire, calcique, saturé, subsaturé, bathycarbonaté, etc.

Exemples de types

THALASSOSOL POLDÉRISÉ argileux, eutrique, à horizon réductique de profondeur, issu de « bri » ancien.

THALASSOSOL POLDÉRISÉ limono-sableux, calcaire, assaini, issu de tangue.

THALASSOSOL POLDÉRISÉ argileux, calcaire, sodique, des atterrissements de la Gironde (« matte »).

Distinction entre les thalassosols et d'autres références

Avec les réductisols et les RÉDOXISOLS

Si présence d'horizons G débutant à moins de 50 cm et se prolongeant en profondeur, rattachement double aux réductisols et aux thalassosols.

Si présence d'horizons –g ou g débutant à moins de 50 cm et traits rédoxiques se prolongeant ou s'intensifiant en profondeur, rattachement double RÉDOXISOLS-THALASSOSOLS POLDÉRISÉS.

Avec les THIOSOLS et SULFATOSOLS

Thalassosols, THIOSOLS et SULFATOSOLS partagent les mêmes paysages de plaines basses littorales, liés à des alluvions marines ou fluvio-marines. Mais les THIOSOLS sont caractérisés par la présence d'un matériau thionique (= sulfidique) à moins de 50 cm de profondeur et les SULFATOSOLS par la présence d'un horizon sulfaté situé à moins de 50 cm de profondeur.

Avec les salisols et les sodisols

De nombreux thalassosols présentent des caractères saliques ou sodiques. Dans certains cas, ces caractères peuvent être insuffisants, c'est-à-dire en deçà des normes de définition des horizons saliques et des horizons sodiques (qualificatifs **salin** et **sodisé**). Dans d'autres cas, de véritables horizons saliques et/ou sodiques peuvent être présents, mais à une profondeur > 60 cm (qualificatifs **salique** et **sodique**).

Relations avec la WRB

RP 2008	WRB 2006
THALASSOSOLS BRUTS	Tidalic Fluvisols
THALASSOSOLS JUVÉNILES	Tidalic Fluvisols
THALASSOSOLS POLDÉRISÉS	Fluvisols

À noter le *prefix qualifier* "*tidalic*" dont la définition est : « étant inondé par les eaux des plus hautes marées, mais non recouvert par l'eau à marée basse moyenne ».

Mise en valeur – Fonctions environnementales

Les zones dans lesquelles se trouvent les thalassosols sont des zones planes et basses où les matériaux récemment déposés sont considérés comme potentiellement fertiles. Dès le Moyen Âge, ces zones ont été aménagées pour la production agricole. Des aménagements ont donc été nécessaires pour protéger ces terrains des inondations causées par les fortes marées : des digues ont été construites pour isoler ces terrains de la mer, des fossés et des chenaux ont été creusés pour évacuer les eaux en excès et des portes ont été mises en place à leur extrémité.

La majorité des matériaux présentent une teneur plus ou moins importante en sels ; ces terrains assainis sont ensuite lavés naturellement par les eaux de pluie. Néanmoins, le dessalage naturel peut s'accompagner d'une sodisation (taux élevé de sodium échangeable) des sols, à l'origine d'une dégradation de leur état physique (compacité, structure massive, forte instabilité structurale). Pour une mise en valeur agricole optimale, il est nécessaire de mettre en place des opérations de restauration de la qualité physique des sols par des « plâtrages » de l'horizon de culture, à base de gypse broyé.

Ces zones sont actuellement considérées comme des zones sensibles à protéger et à conserver en un état plus ou moins naturel. En effet, elles présentent une flore spontanée spécifique et elles accueillent de nombreuses espèces animales sauvages (oiseaux). Cette biodiversité est un atout majeur pour le tourisme. Ces zones constituent donc un lieu de conflit entre l'agriculture et son intensification et la préservation des paysages et de la biodiversité.

Thiosols et sulfatosols

2 références

Conditions de formation et pédogenèse

Les THIOSOLS et les SULFATOSOLS caractérisent principalement les estuaires et les deltas des régions tropicales soumis à l'action de la marée et initialement couverts d'une formation végétale spécifique : la **mangrove à palétuviers.** On les trouve parfois aussi dans les zones littorales, deltaïques ou marécageuses des régions tempérées ou froides (Pays-Bas, Finlande, Suède, Canada, France), et même en zones continentales (sols sur schistes pyriteux du Québec). Ils correspondent aux *acid sulphate soils* des auteurs anglo-saxons et aux notions de *cat clays* et d'« argiles félioculines ».

La pédogenèse est dominée par le **soufre**, présent en leur sein sous forme de sulfure de fer (**pyrite**). C'est l'oxydation de la pyrite, dans la partie supérieure des solums, suite à l'abaissement de la nappe phréatique par drainage, qui est à l'origine de l'acidification de ces sols, le principal produit de l'oxydation étant la jarosite, sulfate basique de fer et de potassium, de formule $KFe_3(SO_4)_2(OH)_6$. La jarosite se présente sous forme de taches de couleur jaune pâle, généralement associées aux gaines racinaires des palétuviers.

Caractérisation spécifique

La caractérisation de ces solums doit faire appel à des méthodes spécifiques, tant sur le terrain qu'au laboratoire.

Sur le terrain, il est nécessaire d'utiliser une « pelle à vase » (demi-cylindre de 6 à 8 cm de diamètre et de 1 à 1,2 m de longueur) qui permet de prélever une carotte complète, sur laquelle on mesure immédiatement le pH et le Eh à différentes profondeur, à l'aide d'un pHmètre de terrain. L'eau de la nappe est prélevée à l'aide d'un petit flacon et sa conductivité mesurée à l'aide d'un conductimètre de terrain.

Au laboratoire, les principales déterminations à effectuer sur l'échantillon séché à l'air sont : le pH, le soufre total, le carbone organique total et les sels solubles (sur extrait aqueux au 1/10).

Les trois principaux caractères spécifiques des THIOSOLS et des SULFATOSOLS sont la présence de **taches de jarosite**, la **consistance** et le **pH**.

Taches de jarosite

Elles sont de couleur jaune pâle 2,5 Y 8/6. Ces taches sont souvent localisées dans un horizon de couleur « purée de marron » 10 YR 4/2.

9ᵉ version (8 août 2007).

Consistance

C'est une donnée physique essentielle. Elle a été définie par un indice n (Pons et Zonneveld, 1965), lié à la teneur en eau, à la granulométrie et à la teneur en matières organiques, selon la formule :

$$n = \frac{A - 0,2R}{L + 3H},$$

où :

A : % d'eau dans le sol en place (calculé sur la base du sol sec) ;
R : $100 - L - H$ = [limons + sables] ;
L : % d'argile ;
H : % de matières organiques (= carbone organique × 1,72).

Plus n est élevé, moins le sol est **maturé**. L'appréciation de la consistance permet de déterminer sur le terrain le degré de maturation physique d'un solum et cinq degrés de maturation correspondant à cinq classes de consistances ont ainsi été définies :

Indice n	Classe de consistance	Degré de maturation	Description de la consistance
> 2,0	1	Non maturé	Fluide, mou, ne peut être contenu dans la main.
1,4 à 2,0	2	Peu maturé	Sans consistance, très plastique, passe entre les doigts.
1,0 à 1,4	3	Semi-maturé	Très malléable, plastique, colle à la main, mais s'échappe entre les doigts.
0,7 à 1,0	4	Presque maturé	Malléable, un peu plastique, colle à la main, nécessite de forcer pour passer entre les doigts
< 0,7	5	Maturé	Très consistant, résiste à la pression de la main.

pH

C'est le principal caractère chimique qui sert à définir ces sols. En effet, mesuré sur place (pH *in situ*), il est généralement voisin de la neutralité ou très légèrement acide, compris entre 6 et 7. Mesuré sur échantillon séché à l'air, il peut s'abaisser à des valeurs < 4, voire 3,5. L'acidité qui se développe au cours du séchage des échantillons est appelée **acidité potentielle**, elle correspond à la différence pH *in situ* moins pH sec.

Matériaux et horizons de référence

Matériau sulfidique

Synonyme : **matériau thionique – codé TH.**

C'est un sédiment minéral ou organo-minéral, gorgé d'eau, qui contient au moins 0,75 % de soufre total (par rapport au poids sec), surtout sous forme de sulfures. Le matériau sulfidique s'accumule dans des zones qui sont continuellement saturées en eau généralement salée ou saumâtre. Les sulfates présents dans l'eau sont réduits par voie biologique en sulfures.

Par assèchement naturel ou par drainage artificiel, les sulfures s'oxydent et produisent de l'acide sulfurique. Le pH, normalement voisin de la neutralité, peut s'abaisser au-dessous de 2. L'acide réagit avec le sol pour former des sulfates de fer et d'aluminium (jarosite, natrojarosite, tamarugite, alun, etc.). La transformation d'un matériau sulfidique en un horizon sulfaté peut être assez rapide (quelques années). Pour une identification rapide sur le terrain, on peut oxyder un échantillon dans l'eau oxygénée concentrée et mesurer la chute du pH.

Horizon sulfaté (codé U)

C'est un horizon minéral ou organo-minéral qui a toujours un pH_{eau} < 3,5 (rapport solide sur eau 1/1) et, le plus souvent, des taches de jarosite (teinte 2,5 Y ou plus jaune et *chroma* ≥ 6). Des sulfates sont présents, sous forme de jarosite ou de sulfate d'aluminium, avec une teneur en soufre total > 0,75 %.

Références

THIOSOLS

Les THIOSOLS sont définis par la présence d'un **matériau thionique** TH débutant à moins de 50 cm de profondeur. Les caractères diagnostiques pour l'ensemble du solum sont les suivants :
- présence de soufre élémentaire et de sulfates de fer, avec une teneur en soufre total > 0,75 % ;
- pH s'abaissant à des valeurs < 3,5 après séchage ;
- consistance fluide (« de beurre ») à très plastique : n > 1,4 ;
- sans structure, parce que les solums sont toujours inondés ;
- souvent intercalations d'horizons H (fibriques, mésiques ou sapriques).

SULFATOSOLS

Ils sont caractérisés par la présence d'un **horizon sulfaté** U débutant à moins de 50 cm de profondeur. Consistance : n < 1,4. Un matériau sulfidique existe immédiatement sous l'horizon U.

Qualificatifs utiles

Qualificatif commun aux THIOSOLS et aux SULFATOSOLS

bathyhistique   Présence d'un horizon histique à plus de 80 cm de profondeur.

Pour les THIOSOLS

épihistique   Présence d'un horizon histique en surface (sur une épaisseur < 50 cm).

hémiorganique   Présence d'un horizon en surface contenant + de 8 g de carbone organique pour 100 g.

à horizon de surface humifère
Présence d'un horizon en surface contenant de 5 à 8 g de carbone organique pour 100 g.

salique   Conductivité de l'extrait de pâte > 8 mS sur les 50 premiers centimètres, toute l'année.

jarositique   Présence de taches de jarosite dans les 50 premiers centimètres, mais consistance n < 1,4.

Pour les SULFATOSOLS

salique   L'horizon sulfaté présente une conductivité (extrait de pâte saturée) > 8 mS, toute l'année.

rubique	L'horizon sulfaté est surmonté d'un horizon à taches rouges d'oxydes de fer (hématite), résultant de l'hydrolyse de la jarosite ; le pH de cet horizon est généralement > 3,5 (anciens « sols para-sulfatés acides »).
alunique	Présence de sulfates d'aluminium, soit dans les 20 premiers centimètres, soit sous forme d'efflorescences superficielles (tamarugite, alun). Le pH *in situ* est hyper-acide, voisin de ou < 2.
épigypseux	Présence de gypse, sous forme d'efflorescences superficielles. Le pH de l'horizon sulfaté peut être > 3,5.

Pour d'autres références

bathysulfaté	Présence d'un horizon sulfaté U à plus de 80 cm de profondeur.
bathysulfidique	Présence d'un matériau sulfidique TH à plus de 50 cm de profondeur.

Distinction entre les THIOSOLS et les SULFATOSOLS et d'autres références

Les références qui se rapprochent le plus des SULFATOSOLS sont les solums salsodiques (dans les zones semi-arides), les réductisols, les RÉDOXISOLS, les thalassosols et certains fluviosols.

Dans tous les cas, la présence de soufre à faible profondeur, sous forme de sulfures ou de sulfates, et la valeur du pH du sol sec < 3,5 doit conduire à rattacher prioritairement un solum aux THIOSOLS ou aux SULFATOSOLS.

Relations avec la WRB

RP 2008	WRB 2006
THIOSOLS	Fluvisols or Gleysols (Protothionic)
SULFATOSOLS	Fluvisols or Gleysols (Hyperthionic or Orthothionic)

Le matériau sulfidique ou thionique correspond bien au *sulfidic material* de la WRB, de même que l'horizon sulfaté correspond au *thionic horizon*.

Remarque : pour la définition du *suffix qualifier "thionic"*, la WRB fixe comme profondeur maximale d'apparition d'un *sulfidic material* ou d'un *thionic horizon* à 100 cm, alors que le *Référentiel pédologique* fixe cette profondeur à 50 cm.

Mise en valeur – Fonctions environnementales

L'aptitude des SULFATOSOLS à une utilisation agricole dépend principalement de quatre types de contraintes.

Contraintes liées à l'excès d'eau

Les SULFATOSOLS sont, le plus souvent, de texture fine et peu perméables. Lorsqu'ils viennent d'être récemment aménagés, selon le degré d'alluvionnement et de drainage, ils peuvent soit être complètement réduits, soit présenter un mince horizon oxydé au-dessus d'horizons réduits ; même dans ce dernier cas, ils sont généralement inondés pendant la saison des pluies, donc en conditions réductiques. Pour l'utilisation agricole, deux possibilités s'offrent aux aménageurs :

• on ne peut pas investir dans le drainage : seules les cultures adaptées aux conditions réductiques sont alors possibles, ce qui limite les spéculations agricoles au riz ;
• on dispose de capitaux pour réaliser un drainage et s'assurer une parfaite maîtrise de l'eau : la gamme de cultures alors possibles est large, notamment celle de cultures industrielles pouvant permettre d'amortir les frais investis (cocotier, palmier à huile, canne à sucre, légumes, agrumes, etc.).

Contraintes liées à la salinité

Les SULFATOSOLS récemment aménagés sont plus ou moins salés, et donc adaptés uniquement à des cultures tolérantes aux sels. S'il y a suffisamment d'eau douce provenant soit des pluies, soit des cours d'eau, la salinité peut être éliminée soit temporairement pendant la saison des pluies, soit de manière permanente par une poldérisation et un drainage judicieux.

De ce point de vue, il faut distinguer la zone tropicale humide où la salinité ne pose plus de problèmes quelques années après l'aménagement et la zone tropicale à longue saison sèche où la salinité peut constituer une contrainte permanente, même dans les zones poldérisées. En effet, la resalinisation en saison sèche par évaporation et remontée capillaire est un phénomène courant et saisonnier. Les cultures ne peuvent être faites qu'en saison des pluies, à condition de disposer de suffisamment d'eau douce fournie par les cours d'eau.

Contraintes liées à l'acidité

À des pH < 3,5, se développent toutes sortes de toxicités chimiques, parmi lesquelles on citera les toxicités aluminiques, ferriques, manganiques et celles liées aux acides organiques solubles (cas des solums hémiorganiques). En outre, on note des carences en éléments nutritifs, notamment en phosphore, en azote et en oligo-éléments.

Toutes ces contraintes chimiques liées à l'acidité peuvent être surmontées par un aménagement approprié. Une première méthode, utilisable dans le cas de la riziculture, est de limiter le drainage au minimum (ne pas abaisser la nappe au-dessous de 30 à 50 cm de profondeur). On évite ainsi l'acidification du sol en profondeur, et donc la remontée capillaire de substances acides toxiques. Quand cela n'est pas d'un coût prohibitif et si le sol n'est pas trop acide, on peut le chauler pour neutraliser l'acidité, au moins en surface.

Contraintes physiques

Ce sont les plus sévères. Le défrichement est très difficile à cause de la mauvaise accessibilité. Les terrains non maturés, ou seulement en surface, ont une portance faible, ce qui exclut la mécanisation du défrichement et de la préparation initiale du sol. Particulièrement difficile, est aussi l'aménagement des sols à horizons hémiorganiques superficiels, car leur portance est faible ou nulle.

Rôle écologique des mangroves

Les mangroves sont parmi les écosystèmes naturels les plus productifs au monde. Elles assurent un rôle écologique majeur pour la faune diversifiée qu'elles abritent (poissons, crabes, oiseaux, végétaux), pour stabiliser le littoral et le protéger de l'érosion, ainsi que pour filtrer les eaux douces chargées en particules, en matières minérales et en matières organiques qui proviennent des terrains situés en amont. Leur destruction entraîne un appauvrissement des fonds marins côtiers.

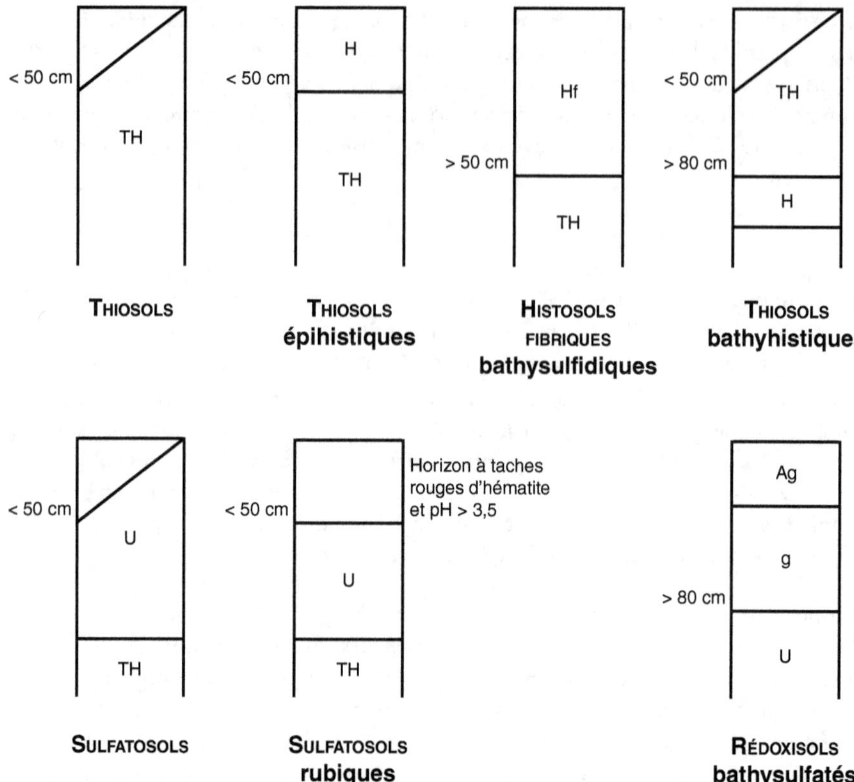
< 50 cm
TH
THIOSOLS
< 50 cm
H
TH
THIOSOLS
épihistiques
> 50 cm
Hf
TH
HISTOSOLS
FIBRIQUES
bathysulfidiques
< 50 cm
> 80 cm
TH
H
THIOSOLS
bathyhistiques
< 50 cm
U
TH
SULFATOSOLS
< 50 cm
U
TH
Horizon à taches
rouges d'hématite
et pH > 3,5
SULFATOSOLS
rubiques
> 80 cm
Ag
g
U
RÉDOXISOLS
bathysulfatés

Veracrisols

1 référence

Conditions de formation et pédogenèse

Les VERACRISOLS sont observés en France, sous un climat tempéré atlantique, lequel est particulièrement doux et humide toute l'année (Pays basque, Béarn, Chalosse). Les précipitations moyennes annuelles sont comprises entre 1 000 et 1 600 mm (bien réparties) et les températures moyennes annuelles entre 12 et 14 °C.

Ils sont principalement développés en situation plane dans les dépôts limoneux des terrasses anciennes des gaves pyrénéens, dont les niveaux profonds argilo-caillouteux sont des paléosols ferrallitiques (notés II F). Les solums montrent toujours en profondeur des horizons peu perméables (BTgd et II F, ou II F seul lorsque l'horizon BTgd a été entièrement brassé par la faune du sol), à caractères rédoxiques. Le pédoclimat étant humide, la lande acidiphile et hygrophile initiale était essentiellement constituée d'ajoncs (*Ulex europeus* et *Ulex nanus*), de fougères (*Ptéridium aquilinum*) et plus localement d'espèces plus hygrophiles telles que *Molinia coerulea*.

L'accumulation de matières organiques résulte de la combinaison d'une végétation à forte production primaire et d'un pédoclimat particulièrement humide. Malgré la forte acidité, l'intense activité biologique des vers de terre tend à approfondir considérablement les horizons Ah, et elle se manifeste jusqu'à une profondeur importante (parfois plus de 2 m) par de nombreuses galeries et chambres qui constituent autant de chemins préférentiels pour la circulation de l'eau et le développement racinaire.

Dans ces mêmes régions, d'autres matériaux (datant du Pliocène) portent localement des VERACRISOLS en conditions de situation topographique et de pédoclimat comparables.

Ces sols étaient appelés localement « sols de touyas »[1]. Le néologisme VERACRISOLS combine « ver » (qui rappelle l'action essentielle des vers de terre) et « acrisols » employé par la légende FAO pour désigner des sols très acides à faible taux de saturation.

Horizons de référence

Épisolum vermihumique

Les VERACRISOLS sont caractérisés par un épisolum humifère particulier, très épais et de couleur sombre, formé par l'action principale des vers de terre (caractère biomacrostructuré) sous un

---

Version 8bis (13 novembre 2007).

[1] La « touye » est le nom vernaculaire de l'ajonc en Béarn, les « touyas » désignant les landes à ajoncs.

climat doux et humide, dans des conditions acides ou très acides et de pédoclimat engorgé. Cet épisolum doit ses propriétés à l'activité de vers et présente un caractère humique; c'est pourquoi il est nommé **vermihumique**.

L'**épisolum vermihumique** est constitué d'horizons A épais, très humifères, **biomacrostructurés**, notés Ah. Ces horizons Ah, épais de 50 à 150 cm, présentent à leur sommet des teneurs en carbone organique comprises entre 2 et 10 g/100 g et sont caractérisés par une diminution régulière de ce taux avec la profondeur (caractère clinohumique). Le rapport C/N varie de 12 à 18. La structure est grumeleuse ou polyédrique arrondie, en grande partie construite par des vers anéciques géants du genre *Scherotheca* (Bouché, 1970), responsables également de l'abondance des chenaux et des boulettes fécales de grandes dimensions (Ø de 7 à 8 mm). La macroporosité est très importante (porosité totale > 50 %), en relation avec la biomacrostructuration et avec l'abondance des conduits biologiques. Les densités apparentes sèches sont basses, le plus souvent comprises entre 0,9 et 1,1. Cet épisolum se prolonge par de nombreuses galeries et chambres de lombriciens qui pénètrent dans les horizons sous-jacents. Sa texture est à dominante fine (limon moyen, limon argileux ou argile limoneuse).

En zones non cultivées (lande), le pH est acide, tamponné par l'aluminium, généralement compris entre 4,0 et 4,9 et assez constant sur l'ensemble du solum. Le rapport S/CEC est < 30 %; l'aluminium échangeable représente de 2 à 7 $cmol^+ \cdot kg^{-1}$ et décroît légèrement avec la profondeur; il occupe 10 à 50 % de la CEC. Le rapport Al^{3+}/S est toujours > 1.

La couleur est foncée à l'état humide (10 YR 3/2 ou *chroma* inférieure), et s'éclaircit assez fortement en séchant (gain d'au moins deux unités en *chroma*). Ces horizons Ah, bien qu'acides, ne présentent pas de caractères podzoliques.

Horizons labourés

En conséquence du défrichement et de la mise en culture intensive de ces sols (pour la production de maïs), le caractère humique tend lentement à disparaître dans l'horizon de surface. Il y a resaturation du complexe adsorbant et disparition de l'aluminium échangeable. Avec le temps, la population de vers diminue et la structure grumeleuse de l'horizon labouré se dégrade: l'horizon Ah devient LAh, puis LA.

Cependant, les marques de brassage et d'incorporation de matières organiques ainsi que la structure pédobiologique qui en résulte se conservent dans les horizons profonds qui présentent alors un caractère **bathyvermihumique** (vermihumique en profondeur). Ce caractère est encore observable dans des sols cultivés depuis trente ans. On peut néanmoins s'interroger sur sa pérennité à plus long terme.

Autres horizons

D'autres horizons sont souvent présents et encore reconnaissables: E, Eg, BTgd.

Séquences d'horizons

Les séquences d'horizons de référence sont variées.

Sous lande, un horizon Ah biomacrostructuré épais de plus de 50 cm est obligatoire: **Ah/E ou Eg/BTgd/II F.**
Ah/BTgd/II F   ou   **Ah/C ou II F.**

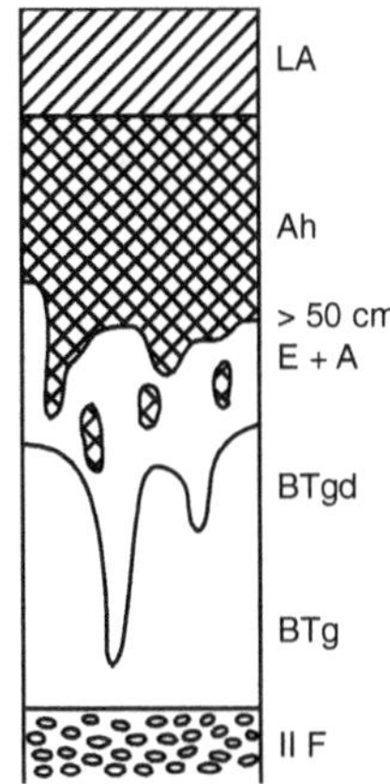

VERACRISOL paléoluvique, cultivé…

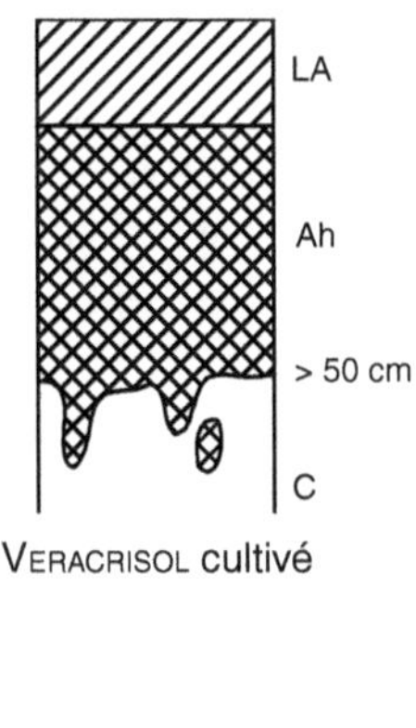

VERACRISOL cultivé

Un mince horizon OL est possible. La litière est rapidement détruite et incorporée à l'horizon Ah.

Sous culture, la présence d'un horizon Ah est obligatoire, sous un LAh ou un LA, avec sa base située à plus de 50 cm de profondeur :

LAh ou LA/Ah/E ou Eg/BTgd/II F.

LAh ou LA/Ah/BTgd/II F.

LAh ou LA/Ah/C ou II F.

Lorsque la mise en culture a totalement modifié les caractéristiques des horizons supérieurs, les solums peuvent ne plus être rattachés à la référence des VERACRISOLS, mais peuvent encore être qualifiés de **vermihumiques** ou **bathyvermihumiques** (p. ex. LUVISOL DEGRADÉ resaturé, bathyvermihumique, glossique, drainé, etc.).

Qualificatifs utiles pour les VERACRISOLS

mésosaturé en surface	Qualifie un VERACRISOL dans lequel le rapport S/CEC de l'horizon LAh ou LA est compris entre 50 et 80 % (sous culture).
resaturé en surface	Qualifie un VERACRISOL dans lequel le rapport S/CEC de l'horizon LAh ou LA est > 80 %, sous l'influence de la mise en culture.
leptique	Qualifie un VERACRISOL dont l'épaisseur des horizons Ah est comprise entre 30 et 50 cm d'épaisseur (rattachement imparfait).
pachique	Qualifie un VERACRISOL dont l'épaisseur des horizons Ah est > 1 m.
paléoluvique	Qualifie un VERACRISOL dont les horizons Ah résultent du brassage des horizons supérieurs d'un LUVISOL DEGRADÉ. Le solum présente encore des horizons profonds de type BTgd, parfois Eg (cas le plus général sur terrasses des gaves).

cultivé, **assaini**, **drainé**, **amendé**, etc.

Qualificatif utile pour les non-VERACRISOLS

bathy- vermihumique	Qualifie un solum ne correspondant pas (ou ne correspondant plus) complètement à la définition des VERACRISOLS, mais présentant en profondeur de nombreux volumes sombres brassés par les vers de terre et à forte teneur en matières organiques.

Exemples de types

VERACRISOL pachique, paléoluvique, limono-argileux, d'alluvions mindéliennes du Gave de Pau.

VERACRISOL resaturé en surface, cultivé, drainé, paléoluvique, argilo-limoneux, sur cailloutis altéré mindélien du Gave d'Oloron.

VERACRISOL limono-argileux, colluvio-alluvial, superposé à des argiles à galets ferrallitiques pliocènes.

VERACRISOL pachique, rédoxique, limoneux, paléoluvique, de dépression, de terrasse mindélienne.

Distinction entre les VERACRISOLS et d'autres références

En Pays basque, Béarn et Chalosse, de nombreux autres solums présentent des caractères vermihumiques, mais insuffisamment accentués pour être exclusivement rattachés à cette référence (alocrisols-VERACRISOLS, ALOCRISOLS HUMIQUES et BRUNISOLS DYSTRIQUES oligosaturés issus de *flysch*).

Les VERACRISOLS présentent un certain nombre de caractères communs avec :

• les ALOCRISOLS HUMIQUES, avec la différence notable des caractères liés à la bio-macrostructuration dans les horizons Ah ; possibilité d'une transition par l'intermédiaire d'ALOCRISOLS HUMIQUES-VERACRISOLS (rattachement double) ;

• les LUVISOLS DÉGRADÉS et les LUVISOLS DÉGRADÉS-RÉDOXISOLS (dont ils sont souvent issus) ;

• les chernosols, car ils présentent aussi le caractère vermihumique ; mais les VERACRISOLS se distinguent complètement des chernosols par leur ambiance acide et aluminique et par leur pédoclimat doux et humide.

Relations avec la WRB

RP 2008	WRB 2006
VERACRISOLS	Vermic Umbrisols

Le *préfix qualifier* "*vermic*" n'est pas officiellement prévu pour des Umbrisols.

Vertisols

4 références

Conditions de formation et pédogenèse

Les vertisols sont des solums argileux majoritairement smectitiques qui gonflent ou se rétractent fortement, suivant les saisons alternativement sèches et humides. Il en résulte une dynamique hydrique et structurale particulière et très contrastée, de laquelle découlent des propriétés agronomiques et géotechniques spécifiques. Les différences de structure entre les différents horizons des vertisols résultent de la dynamique de dessèchement (lequel est d'autant plus intense que l'horizon est situé près de la surface) et du poids des horizons sus-jacents (d'autant plus important que l'horizon est profond).

• en **périodes humides** : le gonflement non isotrope de la masse argileuse crée des pressions et des mouvements internes responsables des faces de glissements et de la réhomogénéisation perpétuelle des solums (pédoturbation). À la surface, apparaît souvent une alternance de micro-monticules et de micro-dépressions, dite « micro-relief gilgaï » ;

• en **périodes de dessèchement** : on observe la formation de larges et profondes fentes de retrait et la manifestation d'une organisation structurale grossière et anguleuse très fortement exprimée.

Dès sa naissance (1960), le concept de vertisol a fait l'accord quasi unanime des pédologues. On savait depuis longtemps que, dans des régions assez humides, mais possédant une saison sèche, il existait des sols argileux, profonds, de couleur foncée, capables d'un gonflement important : Grumosols (Uruguay), Regurs (Inde), Tirs (Maroc), *Black Cotton soils* (Afrique de l'Est), argiles noires tropicales (Afrique centrale), Smolnitsa, etc.

Les vertisols dérivent soit de produits d'altération de roches, soit de sédiments fins, tous riches en minéraux argileux smectitiques (basaltes, tufs, roches métamorphiques basiques, calcaires, marnes, alluvions marines lacustres ou fluviatiles).

Les vertisols sont observés principalement dans les zones climatiques tropicales semi-arides à sub-humides et sous climats méditerranéens, le trait essentiel étant l'alternance de saisons nettement contrastées sèches et humides. Les plus vastes superficies sont situées dans des régions où les précipitations moyennes annuelles varient de 500 à 1 000 mm. Des surfaces plus restreintes sont situées dans des régions plus humides, plus sèches ou plus froides. Les précipitations moyennes annuelles actuelles peuvent aussi bien n'être que de 150 mm (Soudan) qu'atteindre 3 000 mm (Trinidad).

Version 13bis (30 janvier 2008).

Le seul héritage suffit à expliquer l'existence des LITHOVERTISOLS. Souvent, cependant, l'héritage n'est que partiel, mais il suffit à déclencher à la fois les phénomènes physiques et les dynamismes géochimiques propres au développement des TOPOVERTISOLS. C'est alors la transformation des argiles en milieu confiné qui amplifie la proportion de smectites.

En contexte de roches cristallines basiques (basaltes, dolérites, péridotites), l'importante proportion des cations Ca^{2+} et Mg^{2+} crée un milieu d'altération confiné et la silice libérée réédifie facilement avec les charpentes alumineuses des minéraux gonflants. La présence de fer (abondant dans ces roches) facilite probablement cette néogenèse. Le rôle du fer est complexe. Il est intégré aussi bien dans les matières organiques que dans la matière minérale. Tous les travaux récents convergent pour confirmer ce piégeage du fer. Cela explique peut-être que la mise en évidence du fer ferreux (que l'on s'attend à trouver dans des sols qui sont engorgés à la saison humide) soit très difficile.

Certaines conditions environnementales sont donc indispensables à la néogenèse des smectites :

• les précipitations doivent être suffisantes pour permettre l'altération des minéraux primaires, mais le lessivage des cations alcalins et alcalino-terreux ne doit pas intervenir ;
• des températures élevées accélèrent les processus d'altération ;
• un drainage externe impossible ou très lent maintient les produits d'altération en place ;
• enfin, des périodes sèches sont nécessaires pour la cristallisation des argiles néoformées.

Dans ces conditions, les argiles smectitiques peuvent se former en présence de silice, de Ca et de Mg si le pH est neutre ou alcalin. Cet autorenforcement est typique des TOPOVERTISOLS.

Horizons de référence

La présence des horizons SV et V est obligatoire (cf. description pp. 22-23), **l'horizon V débutant à moins de 100 cm de profondeur.**

Les horizons SV et V ont une teneur en argile ≥ 40 % sur toute leur épaisseur. Le profil granulométrique est donc peu ou non différencié (sauf dans le cas des PARAVERTISOLS HAPLIQUES et PLANOSOLIQUES). En revanche, il existe une forte **différenciation structurale** dans l'ensemble du solum.

Des variantes de l'horizon V peuvent être observées dans différents contextes :

Vk   Horizon V montrant des accumulations de calcaire secondaire (amas, nodules) et faisant transition vers un horizon plus profond Sk, Ck ou K ; la teneur en carbonates demeure relativement faible ; un horizon V dont les faces de glissement sont scellées par des carbonates n'est plus fonctionnel.

Vy   Partie inférieure d'un horizon V contenant du gypse (plus de 5 %).

Vs   Horizon V montrant des accumulations noires de fer et surtout de manganèse.

VNa   Horizon V présentant également les propriétés de l'horizon sodique (Na^+/CEC > 15 %).

VSa   Horizon V présentant également les propriétés de l'horizon salique.

Vg   Horizon V à caractères rédoxiques.

En profondeur, on passe à un horizon C, à des couches M ou R ou bien à des horizons d'accumulation de carbonates ou de sulfates (horizons Ck, K ou Yp). Des horizons S ou Sk peuvent également être observés sous l'horizon V.

Caractères morphologiques, constituants et comportement des vertisols

La différenciation des solums est généralement faible ou nulle en ce qui concerne la granulométrie (sauf dans le cas des PARAVERTISOLS HAPLIQUES et PLANOSOLIQUES). En revanche, la très forte dynamique hydrique saisonnière est responsable de la nette différenciation structurale des horizons Av, SV et V.

Les macro-fentes

Ces **fentes de retrait** se développent au cours du temps, dès le début de la saison sèche. Elles naissent dans l'horizon SV, puis s'élargissent et s'approfondissent en fonction de la perte en eau du solum, lui-même fonction du climat de l'année. Certaines années particulièrement sèches, elles peuvent affecter l'ensemble des horizons SV et V. Sous végétation naturelle, elles peuvent être masquées par l'horizon Av micro-polyédrique. Les fins agrégats formés en surface tombent souvent dans les macro-fentes, contribuant ainsi au brassage et au mélange des horizons (pédoturbation).

À la saison des pluies, les fentes se ferment. Certaines années, elles peuvent être oblitérées par le labour, mais cependant persister en profondeur.

Le micro-relief gilgaï

Ce phénomène est très typique des vertisols, mais il n'est pas obligatoire. Il consiste soit en une succession de micro-dépressions fermées et de micro-monticules sur des surfaces presque planes, soit de micro-vallées et de micro-crêtes parallèles suivant le sens de la pente. La hauteur des micro-crêtes est de l'ordre de quelques centimètres jusqu'à un maximum de un mètre. Ce micro-relief est la conséquence du gonflement différentiel de la masse du sol à la période de réhumectation et de fermeture des macro-fentes. De fortes contraintes s'exercent dans la masse du sol, d'autant plus importantes que des agrégats de l'horizon de surface sont tombés dans les fentes. Ces contraintes entraînent des mouvements de masse vers le haut du solum. Dans certains cas, tels qu'assèchement plus faible, travail du sol, ces micro-reliefs ne sont pas présents.

Mais l'existence d'un micro-relief gilgaï n'est pas exclusif des vertisols et les terrains constitués de vertisols peuvent en être dépourvus.

Traits pédologiques

Les plus nets concernent les agrégats en plaquettes obliques et les faces de glissement typiques de l'horizon V (cf. p. 23).

Les composants solubles, sulfates et carbonates, peuvent être redistribués et se concentrer dans les vertisols, soit à l'état diffus, soit à l'état figuré de pseudo-mycélium ou d'amas pulvérulents, voire de nodules dans les horizons C profonds. Les accumulations peuvent même aller jusqu'à la formation de véritables horizons K ou Y. Des nodules et « plombs de chasse », concrétions ferro-manganiques plus ou moins sphériques de quelques millimètres de diamètre, sont fréquents. L'existence du manganèse peut se manifester par d'abondants revêtements noirs ou bien se limiter, parfois, à des dendrites ou à des ponctuations.

Couleurs

Les couleurs se caractérisent par des teintes 5 Y, 2,5 Y, 10 YR, avec des *chromas* et des *values* très basses. Il s'agit de couleurs grises, gris-foncé, parfois noires.

On appelle **mélanisation** l'acquisition par certains vertisols d'une couleur très foncée, bien que le taux de matières organiques reste relativement modeste. C'est la nature spéciale des liaisons entre la fraction argileuse et les matières organiques qui est la cause de ces teintes noires ou sombres (position interfoliaire de ces matières organiques).

Certains vertisols montrent des teintes rougeâtres (7,5 YR) ou franchement rouges (5 YR ou plus rouge); il s'agit probablement d'une évolution vertique de matériaux fersiallitiques.

Constituants

Les fractions granulométriques argiles et limons sont largement prédominantes. Cependant, des cailloux, graviers et sables grossiers peuvent être présents.

Les minéraux argileux gonflants hérités ou néoformés sont largement dominants (montmorillonite, nontronite, beidellite), mais ne sont pas exclusifs. C'est ce qui explique à la fois le fonctionnement hydrique et structural, le comportement mécanique et géotechnique, la morphologie et les propriétés physico-chimiques des vertisols.

Pour qu'existent et fonctionnent des vertisols, une grande richesse en smectites ne suffit pas, il faut aussi que leur potentiel de gonflement puisse s'exprimer, ce qui implique des conditions stationnelles et pédoclimatiques particulières: des saisons suffisamment humides alternant avec des périodes de dessiccation suffisante.

Comportement mécanique et géotechnique

Le potentiel de gonflement/rétraction peut être quantifié par une mesure linéaire ou volumique du retrait ou du gonflement d'un échantillon:
- Le coefficient d'extension linéaire (*coefficient of linear extensibility* = *COLE*; cf. *Soil Taxonomy*) est défini comme le rapport de la différence entre la longueur à l'état humide et la longueur à sec d'une motte rapportée à sa longueur à sec:

$$COLE = \frac{Lh - Ls}{Ls},$$

où:

Lh: longueur à la capacité au champ (-33 kPa);

Ls: longueur à l'état sec.

Le *COLE* doit être > 0,09 pour les horizons SV et V et être > 0,06 pour l'horizon de surface.
- Le coefficient de retrait volumique (Braudeau) est défini par:

$$CRV = \frac{Vh - Vs}{Vh}.$$

- Le passage entre les expressions linéaire et volumique du potentiel de gonflement/retrait suppose une isotropie du gonflement ou du retrait:

$$CRV = 1 - \left(\frac{1}{COLE + 1} \right)^3.$$

Pour un *COLE* de 0,06, le *CRV* est d'environ 0,16.
Pour un *COLE* de 0,09, le *CRV* est d'environ 0,23.

L'utilisation indifférente de valeurs mesurées en gonflement ou en retrait suppose la réversibilité de ces deux phénomènes.

Les vertisols sont généralement assez épais (60 à 100 cm). De fortes pressions internes s'exercent dans ces sols, liées à leur hétérogénéité hydrique, notamment en période de réhumectation. Les forces de traction et de cisaillement engendrées peuvent causer des dégâts considérables aux infrastructures : les barrières des champs, les poteaux électriques, les pylônes s'inclinent dans tous les sens ; les routes ondulent ou s'effondrent ; les édifices penchent et se lézardent. Lorsqu'ils sont très humides, les vertisols constituent un matériau fluant pouvant donner lieu à des glissements de terrain.

Complexe d'échange

La méthode d'extraction des cations à l'acétate d'ammonium n'est pas toujours satisfaisante pour les horizons riches en smectites et en présence de gypse et carbonates. La méthode d'extraction au chlorure d'ammonium en milieu éthanol (Tucker) semble donner de meilleurs résultats.

En raison de l'abondance de la fraction argile et de la prédominance des smectites, la CEC des horizons des vertisols est très élevée, le plus souvent comprise entre 30 et 80 $cmol^+ \cdot kg^{-1}$. En effet, la CEC de la fraction argile est comprise entre 50 et 100 $cmol^+ \cdot kg^{-1}$ d'argile.

Le complexe adsorbant est en général saturé, très majoritairement par le calcium et le magnésium. Le rapport Ca^{2+}/Mg^{2+} peut varier de 1 000 à 0,002 (Nouvelle-Calédonie, solums issus de péridotite), mais il est le plus souvent compris entre 4 et 1.

La présence de quantités notables de Na^+ sur le complexe adsorbant (origine marine par les embruns ou altération des feldspaths sodiques) exacerbe la capacité de gonflement des vertisols et ses manifestations. Souvent plus facilement lixivié que les autres cations dans la partie supérieure des solums, le sodium s'accumule en profondeur dans l'horizon V.

D'une manière générale, les vertisols ont tendance à s'appauvrir en Ca^{2+}, Mg^{2+}, K^+, Na^+, etc. à leur surface et à s'enrichir dans les horizons profonds pendant la période humide. L'entraînement de ces cations et leur échange sur le complexe argilo-humique auquel ils participent s'effectue à une vitesse supérieure à celle de la remontée des constituants par pédoturbation. L'horizon de surface des LITHOVERTISOLS peut donc être légèrement insaturé tant que la pédoturbation n'a pas remonté localement en surface de la matière provenant de la profondeur. Dans les TOPOVERTISOLS, au contraire, l'horizon de surface demeure saturé.

Le pH des vertisols est généralement compris entre 6,0 et 7,0, domaine de stabilité des smectites. En présence de carbonates, il peut atteindre et dépasser 8,0. Des pH encore plus élevés (8,0 à 9,5) sont observés quand la proportion de sodium échangeable est importante. Le pH des horizons V contenant du gypse (Vy) est fréquemment ≤ 5,5.

Matières organiques

Les noyaux aromatiques des composés humiques subissent une polycondensation, et leur poids atomique augmente, tandis que leur mise en solution demande des pH de plus en plus élevés. La fraction humine devient importante et il s'agit d'une humine de néoformation. La quantité totale de matières organiques est de l'ordre de 2 %, donc faible. Les noyaux phénoliques sont prépondérants et les chaînes aliphatiques peu développées. Les acides fulviques sont en faible proportion et, parmi les acides humiques, ce sont les gris qui dominent (> 80 % du total).

Les argiles et les humines néoformées contractent des liaisons physico-chimiques solides et confèrent, en général, une couleur noire ou gris-olive à la masse du sol. Mais la quantité de matières organiques est trop faible pour que des structures construites se manifestent, sauf peut-être en surface. L'incorporation des matières organiques aux horizons profonds est le résultat des pédoturbations d'origine mécanique qui caractérisent les vertisols.

L'humine, non extractible par les procédés classiques, est une fraction dominante des matières organiques. Après traitement au glycol, les diagrammes aux rayons X montrent fréquemment des écartements entre feuillets de 1,9 à 2,1 nm (au lieu de 1,8), qui sont probablement dus à des matières organiques en position interfoliaire.

Le fer contracte avec ces matières organiques très polymérisées des liaisons spéciales : il est intégré dans les molécules d'acide humique gris ou d'humine, et il se trouve sous une forme peu soluble. Malgré des teneurs importantes (2 à 6 %), ce fer est très difficilement extractible, même à l'état réduit.

Activité biologique

L'activité biologique est plutôt faible, voire très faible, sauf dans le mince horizon de surface. Très peu d'animaux et de micro-organismes sont adaptés à ce milieu très argileux, compact et sec pendant une partie de l'année. Pour les végétaux, les vertisols présentent un certain nombre de contraintes sévères mais aussi quelques aptitudes excellentes.

Références

LITHOVERTISOLS

La séquence d'horizons de référence est : **Av ou LAv/SV/V.**

Les LITHOVERTISOLS se développent dans des matériaux issus de l'altération *in situ* de roches diverses (basaltes, marnes, argiles), cette altération produisant de grandes proportions de smectites. C'est pourquoi les LITHOVERTISOLS sont relativement indépendants du climat et peuvent être observés sous climats tempérés (Gâtinais, Limagne) ou continentaux (Balkans). Dans les paysages ondulés, ils occupent plutôt des positions d'interfluve.

Ils présentent tous les caractères généraux des vertisols, notamment la séquence d'horizons SV/V bien développés. La profondeur des LITHOVERTISOLS est limitée à la profondeur d'action hydrolysante des eaux de pluie.

Les LITHOVERTISOLS sont alimentés seulement par les apports directs des pluies (et non par accumulation d'eaux dans les points bas) et un drainage externe est possible. C'est pourquoi ils montrent une tendance à une certaine lixiviation des horizons supérieurs pendant les périodes humides. La pédoturbation qui se manifeste de temps à autre rapporte en surface des matériaux saturés en cations alcalins et alcalino-terreux. Si elle n'est pas suffisante, le sol évolue à la longue vers les paravertisols et, à plus long terme, vers les planosols avec lesquels ils sont parfois associés. Ainsi, à la différence des TOPOVERTISOLS qui évoluent dans le sens d'un « auto-renforcement », les LITHOVERTISOLS évoluent plutôt vers une dévertisolisation.

L'horizon V correspond à la définition générale, alors que l'horizon SV peut être légèrement insaturé.

Les LITHOVERTISOLS épais peuvent présenter un horizon S de transition entre l'horizon V et un horizon C sous-jacent.

TOPOVERTISOLS

La séquence d'horizons de référence est : **Av ou LAv/SV/V.**

Ce sont des vertisols situés en position de bas-fonds (plaines alluviales, dépressions karstiques, cuvettes à micro-relief gilgaï, etc.) dont le régime hydrique est plus humide que le régime climatique.

Ils ont les caractères généraux des vertisols : séquence d'horizons SV/V bien développés et sont, en général, plus épais que les LITHOVERTISOLS auxquels ils sont éventuellement associés. La différence avec ces derniers vient essentiellement de l'horizon SV qui est confiné, saturé en cations alcalins et alcalino-terreux et qui présente un pH neutre ou alcalin.

Les TOPOVERTISOLS existent sous des climats à saisons contrastées. Pendant la saison humide, des altérations interviennent. Puis les ions libérés se concentrent à la saison sèche et néoforment montmorillonites, nontronites et beidellites. Cette concentration peut avoir lieu sur place (sur roches basiques ou marnes) ou bien dans les points bas du paysage.

L'altération des matériaux originels riches en minéraux basiques ou **mafiques**, comme les plagioclases, l'anorthite et les ferro-magnésiens, mène, en conditions confinées, à la formation de minéraux smectitiques. Coexistent donc à la fois des transformations des minéraux primaires et des néogenèses favorisées par un pH légèrement basique et la présence de grandes quantités de Si et de Mg.

Les TOPOVERTISOLS se forment dans des cuvettes ou sur des zones plates. Ils montrent des caractères en relation avec un régime confiné ainsi qu'avec un régime hydrique marqué par un bilan positif : engorgement et hydromorphie, minéraux primaires ou secondaires carbonatés ou sulfatés, charge du complexe adsorbant en sodium, parfois accumulation de matières organiques, etc.

En raison de leur fonctionnement géochimique, les TOPOVERTISOLS évoluent donc dans le sens d'un « auto-renforcement ».

PARAVERTISOLS HAPLIQUES

Solums ayant les principaux caractères des vertisols (présence des horizons SV et V), mais dont les horizons de surface A ou LA sont nettement moins riches en argile (moins de 40 %) et ne présentent plus les propriétés vertiques.

La séquence d'horizons de référence est :
A ou LA non vertique/SV/V/C, M, R, K ou Yp.

Ces solums existent sous des climats intertropicaux où les précipitations excèdent un mètre. Les paravertisols correspondent à un état de déséquilibre, à un stade d'évolution vers d'autres types de sols (planosols, sodisols, etc.).

PARAVERTISOLS PLANOSOLIQUES

Solums ayant les principaux caractères des vertisols (présence des horizons SV et V), mais dont les horizons supérieurs (sur 20 à 30 cm d'épaisseur) sont nettement appauvris en argiles et ne présentent plus les propriétés vertiques. Un horizon E ou Eg mince, mais bien reconnaissable existe entre l'horizon de surface et l'horizon SV, avec une transition inférieure abrupte. Des revêtements limoneux blanchâtres lavés (squelettanes) y sont visibles, indices du phénomène de dégradation géochimique des minéraux argileux. Ce phénomène est lié à des engorgements temporaires de l'épisolum pendant la saison humide, suite au gonflement de la partie supérieure de l'horizon SV.

La séquence d'horizons de référence est :
A ou LA/Eg/SV ou SVg/V ou Vg/C, M, R, K ou Yp.

Les horizons A et Eg sont souvent insaturés (rapport S/CEC < 80 %).

De tels solums existent notamment sous les climats tropicaux et subtropicaux contrastés humides (plus de 1 000 mm de précipitations) à longue saison sèche d'au moins six mois. Ils constituent un intergrade vers les planosols typiques vertiques.

Qualificatifs utiles pour les vertisols

leptique   Apparition de l'horizon V à moins de 50 cm de profondeur.

à horizon gypsique   Qualifie un solum présentant un horizon Yp en profondeur.

calcarique   Qualifie un solum présentant un horizon K ou Kc en profondeur.

pétrocalcarique   Qualifie un solum présentant un horizon Km en profondeur.

magnésique   Les horizons SV et V sont saturés ou subsaturés avec un rapport Ca^{2+}/Mg^{2+} compris entre 2 et 0,2.

hypermagnésique   Les horizons SV et V sont saturés ou subsaturés avec un rapport Ca^{2+}/Mg^{2+} < 0,2. Ce caractère a de graves conséquences agronomiques : une mauvaise assimilation du calcium par les plantes.

palusmectique   Le solum se situe en position basse et s'est développé dans un ancien marais, naturellement ou artificiellement assaini.

ondulique   Qualifie un solum dont une limite majeure entre horizons présente la forme d'ondes ayant environ 50 cm d'amplitude verticale pour une amplitude latérale d'environ un mètre.

salique   Présence d'un horizon VSa.

sodique   Présence d'un horizon VNa.

rougeâtre   Teinte 7,5 YR et *chroma* > 1.

rouge   Teinte 5 YR ou plus rouge et *chroma* > 1.

mélanisé   *Value* < 4 et *chroma* < 3 à l'état humide, au moins sur l'ensemble des horizons Av et SV et sur plus de 50 cm d'épaisseur depuis la surface.

à micro-relief gilgaï

Qualificatifs utiles pour les non-vertisols

vertique   Qualifie un solum dont certains horizons de profondeur présentent des caractères vertiques (tels que des faces de glissement obliques), mais insuffisants pour identifier un horizon V typique (horizons notés Sv ou Cv).

bathyvertique   Qualifie un solum qui présente un horizon V typique, débutant à plus de 100 cm de profondeur.

Exemples de types

Lithovertisol calcique, issu de projections volcaniques, sur calcaires récifaux (Guadeloupe).

Lithovertisol, calcique, rédoxique, cultivé, issu de marnes aquitaniennes (Gâtinais occidental).

Lithovertisol palusmectique, pachique, mélanisé, cultivé, issu d'alluvions lacustres (Bulgarie).

TOPOVERTISOL mélanisé, à micro-relief gilgaï, issu de basalte (Uruguay).
PARAVERTISOL HAPLIQUE mélanisé en profondeur, palusmectique, cultivé, issu de sédiments lacustres (Roumanie).

Distinction entre les vertisols et d'autres références

De nombreuses transitions, tant spatiales que chronoséquentielles, peuvent être signalées :

Avec les LEPTISMECTISOLS

Ceux-ci peuvent être considérés comme des vertisols leptiques dont l'horizon V est absent.

Avec les PLANOSOLS TYPIQUES

Les PARAVERTISOLS PLANOSOLIQUES peuvent être considérés comme un premier stade d'évolution vers des PLANOSOLS TYPIQUES vertiques.

Avec les SODISOLS SOLONETZIQUES

Certains vertisols peuvent être sous l'influence croissante de l'ion sodium et se rapprocher des sodisols.

Avec les salisols, les gypsosols et autres solums des milieux arides

L'abondance des sels solubles dans certains horizons rapproche les vertisols des salisols. De même, la présence de gypse rapproche les vertisols des gypsosols.

Avec les fersialsols

Les vertisols sont souvent associés aux fersialsols dans certains paysages : les vertisols sont alors localisés dans les bas-fonds (TOPOVERTISOLS) et les fersialsols sont situés plus haut sur les versants.

Avec les réductisols et les RÉDOXISOLS

Lorsque les conditions d'engorgement ou d'imbition demeurent permanentes ou prolongées, des doubles rattachements vertisols-réductisols ou vertisols-RÉDOXISOLS sont envisageables.

Avec les pélosols

Les fortes teneurs en argiles des vertisols et des pélosols leur confèrent des propriétés physiques qui les rapprochent.

Relations avec la WRB

RP 2008	WRB 2006
LITHOVERTISOLS	Vertisols
TOPOVERTISOLS	Vertisols
PARAVERTISOLS HAPLIQUES	Vertisols
PARAVERTISOLS PLANOSOLIQUES	Vertisols (Albic)

Remarque : les *prefix qualifiers* "*grumic*", "*mazic*" et le *suffix qualifier* "*pellic*" sont spécifiques aux Vertisols.

Mise en valeur – Fonctions environnementales

Les vertisols sont par excellence le domaine de la savane herbacée en milieu tropical. Une forte teneur en argile et les mouvements internes associés à un climat à saison sèche marquée, en font un milieu défavorable aux arbres. À quelques exceptions près, certains eucalyptus et certaines légumineuses, en particulier les acacias ou d'autres épineux (*Prosopis* sp.), la végétation naturelle est composée d'herbacées annuelles (*Daucus* sp., *Cirsium* sp., poacées). En effet, au niveau des horizons SV et V, les grosses racines sont écrasées, aplaties, cassées par les mouvements des agrégats. Par ailleurs, elles pénètrent difficilement dans les agrégats très denses : au mieux, elles les recouvrent d'un lacis. En revanche, la végétation herbacée annuelle profite au maximum des horizons de surface qui retiennent bien l'eau et sont meubles dès que le sol est ressuyé.

Les vertisols sont des bonnes des terres à blé (Rharb au Maroc ; plaine de Foggia en Italie). Lorsque l'on peut les irriguer ou lorsque le climat est assez humide, ce sont d'excellentes terres à coton (Inde, Soudan) ou à maïs (Mexique). En revanche, la culture du riz ne se réalise pas toujours dans les conditions optimales sur les vertisols. Les baisses de potentiel induites par l'engorgement y sont plus rapides que dans les autres types de sols.

Dans certains cas, la structure de l'horizon de surface demeure massive pendant la période de sécheresse (*prefix qualifier* "*mazic*" de la WRB). C'est le cas de certains sols du Sénégal qui sont impropres à la culture du coton avec les techniques locales.

Annexe 1

Typologie des formes d'humus forestières
(sous climats tempérés)

Introduction

L'évolution des connaissances sur la transformation biologique des litières permet de comprendre et d'interpréter la morphologie des horizons humifères de surface (O et A) en terrain non agricole. Une tentative de rapprochement avec les fonctionnements d'épisolums de pelouses, landes prairies ou terrains cultivés est tentée *infra*, au tableau en bas de la p. 337.

Les différents types de successions verticales des horizons O et A dans le solum correspondent à différents stades d'évolution des résidus organiques et des matières organiques en général, stades spécifiques dans leur contexte de pédoclimat et de matériau.

La confrontation des caractères stationnels (climat, roche mère et cortège floristique, notamment) avec les traits morphologiques essentiels des horizons diagnostiques des formes d'humus, permet de formuler des hypothèses sur la genèse et le fonctionnement de l'épisolum et, au-delà, sur celui des systèmes naturels en général. Ces hypothèses sont d'une grande utilité dans la gestion forestière ; elles seront discutées dans les pages suivantes lors de la description des différentes formes d'humus. Les formes d'humus paraissent donc comme un élément majeur du diagnostic écologique, intégrateur d'un certain nombre de facteurs écologiques et de leur évolution passée.

Un référentiel morphogénétique de ces successions d'horizons humifères de surface est proposé pour les régions tempérées, où les fonctionnements biologiques du sol sont les mieux connus.

Le principe d'utilisation de cette typologie est le même que celui des sols : description morphologique, voire analytique des horizons, rapprochement avec les horizons concepts définis dans le *Référentiel pédologique* (horizons O et A), puis rattachement de l'**épisolum-image** avec ses successions d'horizons à une **forme d'humus** du référentiel.

Le système, bien que moins souple, le rattachement à plusieurs références paraissant difficile, est malgré tout ouvert.

En ce qui concerne les sols sous pelouses, landes et terrains cultivés, les études sont à l'heure actuelle moins poussées, et elles ne permettent pas de conduire à une typologie précise ; la typologie des formes forestières présentée *infra* se veut cependant compatible avec une démarche en milieu non forestier.

Les études générales des formes d'humus en régions tropicales demeurent très insuffisantes, c'est pourquoi ces formes ne sont pas traitées ici.

Définitions

Humus (sens introduit par Thaer, 1809) : fraction des matières organiques du sol transformées par voie biologique et chimique, sans organisation biologique identifiable à l'œil nu. On peut parler de « matières organiques humifiées ». Cette fraction se différencie des « matières organiques fraîches », récemment restituées au sol et non transformées (composés volatils, débris, résidus, sécrétions et excrétions solides ou liquides, d'origine végétale, animale ou anthropique).

Ce terme est à proscrire pour décrire des successions d'horizons (utiliser « forme d'humus »).

Selon l'approche et le niveau de perception de l'épisolum humifère, nous utiliserons les termes *infra*, inspirés de terminologies françaises ou étrangères et couramment utilisés en milieu forestier.

Épisolum humifère : désigne, de façon générale et sans soucis de typologie morphologique ou fonctionnelle, l'ensemble des horizons supérieurs d'un solum contenant des matières organiques, et dont l'organisation est sous la dépendance essentielle de l'activité biologique : horizons O et A.

Forme d'humus : ensemble des caractères morphologiques macroscopiques de l'épisolum humifère (caractères des horizons O et A et de leur succession) dépendant de son mode de fonctionnement. C'est l'*Humusformen* de Müller (1887).

Cette définition correspond à l'acception française des dernières décennies du xxᵉ siècle du mot « humus » en milieu non cultivé. Le *Référentiel pédologique* rejette ce dernier terme qui prête à confusion. L'expression « type d'humus » est également à éviter, car trop ambiguë.

Matières organiques fines : ensemble des constituants organiques du sol qui se présentent, à l'œil nu de l'observateur, sous la forme de petits amas ou de granules infra-millimétriques, ou de « poussière » organique, dans lesquels il n'est pas possible de reconnaître de débris figurés. Il s'agit de boulettes fécales holorganiques plus ou moins transformées, d'amas de boulettes fécales très fines (enchytréides) et de microrésidus issus de fragmentation.

Le lecteur se reportera à l'*annexe 4* pour la définition des termes suivants : **minéral, organo-minéral, hémiorganique, holorganique, humifère, humique, clinohumique, vermihumique.**

Organique : sens courant (*Petit Robert*, 1993) : « Qui provient de tissus vivants ou de transformations subies par les produits extraits d'organismes vivants. » Exemple : matières organiques.

Pour qualifier un horizon contenant des quantités notables de matières organiques, on n'emploiera pas l'expression « horizon organique », mais « horizon organo-minéral » ou « horizon hémiorganique » (cf. *annexe 4*).

Humifère :

1. Sens courant : horizon ou solum qui contient des matières organiques humifiées.
2. Définition du *Référentiel pédologique* : cf. *annexe 4*.

Humique :

1. Sens courant (Littré, 1886) : « Relatif à l'humus. » Exemples : bilan humique, acide humique, profil humique.
2. Définition du *Référentiel pédologique* : cf. *annexe 4*.

Pour la définition des structures des horizons A (biomacrostructuré, biomésostructuré, etc.), on se reportera au § « Les horizons de référence O et A », *infra*.

Horizons de référence O et A

Horizons O

Ce sont des horizons **formés en conditions aérobies**, constitués principalement, mais pas toujours exclusivement, de matières organiques **directement observables**, et qualifiés souvent d'holorganiques, bien que certains ne rentrent pas dans la définition stricte de ce terme ; ces matières organiques correspondent à des débris ou fragments végétaux morts, issus, pour la plupart, de parties aériennes (feuilles, aiguilles, fruits, écorces, matériels ligneux) ou parfois de racines fines ou mycéliums morts, développés initialement dans ces horizons eux-mêmes. Le degré de transformation de ces débris ou fragments, **principalement sous l'action de l'activité biologique**, est très variable : fragments macroscopiques ou non visibles à l'œil nu, lyse plus ou moins forte des contenus cellulaires, des parois, humification plus ou moins poussée. Les horizons O sont donc toujours situés en partie supérieure des solums, au-dessus des autres horizons ou couches. La transformation des matières organiques est le processus pédogénétique majeur, aucun autre processus n'y est décelable. Les matières organiques ne sont jamais liées à la matière minérale.

Leur origine permet le plus souvent un diagnostic facile. Beaucoup de classifications prévoient un seuil minimal de teneur en carbone organique permettant, en particulier, la distinction « automatique » entre horizons O et A (souvent plus de 17 à 20 g de carbone organique pour 100 g, ou plus de 30 g de matières organiques pour 100 g). Ces seuils, souvent donnés sans méthode analytique, paraissent peu réalistes et doivent n'être pris en compte que comme des ordres de grandeur. Dans certains cas de transition très graduelle, sur plusieurs centimètres, entre un horizon OH et un horizon A (limoneux et humifère, par exemple), il peut cependant s'avérer utile d'y recourir.

Dans le cas particulier des horizons O, la quantité de carbone organique sera mesurée sur l'ensemble de l'horizon préalablement broyé et tamisé à 2 mm. Seuls d'éventuels éléments grossiers lithiques et des branches non pourries de plus de 2 cm de diamètre seront écartés avant broyage. Le carbone organique sera dosé par analyseur élémentaire.

Des études montrent des teneurs en carbone organique allant d'à peine 15 g/100 g à plus de 50 g/100 g pour des horizons OH diagnostiqués à partir de leur morphologie (couleur, structure, etc.) et de leur origine.

Les horizons OH les moins riches en carbone organique ne répondent pas strictement à l'appellation « holorganique » que l'on pourra cependant leur accorder par extension du fait de la part importante que prennent les matières organiques **directement observables** dans l'aspect de ces horizons : 17 g de carbone organique pour 100 g correspondent en masse à environ 30-35 g de matières organiques sèches pour 100 g, soit à près de 70 % en volume pour ces mêmes matières organiques à l'état frais. Inversement, certains horizons A, à matières organiques liées à la matière minérale, peuvent présenter des teneurs en carbone organique très élevées, pouvant dépasser 17 g/100 g (cas de certains horizons hémiorganiques).

L'état moyen de transformation des débris végétaux, lié à l'activité biologique de l'épisolum, permet de distinguer trois types d'horizons O : OL, OF, OH.

Les distinctions OL, OF, OH sont indispensables pour l'identification des formes d'humus, mais les distinctions plus fines en sous-horizons sont facultatives et réservées aux diagnostics spécialisés.

Horizons OL (L = litière)

Horizons constitués de débris foliaires non ou peu évolués et de débris ligneux. La structure originelle des débris est aisément reconnaissable à l'œil nu. Ces horizons ne contiennent pas ou très peu (moins de 10 % en volume) de matières organiques fines. Situés à la partie supérieure des horizons O, ils peuvent reposer directement sur un horizon A ou être superposés à un horizon OF. On distingue trois sous-horizons OL selon l'état et le mode de transformation des débris.

OLn (n = neue : nouvelle)

Restes végétaux n'ayant pas encore subi de transformation nette ; les feuilles ou les aiguilles sont encore entières, seule leur couleur peut avoir changé (brunissement), surtout en fin de saison. C'est la « litière fraîche », couche à structure lâche, susceptible de remaniements par le vent. Sur les sols à forte activité biologique, cet horizon peut n'exister que de l'automne au début du printemps et disparaître ensuite.

OLv (v = verändert : modifié ; verwittert : altéré ; ou verbleicht : décoloré ; en français, v = vieilli !)

Débris végétaux généralement peu fragmentés, mais visiblement modifiés depuis le moment de leur chute (couleur, cohésion, dureté) et collés en paquets plus ou moins lâches à cohérents, les feuilles pouvant être difficiles à séparer les unes des autres. Ces transformations résultent majoritairement de l'activité des champignons. Lorsqu'il existe, l'horizon OLv se situe à la base d'un horizon OLn, la transition est souvent progressive, et il repose soit directement sur un horizon A, soit sur un horizon OF. Il se distingue de l'horizon OLn par sa couleur et par une densité et une cohésion plus élevées. Les éléments foliaires, pris isolément, sont souvent plus minces et plus tendres ; il y a décoloration et ramollissement des tissus, voire squelettisation. Dans le cas d'aiguilles et même de quelques types de feuilles, la transformation se traduit par un brunissement qui précède éventuellement un blanchiment. Des mycéliums blancs peuvent être très abondants dans certains cas. Parfois, une fragmentation grossière apparaît à la base de l'horizon, cas fréquent après un épisode particulièrement sec : l'absence ou la rareté de matières organiques fines entre les résidus permet la distinction d'avec un horizon OF.

OLt (t = transition avec un horizon A)

Débris foliaires (pétioles, nervures, fragments de limbe) non nettement transformés (transformations identiques à celles de l'horizon OLn) ; ce sont les restes non consommés par la faune saprophage (vers de terre anéciques, en particulier). La proportion de débris ligneux peut y être importante. Horizon très discontinu, à faible cohésion. Lorsqu'il existe, l'horizon OLt se situe à la base d'un horizon OLn ou dès la surface du sol lorsque ce dernier a disparu. Il repose directement sur un horizon A. Il est souvent plus ou moins entremêlé ou recouvert de turricules de vers de terre. Cet horizon est typique des épisolums à forte activité biologique.

Horizons OF

Horizons formés de résidus végétaux, surtout d'origine foliaire (débris de feuilles, résidus squelettisés, etc.), plus ou moins fragmentés, reconnaissables à l'œil nu, **en mélange avec des proportions plus ou moins grandes de matières organiques fines** (plus de 10 % et moins de 70 % en volume). Ces dernières sont présentes sous la forme de petits amas infra-millimétriques ou millimétriques de matières organiques, sans débris reconnaissables à l'œil nu.

Les horizons OF sont souvent parcourus par un réseau racinaire fin plus ou moins dense (et bien mycorhizé) et par des mycéliums qui ne doivent pas entrer en ligne de compte dans l'estimation du pourcentage de débris et de matières organiques fines.

Le degré de fragmentation n'intervient pas dans la distinction de ces horizons avec les horizons OL puisque les OF sont essentiellement caractérisés par la présence de matières organiques fines en quantité suffisante.

Remarque: dans le cas d'une litière d'aiguilles de résineux, la détermination des matières organiques fines n'est pas toujours évidente: des boulettes fécales peuvent se situer à l'intérieur des aiguilles; en effet, l'attaque de celles-ci par la mésofaune (oribates) se fait, au début, par creusement de galeries à l'intérieur même des aiguilles, emprisonnant les boulettes fécales. Les aiguilles sont alors très cassantes et renferment des matières organiques fines sous la forme d'une fine poussière brune ou noire.

Lorsqu'ils existent, les horizons OF se situent au-dessous d'horizons OL, sauf en cas d'érosion de ces derniers ou de suppression des apports de litière (coupe rase du peuplement). L'activité des vers de terre anéciques est réduite et les transformations proviennent essentiellement de l'activité de la faune épigée (arthropodes, vers épigés, enchytréides, etc.) et/ou des champignons.

Pour la description des horizons, on peut distinguer morphologiquement deux **sous-horizons** OF, présents ou non, selon l'état de transformation des débris végétaux:

OFr

Partie supérieure de l'horizon OF comportant des restes foliaires très reconnaissables, plus ou moins fragmentés, avec une faible proportion de matières organiques fines (moins de 30 % en volume). Il y a destruction des tissus foliaires, mais on observe encore, souvent, des « paquets » de débris de feuilles plus ou moins densément agglomérées (structure en « tapis », « natte », etc.).

OFm

Horizon comportant en quantités équivalentes des restes foliaires fragmentés et des amas de matières organiques fines (30 à 70 % en volume). La pulvérisation des débris végétaux est très poussée. Les « paquets » de débris de feuilles ne s'observent que rarement. Les racines fines et les champignons mycorhiziens peuvent être abondants. Le passage d'OFr à OFm est en général très progressif.

Dans certain cas, une grande quantité de filaments mycéliens, vivants ou morts, emballent les débris végétaux entre eux, donnant à l'horizon une structure fibreuse dite mycogène (notation: -c). Ces filaments mycéliens peuvent être très abondants en volume et rendre difficile la distinction entre OFrc et OFmc (horizon pouvant être noté **OFc**).

Il existe en outre deux types d'horizons OF selon leur origine, dont le diagnostic permet de distinguer les formes d'humus de type mor des autres:

OFzo

Horizon OF zoogène, caractéristique des formes d'humus de types moder ou amphimus. Les matières organiques fines correspondent à des boulettes fécales holorganiques plus ou moins transformées de la faune de la litière. Ces amas holorganiques ont une forme variable (sphéroïde, ovoïde, etc.) de quelques dizaines de µm à 1 mm, voire 2 mm de diamètre; ils sont formés de matériel majoritairement végétal ou fongique, micro-fragmenté et aggloméré. Cet horizon est le siège d'une intense activité animale, mais sans vers anéciques (OF « actif »). Les assemblages sont généralement lâches, la compacité faible. Notation: OFrzo ou OFmzo.

OFnoz *(noz = non zoogène, ou mieux, à structure non zoogène)*
Horizon OF caractéristique des formes d'humus de type mor, sans activité animale notable, à activité de champignons saprophytiques variable, dans lequel la fragmentation ou même la pulvérisation sont d'origine mécanique (successions gel/dégel, humectations-dessèchements, etc.). Les boulettes fécales visibles sont très peu abondantes ou absentes et, généralement, les matières organiques fines sont elles-mêmes peu abondantes; le critère de teneur minimale de 10 % est parfois mal respecté (structures zoogènes non visibles à l'œil nu). La structure est feuilletée, assez compacte, les racines et les filaments mycéliens, très abondants, morts ou vivants, s'entremêlent en enserrant les débris végétaux (*matted structure*). Il s'agit le plus souvent d'OFrnoz (OF « non actif »).

Horizons OH

Horizons contenant plus de 70 % en volume de matières organiques fines. Celles-ci se trouvent sous forme de boulettes fécales et/ou de micro-débris végétaux et mycéliens sans structure reconnaissable à l'œil nu. Ce pourcentage est évalué hors racines fines (mortes ou vivantes) qui sont souvent très abondantes. Les horizons OH se présentent comme un produit assez homogène, de teinte brune-rougeâtre à noire (en fonction de la nature des résidus, de leurs transformations et de l'humidité), à structure massive, particulaire, granulaire ou fibreuse et de compacité variable.

Suite à des brassages fauniques modérés, les horizons OH contiennent souvent, lorsqu'ils sont peu épais, de faibles proportions (en volume) de minéraux silicatés. La présence de grains minéraux visibles à l'œil nu est possible. L'horizon OH peut dans ce cas se distinguer de l'horizon A par une structure granulaire nette (plutôt massive, particulaire ou grumeleuse pour A), une plus faible compacité, une couleur plus rougeâtre, un toucher jamais sableux ni argileux.

Quand il existe, l'horizon OH se situe sous un horizon OF, sauf en cas d'érosion de ce dernier ou de suppression des apports de litière (coupe rase du peuplement). Cet horizon est souvent nettement plus cohérent que les horizons sus-jacents.

Pour la description des horizons, morphologiquement, on peut distinguer deux **sous-horizons** OH, présents ou non, selon l'état de transformation des débris végétaux:

OHr
Horizon OH contenant entre 70 et 90 % de matières organiques fines en mélange avec des résidus foliaires fortement fragmentés, mais reconnaissables (ces derniers représentant donc 10 à 30 % en volume). Les racines fines mycorhizées peuvent être abondantes. Il repose soit sur un horizon OHf, soit sur un horizon A.

OHf
Horizon OH contenant moins de 10 % de débris végétaux reconnaissables. Quand il existe, il succède à un horizon OHr et repose sur un horizon A, rarement sur un horizon E.

Il existe en outre deux types d'horizons OH selon leur origine, dont le diagnostic permet l'individualisation des formes d'humus de type mor:

OHzo
Horizon OH dont les constituants sont majoritairement issus de la transformation et l'accumulation actuelle des boulettes fécales holorganiques de la faune de la litière (arthropodes, vers épigés, enchytréides). Ces déjections plus ou moins transformées lui confèrent une structure

granulaire caractéristique (amas holorganiques millimétriques) et un caractère généralement très meuble (horizon OH « actif »). Notation : OHrzo ou OHmzo.

OHnoz (noz = non zoogène, ou mieux, à structure non zoogène)

Horizon OH sans activité animale **actuelle** identifiable à l'œil nu, souvent envahi par un abondant réseau mycélien (souvent de champignons mycorhiziens) et/ou de racines, vivants ou morts, emballant les matières organiques fines. Celles-ci résultent majoritairement de l'accumulation et la compaction de très anciennes boulettes fécales d'enchytréides, non visibles à l'œil nu, résistant à la biodégradation et contenant des résidus cellulaires ; il s'agit souvent d'un OHr, les résidus visibles à l'œil nu pouvant être abondants (10 à 30 %) ; ces résidus se pulvérisent facilement entre les doigts. La structure de cet horizon peut être fibreuse, massive (l'horizon se découpe facilement en blocs) à forte compacité ou, au contraire, particulaire (l'horizon se pulvérise). Horizon OH « non actif ».

Une grande quantité de filaments mycéliens peut conférer aux horizons OH, et particulièrement aux OHnoz, une structure fibreuse dite alors mycogène (OHnozc).

Horizons OH de tangel (OHta)

Horizons de consistance grasse et tachant les doigts, constitués de déjections animales, biomésostructurés (agrégats de 1-2 mm) résultant de l'activité de vers épigés, parfois épi-anéciques. Ils sont décrits généralement sur matériaux parentaux calcaires comme saturés à plus de 80 % par Ca^{2+} et/ou Mg^{2+}, avec un pH compris entre 5 et 7 ; mais ils pourraient également exister sur matériaux parentaux acides. Les horizons OHta correspondent à des milieux aérobies à activité faunique importante, mais en conditions climatiques contraignantes (en particulier, en altitude), et pourraient témoigner de phases de végétation antérieures au fonctionnement actuel. Ils reposent fréquemment sur un horizon A très humifère (Ah) par une transition très graduelle.

Cf. *figure 3*, p. 355, pour les équivalences avec les appellations d'horizons O utilisées par d'autres auteurs.

Horizons A

Il s'agit d'horizons contenant en mélange des matières organiques et des matières minérales, situés à la base des horizons holorganiques lorsqu'ils existent, sinon à la partie supérieure du solum ou sous un autre horizon A. Seuls des horizons Ab (A « enfouis ») peuvent être observés en profondeur, suite à leur enfouissement sous de nouveaux dépôts de matériaux allochtones.

L'incorporation des matières organiques aux matières minérales **est toujours d'origine biologique** ; elle se fait à partir des horizons O. Dans certains cas (sols de prairie, de steppes, etc.), l'apport essentiel est cependant racinaire. Cette incorporation apparaît, contrairement aux horizons O, comme le processus majeur. Elle n'implique pas obligatoirement de liaisons matières organiques et minérales, les matières organiques peuvent être déposées par la faune entre les particules minérales (juxtaposition).

D'autres processus pédogénétiques peuvent y être observés (éluviation des argiles, décarbonatation, etc.). Mais certains horizons situés à la base des horizons O et riches en matières organiques ne sont pas des horizons A, principalement en cas d'évolution podzolique. Ce sont alors soit des horizons traversés par des molécules organiques solubles « en transit » pouvant leur donner une coloration notable (horizons Eh, Sh, etc. à matières organiques « de diffusion »), soit des horizons d'accumulation de complexes organo-métalliques (horizons BPh).

Le plus souvent, la teneur en carbone organique dans l'horizon A est > 0,5 g/100 g et < 17-20 g/100 g (mesurée par analyse élémentaire), mais ces seuils sont indicatifs ; le seuil supérieur ne sera utilisé que lorsque les critères morphologiques ne permettront pas la distinction entre horizons OH et A. Seront qualifiés d'« hémiorganiques » les horizons A présentant plus de 8 g de carbone organique pour 100 g dans la terre fine. Cependant, les horizons A ne contiennent jamais plus de 30 g de carbone organique pour 100 g dans la terre fine et ne contiennent pas (ou peu) de débris organiques figurés. Le plus souvent, ils contiennent moins de 17 g de carbone organique pour 100 g de terre fine, mais cette limite n'est qu'indicative, les critères fonctionnels et morphologiques étant prioritaires pour les différencier des horizons OH.

Selon leur origine, et donc selon leur structuration et les modes de liaison matières organiques-matières minérales, il existe différents types d'horizons A.

Horizons A biomacrostructurés

- Ils présentent une **structure grumeleuse** (voire grenue), d'origine biologique, dont les agrégats représentent plus de 25 % du volume de l'horizon.
- Plus de la moitié de ces agrégats ont une taille > 3 mm environ, mais souvent de plus de 5 mm.

Ces horizons correspondent à des conditions physico-chimiques et pédoclimatiques permettant l'activité de vers de terre, anéciques et endogés, qui assurent un brassage de la totalité de la masse humique avec des particules minérales. Cette structure est très bien développée dans les milieux les plus actifs biologiquement, elle peut être moins nette lorsque les conditions de vie des vers ne sont pas optimales ou en cas de textures très sableuses (agrégats fragiles et/ou peu développés occupant partiellement le volume de l'horizon). Les vers ou leurs traces d'activités sont plus ou moins abondants selon les conditions de milieux et selon la saison : galeries, turricules.

Les liaisons matières organiques-matières minérales (complexe argilo-humique) sont fortes, soit biogènes (humine organo-argilique issue d'une digestion des pigments bruns par les vers de terre) soit, minoritairement, physico-chimiques par insolubilisation des molécules organiques solubles par les oxyhydroxydes de fer et les minéraux phylliteux du sol (humine d'insolubilisation). L'humine microbienne est abondante.

Horizons A biomésostructurés

- Ils présentent une structure grumeleuse (voire grenue), d'origine biologique, dont les agrégats représentent plus de 25 % du volume de l'horizon.
- Plus de la moitié de ces agrégats ont une taille comprise entre 1 et 3 mm.

Comme ils sont peu fréquents, leur fonctionnement est moins bien connu. Les vers anéciques qui sont à l'origine de la biomacrostructure ne semblent pas impliqués dans le processus de formation de la biomésostructure qui serait plutôt le fruit d'une bioturbation par des vers endogés de taille plus petite, voire épigés. Les horizons A biomésostructurés peuvent être observés dans des conditions de milieux moins favorables que celles des horizons A biomacrostructurés.

Remarque : en cas de sols riches en argile gonflante, les structures grumeleuses évoquées *supra* peuvent rapidement évoluer vers une structure polyédrique fine et nette.

Horizons A non grumeleux

- Ils ont une structure majoritairement massive, ou particulaire, ou parfois « microgrumeleuse » d'origine physico-chimique (« floconneuse »).

• Ils ne présentent pas de macro- ou mésostructure grumeleuse d'origine biologique pour plus de 25 % de leur volume.

• Ils ne présentent pas de traces d'activité de vers anéciques : galeries, turricules.

Présents dans les épisolums à plus faible activité faunique, ces horizons A ne montrent pas d'activité notable de vers de terre (alors que des vers épigés peuvent être très présents dans l'horizon O). Une structure polyédrique subanguleuse peut parfois apparaître faiblement, mais les agrégats, jamais zoogènes, sont peu nets et très fragiles. L'incorporation des matières organiques est due à l'action de la mésofaune (arthropodes, enchytréides). Dans le cas des textures nettement sableuses, elle est principalement présente sous forme de granules de matières organiques fines (boulettes fécales plus ou moins transformées, parfois enrichies en matières minérales et microdébris), **< 1 mm et juxtaposés aux particules minérales (horizons de juxtaposition** *stricto sensu*. En cas de textures fines, la juxtaposition n'apparaît pas à l'œil nu. Les matières organiques contiennent majoritairement de l'humine héritée (digestion quasi nulle des pigments bruns par la faune du sol). Il n'y a ni humine d'insolubilisation ni organo-argilique ; l'humine microbienne est peu abondante, les complexes argilo-humiques rares ou absents. Dans ces horizons A, les conditions ne permettent pas l'insolubilisation des molécules solubles qui peuvent alors participer à l'acido-complexolyse. Il s'agit alors d'horizons Ae.

Lorsqu'un horizon A de ce type fait partie d'un épisolum forestier de type moder, sa limite supérieure avec l'horizon OH est très graduelle et difficile à fixer.

En outre, certains horizons A, quelle que soit leur origine, sont caractérisés par un blocage de la minéralisation secondaire. Dans certains milieux, des taux de minéralisation extrêmement faibles ont pour conséquence une accumulation forte de matières organiques, parfois sur plusieurs décimètres (horizons A humifères épais, de couleur noire, épisolums « humiques ») ; ces formes d'humus sont très variables, selon leur rattachement aux types précédents (horizons A humifères biomacrostructurés, mésostructurés ou de juxtaposition) ou selon la cause du blocage :

• stabilisation en association avec des surfaces minérales actives :
  – $CaCO_3$ (formes d'humus carbonatées),
  – allophanes (formes d'humus à caractères andiques), etc. ;
• stabilisation ou blocage dus aux conditions pédoclimatiques (chernosols, anmoor, sols à forts contrastes hydriques en milieu calcique, etc.).

Suite à la mise en culture, les horizons A labourés peuvent conserver les principales propriétés décrites précédemment : ils sont alors notés LA. D'autres perdent ces propriétés : ils sont alors notés L. Selon le processus pédogénétique jugé dominant, ces horizons labourés peuvent également être appelés LE, LS, voire LBT ou LBP en cas de solums tronqués.

> Outre les horizons A « simples » ou « hapliques », il existe un certain nombre d'horizons A de référence particuliers, présentés pp. 11-13.

Principes de la présente typologie

La typologie proposée pour les formes d'humus dans le *Référentiel pédologique 1995* a été largement utilisée en France et en Europe.

En France, elle a été très bien accueillie et s'est montrée performante dans les limites écologiques restreintes aux régions non méditerranéennes de basses et moyennes altitudes, à la fois facile d'utilisation et permettant de bonnes corrélations avec la flore ou la production forestière. Cet état de fait milite pour une modification minimale de cette proposition. Dans le reste de l'Europe, nos principes de typologie ont retenu l'attention de plusieurs pays au cours de la révision de leur propre système. Mais le besoin d'élargir le domaine d'application de notre système s'est rapidement fait sentir et a conduit à la création d'un groupe européen réfléchissant à une classification harmonisée qui prendrait en compte l'ensemble des conditions écologiques rencontrées en Europe. Cet élargissement doit permettre, entre autres choses, de consolider la classification française dans les secteurs mal représentés ou peu étudiés dans notre pays : zone méditerranéenne et haute montagne.

Les travaux de ce groupe devraient être publiés en 2009 ou 2010. La proposition suivante n'est pas une copie des premiers essais de classification européenne, d'une part, car elle est destinée avant tout aux praticiens français et francophones et qu'en ce sens elle doit respecter notre histoire et notre culture, et, d'autre part, car il est délicat de copier quelque chose qui n'est pas définitif ; mais les deux systèmes s'inspirent largement l'un de l'autre et se veulent compatibles, le système français développant plus particulièrement les points en rapport avec les conditions écologiques observées sur notre territoire.

Cette prise en compte sera peu douloureuse puisque les grands principes retenus en 1995 l'ont été au niveau européen.

En particulier, le référentiel proposé se veut morphogénétique : basé sur la séquence d'horizons de référence, il doit en même temps refléter des fonctionnements biologiques. Le choix des seuils, artificiels comme dans toute segmentation d'un continuum, doit être dicté plus par des différences de fonctionnements biologiques et physico-chimiques que par des critères purement morphologiques. Le deuxième principe veut que le référentiel proposé permette de replacer chaque forme d'humus dans un continuum spatial et dynamique ; chaque forme d'humus est le reflet, à un instant donné, d'une certaine activité biologique qui dépend elle-même d'une conjonction de facteurs actuels, parfois passés, et en tous les cas évolutifs sur des durées variables, mais parfois rapides, comme pour le facteur « couvert forestier ».

La typologie présentée en 1995 proposait, au premier niveau, la prise en compte des caractéristiques de l'horizon A, contrairement à toutes les autres classifications antérieures qui ne s'intéressaient qu'aux horizons O. Le souhait d'intégrer des formes d'humus non ou peu représentées sur notre territoire et l'augmentation des connaissances sur le fonctionnement de certains types nous obligent à revenir partiellement sur cette démarche, et ce, afin de prendre en considération dans la typologie **à la fois** les caractères des deux grands types d'horizons. Pour l'utilisateur, les conséquences en sont plus conceptuelles que pratiques et ne modifieront guère les habitudes prises depuis dix ans.

Aux trois types de fonctionnement radicalement différents, qui correspondent aux appellations classiques **mull**, **moder**, **mor** pour les épisolums aérés, nous sommes ainsi amenés à rajouter un quatrième type appelé **amphimus**, correspondant en particulier, sur notre territoire, aux amphimulls antérieurement définis.

Chacun de ces types correspond à une séquence d'horizons de référence O et A caractéristique (on se référera à la définition des horizons) mais aussi à des fonctionnements biologiques particuliers :

• **mulls**, à disparition rapide des litières, liés à une activité notable de vers de terre fouisseurs, généralement anéciques ou endogés (générateurs de macrostructures dans l'horizon A), mais dans certains cas épigés (générateurs de mésostructures dans l'horizon A) ;

• **moders**, à horizons A non ou peu bioturbés, à activité biologique animale maximale au niveau des horizons O (vers épigés et enchytréides, arthropodes) ;

• **mors**, sans activité animale notable ;

• **amphimus**, à double activité, à la fois épigée, liée à l'abondance de la faune dans des horizons O épais, et endogée, se traduisant par une structuration biologique nette des horizons A.

Cette classification de base peut se retrouver dans la typologie des formes d'humus engorgées et dans celles de formes sur matériau minéral grossier (roche en place ou éléments grossiers sans matières minérales fines).

À un deuxième niveau, la forme d'humus est précisée, en milieu forestier, par des caractères secondaires des horizons O et A, liés essentiellement à leur épaisseur ou leur discontinuité.

Cette étape conduit à une dénomination plus précise (que l'on pourrait appeler « référence ») de la forme d'humus. Exemples : eumull, oligomull, hémimoder, lithomull, peyromoder, etc.

La troisième étape permet de préciser, au besoin, des caractéristiques physico-chimiques ou des spécificités de fonctionnement à l'aide de l'adjonction de qualificatifs. Exemples : eumull carbonaté humique, oligomull carbonaté, eumull acide, mésomull andique.

Le *tableau* de la p. 352 et la *figure 1*, p. 353, présentent les différentes références connues en milieu forestier sous climats tempérés. La *figure 2*, p. 354, est une clé de détermination.

Schématisation des principales formes d'humus forestières et des milieux ouverts des climats tempérés (hors sols sans fraction minérale fine)

Formes d'humus forestières

Cas 1	• absence d'horizon OH • **et** horizon A biomacrostructuré ou mésostructuré • discontinuité entre horizons O et horizon A	**mull**
Cas 2	• succession d'horizons OL, OFzo, OHzo, A ou, parfois, OL, OFzo, A • **et** horizon A non grumeleux, massif, particulaire ou, parfois, soufflé • passage progressif entre les horizons O et A	moder
Cas 3	• horizons OL et OFnoz présents, parfois en plus OHnoz, OFzo, OHzo • passage très brutal entre un horizon OH et un horizon organo-minéral parfois humifère (matières organiques de diffusion)	mor
Cas 4	• succession d'horizons OL, OFzo, OHzo • **et** horizon A nettement biomacro- ou mésostructuré	**amphimus**

Formes d'humus des sols agricoles, landes et pelouses

Cas 1	Horizon A biomacro- ou mésostructuré, absence de mat racinaire	**mull de pelouse** ou **agri-mull**
Cas 2	Horizon A non grumeleux (de juxtaposition), mat racinaire ou horizon OHzo possible	**moder de pelouse** ou **agri-moder**
Cas 3	Horizon A massif, mat racinaire ou horizon OHnoz possible	**mor de pelouse** ou **agri-mor**
Cas 4	Horizon A biomacrostructuré et horizon OHzo	**amphimus de pelouse**

Qualificatifs pouvant être utilisés pour caractériser les épisolums humifères (liste non exhaustive)

La plupart des qualificatifs *infra* sont définis et utilisés dans le *Référentiel pédologique*. Les définitions *infra* sont parfois légèrement adaptées aux épisolums humifères.

Qualificatifs relatifs aux accumulations de matières organiques dans les horizons A

humifère, **humique**, **clinohumique**, **vermihumique** : cf. définitions générales en *annexe 4*.

Remarque : les termes **humifère**, **clair**, **sombre**, **noir**, **mélanisé** ne s'appliquent qu'à des horizons ; les épisolums humifères peuvent être qualifiés par exemple de « à horizon A humifère ».

Qualificatifs relatifs aux caractéristiques chimiques de l'horizon A

Si le solum comprend plusieurs horizons A, sont prises en considération prioritairement les caractéristiques du premier de ces horizons.

pH_{eau} (tolérance : ± 0,2 unité)

hyper-acide	Forme d'humus dont l'horizon A a un pH < 3,5.
très acide	Forme d'humus dont l'horizon A a un pH compris entre 3,5 et 4,2.
acide	Forme d'humus dont l'horizon A a un pH compris entre 4,2 et 5,0
peu acide	Forme d'humus dont l'horizon A a un pH compris entre 5,0 et 6,5.
neutre	Forme d'humus dont l'horizon A a un pH compris entre 6,5 et 7,5.
basique	Forme d'humus dont l'horizon A a un pH compris entre 7,5 et 8,7.
très basique	Forme d'humus dont l'horizon A a un pH > 8,7.

Rapport S/CEC (CEC mesurée à pH 7)

saturée	Qualifie une forme d'humus dont l'horizon A, non carbonaté, a un complexe adsorbant entièrement saturé par les cations échangeables alcalino-terreux et alcalins et principalement par Ca^{2+} et Mg^{2+}, d'où un rapport S/CEC = 100 ± 5 %.
subsaturée	Qualifie une forme d'humus dont l'horizon A, non carbonaté, a un rapport S/CEC compris entre 95 et 80 %.
mésosaturée	Qualifie une forme d'humus dont l'horizon A a un rapport S/CEC compris entre 80 et 50 %.
oligosaturée	Qualifie une forme d'humus dont l'horizon A a un rapport S/CEC compris entre 50 et 20 %.
désaturée	Qualifie une forme d'humus dont l'horizon A a un rapport S/CEC < 20 %.

Abondance relative de Ca^{2+}, Mg^{2+}, Na^+

carbonatée	Qualifie une forme d'humus dont la terre fine de l'horizon A contient des carbonates de Ca^{2+} et/ou Mg^{2+}, primaires ou secondaires. Effervescence à l'acide généralisée.
calcique	Qualifie une forme d'humus dont l'horizon A est non carbonaté, mais saturé ou subsaturé, et dans lequel Ca^{2+} est largement dominant (rapport $Ca^{2+}/Mg^{2+} > 5$).

calci-magnésique	Qualifie une forme d'humus dont l'horizon A est non carbonaté, mais saturé ou subsaturé, et dans lequel le rapport Ca^{2+}/Mg^{2+} est compris entre 5 et 2.
magnésique	Qualifie une forme d'humus dont l'horizon A est non carbonaté, mais saturé ou subsaturé, et dans lequel le rapport Ca^{2+}/Mg^{2+} est < à 2 (mais > 1/3).
hyper-magnésique	Qualifie une forme d'humus dont l'horizon A est non carbonaté, mais saturé ou subsaturé, et dans lequel le rapport Ca^{2+}/Mg^{2+} est < 1/3.
sodisée	Qualifie une forme d'humus dont l'horizon A présente un rapport $Na^+/$ CEC compris entre 6 et 15 %.

Caractères de l'horizon A liés à des processus pédogénétiques supplémentaires

chernique	Qualifie une forme d'humus dont l'horizon A présente les caractères d'un horizon A chernique.
andique	Qualifie une forme d'humus dont l'horizon A présente des caractères andiques.
pélosolique	Qualifie la forme d'humus des PÉLOSOLS dont l'horizon A, épais et sombre, a une structure polyédrique assez grossière, nette et très stable ; la présence d'argiles gonflante empêche les structures biologiques grumeleuses de rester exprimées.
colluviale	Qualifie une forme d'humus d'un solum dont la majeure partie des matériaux, et principalement ceux des horizons A, sont d'origine colluviale (apports essentiellement latéraux). Cela se traduit par une forte macroporosité et favorise l'activité biologique.

Texture de l'horizon A

Elle peut être précisée : **sableux, limono-sableux, argilo-limoneux**, etc.

Exemples : eumull calcique argilo-limoneux (= dont l'horizon A est argilo-limoneux) ; dysmoder désaturé sableux (= dont l'horizon A est sableux).

Autres caractères des horizons O ou A, structures

mycogène	Qualifie une forme d'humus dont la dynamique et la morphologie sont liées à l'activité dominante des champignons saprolytiques dans les horizons O.
à structure mycogène	Qualifie un horizon O, ou la forme d'humus qu'il caractérise, dont la structure est due essentiellement à la présence de grandes quantités de mycéliums, morts ou vivant, qu'ils soient saprolytiques ou mycorhiziens.
à structure rhizogène	Qualifie un horizon O ou A, ou la forme d'humus qu'il caractérise, dont la structure est due essentiellement à la présence de grandes quantités de racines fines, mortes ou vivantes, pouvant parfois former de véritables feutrages (mat racinaire).
lignique	Qualifie un horizon O, ou la forme d'humus qu'il caractérise, contenant 35 à 80 % en volume de débris ligneux reconnaissables plus ou moins décomposés (écorces, bois mort).

xylique   Qualifie un horizon O, ou la forme d'humus qu'il caractérise, contenant plus de 80 % en volume de débris ligneux reconnaissables plus ou moins décomposés (écorces, bois mort).

Il est possible en outre de caractériser la structure des horizons O et A selon les références classiques en science du sol ou précisées dans la définition des horizons : **à horizon (O, A) feuilleté, fibreux, granulaire, massif, particulaire, biomésostructuré, biomacrostructuré**, etc.

Origine des matières organiques fraîches
de feuillus, de résineux, de pelouse, etc. ou plus précisément : **de hêtres, de frênes, d'épicéas**, etc.

Remarque : les termes trophiques (eutrophe, mésotrophe, oligotrophe) ont été abandonnés pour caractériser des épisolums humifères. Ils sont remplacés par les termes relatifs au pH et au taux de saturation (S/CEC).

Formes d'humus forestières sous climats tempérés
Remarques préliminaires :
• les connaissances actuelles ne permettent pas de présenter une typologie précise en ce qui concerne les formes d'humus des sols agricoles ainsi que celles sous pelouses, et qui prendrait en compte leur cinétique de fonctionnement ;
• outre la démarche de rattachement aux types proposés *infra*, des critères analytiques (rapports C/N et S/CEC, pH, aluminium échangeable, etc.) sont indispensables à la caractérisation précise des formes d'humus décrites sur le terrain et à leur possibilité de corrélations avec des groupes floristiques socio-écologiques.

Quatre principaux horizons de référence et certaines de leurs subdivisions sont nécessaires : OL, OF (OFzo ou OFnoz), OH (OHzo ou OHnoz), et A.

> Dans la suite du texte, en ce qui concerne la succession des horizons, les parenthèses indiquent le caractère discontinu, voire sporadique d'un horizon ; le signe « / » indique un passage brutal d'un horizon à l'autre. Une clé de détermination est présentée en *figure 2*, p. 354.

1. Formes d'humus aérés
Épisolums humifères évoluant tout au long de l'année en conditions aérobies (sauf sols sans fraction minérale fine).

Mulls

Épisolum diagnostique
• Séquence d'horizons de référence du type : (OL)/A   ou   OL/A
ou, dans les formes de transition,   **OL ou OF/A** ;
• **et** présence d'un horizon A biomacrostructuré (agrégats grumeleux généralement > 3-5 mm) dans les mulls typiques, les plus courants ; ou horizon A biomésostructuré dans certains cas (majorité d'agrégats de 1-3 mm) ;
• forte discontinuité entre les horizons O et A.

Autres caractères
L'horizon A peut avoir de quelques centimètres à plus de 10 cm, voire 20 cm d'épaisseur.

En cas de textures très sableuses (p. ex. dunes), la structure grumeleuse, instable, peut être difficile à observer, et elle ne doit pas être confondue avec d'éventuels petits agglomérats de sables enlacés par des filaments mycéliens tels que l'on peut parfois en rencontrer sur sables acides.

Fonctionnement biologique

Seul est bien connu le fonctionnement des mulls biomacrostructurés : ce sont des formes d'humus à forte activité de vers de terre anéciques et endogés qui assurent une incorporation rapide et profonde des matières organiques aux horizons minéraux, ainsi que sa complexation avec les argiles (humine organo-argileuse). Cette activité masque en outre une diversité faunique importante et une activité fongique intense.

Dans les oligomulls et les dysmulls (cf. *infra*), cette activité des vers, plus faible, est accompagnée d'une forte activité de pourritures blanches, entraînant la présence d'horizons OLv. La structure des horizons A y est moins nette, surtout en textures peu argileuses, et l'ensemble des agrégats (grumeaux) peut ne représenter qu'une part minoritaire (mais > 25 % environ) du volume de l'horizon par rapport aux volumes à structure massive ou particulaire. Les humines d'insolubilisation peuvent représenter une grande partie des matières organiques de l'horizon A.

Dans certains sols acides, des phases d'ouverture des peuplements peuvent conduire, temporairement, à une reprise importante d'activité de vers, parfois épigés, ayant pour résultat à la fois une disparition des horizons OF et OH des moders préexistants et une biostructuration des horizons A ; dans ce cas, les agrégats sont cependant de petite taille (horizons biomésostructurés). Ces formes d'humus sont mises en évidence à l'échelle du cycle sylvicole.

Principales références et leurs propriétés

Eumull (eu- = bien, beau)

Mull « typique », à disparition totale et rapide des matières organiques fraîches.

La séquence d'horizons de référence est : (**OLn**)/**A**   ou   **OLn/A**, avec présence possible de **OLt entre OLn et A**. L'horizon OL est donc limité à Oln (et Olt) qui, d'épaisseur variable au cours des saisons, peut être sporadique, ou même quasi absent dès la fin du printemps.

L'activité des vers de terre est très forte, l'incorporation des matières organiques importante, les composés d'insolubilisation et les complexes argilo-humiques très bien développés. L'horizon A est donc très bien structuré (structure nette, agrégats occupant l'ensemble du volume de l'horizon), parfois épais (plus de 5 cm), les turricules sont très abondants.

Les formes les plus courantes correspondent à des pH_{eau} et des taux de saturation élevés : $pH_{eau} > 6$, S/CEC > 75 %. **Mais ce caractère n'est pas obligatoire** puisqu'il existe des « eumulls désaturés acides ».

Sauf pour les eumulls humiques (p. ex. eumulls humiques carbonatés), le taux de minéralisation de l'azote est élevé (> 3 %) et assure une forte disponibilité en cet élément (mesures par incubation).

Exemples de types :

• eumull calcique humique : forme d'humus des forêts jurassiennes sur calcaire filtrant ;

• eumull carbonaté : l'horizon A est carbonaté ; le caractère humique est fréquent (p. ex. dans le cas de Rendosols), car l'évolution des matières organiques est bloquée par la présence de carbonates dans l'horizon A (héritages dominants et insolubilisation des acides fulviques par le calcium). Le taux de minéralisation de l'azote est faible (0,5 à 2 %), compensé dans certains cas par un fort pourcentage de matières organiques dans l'horizon A (souvent > 10 %). Le taux de nitrification atteint 100 %. Le rapport C/N dans l'horizon A est bas (< 15) ;

- eumull désaturé acide : forme d'humus des chênaies acidiphiles du Béarn ;
- eumull subsaturé clair : mull des climats océaniques, pauvre en matières organiques.

Mésomull (méso- = moyen)

Mull à morphologie et vitesse de disparition des matières organiques fraîches intermédiaires entre eumull et oligomull.

La séquence d'horizons de référence est : **OLn ou (OLv)/A.**

L'horizon OL est toujours présent, en toutes saisons, jamais très épais ; l'horizon OLn est continu ; l'horizon OLv est discontinu, voire très discontinu, et peu épais, parfois absent en fin d'été. L'activité des vers de terre anéciques est ralentie dans des conditions de milieu un peu moins favorables. L'horizon A est moins épais (quelques cm), à structuration moins stable que dans l'eumull. Ces caractères de l'horizon A permettent de ne pas confondre, en début d'hiver, un eumull à horizon OLn continu, mais très récent, avec un mésomull.

Le pH_{eau} de l'horizon A est fréquemment compris entre 5 et 6 et le rapport S/CEC entre 30 et 70 %, **mais ce caractère n'est pas obligatoire.**

Exemples de types :
- mésomull mésosaturé de hêtraie acidicline ;
- mésomull biomésostructuré très acide de coupe forestière.

Oligomull (oligo = peu)

Mull à disparition lente des litières, fonctionnement biologique ralenti.

La séquence d'horizons de référence est : **OLn ou OLv ou (OFr)/A.**

L'horizon OL est continu ; l'horizon OLv est très bien développé, correspondant à des couches de feuilles de plusieurs années, et présente une activité nette des pourritures blanches (champignons saprophytes). L'activité des vers anéciques étant relativement faible, les brassages et l'incorporation des matières organiques sont moins importants que précédemment : l'horizon A est peu épais et peu humifère, sa macrostructure est moins développée, les agrégats en sont souvent fragiles et dégradés et peuvent ne pas représenter la totalité du volume de l'horizon.

Exemples de types :
- oligomull carbonaté : malgré un horizon A carbonaté, la décomposition de la litière est ralentie (à cause, par exemple, de son rapport C/N élevé). La structure grumeleuse est souvent plus nette que celle de l'oligomull typique. L'accumulation de litière peut être due à leur nature, ou il peut s'agir d'une forme de transition avec les amphimus (**oligomull « actif »**) ;
- oligomull mycogène désaturé sur limon acide : forme la plus fréquente, rencontrée en stations acidiclines (p. ex. hêtraies lorraines) : pH_{eau} < 5, rapport S/CEC au pH du sol < 30 %.

Dysmull (dys- = difficulté, mauvais état)

Mull à fonctionnement biologique « non typique », très ralenti).

La séquence d'horizons de référence est : **OLn ou OLv ou OF/A.**

Le fonctionnement biologique de l'horizon A est encore celui d'un mull : il est encore, au moins partiellement, biomacrostructuré, parfois biomésostructuré. Mais on observe un horizon OF qui indique que le fonctionnement biologique des horizons holorganiques se rapproche soit de celui des moders, soit de celui des amphimus.

Sous ce nom sont donc rassemblées, en raison de difficultés de diagnostic possibles, deux formes d'humus de fonctionnement, de dynamique et de propriétés différents :
• des formes de transition avec les moders, pour les dysmulls généralement acides. Comme pour les oligomulls, la structure de l'horizon A est moins développée que dans les formes actives, les agrégats en sont souvent fragiles et dégradés et ne représentent pas la totalité du volume de l'horizon ;
• des formes de transition avec les amphimus, appelées **dysmulls actifs**, présentes dans les mêmes conditions stationnelles que les amphimus, souvent en mosaïque avec eux, et ayant les mêmes caractéristiques biologiques et chimiques. La structure de l'horizon A est très bien développée, les grumeaux occupent la totalité du volume de l'horizon. Leurs caractères fonctionnels pourraient permettre de les inclure dans la catégorie des amphimus (hémi-amphimus).

Hydromull

Cf. § « Formes d'humus hydromorphes », p. 350.

Peyromull

Cf. § « Formes d'humus des sols sans fraction minérale fine », p. 348.

Moders

Épisolum diagnostique
La séquence d'horizons de référence est :
OL/OFzo/OHzo/A   ou, dans certaines formes,   OL/OFzo/A.

• Les horizons OF et OH sont des horizons zoogènes (OFzo et OHzo) dans lesquels les matières organiques fines, présentes entre les résidus foliaires ou dans l'horizon OH, résultent du dépôt, puis de la transformation des déjections de la faune épigée. L'assemblage est relativement lâche, la structure granulaire. Absence d'horizons OFnoz et OHnoz. Le degré de fragmentation dans l'horizon OF est variable (OFr ou OFm).
• L'horizon A est non grumeleux (de juxtaposition, cf. § « Définitions », *supra*), à structure massive ou particulaire, parfois « microgrumeleuse » (*fluffy*).
• Le passage entre les horizons O et A est très progressif, avec une transition > 2-3 mm.

Autres caractères
L'horizon OH peut être sporadique ou avoir plusieurs centimètres d'épaisseur. En textures sableuses, il peut comporter une quantité non négligeable de grains de sables, et, sur le terrain, la limite entre les horizons OH et A est donc parfois difficile à situer ; elle est en tout cas progressive. Cela est dû au passage des animaux d'une couche à l'autre ; ces animaux, bien que n'absorbant pas ou peu de particules minérales, peuvent en transporter sur leur tégument et peuvent déposer des déjections holorganiques dans l'horizon A. L'horizon A est donc un horizon « coprogène », dû à la juxtaposition de boulettes fécales de la mésofaune (larves de diptères, enchytréides, arthropodes), transformées ou agglomérées aux grains minéraux qui restent nus. Ces matières organiques sont riches en débris peu évolués. L'insolubilisation des composés organiques est généralement faible et n'est pas favorisée par l'activité biologique. En texture peu sableuse, cette juxtaposition n'est cependant pas visible.

Remarque : en cas de perturbation des horizons de surface (travail du sol, décapage des litières par traînage des bois, etc.), les horizons O peuvent avoir disparu ou être partiellement décapés : le diagnostic devra alors reposer uniquement sur celui de l'horizon A.

Fonctionnement biologique

La destruction des litières est due principalement, en l'absence des vers de terre anéciques, à la mésofaune citée *supra* et à la macrofaune de surface : isopodes, diplopodes, lombrics épigés, mollusques, etc. Transformation et incorporation sont donc faibles. L'activité des pourritures blanches peut encore être sensible.

Conditions écologiques

Conditions défavorables à l'activité des vers de terre anéciques :

• pH_{eau} acide ou très acide du solum (< 5), associé parfois à des textures défavorables (sableuses), des résidus végétaux à fort rapport C/N et litières peu appétentes, un tassement des horizons de surface ;

• températures basses (montagne, zones boréales) ;

• sécheresse ;

• asphyxie : cf. hydromoder.

La présence d'un moder (ou d'un mor, cf. *infra*) correspond à une faible insolubilisation des composés organiques solubles (ni humine organo-argilique ni d'humine d'insolubilisation) : c'est une condition du déclenchement des processus de podzolisation suite à la percolation des précurseurs solubles issus des litières.

Principales références

Hémimoder

La séquence d'horizons de référence est : **OL/OFzo/A**.

Forme de transition entre mulls et moders, à horizon OH absent ou très sporadique (recouvrement < 10 %). Morphologiquement, ce n'est pas un mull à cause de la présence d'un horizon A non grumeleux, contrairement au dysmull. Ce n'est pas non plus un moder typique (absence d'horizon OH), mais il en a le fonctionnement biologique.

OF est bien développé (horizons OFr et OFm possibles).

Moder ou eumoder

La séquence d'horizons de référence est : **OL/OFzo/OHzo/A**.

L'horizon OH, toujours présent, est mince (moins de 1 cm), parfois discontinu. L'activité de la faune du sol reste intense, avec une certaine diversité spécifique, bien sûr hors vers anéciques : diplopodes et isopodes, insectes, vers épigés, etc. Cela entraîne une transition très diffuse entre les horizons OHzo et A, l'horizon OHzo pouvant être riche en grains minéraux.

Dysmoder

L'horizon OHzo prend une plus grande importance que dans le moder typique, il est continu et fait plus de 1 cm d'épaisseur.

Cette limite de 1 cm est arbitraire, mais les types extrêmes se différencient par leurs populations animales et par leurs propriétés : dans le dysmoder, l'activité des enchytréides est plus forte et plus exclusive ; les déjections de ce groupe n'étant pas consommées par les autres groupes, leur accumulation en petits amas est à l'origine de l'horizon OHzo épais et plus compact (boulettes fécales non directement visibles à l'œil nu).

Remarque : dans certains pays (comme en Autriche) le moder, considéré comme « typique », est plutôt le dysmoder, beaucoup plus fréquent.

Hydromoder

Cf. § « Formes d'humus hydromorphes », p. 350.

Lithomoder et peyromoder

Cf. § « Formes d'humus des sols sans fraction minérale fine », p. 348.

Propriétés

Sauf autres conditions pédoclimatiques particulières, le pH_{eau} est très acide à hyper-acide en régions tempérées ($\leq 4,5$) et les rapports C/N sont élevés (18 à 25 dans l'horizon A, jusqu'à 30 dans l'horizon OH). Le taux de minéralisation de l'azote, souvent assez faible, peut cependant être très variable pour des raisons mal connues. Le taux de nitrification peut lui-même être parfois élevé, comme dans le cas d'anciennes terres agricoles. Les moders, et surtout les dysmoders, correspondent, dans les conditions les plus fréquentes, à des niveaux trophiques faibles.

Mors

Épisolum diagnostique

OFnoz représente l'horizon diagnostique indispensable. Il témoigne de la lenteur des transformations dans cette forme d'humus ; rappelons qu'il peut être très pauvre en matières organiques fines.

La séquence d'horizons de référence est :

OL/OFnoz ou **OL/OFnoz/OHnoz** reposant brutalement sur un horizon, soit très peu humifère (généralement E), soit humifère (noté -h, généralement Eh).

Dans les formes de transition avec les dysmoders, les horizons OFzo ou OHzo peuvent être également présents.

Transition très rapide (< 2mm) entre le dernier horizon O (OF ou OH) et l'horizon non holorganique sous-jacent.

Autres caractères

Les transitions entre OL et OF, d'une part, et entre OF et OH, d'autre part, sont très progressives, du fait de transformations très lentes et progressives. Les débris végétaux restent largement reconnaissables, parfois sur une grande épaisseur.

L'horizon OF peut être très épais, dominant dans l'épisolum. L'horizon OH peut être absent dans les formes les moins actives, ou d'épaisseur variable.

Les horizons non zoogènes, feuilletés, massifs ou fibreux, sont soit compacts, à forte consistance, soit pulvérulents ou friables à l'état sec. Leur teneur en grains minéraux est très faible.

L'horizon organo-minéral qui succède à OHnoz (ou à OFnoz) est un horizon où l'on peut trouver des matières organiques de diffusion. Il est plus ou moins humifère. Il peut contenir quelques boulettes fécales correspondant à la consommation de racines par une faune peu active.

Fonctionnement

Les formes typiques correspondent strictement à une absence d'activité animale et à une activité fongique peu efficace, et donc à une absence de transfert biologique de matières organiques depuis les horizons O vers les horizons inférieurs. Les seuls transferts sont passifs, par entraînement par l'eau, soit dans les solutions de drainage, soit sous l'influence d'une nappe d'eau battante (matières organiques de diffusion). Les matières organiques fines résultent de transformations fongiques ou microbiologiques et de fragmentations physiques. Les transformations étant très lentes, l'horizon OF des mors peut être très épais (ce qui représente un caractère diagnostique dans certaines classifications). L'horizon OH peut même être absent. Lorsqu'il existe encore une très faible activité d'animaux (il s'agit alors d'enchytréides) la transition entre les horizons OF et OH est progressive, correspondant à une micro-fragmentation progressive des débris ou une accumulation très ancienne de boulettes fécales d'enchytréides, et donc à un enrichissement régulier en matières organiques fines au cours du temps. Cependant, toutes les transitions existent avec les formes de type dysmoder, d'autant plus que par leur faible évolution, ces formes d'humus peuvent garder en mémoire des fluctuations des conditions de milieux (ouverture des peuplements, dépôt de bois mort, fluctuations climatiques, apports atmosphériques d'azote, etc.). Peuvent donc être présents dans certains cas des horizons OF et/ou OH à structure zoogène (granulaire pour les OH) : on parlera d'humimors. En France, la grande majorité des mors sont de ce type, avec quelquefois une épaisseur importante des horizons OHzo ; l'activité animale est cependant liée quasi exclusivement aux enchytréides, **la transition entre l'horizon O et les horizons inférieurs reste très brutale et est, en ce sens, un caractère diagnostique**. La présence de mycéliums dans les différents horizons O ne témoigne pas d'une activité saprophytique notable de champignons décomposeurs : celle-ci est elle aussi limitée, les mycéliums présents pouvant être plus souvent mycorhiziens.

Conditions écologiques

Elles correspondent à des conditions très défavorables à toute activité animale :
- très forte acidité du solum (pH_{eau} < 4,2) associée à la présence de végétaux à résidus difficilement biodégradables ou à sécrétions toxiques (certains résineux, éricacées) ;
- climat limitant l'activité biologique (froid, étage subalpin et zones boréales) ;
- engorgement prolongé (cf. hydromor).

La présence d'un mor, comme d'un moder, correspond à une très faible insolubilisation des composés organiques solubles (ni humine organo-argilique ni d'humine d'insolubilisation) : c'est une condition du déclenchement des processus de podzolisation, suite à la percolation des précurseurs solubles issus des litières Dans certains pays, la podzolisation est obligatoire pour le rattachement à une forme mor.

Principales références

Mor typique

Il correspond à la description *supra*, absence des horizons OFzo et OHzo.

Humimor et hémimor

Dans l'humimor, en plus de l'horizon OFnoz (voire OHnoz), les horizons OFzo et/ou OHzo, à structure clairement zoogène, sont présents, généralement à leur base. Ils témoignent, même si la faune est rare, que celle-ci est tout de même présente et, qu'au fil du temps, son activité (même faible) aboutit progressivement à la transformation de la litière en déjections animales de petite taille (matières organiques fines). Ces formes d'humus, transitions morphologiques et fonctionnelles entre dysmoder et mor, peuvent parfois représenter des formes d'évolution, progressive ou régressive. En cas de reprise d'activité biologique, on peut imaginer des horizons OHzo recouvrant des horizons « noz ». Dans l'hémimor, aucun horizon OH n'est présent.

Hydromor

Cf. § « Formes d'humus hydromorphes », p. 350.

Lithomor

Cf. § « Formes d'humus des sols sans fraction minérale fine », p. 348.

Les caractères morphologiques de ces différents types ou de leurs horizons dominants peuvent être précisés par des qualificatifs.

Propriétés

Les mors sont des milieux à très faible niveau trophique : pH_{eau} très bas, au moins dans les horizons O (< 4,2), rapports C/N élevés et taux de minéralisation de l'azote très faible. De plus, ils constituent un obstacle à l'infiltration de l'eau (hydrophobie) et sont défavorables à la germination : toxicité et sécheresse. Ils sont le plus fréquemment associés à des processus de podzolisation.

Amphimus

Épisolum diagnostique

- La séquence d'horizons de référence est : **OL/OFzo/OHzo/A** ;
- **et** structure de l'horizon A très nettement développée ; l'horizon A est biomacrostructuré (agrégats grumeleux majoritairement > 3-5 mm) ou biomésostructuré (agrégats grumeleux majoritairement de 2-3 mm). Cf définition des horizons A, *supra*.

Cette structure caractéristique doit permettre de différencier les amphimus des moders dont les horizons A ne comportent pas de grumeaux de cette taille et de cette netteté.

Autres caractères

Les amphimus peuvent être associés à des horizons A épais et noirs : caractère humique lié à une faible minéralisation secondaire (blocage).

Fonctionnement

Il est encore mal connu. Il apparaît cependant un double fonctionnement, i) épigé, dû à une mésofaune et à une macrofaune responsables de la formation des horizons OF et OH à structure clairement zoogène (horizon OH granulaire et lâche), et ii) endogé, lié à la présence de vers responsables de la macro- ou mésostructure dans l'horizon A.

Conditions écologiques

Elles sont aussi mal connues, mais les amphimus en équilibre sont particulièrement observés :
- sur sols filtrants et à fort dessèchement des moyennes montagnes calcaires ;
- sous climat à influence méditerranéenne ;
- à l'étage montagnard des Alpes internes ou à influence méditerranéenne. Ils sont rares à l'étage collinéen non méditerranéen, inféodés alors à des substrats calcaires extrêmement filtrants. Les hypothèses actuelles les attribuent à des pédoclimats très contrastés sur le plan hydrique, soit purement d'origine climatique, soit aggravés par une hyper-fragmentation des substrats calcaires entraînant un dessèchement par la profondeur. En milieu calcique et carbonaté, ces mêmes conditions écologiques sont responsables d'évolutions biochimiques des substances humiques qui deviennent peu biodégradables, d'où la fréquence du caractère humique de ces formes d'humus. Les horizons A peuvent être carbonatés.

Cependant, à côté de ces amphimus considérés en équilibre avec les conditions de milieu, certaines formes sont de toute évidence des formes en évolution entre mulls et moders, liées à des évolutions à court terme (éclaircies) ou à moyen terme (vieillissement du peuplement, dérives climatiques ou trophiques, etc.) : une structure grumeleuse apparaît par reprise d'une activité de vers anéciques avant que ces derniers n'incorporent la totalité des horizons holorganiques. Ces derniers sont alors fréquemment interpénétrés de turricules. Inversement, en structure stable (p. ex. sols argileux), la structure grumeleuse pourrait se maintenir après disparition des vers et début de constitution d'un horizon OH. Ces formes sont alors rencontrées en milieux peu favorables à l'activité biologique, souvent acides (pH_{eau} de l'ordre de 4,5 dans l'horizon A).

Principales références

Amphimus typique ou **euamphimus**

Il correspond à l'amphimull défini dans le *Référentiel pédologique 1995*.

Les horizons holorganiques OL, OF et OH sont bien développés, avec un horizon OHzo pouvant être épais (> 1 cm, souvent 2-4 cm), généralement plus épais que l'horizon OFzo. Le passage entre les horizons OHzo et A est net, abrupt et linéaire.

(Dys-amphimus)

Forme peu répandue en France, et donc mal connue. L'horizon A n'est pas macrostructuré, mais mésostructuré, probablement en lien avec une activité, dans l'horizon A, de vers plutôt épigés. Le passage entre les horizons OHzo et A est graduel, mais à la différence des formes moder, la structure de l'horizon A est nettement grumeleuse. Souvent de minuscules grains calcaires blancs parsèment cet horizon bien noir.

Propriétés

Les premiers résultats d'analyse de corrélations de ces formes d'humus avec la flore et le comportement des essences forestières montrent, dans les montagnes françaises, que les amphimus en équilibre correspondent à des rapports C/N élevés (> 20 ou 25), de mauvaises conditions de nutrition azotée et de très faible productivité de l'épicéa.

2. Formes d'humus des sols sans fraction minérale fine

Dans certains types de sols (certains PEYROSOLS et LITHOSOLS), l'absence ou la rareté de fractions minérales fines, et donc d'horizon A, ne permet pas un rattachement immédiat des formes d'humus aux formes précédemment décrites. Par analogie de fonctionnement biologique avec celles-ci, il est possible de définir les formes spécifiques suivantes relatives aux sols soit très caillouteux à succession d'horizons O/X (souvent de type éboulis), soit très superficiels à séquence d'horizons de référence O/R ou D.

Forme à fonctionnement de type mull

Peyromull

Mull d'éboulis, plus ou moins stabilisé, avec présence, entre les éléments grossiers, de terre fine noire, essentiellement organique, à structure nette en grumeaux, mais le plus souvent mésostructurée, car résultant de l'activité de vers épigés (grumeaux de 1 à 3 mm). Il n'y a pas d'accumulation d'horizons OF et OH.

La séquence d'horizons de référence est : **OL/Xh.**

Formes à fonctionnement de type moder

Lithomoder

Horizons O reposant directement sur une roche peu fragmentée.

La séquence d'horizons de référence est : **OL/OFzo/(OHzo)/R ou D.**

Présence d'une activité animale épigée dans les horizons O ; il ne peut y avoir d'activité fouisseuse.

Peyromoder

Moder d'éboulis plus ou moins stabilisé ; la terre fine, souvent présente entre les éléments grossiers, est essentiellement organique, à structuration granulaire : il s'agit d'infiltration, parfois sur des profondeurs importantes, de matières organiques fines de même origine et souvent de même aspect que celle des horizons OH. Elle peut être plus noire, parfois à structure granulaire détruite, mais jamais grumeleuse. Les horizons riches en éléments grossiers ne peuvent être appelés O, même si leur terre fine est proche de celle des horizons O.

La séquence d'horizons de référence est :

OL/OFz/Xh ou **OL/OFz/OHz/Xh** lorsque la stabilisation permet l'accumulation d'horizons O.

Formes à fonctionnement de type mor

Lithomor

Les horizons OFnoz et/ou OHnoz reposent directement sur une roche cohérente R ou D. Absence d'activité animale dans l'horizon O, sauf pour les formes intermédiaires.

La séquence d'horizons de référence est :

OL/OFnoz/R ou D ou **OL/OFnoz/OHnoz/R ou D** (« humus brut »).

Peyromor

Les horizons OFnoz et/ou OHnoz reposent directement sur des éléments grossiers (p. ex. des éboulis relativement stabilisés), sans terre fine, aucune matière organique ne s'étant en général infiltrée entre les éléments grossiers. Absence d'activité animale dans l'horizon O, sauf pour les formes intermédiaires.

La séquence d'horizons de référence est :

OL/OFnoz/X ou **OL/OFnoz/OHnoz/X.**

Formes à fonctionnement de type amphimus

Tangel (= litho-amphimus)

Le tangel est une forme d'humus reposant sur un calcaire dur non fragmenté ou seulement en gros blocs. Il est caractérisé par une épaisseur importante d'horizons holorganiques zoogènes, saturés à leur base (OHta), pouvant reposer sur un mince horizon A biomésostructuré. Il pourrait conceptuellement correspondre à un litho-amphimus. Le solum correspondant est à rattacher aux ORGANOSOLS HOLORGANIQUES à tangel, caractérisé par la séquence d'horizons de référence **OL/OF/OHz/OHta/A.**

Peyro-amphimus

Forme d'humus à succession d'horizons **OL/OF/OHzo/Xh**, dans laquelle la terre fine de l'horizon X est biomésostructurée, comme dans un peyromull.

3. *Formes d'humus hydromorphes*

Épisolums humifères soumis au moins temporairement à la présence d'une nappe d'eau.

Hydromull

Forme d'humus présentant une litière peu épaisse (OL) reposant en discontinuité brutale sur un horizon A biomacrostructuré plus ou moins épais, plus ou moins sombre et présentant des taches d'hydromorphie. Structure grumeleuse due à une forte activité de vers de terre anéciques ; forte macroporosité ; complexes argilo-humiques stables.

Les hydromulls se forment le plus souvent sous l'influence de la frange capillaire d'une nappe permanente ; ils peuvent avoir des caractères réductiques.

Hydromoder

Forme d'humus à séquence d'horizons de référence **OL/OFzo/OHzo** épais et montrant un passage progressif entre horizons OH et A ; la base de l'horizon OH prend une consistance grasse et une structure massive sur plusieurs millimètres. L'horizon A peut être parfois épais (> 10 cm). Sa structure est plutôt massive, sa couleur foncée et il présente souvent des marbrures rouille. Il est généralement rédoxique (Ag, partie supérieure d'une nappe perchée), parfois réductique en milieu acide (en milieu riche, évolution vers un anmoor). Du point de vue fonctionnement hydrique, on peut distinguer des hydromoders acides, où l'engorgement intervient secondairement sur l'activité biologique par rapport à l'acidité du solum, et des hydromoders formés en milieu peu acide ou neutre, où l'engorgement devient le facteur déterminant dans le mode de transformation des litières et la morphologie de l'épisolum humifère.

Hydromor

Forme d'humus montrant une succession d'horizons similaire à celle du mor, mais se développant dans un milieu temporairement saturé d'eau, soit i) dans un contexte rédoxique dans le cas d'une nappe temporaire entraînant une importante durée d'engorgement jusqu'en surface (parfois jusqu'en début d'été), soit ii) dans un contexte de nappe permanente d'ambiance réductique.

Les horizons OL et OFnoz sont de même nature que ceux du mor.

L'horizon OHnoz prend un aspect particulier, au moins dans sa partie inférieure et au moins sur 1 cm d'épaisseur : couleur foncée proche du noir, consistance grasse, plastique à l'état humide.

L'horizon OHnoz s'apparente ici à l'horizon saprique des histosols (matières organiques fortement humifiées). Outre l'épaisseur de cet horizon, la différence essentielle entre l'horizon OH d'un hydromor et l'horizon Hs de certaines tourbes pourrait correspondre à la durée et au mode d'engorgement : semi- à quasi permanent et régulier pour les horizons tourbeux, saturation temporaire et fluctuante pour l'hydromor. Mais il n'y a pas de différence nette entre les deux. L'horizon organo-minéral sous-jacent résulte d'infiltrations profondes de matières organiques dont la teneur décroît avec la profondeur. Sa structure est massive, sa couleur peut être très noire dans sa partie supérieure, sa limite inférieure avec un horizon Ea, Ga, Go ou Gr est très irrégulière et diffuse. Dès cet horizon, il peut y avoir apparition de taches rouille d'oxydation de fer, en particulier le long des racines.

Anmoor

Forme d'humus présentant la séquence d'horizons de référence : (OL)/An ou **OL/An**.

L'horizon An des anmoors est un horizon noir épais (jusqu'à 30 cm), parfois très riche en carbone organique (> 20 %), à consistance plastique et à structure massive en période d'engorgement, biomacrostructuré en période d'abaissement de la nappe. Cet horizon se forme sous l'influence d'un engorgement prolongé par une nappe permanente à faible battement.

L'incorporation des matières organiques est due à une forte activité d'animaux fouisseurs (vers de terre, larves d'insectes) lors des périodes estivales, lorsque le niveau de la nappe baisse sans que le profil ne s'assèche. Cette activité n'aboutit pas à une structuration durable de l'horizon (déstabilisation par l'engorgement).

L'examen microscopique montre une abondance d'éléments organiques figurés. Les liaisons matières organiques-argiles conduisent à des complexes moins stables et moins condensés que dans les horizons A des mulls. Le rapport C/N est faible (12 à 18).

Épisolums humifères comportant des horizons H épais

Cf. chapitre « Histosols ».

HORIZONS O		HORIZONS A ET TRANSITIONS O-A			
		Complexes argilo-humiques abondants		Complexes argilo-humiques rares ou absents	
		Discontinuité O//A		O-A : passage progressif	Discontinuité O//horizon organo-minéral (mais pas de A)
		Horizon A biomacrostructuré ou biomésostructuré Structure grumeleuse, plus ou moins bien développée		**Structure non grumeleuse** Pas de MO ou MO de diffusion, le plus souvent massive ou particulaire	
		Mull	Amphimus	Moder	Mor
OL ou OL et (OFzo)	(OLn)*	Eumull			
	OLn (OLv)*	Mésomull			
	OLn OLv (OFzo)	Oligomull			
OL et OFzo**		Dysmull		Hémimoder	
OL et OFzo et OHzo ou (OHzo)			Euamphimus	Eumoder (OH < 1 cm) Dysmoder (OH ≥ 1 cm)	
OL et OFnoz • pas de OH					Hémimor
OL et OFnoz et OHnoz ou OHzo					Humimor (OFzo ou OHzo encore présents) Mor (OFzo et OHzo absents)

NB : horizons entre parenthèses = horizons discontinus ; MO = matières organiques.

* Horizon OLt facultatif, au-dessus de l'horizon A.

** Le terme « mull-moder » est à éviter dans la mesure où il privilégie le mot « mull ».

hémi- = à demi.

eu- = bien, bon ; ici : « typique » ; eumull = mull « typique », à disparition rapide des MO fraîches.

méso- = moyen ; mésomull = mull à morphologie et vitesse de disparition des MO fraîches intermédiaires.

oligo- = peu ; oligomull = mull à fonctionnement biologique lent.

dys- = difficulté, mauvais état ; dysmull = mull à fonctionnement biologique très ralenti ; dysmull actif = mull à double fonctionnement biologique, ralenti en O, « actif » en A.

amphi- = en double ; amphimus = forme à double fonctionnement biologique, très ralenti en O, « actif » en A.

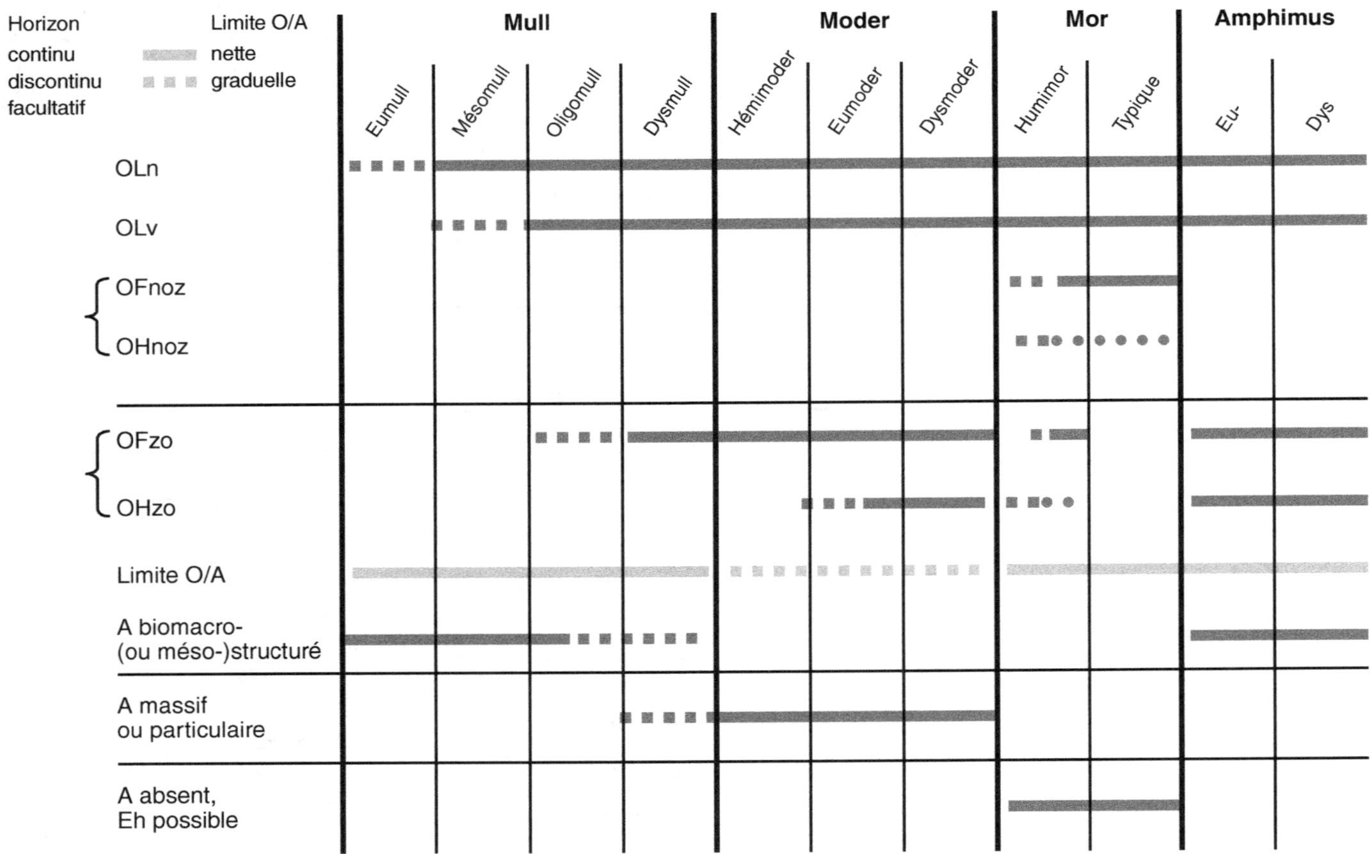

Figure 1. Les successions d'horizons des différentes formes d'humus aérées.

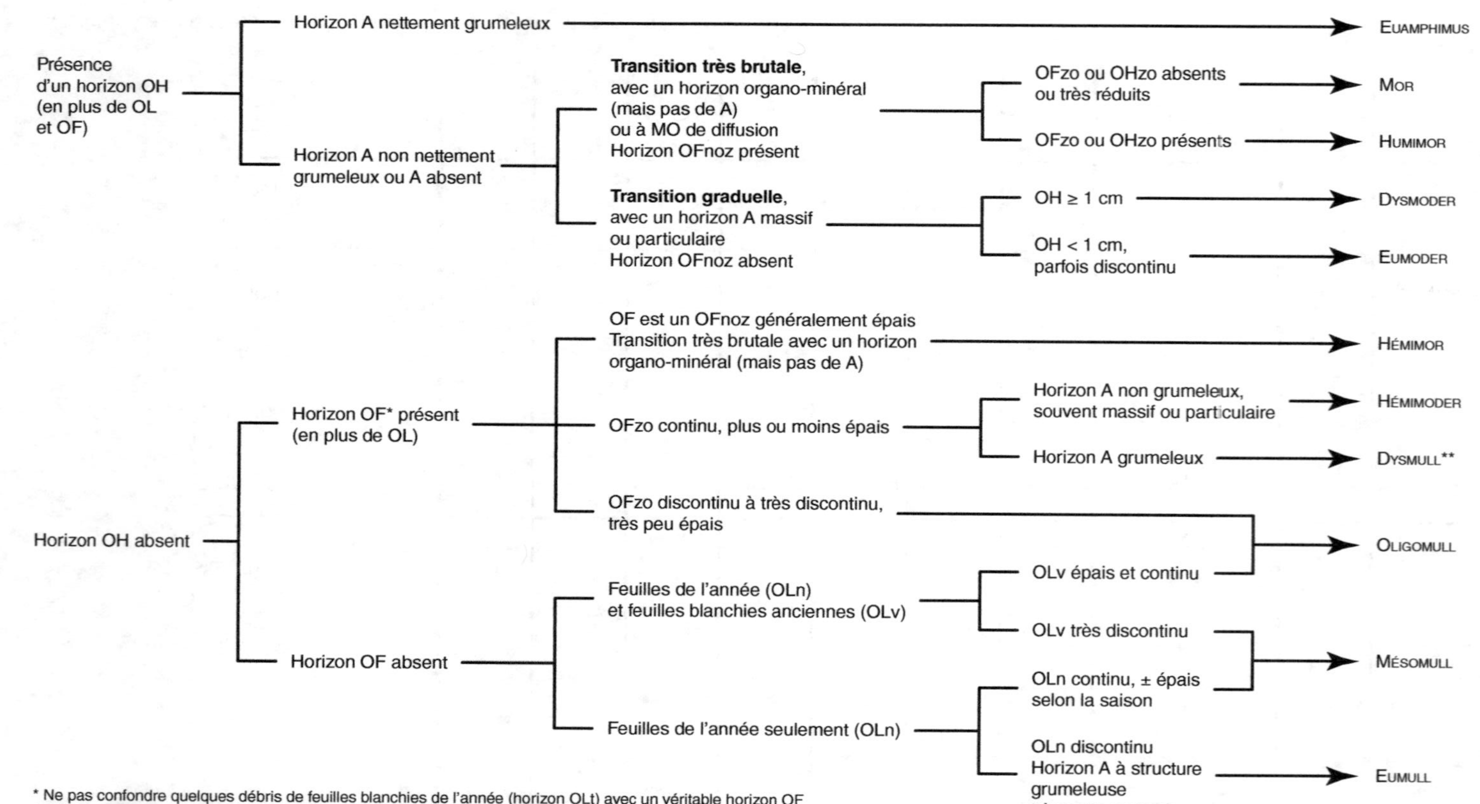

* Ne pas confondre quelques débris de feuilles blanchies de l'année (horizon OLt) avec un véritable horizon OF à débris généralement transformés et toujours mêlés de granules de matières organiques (boulettes fécales).
** Si l'horizon A est à structure grumeleuse très nette et stable : dysmull actif.

Figure 2. **Clé de détermination des principales formes d'humus aérées de plaine** (ne convient pas aux formes engorgées ou sans terre fine minérale ; cf. également *figure 1*).

Référentiel pédologique	CPCS (1967)	Jamagne (1967) Duchaufour (1977)	Delecour (1980)	USDA	Klinka et al. (1981)
OL < OLn / OLv	Aoo	L	Ol < Ol1 / Ol2	O1 < Oi / Oe	L < Lo / Lv
OF < OFr / OFm	Ao	F < F1 / F2	Of < Of1 / Of2	O2 < Oe / Oa	F: Fq, Fa
OH < OHr / OHf		H	Oh < Oh1 / Oh2		H < Hr / Hd / Hda

Figure 3. **Horizons O : correspondances approximatives avec les horizons décrits par d'autres auteurs.**

Annexe 2

Éléments pour l'établissement d'un référentiel pour les solums hydromorphes

Généralités sur l'hydromorphie

Les sols hydromorphes présentent des caractères attribuables à un excès d'eau. L'excès d'eau dans les sols peut avoir des causes et des origines variées.

L'excès d'eau peut être simplement dû aux précipitations pour des sols à drainages externe et interne limités (zones à relief horizontal ou subhorizontal, sols à texture lourde, à argiles gonflantes, à plancher imperméable, etc.). Mais aux précipitations, s'ajoutent parfois des apports d'eau complémentaires, **superficiels** (ruissellement dans des cuvettes, des zones endoréiques, inondation de plaines alluviales, etc.) ou **profonds** (remontée de nappe). L'action de l'homme, enfin, par des aplanissements, des mises en terrasses, des endiguements, des tassements superficiels limitant le drainage externe ou par des apports d'eau complémentaires par irrigation, est aussi susceptible de provoquer un excès d'eau dans les sols.

Des sols subissant un excès d'eau peuvent être observés sous toutes les latitudes et dans des positions topographiques variées, qu'ils soient ou non situés dans des zones aménagées par l'homme.

L'excès d'eau est plus ou moins durable dans l'année. Il peut se traduire par l'occupation de tout l'espace poral accessible par l'eau (ou saturation) d'une partie ou de la totalité des horizons du sol.

Sur le plan de la dynamique de l'eau, la saturation présente des formes différentes suivant la géométrie de l'espace poral. La saturation se manifeste le plus souvent par la présence d'une nappe d'eau libre dans le sol, mais en l'absence de pores grossiers, on peut n'observer qu'une imbibition capillaire par de l'eau plus ou moins fortement liée au sol.

La saturation limite les échanges gazeux entre le sol et l'atmosphère. Il peut en résulter un déficit plus ou moins prolongé en oxygène qui modifie l'activité biologique du sol. Cette activité biologique particulière et les processus biochimiques, chimiques ou physico-chimiques qui l'accompagnent, ont des conséquences sur l'organisation et la nature des constituants du sol : ségrégation du fer liée au développement de processus d'oxydo-réduction, composition particulière de la fraction organique, due à l'existence de conditions anaérobies.

En l'absence d'oxygène dans le sol, l'activité biologique responsable de l'évolution des différentes fractions organiques (processus de minéralisation, d'humification, de biodégradation, etc.) apparaît ralentie par rapport à celle des sols aérés. Il en résulte une augmentation des teneurs en matières organiques et une production de substances propres à ces milieux saturés d'eau. Cette modification de l'activité biologique correspond au développement de micro-organismes anaérobies facultatifs, puis stricts qui s'accompagnent de réactions d'oxydo-réduction au cours desquelles des constituants minéraux du sol (NO_3^-, Mn^{4+}, Fe^{3+}, SO_4^{2-}, CO_2) jouent le rôle d'accepteur final d'électrons et sont réduits en présence de matières organiques décomposables (respiration anaérobie). Ces réactions d'oxydo-réduction modifient la mobilité relative des constituants minéraux par rapport à celle qui existe dans les sols aérés, et conduisent à des redistributions particulières de certains éléments, et notamment du fer.

Dans des sols présentant des conditions d'anaérobiose très strictes, des composés organiques peuvent aussi jouer le rôle d'accepteur d'électrons dans les processus d'oxydo-réduction qui s'y développent (fermentation). Les substances organiques solubles présentes dans le sol sont alors rapidement décomposées par ces fermentations qui libèrent des produits gazeux (H_2, CH_4).

La saturation du sol contribue aussi à modifier l'organisation des constituants du sol en accentuant, lorsque les teneurs et la nature des argiles le permettent, les variations de l'espace poral (gonflement ou consolidation, par exemple). Par la perte de cohésion des agrégats aux fortes humidités et leur fragilisation, la saturation peut également modifier les propriétés mécaniques du sol (portance).

Sur le plan agronomique, la saturation du sol par l'eau peut être à l'origine de contraintes liées au déficit en oxygène, lequel peut gêner le développement des plantes cultivées, ou liées aux modifications des propriétés mécaniques du sol, susceptibles quant à elles d'affecter le déroulement des façons culturales.

Sols hydromorphes — Choix des caractères retenus pour définir ces sols

Différents processus peuvent se développer dans les sols sous l'effet d'un excès d'eau. Ils provoquent des transformations de l'organisation et de la nature des constituants du sol, mais seuls sont retenus pour définir les sols hydromorphes les caractères qui apparaissent les plus spécifiques de ce mode particulier d'évolution des sols. Il s'agit de caractères dus au déficit en oxygène existant dans ces sols du fait de l'excès d'eau. Ils se traduisent par :
• une ségrégation du fer, redistribution particulière de cet élément liée au développement de processus d'oxydo-réduction ;
• la présence, non obligatoire, d'épisolums humifères épais et sombres en surface, résultant de l'évolution en anaérobiose plus ou moins prolongée de la fraction organique.

Les sols hydromorphes, dans leur acception la plus étroite, présentent exclusivement des horizons ayant ces caractères. Il s'ensuit que certains sols subissant un excès d'eau ne sont pas considérés comme étant des sols hydromorphes *sensu stricto*, soit parce qu'ils n'ont pas de caractères attribuables aux processus d'oxydo-réduction (pélosols, vertisols, histosols, etc.), soit parce qu'ils ont des caractères dominants relatifs à d'autres pédogenèses (salisols et sodisols marqués par la dynamique des sels, SULFATOSOLS et THIOSOLS dominés par la dynamique du soufre, etc.).

Horizons présentant une ségrégation du fer attribuable à l'existence de processus d'oxydo-réduction

Ce sont des horizons qui présentent des organisations correspondant à une répartition particulière du fer.

Le fer constitue un bon indicateur de l'hydromorphie, en raison de son rôle dans le développement des processus d'oxydo-réduction dans les sols et de la netteté des manifestations qui accompagnent sa réduction (et sa mobilisation) et son oxydation (et son immobilisation).

Lorsqu'un déficit en oxygène apparaît dans un sol saturé d'eau, les nitrates, puis les composés manganiques sont les premiers constituants minéraux à jouer le rôle d'accepteur d'électrons et à être réduits ; mais, du fait de leurs teneurs généralement faibles dans les sols, leur rôle est limité dans le temps. En revanche, l'état d'oxydo-réduction du sol saturé d'eau paraît plus durablement contrôlé par le système fer ferreux/fer ferrique, les composés ferriques représentant une réserve importante susceptible d'accepter des électrons dans les réactions d'oxydo-réduction qui accompagnent le développement de micro-organismes anaérobies facultatifs. Ce n'est que dans des cas d'anaérobiose plus stricte, que les sulfates, puis le dioxyde de carbone sont successivement réduits, et que se produisent d'éventuelles fermentations.

Le développement des processus d'oxydo-réduction se manifeste de façon très visible en ce qui concerne le fer, par des variations de couleur (teintes grises de fer réduit, teintes jaune-rouge, brun-rouge du fer oxydé) et une redistribution particulière liée à la plus grande mobilité du fer sous forme réduite.

La ségrégation du fer observée dans les sols subissant un excès d'eau est liée au développement de processus d'oxydo-réduction.

La réduction du fer peut en effet conduire à des migrations séparées de fer et d'argile, en accroissant la solubilité du fer et ses possibilités de complexation avec les substances organiques présentes dans le sol. La migration du fer peut s'effectuer selon des modalités différentes : en relation avec les mouvements de l'eau libre ou par diffusion en fonction de gradients chimiques (différences de Eh, de pH, de concentrations en substances réduites) ou de gradients hydriques (remontée capillaire sous l'effet d'une forte évaporation) qui existent dans les sols saturés ou en voie de dessèchement. À l'inverse, l'oxydation, due le plus souvent à la pénétration de l'oxygène dans le sol lors de son dessèchement, provoque une immobilisation du fer en des sites qui dépendent de la rapidité de l'oxydation et, par conséquent, du dessèchement.

Le développement des processus d'oxydo-réduction, lié à l'activité de micro-organismes, dépend :
• de la durée du déficit en oxygène dans le sol, donc du régime hydrique (durée de saturation, continuité ou discontinuité de la saturation, importance du renouvellement de l'eau saturant la terre) ;
• de la disponibilité de substances organiques décomposables par les micro-organismes (qualité et quantité des matières organiques du sol) ;
• du régime thermique, l'activité biologique étant généralement favorisée par des températures élevées.

Les processus d'oxydo-réduction modifiant la mobilité du fer interviennent sur les possibilités de migration, donc de redistribution de cet élément dans les sols. Mais cette redistribution dépend aussi de processus biochimiques, chimiques et physico-chimiques (complexation, biodégradation des complexes organo-ferreux, précipitation, dissolution, adsorption, désorption, etc.) dont l'importance est fonction d'autres paramètres se rapportant :
• à la nature et aux teneurs de certains constituants du sol (teneurs et formes de fer, d'argile, abondance de certains cations ou anions, Ca^{2+}, SO_4^{2-}), au pH ;
• à l'organisation des constituants du sol (macroporosité permettant des mouvements d'eau libre, hétérogénéité de la répartition des constituants génératrice de gradients).

Deux types d'horizons peuvent être distingués en fonction de leur couleur et de la répartition du fer qu'ils présentent[1].

Cette répartition est homogène ou hétérogène et se manifeste, dans ce dernier cas, par une ségrégation du fer correspondant à des immobilisations ou des accumulations différentes par leur caractère fugace ou permanent et leur localisation.

L'**horizon réductique** (symbolisé par la lettre G), est caractérisé par une couleur dominante grise (gris bleuâtre, gris verdâtre) et une répartition du fer plutôt homogène. On peut distinguer deux variantes suivant la continuité ou la discontinuité de la saturation :
• horizon réductique *sensu stricto*, constamment saturé, de couleur grise (noté Gr) ;
• horizon réductique temporairement réoxydé (noté Go), pouvant présenter des périodes de non-saturation pendant lesquelles on observe une ségrégation de fer sous forme de taches de réoxydation de couleur rouille au contact des vides (dans des canalicules de racines, sur des parois de pores, des surfaces d'agrégats). Il s'agit d'une redistribution centrifuge de fer migrant lors du dessèchement de l'horizon, de l'intérieur des agrégats vers leurs surfaces, les parois des pores, les canalicules des racines, où il s'y immobilise sous forme de fines pellicules d'hydroxydes. Cette ségrégation est fugace, les immobilisations de fer disparaissant dès que l'horizon, de nouveau saturé, redevient le siège de processus de réduction et de mobilisation du fer qui tendent à en uniformiser la répartition dans l'horizon.

Une ségrégation de fer de type réductique[2] est donc à attribuer à la prédominance des processus de réduction et de mobilisation du fer.

Lorsque la conductivité hydraulique de l'horizon saturé d'eau est bonne, les migrations de fer réduit associées aux mouvements de l'eau libre sont importantes. Elles conduisent à une exportation de fer hors de l'horizon et à un appauvrissement qui peut se traduire par un blanchiment, en l'absence d'éléments colorant le sol (matières organiques). Inversement, quand la conductivité hydraulique de l'horizon saturé est faible, les migrations de fer réduit s'effectuent surtout par diffusion sur de faibles distances, en fonction des gradients existants ; l'horizon conserve globalement sa teneur en fer.

Une ségrégation de type réductique peut se surimposer aux traits pédologiques résultant du développement (actuel ou ancien) d'autres processus de pédogenèse tels que, par exemple, l'humification (horizon AG).

L'**horizon rédoxique** (symbolisé par la lettre g ou –g), est caractérisé par une juxtaposition de plages, de traînées grises (ou simplement plus claires que le fond de l'horizon) et de taches, de nodules, voire de concrétions de couleur rouille (brun-rouge, jaune-rouge, etc.). La répartition du fer est très hétérogène. La couleur des surfaces des unités structurales, plus claires que celle de leur partie interne, résulte d'une redistribution centripète de fer migrant lors des périodes de saturation vers l'intérieur des agrégats ; il s'y immobilise quand le dessèchement intervient, souvent rapidement, dans ce type d'horizon. Cette ségrégation est permanente. En se maintenant lorsque le sol est de nouveau saturé, les immobilisations de fer tendent peu à

---

[1] Ces deux types d'horizons peuvent être rapprochés des horizons à gley et à pseudogley, termes qui n'ont pas été retenus pour ce référentiel en raison des significations très variables qui leur sont souvent attribuées.

[2] À plusieurs reprises, la formule « ségrégation de type réductique » a été utilisée dans ce texte. Dans le cas particulier des horizons Gr, elle peut sembler incorrecte puisque la répartition du fer y est plutôt homogène. Dans le contexte général des « solums hydromorphes », « ségrégation du fer » doit être comprise dans le sens d'une redistribution particulière du fer, sous l'influence de phases de réduction plus ou moins durables, entraînant une répartition de cet élément, soit hétérogène (horizons g, –g et Go), soit homogène (horizon Gr).

peu à former des accumulations localisées, donnant des taches de couleur rouille, des nodules, des concrétions.

Une ségrégation du fer de type rédoxique est donc à attribuer au développement successif de processus de réduction et de mobilisation, puis d'oxydation et d'immobilisation du fer, intervenant pendant les périodes de saturation, puis de non-saturation de l'horizon.

Le fer qui se redistribue dans ce type d'horizon peut provenir, dans des proportions plus ou moins importantes, d'horizons sus-jacents ou voisins, en liaison avec la circulation verticale ou latérale de la solution du sol ; il y a alors enrichissement en fer. Un fort enrichissement et une forte hétérogénéité de la redistribution du fer peuvent conduire à la formation d'un horizon non induré ferrique (FE) ou induré pétroferrique (FEm).

Une ségrégation de type rédoxique peut se surimposer aux traits pédologiques résultant du développement (actuel ou ancien) d'autres processus de pédogenèse, tels que l'éluviation (Eg), l'illuviation (BTg), ou d'altération, tels qu'une décarbonatation, processus auxquels peuvent s'ajouter des redistributions d'éléments autres que le fer, comme le carbonate de calcium par exemple (Scig, Scag, Spg).

Horizons présentant une composition de la fraction organique attribuable à l'existence de conditions anaérobies

Ce sont des horizons qui présentent de plus ou moins fortes teneurs en matières organiques et des substances dont la nature est propre aux milieux saturés d'eau.

Lorsque la saturation par l'eau atteint la partie superficielle du sol, l'anaérobiose qui s'y développe ralentit la décomposition et la minéralisation des matières organiques fraîches. Elle favorise la production de composés solubles et leur maintien dans le sol en limitant leur biodégradation. L'insolubilisation de ces composés organiques solubles, pour laquelle des constituants minéraux du sol jouent un rôle important, aboutit à la formation d'acides fulviques et humiques.

L'évolution et la composition de la fraction organique du sol dépendent du développement de processus biologiques et, par conséquent :
• de la persistance de conditions anaérobies, donc du régime hydrique, de la durée de la saturation du sol par l'eau, ainsi que du caractère continu ou discontinu de cette saturation ;
• du régime thermique, les températures élevées favorisant l'activité biologique du sol.

Des alternances de saturation et de dessèchement du sol favorisent l'oxydation des matières organiques. Ces alternances tendent à déterminer une évolution et, par conséquent, une composition de la fraction organique proche de celles des milieux bien aérés. L'effet favorable de la température sur l'activité biologique accroît, en régions chaudes, l'importance du caractère continu ou discontinu de la saturation. Dans ces régions, en effet, l'évolution rapide constatée en période de non-saturation atténue fortement les caractères particuliers acquis par la fraction organique lors des périodes de saturation.

La nature des substances organiques du sol et leur stabilité résultent aussi de transformations biochimiques, physico-chimiques ou chimiques (processus de condensation, de polymérisation, etc.) qui dépendent de la végétation (à l'origine de l'apport de matières organiques fraîches au sol) et du milieu minéral dans lequel évolue cette fraction organique (taux de saturation, pH, fer lié aux argiles, carbonate de calcium, etc.).

Deux types d'horizons peuvent être distingués en fonction de leur couleur, de leur organisation (structure, mélange plus ou moins intime des fractions organiques et minérales), de leur teneur en carbone organique et parfois des formes que présente leur fraction humifiée. Ces différences résultent globalement de la diminution de l'activité biologique du sol liée à l'existence de conditions anaérobies (donc de la durée et de la continuité de la saturation du sol par l'eau), qu'il s'agisse de l'activité des micro-organismes intervenant dans la décomposition des matières organiques ou de celle de la microfaune, de la mésofaune, etc. qui assure la fragmentation des substances organiques et leur mélange plus ou moins intime à la fraction minérale du sol.

- Horizon de surface **temporairement** saturé d'eau (type hydromull, hydromoder, hydro-mor) :
  - couleur dominante gris foncé à gris noir, avec fréquente ségrégation de fer, parfois de type rédoxique (taches de réoxydation dans les agrégats, souvent assez pâles), mais le plus souvent de type réductique (taches dans les canalicules des racines, sur les parois des pores) ;
  - structure fine devenant massive, à débit polyédrique, ou grossière cubique ou prismatique, quand la durée de saturation croît ; matières organiques plus ou moins mélangées à la fraction minérale suivant l'activité de la faune du sol ; horizon parfois surmonté d'une litière ;
  - taux de carbone organique en général < 8 % ;
  - fraction humifiée, avec une prédominance d'acides fulviques et d'acides humiques bruns peu polymérisés, d'autant plus nette que la période de saturation est plus longue et la dessiccation du sol qui lui succède moins intense.
- Horizon de surface **longuement** saturé d'eau (type anmoor An) :
  - couleur gris-noir ;
  - structure massive, toucher onctueux lorsque l'horizon est saturé d'eau ; matières organiques assez bien mélangées à la fraction minérale du fait de l'activité de la mésofaune lors des périodes de non-saturation ;
  - teneur en carbone organique > 8 %.

Un troisième ensemble d'horizons, observés dans des sols constamment saturés d'eau, présente à la fois une accumulation plus forte et une évolution plus faible des matières organiques. Il s'agit des horizons histiques qui caractérisent les histosols.

Autres caractères complétant la définition des sols hydromorphes

La ségrégation du fer et la composition particulière de la fraction organique ont été reliées aux processus d'oxydo-réduction, à ceux qui interviennent dans l'évolution des matières organiques en conditions anaérobies et, plus généralement, à la saturation du sol par l'eau. Les horizons présentant ces caractères sont des horizons de référence pour les solums hydromorphes *sensu stricto*.

En ce qui concerne le fonctionnement des sols, les possibilités d'interprétation que suggère la présence de ces horizons de référence appellent quelques remarques.

Il convient tout d'abord de rappeler que les caractères relatifs à la fraction organique ne sont pas obligatoirement présents dans les sols hydromorphes, la saturation par l'eau pouvant ne pas atteindre les horizons de surface. Par ailleurs, l'accumulation et la faible évolution de la fraction organique ne sont pas spécifiques de l'anaérobiose et de la saturation du sol par l'eau, mais beaucoup plus d'une limitation de l'activité biologique pouvant s'observer dans d'autres conditions de pédogenèse (pédoclimat froid, par exemple).

Les caractères observés ne sont pas toujours indicateurs d'une évolution actuelle des sols sous l'effet d'un excès d'eau.

Cette remarque concerne peu les caractères relatifs à la fraction organique, en raison de la rapidité de son évolution et de sa transformation quand les conditions hydriques sont modifiées, mais beaucoup plus les caractères relatifs à la ségrégation du fer. Une ségrégation de type réductique, avec répartition homogène du fer, témoigne en général d'une évolution actuelle dominée par les processus de réduction et de mobilisation du fer. Les modes de répartition du fer dans les horizons réductiques et rédoxiques sont très différents, cependant le passage d'un type d'horizon à l'autre peut être observé à la suite d'une modification du régime hydrique.

Dans un horizon réductique temporairement réoxydé, par exemple, un dessèchement plus brutal du sol et une rapide réoxydation du fer empêchent la redistribution centrifuge du fer en début de période de non-saturation. Ces deux phénomènes associés à une diminution de la durée de saturation limitant la réduction, la mobilisation et l'uniformisation de la répartition du fer dans l'horizon pendant les périodes de saturation peuvent conduire à une répartition hétérogène de type rédoxique.

Dans un horizon rédoxique, l'augmentation de la durée de saturation et du déficit en oxygène, responsable d'une plus forte réduction et mobilisation du fer, peut tendre à ré-uniformiser la répartition hétérogène du fer (lente disparition des taches, des nodules). Notons enfin qu'une ségrégation de type rédoxique, avec répartition hétérogène du fer, peut se conserver au-delà du maintien des conditions hydriques dans lesquelles elle s'est formée ; on est alors en présence de caractères relictuels.

Ces caractères, enfin, ne permettent pas toujours d'évaluer l'hydromorphie en termes de durée de saturation du sol par l'eau. Des relations existant entre ces caractères et un certain « degré d'hydromorphie » exprimable en durée de saturation par l'eau sont établies localement, assez souvent en régions tempérées, plus rarement en régions chaudes.

Les deux types de ségrégation de fer (réductique et rédoxique) apparaissent plus directement reliés à la prédominance des processus de réduction, de mobilisation, d'oxydation et d'immobilisation du fer qu'aux variations d'un des nombreux paramètres intervenant sur le développement de ces processus, et en particulier la durée de saturation du sol par l'eau. De la même manière, l'intervention de nombreux paramètres sur l'évolution des matières organiques peut se traduire, pour des sols subissant une saturation de même durée, par une composition de la fraction organique très différente suivant le climat (chaud, tempéré ou froid), la végétation qui couvre le sol, le milieu minéral dans lequel évoluent ces matières organiques (pH, taux de saturation du complexe adsorbant, etc.).

Des remarques précédentes, il ressort que la définition des sols hydromorphes, basée sur la présence d'horizons de référence, doit être précisée par d'autres données relatives au milieu. Ces qualificatifs complémentaires (cf. liste p. 50) apportent une information sur :
• les causes, l'origine, la forme de l'excès d'eau, donc sur le caractère actuel ou ancien de l'évolution hydromorphe ;
• les conséquences de l'excès d'eau, autres que les transformations de l'organisation et de la nature des constituants du sol déjà retenues pour définir les horizons de référence.

Parmi les qualificatifs complémentaires se rapportant à l'origine, la cause de l'excès d'eau, on peut noter :
• excès d'eau d'origine pluviale ;
• apport d'eau complémentaire, en surface (par ruissellement, inondation, suivant le modelé, la position du sol dans le paysage), en profondeur (présence d'une nappe) ;
• drainage interne limité (texture lourde), présence d'un plancher imperméable naturel ou anthropique (semelle de labour, horizon compacté) ;

• présence d'un système de drainage (limitant et peut-être supprimant l'excès d'eau).

Relativement à la forme sous laquelle se manifeste la saturation par l'eau, on peut distinguer :
• présence d'une submersion (faisant éventuellement suite à des apports d'eau par ruissellement, inondation, etc.) ;
• nappe perchée à pente hydraulique plus ou moins forte (circulante ou stagnante) ;
• saturation par imbibition (eau capillaire).

Parmi les qualificatifs se rapportant aux conséquences de l'excès d'eau, autres que les transformations ayant permis de définir les horizons de référence, on peut signaler :
• redistribution visible d'éléments autres que le fer (carbonate de calcium, manganèse, par exemple) ;
• signes visibles, macroscopiquement ou microscopiquement, de transports de matière attribuables à des processus de dégradation des minéraux argileux, par complexolyse, due à la présence de substances organiques très agressives en milieu acide (pseudopodzolisation), par ferrolyse, due au changement de l'état d'oxydation du fer, etc.

Conclusions

Les éléments précédents ont permis d'établir un référentiel pour les « solums hydromorphes » au sens large. Ces derniers pourront être rattachés à une ou des références ou bien désignés par tel ou tel qualificatif en fonction de la nature des horizons de référence observés et de la profondeur à laquelle ils débutent.

Justification de l'adoption d'une nouvelle terminologie pour définir les horizons à ségrégation de fer des sols hydromorphes

Dans ce référentiel, les termes de gley et de pseudogley n'ont pas été retenus pour désigner les horizons à ségrégation de fer des sols hydromorphes. Les quelques remarques suivantes constituent des arguments en faveur de l'abandon de ces termes, d'où la nécessité d'introduire une nouvelle terminologie.

Origine des termes « gley » et « pseudogley » (Zaydel'man, 1965)

Le terme de gley a été proposé en 1905 par Vysotskiy pour désigner un matériau plus ou moins compact, gris avec des nuances verdâtres, qui apparaît sous l'effet d'un excès d'eau. Cet auteur note qu'un trait caractéristique du gley est la réduction des composés ferriques en composés ferreux. Cette réduction est influencée par l'activité de micro-organismes anaérobies ; les composés ferreux sont oxydés et précipités dans les « niveaux » aérés du sol, sous forme de taches de couleur ocre. L'aluminium est aussi libéré pendant le processus de gleyification, mais l'importance de sa mobilisation est moindre que celle du fer.

D'autres auteurs observent plus tard (Vogel, 1909 ; Grupe, 1914) des sols forestiers saturés par des eaux de surface. Ces sols présentant alternativement des périodes d'excès d'eau et de fort dessèchement. L'explication du blanchiment de leurs horizons superficiels par une réduction du fer par l'eau contenant des substances organiques permet de les distinguer des sols podzoliques. En 1922, Linstov apporte des précisions complémentaires sur ces sols, en notant que par rapport au matériau originel ils ne présentent pas de variations de teneur en aluminium, potassium, sodium, mais qu'ils sont appauvris en fer, calcium et magnésium.

En 1939, Krauss établit un groupe de sols à gley dont la formation est influencée par une nappe souterraine, tandis que des sols formés sous l'effet d'un excès d'eau en surface sont regroupés en sols « semblables au gley » (*gleiartige Böden, gley-like soils*). Ce n'est qu'en 1953 que Kubiena proposera le terme de pseudogley pour désigner ces derniers sols.

Utilisation des termes « gley » et « pseudogley » en France

Les termes « gley » et « pseudogley » ont été largement utilisés en France et à l'étranger, avec des significations assez différentes, comme le montrent les quelques exemples présentés *infra*, exclusivement relevés dans la littérature française.

Le terme « gley », par exemple, peut ainsi désigner un horizon, un faciès, un sol, un aspect du sol, un processus ou un phénomène.

Il peut s'agir d'un horizon dont la « formation est liée à la présence d'un niveau d'eau à faible profondeur, déterminant par ses variations saisonnières une zone alternativement réductrice et oxydante » (Demolon, 1966). Citant Bétrémieux (1951), il est précisé dans ce même ouvrage, que « la migration du fer à l'état de complexes organiques se produit naturellement dans la formation du gley des sols argileux, lorsqu'il existe à faible profondeur un niveau saturé d'eau dont les fluctuations entraînent temporairement des conditions d'anaérobiose ».

Dans la classification des sols (CPCS, 1967), le gley désigne aussi un horizon, mais l'accent est mis sur la durée de l'engorgement (engorgement prolongé) et la prépondérance de la réduction sur l'oxydation ; ce qui se traduit par des teintes dominantes grises, verdâtres ou bleutées de *chroma* ≤ 2, qui caractérisent l'horizon.

Le terme « gley » est également utilisé pour désigner tous les éléments du « faciès particulier qu'un profil peut prendre sous l'effet des oscillations d'une nappe et des alternances brutales des conditions du milieu qui en dérivent » (Gaucher, 1968). À ces alternances des conditions du milieu, sont associées des variations de couleurs des « composés du fer qui témoignent de la présence du gley », « les teintes jaune et rouille caractérisant les dépôts formés dans les phases d'oxydation et les colorations grises, bleutées ou noirâtres, ceux résultant des phases de réduction ». Cet auteur insiste sur le fait que les pédologues retiennent surtout le caractère « réduit » (au minimum d'oxydation), mais « que ce n'est qu'un aspect du gley, celui de l'engorgement » et que « l'autre ne peut être éliminé ».

Le terme « gley » désigne aussi des sols se formant, par exemple, dans des dépressions ou des plaines alluviales caractérisées par une nappe alimentée souterrainement (Duchaufour, 1977).

Le gley peut enfin permettre de décrire un aspect du sol et un phénomène (Hénin *et al.*, 1969). Il s'agit alors de « zones où la terre prend une couleur bleu-gris » et il est indiqué par ailleurs que « l'existence de gley dans un sol pendant une durée de l'ordre de 15 jours à un mois au moment de la croissance active » des plantes « provoque des baisses de rendement... sur le maïs et sur le blé ».

À travers ces exemples, on peut constater qu'un même terme désigne des objets ou des concepts différents. On lui associe surtout des durées de saturation très variables (engorgement temporaire ou prolongé) dont résulte une prédominance des phénomènes de réduction ou une alternance de conditions réductrices et oxydantes. Ces différences se traduisent aussi, sur le plan morphologique, par des teintes grises dominantes ou par des teintes grises et des teintes de couleur rouille, jaune.

L'utilisation du terme de pseudogley est moins fréquente. Dans la classification CPCS (1967), il s'agit d'un horizon à engorgement périodique dans lequel se produit une alternance de réduction et d'oxydation avec redistribution du fer. Cet horizon est caractérisé par des taches ou des bandes grisâtres et ocre ou rouille. La définition ainsi donnée dans cette classification est proche de celle adoptée pour le gley par certains auteurs. En outre, comme la morphologie du pseudogley varie selon le type d'horizon affecté par les phénomènes d'oxydo-réduction (Ag, Eg, Btg, etc.), certains auteurs, dont Plaisance (1958), ont introduit des termes de remplacement pour désigner certains faciès (p. ex. marmorisation).

Le pseudogley désigne aussi très souvent un sol à nappe temporaire perchée d'origine pluviale et, de ce fait, distinct du gley qui est considéré comme étant un sol dont la formation est due à l'action d'une nappe phréatique permanente (Duchaufour, 1977). Cette distinction entre les deux types de sol est proche de celle effectuée par Krauss (1939) et les classifications d'Allemagne et d'Europe centrale ; elle correspond parfois, dans ces régions, à des processus d'oxydo-réduction différents par leur intensité, mais elle ne permet pas de décrire toutes les situations rencontrées. Les conditions sont modérément réductrices dans le pseudogley, mais il existe des sols où, par suite d'une saturation par des eaux de surface, ces conditions deviennent très réductrices. L'observation de cette variante importante, dans les sols à hydromorphie de surface, est à l'origine de l'emploi d'un terme nouveau : le stagnogley.

Très souvent, l'information fournie par le simple emploi des termes de gley et de pseudogley apparaît insuffisante ; cela incite de nombreux auteurs à introduire de nouveaux termes formés à partir du mot « gley ». C'est le cas du stagnogley mais aussi de l'amphigley qui désigne un sol affecté par deux nappes, l'une perchée, l'autre profonde. Indépendamment de la localisation de l'hydromorphie dans le sol (en surface, en profondeur), de son « intensité », la nature des constituants de ces sols, la conservation ou l'élimination des produits formés lors de l'évolution du sol sous l'effet de l'excès d'eau, mises en évidence par des analyses, des mesures réalisées *in situ*, etc., sont aussi parfois précisées par l'introduction d'autres termes formés par l'adjonction de divers préfixes au mot « gley » (néogley, orthogley, paragley, ékligley, etc.).

Conclusions

Les ambiguïtés créées par les diverses acceptions attribuées au cours du temps aux mots « gley » et « pseudogley », par leur fréquente assimilation à des concepts permettant de désigner aussi bien des horizons que des types de sols, voire des processus et des formes d'excès d'eau, incitent à préconiser leur abandon à l'occasion de l'élaboration du *Référentiel pédologique*. Il est proposé de les remplacer par les termes de réductique et de rédoxique, déjà utilisés dans la littérature (Blume, 1985).

Ces nouveaux termes sont simplement définis en fonction de ce qui constitue l'une des caractéristiques principales des sols hydromorphes *sensu stricto*, à savoir la ségrégation du fer : homogénéité ou hétérogénéité de la répartition du fer, ségrégation se manifestant par des immobilisations ou des accumulations de fer très différentes par leur caractère permanent ou fugace et leur localisation par rapport à l'organisation générale de la phase solide du sol.

Les informations complémentaires acquises sur le sol concernant la localisation, l'origine de l'excès d'eau, la présence de certains constituants sont fournies par des qualificatifs décrivant clairement les situations observées.

Toutefois, la symbolisation de ces horizons, difficilement modifiable et largement admise sur le plan national ou international, a été conservée : G, et g ou –g.

Horizons hydromorphes à ségrégation de fer

Définition pédogénétique et caractéristiques majeures des horizons hydromorphes à ségrégation de fer

Les horizons hydromorphes à ségrégation de fer sont caractérisés par une répartition particulière du fer, liée au développement de processus d'oxydo-réduction, lequel développement est dû à une plus ou moins longue saturation par l'eau.

Ces processus d'oxydo-réduction, qui modifient la mobilité relative des constituants du sol par rapport à celle des sols aérés, s'accompagnent de processus de mobilisation du fer qui sont à l'origine de la redistribution particulière de cet élément dans les horizons de sols saturés d'eau.

Suivant la porosité de l'horizon, sa position dans le sol et dans le paysage, cette redistribution peut s'accompagner d'un appauvrissement ou d'un enrichissement de l'horizon en cet élément.

La répartition du fer observée n'est pas toujours actuelle ; la ségrégation peut en effet se conserver au-delà du maintien des conditions hydriques dans lesquelles elle s'est développée : il s'agit alors de caractères relictuels.

Principaux caractères

Il s'agit de caractères concernant le fer et sa répartition particulière.

Caractères observables à l'œil nu

Ils se rapportent à la couleur et à la présence d'éléments riches en oxyhydroxydes de fer de forme nodulaire, en concrétions ou en carapace :
- couleur de l'horizon (référence Munsell) :
  - soit relativement uniforme, avec des teintes dominantes grises (N ; 5 Y), gris verdâtre (5 BG ; 5 G ; 5 GY) ou gris bleuâtre (5 B), mais toujours proches du « neutre » (*chroma* ≤ 2),
  - soit ségrégation de couleur, sur un fond de teinte variable (en général de 7,5 YR à 5 Y), juxtaposition de traînées grises de *chroma* ≤ 2 et de taches de teinte jaune rouge (2,5 YR à 10 YR) plus ou moins vives (*chroma* généralement ≥ 4, souvent égale à 6 ou 8) ;
- localisation des taches par rapport à l'organisation générale de l'horizon, la porosité, les agrégats, les canalicules de racines ;
- permanence ou fugacité de cette ségrégation de couleur ;
- présence de nodules, de concrétions formant parfois carapace, de couleur analogue à celle des taches.

Caractères observables microscopiquement

On observe, en particulier, une séparation de l'argile et des oxyhydroxydes de fer dans différents types d'assemblage :
- Type 1 : horizons superficiels, assemblage de type intertextique, avec plasma organique noyant le squelette, liaison matières organiques-fer, sous forme d'accumulations discontinues en bandes plus ou moins horizontales (*iwatoka*) ou accumulation discontinue de fer dans les canalicules des racines. Les oxyhydroxydes de fer apparaissent peu biréfringents en lumière polarisée (peu ou mal cristallisés).
- Type 2 : assemblage intertextique avec vides plus ou moins abondants (horizons plus ou moins poreux), avec juxtaposition de plasma gris-jaune déferrifié et de plasma de couleur jaune-rouge fortement enrichi en hydroxydes de fer plus ou moins bien cristallisés (biréfringence en lumière polarisée).

• Type 3 : assemblage aggloméroplasmique (horizons peu poreux, argileux), à plasma dense, jaune-gris avec des glébules d'hydroxydes brun foncé. Le fer, tout en étant « mélangé » à l'argile, reste « individualisé » sous forme de glébules.
• Type 4 : assemblage de type porphyrosquelique, plasma dense d'hydroxydes de fer, au niveau des nodules et des concrétions.

Caractères analytiques et paramètres mesurables in situ

• Dosage du fer total :
  – sur des prélèvements de petits volumes correspondant à des bandes ou traînées grises, des taches de couleur jaune rouge, des nodules, des concrétions, il est possible de mettre en évidence des variations très sensibles de teneurs en fer au sein d'un même horizon ;
  – globalement, mise en évidence d'un appauvrissement ou d'un enrichissement en fer par rapport aux horizons ou solums voisins.
• Diffractométrie aux rayons X : mise en évidence de composés du fer plus ou moins bien cristallisés.
• Mesures *in situ* de Eh, pH et prélèvements pour le dosage du fer réduit, mettant en évidence de fortes variations de ces paramètres en fonction de l'état hydrique de l'horizon (non saturé ou saturé, durée de saturation).

Principaux types d'horizons hydromorphes à ségrégation de fer

On distingue deux grands types d'horizons, en fonction de l'homogénéité ou de l'hétérogénéité de la répartition du fer. Dans chacun de ces types, on observe plusieurs sous-types correspondant à différents « degrés » d'homogénéité ou d'hétérogénéité et à un appauvrissement ou à un enrichissement en fer de l'horizon.

Horizons à répartition homogène du fer : type réductique

La répartition homogène du fer est liée à la prédominance des processus de réduction et de mobilisation de cet élément, qui se développent lors des périodes de saturation de l'horizon par l'eau.

Horizon réductique *sensu stricto* **Gr** : constamment (ou presque) saturé d'eau, cet horizon présente une couleur uniforme de teinte grise de *chroma* $\leq$ 2 ;

Horizon réductique temporairement réoxydé Go : lors des périodes de non-saturation, cet horizon présente une ségrégation de couleur avec des taches de teinte jaune-rouge, au contact des vides : dans les canalicules de racines, sur les surfaces des pores ou de certains agrégats. Ces taches correspondent à des immobilisations de fer (réoxydé) qui disparaissent lors de la période de saturation suivante.

Au microscope, les lames minces réalisées dans les horizons réductiques révèlent des assemblages de types 1 et 3. Bien que réparti de façon assez homogène, le fer est nettement « dissocié » de l'argile. Ces horizons sont parfois appauvris en fer. Les caractères qu'ils présentent sont presque toujours le témoignage d'une évolution actuelle du sol sous l'effet d'un excès d'eau.

Horizons à répartition hétérogène du fer : type rédoxique

La répartition hétérogène du fer est liée à l'alternance de processus de réduction et de mobilisation, puis d'oxydation et d'immobilisation du fer, intervenant lors des périodes de saturation, puis de non-saturation de l'horizon.

Horizon rédoxique g : la juxtaposition de plages de teintes grises ou plus claires que le fond de l'horizon (appauvries en fer) et de taches de teinte jaune-rouge (enrichies en fer), localisées

Les horizons hydromorphes à ségrégation de fer.

	Répartition homogène du fer type réductique		Répartition hétérogène du fer type rédoxique	
Répartition du fer	Répartition homogène	Hétérogénéité temporaire	Hétérogénéité permanente	Forte hétérogénéité permanente
Teneurs en fer par rapport aux horizons voisins	Parfois appauvri	Parfois appauvri	Parfois enrichi	Fortement enrichi
Caractères observables à l'œil nu	• Couleur uniforme • Teinte grise • Chroma ≤ 2	• Ségrégation de couleur fugace • Immobilisation d'oxyhydroxydes au contact des vides	• Ségrégation de couleur permanente • Accumulation d'oxyhydroxydes dans les agrégats • Parfois nodules	• Ségrégation de couleur permanente • Accumulation d'oxyhydroxydes • Souvent nodules ou concrétions
Caractères observables au microscope	Assemblages de types 3 et (1)	Assemblages de types 1 et 3	Assemblages de types 2 et (4)	Assemblages de types 4 et 2
Type d'horizon et symbolisation	Horizon réductique *sensu stricto* Gr	Horizon réductique temporairement réoxydé Go	Horizon rédoxique g ou –g	• Horizon non induré ferrique Fe • Horizon induré pétroferrique Fem

à l'intérieur des agrégats, met en évidence l'hétérogénéité de la répartition du fer. Cette ségrégation de couleur est permanente, visible quel que soit l'état hydrique de l'horizon (saturé ou non saturé d'eau). On peut observer des accumulations de fer sous forme de nodules ou de concrétions.

Au microscope, les lames minces réalisées dans les horizons rédoxiques révèlent des assemblages de types 2 et 4.

Ces horizons peuvent être enrichis en fer par rapport aux horizons voisins. Lorsque cet enrichissement est fort, on observe les variantes suivantes : horizon non induré, ferrique, ou horizon induré, pétroferrique. Les horizons rédoxiques (et les variantes ferrique et pétroferrique) peuvent témoigner d'une évolution actuelle sous l'effet des alternances de saturation et de non-saturation ; mais ils peuvent aussi présenter une répartition hétérogène du fer, qui s'est conservée au-delà du maintien des conditions hydriques dans lesquelles elle s'est développée. Il s'agit alors de caractères relictuels.

<h1 align="center">Annexe 3</h1>
<h1 align="center">Méthodes d'analyses préconisées</h1>

Méthodes générales

Sauf exceptions dûment signalées, les résultats sont exprimés en g/100 g ou en $g{\cdot}kg^{-1}$ de la terre fine (< 2 mm) séchée à l'air.

Mesure du pH_{eau} et du pH_{KCl}

Normes NF ISO 10390.

Le pH est déterminé par mesure électrométrique dans la solution surnageante d'un mélange sol/liquide dans la proportion 1:2,5.

Le liquide est soit de l'eau (déminéralisée ou distillée), soit une solution de KCl 1 M.

Attention : pour l'identification d'un horizon sulfaté et pour les horizons saliques, le rapport sol/liquide est dans la proportion 1:1.

Granulométrie (sans destruction des carbonates)

Norme Afnor X 31-107.

Destruction des matières organiques par l'eau oxygénée à chaud. Dispersion par agitation prolongée avec l'hexamétaphosphate de sodium. Séparation des différentes classes de particules par sédimentation par gravité pour les fractions argile et limons (< 50 µm), par tamisage pour les fractions sables. Les teneurs en argile, limons fins et limons grossiers sont déterminées par la méthode de la pipette. Les sables sont fractionnés par tamisage à sec.

S'il est fait référence à des classes granulométriques, préciser le diagramme de texture employé (GEPPA, service de la carte de l'Aisne, etc.).

Détermination des masses d'éléments grossiers (> 2 mm)

Norme Afnor X 31-101.

Terre brute totale séchée à l'air, passée sur passoire ou tôle perforée à trous ronds de Ø 2 mm. Les éléments grossiers correspondent au « refus ». Expression en g/100 g de terre brute séchée à l'air. Dans certains cas (PEYROSOLS), les graviers (Ø de 2 à 20 mm), les cailloux (Ø de 20 à 75 mm), les pierres (plus grande dimension de 7,5 à 20 cm) et les blocs (plus grande dimension > 20 cm) doivent être déterminés, en poids, à l'aide de passoires adéquates.

Perte au feu à 1 100 °C (matériaux holorganiques)

La perte au feu est le complément à 100 % du taux de cendres. C'est la meilleure façon de doser les matières organiques dans le cas des horizons holorganiques.

Carbone

Carbone total par analyse élémentaire directe (après combustion sèche)
Norme NF ISO 10694.

Détermination par pyrolyse en conditions oxydantes, puis dosage du CO_2 libéré par conductimétrie ou coulométrie, ou bien par chromatographie en phase gazeuse (micro-analyseurs).

Carbone minéral
Le carbone minéral est déterminé après attaque de l'échantillon par un acide fort (acide chlorhydrique ou phosphorique), le CO_2 libéré étant dosé selon les méthodes indiquées *supra*.

Carbone organique
Le carbone organique est déterminé par différence : C organique = C total − C minéral, ou directement (norme NF ISO 10694).

Les deux anciennes méthodes classiques par oxydation humide (méthode de Anne et méthode de Walkley et Black) ne sont pas recommandées pour les horizons holorganiques.

Méthode de Anne (norme NF ISO 14235) : oxydation des matières organiques par une quantité en excès de dichromate de potassium en milieu sulfurique à température contrôlée ou à ébullition. Titrage en retour de l'excès de dichromate de potassium ou dosage spectrométrique des ions chromiques Cr^{3+} formés.

Méthode de Walkley et Black : combustion humide des matières organiques par le mélange dichromate de potassium/acide sulfurique à 125 °C et titration de l'excès de dichromate par le sulfate ferreux.

Ces déterminations du carbone ne permettent pas de bien quantifier les teneurs en matières organiques. L'utilisation du facteur multiplicatif de 1,72 n'est qu'une approximation, valable seulement pour la plupart des horizons de surface de sols cultivés.

Azote total

Détermination par combustion sèche (analyse élémentaire)
Norme NF ISO 13878.

Détermination par minéralisation selon la méthode de Kjeldahl modifiée
Norme NF ISO 11260.

Calcaire

Calcaire total (teneur en carbonates)
Norme NF ISO 10693.

Détermination volumétrique du dioxyde de carbone dégagé sous l'action d'un acide fort à la température ambiante (méthode du calcimètre de Bernard).

Calcaire « actif »
Norme Afnor X 31-106.

Échantillon mis en contact avec un volume connu et en excès d'une solution d'oxalate d'ammonium titrée. Détermination de la quantité d'oxalate d'ammonium n'ayant pas réagi (méthode Drouineau-Galet).

Capacité d'échange cationique (CEC) à pH 7
Ca^{2+}, Mg^{2+}, K^+, Na^+ échangeables — Somme de ces quatre cations (S)
Norme Afnor X 31-130.
CEC exprimée en $mmol^+/100$ g ou $cmol^+ \cdot kg^{-1}$.
Cations échangeables exprimés en $mmol^+/100$ g ou $cmol^+ \cdot kg^{-1}$.

Méthode à l'acétate d'ammonium

Échange entre les cations retenus par l'échantillon et les ions ammonium d'une solution aqueuse molaire d'acétate d'ammonium tamponnée à pH 7. Extraction des ions ammonium par une solution aqueuse molaire de chlorure de sodium. CEC déterminée par dosage des ions ammonium échangés. Les quatre cations échangeables sont déterminés dans le percolat (norme NF 31-108).

Remarque: le calcium et le magnésium ainsi dosés dans un horizon calcaire ou dolomitique et le sodium ainsi dosé dans un horizon salé ne peuvent être considérés comme des cations échangeables (une partie provenant de calcium, magnésium ou sodium solubles dans l'acétate d'ammonium).

Méthode à l'oxalate d'ammonium

Échange entre les cations retenus par l'échantillon et les ions ammonium d'une solution aqueuse et neutre d'oxalate d'ammonium en présence de carbonate de calcium. Détermination de la CEC par mesure de la concentration dans le filtrat des ions ammonium libres. Cette mesure peut être effectuée par dosage de l'azote ammoniacal. Sur ce même filtrat peuvent être déterminés Mg^{2+}, K^+ et Na^+ échangés (mais pas Ca^{2+}).

Dans le cadre de la WRB, la CEC et donc le taux de saturation doivent être déterminés par une méthode à pH 7.

Pour les sols acides ou très acides, il peut cependant être intéressant de déterminer la CEC et le taux de saturation du complexe adsorbant « **au pH du sol** », car cela donne une meilleure image de la dynamique actuelle de l'épisolum humifère.

Détermination de la CEC « effective » et du taux de saturation au pH du sol

Méthode par percolation
- **par KCl N**: dans ce cas, il n'est pas possible de déterminer K^+ dans le percolat;
- **par NH_4Cl 0,5 N**: méthode employée au Centre de pédologie biologique de Nancy, qui permet en même temps la détermination de S, H^+ et d'autres éléments échangeables tels que Fe, Al, Mn.

Méthode au chlorure de cobaltihexammine
Norme NF X 31-130.

La CEC et les cations échangeables Al^{3+}, Ca^{2+}, Mg^{2+}, K^+ et Na^+ peuvent être déterminés ensemble par échange entre les cations retenus par l'échantillon de sol et les ions cobaltihexammine d'une solution aqueuse. Ensuite, détermination de la CEC par mesure de la concentration dans le filtrat des ions cobaltihexammine libres (dosage du cobalt ou de l'azote ammoniacal).

Méthode au chlorure de baryum
Norme NF ISO 11260.

Al³⁺ échangeable

Méthode de Jackson : dosage de Al^{3+} échangeable par KCl 1 M. Exprimé en $mmol^+/100$ g ou $cmol^+ \cdot kg^{-1}$.

Acidité d'échange (H⁺ + Al³⁺)

L'échantillon est percolé par une solution de KCl 1 M. L'acidité est mesurée par titrage du percolat. L'aluminium échangeable est déterminé séparément dans le percolat.

Fer total — Aluminium total — Oxydes métalliques totaux

Norme NF X 31-147.

Mise en solution préalable par des associations d'acides forts (dont l'acide fluorhydrique HF) ou par fluorescence X ou par fusion alcaline, mais pas par l'« eau régale ».

Attention au mode d'expression : en oxydes ou en élément.

Fer, aluminium et silicium extractibles

Extraction au dithionite (oxydes cristallisés)

Méthode de Mehra et Jackson (1960) : l'échantillon est chauffé dans un tampon complexant de citrate de sodium/bicarbonate de sodium auquel on ajoute du dithionite de sodium en cristaux comme agent réducteur. Fe, Al et Si sont dosés dans l'extrait.

Méthode de Holmgren (1967 ; *in* Blakemore, 1987) : l'échantillon est secoué dans un tampon complexant et réducteur de citrate de sodium et dithionite de sodium. Fe et Al sont dosés dans l'extrait.

Extraction à l'oxalate acide (formes amorphes ou paracristallines)

L'échantillon est secoué dans une solution acide d'oxalate d'ammonium à pH 3, 20 °C et dans l'obscurité (méthode Tamm, 1922 ; *in* Blakemore, 1987). Fe, Al et Si sont dosés dans l'extrait.

Extraction au pyrophosphate (formes liées aux matières organiques)

L'échantillon est secoué dans une solution de pyrophosphate de sodium. Fe et Al sont dosés dans l'extrait (*in* Blakemore, 1987).

Masse volumique apparente d'un échantillon de sol non remanié
Méthode au cylindre

Norme NF X 31-501.

Conductivité électrique sur extrait aqueux

Norme NF ISO 11265.

Conductivité électrique sur extrait de pâte saturée

De la terre fine séchée est malaxée avec de l'eau distillée, et cette pâte est portée jusqu'à sa limite de liquidité. La confection de la pâte nécessite au moins 300 g de terre afin d'obtenir 50 cm^3 de solution d'extraction. On crée ainsi un rapport terre/eau variable selon la texture (par exemple, 1/2 pour une texture argileuse et 1/5 pour un échantillon sableux).

La salinité globale de l'extrait de pâte saturée est déterminée par la mesure de la conductivité électrique (CE). Sur l'extrait de pâte saturée, il est possible de réaliser également le dosage des anions et cations solubles : carbonates, bicarbonates, chlorures, sulfates, ainsi que Ca^{2+}, Mg^{2+}, K^+ et Na^+. Les teneurs en anions et cations sont exprimées en milli-équivalents par litre.

Analyses et méthodes spécifiques pour les horizons histiques H

Cf. chapitre « Histosols », p. 214.

Analyses et méthodes spécifiques pour les andosols

Cf. chapitre « Andosols », p. 86.

Analyses spécifiques pour les DOLOMITOSOLS

Carbonates totaux ($CaCO_3$ et $MgCO_3$)

Méthode de Dupuis (1969) : attaque à 60 °C par un excès d'acide chlorhydrique, puis titrage en retour de l'acide restant par une solution basique (ce qui permet de doser les « carbonates totaux ») et, sur le même extrait, dosage de Ca^{2+} et Mg^{2+} par complexométrie (ce qui permet de déterminer $CaCO_3$ et $MgCO_3$).

Termes relatifs aux teneurs
en carbone organique

Remarques préalables

Les teneurs en carbone organique sont exprimées par rapport à la somme [terre fine < 2 mm + débris organiques figurés de plus de 2 mm éventuellement présents], d'éventuels éléments grossiers lithiques exclus.

Le dosage du carbone organique sera de préférence désormais réalisé par analyseur élémentaire (cf. *annexe 3*). Sinon, employer les méthodes classiques Anne ou Walkley et Black.

On admet les tolérances suivantes pour les valeurs des bornes en carbone organique :
8 ± 2 g/100g   et   30 ± 5 g/100g.

Consignes particulières pour la préparation des horizons organiques O : selon les directives de différents programmes nationaux et européens, la totalité des horizons O doit être broyée et passée à travers un tamis (ou une passoire) à trous de 2 mm avant d'être soumise à diverses analyses. Seuls d'éventuels éléments grossiers lithiques doivent être retirés et non broyés, ainsi que les branches non pourries de plus de 2 cm de diamètre.

minéral

Qualifie une couche, un matériau ou un horizon dont la terre fine comporte moins de 0,1 g de carbone organique pour 100 g. Ce terme peut qualifier la plupart des horizons C, certains matériaux (Z, etc.), ainsi que les couches M, D ou R.

organo-minéral

Qualifie un **horizon** ou un **matériau** constitué à la fois de matières minérales et de matières organiques et qui n'est ni holorganique ni hémiorganique. Cette définition est cependant restreinte aux horizons dont la **terre fine** contient plus de 0,1 g de carbone organique pour 100 g.

Généralement, les débris organiques figurés sont peu abondants (racines) ou absents.

Ce terme peut qualifier la plupart des horizons pédologiques (A, E, S, BT, BP, SV, etc.). Il s'oppose au terme **minéral** qui pourra, quant à lui, qualifier la plupart des horizons C et les couches M, D et R.

hémiorganique (-ho)

Qualifie un **horizon** ou un **matériau** qui comporte plus de 8 g, mais moins de 30 g de carbone organique pour 100 g de l'ensemble [terre fine + débris organiques figurés de plus de 2 mm].

Généralement, les débris organiques figurés sont peu abondants ou absents.

Ce qualificatif concerne le plus souvent, **mais non exclusivement** des horizons A. Le suffixe -ho ne doit pas être utilisé pour les horizons OH.

Exemples : Aho, Xho, THho, Zho, etc.

holorganique

Qualifie un **solum**, un **horizon** ou un **matériau** dont l'ensemble [terre fine + débris organiques figurés de plus de 2 mm] contient plus de 30 g de carbone organique pour 100 g. Son volume est donc constitué très majoritairement de matières organiques, humifiées ou non. Qualifie l'immense majorité des horizons O et H, et certains matériaux anthropiques Z (codage ZO dans ce cas).

Remarque : un horizon OH peut être holorganique ou hémiorganique. Les horizons OL et OF sont toujours holorganiques.

humifère (-h)

Qualifie un **horizon** ou un **matériau** qui contient beaucoup plus de carbone organique que la « **norme** » de l'horizon, s'il en existe, **ou** sinon qui contient une quantité de carbone organique plus élevée que ce à quoi s'attend le pédologue en fonction des observations faites sur des sols rattachés à la même référence dans un territoire donné (échelle variable).

Ce caractère humifère (codé -h) peut concerner divers types d'horizons ou matériaux : A, S, E, BT, BP, etc. D'où : Ah, Eh, Sh, BTh, etc.

Exception : dans le code d'horizon BPh, -h a une signification différente.

Remarques :
• les horizons qualifiés d'humifères doivent présenter un taux de carbone organique < 8 g/100 g. Si le taux est supérieur à cette valeur, l'horizon doit être qualifié d'hémiorganique ;
• le terme humifère ne s'applique pas à une référence. Cependant, le caractère humifère d'un horizon peut s'exprimer sous la forme d'un qualificatif, par exemple de la façon suivante : ALOCRISOL TYPIQUE à horizon A humifère ;
• ne pas confondre avec humique.

humique

Qualifie un **solum** ou un **épisolum humifère** présentant, sur au moins 20 cm d'épaisseur depuis la base des horizons O, une couleur noire ou sombre qui témoigne d'une grande richesse en matières organiques : présence d'horizons humifères et/ou hémiorganiques.

Remarques :
• ce terme ne convient pas pour qualifier un horizon ou un matériau : cf. humifère ;
• il est parfois inclus, avec le même sens, à la dénomination d'une référence. Il est alors écrit, au choix, en capitales ou en petites capitales : PODZOSOL HUMIQUE, ALOCRISOL HUMIQUE.

clinohumique

Qualifie un **solum** présentant un épisolum humifère d'au moins 40 cm d'épaisseur, à accumulation de matières organiques fortement colorées et très liées à la matière minérale, montrant des teneurs élevées qui diminuent progressivement avec la profondeur. Ainsi, par exemple, il y a encore au moins 0,6 g de carbone organique pour 100 g à plus de 40 cm de profondeur pour des horizons Ach, Sh, BTh.

Remarque : un solum clinohumique est forcément humique.

vermihumique

Qualifie les **épisolums** très humifères, **biomacrostructurés**, des VERACRISOLS (cf. chapitre « Veracrisols »), où la structure grumeleuse ou polyédrique arrondie est en grande partie construite par des vers anéciques géants du genre *Scherotheca*.

Couleur et matières organiques

clair/éclairci
Qualifie des horizons A à faible teneur en matières organiques, parce que celles-ci connaissent une minéralisation très rapide, d'où une couleur « claire ». Le qualificatif **clair** est employé lorsqu'il s'agit d'un équilibre naturel ; lorsque le caractère « clair » est lié à l'utilisation par l'homme, on utilise le qualificatif **éclairci**.

sombre
Qualifie un horizon ou un solum non noir, dont la somme *value* + *chroma* est comprise entre 4 et 6 à l'état humide.

noir
Qualifie un horizon ou un solum dont la somme *value* + *chroma* est ≤ 4 à l'état humide.

mélanisé
Qualifie un horizon ou un solum ayant acquis une couleur sombre ou noire, bien que le taux de carbone organique demeure modeste.

Annexe 5

Correspondances possibles entre références du *Référentiel pédologique 2008* et RSG de la *World Reference Base* (2006)

De nombreuses ressemblances existent entre le *Référentiel pédologique* et la *World Reference Base*, tant sur les principes que sur la terminologie (mots identiques ou très proches). Mais, en raison de leur histoire, les deux systèmes s'avèrent assez différents, d'où de nombreuses difficultés pour établir des correspondances.

La principale différence entre les deux référentiels réside dans le fait que la WRB est basée sur les *diagnostic horizons* : l'apparition d'un *diagnostic horizon* à moins de 100 cm de profondeur entraîne automatiquement le rattachement à une catégorie de plus haut niveau et à une seule.

En outre, la classification selon la WRB est régie par une clé :
« The described combination of diagnostic horizons, properties and materials is compared with the WRB Key in order to find the reference soil group (RSG), which is the first level of WRB classification. The user should go through the Key systematically, starting at the beginning and excluding one by one all RSGs for which the specified requirements are not met. The soil belongs to the first RSG for which it meets all specified requirements. »

Ainsi, les Chernozems ou les Planosols, qui montrent un horizon petrocalcic à moins de 100 cm de profondeur, sont-ils désignés comme Petrocalcic Chernozems ou Petrocalcic Planosols (par ce que les Chernozems et les Planosols sont présentés avant les Calcisols dans la clé). Un Cambisol qui montrerait un horizon petrocalcic devrait être désigné comme Calcisol par la WRB.

• Les catégories du plus haut niveau de la WRB sont nommées *Reference Soil Groups (RSG)*. Elles sont au nombre de 32.

• Dans le texte *infra*, toutes les catégories du RP comme de la WRB ont été écrites au pluriel (pour bien manifester leur variété).

• Les catégories et *qualifiers* de la WRB sont systématiquement laissés sous leur forme en anglais, car c'est ainsi qu'ils seront utilisés (dans les revues internationales).

• Les *prefix qualifiers* de la WRB doivent être placés devant le nom du *RSG* et les *suffix qualifiers* après (entre parenthèses).

• Dans la WRB, les initiales sont écrites en capitales, pour les *RSG* comme pour les *qualifiers*.

• Le plus souvent, sont seuls pris en compte les horizons, propriétés et matériaux apparaissant à moins de 100 cm. Lorsque ces horizons, propriétés ou matériaux apparaissent entre 50 et 100 cm, le *specifier* "endo" est utilisé. Lorsqu'ils apparaissent dans les 50 premiers centimètres, le *specifier* "epi" est employé.

• La plupart des qualificatifs du *Référentiel pédologique* sont d'utilisation libre et additive. Ce n'est pas le cas de la WRB, où tous les cas possibles sont prévus dans la clé (ou sont censés l'être).

Alocrisols

RP 2008	WRB 2006
ALOCRISOLS TYPIQUES	Cambisols (Hyperdystric)
ALOCRISOLS HUMIQUES	Cambic Umbrisols (Hyperdystric)

Andosols

RP 2008	WRB 2006
VITRANDOSOLS	Vitric Andosols
SILANDOSOLS EUTRIQUES	Silandic Andosols (Eutric)
SILANDOSOLS DYSTRIQUES	Silandic Andosols (Dystric)
SILANDOSOLS PERHYDRIQUES	Hydric Silandic Andosols
ALUANDOSOLS HAPLIQUES	Aluandic Andosols
ALUANDOSOLS PERHYDRIQUES	Hydric Aluandic Andosols

Remarque: les *qualifiers* spécifiques *"acroxic"*, *"eutrosilic"*, *"melanic"*, *"fulvic"* et *"placic"* peuvent être utilisés pour les Andosols.

Anthroposols

RP 2008	WRB 2006
ANTHROPOSOLS TRANSFORMÉS	Anthrosols
ANTHROPOSOLS ARTIFICIELS	Technosols
ANTHROPOSOLS RECONSTITUÉS	*Non pris en compte*
ANTHROPOSOLS CONSTRUITS	Technosols (transportic)
ANTHROPOSOLS ARCHÉOLOGIQUES	*Non pris en compte*

Équivalences pour quelques qualificatifs :

RP 2008	*Prefix qualifiers* de la WRB 2006
de terrassettes	*Escalic*
rizicultivé	*Hydragric*
irragrique	*Irragric*
plaggique	*Plaggic*
hortique	*Hortic*

Le *suffix qualifier* *"transportic"* est défini ainsi : « présentant une couche, épaisse de 30 cm ou plus, avec un matériau solide ou liquide qui a été déplacé depuis une zone source non immédiatement voisine du sol, par une activité humaine intentionnelle, le plus souvent à l'aide d'une machine, et sans remaniement ou déplacement par des forces naturelles ».
Il est prévu uniquement pour les Histosols, les Arenosols et les Regosols, et équivaut à la notion de matériau transporté du *Référentiel pédologique* (codé -tp).

À noter également le *suffix qualifier* *"toxic"*.

ARÉNOSOLS

RP 2008	WRB 2006
ARÉNOSOLS	Arenosols

Remarque : les *qualifiers* spécifiques "*hypoferrallic*", "*hydrophobic*", "*hypoluvic*", "*protic*" et "*rubic*" peuvent être utilisés pour les Arenosols.

Brunisols

RP 2008	WRB 2006
BRUNISOLS EUTRIQUES saturés ou resaturés	Cambisols (Hypereutric)
BRUNISOLS EUTRIQUES mésosaturés	Cambisols (Eutric)
BRUNISOLS DYSTRIQUES	Cambisols (Dystric)

La WRB est formelle : la CEC et donc le taux de saturation doivent être déterminés par une méthode à pH 7.

Calcium et/ou magnésium (solums dont le complexe adsorbant est dominé par)

RP 2008	WRB 2006
Horizons K et Kc	*calcic horizon*
Horizon Km	*petrocalcic horizon*
RENDOSOLS	Rendzic Leptosols ou Epileptic Cambisols (Calcaric)
RENDISOLS	Rendzic Leptosols ou Epileptic Cambisols (Hypereutric)
CALCOSOLS	Cambisols (Calcaric)
CALCISOLS	Cambisols (Hypereutric)
DOLOMITOSOLS	Cambisols (Dolomitic)
MAGNÉSISOLS	Cambisols (Hypereutric, Magnesic)
CALCARISOLS	Epipetric Calcisols
Toute référence calcarique ou pétrocalcarique	Calcisols

Dans la WRB, la présence de $CaCO_3$ est seulement prise en compte par l'utilisation du *suffix qualifier* "*calcaric*" qui s'applique à tout solum qui est calcaire entre 20 et 50 cm depuis la surface ou entre 20 cm et une roche continue ou une couche indurée moins profonde.

L'abondance relative du $MgCO_3$ parmi les carbonates et du Mg^{2+} échangeable n'est pas prise en compte dans la WRB, sauf dans le cas des Solonetz – cf. *suffix qualifier* "*magnesic*" quand le rapport $Ca^{2+}/Mg^{2+} < 1$.

Remarques sur les mots « calcic » et « calcisol » :
Le qualificatif « calcic » a deux significations très différentes dans les deux systèmes :

• dans le *Référentiel pédologique* (comme dans le vocabulaire pédologique général), il qualifie un solum ou un horizon dont le complexe adsorbant est saturé, subsaturé, ou resaturé, très majoritairement par du Ca^{2+} ;

• dans la WRB, est qualifié de *calcic* un solum présentant un *calcic horizon* ou des concentrations de carbonates secondaires débutant dans les 100 premiers centimètres à partir de la surface.

Le *calcic horizon* est défini comme un horizon dans lequel du $CaCO_3$ secondaire s'est accumulé sous une forme diffuse (uniquement sous la forme de fines particules de moins de 1 mm dispersées dans la matrice) ou sous la forme de concentrations discontinues (pseudo-mycéliums, cutanes, nodules durs ou tendres ou veines).

Le mot « calcisol » a également deux significations très différentes. Dans la WRB, un Calcisol est défini comme un sol présentant un *petrocalcic horizon* ou un *calcic horizon* débutant dans les 100 premiers centimètres à partir de la surface et une matrice totalement calcaire entre 50 cm de profondeur et le *calcic horizon*. Dans le *Référentiel pédologique*, un CALCISOL est un solum non carbonaté, mais saturé en calcium, caractérisé par la superposition Aci/Sci.

Chernosols

RP 2008	WRB 2006
CHERNOSOLS HAPLIQUES	Calcic Chernozems
CHERNOSOLS TYPIQUES	Voronic Chernozems
CHERNOSOLS MÉLANOLUVIQUES	Luvic Chernozems

Le *voronic horizon* de la WRB semble bien correspondre à l'horizon A chernique demeuré en conditions sub-naturelles.

Les *prefix qualifiers* "*voronic*" et "*vermic*" sont spécifiques des chernozems.

La présence d'un horizon K ou Kc à moins de 100 cm de profondeur mène à un rattachement aux Calcic Chernozems. La présence d'un horizon Km à moins de 100 cm mène à un rattachement aux Petrocalcic Chernozems.

COLLUVIOSOLS

RP 2008	WRB 2006
COLLUVIOSOLS	Colluvic Regosols or Cambisols or other RSG (Colluvic)

La WRB ne prend pas en compte les sols colluviaux à un haut niveau taxonomique.

Un *colluvic material* est défini comme un « matériau formé par sédimentation due à l'érosion induite par l'homme. Normalement, il s'accumule en position de bas de pente, dans des dépressions ou en amont de haies. L'érosion peut être intervenue depuis le Néolithique ».

Les deux *qualifiers* "*colluvic*" et "*novic*" sont en rapport direct avec les colluvions et le colluvionnement.

Colluvic est défini ainsi : montrant un *colluvic material*, épais de 20 cm ou plus, formé par un mouvement latéral induit par les activités humaines. Ce terme sert de *suffix qualifier* pour de nombreux RSG (dont celui des Cambisols) et de *prefix qualifier* pour les Regosols.

Novic est défini ainsi : montrant au-dessus du solum qui est classifié au niveau des RSG une couche de sédiments récents (nouveau matériau), épais de 5 cm ou plus, mais de moins de 50 cm. Ce terme sert de *suffix qualifier* pour presque tous les RSG.

Cryosols

RP 2008	WRB 2006
CRYOSOLS HISTIQUES	Histic Cryosols or Cryic Histosols ?
CRYOSOLS MINÉRAUX	Haplic or Umbric or Spodic Cryosols

Dans la WRB, les Cryosols sont définis comme des sols montrant « un *cryic horizon* débutant dans les 100 premiers centimètres à partir de la surface **ou** un *cryic horizon* débutant dans les 200 premiers centimètres à partir de la surface **et** *des traits de* cryoturbation dans une couche dans les 100 premiers centimètres à partir de la surface ».

Le *cryic horizon* est un horizon perpétuellement gelé (développé) dans un matériau minéral ou organique. Ses critères de diagnostic sont :

1. en continu pendant deux années consécutives ou plus, l'un des caractères suivants :
   a. de la glace massive, une induration par de la glace ou des cristaux de glace facilement visibles ; **ou**
   b. une température du sol ≤ 0 °C et pas assez d'eau pour former des cristaux de glace facilement visibles ; **et**
2. une épaisseur d'au moins 5 cm.

Le *prefix qualifier "glacic"* de la WRB correspond exactement à la définition du qualificatif glacique : « montrant, dans les 100 premiers centimètres, une couche de plus de 30 cm d'épaisseur contenant (en volume) plus de 75 % de glace ».

Le *suffix qualifier "reductaquic"* est spécifique des Cryosols de la WRB. Sa définition est : « saturé deau pendant la période de dégel et montrant des conditions réductrices à certains moments de l'année au-dessus d'un *cryic horizon* et dans les 100 premiers centimètres depuis la surface du sol ».

"turbic" est un *prefix qualifier* pour les Cryosols et seulement un *suffix qualifier* pour plusieurs autres RSGs. Sa définition est : « montrant des traits de cryoturbation (matériau mélangé, horizons de sol interrompus, involutions, intrusions organiques, soulèvements par le gel, tri entre matériel fin et plus grossier, fentes en coin, terrain réorganisé en polygones) à la surface du sol ou au-dessus d'un *cryic horizon* et dans les 100 premiers centimètres à partir de la surface ».

Le *prefix qualifier "cryic"* qualifie des Histosols ou des Technosols. La définition est : « montrant un *cryic horizon* débutant dans les 100 premiers centimètres à partir de la surface ou montrant un *cryic horizon* débutant dans les 200 premiers centimètres à partir de la surface avec des signes de cryoturbation dans les 100 premiers centimètres ».

Ferrallitisols et oxydisols

RP 2008	WRB 2006
Horizons de référence	**Diagnostic soil horizons**
Horizon ferrallitique (F)	Ferralic horizon
Horizon oxydique (OX)	Ferric horizon (*pro parte*)
Horizon réticulé (RT)	Plinthic horizon
Horizon pétroxydique (OXm)	Petroplinthic horizon
Horizon duroxydique (OXc)	Petroplinthic horizon
Horizon nodulaire (ND)	Pisoplinthic horizon (*pro parte*)
Références	
FERRALLITISOLS MEUBLES	Ferralsols, Lixisols
FERRALLITISOLS NODULAIRES	Ferralic Hyperferric Plinthosols
FERRALLITISOLS PÉTROXYDIQUES	Plinthosols (Petric)
FERRALLITISOLS DUROXYDIQUES	Plinthosols
OXYDISOLS MEUBLES	Ferric Ferralsols (Geric)
OXYDISOLS NODULAIRES	Hyperferric Plinthosols
OXYDISOLS PÉTROXYDIQUES	Ferric Plinthosols (Petric)

Ferruginosols

Aucune place n'est faite aux ferruginosols dans la WRB, car les critères utilisés pour les sols intertropicaux sont très différents de ceux utilisés ici. Les ferruginosols pourraient être répartis parmi les Lixisols (acidification faible) et les Acrisols (acidification forte).

RP 2008	WRB 2006
FERRUGINOSOLS MEUBLES	Lixisols ou Acrisols
FERRUGINOSOLS SEMILUVIQUES	Lixisols ou Acrisols
FERRUGINOSOLS LUVIQUES	Lixisols ou Acrisols
FERRUGINOSOLS PÉTROXYDIQUES	Plinthosols (Petric)

Fersialsols

RP 2008	WRB 2006
FERSIALSOLS CARBONATÉS	Haplic Cambisols (Calcaric, Chromic)
FERSIALSOLS CALCIQUES	Haplic Cambisols (Eutric, Chromic)
FERSIALSOLS INSATURÉS	Haplic Cambisols (Eutric or Dystric, Chromic)
FERSIALSOLS ÉLUVIQUES	Haplic Luvisols (Chromic) or Albic Alisols (Chromic)

Fluviosols

RP 2008	WRB 2006
FLUVIOSOLS BRUTS	Fluvisols
FLUVIOSOLS JUVÉNILES	Fluvisols
FLUVIOSOLS TYPIQUES	Fluvisols
FLUVIOSOLS BRUNIFIÉS	Fluvic Cambisols

Remarque: "*oxyaquic*" est un suffix qualifier intéressant pour certains FLUVIOSOLS BRUTS, JUVÉNILES ou TYPIQUES saturés par des eaux riches en oxygène pendant des périodes de plus de 20 jours consécutifs et ne montrant pas de signes rédoxiques ou réductiques dans les 100 premiers centimètres.

Grisols

RP 2008	WRB 2006
GRISOLS ÉLUVIQUES	Greyic Phaeozems (Albic)
GRISOLS DÉGRADÉS	Greyic Phaeozems (Glossalbic)
GRISOLS HAPLIQUES	Greyic Phaeozems

Gypsosols

RP 2008	WRB 2006
GYPSOSOLS HAPLIQUES	Gypsisols
GYPSOSOLS PÉTROGYPSIQUES	Epipetric (?) Gypsisols

À noter les *prefix qualifiers* "*hypergypsic*", "*hypogypsic*", "*petrogypsic*" et "*arzic*" qui sont spécifiques des Gypsisols :
- *Hypergypsic* = montrant un *gypsic horizon* avec au moins 50 % de gypse (en poids) ;
- *Hypogypsic* = montrant un *gypsic horizon* avec une teneur en gypse dans la terre fine de moins de 25 % et débutant à moins de 100 centimètres de la surface ;
- *Petrogypsic* = montrant un *petrogypsic horizon* débutant à moins de 100 cm de la surface. Un *petrogypsic horizon* est un horizon cimenté contenant des accumulations de gypse secondaire.

Histosols

Équivalence des horizons H

RP 2008	FAO et WRB 2006
Hf	Hi
Hm	He
Hs	Ha

Équivalence entre références du *RP* et catégories de la WRB

RP 2008	**WRB 2006**
HISTOSOLS FIBRIQUES	Fibric Histosols
HISTOSOLS MÉSIQUES	Hemic Histosols
HISTOSOLS SAPRIQUES	Sapric Histosols
HISTOSOLS COMPOSITES	Histosols (1)
HISTOSOLS LEPTIQUES	Epileptic Histosols

(1) Le caractère composite n'est pas prévu par la WRB.

Correspondance des qualificatifs pour les 5 références d'histosols

RP 2008	**WRB 2006**
H. recouvert	Histosol (Novic)
H. à matériau limnique de surface	Limnic Histosol
H. flottant	Floatic Histosol
H. lithique	Epileptic Histosol
H. à contact lithique de profondeur	Endoleptic Histosol
H. ombrogène	Ombric Histosol
H. soligène	Rheic Histosol
H. drainé ou assaini	Histosol (Drainic)
H. sulfidique	Histosol (Thionic)

LEPTISMECTISOLS

RP 2008	**WRB 2006**
LEPTISMECTISOLS	Epileptic Vertisols

Remarque: le *prefix qualifier* "*epilectic*" (roche dure à moins de 50 cm) n'est pas prévu pour les Vertisols dans la WRB!

Vertic Leptosols ne convient pas (roche dure à moins de 25 cm).

LITHOSOLS

RP 2008	**WRB 2006**
LITHOSOLS	Lithic Leptosols
LITHOSOLS stricts	Nudilithic Leptosols

Luvisols

RP 2008	WRB 2006
NÉOLUVISOLS	Luvic Cambisols
LUVISOLS TYPIQUES	Haplic Luvisols
LUVISOLS DÉGRADÉS	Haplic Albeluvisols
LUVISOLS DERNIQUES	Albeluvisols
LUVISOLS TRONQUÉS	(*truncated*) Luvisols
QUASI-LUVISOLS	Ruptic Luvisols

Remarques :

• l'horizon BT correspond assez bien à l'« horizon argique » ;

• *truncated* n'est pas un *prefix qualifier* de la WRB.

Des *qualifiers* supplémentaires peuvent être utilisés :

• pour les NÉOLUVISOLS et les LUVISOLS TYPIQUES : *lamellic, eutric, dystric, chromic, leptic, gleyic, albic, abruptic, cutanic, chromic, rhodic* (transition vers les fersialsols), etc. ;

• pour les LUVISOLS DÉGRADÉS : *dystric, gleyic, glossalbic, fragic,* etc.

NITOSOLS

RP 2008	WRB 2006
NITOSOLS	Nitisols

Remarque : la définition de l'horizon nitique dans la WRB 2006 diffère un peu de celle de l'horizon Sn par les limites de critères de teneur en argile (> 30 % de la terre fine) et de la composition des minéraux argileux (kaolinite/métahalloysite ou halloysite), l'absence de critères géochimiques des produits d'altération (rapports Ki et Kr), ainsi que par la nécessité de faces luisantes (*shiny faces*) sur les macro-agrégats.

Organosols

RP 2008	WRB 2006
ORGANOSOLS HOLORGANIQUES	Folic (or Cumulifolic) Histosols
ORGANOSOLS CALCAIRES	Folic Umbrisols (Hyperhumic, Calcaric) (1)
ORGANOSOLS SATURÉS	Folic ou Mollic Umbrisols (Hypereutric)
ORGANOSOLS INSATURÉS	Folic Umbrisols (Hyperhumic)

(1) Officiellement, un Umbrisol ne peut pas être *calcaric* !

Remarques :

• les horizons de référence du *Référentiel pédologique* sont OF, OH, OHta et Aho (A hémiorganique) ;

• OF, OH et OHta sont des variantes d'horizons foliques, d'où le *prefix qualifier* "*folic*" ;

• Aho est peu différent du *suffix qualifier* "*hyperhumic*".

Pélosols

RP 2008	WRB 2006
PÉLOSOLS TYPIQUES	Epistagnic Regosols (clayic) (1)
PÉLOSOLS BRUNIFIÉS	Vertic Cambisols (clayic) (1) (2)
PÉLOSOLS DIFFÉRENCIÉS	Epistagnic Vertic Cambisols or Planosols (3)

(1) Comment distinguer PÉLOSOLS TYPIQUES et PÉLOSOLS BRUNIFIÉS ?
(2) S'agit-il vraiment de Cambisols ?
(3) Comment rendre compte de l'appauvrissement en argile dans l'horizon de surface des PÉLOSOLS DIFFÉRENCIÉS ? Vertic Planosols ?

PEYROSOLS

RP 2008	WRB 2006
PEYROSOLS	Hyperskeletic Leptosols, Hyperskeletic Podzols ou *suffix qualifier "episkeletic"*

La WRB prend en compte la grande abondance des éléments grossiers dans la définition du *prefix qualifier "hyperskeletic"* (qui s'applique aux Leptosols, Podzols et Cryosols) et du *suffix qualifier "skeletic"* qui s'applique à dix-huit GSR (groupes de sols de référence) sur trente-deux.

Au niveau des GSR, la WRB ne prend pas en compte l'abondance des éléments grossiers, sauf dans la définition de certains Leptosols dits *hyperskeletic*, c'est-à-dire « contenant moins de 20 % (en volume) de terre fine en moyenne, sur une épaisseur de 75 cm à partir de la surface du sol ou jusqu'à une roche dure continue moins profonde ».

Remarque : en 1998, la WRB décomptait les éléments grossiers en poids ; elle le fait désormais en volume !

Phæosols

RP 2008	WRB 2006
PHÆOSOLS HAPLIQUES	Haplic Phaeozems
PHÆOSOLS MÉLANOLUVIQUES	Luvic Phaeozems

Planosols

RP 2008	WRB 2006
PLANOSOLS TYPIQUES	Mollic, Umbric, Calcic, Petrocalcic, Alic, Acric, Luvic, Lixic
PLANOSOLS DISTAUX	ou, à défaut, Haplic Planosols (1)
PLANOSOLS STRUCTURAUX (2)	Stagnosols

(1) En fonction des propriétés des horizons de surface humifères ou des horizons profonds, ou de l'apparition de certains horizons à moins de 100 cm de profondeur.

(2) Les PLANOSOLS STRUCTURAUX ne peuvent pas être classés en Planosols dans la WRB, car un *abrupt textural change* est obligatoire pour y être classé.

Podzosols

RP 2008	WRB 2006
PODZOSOLS OCRIQUES	Entic Podzols
PODZOSOLS MEUBLES	Haplic or Albic Podzols
PODZOSOLS DURIQUES	Ortsteinic Albic Podzols
PODZOSOLS HUMIQUES	Umbric or Entic Podzols
PODZOSOLS HUMO-DURIQUES	Umbric-Ortsteinic Podzols
PODZOSOLS ÉLUVIQUES	Albic Arenosols
PODZOSOLS PLACIQUES	Placic Albic Podzols
POST-PODZOSOLS	Aric Podzols (1)

(1) Définition de *Aric* (WRB) : « ayant seulement des restes d'horizons diagnostiques – désorganisé par labours profonds ».

Remarque : les *qualifiers* spécifiques "*carbic*", "*entic*", "*placic*", "*ortsteinic*" et "*rustic*" peuvent être utilisés pour les Podzols.

Rankosols

RP 2008	WRB 2006
RANKOSOLS	Umbric Leptosols, ou Leptosols (Dystric) ou Epileptic Umbrisols

Remarque : dans la WRB, les Leptosols sont limités à 25 cm d'épaisseur.

Réductisols et Rédoxisols

RP 2008	WRB 2006
RÉDUCTISOLS TYPIQUES	Gleysols
RÉDUCTISOLS STAGNIQUES	Gleysols
RÉDOXISOLS	Stagnosols

Gleysols : peu différents des réductisols. *Stagnosols* : peu différents des RÉDOXISOLS. En effet, en page 3 de la WRB, il est écrit : « Stagnosols unify the former Epistagnic subunits of many other RSGs ».

Le *stagnic colour pattern* correspond sensiblement aux horizons rédoxiques g ou –g et le *gleyic colour pattern* correspond sensiblement aux horizons réductiques G.

À noter les *prefix qualifiers* "*gleyic*" et "*stagnic*" :

• *Gleyic* : montrant dans les 100 premiers centimètres des conditions réductrices et un *gleyic colour pattern* dans 25 % ou plus du volume de sol. *Epigleyic* si cela apparaît dans les 50 premiers centimètres ; *endogleyic* si cela apparaît entre 50 et 100 cm.

• *Stagnic* : montrant dans les 100 premiers centimètres des conditions réductrices et un *stagnic colour pattern* dans 25 % ou plus du volume de sol. *Epistagnic* si cela apparaît dans les 50 premiers centimètres ; *endostagnic* si cela apparaît entre 50 et 100 cm.

RÉGOSOLS

RP 2008	WRB 2006
RÉGOSOLS	(non Lithic) Leptosols

Remarque : pour le *Référentiel pédologique*, la couche M doit débuter à moins de 10 cm de profondeur ; pour la WRB, les Leptosols ont moins de 25 cm d'épaisseur.

Salisols et sodisols

RP 2008	WRB 2006
SALISOLS CHLORURO-SULFATÉS	Solonchaks (Chloridic or Sulphatic)
SALISOLS CARBONATÉS	Solonchaks (Carbonatic)
SODISOLS INDIFFÉRENCIÉS	Solonetz
SODISOLS SOLONETZIQUES	Haplic Solonetz
SODISOLS SOLODISÉS	Solonetz (Albic)
SODISALISOLS	Endosalic Solonetz
SALISODISOLS	Episalic Solonetz

L'horizon salique correspond sensiblement au *salic horizon* de la WRB. De même, l'horizon sodique correspond au *natric horizon*, mais ce dernier est défini comme présentant un taux d'argile nettement supérieur à celui des horizons supérieurs.

Puffic est un *prefix qualifier* spécifique des solonchaks, qui signale la présence en surface d'une croûte soulevée par des cristaux de sel.

Aceric est un *suffix qualifier* spécifique des solonchaks, qui signale la présence d'un pH situé entre 3,5 et 5 et des taches de jarosite dans une couche située dans les 100 premiers centimètres. Cf. qualificatif **jarositique** du RP 2008.

À noter les différences de profondeurs d'apparition pour les horizons spécifiques : 60 cm pour le *Référentiel pédologique* ; 100 cm pour la WRB.

Thalassosols

RP 2008	WRB 2006
THALASSOSOLS BRUTS	Tidalic Fluvisols
THALASSOSOLS JUVÉNILES	Tidalic Fluvisols
THALASSOSOLS POLDÉRISÉS	Fluvisols

À noter le *prefix qualifier "tidalic"* dont la définition est : « étant inondé par les eaux des plus hautes marées, mais non recouvert par l'eau à marée basse moyenne ».

THIOSOLS **et** SULFATOSOLS

RP 2008	WRB 2006
THIOSOLS	Fluvisols or Gleysols (Protothionic)
SULFATOSOLS	Fluvisols or Gleysols (Hyperthionic or Orthothionic)

Le matériau sulfidique ou thionique correspond bien au *sulfidic material* de la WRB, de même que l'horizon sulfaté correspond au *thionic horizon*.

Remarque : pour la définition du *suffix qualifier "thionic"*, la WRB fixe comme profondeur maximale d'apparition d'un *sulfidic material* ou d'un *thionic horizon* à 100 cm, alors que le *Référentiel pédologique* fixe cette profondeur à 50 cm.

Veracrisols

RP 2008	WRB 2006
VERACRISOLS	Vermic Umbrisols

Remarque : le *prefix qualifier "vermic"* n'est pas officiellement prévu pour des Umbrisols.

Vertisols

RP 2008	WRB 2006
LITHOVERTISOLS	Vertisols
TOPOVERTISOLS	Vertisols
PARAVERTISOLS HAPLIQUES	Vertisols
PARAVERTISOLS PLANOSOLIQUES	Vertisols (Albic)

Remarque : les *prefix qualifiers "grumic"*, *"mazic"* et le *suffix qualifier "pellic"* sont spécifiques aux Vertisols.

Quelques correspondances (le plus souvent imparfaites) entre qualificatifs du RP et *qualifiers* de la WRB

RP 2008	WRB 2006
agricompacté	Densic
albique	Albic
assaini	Drainic
bicarbonaté (sols salsodiques)	Carbonatic (Solonchaks)
bilithique	Ruptic
à horizon BT en bandes (luvisols)	Lamellic
bathyhistique (non-histosols)	Thaptohistic
calcarique	Calcic
carbonaté	Calcaric
colluvionné en surface (sur < 50 cm)	Novic
colluvial	Colluvic
chloruro-sulfaté (sols salsodiques)	Chloridic (Solonchaks)
compacté	Densic
cryoturbé	Turbic
à dégradation glossique	Glossalbic
désaturé	Hyperdystric
à duripan	Petrosilicique
dystrique	Dystric
eutrique	Eutric, Orthoeutric
flottant (histosols)	Floatic (Histosols)
à fragipan	Fragic
glacique (cryosols)	Glacic
glossique	Molliglossic, Umbriglossic, Glossalbic
irragrique	Irragric
lamellique (luvisols)	Lamellic
à matériau limnique (histosols)	Limnic (Histosols)
lithique	Epileptic
nodulaire (ferrallitisols et oxydisols)	Pisoplinthic
ombrogène (histosols)	Ombric (Histosols)
oxyaquique (fluviosols)	Oxyaquic
à pergélisol	Gelic
pétrocalcarique	Petrocalcic
pétroxydique (ferrallitisols et oxydisols)	Petroplinthic
pétrosilicique	Petroduric
placique	Placic

RP 2008	WRB 2006
recouvert par…	Novic
rédoxique	Epistagnic or Endostagnic (1)
à horizon rédoxique de profondeur	Endostagnic
réductique	Epigleyic or Endogleyic (1)
à horizon réductique de profondeur	Endogleyic
rouge ou rougeâtre	Chromic or Rhodic
saturé	Hypereutric
à horizon silicique	Duric
soligène (histosols)	Rheic (Histosols)
subsaturé	Hypereutric
sulfaté (sols salsodiques)	Sulphatic (Solonchaks)
strict (LITHOSOLS)	Nudilithic (Leptosols)
de terrasses, de terrassettes	Escalic
à matériau terrique (histosols)	Terric

(1) Selon profondeur d'apparition : RP = 50-80-120 cm • WRB = 50 et 100 cm.

« Faux amis » de la WRB (ordre alphabétique)

Ces *qualifiers* de la WRB montrent une parfaite similitude avec des qualificatifs du *Référentiel pédologique*, mais leur signification est toute autre.

Andic	Gypsic	Pachic
Calcaric	Leptic	Reductic
Calcic	Lithic	Ruptic
Ferric	Luvic	Sapric
Fibric	Magnesic	Vertic

Correspondance des horizons entre système CPCS et *Référentiel pédologique 2008*

CPCS 1967	*Référentiel pédologique 2008*
A$_{00}$	OL
A$_0$F	OF ou Hf ou Hm
A$_0$H	OH ou Hs
A$_1$	A ou Ah, Aca, Ach, Aci, Ado, Ae, Alu, An, And, Aso, Av, Avi, Ha, Eh, Js
Ap	L ou LA, LH, LO, LE, LS, LBT
A$_2$	E ou Ea
A$_2$g	Eg ou Ea
ACs	Ys
B	S ou BT, FS, SV, V (en domaine intertropical : FE, OX, F)
BCn	BTfe ou Fe
BCs	Yp
Bs*	BPs
Bt	BT ou FSt
Btg	BTg
Btgx	BTgx
Btgd*	BTgd
Bw*	S ou Sp, Sca, Sci, Sa, NaS, Snd, Slu, Sal, Jp, SV, FS, FSj
B$_2$fe	BPs ou Fe
B$_2$h	BPh
(B)	S ou Sa, Sal, Sca, Sci, Slu, Sn, Snd, Sp, SV, FS, FSj, NaS, Jp
(B)v*	V ou Sp, SV
(B)Ca	Sk
C	C
Cca	Ck, K, Kc ou Km
CCs	Yp
R	M ou R ou D
G	Go ou Gr
–g	–g ou g

*   Non prévus par la CPCS, mais parfois utilisés après 1967.

Annexe 7

Correspondances possibles entre catégories de la classification CPCS et *Référentiel pédologique 2008*

Il n'y a pas correspondance biunivoque, les principes des deux systèmes n'étant pas identiques.

Classification CPCS 1967			*Référentiel pédologique 2008*
CLASSE/sous-classe	*Groupe*	Sous-groupe	Chapitres, références, types
I. SOLS MINÉRAUX BRUTS			
1. Non climatiques	*D'érosion*	Lithosols	LITHOSOLS, PEYROSOLS
		Régosols	RÉGOSOLS
	D'apport alluvial		FLUVIOSOLS BRUTS, THALASSOSOLS BRUTS et JUVÉNILES
	D'apport colluvial		RÉGOSOLS colluviaux, COLLUVIOSOLS, etc.
	D'apport éolien		RÉGOSOLS d'apport, dunaires
	D'apport volcanique		RÉGOSOLS pyroclastiques, LITHOSOLS
2. Des déserts froids			CRYOSOLS MINÉRAUX
3. Des déserts chauds			LITHOSOLS, RÉGOSOLS, PEYROSOLS
II. SOLS PEU ÉVOLUÉS			
1. À permagel			Cryosols
2. Humifères	*Rankers*	Tous	RANKOSOLS, ORGANOSOLS INSATURÉS
	Sols humifères lithocalciques		ORGANOSOLS SATURÉS ou ORGANOSOLS HOLORGANIQUES
	Sols peu évolués à allophanes		VITRANDOSOLS à horizon A humifère
3. Xériques	*Sols gris*		???
	Xérorankers		RANKOSOLS peu humifères
4. Non climatiques	*D'érosion*	Régosolique	Certains RENDOSOLS et RENDISOLS d'érosion, issus de roches tendres
		Lithique	Certains RENDOSOLS et RENDISOLS d'érosion, RANKOSOLS d'érosion

Classification CPCS 1967			*Référentiel pédologique 2008*
CLASSE/sous-classe	*Groupe*	Sous-groupe	Chapitres, références, types
	D'apport alluvial		FLUVIOSOLS JUVÉNILES et TYPIQUES, THALASSOSOLS POLDÉRISÉS
	D'apport colluvial		COLLUVIOSOLS
	D'apport éolien		ARÉNOSOLS dunaires
	D'apports volcaniques friables		VITRANDOSOLS
	D'apports anthropiques		ANTHROPOSOLS RECONSTITUÉS ou CONSTRUITS
III. VERTISOLS			
1. À drainage externe nul ou réduit			TOPOVERTISOLS
2. À drainage externe possible			LITHOVERTISOLS, paravertisols
IV. ANDOSOLS			
1. Des pays froids	*Andosols humifères désaturés*		Andosols
2. Des pays tropicaux	*Saturés*		Silandosols?
	Désaturés		Aluandosols?
V. SOLS CALCIMAGNÉSIQUES			
1. Sols carbonatés	*Rendzines*	Très humifères	RENDOSOLS humiques
		À très forte effervescence	RENDOSOLS hypercalcaires
		Modales	RENDOSOLS
		Pauvres en calcaire fin	RENDOSOLS hypocalcaires
		Xérorendzines	RENDOSOLS de climats arides?
	Sols bruns calcaires	Modaux	CALCOSOLS
		À encroûtement calcaire	CALCOSOLS calcariques
		À pseudogley	CALCOSOLS rédoxiques
		Vertiques	CALCOSOLS vertiques
	Cryptorendzines		DOLOMITOSOLS leptiques
2. Sols saturés	*Bruns calciques*	Rendzines brunifiées humifères	CALCISOLS humiques
		Rendzines brunifiées modales	CALCISOLS, RENDISOLS
		Épais	CALCISOLS ou CALCISOLS pachiques
	Humiques carbonatés	Modaux	ORGANOSOLS SATURÉS ou CALCAIRES, CALCOSOLS humiques
	Calciques mélanisés	Rendziniformes	LEPTISMECTISOLS
		À encroûtement calcaire	LEPTISMECTISOLS calcarique ou pétrocalcarique
3. Sols gypseux	*Rendziniformes*		Gypsosols
	Sols bruns gypseux	Modaux	Gypsosols
		À encroûtement gypseux	Gypsosols

Classification CPCS 1967			*Référentiel pédologique 2008*
CLASSE/sous-classe	*Groupe*	Sous-groupe	Chapitres, références, types
VI. SOLS ISOHUMIQUES			
1. Pédoclimat humide	*Brunizems*		Phæosols
2. Pédoclimat très froid…	*Chernozems*		Chernosols
	Sols châtains		???
	Sols bruns isohumiques		???
3. Pédoclimat frais…	*Sols marron*		???
	Sierozems		???
4. Pédoclimat chaud…	*Sols bruns sub-arides*		???
VII. SOLS BRUNIFIÉS			
1. Des climats tempérés humides	*Sols bruns*	Modaux	BRUNISOLS EUTRIQUES, pélosols, FLUVIOSOLS BRUNIFIÉS
		Acides	BRUNISOLS DYSTRIQUES, ALOCRISOLS
		Andiques	BRUNISOLS EUTRIQUES ou DYSTRIQUES andiques
		Faiblement lessivés	BRUNISOLS EUTRIQUES ou DYSTRIQUES luviques
	Sols lessivés	Bruns lessivés	NÉOLUVISOLS
		Modaux	LUVISOLS TYPIQUES
		Acides	LUVISOLS TYPIQUES dystriques
		Faiblement podzoliques	LUVISOLS TYPIQUES podzolisés
		Hydromorphes	LUVISOLS TYPIQUES rédoxiques, luvisols-RÉDOXISOLS, planosols
		Glossiques	LUVISOLS DÉGRADÉS, luvisols-RÉDOXISOLS dégradés
2. Des climats tempérés continentaux	*Sols gris forestiers*		Grisols
	Sols derno-podzoliques		LUVISOLS DERNIQUES
3. Des climats boréaux	*Sols lessivés boréaux*		???
4. Des pays tropicaux	*Sols bruns eutrophes tropicaux*		BRUNISOLS EUTRIQUES saturés, sous climats tropicaux
VIII. SOLS PODZOLISÉS			
1. De climat tempéré	*Podzols*	Humiques	PODZOSOLS MEUBLES, DURIQUES OU PLACIQUES
		Ferrugineux	PODZOSOLS MEUBLES, DURIQUES OU PLACIQUES
		Humo-ferrugineux	PODZOSOLS MEUBLES, DURIQUES OU PLACIQUES
		Humo-cendreux	PODZOSOLS ÉLUVIQUES
		À hydromorphie profonde	Podzosols à horizon rédoxique ou réductique de profondeur
	Sols podzoliques	Modaux	PODZOSOLS MEUBLES, ARÉNOSOLS podzolisés, podzosols juvéniles

Classification CPCS 1967			*Référentiel pédologique 2008*
CLASSE/sous-classe	*Groupe*	Sous-groupe	Chapitres, références, types
		À hydromorphie profonde	Podzosols réductiques ou rédoxiques ou à horizon réductique (ou rédoxique) de profondeur
		À pseudogley	Planosols, RÉDOXISOLS
		À stagnogley	RÉDUCTISOLS STAGNIQUES
		Anthropomorphes	POST-PODZOSOLS
	Sols ocre-podzoliques		PODZOSOLS OCRIQUES
	Sols crypto-podzoliques	Humifères	PODZOSOLS HUMIQUES, ALOCRISOLS HUMIQUES podzolisés
		Bruns	ALOCRISOLS TYPIQUES humifères
2. De climat froid			Tous podzosols arctiques, alpins, etc.
3. Hydromorphes			Podzosols-réductisols ou podzosols-RÉDOXISOLS
IX. SOLS À SESQUIOXYDES DE FER			
1. **Sols ferrugineux tropicaux**			Ferruginosols
2. **Sols fersiallitiques**	*À réserve calcique peu lessivés*		FERSIALSOLS CALCAIRES ou SATURÉS
	Sans réserve calcique lessivés		FERSIALSOLS INSATURÉS ou ÉLUVIQUES
X. SOLS FERRALLITIQUES			Ferrallitisols et oxydisols
1. Faiblement désaturés en (B)			
2. Moyennement désaturés en (B)			
3. Fortement désaturés en (B)			
XI. SOLS HYDROMORPHES			
1. **Organiques**	*De tourbe fibreuse*		HISTOSOLS FIBRIQUES ou LEPTIQUES
	De tourbe semi-fibreuse		HISTOSOLS MÉSIQUES ou LEPTIQUES
	De tourbe altérée		HISTOSOLS SAPRIQUES ou LEPTIQUES
2. **Moyennement organiques**	*Humiques à gley*	Tous	Réductisols humiques ou à anmoor ou épihistiques
	Humiques à stagnogley		RÉDUCTISOLS STAGNIQUES humiques
3. **Peu humifères**	*À gley*	À gley peu profond < 80 cm	RÉDUCTISOLS TYPIQUES et divers solums qualifiés de réductiques
		À gley profond > 80 cm	Divers solums « à horizon réductique de profondeur »
	À pseudogley	À pseudogley de surface	PÉLOSOLS TYPIQUES-RÉDOXISOLS (double rattachement)
		À nappe perchée	RÉDOXISOLS, PÉLOSOLS DIFFÉRENCIÉS, PLANOSOLS TYPIQUES

Classification CPCS 1967			Référentiel pédologique 2008
CLASSE/sous-classe	Groupe	Sous-groupe	Chapitres, références, types
	À stagnogley		RÉDUCTISOLS STAGNIQUES
	À amphigley	Tous	RÉDOXISOLS réductiques
	À accumulation de fer en carapace et cuirasse		RÉDOXISOLS pétroferriques
	À redistribution du calcaire et du gypse		RÉDOXISOLS calcariques ou gypsiques
XII. SOLS SODIQUES			
1. À structure non dégradée	Sols salins à profil AC (solontchaks)		SALISOLS CHLORURO-SULFATÉS OU CARBONATÉS
2. À structure dégradée	Sols salins à alcalins		SODISOLS INDIFFÉRENCIÉS
	Sols sodiques à horizon B (solonetz)		SODISOLS SOLONETZIQUES
	Sols sodiques à horizon blanchi (solodisés)		SODISOLS SOLODISÉS

Catégories du *Référentiel pédologique 2008* complètement nouvelles par rapport à la CPCS :

Anthroposols	MAGNÉSISOLS	Planosols	Thalassosols
ARÉNOSOLS	Organosols	QUASI-LUVISOLS	THIOSOLS
CALCARISOLS	Pélosols	SULFATOSOLS	VERACRISOLS
Gypsosols	PEYROSOLS		

Annexe 8

Possibilité de regroupement des GER en quatorze catégories

Solums dont l'origine, le fonctionnement ou la morphologie sont dominés par :

- les actions de l'homme — Anthroposols
- les alternances gel/dégel — Cryosols
- un faible développement — LITHOSOLS, RÉGOSOLS, RANKOSOLS
- des excès d'eau permanents ou temporaires — [Réductisols et rédoxisols], histosols
- une forte teneur en matières organiques et/ou une couleur noire des horizons organo-minéraux — Chernosols, phæosols, grisols, organosols, VERACRISOLS
- un processus d'altération spécifique, souvent à fort caractère zonal, mais non exclusivement — Brunisols, podzosols, alocrisols, fersialsols, ferruginosols, [ferrallitisols et oxydisols], NITOSOLS
- leur position géomorphologique — Fluviosols, thalassossols, COLLUVIOSOLS, THIOSOLS et SULFATOSOLS
- une forte différentiation texturale — Luvisols, planosols
- l'accumulation de matières organiques — Histosols, organosols
- la nature carbonatée du matériau parental ou la présence de carbonates — Solums dont le complexe adsorbant est dominé par le calcium et/ou le magnésium [RENDOSOLS + RENDISOLS + CALCOSOLS + CALCISOLS + DOLOMITOSOLS + MAGNÉSISOLS + CALCARISOLS]
- l'abondance des sulfates ou des chlorures — Gypsosols, [salisols + sodisols + SODISALISOLS + SALISODISOLS], THIOSOLS et SULFATOSOLS
- une texture d'argile lourde — LEPTISMECTISOLS, vertisols, pélosols
- la dominance des sables ou des éléments grossiers — ARÉNOSOLS, PEYROSOLS
- un matériau parental d'origine volcanique et des propriétés physiques et chimiques particulières — Andosols

Remarque : les GER composés en blanc sur pavé gris sont présents à deux endroits.

Annexe 9

Lexique

Altérite Couche d'altération d'une roche, ayant conservé l'essentiel de la structuration lithologique, dont les caractéristiques physiques et chimiques expliquent en grande partie les propriétés des horizons sus-jacents. Noté comme horizon C.

Anéciques Vers de terre vivant dans le sol. Pendant la nuit, ils viennent à la surface, prélèvent la litière et la tirent dans des galeries verticales. Ils jouent un rôle pédogénétique majeur en rejetant à la surface du sol des matériaux provenant des horizons profonds. Ils ont joué un rôle essentiel dans la formation des VERACRISOLS (Béarn).

Épisolum humifère Ensemble des horizons supérieurs du solum qui contiennent des matières organiques, dont l'organisation est sous la dépendance essentielle de l'activité biologique (c'est l'*humus formen* de Muller (1887), traduit par « formes d'humus » par les pédologues belges et par « types d'humus » par les pédologues canadiens).

Forme d'humus Ensemble des caractères morphologiques macroscopiques de l'épisolum humifère (horizons O et A et leur succession), dépendant de son mode de fonctionnement.

Humifère 1. Sens courant : horizon ou solum qui contient des matières organiques humifiées.
2. Définition du *Référentiel pédologique* : cf. *annexe 4*.

Humique 1. Sens courant (Littré, 1886) : « relatif à l'humus ». Exemples : bilan humique, acide humique, profil humique.
2. Définition du *Référentiel pédologique* : cf. *annexe 4*.

Humus Fraction des matières organiques du sol transformée par voie biologique et chimique. Cf. également **forme d'humus** et **type fonctionnel d'humus**.

Imbibition capillaire Dans les sols à faible conductivité hydraulique (sols très argileux, à garniture cationique particulière), lorsque l'on creuse un trou dans le milieu saturé, il peut ne pas apparaître d'eau libre témoin de la nappe. En effet, les pores sont très fins, l'eau est retenue par des forces capillaires et n'est mobilisable que très lentement pour remplir le trou creusé. Ce phénomène ne se prêtant pas à l'image traditionnelle d'une nappe, on préfère parler de saturation (au sens strict) du sol par imbibition capillaire.

Indice de différenciation texturale (IDT)	Rapport entre le pourcentage d'argile de l'horizon le plus riche en argile et celui de l'horizon le plus pauvre en argile d'un même solum. Cet indice sert à quantifier l'ampleur des phénomènes d'illuviation verticale ou d'appauvrissement superficiel. Son utilisation implique de ne pas raisonner sur des horizons calcaires et de considérer des couples d'horizons BT/Ae, BT/E, BP/E, S/E ou S/Ae, et non des couples S/C, BT/C ou BP/C.
Interdigitations	Pénétrations d'un horizon E dans un horizon BT (ou S) sous-jacent, le long des faces des unités structurales, essentiellement verticales. Ces pénétrations ne sont pas assez larges pour constituer des langues, et sont formées de concentrations relatives continues d'éléments du squelette.
Laizines	(autres orthographes : lézines, lézinnes) Fentes et crevasses larges et profondes formées dans des calcaires durs par l'élargissement progressif (dissolution) de diaclases initiales.
Langues	Pénétrations d'un horizon E dans un horizon BT (ou S) sous-jacent, le long des faces des unités structurales, essentiellement verticales. Ces pénétrations sont plus profondes que larges et ont des dimensions horizontales minimales dépendant de la texture de l'horizon pénétré : de 5 mm dans les matériaux argileux à 15 mm dans les matériaux limoneux à sableux.
Matériau parental	Roche (au sens le plus large, incluant toutes les formations superficielles) située aujourd'hui sous les horizons pédologiques (parfois disparue, car entièrement transformée par le sol), à partir de laquelle ces horizons se sont développés (emploi de la locution « issu de »).
Organique	Sens courant (*Petit Robert*, 1993) : « Qui provient de tissus vivants ou de transformations subies par les produits extraits d'organismes vivants. » Exemple : matières organiques. Pour qualifier un horizon contenant des quantités notables de matières organiques, on n'emploiera pas l'expression « horizon organique », mais « horizon organo-minéral » ou « horizon hémiorganique ». cf. *annexe 4*.
Profil	Séquence d'informations concernant un solum, ordonnée de haut en bas. Informations relatives à des caractères visuels (profil structural) ou bien à une seule variable (profil calcaire, profil hydrique, profil granulométrique) ou bien à des considérations plus synthétiques (profil d'altération, profil cultural).
Solum	Tranche verticale d'une couverture pédologique, observable dans une fosse ou une tranchée. On intègre dans le solum une épaisseur suffisante de la roche sous-jacente pour en permettre la caractérisation.
Substrat	Roche située sous les horizons pédologiques, pour laquelle aucune relation pédogénétique n'a pu être établie avec eux (emploi de la préposition « sur »).

Vocabulaire spécifique aux excès d'eau : cf. p. 50.

Vocabulaire lié au taux de saturation du complexe : cf. pp. 50-51.

Vocabulaire lié au calcium et aux carbonates : cf. pp. 51 et 124.

Vocabulaire lié aux couleurs : cf. p. 52.

Liste des 110 références
du *Référentiel pédologique 2008*
(par chapitres)

Éditorial, infographie, couverture (maquette par éditions Quæ) et mise en page :
Christophe Picaud – Éditorial et Prépresse
6 rue des Ajoncs – 56220 Peillac
Imprimé pour vous par Books on Demand (Allemagne)